高校经典教材同步辅导丛书

数学分析（第五版·下册）同步辅导及习题全解

主　编　朱庆宇

中国水利水电出版社
www.waterpub.com.cn

·北京·

内 容 提 要

本书共有 12 章,分别介绍数项级数、函数列与函数项级数、幂级数、傅里叶级数、多元函数的极限与连续、多元函数微分学、隐函数定理及其应用、含参量积分、曲线积分、重积分、曲面积分、向量函数微分学等内容。本书各章(除第二十三章外)均包括本章导航、各个击破、课后习题全解、走近考研四部分内容。本书对各章的重点、难点做了较深刻的分析,针对各章节全部习题给出详细解题过程,并附以知识点窍和逻辑推理,思路清晰、逻辑性强,循序渐进地帮助读者分析并解决问题。本书各章还附有典型例题与解题技巧,以及历年考研真题评析。

本书可作为数学和其他相关专业学生学习"数学分析"课程的辅导材料和复习参考书,也可作为数学专业学生考研强化复习的指导书及"数学分析"课程教师的教学参考书。

图书在版编目(CIP)数据

数学分析(第五版·下册)同步辅导及习题全解 / 朱庆宇主编. -- 北京:中国水利水电出版社,2020.4(2021.10 重印)
(高校经典教材同步辅导丛书)
ISBN 978-7-5170-8479-2

Ⅰ. ①数… Ⅱ. ①朱… Ⅲ. ①数学分析－高等学校－教学参考资料 Ⅳ. ①O17

中国版本图书馆CIP数据核字(2020)第049689号

策划编辑:杨庆川　责任编辑:高　辉　加工编辑:王　可　封面设计:李　佳

书　名	高校经典教材同步辅导丛书 数学分析(第五版·下册)同步辅导及习题全解 SHUXUE FENXI(DI-WU BAN·XIACE)TONGBU FUDAO JI XITI QUANJIE
作　者	主　编　朱庆宇
出版发行	中国水利水电出版社 (北京市海淀区玉渊潭南路 1 号 D 座　100038) 网址:www.waterpub.com.cn E-mail:mchannel@263.net(万水) 　　　　sales@waterpub.com.cn 电话:(010)68367658(营销中心)、82562819(万水)
经　售	全国各地新华书店和相关出版物销售网点
排　版	北京万水电子信息有限公司
印　刷	三河市祥宏印务有限公司
规　格	170mm×240mm　16 开本　20 印张　466 千字
版　次	2020 年 4 月第 1 版　2021 年 10 月第 2 次印刷
定　价	38.80 元

凡购买我社图书,如有缺页、倒页、脱页的,本社营销中心负责调换

版权所有·侵权必究

前　言

华东师范大学数学系编写的《数学分析》(第五版·下册)以体系完整、结构严谨、层次清晰、深入浅出等特点成为这门课程的经典教材,被全国许多院校采用。

"数学分析"是数学专业最重要的一门基础课。大学本科乃至研究生阶段的很多后续课程(如"微分方程""实变函数和复变函数""概率论""统计及泛函分析""微分几何"等)在本质上都可以看作是它的延伸、深化或应用,至于它的基本概念、思想和方法,更可以说是无处不在。为了帮助读者更好地学习这门课程,掌握更多的知识,我们根据多年的教学经验编写了这本辅导教材,旨在使广大读者理解基本概念,掌握基本知识,学会基本解题方法与解题技巧,进而提高应试能力。

本书作为一种辅助性的教材,具有较强的针对性、启发性、指导性和补充性。考虑到"数学分析"这门课程的特点,我们在内容上做了以下安排:

(1)**本章导航**。以图文的形式概括各章知识点及其之间的联系,使读者对全章内容有一个清晰的了解。

(2)**各个击破**。对每章知识点做了简练概括,梳理了各知识点之间的脉络联系,突出各章主要定理及重要公式,使读者在各章学习过程中目标明确、有的放矢。

(3)**课后习题全解**。教材中课后习题丰富、层次多样,针对许多基础性问题,从多个角度帮助学生理解基本概念和基本理论,促使其掌握基本解题方法。我们对教材的课后习题给出了详细的解答。

(4)**走近考研**。精选历年研究生入学考试中具有代表性的试题,并对其进行了详细的解答,以开拓广大读者的解题思路,使其能更好地掌握该课程的基本内容和解题方法。

由于时间仓促及编者水平有限,书中难免存在疏漏甚至错误之处,恳请广大读者和专家批评指正。

编　者

2020 年 2 月

目 录

前 言

第十二章　数项级数 ··· 1
　　本章导航 ·· 1
　　各个击破 ·· 2
　　课后习题全解 ·· 7
　　走近考研 ··· 25

第十三章　函数列与函数项级数 ··· 28
　　本章导航 ··· 28
　　各个击破 ··· 29
　　课后习题全解 ·· 32
　　走近考研 ··· 47

第十四章　幂级数 ··· 50
　　本章导航 ··· 50
　　各个击破 ··· 51
　　课后习题全解 ·· 56
　　走近考研 ··· 71

第十五章　傅里叶级数 ·· 74
　　本章导航 ··· 74
　　各个击破 ··· 75
　　课后习题全解 ·· 80
　　走近考研 ··· 97

目 录 contents

第十六章　多元函数的极限与连续 ·············· 99
　　本章导航 ························· 99
　　各个击破 ························· 100
　　课后习题全解 ······················ 106
　　走近考研 ························· 124

第十七章　多元函数微分学 ················· 126
　　本章导航 ························· 126
　　各个击破 ························· 127
　　课后习题全解 ······················ 136
　　走近考研 ························· 161

第十八章　隐函数定理及其应用 ··············· 163
　　本章导航 ························· 163
　　各个击破 ························· 164
　　课后习题全解 ······················ 171
　　走近考研 ························· 193

第十九章　含参量积分 ··················· 195
　　本章导航 ························· 195
　　各个击破 ························· 196
　　课后习题全解 ······················ 202
　　走近考研 ························· 216

目录 contents

- **第二十章　曲线积分** ·· 218
  - 本章导航 ·· 218
  - 各个击破 ·· 219
  - 课后习题全解 ·· 224
  - 走近考研 ·· 231

- **第二十一章　重积分** ·· 233
  - 本章导航 ·· 233
  - 各个击破 ·· 234
  - 课后习题全解 ·· 243
  - 走近考研 ·· 274

- **第二十二章　曲面积分** ·· 276
  - 本章导航 ·· 276
  - 各个击破 ·· 277
  - 课后习题全解 ·· 281
  - 走近考研 ·· 297

- **第二十三章　向量函数微分学** ·· 300
  - 课后习题全解 ·· 300

第十二章

数项级数

本章导航

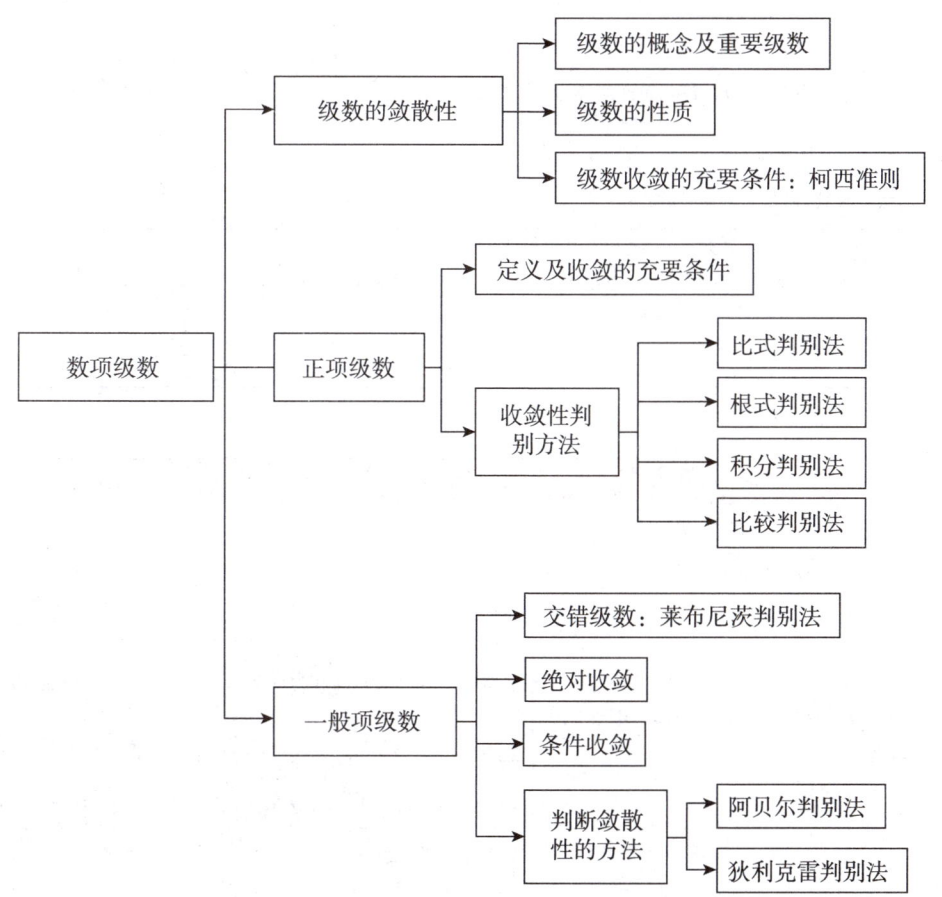

各个击破

■ 级数的敛散性

1. 级数敛散性定义

名称	定 义	说 明
数项级数	给定一个数列 $\{u_n\}$,对它的各项依次用"+"号连接起来的表达式 $u_1+u_2+\cdots+u_n+\cdots$ 称为**数项级数**或常数项无穷级数,其中 u_n 为级数的**通项**	数项级数常记为 $\sum\limits_{n=1}^{\infty}u_n$,或简记为 $\sum u_n$. 例:$\sum\limits_{n=1}^{\infty}\dfrac{1}{n(n+1)(n+2)}$
部分和	数项级数的前 n 项之和记为 $S_n=\sum\limits_{k=1}^{n}u_k=u_1+u_2+\cdots+u_n,$ 称为数项级数**第 n 个部分和**(简称部分和)	
级数收敛(发散)	若数项级数的部分和数列 $\{S_n\}$ 收敛于 S(即 $\lim\limits_{n\to\infty}S_n=S$),则称数项级数**收敛**,称 S 为数项级数的和	例:$\sum\limits_{n=1}^{\infty}x^n=\dfrac{x}{1-x}(|x|<1)$
	若 $\{S_n\}$ 是发散数列,则称数项级数发散,即 $\lim\limits_{n\to\infty}S_n$ 不存在或为 $\pm\infty$	例:$\sum\limits_{n=1}^{2n}(-1)^n=0,\sum\limits_{n=1}^{2n+1}(-1)^n=-1,$ $\sum\limits_{n=1}^{\infty}n=+\infty$

2. 级数的基本性质

级数的性质	说 明
若级数 $\sum u_n$ 与 $\sum v_n$ 都收敛,则对任意常数 c,d,级数 $\sum(cu_n+dv_n)$ 亦收敛,且 $\sum(cu_n+dv_n)=c\sum u_n+d\sum v_n$	
去掉、增加或改变级数的有限个项,并不改变级数的敛散性	若级数 $\sum\limits_{n=1}^{\infty}u_n$ 收敛,其和为 S,则级数 $u_{n+1}+u_{n+2}+\cdots$ 也收敛,且其和 $R_n=S-S_n$.级数 $u_{n+1}+u_{n+2}+\cdots$ 称为级数 $\sum\limits_{n=1}^{\infty}u_n$ 的第 n 个余项,它表示以部分和 S_n 代替 S 所产生的误差
在收敛级数的项中任意加括号,既不改变级数的收敛性,也不改变它的和	对发散级数不可随便加括号. 例如:$\sum\limits_{n=1}^{\infty}(-1)^n$ 发散,但级数加括号后为 $(-1+1)+(-1+1)+\cdots=0$

续表

级数的性质	说　明
设 $\sum_{n=1}^{\infty}a_n=S_1,\sum_{n=1}^{\infty}b_n=S_2,\sum_{n=1}^{\infty}(a_n\pm b_n)$ 也收敛,且 $\sum_{n=1}^{\infty}(a_n\pm b_n)=S_1\pm S_2$	
$\sum_{n=1}^{\infty}a_n=S,c$ 是与 n 无关的常数,则 $\sum_{n=1}^{\infty}ca_n$ 也收敛,且 $\sum_{n=1}^{\infty}ca_n=c\sum_{n=1}^{\infty}a_n=cS$	

3. 级数收敛的柯西准则

级数收敛的充要条件是:对任意给定的正数 ε,总存在正整数 N,使得当 $m>N$ 以及对任意的正整数 p,都有 $|u_{m+1}+u_{m+2}+\cdots+u_{m+p}|<\varepsilon$.

推论:若级数收敛,则 $\lim\limits_{n\to\infty}u_n=0$.

[说明] 可用此推论的逆否命题推断级数发散.

4. 几种重要的级数

名称	级数	说明
等比级数	等比级数(几何级数) $a+aq+aq^2+\cdots+aq^n+\cdots$ $\|q\|<1\Rightarrow$ 级数收敛,其和为 $\dfrac{a}{1-q}$；$\|q\|>1\Rightarrow\lim\limits_{n\to\infty}S_n=\infty$,级数发散； $q=1\Rightarrow S_n=na$,级数发散；$q=-1\Rightarrow$ 级数发散	$0\leqslant\|q\|<1$ 时收敛；$\|q\|\geqslant1$ 时发散
调和级数	调和级数形式为 $1+\dfrac{1}{2}+\dfrac{1}{3}+\cdots+\dfrac{1}{n}+\cdots$	调和级数是发散级数
p 级数	p 级数形式为 $\dfrac{1}{1^p}+\dfrac{1}{2^p}+\cdots+\dfrac{1}{n^p}+\cdots$,$p>1$ 收敛,$p\leqslant1$ 发散	$p=1$ 时,称为调和级数

小提示：讨论数项级数的敛散性与数列极限的存在性本质相同,于是可以将级数的各种性质转化成它的部分和数列的各种性质来讨论.

例 1 判别以等比数列为通项的几何级数 $\sum_{n=0}^{\infty}ar^{n-1}=a+ar+\cdots+ar^{n-1}+\cdots$ 的敛散性,其中 $a\neq0$,r 是公比.

解 (1) 当 $|r|\neq 1$ 时,级数的部分和 $S_n=a+ar+ar^2+\cdots+ar^{n-1}=\dfrac{a-ar^n}{1-r}$.

(i) 当 $|r|<1$ 时,极限 $\lim\limits_{n\to\infty}S_n=\lim\limits_{n\to\infty}\dfrac{a-ar^n}{1-r}=\dfrac{a}{1-r}$,

因此,级数收敛.其和是 $\dfrac{a}{1-r}$,即 $\sum_{n=0}^{\infty}ar^{n-1}=\dfrac{a}{1-r}$.

(ii) 当 $|r|>1$ 时,极限 $\lim\limits_{n\to\infty}S_n=\infty$.

因此级数发散.

(2) 当 $|r|=1$ 时.

(i) 若 $r=1$,则级数为 $a+a+\cdots+a+\cdots$,$S_n=na$,

极限 $\lim\limits_{n\to\infty}S_n=\infty(a\neq 0)$,即部分和数列 $\{S_n\}$ 发散.

(ii) 若 $r=-1$,则级数为 $a-a+a-a+\cdots+(-1)^{n-1}a+\cdots$,

$S_n=\begin{cases}0,n\text{ 为偶数}\\a,n\text{ 为奇数}\end{cases}$,即部分和数列 $\{S_n\}$ 发散.

综上所述,当 $|r|<1$ 时,级数收敛;当 $|r|\geqslant 1$ 时,级数发散.

例 2 用柯西准则证明级数 $\sum\limits_{n=1}^{\infty}\dfrac{\sin n}{n^2}$ 收敛.

证明 对任意的 $n>m>1$,有

$$\left|\dfrac{\sin(m+1)}{(m+1)^2}+\dfrac{\sin(m+2)}{(m+2)^2}+\cdots+\dfrac{\sin n}{n^2}\right|\leqslant \dfrac{1}{(m+1)^2}+\dfrac{1}{(m+2)^2}+\cdots+\dfrac{1}{n^2}$$

$$<\dfrac{1}{m(m+1)}+\dfrac{1}{(m+1)(m+2)}+\cdots+\dfrac{1}{(n-1)n}$$

$$=\left(\dfrac{1}{m}-\dfrac{1}{m+1}\right)+\left(\dfrac{1}{m+1}-\dfrac{1}{m+2}\right)+\cdots+\left(\dfrac{1}{n-1}-\dfrac{1}{n}\right)=\dfrac{1}{m}-\dfrac{1}{n}<\dfrac{1}{m}.$$

因此 $\forall\varepsilon>0$,$\exists N=\left[\dfrac{1}{\varepsilon}\right]+1$,当 $n>m>N$ 时,满足

$$\left|\dfrac{\sin(m+1)}{(m+1)^2}+\dfrac{\sin(m+2)}{(m+2)^2}+\cdots+\dfrac{\sin n}{n^2}\right|<\dfrac{1}{m}<\varepsilon,$$

由柯西收敛准则可得级数 $\sum\limits_{n=1}^{\infty}\dfrac{\sin n}{n^2}$ 收敛.

小提示 收敛级数可任意加括号,所得的级数仍为收敛级数,且两者具有相同的和.发散级数不满足上述性质.

■ 正项级数

定义:数项级数各项都是由非负数组成的级数称为**正项级数**.

名称	定义	说明
收敛准则	正项级数 $\sum u_n$ 收敛的充要条件是:部分和数列 $\{S_n\}$ 有界,即存在某正数 M,对一切正整数 n,有 $S_n<M$	由此可将求 $\{S_n\}$ 极限问题转化到估计 S_n 是否有上界的问题
达朗贝尔判别法（或称比式判别法）	设 $\sum\limits_{n=1}^{\infty}u_n$ 是正项级数,若 (1) $\lim\limits_{n\to\infty}\dfrac{u_{n+1}}{u_n}=q<1$,级数 $\sum u_n$ 收敛. (2) $\lim\limits_{n\to\infty}\dfrac{u_{n+1}}{u_n}=q>1$ 或 $q=+\infty$,级数 $\sum u_n$ 发散	若 $\lim\limits_{n\to\infty}\dfrac{u_{n+1}}{u_n}=1$,$\lim\limits_{n\to\infty}\sqrt[n]{u_n}=1$,则推不出级数的敛散性,例: $\sum\limits_{n=1}^{+\infty}\dfrac{1}{n}$,$\sum\limits_{n=1}^{\infty}\dfrac{1}{n^2}$,$\lim\limits_{n\to\infty}\dfrac{u_{n+1}}{u_n}=$ $\lim\limits_{n\to\infty}\sqrt[n]{u_n}=1$,但 $\sum\limits_{n=1}^{\infty}\dfrac{1}{n}$ 发散, 而 $\sum\limits_{n=1}^{\infty}\dfrac{1}{n^2}$ 收敛
根式判别法	设 $\sum u_n$ 为正项级数,且 $\lim\limits_{n\to\infty}\sqrt[n]{u_n}=l$, (1) 当 $l<1$ 时,级数 $\sum u_n$ 收敛. (2) 当 $l>1$ 时,级数 $\sum u_n$ 发散	

续表

名称	定义	说明
积分判别法	原理：利用非负函数的单调性和积分性质，并以反常积分为比较对象来判断正项级数的敛散性	
	设 $f(x)$ 为 $[1,+\infty)$ 上非负减函数，那么正项级数 $\sum f(n)$ 与反常积分 $\int_1^{+\infty} f(x)dx$ 同时收敛或同时发散	
比较判别法	设 $\sum u_n$ 和 $\sum v_n$ 是两个正项级数，如果存在某正数 N，对一切 $n>N$ 都有 $u_n \leqslant v_n$，则 (1) 若级数 $\sum v_n$ 收敛，则级数 $\sum u_n$ 也收敛. (2) 若级数 $\sum u_n$ 发散，则级数 $\sum v_n$ 也发散.	可利用已知级数的敛散性来判断所要考虑级数的敛散性
	若存在 N，使当 $n>N$ 时有 $\dfrac{a_{n+1}}{a_n} \leqslant \dfrac{b_{n+1}}{b_n}$，则 (1) 由 $\sum b_n$ 收敛 $\Rightarrow \sum a_n$ 收敛. (2) 由 $\sum a_n$ 发散 $\Rightarrow \sum b_n$ 发散	
	设 $\sum u_n$ 和 $\sum v_n$ 是两个正项级数，若 $\lim\limits_{n\to\infty}\dfrac{u_n}{v_n}=l$， (1) 当 $0<l<+\infty$ 时，级数 $\sum u_n, \sum v_n$ 同时收敛或发散. (2) 当 $l=0$ 且级数 $\sum v_n$ 收敛，级数 $\sum u_n$ 也收敛. (3) 当 $l=+\infty$ 且级数 $\sum v_n$ 发散，级数 $\sum u_n$ 也发散.	$\sum v_n$ 可取等比级数或 p 级数，有时也直接研究 u_n 趋于 0 的阶

例 3 判断级数 $\dfrac{2}{1} + \dfrac{2 \cdot 5}{1 \cdot 3} + \dfrac{2 \cdot 5 \cdot 8}{15 \cdot 9} + \cdots + \dfrac{2 \cdot 5 \cdot 8 \cdot \cdots \cdot [2+3(n-1)]}{1 \cdot 5 \cdot 9 \cdots [1+4(n-1)]} + \cdots$ 的敛散性.

解 利用达朗贝尔判别法（比式判别法）.

$$\lim_{n\to\infty}\frac{u_{n+1}}{u_n} = \lim_{n\to\infty}\frac{2+3n}{1+4n} = \frac{3}{4} < 1.$$ 因此 $\sum u_n$ 收敛，即级数收敛.

例 4 判断函数 $\sum \dfrac{3+(-1)^n}{2^n}$ 的敛散性.

解 利用根式判别法.

$$\lim_{n\to\infty}\sqrt[n]{u_n} = \lim_{n\to\infty}\sqrt[n]{\frac{3+(-1)^n}{2^n}} = \frac{1}{2} < 1,$$ 因此 $\sum u_n$ 收敛，即级数收敛.

例 5 讨论 p 级数 $\sum\limits_{n=1}^{\infty}\dfrac{1}{n^p}$ 的敛散性.

解 令 $f(x) = \dfrac{1}{x^p}$，$p>0$ 时，$f(x)$ 在 $[1,+\infty)$ 上非递减.

当 $p>1$ 时，积分 $\int_1^{+\infty} f(x)dx$ 收敛；

当 $0<p\leqslant 1$ 时，积分 $\int_1^{+\infty} f(x)dx$ 发散.

因此当 $p>1$ 时，$\sum\limits_{n=1}^{\infty}\dfrac{1}{n^p}$ 收敛；当 $0<p\leqslant 1$ 时，级数发散；当 $p\leqslant 0$ 时，级数发散.

综上所述，p 级数 $\sum\limits_{n=1}^{\infty} \dfrac{1}{n^p}$ 当且仅当 $p>1$ 时收敛.

例 6 判断级数 $\sum\limits_{n=1}^{\infty} \dfrac{1}{n^2-n+1}$ 的敛散性.

解 $u_n = \dfrac{1}{n^2-n+1} > 0$，因为 $\dfrac{n^2}{2}-n+1>0$，$n^2-n+1 = \dfrac{n^2}{2}+\dfrac{(n-1)^2+1}{2}$，$n^2-n+1 > \dfrac{n^2}{2}$，

故 $\dfrac{1}{n^2-n+1} < \dfrac{2}{n^2}$，而 $\sum\limits_{n=1}^{x} \dfrac{2}{n^2}$ 收敛，

所以 $\sum\limits_{n=1}^{\infty} \dfrac{1}{n^2-n+1}$ 收敛.

■ 一般项级数

名称	判定定理	说明
莱布尼茨判别法	**交错级数**：若级数的各项符号正负相间，即 $u_1-u_2+u_3-u_4+\cdots+(-1)^{n+1}u_n+\cdots(u_n>0, n=1,2,\cdots)$，则称为**交错级数** 若交错级数满足下述两个条件： ① 数列 $\{u_n\}$ 单调递减； ② $\lim\limits_{n\to\infty} u_n = 0$. 则级数收敛	用莱布尼茨判别法判别交错级数是否收敛，要考察 u_n 与 u_{n+1} 的大小，比较 u_n 与 u_{n+1} 大小的方法有三种： (1) 比值法，即考察 $\dfrac{u_{n+1}}{u_n}$ 是否小于 1. (2) 差值法，即考察 $u_n - u_{n+1}$ 是否大于 0. (3) 由 u_n 找出一个连续可导函数 $f(x)$，使 $u_n = f(n)$，考察 $f'(x)$ 是否小于 0
绝对收敛	(1) 若级数 $u_1+u_2+\cdots+u_n+\cdots$ 各项绝对值所组成的级数 $\|u_1\|+\|u_2\|+\cdots+\|u_n\|+\cdots$ 收敛，则称原级数**绝对收敛**. (2) 若 $\sum\|u_n\|$ 收敛，则称 $\sum u_n$ 绝对收敛；若 $\sum\|u_n\|$ 发散，而 $\sum u_n$ 收敛，则称为**条件收敛**. (3) 设级数 $\sum u_n$ 绝对收敛，且其和等于 S，则任意重排后得到的级数 $\sum v_n$ 也绝对收敛，且有相同的和数	
柯西定理	若级数 $\sum u_n$，$\sum v_n$ 都绝对收敛，则对所有乘积 $u_i v_j$ 按任意顺序排列所得到的级数 $\sum w_n$ 也绝对收敛，且其和等于两级数和的乘积	
阿贝尔判别法	设级数 $\sum u_n$ 收敛且 $\{v_n\}$ 单调有界，$\|v_n\| \leqslant M$，则级数 $\sum u_n v_n$ 收敛	
狄利克雷判别法	设级数 $\sum\limits_{n=1}^{+\infty} b_n$ 的部分和 $B_n = \sum\limits_{k=1}^{n} b_k$ 有界，$\|B_n\| \leqslant M$，且 $\{a_n\}$ 是单调递减数列，$\lim\limits_{n\to\infty} a_n = 0$，则级数 $\sum\limits_{n=1}^{+\infty} a_n b_n$ 收敛	

小提示：在莱布尼茨判别法中，数列$\{u_n\}$单调递减的条件是必不可少的.

例7 判断级数$\sum\limits_{n=1}^{\infty}(-1)^n\dfrac{x^n}{n}(x>0)$的敛散性.

解 当$0<x\leqslant 1$时，上述交错级数满足莱布尼茨判别法的两个条件，即 ① 数列$\{u_n\}$单调递减；② $\lim\limits_{n\to\infty}u_n=0$. 故级数收敛.

当$x>1$时，通项的极限不为0，故级数发散.

课后习题全解

习题 12.1

1. 逻辑推理 先确定级数部分和S_n的表达式，再根据级数的收敛定义求$\lim\limits_{n\to\infty}S_n$. 若极限存在，则级数收敛.

解题过程 （1）因为
$$S_n=\dfrac{1}{5}\left[\left(1-\dfrac{1}{6}\right)+\left(\dfrac{1}{6}-\dfrac{1}{11}\right)+\cdots+\left(\dfrac{1}{5n-4}-\dfrac{1}{5n+1}\right)\right]=\dfrac{1}{5}\left(1-\dfrac{1}{5n+1}\right),$$
所以$\lim\limits_{n\to\infty}S_n=\dfrac{1}{5}$，由定义知该级数收敛，且和为$\dfrac{1}{5}$.

（2）$\sum\limits_{n=1}^{\infty}\dfrac{1}{2^n}$是公比为$\dfrac{1}{2}$的级数，故收敛于$\dfrac{\frac{1}{2}}{1-\frac{1}{2}}=1$，同理$\sum\limits_{n=1}^{\infty}\dfrac{1}{3^n}$收敛于$\dfrac{1}{2}$.

由级数的性质知$S_n=\sum\limits_{k=1}^{n}\left(\dfrac{1}{2^n}+\dfrac{1}{3^n}\right)$，则
$$\lim\limits_{n\to\infty}S_n=\lim\limits_{n\to\infty}\sum\limits_{n=1}^{n}\dfrac{1}{2^n}+\lim\limits_{n\to\infty}\sum\limits_{n=1}^{n}\dfrac{1}{3^n}=1+\dfrac{1}{2}=\dfrac{3}{2},$$
级数收敛且和为$\dfrac{3}{2}$.

（3）因为$u_n=\dfrac{1}{n(n+1)(n+2)}=\dfrac{1}{2}\left[\dfrac{1}{n(n+1)}-\dfrac{1}{(n+1)(n+2)}\right]$，

从而$S_n=\sum\limits_{k=1}^{n}\dfrac{1}{2}\left[\dfrac{1}{k(k+1)}-\dfrac{1}{(k+1)(k+2)}\right]=\dfrac{1}{2}\left[\dfrac{1}{2}-\dfrac{1}{(n+1)(n+2)}\right]$，

所以$\lim\limits_{n\to\infty}S_n=\dfrac{1}{4}$，故该级数收敛且和为$\dfrac{1}{4}$.

（4）$S_n=\sum\limits_{k=1}^{n}(\sqrt{k+2}-2\sqrt{k+1}+\sqrt{k})=\sum\limits_{k=1}^{n}(\sqrt{k+2}-\sqrt{k+1})-\sum\limits_{k=1}^{n}(\sqrt{k+1}-\sqrt{k})$
$=(\sqrt{n+2}-\sqrt{2})-(\sqrt{n+1}-1)=1-\sqrt{2}+\dfrac{1}{\sqrt{n+2}+\sqrt{n+1}}$,

$\lim\limits_{n\to\infty}S_n=1-\sqrt{2}$,故级数收敛且和为 $1-\sqrt{2}$.

(5)(错位相减法求部分和 S_n)$S_n=\sum\limits_{k=1}^{n}\dfrac{2k-1}{2^k}$,则有

$$S_n=2S_n-S_n=\sum_{k=1}^{n}\dfrac{2k-1}{2^{k-1}}-\sum_{k=1}^{n}\dfrac{2k-1}{2^k}=1+\sum_{k=2}^{n}\dfrac{2k-1}{2^{k-1}}-\sum_{k=1}^{n}\dfrac{2k-1}{2^k}$$

$$=1+\sum_{k=1}^{n-1}\dfrac{2}{2^k}-\dfrac{2n-1}{2^n}=1+\dfrac{1-\dfrac{1}{2^{n-1}}}{1-\dfrac{1}{2}}-\dfrac{2n-1}{2^n}=3-\dfrac{1}{2^{n-2}}-\dfrac{2n-1}{2^n}(n\geqslant 2).$$

$\lim\limits_{n\to\infty}S_n=3$,故级数收敛且和为 3.

2. **知识点窍** 级数的性质:若 $\sum a_n$ 收敛,c 是与 n 无关的常数,则 $\sum ca_n$ 也收敛.

逻辑推理 利用反证法,将级数发散转化成级数收敛来证明.

解题过程 假设 $\sum cu_n$ 收敛,因为 $c\neq 0$,所以 $\sum \dfrac{1}{c}(cu_n)=\sum u_n$ 也收敛.

与题目中的 $\sum u_n$ 发散矛盾.

故假设不成立,即若 $\sum u_n$ 发散,$\sum cu_n (c\neq 0)$ 也发散成立.

3. **逻辑推理** 级数发散,则存在某个正数 ε_0,使 $|u_{m_0+1}+u_{m_0+2}+\cdots+u_{m_0+p_0}|\geqslant \varepsilon_0$,再利用不等式的相关变换,即可求解.

解题过程 (i) $\sum u_n$ 与 $\sum v_n$ 都发散,但 $\sum (u_n+v_n)$ 不一定发散.

例:$\sum u_n=\sum\dfrac{1}{n}$ 与 $\sum v_n=\sum\left(-\dfrac{1}{n}\right)$ 都发散,而 $\sum(u_n+v_n)=0+0+0+\cdots+0$ 收敛.

(ii) 若 $\sum u_n$,$\sum v_n$ 发散,且 $u_n\geqslant 0,v_n\geqslant 0,n=1,2,\cdots$,则 $\exists\,\varepsilon_0,\varepsilon_1>0$.

对任何正整数 N,总存在正整数 $m_0(m_0>N)$ 和 p_0 及 $m_1(m_1>N)$ 和 p_1,有

$$|u_{m_0+1}+u_{m_0+2}+\cdots+u_{m_0+p_0}|\geqslant \varepsilon_0,$$

$$|v_{m_0+1}+v_{m_0+2}+\cdots+v_{m_0+p_0}|\geqslant \varepsilon_1.$$

由此可知

$|(u_{m_0+1}+v_{m_0+1})+(u_{m_0+2}+v_{m_0+2})+\cdots+(u_{m_0+p_0}+v_{m_0+p_0})|$

$=|(u_{m_0+1}+u_{m_0+2}+\cdots+u_{m_0+p_0})+(v_{m_0+1}+v_{m_0+2}+\cdots+v_{m_0+p_0})|$

$\geqslant |u_{m_0+1}+u_{m_0+2}+\cdots+u_{m_0+p_0}|\geqslant \varepsilon_0.$

由柯西准则得 $\sum(u_n+v_n)$ 也发散.

4. **逻辑推理** 由数列 $\{a_n\}$ 收敛于 a 可求得级数 $\sum\limits_{n=1}^{\infty}(a_n-a_{n+1})$ 的前 n 项和 S_n 的极限为 a_1-a,然后根据级数收敛定义即可得证.

解题过程 因为 $\lim\limits_{n\to\infty}a_n=a$,所以级数的前 n 项和极限

$\lim\limits_{n\to\infty}S_n=\lim\limits_{n\to\infty}\sum\limits_{k=1}^{n}(a_k-a_{k+1})=\lim\limits_{n\to\infty}(a_1-a_{n+1})=a_1-\lim\limits_{n\to\infty}a_{n+1}=a_1-a,$

即级数 $\sum_{n=1}^{\infty}(a_n - a_{n+1}) = a_1 - a$.

5. **逻辑推理** 首先确定级数前 n 项和 S_n 的表达式,然后求 $\lim_{n\to\infty} S_n$. 若极限存在,则级数收敛且等于该极限;若极限不存在,则级数发散.

解题过程 (1) 级数的前 n 项和
$$S_n = (b_2 - b_1) + (b_3 - b_2) + \cdots + (b_{n+1} - b_n) = b_{n+1} - b_1,$$
因为 $\lim_{n\to\infty} S_n = \lim_{n\to\infty}(b_{n+1} - b_1) = \infty$,所以级数发散.

(2) 级数的前 n 项和
$$S_n = \left(\frac{1}{b_1} - \frac{1}{b_2}\right) + \left(\frac{1}{b_2} - \frac{1}{b_3}\right) + \cdots + \left(\frac{1}{b_n} - \frac{1}{b_{n+1}}\right) = \frac{1}{b_1} - \frac{1}{b_{n+1}},$$
因为 $\lim_{n\to\infty} S_n = \lim_{n\to\infty}\left(\frac{1}{b_1} - \frac{1}{b_{n+1}}\right) = \frac{1}{b_1}$,
所以级数 $\sum\left(\frac{1}{b_n} - \frac{1}{b_{n+1}}\right) = \frac{1}{b_1}$.

柯西准则:级数收敛的充要条件是对任意给定的正数 ε,总存在正整数 N,使得当 $m > N$ 以及对任意的正整数 p,都有 $|u_{m+1} + u_{m+2} + \cdots + u_{m+p}| < \varepsilon$.

6. **知识点窍** 题 4、5 的结论:① 数列 $\{a_n\}$ 收敛于 a,则级数 $\sum_{n=1}^{\infty}(a_n - a_{n+1}) = a_1 - a$;
② 数列 $\{b_n\}$ 有 $\lim_{n\to\infty} b_n = \infty (b_n \neq 0)$,则级数 $\sum_{n=1}^{\infty}\left(\frac{1}{b_n} - \frac{1}{b_{n+1}}\right) = \frac{1}{b_1}$.

逻辑推理 由因式分解把部分和公式表达为 $\sum(a_n - a_{n+1})$,而数列 $\{a_n\}$ 收敛易求,则再应用题 4、5 的结论求出级数的和.

解题过程 (1) 因为 $\sum_{n=1}^{\infty}\frac{1}{(a+n-1)(a+n)} = \sum_{n=1}^{\infty}\left(\frac{1}{a+n-1} - \frac{1}{a+n}\right)$,
而数列 $\left\{\frac{1}{a+n-1}\right\}$ 收敛于 0,且 $a_1 = \frac{1}{a}$,由题 4 知
$$\sum_{n=1}^{\infty}\frac{1}{(a+n-1)(a+n)} = \frac{1}{a+1-1} - 0 = \frac{1}{a}(a \neq 0).$$

(2) 因为 $\sum_{n=1}^{\infty}(-1)^{n+1}\frac{2n+1}{n(n+1)} = \sum_{n=1}^{\infty}\left[-\frac{(-1)^n}{n} - \left(-\frac{(-1)^{n+1}}{n+1}\right)\right]$,
而数列 $\left\{-\frac{(-1)^n}{n}\right\}$ 收敛于 0,且 $a_1 = 1$,由题 4 知
$$\sum_{n=1}^{\infty}(-1)^{n+1}\frac{2n+1}{n(n+1)} = a_1 - a = 1.$$

(3) 因为 $\sum_{n=1}^{\infty}\frac{2n+1}{(n^2+1)[(n+1)^2+1]} = \sum_{n=1}^{\infty}\left[\frac{1}{n^2+1} - \frac{1}{(n+1)^2+1}\right]$,而数列 $\left\{\frac{1}{n^2+1}\right\}$ 收敛于 0,
故 $\sum_{n=1}^{\infty}\frac{2n+1}{(n^2+1)[(n+1)^2+1]} = \frac{1}{1^2+1} - 0 = \frac{1}{2}.$

7. **逻辑推理** 根据柯西准则,要判断级数 $\sum u_n$ 的敛散性,只需对任意的正整数 p 判断 $|u_{m+1} + u_{m+2} + \cdots + u_{m+p}|$ 在 $m \to \infty$ 时的极限是否存在. 通常采用放缩法和夹逼准则等.

解题过程 (1) 对任意的正整数 p,有

$$\left|\sum_{k=1}^{p}\frac{\sin 2^{m+k}}{2^{m+k}}\right|\leqslant \sum_{k=1}^{p}\frac{|\sin 2^{m+k}|}{2^{m+k}}\leqslant \sum_{k=1}^{p}\frac{1}{2^{m+k}}=\frac{1}{2^m}\cdot\sum_{k=1}^{p}\frac{1}{2^k}\leqslant \frac{1}{2^m},$$

因为 $\lim\limits_{m\to\infty}\frac{1}{2^m}=0$,故对任给的 $\varepsilon>0$,存在 $N\in\mathbf{Z}^+$,当 $m>N$ 时,对任意的正整数 p,有

$$\left|\sum_{k=1}^{p}\frac{\sin 2^{k+m}}{2^{k+m}}\right|\leqslant \frac{1}{2^m}<\varepsilon.$$

由柯西准则可知级数收敛.

(2) 当 $p=1$ 时, $|\mu_{m+1}|=\left|\frac{(-1)^m(m+1)^2}{2(m+1)^2+1}\right|\geqslant \frac{(m+1)^2}{2(m+1)^2+(m+1)^2}=\frac{1}{3}$,

故级数发散.

(3) 对任意的正整数 p,有

$$\left|\sum_{k=1}^{p}(-1)^{k+1}\frac{1}{m+k}\right|=\frac{1}{m+1}-\frac{1}{m+2}+\cdots+(-1)^{p+1}\frac{1}{m+p}$$

$$=\frac{1}{m+1}-\left(\frac{1}{m+2}-\frac{1}{m+3}+\frac{1}{m+4}+\cdots+(-1)^{p+1}\frac{1}{m+p}\right)$$

$$<\frac{1}{m+1}<\frac{1}{m}.$$

故对任给的正数 $\varepsilon>0$,存在 $N=\left[\frac{1}{\varepsilon}\right]$,当 $m>N$ 及对任意的正整数 p,都有

$$\left|\sum_{k=1}^{p}(-1)^{k+1}\frac{1}{m+k}\right|<\frac{1}{m}<\varepsilon.$$

由柯西准则可知级数收敛.

(4) 当 $p=m$ 时,有

$$\left|\sum_{k=1}^{p}\frac{1}{\sqrt{(m+k)+(m+k)^2}}\right|=\sum_{k=1}^{p}\frac{1}{\sqrt{(m+k)+(m+k)^2}}>\frac{m}{\sqrt{(m+m)^2+(m+m)}}$$

$$>\frac{m}{\sqrt{2(m+m)^2}}=\frac{1}{2\sqrt{2}}.$$

取 $\varepsilon_0=\frac{1}{2\sqrt{2}}$,则对任意的正数 N,总存在 $m=N+1$ 及 $p=m$,使

$$\left|\sum_{k=1}^{p}\frac{1}{\sqrt{(m+k)+(m+k)^2}}\right|>\varepsilon_0.$$

由柯西准则可知级数发散.

8. **逻辑推理** 由结论 $|u_N+u_{N+1}+\cdots+u_n|<\varepsilon$ 的形式可知,可以用柯西准则来证明.

解题过程 充分性:已知任给正数 ε,存在正整数 N,对一切 $n>N$,总有 $|\mu_N+\mu_{N+1}+\cdots+\mu_n|<\varepsilon$ 成立,则对 $n>m>N$ 的 m,有 $|\mu_N+\mu_{N+1}+\cdots+\mu_m|<\varepsilon$.
因此

$$|\mu_{m+1}+\mu_{m+2}+\cdots+\mu_n|=|(\mu_N+\mu_{N+1}+\cdots+\mu_n)-(\mu_N+\mu_{N+1}+\cdots+\mu_m)|$$

$$\leqslant |\mu_N+\mu_{N+1}+\cdots+\mu_n|+|\mu_N+\mu_{N+1}+\cdots+\mu_m|<2\varepsilon.$$

由柯西准则可知级数收敛.

必要性:若级数 $\sum \mu_n$ 收敛,则由柯西准则可知对任给正数 ε,$\exists N_1 \in \mathbf{N}^+$,使得当 $n > m > N_1$ 时,有 $|\mu_{N_1+1} + \mu_{N_1+2} + \cdots + \mu_n| < \varepsilon$.

取 $N > N_1 + 1$,则对 $\forall n > N$ 有 $|\mu_N + \mu_{N+1} + \cdots + \mu_n| < \varepsilon$.

9. **解题过程** 考察级数 $\sum_{n=1}^{\infty} \frac{1}{n}$.对每个固定的 p,有

$$\frac{p}{n+p} \leqslant u_{n+1} + \cdots + u_{n+p} = \frac{1}{n+1} + \cdots + \frac{1}{n+p} \leqslant \frac{p}{n+1}.$$

而 $\lim_{n \to \infty} \frac{p}{n+p} = \lim_{n \to \infty} \frac{p}{n+1} = 0$,

从而也有 $\lim_{n \to \infty} \left(\frac{1}{n+1} + \cdots + \frac{1}{n+p} \right) = 0$.

因此级数 $\sum_{n=1}^{\infty} \frac{1}{n}$ 发散.

10. **解题过程** 分别记 $\sum_{n=1}^{\infty} u_n$ 的部分和为 $S_n = u_1 + u_2 + \cdots + u_n$,加括号后的级数

$\sum_{k=1}^{\infty} v_k = \sum_{k=1}^{\infty} (u_{n_k+1} + \cdots + u_{n_{k+1}})$ 的部分和为 T_k,则

$$T_k = \sum_{i=1}^{k} v_i = \sum_{i=1}^{k} (u_{n_i+1} + \cdots + u_{n_{i+1}}) = \sum_{j=1}^{n_{k+1}} u_j = S_{n_{k+1}}.$$

由于 $\sum_{k=1}^{\infty} u_k$ 中同一括号内的所有加数有相同的符号,因此当 $n_k + 1 \leqslant n \leqslant n_{k+1}$ 时,S_n 将单调地变化,因而

$$T_{k-1} = S_{n_k} \leqslant S_n \leqslant S_{n_{k+1}} = T_{k-1} \text{(或 } T_{k-1} \leqslant S_n \leqslant T_k).$$

又因 $\sum_{k=1}^{\infty} v_k$ 收敛,则存在极限

$\lim_{k \to \infty} T_{k-1} = \lim_{k \to \infty} T_k = T$,

且当 $k \to \infty$ 时,随之有 $n \to \infty$(反之亦然),所以有

$\lim_{n \to \infty} S_n = \lim_{k \to \infty} S_n = T$.

这就证得 $\sum_{n=1}^{\infty} u_n$ 收敛,且与 $\sum_{k=1}^{\infty} v_k$ 有相同的和.

习题 12.2

1. **知识点窍** 比较原则:两个正项级数 $\sum_{n=1}^{\infty} u_n$ 和 $\sum_{n=1}^{\infty} v_n$,有 $u_n \leqslant v_n$,则 ① 若 $\sum_{n=1}^{\infty} v_n$ 收敛,则 $\sum_{n=1}^{\infty} u_n$ 收敛;② 若 $\sum_{n=1}^{\infty} u_n$ 发散,则 $\sum_{n=1}^{\infty} v_n$ 发散.

逻辑推理 应用比较原则判别级数的敛散性,最关键的是要找到合适的比较级

数.常用的比较级数有 $\sum\limits_{n=1}^{\infty}\dfrac{1}{n^p},\sum\limits_{n=1}^{\infty}\dfrac{1}{n(\ln n)^p}$ 等.

解题过程 (1) 由于 $0<\dfrac{1}{n^2+a^2}\leqslant\dfrac{1}{n^2}(n=1,2,\cdots)$,而正项级数 $\sum\dfrac{1}{n^2}$ 收敛,故 $\sum\dfrac{1}{n^2+a^2}$ 收敛.

(2) 因为当 $n\geqslant 1$ 时,$0<\dfrac{\pi}{3^n}<\dfrac{\pi}{2}$,而 $2^n\sin\dfrac{\pi}{3^n}<\pi(\dfrac{2}{3})^n$,且 $\sum\pi(\dfrac{2}{3})^n$ 收敛,故 $\sum 2^n\sin\dfrac{\pi}{3^n}$ 收敛.

(3) 因为 $n\geqslant 1$ 时,$\dfrac{1}{\sqrt{1+n^2}}>\dfrac{1}{n+1}$,而正项级数 $\sum\dfrac{1}{n+1}$ 发散,故级数发散.

(4) 因为 $0<\dfrac{1}{(\ln n)^n}<\dfrac{1}{2^n}(n>\mathrm{e}^2)$,而正项级数 $\sum\limits_{n=1}^{\infty}\dfrac{1}{2^n}$ 收敛,故级数收敛.

(5) 因为 $0<1-\cos\dfrac{1}{n}=2\sin^2\dfrac{1}{2n}<\dfrac{1}{2n^2}$,而正项级数 $\sum\dfrac{1}{2n^2}$ 收敛,故级数收敛.

(6) 因为 $\lim\limits_{n\to\infty}\dfrac{\frac{1}{n\sqrt[n]{n}}}{\frac{1}{n}}=1$,而 $\sum\dfrac{1}{n}$ 发散,故级数发散.

(7) 因为 $\lim\limits_{n\to\infty}\dfrac{\sqrt[n]{a}-1}{\frac{1}{n}}=\lim\limits_{t\to 0}\dfrac{a^t-1}{t}=\lim\limits_{t\to 0}\dfrac{a^t\ln a}{1}=\ln a>0$,又 $\sum\limits_{n=1}^{\infty}\dfrac{1}{n}$ 发散,故 $\sum(\sqrt[n]{a}-1)(a>0)$ 发散.

(8) 因为当 $n>\mathrm{e}^{\mathrm{e}^2}$ 时,$\ln n>\ln \mathrm{e}^{\mathrm{e}^2}=\mathrm{e}^2$,则 $(\ln n)^{\ln n}>(\mathrm{e}^2)^{\ln n}=n^2$,所以 $\dfrac{1}{(\ln n)^{\ln n}}=\dfrac{1}{\mathrm{e}^{\ln(\ln n)^{\ln n}}}=\dfrac{1}{(\mathrm{e}^{\ln n})^{\ln(\ln n)}}=\dfrac{1}{n^{\ln(\ln n)}}<\dfrac{1}{n^2}$,而 $\sum\limits_{n=1}^{\infty}\dfrac{1}{n^2}$ 收敛,故级数收敛.

(9) 因为 $(a^{\frac{1}{n}}+a^{-\frac{1}{n}}-2)=(a^{\frac{1}{2n}}-a^{-\frac{1}{2n}})^2\geqslant 0$,则为正项级数,

$$\lim_{n\to\infty}\dfrac{a^{\frac{1}{n}}+a^{-\frac{1}{n}}-2}{\left(\frac{1}{2n}\right)^2}=\lim_{n\to\infty}\dfrac{(a^{\frac{1}{2n}}-a^{-\frac{1}{2n}})^2}{\left(\frac{1}{2n}\right)^2}=\lim_{t\to 0}\left(\dfrac{a^t-a^{-t}}{t}\right)^2=(2\ln a)^2\geqslant 0,(a>0)$$

而 $\sum\left(\dfrac{1}{2n}\right)^2$ 收敛,故 $\sum(a^{\frac{1}{n}}+a^{-\frac{1}{n}}-2)(a>0)$ 收敛.

(10) $\lim\limits_{n\to\infty}\dfrac{\frac{1}{n^{2n\sin\frac{1}{n}}}}{\frac{1}{n^2}}\xrightarrow{t=\frac{1}{n}}\lim\limits_{t\to 0^+}\dfrac{(t^2)^{\frac{\sin t}{t}}}{t^2}=\lim\limits_{t\to 0^+}t^{2(\frac{\sin t}{t}-1)}=\lim\limits_{t\to 0^+}\mathrm{e}^{2(\frac{\sin t}{t}-1)\ln t}$

其中 $\lim\limits_{t\to 0^+}2(\dfrac{\sin t}{t}-1)\ln t=2\lim\limits_{t\to 0^+}\dfrac{\ln t}{\frac{t}{\sin t-t}}=2\lim\limits_{t\to 0^+}\dfrac{\frac{1}{t}}{\frac{t(\cos t-1)-(\sin t-t)}{t^2}}$

$=2\lim\limits_{t\to 0^+}\dfrac{t}{t\cos t-\sin t}=2\lim\limits_{t\to 0^+}\dfrac{1}{-t\sin t+\cos t-\cos t}$

$=-2\lim\limits_{t\to 0^+}\dfrac{1}{t\sin t}=-\infty$

则 $\lim\limits_{n\to\infty}\dfrac{\frac{1}{n^{2n\sin\frac{1}{n}}}}{\frac{1}{n^2}}=\lim\limits_{t\to 0^+}\mathrm{e}^{2(\frac{\sin t}{t}-1)\ln t}=0$,且 $\sum\dfrac{1}{n^2}$ 收敛,则由比较原则可知,级数亦收敛.

2. 知识点窍 比式判别法与根式判别法的应用.

逻辑推理 利用比式判别法与根式判别法判断级数的敛散性时,通常当通项中含有 n 的阶乘项时使用比式判别法,当通项中含有 n 次方时使用根式判别法.

> **比式判别法:** 有正项级数 $\sum\limits_{n=1}^{\infty} u_n$,且 $\lim\limits_{n\to\infty}\dfrac{u_{n+1}}{u_n}=q$,①当 $q<1$ 时,级数 $\sum\limits_{n=1}^{\infty} u_n$ 收敛;②当 $q>1$ 或 $q=+\infty$ 时,级数 $\sum\limits_{n=1}^{\infty} u_n$ 发散.
> **根式判别法:** 设 $\sum\limits_{n=1}^{\infty} u_n$ 为正项级数,且 $\lim\limits_{n\to\infty}\sqrt[n]{u_n}=l$,①当 $l<1$ 时,级数 $\sum\limits_{n=1}^{\infty} u_n$ 收敛;②当 $l>1$ 时,级数 $\sum\limits_{n=1}^{\infty} u_n$ 发散.

解题过程 (1) 因 $\lim\limits_{n\to\infty}\dfrac{u_{n+1}}{u_n}=\lim\limits_{n\to\infty}\dfrac{1\cdot 3\cdot\cdots\cdot(2n+1)}{(n+1)!}\cdot\dfrac{n!}{1\cdot 3\cdot\cdots\cdot(2n-1)}=\lim\limits_{n\to\infty}\dfrac{2n+1}{n+1}=2>1$,所以级数发散.

(2) 因 $\lim\limits_{n\to\infty}\dfrac{u_{n+1}}{u_n}=\lim\limits_{n\to\infty}\dfrac{n+2}{10}=+\infty$,所以级数发散.

(3) 因 $\lim\limits_{n\to\infty}\sqrt[n]{u_n}=\lim\limits_{n\to\infty}\dfrac{n}{2n+1}=\dfrac{1}{2}<1$,所以级数收敛.

(4) 因 $\dfrac{u_{n+1}}{u_n}=\dfrac{(n+1)!}{n!}\cdot\dfrac{n^2}{(n+1)\cdot(n+1)}=\left(\dfrac{n}{n+1}\right)^n$, $\lim\limits_{n\to\infty}\dfrac{u_{n+1}}{u_n}=\dfrac{1}{e}<1$,所以级数收敛.

(5) 因 $\lim\limits_{n\to\infty}\dfrac{u_{n+1}}{u_n}=\lim\limits_{n\to\infty}\dfrac{(n+1)^2\cdot 2^n}{n^2\cdot 2^{n+1}}=\dfrac{1}{2}$,所以级数收敛.

(6) 因 $\lim\limits_{n\to\infty}\sqrt[n]{u_n}=\lim\limits_{n\to\infty}\dfrac{b}{a_n}=\dfrac{b}{a}$,所以当 $b>a$ 时,级数发散;当 $b<a$ 时,级数收敛.

3. 知识点窍 级数的性质:改变有限项不改变级数的敛散性;比较判别法.

解题过程 由题意知:当 $n>N_0$ 时,有 $\dfrac{u_{n+1}}{u_n}\leqslant\dfrac{v_{n+1}}{v_n}$. 因此

$$\dfrac{u_{n+1}}{v_{n+1}}\leqslant\dfrac{u_n}{v_n}\leqslant\cdots\leqslant\dfrac{u_{N_0+1}}{v_{N_0+1}}\Rightarrow u_{n+1}\leqslant\dfrac{u_{N_0+1}}{v_{N_0+1}}\cdot v_{n+1}\ (n>N_0).$$

又因改变级数的有限项不改变级数的敛散性,所以由比较判别法可得,若级数 $\sum v_n$ 收敛,则级数 $\sum u_n$ 也收敛;若 $\sum u_n$ 发散,则 $\sum v_n$ 也发散.

4. 知识点窍 正项级数收敛的判别法.

逻辑推理 因 $\sum\limits_{n=1}^{\infty} a_n$ 收敛,所以 $\lim\limits_{n\to\infty} a_n=0$,即存在 N,当 $n\geqslant N$ 时,有 $0\leqslant a_n<1$,则 $a_n^2<a_n$,再利用比较原则即可得证 $\sum\limits_{n=1}^{\infty} a_n^2$ 收敛,反之不成立.

解题过程 由 $\sum\limits_{n=1}^{\infty} a_n$ 收敛知 $\lim\limits_{n\to\infty} a_n=0$,于是存在 N,当 $n\geqslant N$ 时,$0\leqslant a_n<1$,从而当 $n\geqslant N$ 时,有 $0\leqslant a_n^2<a_n$,由比较原则推得 $\sum\limits_{n=1}^{\infty} a_n$ 收敛,则 $\sum\limits_{n=N_0+1}^{\infty} a_n^2$ 收敛,即得 $\sum\limits_{n=1}^{\infty} a_n^2$ 收敛,反之不成立. 例如 $\sum\limits_{n=1}^{\infty}\dfrac{1}{n^2}$ 收敛,但 $\sum\limits_{n=1}^{\infty}\dfrac{1}{n}$ 发散.

5. 知识点窍 比较原则:两个正项级数 $\sum\limits_{n=1}^{\infty}u_n$, $\sum\limits_{n=1}^{\infty}v_n$, 有 $u_n \leqslant v_n$, ① $\sum\limits_{n=1}^{\infty}u_n$ 发散, $\sum\limits_{n=1}^{\infty}v_n$ 也发散; ② $\sum\limits_{n=1}^{\infty}v_n$ 收敛, $\sum\limits_{n=1}^{\infty}u_n$ 也收敛.

逻辑推理 $\{na_n\}$ 有界 $\Rightarrow 0 \leqslant a_n < \dfrac{M}{n} \Rightarrow a_n^2 < \dfrac{M^2}{n^2}$; 由比较原则推得 $\sum\limits_{n=1}^{\infty} \dfrac{M^2}{n^2}$ 收敛 $\Rightarrow \sum\limits_{n=1}^{\infty} a_n^2$ 收敛.

解题过程 因 $\{na_n\}$ 有界,所以 $\exists M > 0$, 对一切 n 有 $0 \leqslant na_n \leqslant M$ $(n=1,2,\cdots)$, 则 $0 \leqslant a_n \leqslant \dfrac{M}{n}$, 从而 $a_n^2 \leqslant \dfrac{M^2}{n^2}$, 而 $\sum\limits_{n=1}^{\infty} \dfrac{M^2}{n^2}$ 收敛 (M 为常数), 由比较原则知 $\sum\limits_{n=1}^{\infty} a_n^2$ 也收敛.

6. 知识点窍 比较判别法.

逻辑推理 根据已知条件判断 $\dfrac{1}{2}\left(a_n^2 + \dfrac{1}{n^2}\right)$ 的敛散性,根据均值不等式 $0 < \dfrac{a_n}{n} \leqslant \dfrac{1}{2}\left(a_n^2 + \dfrac{1}{n^2}\right)$ 以及比较原则即可得证.

解题过程 对任意正整数 n, 由于 $0 < \dfrac{a_n}{n} = a_n \cdot \dfrac{1}{n} \leqslant \dfrac{1}{2}\left(a_n^2 + \dfrac{1}{n^2}\right)$, 而 $\sum\limits_{n=1}^{\infty} a_n^2$ 与 $\sum\limits_{n=1}^{\infty} \dfrac{1}{n^2}$ 都收敛, 故 $\sum\limits_{n=1}^{\infty} \dfrac{1}{2}\left(a_n^2 + \dfrac{1}{n^2}\right)$ 收敛. 由比较原则可知 $\sum\limits_{n=1}^{\infty} \dfrac{a_n}{n}$ 收敛.

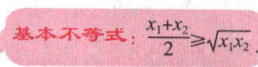
基本不等式: $\dfrac{x_1 + x_2}{2} \geqslant \sqrt{x_1 x_2}$

7. 解题过程 因为级数 $\sum\limits_{n=1}^{\infty} u_n$ 收敛, 所以级数 $\sum\limits_{n=1}^{\infty} u_{n+1}$ 收敛, 级数 $\sum\limits_{n=1}^{\infty}(u_n + u_{n+1})$ 也收敛.

$\sqrt{u_n u_{n+1}} \leqslant \dfrac{1}{2}(u_n + u_{n+1})$, 而且已知 $\sum\limits_{n=1}^{\infty} u_n$ 收敛, 从而 $\sum\limits_{n=1}^{\infty} \dfrac{1}{2}(u_n + u_{n+1})$ 收敛, 故由比较原则知 $\sum\limits_{n=1}^{\infty} \sqrt{u_n u_{n+1}}$ 收敛.

8. 知识点窍 级数收敛的必要条件:若级数收敛,则 $\lim\limits_{n\to\infty} u_n = 0$.

逻辑推理 先利用级数收敛的判定定理判断级数收敛,再利用级数收敛的必要条件.

解题过程 (1) 设 $u_n = \dfrac{n^n}{(n!)^2}$, 且 $\sum\limits_{n=1}^{\infty} \dfrac{n^n}{(n!)^2}$ 为正项级数, 因为

$$\dfrac{u_{n+1}}{u_n} = \dfrac{(n+1)^n(n+1)}{(n+1)!(n+1)!} \cdot \dfrac{n!n!}{n^n} = \dfrac{1}{n+1}\left(\dfrac{n+1}{n}\right)^n,$$

所以 $\lim\limits_{n\to\infty} \dfrac{u_{n+1}}{u_n} = 0$. 故级数 $\sum u_n$ 收敛.

由级数收敛的必要条件知 $\lim\limits_{n\to\infty} \dfrac{n^n}{(n!)^2} = 0$.

(2) 设 $u_n = \dfrac{(2n)!}{a^{n!}} (a > 1)$, 因为

$$\dfrac{u_{n+1}}{u_n} = \dfrac{[2(n+1)]!}{a^{n!\cdot(n+1)!}} \cdot \dfrac{a^{n!}}{(2n)!} = \dfrac{(2n+1)(2n+2)}{a^{n!\cdot n}},$$

所以 $\lim\limits_{n\to\infty}\dfrac{u_{n+1}}{u_n}=0$. 故级数 $\sum u_n$ 收敛. 由级数收敛的必要条件可得 $\lim\limits_{n\to\infty}\dfrac{(2n)!}{a^{n!}}=0$.

9. **知识点窍** 积分判别法:设 $f(x)$ 为 $[1,+\infty)$ 上的非负递减函数,则正项级数 $\sum\limits_{n=1}^{\infty}f(n)$ 与反常积分 $\int_{1}^{+\infty}f(x)\mathrm{d}x$ 同时收敛或同时发散.

逻辑推理 先判断 $f(x)$ 的单调性,若是非负递减函数,利用积分判别法可知 $\int_{1}^{+\infty}f(x)\mathrm{d}x$ 与 $\sum\limits_{n=1}^{\infty}f(x)$ 同时收敛或同时发散.

解题过程 (1) 设 $f(x)=\dfrac{1}{x^2+1}$,则 $f(x)$ 在 $[1,+\infty)$ 上非负递减, $\int_{1}^{+\infty}\dfrac{\mathrm{d}x}{x^2+1}=\arctan x\bigg|_{1}^{+\infty}$

$=\dfrac{\pi}{4}$ 收敛,由积分判别法知,级数 $\sum\limits_{n=1}^{\infty}\dfrac{1}{n^2+1}$ 收敛.

(2) 设 $f(x)=\dfrac{x}{x^2+1}$,由 $f'(x)<0$ 可知 $f(x)$ 在 $[1,+\infty)$ 上非负递减,而

无穷积分 $\int_{1}^{+\infty}f(x)\mathrm{d}x=\int_{1}^{+\infty}\dfrac{x\mathrm{d}x}{1+x^2}=\dfrac{1}{2}\ln\dfrac{1+x^2}{2}\bigg|_{1}^{+\infty}=+\infty$ 发散,

故由积分判别法知,级数 $\sum\limits_{n=1}^{\infty}\dfrac{n}{n^2+1}$ 发散.

(3) 设 $f(x)=\dfrac{1}{x(\ln x)(\ln\ln x)}$,则 $f(x)$ 在 $[3,+\infty)$ 上非负递减,而

$\int_{3}^{+\infty}\dfrac{\mathrm{d}x}{x(\ln x)(\ln\ln x)}=\int_{\ln\ln 3}^{+\infty}\dfrac{\mathrm{d}u}{u}=\ln[\ln(\ln x)]\bigg|_{3}^{+\infty}=+\infty$.

此积分发散,由积分判别法知原级数发散.

(4) 设 $f(x)=\dfrac{1}{x(\ln x)^p(\ln\ln x)^q}$,则 $f(x)$ 在 $[3,+\infty)$ 上非负递减.

① 当 $p=1$ 时, $\int_{3}^{+\infty}\dfrac{\mathrm{d}x}{x\ln x(\ln\ln x)^q}=\int_{\ln\ln 3}^{+\infty}\dfrac{\mathrm{d}u}{u^q}=\begin{cases}\dfrac{1}{q-1}\cdot\dfrac{1}{(\ln\ln 3)^{q-1}} & (q>1)\\ +\infty & (q\leqslant 1)\end{cases}$,

当 $q>1$ 时收敛,当 $q\leqslant 1$ 时发散. 故原级数当 $p=1,q>1$ 时收敛;当 $p=1,q\leqslant 1$ 时发散.

② 当 $p\neq 1$ 时, $\int_{3}^{+\infty}\dfrac{\mathrm{d}x}{x(\ln x)^p(\ln\ln x)^q}=\int_{\ln\ln 3}^{+\infty}\dfrac{\mathrm{d}u}{\mathrm{e}^{(p-1)u}u^q}$.

对任意 q,当 $p-1>0$ 时,有 $\lim\limits_{u\to\infty}u^p\cdot\dfrac{1}{\mathrm{e}^{(p-1)u}u^q}=0$,故此时积分收敛;当 $p-1<0$ 时,有 $\lim\limits_{u\to\infty}u^p$

$\cdot\dfrac{1}{\mathrm{e}^{(p-1)u}u^q}=\infty$,故此时积分发散.

综合上述结果:① 当 $p>1$ 时,级数收敛.
② 当 $p=1,q>1$ 时,级数收敛;当 $p=1,q\leqslant 1$ 时,级数发散.
③ 当 $p<1$ 时,级数发散.

10. **知识点窍** 正项级数判别方法的使用,正确选择各个方法.

解题过程 (1) 因为 $\lim\limits_{n\to\infty}u_n=\lim\limits_{n\to\infty}\dfrac{n-\sqrt{n}}{2n-1}=\lim\limits_{n\to\infty}\dfrac{1-\dfrac{1}{\sqrt{n}}}{2-\dfrac{1}{n}}=\dfrac{1}{2}\neq 0$,所以级数 $\sum\dfrac{n-\sqrt{n}}{2n-1}$ 发散.

(2) 因为 $\lim\limits_{n\to\infty}\sqrt[n]{u_n}=\lim\limits_{n\to\infty}\sqrt[n]{\dfrac{1}{1+a^n}}<\lim\limits_{n\to\infty}\sqrt[n]{\dfrac{1}{a^n}}=\dfrac{1}{a}<1$，所以级数收敛.

(3) 因为 $\lim\limits_{n\to\infty}\dfrac{u_{n+1}}{u_n}=\lim\limits_{n\to\infty}\dfrac{(n+1)\ln(n+1)}{2^{n+1}}\cdot\dfrac{2^n}{n\ln n}=\lim\limits_{n\to\infty}\dfrac{1}{2}\dfrac{(n+1)\ln(n+1)}{n\ln n}=\dfrac{1}{2}<1$，所以级数收敛.

(4) 因为 $\lim\limits_{n\to\infty}\dfrac{u_{n+1}}{u_n}=\lim\limits_{n\to\infty}\dfrac{(n+1)!2^{n+1}}{(n+1)^{n+1}}\cdot\dfrac{n^n}{n!2^n}=\lim\limits_{n\to\infty}2\left(\dfrac{n}{n+1}\right)^n=\dfrac{2}{e}<1$，所以级数 $\sum\dfrac{n!2^n}{n^n}$ 收敛.

(5) 因为 $\lim\limits_{n\to\infty}\dfrac{u_{n+1}}{u_n}=\lim\limits_{n\to\infty}\dfrac{(n+1)!3^{n+1}}{(n+1)^{n+1}}\cdot\dfrac{n^n}{n!3^n}=\dfrac{3}{e}>1$，所以级数 $\sum\dfrac{n!3^n}{n^n}$ 发散.

(6) 设 $u_n=\dfrac{1}{3^{\ln n}}$，则 $\lim\limits_{n\to\infty}\dfrac{\ln\dfrac{1}{u_n}}{\ln n}=\ln 3>1$，故 $\exists q>1, \exists N>0$，当 $n>N$ 时，有 $\ln\dfrac{1}{u_n}>q\ln n=\ln n^q$，即 $\dfrac{1}{u_n}>n^q\Rightarrow u_n<\dfrac{1}{n^q}$.

又因为 $\sum\dfrac{1}{n^q}$ 收敛，所以 $\sum u_n$ 收敛.

(7) 因为 $\lim\limits_{n\to\infty}\dfrac{u_{n+1}}{u_n}=\lim\limits_{n\to\infty}\dfrac{x^{n+1}}{(1+x)(1+x^2)\cdots(1+x^{n+1})}\cdot\dfrac{(1+x)(1+x^2)\cdots(1+x^n)}{x^n}$
$=\lim\limits_{n\to\infty}\dfrac{x}{1+x^{n+1}}$.

① 当 $0<x<1$ 时，$\lim\limits_{n\to\infty}\dfrac{x}{1+x^{n+1}}=x<1$.

② 当 $x=1$ 时，$\lim\limits_{n\to\infty}\dfrac{x}{1+x^{n+1}}=\dfrac{1}{2}<1$.

③ 当 $x>1$ 时，$\lim\limits_{n\to\infty}\dfrac{x}{1+x^{n+1}}=0<1$.

所以由比式判别法可知，正项级数收敛.

11. **知识点窍** 比较判别法的应用.

逻辑推理 通过比较两个级数的前 n 项和 S_n,T_n 的大小，判断两个级数的敛散性之间的关系.

解题过程 设级数 $\sum\limits_{n=1}^{\infty}a_n$ 和 $\sum\limits_{m=0}^{\infty}2^m a_{2^m}$ 的前 n 项和分别为 S_n,T_n.

因 $\{a_n\}$ 为递减正项数列，故 $T_n=a_1+2a_2+4a_4+\cdots+2^n\cdot a_{2^n}$，

$S_{2^n}=a_1+a_2+\cdots+a_{2^n}=a_1+a_2+(a_3+a_4)+\cdots+(a_{2^{n-1}+1}+\cdots+a_{2^n})$

$\geqslant a_1+a_2+2a_4+\cdots+2^{n-1}a_{2^n}\geqslant\dfrac{1}{2}a_1+a_2+\cdots+2^{n-1}a_{2^n}=\dfrac{1}{2}T_n$.

故若 $\sum a_n$ 收敛，则 $\sum 2^m a_{2^m}$ 也收敛；若 $\sum 2^m a_{2^m}$ 发散，则 $\sum a_n$ 也发散.

又 $S_n<S_{2^n}=a_1+a_2+\cdots+a_{2^n}\leqslant a_1+(a_2+a_3)+\cdots+(a_{2^n}+a_{2^n+1}+\cdots+a_{2^{(n+1)}-1})$

$\leqslant a_1+2a_2+\cdots+2^n a_{2^n}=T_n$.

故若 $\sum 2^m a_{2^m}$ 收敛，则 $\sum a_n$ 也收敛；若 $\sum a_n$ 发散，则 $\sum 2^m a_{2^m}$ 也发散.

12. **知识点窍** 拉贝判别法的极限形式：设 $\sum\limits_{n=1}^{\infty} u_n$ 为正项级数，且 $\lim\limits_{n\to\infty} n\left(1-\dfrac{u_{n+1}}{u_n}\right) = r$，则当 $r>1$ 时，级数 $\sum\limits_{n=1}^{\infty} u_n$ 收敛；当 $r<1$ 时，级数 $\sum\limits_{n=1}^{\infty} u_n$ 发散.

逻辑推理 求出 $\lim\limits_{n\to\infty} n\left(1-\dfrac{u_{n+1}}{u_n}\right)$ 的极限，再由拉贝判别法判断级数的敛散性.

解题过程 (1) 因为 $n\left(1-\dfrac{u_{n+1}}{u_n}\right) = n\left[1 - \dfrac{(2n+1)!!}{(2n+2)!!} \cdot \dfrac{2n+1}{2n+3} \cdot \dfrac{2n!!}{(2n-1)!!}\right]$
$= \dfrac{n(6n+5)}{(2n+2)(2n+3)}$,

所以 $\lim\limits_{n\to\infty} n\left(1-\dfrac{u_{n+1}}{u_n}\right) = \dfrac{3}{2} > 1$，由拉贝判别法知该级数收敛.

(2) 因为 $\lim\limits_{n\to\infty} n\left(1-\dfrac{u_{n+1}}{u_n}\right) = \lim\limits_{n\to\infty} \dfrac{nx}{x+n+1} = x$.

由拉贝判别法知，当 $x>1$ 时，原级数收敛；当 $x<1$ 时，原级数发散；

当 $x=1$ 时，原级数为 $\sum\limits_{n=1}^{\infty} \dfrac{1}{n+1}$，也发散.

13. **知识点窍** (1) 根式判别法：$\lim\limits_{n\to\infty} \sqrt[n]{u_n} = l$，则① 当 $l<1$ 时，级数收敛；② 当 $l>1$ 时，级数发散.

(2) 根式判别法和比式判别法比较.

解题过程 设 $u_n = 2^{-n-(-1)^n}$，则 $\lim\limits_{n\to\infty} \sqrt[n]{u_n} = \lim\limits_{n\to\infty} \dfrac{1}{2}\sqrt[n]{\dfrac{1}{2^{(-1)^n}}} = \dfrac{1}{2} < 1$.

由根式判别法知 $\sum\limits_{n=1}^{\infty} u_n$ 收敛，而 $\dfrac{u_{n+1}}{u_n} = 2^{-(-1)^{n+1}+(-1)^n-1}$,

可见当 n 为偶数时，$\lim\limits_{n\to\infty} \dfrac{u_{n+1}}{u_n} = 2$；当 n 为奇数时，$\lim\limits_{n\to\infty} \dfrac{u_{n+1}}{u_n} = \dfrac{1}{8}$，故比式判别法对此级数无效.

14. **知识点窍** 级数收敛的柯西准则.

逻辑推理 根据柯西准则定理，证明 $\left|\dfrac{1}{(n+1)^p} + \dfrac{1}{(n+2)^p} + \cdots + \dfrac{1}{(n+n)^p}\right| < \varepsilon$，则可求得 $\lim\limits_{n\to\infty}\left(\dfrac{1}{(n+1)^p} + \dfrac{1}{(n+2)^p} + \cdots + \dfrac{1}{(n+n)^p}\right) = 0$

解题过程 (1) 对于级数 $\sum \dfrac{1}{n^p}$，因 $p>1$，故级数 $\sum \dfrac{1}{n^p}$ 收敛. 根据柯西准则，

对 $\forall \varepsilon > 0, \exists N$，当 $n>N$ 时，有 $\left|\dfrac{1}{(n+1)^p} + \dfrac{1}{(n+2)^p} + \cdots + \dfrac{1}{(2n)^p}\right| < \varepsilon$.

故原式 $= 0$.

(2) 对于级数 $\sum \dfrac{1}{p^n}$，因 $p>1$，所以级数 $\sum \dfrac{1}{p^n}$ 收敛.

根据柯西准则，对 $\forall \varepsilon > 0, \exists N$，当 $n>N$ 时，有

$\left|\dfrac{1}{p^{n+1}} + \dfrac{1}{p^{n+2}} + \cdots + \dfrac{1}{p^{2n}}\right| < \varepsilon$，故原式 $= 0$.

15. **逻辑推理** 注意到数列 $\{(1+a_1)(1+a_2)\cdots(1+a_n)\}$ 与正项级数 $\sum \ln(1+a_n)$ 的敛散性相同，

故只需证明 $\sum \ln(1+a_n)$ 与 $\sum a_n$ 之间的关系.

解题过程 因为 $\ln(1+a_n) < a_n(a_n > 0)$,故若 $\sum a_n$ 收敛,则 $\sum \ln(1+a_n)$ 也收敛;若 $\sum \ln(1+a_n)$ 发散,则 $\sum a_n$ 也发散.

当 $a_n > 1$ 时,有 $\sum \ln(1+a_n)$ 与 $\sum a_n$ 同时发散,当 $0 < a_n < 1$ 时,$\frac{1}{2}a_n < \ln(1+a_n)$,故若 $\sum \ln(1+a_n)$ 收敛,必有 $\sum \frac{1}{2}a_n$ 收敛,也即 $\sum a_n$ 收敛;若 $\sum a_n$ 发散,则 $\sum \frac{1}{2}a_n$ 发散,进而 $\sum \ln(1+a_n)$ 发散.

又因为数列 $\{(1+a_1)(1+a_2)\cdots(1+a_n)\}$ 的敛散性与 $\sum \ln(1+a_n)$ 相同,故数列 $\{(1+a_1)(1+a_2)\cdots(1+a_n)\}$ 与 $\sum a_n$ 的敛散性相同.

习题 12.3

1. 知识点拨 (1) 绝对收敛:若级数各项绝对值所组成的级数收敛,则原级数绝对收敛.

(2) 条件收敛:若原级数收敛,但各项绝对值所组的级数不收敛,则称原级数条件收敛.

(3) 发散:若原级数都不收敛,则称级数发散.

逻辑推理 利用收敛的判定定理,分别判断原级数和绝对值级数是否存在.

解题过程 (1) 因 $\left|\frac{\sin nx}{n!}\right| \leqslant \frac{1}{n!}$,而正项级数 $\sum_{n=1}^{\infty} \frac{1}{n!}$ 收敛,故原级数绝对收敛.

(2) 由于 $\lim\limits_{n\to\infty}\left|(-1)^n \frac{n}{n+1}\right| = 1 \neq 0$,故原级数发散.

(3) 当 $p \leqslant 0$ 时,$\lim\limits_{n\to\infty} \frac{(-1)^n}{n^{p+\frac{1}{n}}} = \lim\limits_{n\to\infty} \frac{n^{-p}}{\sqrt[n]{n}} = \begin{cases} 1, p = 0 \\ +\infty, p < 0 \end{cases}$,故此时原级数发散.

当 $p > 1$ 时,正项级数 $\sum_{n=1}^{\infty} \frac{1}{n^p}$ 收敛,而 $\left|\frac{(-1)^n}{n^{p+\frac{1}{n}}}\right| < \frac{1}{n^p}$,所以此时级数绝对收敛,且知当 $0 < p \leqslant 1$ 时级数不绝对收敛.

当 $0 < p \leqslant 1$ 时,令 $u_n = \frac{1}{n^{p+\frac{1}{n}}}$,则

$$\frac{u_{n+1}}{u_n} = \frac{n^{\frac{1}{n}}}{\left(1+\frac{1}{n}\right)^p (n+1)^{\frac{1}{n+1}}} < \frac{n^{\frac{1}{n}}}{\left(1+\frac{1}{n}\right)^p n^{\frac{1}{n+1}}} = \frac{n^{\frac{1}{n(n+1)}}}{\left(1+\frac{1}{n}\right)^p}.$$

而 $\left(1+\frac{1}{n}\right)^{np} \to e^p > 1$,且 $\lim\limits_{n\to\infty} n^{\frac{1}{n+1}} = 1$,故 n 充分大时,$\left(1+\frac{1}{n}\right)^{np} > n^{\frac{1}{n+1}}$,从而 $u_{n+1} < u_n$,即 $\{u_n\}$ 单调递减(n 充分大以后). 又因 $\lim\limits_{n\to\infty} u_n = 0$,故原级数在 $0 < p \leqslant 1$ 时条件收敛(莱布尼茨判别法).

综上所述，级数 $\sum\limits_{n=1}^{\infty} \dfrac{(-1)^n}{n^{p+\frac{1}{n}}}$：当 $p>1$ 时，绝对收敛；当 $0<p\leqslant 1$ 时条件收敛；当 $p\leqslant 0$ 时发散。

(4) 由于 $\lim\limits_{n\to\infty}\left|\dfrac{(-1)^n\sin\frac{2}{n}}{\frac{2}{n}}\right|=1$，而正项级数 $\sum\limits_{n=1}^{\infty}\dfrac{2}{n}$ 发散，故原级数不绝对收敛，但 $\left\{\sin\dfrac{2}{n}\right\}$ 单调递减且 $\lim\limits_{n\to\infty}\sin\dfrac{2}{n}=0$，由莱布尼茨判别法知交错级数 $\sum\limits_{n=1}^{\infty}(-1)^n\sin\dfrac{2}{n}$ 收敛，且是条件收敛。

(5) 由于 $\sum\limits_{n=1}^{\infty}\dfrac{(-1)^n}{\sqrt{n}}$ 收敛，而正项级数 $\sum\limits_{n=1}^{\infty}\dfrac{1}{n}$ 发散，故原级数发散。

(6) 由于 $\dfrac{\ln(n+1)}{n+1}>\dfrac{1}{n+1}$，且正项级数 $\sum\limits_{n=1}^{\infty}\dfrac{1}{n+1}$ 发散，由比较原则推得 $\sum\limits_{n=1}^{\infty}\left|\dfrac{(-1)^n\ln(n+1)}{n+1}\right|$ 发散，故原级数不绝对收敛，但由于 $\left\{\dfrac{\ln(n+1)}{n+1}\right\}$ 单调递减，且 $\lim\limits_{n\to\infty}\dfrac{\ln(n+1)}{n+1}=0$，根据莱布尼茨判别法，级数 $\sum\limits_{n=1}^{\infty}\dfrac{(-1)^n\ln(n+1)}{n+1}$ 收敛，故原级数条件收敛。

(7) 因为 $\sqrt[n]{\left(\dfrac{2n+100}{3n+1}\right)^n}=\dfrac{2n+100}{3n+1}$，则 $\lim\limits_{n\to\infty}\sqrt[n]{\left(\dfrac{2n+100}{3n+1}\right)^n}=\dfrac{2}{3}$，由级数判定定理知级数 $\sum\limits_{n=1}^{\infty}\left(\dfrac{2n+100}{3n+1}\right)^n$ 收敛，所以原级数绝对收敛。

(8) 由于 $\lim\limits_{n\to\infty}\left|\dfrac{u_{n+1}}{u_n}\right|=\lim\limits_{n\to\infty}\dfrac{|x|}{\left(1+\frac{1}{n}\right)^n}=\dfrac{|x|}{\mathrm{e}}$，

① 当 $|x|<\mathrm{e}$ 时，原级数绝对收敛。

② 当 $|x|>\mathrm{e}$ 时，由比式判断法证得：$\lim\limits_{n\to\infty} n!\left(\dfrac{x}{n}\right)^n\neq 0$，故原级数发散。

③ 当 $|x|=\mathrm{e}$ 时，$\dfrac{u_{n+1}}{u_n}=\dfrac{\mathrm{e}}{\left(1+\frac{1}{n}\right)^n}>1$，故原级数发散。

(9) $S_1=1-\dfrac{1}{4}+\dfrac{1}{7}-\dfrac{1}{10}+\cdots=\sum\limits_{n=1}^{\infty}\dfrac{(-1)^n}{3n+1}$

由莱布尼兹判别法 $\lim\limits_{n\to\infty}\dfrac{1}{3n+1}=0$

且 $\dfrac{1}{3n+1}$ 单调有下界

则可知 S_1 收敛

同理 $S_2=\dfrac{1}{2}-\dfrac{1}{5}+\dfrac{1}{8}-\dfrac{1}{11}+\cdots=\sum\limits_{n=1}^{\infty}\dfrac{(-1)^n}{3n+2}$ 收敛

$S_3=\dfrac{1}{3}-\dfrac{1}{6}+\dfrac{1}{9}-\dfrac{1}{12}+\cdots=\sum\limits_{n=1}^{\infty}\dfrac{(-1)^{n+1}}{3n}$ 收敛

则 $S(n)=S_1+S_2+S_3$ 条件收敛。

(10) 法一：令前 n 项和为 $S(n)$

$$S(3n)=\left(1+\dfrac{1}{2}-\dfrac{1}{3}\right)+\left(\dfrac{1}{4}+\dfrac{1}{5}-\dfrac{1}{6}\right)+\cdots+\left[\dfrac{1}{(3n-2)}+\dfrac{1}{(3n-1)}-\dfrac{1}{3n}\right]$$

当 $n \to \infty$ $\dfrac{1}{3n-2} + \dfrac{1}{3n-1} - \dfrac{1}{3n} \sim \dfrac{1}{3n}$

由于 $\sum\limits_{n=1}^{\infty} \dfrac{1}{3n}$ 发散,根据比较收敛法的极限形式

可知 $\lim\limits_{n\to\infty} S(3n)$ 发散

而 $\lim\limits_{n\to\infty} S(3n+1) = \lim\limits_{n\to\infty}\left[S(3n) + \dfrac{1}{3n+1}\right] = \lim\limits_{n\to\infty} S(3n)$ 发散

$\lim\limits_{n\to\infty} S(3n+2) = \lim\limits_{n\to\infty}\left[S(3n) + \dfrac{1}{3n+1} + \dfrac{1}{3n+2}\right] = \lim\limits_{n\to\infty} S(3n)$ 发散

则 $\lim\limits_{n\to\infty} S(n)$ 发散

法二: $S(n) = 1 + \dfrac{1}{2} - \dfrac{1}{3} + \dfrac{1}{4} + \dfrac{1}{5} - \dfrac{1}{6} + \cdots$

$= 1 + \left(\dfrac{1}{2} - \dfrac{1}{3}\right) + \dfrac{1}{4} + \left(\dfrac{1}{5} - \dfrac{1}{6}\right) + \cdots$

$> 1 + \dfrac{1}{4} + \dfrac{1}{8} + \cdots + \dfrac{1}{4n} + \cdots$

由于 $1 + \dfrac{1}{4} + \dfrac{1}{8} + \cdots + \dfrac{1}{4n}$ 发散

则 $S(n)$ 发散.

2. **知识点窍** 阿贝尔判别法:如果 $\{a_n\}$ 为单调有界数列,且级数 $\sum\limits_{n=1}^{\infty} b_n$ 收敛,则级数 $\sum\limits_{n=1}^{\infty} a_n b_n$ 也收敛.

狄利克雷判别法:如果数列 $\{a_n\}$ 单调递减, $\lim\limits_{n\to\infty} a_n = 0$,且级数 $\sum\limits_{n=1}^{\infty} b_n$ 的部分和数列有界,则级数 $\sum\limits_{n=1}^{\infty} a_n b_n$ 收敛.

逻辑推理 利用判别法即可求解.

解题过程 (1) 令 $f(x) = \dfrac{a^x}{1+a^x}(a > 0)$,则 $0 < f(x) < 1$.

因为 $f'(x) = \dfrac{a^x \ln a}{(1+a^x)^2}$,所以当 $0 < a < 1$ 时, $f'(x) < 0$;当 $a = 1$ 时, $f'(x) = 0$.

因为 $f(x)$ 单调且有界,即数列 $\left\{\dfrac{x^n}{1+x^n}\right\}$ 关于 n 单调有界.

又级数 $\sum \dfrac{(-1)^n}{n}$ 收敛,由阿贝尔判别法知级数收敛.

(2) 级数的部分和数列

$S_n = \dfrac{1}{\sin\dfrac{x}{2}} \cdot \sin\dfrac{x}{2} S_n = \dfrac{1}{2\sin\dfrac{x}{2}} \cdot \left(\cos\dfrac{x}{2} - \cos\dfrac{3x}{2} + \cdots - \cos\dfrac{2n+1}{2}x\right)$

$= \dfrac{\cos\dfrac{x}{2} - \cos\dfrac{2n+1}{2}x}{2\sin\dfrac{x}{2}}$,

因为 $x \in (0, 2\pi)$,所以 $\dfrac{x}{2} \in (0, \pi)$.

故 $|S_n| \leqslant \dfrac{1}{\sin\dfrac{x}{2}}$,即 S_n 有界.

又 $a > 0$ 时,数列 $\left\{\dfrac{1}{n^a}\right\}$ 单调递减且 $\lim\limits_{n\to\infty}\dfrac{1}{n^a} = 0$.

由狄利克雷判别法知级数收敛.

(3) 级数 $\sum(-1)^n\cos^2 n$ 的前 n 项和

$$|S_n| = \left|\sum_{k=1}^{n}(-1)^k\cos^2 kx\right| = \left|\sum_{k=1}^{n}(-1)^k\dfrac{1+\cos 2kx}{2}\right| \leqslant \left|\sum_{k=1}^{n}\dfrac{(-1)^k}{2}\right| + \left|\sum_{k=1}^{n}\dfrac{(-1)^k\cos 2kx}{2}\right|$$

$$\leqslant \dfrac{1}{2} + \dfrac{1}{2}\left|\sum_{k=1}^{n}\cos 2kx\right| = \dfrac{1}{2} + \dfrac{1}{2}\left|\dfrac{4\sin(2n+1)x - 4\sin x}{2\sin x}\right|$$

$$\leqslant \dfrac{1}{2} + \dfrac{1}{2}\left(\dfrac{2}{|\sin x|} + 2\right) = \dfrac{3}{2} + \dfrac{1}{|\sin x|}.$$

故对任意的 $x \in (0,\pi)$,级数 $\sum\limits_{n=1}^{\infty}(-1)^n\cos^2 nx$ 的前 n 项和数列是有界的.

由狄利克雷判别法知级数收敛.

3. **知识点窍** 莱布尼茨判别法:如果交错级数满足:① 数列 $\{u_n\}$ 单调递减;② $\lim\limits_{n\to\infty}u_n = 0$,则级数收敛.

逻辑推理 判断数列 $\{u_n\}$ 单调递减且趋于零即可.

解题过程 记 $u_n = \dfrac{a_1 + a_2 + \cdots + a_n}{n}$,则 $u_n - u_{n+1} = \dfrac{a_1 + a_2 + \cdots + a_n - na_{n+1}}{n(n+1)} > 0$.

故数列 $\{u_n\}$ 单调递减,且 $\lim\limits_{n\to\infty}u_n = \lim\limits_{n\to\infty}\dfrac{a_1 + a_2 + \cdots + a_n}{n} = \lim\limits_{n\to\infty}a_n = 0$.

由莱布尼茨判别法推得交错级数 $\sum\limits_{n=1}^{\infty}(-1)^{n-1}\dfrac{a_1 + a_2 + \cdots + a_n}{n}$ 收敛.

4. **知识点窍** 条件收敛的定义.

逻辑推理 利用反证法假设 $\sum p_n$ 收敛. 证明 $\sum u_n$ 收敛与条件收敛矛盾.

解题过程 假设 $\sum\limits_{n=1}^{\infty}p_n = \sum\limits_{n=1}^{\infty}\dfrac{1}{2}(|u_n| + u_n)$ 收敛,则 $\sum\limits_{n=1}^{\infty}|u_n| = \sum\limits_{n=1}^{\infty}(2p_n - u_n) = 2\sum\limits_{n=1}^{\infty}p_n - \sum\limits_{n=1}^{\infty}u_n$

收敛与题设 $\sum u_n$ 条件收敛矛盾,所以 $\sum p_n$ 发散. 同理可证 $\sum q_n$ 发散.

5. **知识点窍** 级数的乘积.

逻辑推理 两级数绝对收敛时,按对角线相乘法则相乘.

解题过程 (1) 级数 $\sum nx^{n-1}$ 与 $\sum(-1)^{n-1}nx^{n-1}$ 在 $|x| < 1$ 时均绝对收敛,按对角线相乘,第 n 条

对角线和为 $w_n = \sum\limits_{k=1}^{\infty}(k \cdot x^{k-1})[(-1)^{n-k}(n-k+1)x^{n-k}] = x^{n-1}\sum\limits_{k=1}^{\infty}(-1)^{n-k}k(n-k+1)$.

考虑 n 的奇偶数:

$$w_{2n} = x^{2n-1}\sum_{k=1}^{2n}(-1)^{2n-k}k(2n-k+1) = x^{2n-1}[-2n + 2(2n-1) - 3(2n-2) + \cdots$$

$$+ (-1)^n \cdot n \cdot (n+1) + (2n) \cdot 1 - (2n-1) \cdot 2 + \cdots + (-1)^{n-1}(n+1)^n]$$

$$= x^{2n-1} \cdot 0 = 0.$$

$$w_{2n+1} = x^{2n}[-\sum_{k=1}^{2n+1}(-1)^{2n-k}k(2n-k+1) + \sum_{k=1}^{2n+1}(-1)^{2n+1-k}k]$$

$$= -w_{2n} + x^{2n}\sum_{k=1}^{2n+1}(-1)^{k+1}k$$

$$= 0 + x^{2n}\sum_{k=1}^{2n+1}(-1)^{k=1}k = x^{2n}[1-2+3-4+\cdots+(2n+1)]$$

$$= x^{2n}(n+1).$$

故原式 $= \sum_{n=0}^{\infty}(n+1)x^{2n}.$

(2) $\because \sum_{n=0}^{\infty}\frac{1}{n!}$ 收敛, $\therefore$ 级数 $\sum_{n=0}^{\infty}\frac{1}{n!}$ 与 $\sum_{n=0}^{\infty}\frac{(-1)^n}{n!}$ 均绝对收敛,按对角线相乘得

$$w_0 = 1, w_0 = \sum_{k=0}^{n}\frac{1}{k!}\cdot\frac{(-1)^{n-k}}{(n-k)!} = \frac{1}{n!}\sum_{k=0}^{n}\frac{(-1)^{n-k}n!}{k!(n-k)!} = \frac{1}{n!}(1-1)^n = 0(n=1,2,3,\cdots),$$

$\therefore$ 原式 $= w_0 = 1.$

6. 知识点窍 判断绝对收敛的方法,绝对收敛级数的乘积.

逻辑推理 按比式判别法,判断级数 $\sum_{n=0}^{\infty}\left|\frac{a^n}{n!}\right|$ 和 $\sum_{n=0}^{\infty}\left|\frac{b^n}{n!}\right|$ 是否绝对收敛.

若级数绝对收敛,按乘积方法即可求解.

解题过程 (1) $\lim\limits_{n\to\infty}\left|\frac{a^{n+1}}{(n+1)!}\right|\cdot\frac{n!}{|a^n|} = \lim\limits_{n\to\infty}\frac{|a|}{n+1} = 0.$

按比式判别法知,级数 $\sum\frac{a^n}{n!}$ 绝对收敛. 同理可知级数 $\sum\frac{b^n}{n!}$ 也绝对收敛.

(2) $\left(\sum_{n=0}^{\infty}\frac{a^n}{n!}\right)\left(\sum_{n=0}^{\infty}\frac{b^n}{n!}\right) = \sum_{n=0}^{\infty}\left(\sum_{k=0}^{n}\frac{a^k}{k!}\cdot\frac{b^{n-k}}{(n-k)!}\right) = \sum_{n=0}^{\infty}\frac{1}{n!}\left(\sum_{k=0}^{n}\frac{n!}{k!(n-k)!}a^kb^{n-k}\right)$

$$= \sum_{n=0}^{\infty}\frac{(a+b)^n}{n!}.$$

7. 知识点窍 级数的敛散性与通项的顺序之间的关系.

解题过程 级数 $\sum_{n=1}^{\infty}\frac{1}{n}$ 与 $\sum_{n=1}^{\infty}\frac{1}{2n-1}$ 都是发散的正项级数,因此存在 n_1 使得

$$u_1 = \sum_{k=1}^{n_1}\frac{1}{2k-1} - \frac{1}{2} > 1.$$

存在 $n_2 > n_1$,使得 $u_2 = \sum_{k=n_1+1}^{n_2}\frac{1}{2k-1} - \frac{1}{4} > \frac{1}{2}.$

存在 $n_3 > n_2$,使得 $u_3 = \sum_{k=n_2+1}^{n_3}\frac{1}{2k-1} - \frac{1}{6} > \frac{1}{3}.$

……

存在 $n_i+1 > n_i$,使得 $u_{i+1} = \sum_{k=n_i+1}^{n_{i+1}}\frac{1}{2k-1} - \frac{1}{2(i+1)} > \frac{1}{i+1}.$

得到的级数 $\sum_{n=1}^{\infty}u_i$ 便是重排后的级数,因 $u_i > \frac{1}{i}$ 及 $\sum_{i=1}^{\infty}\frac{1}{i}$ 发散,故重排后的级数发散.

8. **解题过程** $\sum_{k=1}^{\infty}\frac{(-1)^{[\sqrt{n}]}}{n} = \left(1+\frac{1}{2}+\frac{1}{3}\right)+\left(\frac{1}{4}+\cdots+\frac{1}{8}\right)-\left(\frac{1}{9}+\cdots+\frac{1}{15}\right)+\cdots-\cdots$

$$= \sum_{k=1}^{\infty}(-1)^k\left(\frac{1}{k^2}+\frac{1}{k^2+1}+\cdots+\frac{1}{(k+1)^2-1}\right)$$

$$= \sum_{k=1}^{\infty}(-1)^k u_k.$$

$\because u_k = \frac{1}{k^2}+\cdots+\frac{1}{k^2+k-1}+\frac{1}{k^2+k}+\cdots+\frac{1}{(k+1)^2-1}$

$\qquad < \frac{1}{k^2}\cdot k + \frac{1}{k^2+k}\cdot(k+1) = \frac{2}{k}.$

同理 $u_k > \frac{k}{k^2+k}+\frac{k+1}{(k+1)^2-1} = \frac{2}{k+1},$

$\therefore \{u_n\}$ 单调递减且 $\lim\limits_{k\to\infty} u_k = 0.$ 由莱布尼茨判别法知 $\sum_{n=1}^{\infty}(-1)^n u_n$ 收敛.

从而 $\sum_{n=1}^{\infty}\frac{(-1)^{[\sqrt{n}]}}{n}$ 也收敛.

■ 第十二章总练习题

1. **知识点窍** 柯西准则,正项级数,级数收敛.

解题过程 由柯西准则知,当级数 $\sum u_n$ 收敛时,对任给的正数 ε, $\exists N$, 当 $n > N$ 时,有

$$0 < u_{n+1}+u_{n+2}+\cdots+u_{2n} < \varepsilon.$$

$\because$ 由 $\{u_n\}$ 单调可知 $\{u_n\}$ 必单调递减,从而 $u_{2n} \leqslant u_{n+1}$.

$\therefore 0 \leqslant n u_{2n} \leqslant u_{n+1}+u_{n+2}+\cdots+u_{2n} < \varepsilon, 0 \leqslant 2nu_{2n} < 2\varepsilon.$

$\therefore \lim\limits_{n\to\infty} 2nu_{2n} = 0.$

又 $u_{2n+1} \leqslant u_{2n}, \therefore 0 \leqslant (2n+1)u_{2n+1} \leqslant (2n+1)u_{2n} = 2nu_{2n}\cdot\frac{2n+1}{2n} \to 0 (n\to\infty).$

$\therefore \lim\limits_{n\to\infty}(2n+1)u_{2n+1} = 0.$

$\therefore \lim\limits_{n\to\infty} nu_n = 0.$

2. **知识点窍** 级数收敛的判定定理.

逻辑推理 利用 $0 \leqslant b_n - a_n \leqslant c_n - a_n$, 因 $\sum_{n=1}^{\infty}(c_n - a_n)$ 收敛,利用比较原则可判定 $\sum_{n=1}^{\infty}(b_n - a_n)$ 收敛,由此另证 $\sum_{n=1}^{\infty} b_n = \sum_{n=1}^{\infty}(b_n - a_n) + a_n$ 也收敛.

解题过程 因为级数 $\sum_{n=1}^{\infty} a_n$ 与 $\sum_{n=1}^{\infty} c_n$ 收敛,所以 $\sum_{n=1}^{\infty}(c_n - a_n)$ 收敛.

又因为 $0 \leqslant b_n - a_n \leqslant c_n - a_n \quad (n=1,2,\cdots),$

由比较原则知 $\sum_{n=1}^{\infty}(b_n - a_n)$ 也收敛,于是由 $\sum_{n=1}^{\infty} b_n = \sum_{n=1}^{\infty}[(b_n - a_n) + a_n]$ 知 $\sum_{n=1}^{\infty} b_n$ 也收敛. 但级数

$\sum_{n=1}^{\infty} a_n, \sum_{n=1}^{\infty} c_n$ 都发散时, $\sum_{n=1}^{\infty} b_n$ 不一定发散.

例如:$\sum_{n=1}^{\infty} a_n = \sum_{n=1}^{\infty}(-2), \sum_{n=1}^{\infty} c_n = \sum_{n=1}^{\infty} 2,$

由于 $a_n \leqslant c_n$,当 $b_n = 1$ 时,级数 $\sum_{n=1}^{\infty} b_n$ 发散.

当 $b_n = \dfrac{(-1)^n}{n}$ 时,级数 $\sum_{n=1}^{\infty} b_n$ 条件收敛.

当 $b_n = \dfrac{(-1)^n}{n^2}$ 时,级数 $\sum_{n=1}^{\infty} b_n$ 绝对收敛.

3. **解题过程** $|\sin nx| \leqslant 1, \left(1 + \dfrac{1}{n}\right)^n$ 收敛,

则 $\left|\sin nx \cdot \left(1 + \dfrac{1}{n}\right)^n\right| = \left|\sin nx \cdot \left(1 + \dfrac{1}{n}\right)^n\right|$ 绝对收敛,

则 $\sin nx \cdot \left(1 + \dfrac{1}{n}\right)^n$ 收敛,

又 $\sum_{n=1}^{\infty} \dfrac{1}{n^p}$ 当 $p > 1$ 时,收敛;当 $p \leqslant 1$ 时,发散.

故当 $p > 1$ 时,原级数收敛;

当 $p \leqslant 1$ 时,原级数发散.

4. **解题过程** 由于 $\lim_{n \to \infty} \dfrac{a_n}{b_n} = k \neq 0$,即 $\lim_{n \to \infty} \left|\dfrac{a_n}{b_n}\right| = |k| > 0$,由比较原则知 $\sum_{n=1}^{\infty} |a_n|$ 收敛,故 $\sum_{n=1}^{\infty} a_n$ 也收敛.

若只知 $\sum_{n=1}^{\infty} b_n$ 收敛,则 $\sum_{n=1}^{\infty} a_n$ 不一定收敛. 例如,设 $a_n = \dfrac{(-1)^n}{\sqrt{n}} + \dfrac{1}{n}, b_n = \dfrac{(-1)^n}{\sqrt{n}},$

则 $\dfrac{a_n}{b_n} = \left(1 + (-1)^n \dfrac{1}{\sqrt{n}}\right) \to 1 \neq 0 (n \to 0),$

而 $\sum_{n=1}^{\infty} b_n = \sum_{n=1}^{\infty} \dfrac{(-1)^n}{\sqrt{n}}$ 收敛,但 $\sum_{n=1}^{\infty} a_n = \sum_{n=1}^{\infty} \left(\dfrac{(-1)^n}{\sqrt{n}} + \dfrac{1}{n}\right)$ 发散.

5. **解题过程** (1) 不能. 若取 $u_n = 1 + \dfrac{1}{n}$,有 $\dfrac{u_{n+1}}{u_n} = \dfrac{n+1}{n+2} < 1$,但 $\sum u_n$ 发散.

(2) 不能. $\because u_n \neq 0$,且 $|u_{n+1}| \geqslant |u_n| \geqslant |u_{n-1}| \geqslant \cdots \geqslant |u_1| > 0,$

$\therefore \lim_{n \to \infty} u_n \neq 0, \sum u_n$ 发散.

(3) 不一定. 取 $u_n = \dfrac{1}{n^2}, \exists \varepsilon = 1$ 满足条件;若取 $u_n = \dfrac{1}{n^n}$,则 $\sum \dfrac{1}{n^n}$ 收敛,对任意的 $\varepsilon > 0$,

$\lim_{n \to \infty} \dfrac{\dfrac{1}{n^n}}{\dfrac{1}{n^{1+\varepsilon}}} = 0.$

6. **逻辑推理** 由 $\sum_{n=1}^{\infty} a_n b_n$ 的部分和收敛证明结论.

解题过程 设 $\sum_{n=1}^{\infty} a_n$ 的部分和为 $S_n = \sum_{k=1}^{\infty} a_k,$

则 $\sum_{n=1}^{\infty} a_n b_n$ 的部分和为 $\sum_{k=1}^{n} a_k b_k = \sum_{k=1}^{n-1} (b_k - b_{k+1}) S_k + b_n S_n$,

由 $\sum_{n=1}^{\infty} a_n$ 收敛,即 S_n 有界,因而 $\exists M > 0$,使 $\forall n \in \mathbf{N}_+$ 有 $|S_n| < M$,

由 $\sum_{n=1}^{\infty} (b_{n+1} - b_n)$ 绝对收敛知 $\sum_{n=1}^{\infty} (b_{n+1} - b_n)$ 收敛,即 $\lim_{n \to \infty} b_n = 0$,故可得 $\lim_{n \to \infty} b_n S_n = 0$,

再由 $|(b_k - b_{k+1}) S_k| \leq M(b_k - b_{k+1})$ 及 $\sum_{n=1}^{\infty} (b_{n+1} - b_n)$ 绝对收敛知 $\sum_{k=1}^{\infty} (b_k - b_{k+1}) S_k$ 收敛,

因而 $\sum_{n=1}^{\infty} a_n b_n$ 收敛.

7. **知识点窍** 级数收敛.

   逻辑推理 因为此级数为正项级数,只需证明前 n 项和有界即可.

   解题过程 此级数为正项级数,这个级数的部分和数列 $\{S_n\}$ 为

   $$S_n = \sum_{k=1}^{n} \frac{a_k}{(1+a_1)(1+a_2)\cdots(1+a_k)}$$

   $$\xlongequal{\diamondsuit\, a_0 = 0} \sum_{k=1}^{n} \left[\frac{1}{(1+a_1)(1+a_2)\cdots(1+a_{k-1})} - \frac{1}{(1+a_k)(1+a_{k-1})\cdots(1+a_1)} \right]$$

   $$= 1 - \frac{1}{(1+a_1)(1+a_2)\cdots(1+a_n)} < 1.$$

   即 $\{S_n\}$ 有界,故正项级数收敛.

8. **知识点窍** 级数收敛,柯西不等式和明可夫斯基不等式.

   逻辑推理 ① 利用不等式 $|a_n b_n| \leq \frac{a_n^2 + b_n^2}{2}$ 和比较法则即可判定级数收敛;② 利用柯西不等式 $(\sum_{k=1}^{n} a_k b_k)^2 \leq \sum_{k=1}^{n} a_k^2 \cdot \sum_{k=1}^{n} b_k^2$ 和 $[\sum_{k=1}^{n} (a_k + b_k)^2]^{\frac{1}{2}} \leq (\sum_{k=1}^{n} a_k^2)^{\frac{1}{2}} + (\sum_{k=1}^{n} b_k^2)^{\frac{1}{2}}$ 即可求解.

   解题过程 因为 $|a_n b_n| \leq \frac{a_n^2 + b_n^2}{2}$,且 $\sum_{n=1}^{\infty} a_n^2, \sum_{n=1}^{\infty} b_n^2$ 均收敛,故由比较法则知 $\sum |a_n b_n|$ 收敛,从而 $\sum_{n=1}^{\infty} a_n b_n$ 收敛,同时 $\sum_{n=1}^{\infty} (a_n + b_n)^2 = \sum_{n=1}^{\infty} (a_n^2 + 2a_n b_n + b_n^2)$ 也收敛.

   在柯西不等式 $(\sum_{k=1}^{n} a_k b_k)^2 \leq \sum_{k=1}^{n} a_k^2 \cdot \sum_{k=1}^{n} b_k^2$ 和明可夫斯基不等式 $[\sum_{k=1}^{n} (a_k + b_k)^2]^{\frac{1}{2}} \leq (\sum_{k=1}^{n} a_k^2)^{\frac{1}{2}} + (\sum_{k=1}^{n} b_k^2)^{\frac{1}{2}}$ 中,令 $n \to \infty$ 取极限,便得所要证明的不等式,即

   $$(\sum_{n=1}^{\infty} a_n b_n)^2 \leq \sum_{n=1}^{\infty} a_n^2 \cdot \sum_{n=1}^{\infty} b_n^2, [\sum_{n=1}^{\infty} (a_n + b_n)^2]^{\frac{1}{2}} \leq (\sum_{n=1}^{\infty} a_n^2)^{\frac{1}{2}} + (\sum_{n=1}^{\infty} b_n^2)^{\frac{1}{2}}.$$

走近考研

1 (2013 年数学三) 设 $\{a_n\}$ 为正项数列,下列选项正确的是(   ).

(A) 若 $a_n > a_{n+1}$,则 $\sum_{n=1}^{\infty} (-1)^{n-1} a_n$ 收敛.

(B) 若 $\sum\limits_{n=1}^{\infty}(-1)^{n-1}a_n$ 收敛,则 $a_n>a_{n+1}$.

(C) 若 $\sum\limits_{n=1}^{\infty}a_n$ 收敛,则存在常数 $p>1$,使 $\lim\limits_{n\to\infty}n^p a_n$ 存在.

(D) 若存在常数 $p>1$,使 $\lim\limits_{n\to\infty}n^p a_n$ 存在,则 $\sum\limits_{n=1}^{\infty}a_n$ 收敛.

分析 利用排除法,通过举反例或利用比较判别法找到正确选项.

解答 对于选项(D),若存在常数 $p>1$,使 $\lim\limits_{n\to\infty}n^p a_n$ 存在,记 $\lim\limits_{n\to\infty}n^p a_n=A$,则 $\lim\limits_{n\to\infty}\dfrac{|a_n|}{\frac{1}{n^p}}=|A|$. 由于

常数 $p>1$ 时,级数 $\sum\limits_{n=1}^{\infty}\dfrac{1}{n^p}$ 收敛. 由正项级数的比较判别法可知 $\sum\limits_{n=1}^{\infty}|a_n|$ 收敛,从而 $\sum\limits_{n=1}^{\infty}a_n$ 收敛. 故(D)正确.

2 (2014 年数学一) 设数列 $\{a_n\}$,$\{b_n\}$ 满足 $0<a_n<\dfrac{\pi}{2}$,$0<b_n<\dfrac{\pi}{2}$,$\cos a_n-a_n=\cos b_n$ 且级数 $\sum\limits_{n=1}^{\infty}b_n$ 收敛.

(1) 证明 $\lim\limits_{n\to\infty}a_n=0$.

(2) 证明级数 $\sum\limits_{n=1}^{\infty}\dfrac{a_n}{b_n}$ 收敛.

分析 本题考查了级数收敛的必要条件,以及正项级数收敛的判别方法——比较法.

解答 (1) 证明:由 $\cos a_n-a_n=\cos b_n$ 及 $0<a_n<\dfrac{\pi}{2}$,$0<b_n<\dfrac{\pi}{2}$ 可得

$$0<a_n=\cos a_n-\cos b_n<\dfrac{\pi}{2},\text{所以 } 0<a_n<b_n<\dfrac{\pi}{2}.$$

由于级数 $\sum\limits_{n=1}^{\infty}b_n$ 收敛,所以级数 $\sum\limits_{n=1}^{\infty}a_n$ 也收敛,由收敛的必要条件可得 $\lim\limits_{n\to\infty}a_n=0$.

(2) 证明:由于 $0<a_n<\dfrac{\pi}{2}$,$0<b_n<\dfrac{\pi}{2}$,

所以 $\sin\dfrac{a_n+b_n}{2}\leqslant\dfrac{a_n+b_n}{2}$,$\sin\dfrac{b_n-a_n}{2}\leqslant\dfrac{b_n-a_n}{2}$,

$$\dfrac{a_n}{b_n}=\dfrac{\cos a_n-\cos b_n}{b_n}=\dfrac{2\sin\dfrac{a_n+b_n}{2}\sin\dfrac{b_n-a_n}{2}}{b_n}$$

$$\leqslant\dfrac{2\cdot\dfrac{a_n+b_n}{2}\cdot\dfrac{b_n-a_n}{2}}{b_n}=\dfrac{b_n^2-a_n^2}{2b_n}<\dfrac{b_n^2}{2b_n}=\dfrac{b_n}{2}.$$

由于级数 $\sum\limits_{n=1}^{\infty}b_n$ 收敛,由正项级数的比较法可知级数 $\sum\limits_{n=1}^{\infty}\dfrac{a_n}{b_n}$ 收敛.

3 (2011 年数学一) 设 $a_n=1+\dfrac{1}{2}+\cdots+\dfrac{1}{n}-\ln n(n=1,2,\cdots)$,证明数列 $\{a_n\}$ 收敛.

分析 本题考查数列收敛的判别定理.

解答 $a_{n+1}-a_n=\dfrac{1}{n+1}-\ln\left(1+\dfrac{1}{n}\right)$,由不等式 $\dfrac{1}{n+1}<\ln\left(1+\dfrac{1}{n}\right)$ 得数列 $\{a_n\}$ 单调递减.

又由不等式 $\ln\left(1+\dfrac{1}{n}\right)<\dfrac{1}{n}$ 可知

$$a_n=1+\dfrac{1}{2}+\cdots+\dfrac{1}{n}-\ln n>\ln(1+1)+\ln\left(1+\dfrac{1}{2}\right)+\cdots+\ln\left(1+\dfrac{1}{n}\right)-\ln n$$
$$=\ln(1+n)-\ln n>0,$$

因此数列 $\{a_n\}$ 是有界的,由单调有界收敛定理可知数列 $\{a_n\}$ 收敛.

4 (2012年数学二) 设 $a_n>0(n=1,2,3,\cdots)$,$S_n=a_1+a_2+a_3+\cdots+a_n$,则数列 $\{S_n\}$ 有界是数列 $\{a_n\}$ 收敛的( ).

(A) 充分必要条件 (B) 充分非必要条件
(C) 必要非充分条件 (D) 非充分也非必要条件

答案 B

分析 由于 $a_n>0$,所以 $\sum\limits_{n=1}^{\infty}a_n$ 为正项级数,$S_n=a_1+a_2+a_3+\cdots+a_n$ 为 $\sum\limits_{n=1}^{\infty}a_n$ 的前 n 项和. 而正项级数前 n 项和有界与正项级数 $\sum\limits_{n=1}^{\infty}a_n$ 收敛是充要条件,因此 $\sum\limits_{n=1}^{\infty}a_n$ 收敛,必有 $\{a_n\}$ 收敛;但反之未必,如取 $a_n=1$,$\{a_n\}$ 收敛,但 $S_n=n$ 无界,故选 B.

5 (2009年数学一) 设有两个数列 $\{a_n\}$,$\{b_n\}$,若 $\lim\limits_{n\to\infty}a_n=0$,则( ).

(A) 当 $\sum\limits_{n=1}^{\infty}b_n$ 收敛时,$\sum\limits_{n=1}^{\infty}a_nb_n$ 收敛
(B) 当 $\sum\limits_{n=1}^{\infty}b_n$ 发散时,$\sum\limits_{n=1}^{\infty}a_nb_n$ 发散
(C) 当 $\sum\limits_{n=1}^{\infty}|b_n|$ 收敛时,$\sum\limits_{n=1}^{\infty}a_n^2b_n^2$ 收敛
(D) 当 $\sum\limits_{n=1}^{\infty}|b_n|$ 发散时,$\sum\limits_{n=1}^{\infty}a_n^2b_n^2$ 发散

答案 C

分析 方法一:(举反例) A 取 $a_n=b_n=(-1)^n\dfrac{1}{\sqrt{n}}$,

B 取 $a_n=b_n=\dfrac{1}{n}$,

D 取 $a_n=b_n=\dfrac{1}{n}$,

故答案为 C.

方法二:因为 $\lim\limits_{n\to\infty}a_n=0$,则由定义可知 $\exists N_1$,使得当 $n>N_1$ 时,有 $|a_n|<1$,

又因为 $\sum\limits_{n=1}^{\infty}|b_n|$ 收敛,可得 $\lim\limits_{n\to\infty}|b_n|=0$,则由定义可知 $\exists N_2$,使得当 $n>N_2$ 时,有 $|b_n|<1$.

从而,当 $n>N_1+N_2$ 时,有 $a_n^2b_n^2<|b_n|$,则由正项级数的比较判别法可知 $\sum\limits_{n=1}^{\infty}a_n^2b_n^2$ 收敛.

第十三章

函数列与函数项级数

本章导航

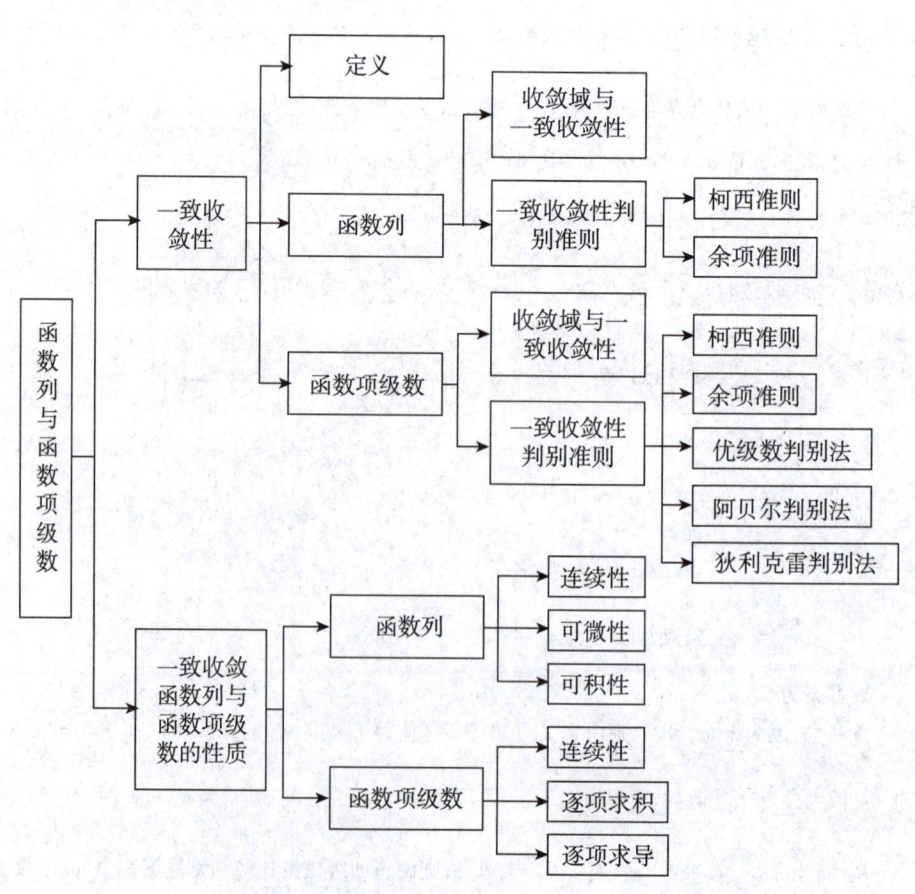

各个击破

■ 一致收敛性

1. 有关函数列的定义

名称	定义
函数列	设 $f_1(x), f_2(x), \cdots, f_n(x), \cdots$ 是一列定义在同一数集 E 上的函数,则称其为定义在 E 上的函数列,记作 $\{f_n\}$ 或 $f_n(n=1,2,\cdots)$
收敛点	设 $x_0 \in E$,将 x_0 代入函数列得到 $f_1(x_0), f_2(x_0), \cdots, f_n(x_0), \cdots$ 若此数列收敛,则称函数列在点 x_0 收敛,称 x_0 为函数列的收敛点;若此数列发散,则称函数列在点 x_0 发散
收敛域	使函数列 $\{f_n(x)\}$ 收敛的全体收敛点的集合,称为函数列 $\{f_n(x)\}$ 的收敛域
一致收敛性	设函数列 $\{f_n(x)\}$ 与函数 $f(x)$ 定义在同一数集 D 上,若对任意的正数 ε,存在某正整数 N,使得当 $n>N$ 时,对一切 $x \in D$,有 $\lvert f_n(x)-f(x) \rvert < \varepsilon$,则称函数列 $\{f_n(x)\}$ 在 D 上一致收敛于 $f(x)$,记作 $f_n(x) \rightrightarrows f(x)(n \to \infty), x \in D$

小提示:在考虑函数列的时候,可以思考一下数列与函数列、数项级数与函数项级数这四者之间的联系.

2. 有关函数项级数的定义

名称	定义
函数项级数	级数 $\sum\limits_{n=1}^{\infty} u_n(x) = u_1(x) + u_2(x) + \cdots + u_n(x) + \cdots$,其中每一项 $u_1(x), u_2(x), \cdots, u_n(x),\cdots$ 都是定义在 E 上的一个函数,则称级数为**函数项级数**
和函数	若 $\forall x \in D \subset E, S(x) = \lim\limits_{n \to \infty} S_n(x) = \lim\limits_{n \to \infty} \sum\limits_{k=1}^{n} u_k(x)$ 存在,则称级数 $\sum\limits_{n=1}^{\infty} u_n(x)$ 在 D 上收敛,其和函数为 $S(x)$
$\sum\limits_{n=1}^{\infty} u_n(x)$ 在 D 上一致收敛于 $S(x)$	若 $\sum\limits_{n=1}^{\infty} u_n(x)$ 的部分和函数列 $S_n(x) = \sum\limits_{k=1}^{n} u_k(x)$ 在 D 上一致收敛于 $S(x)$,则称 $\sum\limits_{n=1}^{\infty} u_n(x)$ 在 D 上一致收敛于 $S(x)$

3. 一致收敛的准则

名称	内容
柯西准则	函数列$\{f_n(x)\}$在数集D上一致收敛的充要条件是：对任给正整数ε，总存在正数N，使得当$n,m>N$时，对一切$x\in D$都有$\|f_n(x)-f_m(x)\|<\varepsilon$
最值判别法	$f_n(x)\overset{D}{\rightrightarrows}f(x)$的充要条件是：$\lim\limits_{n\to\infty}\sup\limits_{x\in D}\|f_n(x)-f(x)\|=0$
柯西准则	函数项级数$\sum u_n(x)$在D上一致收敛的充要条件是：$\forall \varepsilon>0$，存在与x无关的N，当$n>N$时，对$\forall x\in D$和一切正整数p都有$\|S_{n+p}(x)-S_n(x)\|<\varepsilon$ 或 $\left\|\sum\limits_{k=n+1}^{n+p}u_k(x)\right\|<\varepsilon$
最值判别法	$\sum S_n(x)\overset{D}{\rightrightarrows}S(x)$的充要条件是：$\lim\limits_{n\to+\infty}\sup\limits_{x\in D}\|S(x)-S_n(x)\|=0$
M判别法（魏尔斯特拉斯判别法）	设函数项级数$\sum u_n(x)$定义在数集D上，$\sum M_n$为收敛的正项级数，若对一切$x\in D$和$n\in \mathbf{N}_+$有$\|u_n(x)\|\leqslant M_n,(n=1,2,\cdots)$，则函数项级数$\sum u_n(x)$在$D$上一致收敛
阿贝尔判别法	设$\sum b_n(x)$在I上一致收敛，在I中任意取定一个x，数列$\{a_n(x)\}$关于n单调，且$\{a_n(x)\}$在I上一致有界，则$\sum a_n(x)b_n(x)$在I上一致收敛
狄利克雷判别法	设 ① $\sum u_n(x)$的部分和函数列$u_n(x)=\sum\limits_{k=1}^{n}u_k(x)(n=1,2,\cdots)$在$I$上一致有界； ② 对于每一个$x\in I,\{v_n(x)\}$关于$n$单调； ③ 在$I$上$v_n(x)\rightrightarrows 0(n\to\infty)$. 则级数$\sum u_n(x)v_n(x)$在$I$上一致收敛

例1 求级数$\sum\dfrac{(-1)^n}{n}\left(\dfrac{1}{1+x}\right)^n$的收敛域.

解 由达朗贝尔判别法

$$\dfrac{\|u_{n+1}(x)\|}{\|u_n(x)\|}=\dfrac{n}{n+1}\cdot\dfrac{1}{\|1+x\|}\to\dfrac{1}{\|1+x\|}(n\to\infty);$$

(1) 当$\dfrac{1}{\|1+x\|}<1$，即$x>0$或$x<-2$时，原级数绝对收敛.

(2) 当$\dfrac{1}{\|1+x\|}>1$，即$-2<x<0$时，原级数发散.

(3) 当$\|1+x\|=1$，即$x=0$或$x=-2$时，

若$x=0$，级数$\sum\limits_{n=1}^{\infty}\dfrac{(-1)^n}{n}$收敛；若$x=-2$，级数$\sum\limits_{n=1}^{\infty}\dfrac{1}{n}$发散.

故级数的收敛域为$(-\infty,-2)\cup[0,+\infty)$.

例2 分析级数$x+(x^2-x)+(x^3-x^2)+\cdots+(x^n-x^{n-1})+\cdots$在区间$(0,1)$内的一致收敛性.

解 该级数在区间$(0,1)$内处处收敛于和函数$S(x)\equiv 0$，但并不一致收敛.

对于任意一个自然数 n，取 $x_n = \dfrac{1}{\sqrt[n]{2}}$，于是 $S_n(x_n) = x_n^n = \dfrac{1}{2}$，

但 $S(x_n) = 0$，从而 $|r_n(x_n)| = |S(x_n) - S_n(x_n)| = \dfrac{1}{2}$.

因此只要取 $\varepsilon < \dfrac{1}{2}$，不论 n 多么大，在 $(0,1)$ 总存在点 x_n，使得 $|r_n(x_n)| > \varepsilon$，

因此级数在 $(0, 1)$ 内不一致连续.

小提示：（1）函数列 $\{f_n(x)\}$ 在 D 一致收敛，则其必在 D 上的每一点都收敛，反之不成立.
（2）一致收敛性与所讨论的区间有关.

例 3 证明级数 $\dfrac{\sin x}{1^2} + \dfrac{\sin 2^2 x}{2^2} + \cdots + \dfrac{\sin n^2 x}{n^2} + \cdots$ 在 $(-\infty, +\infty)$ 上一致收敛.

证明 在 $(-\infty, +\infty)$ 内，$\left|\dfrac{\sin n^2 x}{n^2}\right| \leqslant \dfrac{1}{n^2}$ $(n = 1, 2, 3, \cdots)$，而级数 $\sum\limits_{n=1}^{\infty} \dfrac{1}{n^2}$ 为收敛的正项级数，由魏尔斯特拉斯判别法可得原级数在 $(-\infty, +\infty)$ 上一致收敛.

小提示：准确掌握一致收敛的判别条件，并灵活运用.

一致收敛函数列和函数项级数的性质

名称		内容
函数列性质	定理	设函数列 $\{f_n(x)\}$ 在 $(a, x_0) \cup (x_0, b)$ 上一致收敛于 $f(x)$，且对每个 n，$\lim\limits_{x \to x_0} f_n(x) = a_n$，则 $\lim\limits_{n \to \infty} a_n$ 和 $\lim\limits_{x \to x_0} f(x)$ 均存在且相等，即 $\lim\limits_{n \to \infty} a_n = \lim\limits_{x \to x_0} \lim\limits_{n \to \infty} f_n(x)$. 讨论单侧极限时，只需把以上定理中的 $x \in U^{\circ}(x_0)$ 与 $x \to x_0$ 分别改为 $U_+^{\circ}(x_0)$［或 $U_-^{\circ}(x_0)$］与 $x \to x_0^+$（或 $x \to x_0^-$）即可
	连续性	若函数列 $\{f_n(x)\}$ 在区间 I 上一致收敛，且每一项都连续，则其极限函数 f 在 I 上也连续
	可积性	若函数列 $\{f_n(x)\}$ 在区间 $[a, b]$ 上一致收敛，且每一项都连续，则 $\int_a^b \lim\limits_{n \to \infty} f_n(x) dx = \lim\limits_{n \to \infty} \int_a^b f_n(x) dx$，即在一致收敛条件下，极限运算与积分运算的顺序可交换
	可微性	设 $\{f_n(x)\}$ 为定义在 $[a, b]$ 上的函数列，若 $x_0 \in [a, b]$ 为 $\{f_n(x)\}$ 的收敛点，$\{f_n(x)\}$ 的每一项在 $[a, b]$ 上都有连续导数，且 $\{f_n'(x)\}$ 在 $[a, b]$ 上一致收敛，则 $\dfrac{d}{dx}\left(\lim\limits_{n \to \infty} f_n(x)\right) = \lim\limits_{n \to \infty} \dfrac{d}{dx} f_n(x)$，即在一致收敛条件下，极限运算与求导运算的顺序可交换
函数项级数性质	连续性	若函数项级数 $\sum u_n(x)$ 在区间 $[a, b]$ 上一致收敛，且每一项都连续，则其和函数在 $[a, b]$ 上也连续
	逐项求积	若函数项级数 $\sum u_n(x)$ 在 $[a, b]$ 上一致收敛，且每一项 $u_n(x)$ 都连续，则 $\sum \int_a^b u_n(x) dx = \int_a^b \sum u_n(x) dx$
	逐项求导	若函数项级数 $\sum u_n(x)$ 在 $[a, b]$ 上每一项都有连续的导函数，$x_0 \in [a, b]$ 为 $\sum u_n(x)$ 的收敛点，且 $\sum u_n'(x)$ 在 $[a, b]$ 上一致收敛，则 $\left(\sum u_n(x)\right)' = \sum u_n'(x)$，$(x \in [a, b])$（$[a, b]$ 换成 (a, b) 也对）

例 4　证明函数 $f(x) = ne^{-xx}$ 在区间 $(0, +\infty)$ 内连续.

分析　先证明其一致收敛，再利用一致收敛函数的性质证明.

证明　对 $\forall 0 < a < b < +\infty$，有 $0 \leqslant ne^{-xx} \leqslant ne^{-xa}, x \in [a,b]$；又 $\sum ne^{-xa} < +\infty$，因此

$$\sum_{n=1}^{\infty} ne^{-xx} \text{ 在 } [a,b] \text{ 一致收敛.}$$

又函数 ne^{-xx} 连续 $\Rightarrow f(x)$ 在区间 $\left[\dfrac{x_0}{2}, 2x_0\right]$ 上连续 $\Rightarrow f(x)$ 在点 x_0 连续. 由点 x_0 的任意性得 $f(x)$ 在区间 $(0,+\infty)$ 内连续.

小提示：利用一致收敛函数的性质还可以求积分、求微分等.

课后习题全解

习题 13.1

1. 知识点拨　函数列 $\{f_n(x)\}$ 的一致收敛性及其判别准则.

逻辑推理　判断函数列 $\{f_n(x)\}$ 在 $[a,b]$ 上一致收敛的方法有：

(1) $f_n(x) \to f(x) \Leftrightarrow \lim\limits_{n \to \infty} \sup |f_n(x) - f(x)| = 0$.

(2) 关于函数列一致收敛的柯西定理.

(3) 化为相应的函数项级数，再利用函数项级数判断是否一致收敛.

解题过程　(1) 对 $\forall x \in D, \lim\limits_{n \to \infty} \sqrt{x^2 + \dfrac{1}{n^2}} = |x|$，令 $f(x) = |x|, (x \in D)$，则

$$\lim_{n \to \infty} \sup_{x \in D} |f_n(x) - f(x)| = \lim_{n \to \infty} \sup_{x \in D} \left| \sqrt{x^2 + \dfrac{1}{n^2}} - |x| \right|$$

$$= \lim_{n \to \infty} \sup_{x \in D} \dfrac{\dfrac{1}{n^2}}{\sqrt{x^2 + \dfrac{1}{n^2}} - |x|} = \lim_{n \to \infty} \dfrac{1}{n} = 0.$$

因此 $f_n(x)$ 在 D 上一致收敛，且 $f_n(x) \rightrightarrows |x|, x \in D, n \to \infty$.

(2) 对 $\forall x \in D, \lim\limits_{n \to \infty} \dfrac{x}{1+n^2 x^2} = 0$，设 $f(x) = 0, (x \in D)$，则

$$\lim_{n \to \infty} \sup_{x \in D} |f_n(x) - f(x)| = \lim_{n \to \infty} \sup_{x \in D} \dfrac{|x|}{1+n^2|x|^2} \leqslant \lim_{n \to \infty} \dfrac{1}{2n} = 0,$$

所以 $f_n(x)$ 在 D 上一致收敛，且 $f_n(x) \rightrightarrows 0, (n \to \infty), x \in (-\infty, +\infty)$.

(3) 由题意可知 $0 \leqslant f_n(x) \leqslant 1$，

当 $x = 0$ 时, $f_n(x) = 1$;

当 $0 < x \leqslant 1$ 时,只要 $n > \dfrac{1}{x} - 1$,就有 $f_n(x) = 0$,

$f_n(x)$ 在 $[0,1]$ 上的极限函数 $\lim\limits_{n \to \infty} f_n(x)$ 为

$$f(x) = \begin{cases} 1, & x = 0 \\ 0, & 0 < x \leqslant 1 \end{cases}$$

因此 $\sup\limits_{0 \leqslant x \leqslant 1} |f_n(x) - f(x)| = 1 (n = 1, 2, \cdots)$,即 $\lim\limits_{n \to \infty} \sup\limits_{0 \leqslant x \leqslant 1} |f_n(x) - f(x)| = 1 \neq 0$,故 $f_n(x)$ 在 $[0,1]$ 上不一致收敛.

(4) 对任意给定的 x, $\lim\limits_{n \to \infty} \dfrac{x}{n} = 0$,令 $f(x) = 0, x \in D$,则

（I）若 $D = [0, +\infty)$, $\sup\limits_{0 \leqslant x < +\infty} |f_n(x) - f(x)| = \sup\limits_{0 \leqslant x < +\infty} \left| \dfrac{x}{n} \right| = +\infty$,

所以 $f_n(x)$ 在 D 上不一致收敛.

（II）若 $\forall m > 0$,考虑区间 $[0, m]$,

$\lim\limits_{n \to \infty} \sup\limits_{x \in [0, m]} |f_n(x) - f(x)| = \lim\limits_{n \to \infty} \dfrac{m}{n} = 0$,

所以 $f_n(x)$ 在 $[0, m]$ 上一致收敛,且 $f_n(x) \rightrightarrows 0, n \to \infty, x \in [0, m]$.

由（II）知, $f_n(x)$ 在 $D \in [0, +\infty)$ 上内闭一致收敛.

(5) 对任意给定的 x, $\lim\limits_{n \to \infty} \sin\dfrac{x}{n} = 0$,设 $f(x) = 0, x \in D$,则

（I）$\forall l > 0$,考虑区间 $[-l, l]$ 时,

$\sup\limits_{x \in [-l, l]} |f_n(x) - f(x)| = \sup\limits_{x \in [-l, l]} \left| \sin\dfrac{x}{n} \right| \leqslant \dfrac{l}{n} \to 0 (n \to \infty)$,

所以 $\sin\dfrac{x}{n} \to 0, (n \to \infty), x \in [-l, l]$.

（II）$D = (-\infty, +\infty)$ 时,

$\sup\limits_{x \in (-\infty, +\infty)} |f_n(x) - f(x)| = \sup\limits_{x \in (-\infty, +\infty)} \left| \sin\dfrac{x}{n} \right| = 1$

故 $\left\{ \sin\dfrac{x}{n} \right\}$ 在 $(-\infty, +\infty)$ 上不一致收敛.

但由（I）知 $f_n(x)$ 在 $D = (-\infty, +\infty)$ 上内闭一致收敛.

小提示 在判断函数列一致收敛时,注意不要忘记利用定义来判断.另外,没有专门判别内闭一致收敛的方法,只是区间的调整、内闭一致收敛的产生是由闭区间上的良好性质导致的.

2. 知识点拨 函数列一致收敛的判别准则和余项准则.

解题过程 因为 $|f_n(x) - f(x)| \leqslant a_n (x \in D, n = 1, 2, \cdots)$,且 $a_n \to 0 (n \to \infty)$,

所以 $\lim\limits_{n \to \infty} \sup\limits_{x \in D} |f_n(x) - f(x)| \leqslant \lim\limits_{n \to \infty} a_n = 0$,

故 $f_n(x) \rightrightarrows f(x)(n \to \infty), x \in D$.

3. 知识点拨 函数项级数一致收敛的判别准则.

解题过程 (1) $\forall x \in [-r, r]$,有 $\left|\dfrac{x^n}{(n-1)!}\right| = \dfrac{|x|^n}{(n-1)!} \leqslant \dfrac{r^n}{(n-1)!}$.

令 $u_n = \dfrac{r^n}{(n-1)!}$,则 $\lim\limits_{n\to\infty} \dfrac{u_{n+1}}{u_n} = \lim\limits_{n\to\infty} \dfrac{r^{n+1}}{n!} \cdot \dfrac{(n-1)!}{r^n} = \lim\limits_{n\to\infty} \dfrac{r}{n} = 0$,

所以正项级数 $\sum\limits_{n=1}^{\infty} \dfrac{r^n}{(n-1)!}$ 收敛,由 M 判别法知 $\sum\limits_{n=1}^{\infty} \dfrac{x^n}{(n-1)!}$ 在 $[-r, r]$ 上一致收敛.

(2) 当 $x = 0$ 时,$S_n(0) = S(0) = 0$;

当 $x \neq 0$ 时,令 $u_n(x) = (-1)^{n-1}$,$v_n(x) = \dfrac{x^2}{(1+x^2)^n}$,则 $\forall x \in (-\infty, +\infty)$,

有 $\left|\sum\limits_{k=1}^{n} u_k(x)\right| \leqslant 1 \, (n = 1, 2, \cdots)$.

又,对每一个 $x \in (-\infty, +\infty)$,$\{v_n(x)\}$ 单调递减,且由 $0 \leqslant \dfrac{x^2}{(1+x^2)^n} \leqslant \dfrac{1}{n}$ 知 $\lim\limits_{n\to\infty} \dfrac{x^2}{(1+x^2)^n}$

$= 0$,所以 $v_n(x) \rightrightarrows 0 \, (n \to \infty)$,$x \in (-\infty, +\infty)$.

由狄利克雷判别法知 $\sum \dfrac{(-1)^{n-1} x^2}{(1+x^2)^n}$ 在 $(-\infty, +\infty)$ 上一致收敛.

(3) 当 $|x| > r \geqslant 1$ 时,有 $\dfrac{n}{|x|^n} \leqslant \dfrac{n}{r^n}$,且 $\lim\limits_{n\to\infty} \dfrac{\sqrt[n]{n}}{r} = \dfrac{1}{r}$. 因此当 $\dfrac{1}{r} < 1$ 即 $r > 1$ 时,正项级数 $\sum\limits_{n=1}^{\infty} \dfrac{n}{r^n}$

收敛,由 M 判别法知正项级数 $\sum\limits_{n=1}^{\infty} \dfrac{n}{x^n}$ 在 $|x| > r \geqslant 1$ 上一致收敛;当 $r = 1$ 时,$R_n(x) = \sum\limits_{k=n+1}^{\infty} \dfrac{k}{x^k}$

$> \dfrac{n+1}{x^{n+1}}$,且 $\lim\limits_{n\to\infty} \sup\limits_{|x|>1} R_n(x) \neq 0$,故原级数不一致收敛.

(4) 因为 $\left|\dfrac{x^n}{n^2}\right| \leqslant \dfrac{1}{n^2} \, (x \in [0, 1], n = 1, 2, \cdots)$,而正项级数 $\sum\limits_{n=1}^{\infty} \dfrac{1}{n^2}$ 收敛,由 M 判别法知 $\sum\limits_{n=1}^{\infty} \dfrac{x^n}{n^2}$ 在

$[0, 1]$ 上一致收敛.

(5) 由莱布尼茨判别法知在 $(-\infty, +\infty)$ 上任意一点 x,$\sum\limits_{n=1}^{\infty} \dfrac{(-1)^n}{x^2 + n}$ 收敛,

由于 $|R_n(x)| \leqslant \dfrac{1}{x^2 + n + 1} \leqslant \dfrac{1}{n+1}$,则

$$\lim\limits_{n\to\infty} \sup\limits_{x \in (-\infty, +\infty)} |R_n(x)| = \lim\limits_{n\to\infty} \dfrac{1}{n+1} = 0,$$

故 $\sum\limits_{n=1}^{\infty} \dfrac{(-1)^{n-1}}{x^2 + n}$ 在 $(-\infty, +\infty)$ 上一致收敛.

(6) 当 $x \neq 0$ 时,$\sup\limits_{x \in (-\infty, +\infty)} |R_n(x)| = \sup\limits_{x \in (-\infty, +\infty)} \dfrac{x^2}{(1+x^2)^{n-1}} = 1$,

故 $\sum \dfrac{x^2}{(1+x^2)^{n-1}}$ 在 $(-\infty, +\infty)$ 上不一致收敛.

4. 知识点窍 函数项级数一致收敛的定义和判别方法.

解题过程 由函数 $g(x)$ 在 D 上有界,不妨设 $\exists M > 0$,对 $\forall x \in D$,有 $|g(x)| \leqslant M$.

因 $\sum u_n(x)$ 在 D 上一致收敛于 $S(x)$,所以,$\forall \varepsilon > 0$,$\exists N$,当 $n > N$ 时,对一切 $x \in D$,有

$$\left|\sum\limits_{k=1}^{n} u_k(x) - S(x)\right| < \dfrac{\varepsilon}{M}.$$

因此对 $\forall x \in D$,有

$$\left|\sum_{k=1}^{n} g(x)u_k(x) - g(x)S(x)\right| = |g(x)|\left|\sum_{k=1}^{n} u_k(x) - S(x)\right| < \varepsilon,$$

故 $\sum g(x)u_n(x)$ 在 D 上一致收敛于 $g(x)S(x)$.

5. **知识点窍** 一致收敛的柯西准则.

   解题过程 级数 $\sum\limits_{n=1}^{\infty} v_n(x)$ 在 I 上一致收敛,所以对 $\forall \varepsilon > 0, \exists N \in \mathbf{N}_+$,当 $n > N$ 时,对一切 $x \in I$ 及 $\forall p \in \mathbf{N}_+$,都有 $|v_{n+1}(x) + v_{n+2}(x) + \cdots + v_{n+p}(x)| < \varepsilon$.

   由此知 $|u_{n+1}(x) + u_{n+2}(x) + \cdots + u_{n+p}(x)| \leqslant v_{n+1}(x) + v_{n+2}(x) + \cdots + v_{n+p}(x)$
   $\leqslant |v_{n+1}(x) + v_{n+2}(x) + \cdots + v_{n+p}(x)| < \varepsilon,$

   依一致收敛的柯西准则推得:函数项级数 $\sum\limits_{n=1}^{\infty} u_n(x)$ 在 I 上一致收敛.

   > **柯西一致收敛**:函数项级数 $\sum u_n(x)$ 在 D 上一致收敛的充要条件: $\forall \varepsilon > 0$,存在与 x 无关的 N,当 $n > N$ 时,对 $\forall x \in D$ 和一切正整数 p 都有 $|S_{n+p}(x) - S_n(x)| < \varepsilon$ 或 $\left|\sum\limits_{+\infty} u_k(x)\right| < \varepsilon$.

6. **知识点窍** 绝对收敛与一致收敛的定义.

   逻辑推理 根据收敛的性质,由已知条件 $\sum\limits_{n=1}^{\infty} u_n(a), \sum\limits_{n=1}^{\infty} u_n(b)$ 都绝对收敛证明 $\sum\limits_{n=1}^{\infty} u_n(x)$ 在 $[a,b]$ 上绝对且一致收敛.

   解题过程 $\because u_n(x)$ 在 $[a,b]$ 是单调函数.

   $\therefore$ 对 $\forall x \in [a,b]$,都有 $|u_n(x)| \leqslant |u_n(a)| + |u_n(b)|$ $(n = 1,2,\cdots)$.

   又 $\because \sum u_n(a)$ 与 $\sum u_n(b)$ 都绝对收敛.

   $\therefore \sum(|u_n(a)| + |u_n(b)|)$ 收敛.

   从而 $\sum |u_n(x)|$ 在 $[a,b]$ 上一致收敛,

   即 $\sum u_n(x)$ 在 $[a,b]$ 上绝对且一致收敛.

7. **解题过程** 必要条件:

   由于 $\{f_n(x)\}$ 在区间 I 内闭一致收敛于 $f(x)$,

   即对任意 $[a,b] \subset I, \{f_n(x)\}$ 在 $[a,b]$ 上一致收敛于 $f(x)$,

   对任意 $x_0 \in I$,存在 x_0 的一个邻域 $U(x_0)$,设为 $U(x_0) = (x_0 - \sigma, x_0 + \sigma)$,其中 $\sigma > 0$,

   则有区间 $[x_0 - \sigma, x_0 + \sigma] \cap I \subset I, \{f_n(x)\}$ 在其上一致收敛于 $f(x)$,

   即 $\{f_n(x)\}$ 在 $U(x_0) \cap I$ 上内闭一致收敛于 $f(x)$.

   充分条件:

   设 $[a,b] \subset I$,则存在 x_0 的一个邻域 $U(x_0)$,使 $[a,b] \subset U(x_0) \cap I$,则 $\{f_n(x)\}$ 在 $[a,b]$ 上一致收敛于 $f(x)$,则对任意的 $[a,b] \subset I$,都可以找到一个 x_0,使 $[a,b] \subset U(x_0) \cap I$,则 $\{f_n(x)\}$ 在 $[a,b]$ 上一致收敛于 $f(x)$.

   故 $\{f_n(x)\}$ 在区间 I 上一致收敛于 $f(x)$. 证毕.

8. **知识点窍** 级数一致收敛的判别定理;优级数的定义.

   逻辑推理 用反证法,假设 $\sum_{n=1}^{\infty} u_n(x)$ 存在优级数 $\sum_{n=1}^{\infty} M_n$,则可推知 $M_n \geqslant \dfrac{1}{n}$,然后运用比较法即可证明.

   解题过程 根据 $u_n(x)$ 定义可得

   $$|u_{n+1}(x)+u_{n+2}(x)+\cdots+u_{n+p}(x)| = \begin{cases} \dfrac{1}{n+1}, & x=\dfrac{1}{n+1} \\ \cdots \\ \dfrac{1}{n+p}, & x=\dfrac{1}{n+p} \\ 0, & \text{其他点} \end{cases}$$

   当 $x \in [0,1]$ 时,有 $\left|\sum_{k=1}^{p} u_{n+k}(x)\right| < \dfrac{1}{n} (n,p=1,2,\cdots)$.

   对于 $\forall \varepsilon > 0$,令 $N=\left[\dfrac{1}{\varepsilon}\right]$. 当 $n > N$ 时,对任意的 $x \in [0,1]$ 和 $p \in \mathbf{Z}^+$,都有 $\left|\sum_{k=1}^{p} u_{n+k}\right| < \varepsilon$,故所给级数在 $[0,1]$ 上一致收敛. 假设 $\sum u_n(x)$ 在 $[0,1]$ 上存在优级数 $\sum M_n$,取 $x=\dfrac{1}{n}$,有

   $$\left|u_n\left(\dfrac{1}{n}\right)\right| = \dfrac{1}{n} \leqslant M_n.$$

   由正项级数 $\sum \dfrac{1}{n}$ 发散得 $\sum M_n$ 发散,这与 $\sum M_n$ 为优级数矛盾. 因此,级数 $\sum u_n(x)$ 不存在优级数.

   习题8 说明在一致收敛的情况下找不到优级数,从理解级数收敛的角度讲这个反例具有较强的指导意义.

9. **知识点窍** 函数列、函数项级数一致收敛判别法则.

   逻辑推理 根据函数列、函数项级数收敛性判定.

   (1) 函数列一致收敛的判别:柯西准则、最值判别法.
   (2) 函数项级数一致收敛的判别:柯西准则、最值判别法、M判别法、阿贝尔判别法、狄利克雷判别法.

   解题过程 (1) 设 $u_n(x) = \dfrac{1-2n}{(x^2+n^2)[x^2+(n-1)^2]} (n=2,3,\cdots)$,则 $u_n(x) = \dfrac{1}{x^2+n^2} - \dfrac{1}{x^2+(n-1)^2}$.

   当 $x \in [-1,1]$ 时,$\left|\sum_{k=n+1}^{n+p} u_k(x)\right| = \left|\dfrac{1}{x^2+(n+p)^2} - \dfrac{1}{x^2+n^2}\right| \leqslant \dfrac{1}{x^2+n^2} \leqslant \dfrac{1}{n}$,

   因此对 $\forall \varepsilon > 0$,取 $N=\left[\dfrac{1}{\varepsilon}\right]$,当 $n > N$ 时,对 $\forall x \in [-1,1]$ 及 $p \in \mathbf{Z}^+$,都有

   $\left|\sum_{k=n+1}^{n+p} u_k(x)\right| < \varepsilon$. 由柯西准则知,原级数收敛.

   或根据比较法

因为 $|u_n(x)| \leqslant \left|\dfrac{1-2n}{n^2(n-1)^2}\right| < \dfrac{2n}{n^2(n-1)^2} = \dfrac{2}{n(n-1)^2}(x \in [-1,1])$.

而级数 $\sum\limits_{n=2}^{\infty}\dfrac{2}{n(n-1)^2}$ 收敛. 所以级数 $\sum u_n(x)$ 也收敛, 在 $x \in [-1,1]$ 上一致收敛.

(2) 设 $u_n(x) = 2^n \sin\dfrac{x}{3^n}$. 取 $x_n = \dfrac{\pi \cdot 3^n}{2}.(n=1,2,\cdots)$, 则当 $x_n \in (0, +\infty)$ 时,

$|u_n(x_n)| = 2^n$. 故 $\sum u_n(x)$ 在 $(0, +\infty)$ 上不一致收敛.

(3) 设 $u_n(x) = \dfrac{x^2}{[1+(n-1)x^2](1+nx^2)} = \dfrac{1}{1+(n-1)x^2} - \dfrac{1}{1+nx^2}$, 则

$\lim\limits_{n\to\infty} S_n(x) = \lim\limits_{n\to\infty}\sum\limits_{k=1}^{n} u_k(x) = \lim\limits_{n\to\infty}\left(1 - \dfrac{1}{1+nx^2}\right) = 1$.

$\sup\limits_{0<x<+\infty}|S_n(x)-1| = \sup\limits_{0<x<+\infty}\dfrac{1}{1+nx^2} \geqslant \dfrac{1}{1+n\left(\dfrac{1}{\sqrt{n}}\right)^2} = \dfrac{1}{2}(n=1,2,\cdots)$

故原级数在 $(0,+\infty)$ 上不一致收敛.

(4) 设 $u_n(x) = (-1)^n, v_n(x) = \dfrac{(-x)^n}{\sqrt{n}}$, 则 $\left|\sum\limits_{k=1}^{\infty} u_k(x)\right| \leqslant 1, x \in [-1,0]$, 且对 $\forall x \in [-1,0]$,

$\{v_n(x)\}$ 单调递减而 $|v_n(x)| = \left|\dfrac{(-x)^n}{\sqrt{n}}\right| \leqslant \dfrac{1}{\sqrt{n}}$.

故 $v_n(x) \rightrightarrows 0(n\to\infty), x \in [-1,0]$.

由狄利克雷判别法知 $\sum\limits_{n=1}^{\infty}\dfrac{x^n}{\sqrt{n}}$ 在 $[-1,0]$ 上一致收敛.

(5) 设 $u_n(x) = (-1)^n, v_n(x) = \dfrac{x^{2n+1}}{2n+1}, x \in (-1,1),(n=1,2,\cdots)$, 与题(4)类似, 可得原级数在 $(-1,1)$ 上一致收敛.

(6) 对任意的 $n \in \mathbf{Z}^+$, 取 $x = \dfrac{1}{2(n+1)} \in (0, 2\pi)$, 则

$0 < \sin kx_0 < \sin(k+1)x_0 < 1(k = n+1, n+2, \cdots, 2n+1)$

$|u_{n+1}(x_0) + u_{n+2}(x_0) + \cdots + u_{n+n}(x_0)|$

$= \dfrac{1}{n+1}\sin\dfrac{n+1}{2(n+1)} + \dfrac{1}{n+2}\sin\dfrac{n+2}{2(n+1)} + \cdots + \dfrac{1}{2n}\sin\dfrac{2n}{2(n+1)}$

$\geqslant \dfrac{1}{2n}\left[\sin\dfrac{n+1}{2(n+1)} + \sin\dfrac{n+2}{2(n+1)} + \cdots + \sin\dfrac{2n}{2(n+1)}\right] \geqslant \dfrac{1}{2n}\cdot\sin\dfrac{n+1}{2(n+1)}\cdot n = \dfrac{1}{2}\sin\dfrac{1}{2}$.

故原级数在 $(0,2\pi)$ 上不一致收敛.

10. **知识点窍** 级数一致收敛的判定方法.

逻辑推理 先求出 $R_n(x)$, 再利用 $\lim\limits_{n\to\infty}\sup\limits_{0\leqslant x\leqslant 1}|R_n(x)| = 0$ 来判断 $\sum\limits_{n=1}^{\infty}(-1)^n x^n(1-x)$ 一致收敛. 对于绝对值组成的级数, 同理通过 $\sup\limits_{0\leqslant x\leqslant 1}|k_n(x)|$ 的极限来判断一致收敛性.

解题过程 易见 $|R_n(x)| \leqslant (1-x)x^{n+1}, u_{n+1}(x) = (1-x)x^{n+1}$ 且 $u'_{n+1}(x) = (n+2)x^n\left(\dfrac{n+1}{n+2} - x\right)$, 知 $u_{n+1}(x)$ 在 $x = \dfrac{n+1}{n+2}$ 时达到 $[0,1]$ 上的最大值, 所以

$$|R_n(x)| \leqslant \frac{1}{n+2}\left(\frac{n+1}{n+2}\right)^{n+1} < \frac{1}{n+2},$$

因此 $\lim\limits_{n\to\infty}\sup\limits_{0\leqslant x\leqslant 1}|R_n(x)| = \lim\limits_{n\to\infty}\frac{1}{n+2} = 0.$

由此知 $\sum\limits_{n=1}^{\infty}(-1)^n x^n(1-x)$ 在 $[0,1]$ 上一致收敛. 而对 $\sum\limits_{n=1}^{\infty}(-1)^n x^n(1-x)$ 各项绝对值组成的级数 $\sum\limits_{n=1}^{\infty}x^n(1-x)$, 由于 $S_n(x) = (1-x)\sum\limits_{k=1}^{n-1}x^k = 1-x^n$ 且

$$\lim_{n\to\infty} S_n(x) = S(x) = \begin{cases} 1, & 0 < x \leqslant 1 \\ 0, & x = 0 \end{cases}.$$

可见 $\lim\limits_{n\to\infty}\sup\limits_{0\leqslant x\leqslant 1}|S_n(x) - S(x)| = 1.$

故所给级数在 $[0,1]$ 上绝对并一致收敛, 但其各项绝对值组成的级数在 $[0,1]$ 上却不一致收敛.

11. **知识点窍** 函数列一致收敛判别方法.

逻辑推理 该题目利用函数列一致收敛的定义即可证明.

解题过程 $\because |f_n(x) - f(x)| = \frac{1}{n}|[nf(x)] - nf(x)| \leqslant \frac{1}{n}(n=1,2,\cdots).$

$\therefore$ 对 $\forall \varepsilon > 0$, 取 $N = \left[\frac{1}{\varepsilon}\right] + 1$, 当 $n > N$ 时, 对 $\forall x \in (a,b)$, 均有

$$|f_n(x) - f(x)| < \varepsilon.$$

故 $\{f_n(x)\}$ 在 (a,b) 内一致收敛于 $f(x)$.

12. **知识点窍** 级数收敛和一致收敛的判定定理.

逻辑推理 运用狄利克雷判别法进行判断.

解题过程 记 $v_n(x) = (-1)^{n+1}$, 则 $\left|\sum\limits_{k=1}^{n}v_k(x)\right| \leqslant 1, x \in [a,b], n = 1,2,\cdots.$

因 $u_n(x)$ 在 $[a,b]$ 上单调, 则

$$0 < u_n(x) \leqslant u_n(b) + u_n(a), x \in [a,b], n = 1,2,\cdots,$$

又因为 $u_n(a), u_n(b)$ 收敛于 0, 所以对 $\forall \varepsilon > 0, \exists N > 0$, 当 $n > N$ 时有 $|u_n(a) + u_n(b)| < \varepsilon$, 从而对一切 $x \in [a,b]$, 有

$$|u_n(x) - 0| \leqslant |u_n(a) + u_n(b) - 0| < \varepsilon.$$

故 $u_n(x) \rightrightarrows 0 (n \to \infty), x \in [a,b]$. 又对每一个 $x \in [a,b], \{u_n(x)\}$ 递减, 由狄利克雷判别法知, 所给级数在 $[a,b]$ 上一致收敛.

13. **解题过程** 设存在 $\{f_n(x)\}$ 的一个子列 $\{f_{n_i}(x)\}, (i = 1,2,\cdots)$, 由于正数列 $\{f_n(x)\}$ 在 I 上一致收敛于 0, 即任给正数 ε, 总存在正数 N, 使得当 $n, m > N$ 时, 对一切 $x \in I$, 都有

$$|f_n(x) - f_m(x)| < \varepsilon.$$

现取 $i = n, m$, 则 $n_n > n > N, n_m > m > N$, 故对一切 $x \in I$, 有

$$|f_{n_n}(x) - f_{n_m}(x)| < \varepsilon.$$

则由柯西准则可知, 正数列 $\{f_{n_i}(x)\}$ 在 I 上一致收敛.

习题 13.2

1. 知识点窍 函数列一致收敛；定理 13.9, 13.10, 13.11.

解题过程 (1) (a) $\lim\limits_{n\to\infty} f_n(x) = \lim\limits_{n\to\infty}(1 + \dfrac{x}{x+n}) = 1 = f(x), x \in [0, b]$,

$\sup\limits_{0 \leqslant x \leqslant b} |f_n(x) - f(x)| = \sup\limits_{0 \leqslant x \leqslant b}\left|\dfrac{x}{x+n}\right| = \dfrac{b}{b+n}\lim\limits_{n\to\infty}\sup\limits_{0\leqslant x\leqslant b}|f_n(x) - f(x)| = 0$.

由于 $f'_n(x) = \dfrac{n}{(x+n)^2}, \lim\limits_{n\to\infty}f'_n(x) = 0 = g(x), x \in [0, b]$,

从而 $\lim\limits_{n\to\infty}\sup\limits_{0\leqslant x\leqslant b}|f'_n(x) - g(x)| = \lim\limits_{n\to\infty}\sup\limits_{0\leqslant x\leqslant b}\left|\dfrac{n}{(x+n)^2}\right| = \lim\limits_{n\to\infty}\dfrac{1}{n} = 0$,

故 $\{f_n(x)\}$ 与 $\{f'_n(x)\}$ 都在 $[0, b]$ 上一致收敛.

(b) 因为 $\left\{\dfrac{2x+n}{x+n}\right\}$ 在 $[0, b]$ 上一致收敛,且每一项都连续,所以 $\left\{\dfrac{2x+n}{x+n}\right\}$ 具有定理 13.9, 13.10 的条件,从而具有定理结论. 又因为 $\left\{\dfrac{2x+n}{x+n}\right\}'$ 在 $[0, b]$ 上一致收敛,每一项在 $[0, b]$ 上连续,且 $\{f_n(x)\}$ 在 $[0, b]$ 上收敛,所以 $\left\{\dfrac{2x+n}{x+n}\right\}$ 具有定理 13.11 的条件和结论.

(2) (a) 因为 $f_n(x) = x - \dfrac{x^n}{n}, \lim\limits_{n\to\infty}f_n(x) = x = f(x), x \in [0, 1]$,

从而 $\sup\limits_{0\leqslant x\leqslant 1}|f_n(x) - f(x)| = \sup\limits_{0\leqslant x\leqslant 1}\left|\dfrac{x^n}{n}\right| = \dfrac{1}{n}$,所以 $\lim\limits_{n\to\infty}\sup\limits_{0\leqslant x\leqslant 1}|f_n(x) - f(x)| = 0$,

所以 $x - \dfrac{x^n}{n} \rightrightarrows x = f(x)(n \to \infty), x \in [0, 1]$.

又 $f'_n(x) = 1 - x^{n-1}, \lim\limits_{n\to\infty}f'_n(x) = \begin{cases} 1, & 0 \leqslant x < 1 \\ 0, & x = 1 \end{cases}$.

从而 $\{f'_n(x)\}$ 的每一项在 $[0, 1]$ 上连续,$\{f'_n(x)\}$ 的极限函数在 $[0, 1]$ 上不连续,故 $\{f'_n(x)\}$ 在 $[0, 1]$ 上不一致收敛.

(b) 因为 $\left\{x - \dfrac{x^n}{n}\right\}$ 在 $[0, 1]$ 上一致收敛,且每一项均连续,所以 $\left\{x - \dfrac{x^n}{n}\right\}$ 具有定理 13.9, 13.10 的条件,从而具有定理结论. 由于 $\{f'_n(x)\}$ 在 $[0, 1]$ 上不一致收敛,所以 $\{f_n(x)\}$ 不具有定理 13.11 的条件. 又 $f'(x) = (x)' = 1 \neq \lim\limits_{n\to\infty}f'_n(x)$,从而不具有定理 13.11 的结论.

(3) (a) 当 $x = 0$ 时, $f_n(0) = 0$.

当 $x \in (0, 1]$ 时,

$\lim\limits_{n\to\infty}f_n(x) = \lim\limits_{n\to\infty}nxe^{-nx^2} = 0 = f(x)$.

$\sup\limits_{0\leqslant x\leqslant 1}|f_n(x) - f(x)| = \sup\limits_{0\leqslant x\leqslant 1}|nxe^{-nx^2}| = \sqrt{\dfrac{n}{2}}e^{-\frac{1}{2}} \to \infty (n \to \infty)$.

由 $f'_n(x) = ne^{-nx^2}(1 - 2nx^2)$ 知 $f_n(x)$ 在 $x = \dfrac{1}{\sqrt{2n}}$ 达到 $[0, 1]$ 上的最大值,所以

$$\sup_{0\leqslant x\leqslant 1}|f_n(x)-f(x)|=\sqrt{\frac{n}{2}}\mathrm{e}^{-\frac{1}{2}},\text{则}\lim_{n\to\infty}\sup_{0\leqslant x\leqslant 1}|f_n(x)-f(x)|=\infty.$$

故 $\{nx\mathrm{e}^{-nx^2}\}$ 在 $[0,1]$ 上不一致收敛.

又因为 $f'_n(x)=n\mathrm{e}^{-nx^2}(1-2nx^2)$,所以 $\lim_{n\to\infty}f'_n(x)=\begin{cases}0,&0<x\leqslant 1\\+\infty,&x=0\end{cases}.$

$\{f'_n(x)\}$ 的每一项在 $[0,1]$ 上连续,其极限函数在 $[0,1]$ 上不连续.

故 $\{f'_n(x)\}$ 在 $[0,1]$ 上不一致收敛.

(b) 因 $\{f_n(x)\}$ 与 $\{f'_n(x)\}$ 在 $[0,1]$ 上都不一致收敛,所以 $\{f_n(x)\}$ 不满足定理13.9,13.10,13.11 的条件,又因为 $\{f_n(x)\}$ 的极限函数 $f(x)=0$ 在 $[0,1]$ 上连续,故

$$\lim_{n\to\infty}\int_0^1 nx\mathrm{e}^{-nx^2}\mathrm{d}x=\frac{1}{2}\neq\int_0^1\lim_{n\to\infty}f_n(x)\mathrm{d}x=0.$$

由于 $\{f'_n(x)\}$ 在 $x=0$ 时不收敛,所以 $\{f_n(x)\}$ 具有定理13.9的结论,不具有定理13.10,13.11 的结论.

2. 知识点窍 定理 13.11(可微性)及一致收敛的判别.

逻辑推理 设 $f'_n(x)\rightrightarrows g(x)$. 证明 $|f_n(x)-f(x)|=|f_n(x_0)-f(x_0)+\int_{x_0}^x[f'_n(t)-g(t)]\mathrm{d}t|$

$=|f_n(x_0)-f(x_0)|+\int_{x_0}^x|f'_n(t)-g(t)|\mathrm{d}t<\varepsilon.$

解题过程 由题设知 $f'_n(x)(n=1,2,\cdots)$ 连续且 $\{f'_n(x)\}$ 一致收敛. 设 $f'_n(x)\rightrightarrows g(x)(n\to\infty)$, $x\in[a,b]$ 且 x_0 为 $\{f_n\}$ 的收敛点,则对 $\forall x\in[a,b]$,有 $f_n(x)=f_n(x_0)+\int_{x_0}^x f'_n(t)\mathrm{d}t.$

由 $\{f'_n(x)\}$ 满足定理 13.10 的条件可得

$$\lim_{n\to\infty}\int_{x_0}^x f'_n(t)\mathrm{d}t=\int_{x_0}^x\lim_{n\to\infty}f'(t)\mathrm{d}t=\int_{x_0}^x g(t)\mathrm{d}t.$$

$|f_n(x)-f(x)|=|f_n(x_0)-f(x_0)+\int_{x_0}^x[f'_n(t)-g(t)]\mathrm{d}t|$

$\leqslant|f_n(x_0)-f(x_0)|+|\int_{x_0}^x[f'_n(t)-g(t)]\mathrm{d}t|$

$\leqslant|f_n(x_0)-f(x_0)|+\int_a^b|f'_n(t)-g(t)|\mathrm{d}t,$

$\because x_0$ 为 $\{f_n\}$ 的收敛点.

$\therefore$ 对 $\forall\varepsilon>0,\exists N$,使得当 $n>N$ 时,总有

$|f_n(x_0)-f(x_0)|<\frac{\varepsilon}{2}.$

又 $f'_n(t)$ 在 $[a,b]$ 上一致收敛于 $g(t)$. 对上述的 $\varepsilon>0,\exists N_2$,使得当 $n>N_2$ 时,对 $\forall t\in[a,b]$ 有

$|f'_n(t)-g(t)|<\frac{\varepsilon}{2(b-a)}.$

当 $n>N=\max\{N_1,N_2\}$ 时,有 $|f_n(x)-f(x)|\leqslant|f_n(x_0)-f(x_0)|+\int_a^b|f'_n(t)-g(t)|\mathrm{d}t<\varepsilon.$

故 $\{f_n(x)\}$ 在 $[a,b]$ 一致收敛.

3. **解题过程** 定理13.12(连续性):若函数项级数 $\sum u_n(x)$ 在区间$[a,b]$上一致收敛,且每一项都连续,则其和函数在$[a,b]$上也连续.

证明:设 $S_n(x)$ 为级数 $\sum u_n(x)$ 的部分和函数列,则由 $\sum u_n(x)$ 在$[a,b]$上一致收敛,得 $S_n(x)$ 在$[a,b]$上一致收敛. 设 $S_n(x) \rightrightarrows S(x)(n \to \infty), x \in [a,b]$,则对 $\forall \varepsilon > 0, \exists N$,使得当 $n > N$ 时,对一切 $x \in [a,b]$,有 $|S(x) - S_n(x)| < \frac{\varepsilon}{3}$.

设 x_0 为$[a,b]$上任意一点,则 $|S(x_0) - S_n(x_0)| < \frac{\varepsilon}{3}$.

又由 $u_n(x)(n=1,2,\cdots)$ 连续可得 $S_n(x)(n=1,2,\cdots)$ 在$[a,b]$上连续.

故对上述的 $\varepsilon > 0, \exists \delta > 0$,使得当 $x \in [a,b]$ 且 $|x - x_0| < \delta$ 时,有 $|S_n(x) - S_n(x_0)| < \frac{\varepsilon}{3}$.

又 $|S(x) - S(x_0)| = |S(x) - S_n(x) + S_n(x) - S_n(x_0) + S_n(x_0) - S(x_0)|$
$\leqslant |S(x) - S_n(x)| + |S_n(x) - S_n(x_0)| + |S_n(x_0) - S(x_0)|$
$< \varepsilon.$

故 $\sum u_n(x)$ 的和函数 $S(x)$ 在 x_0 处连续,且由 x_0 的任意性,得 $S(x)$ 在$[a,b]$上连续.

定理3.14(连续求导):若函数项级数 $\sum u_n(x)$ 在$[a,b]$上每一点都有连续的导函数,$x_0 \in [a,b]$ 为 $\sum u_n(x)$ 的收敛点,且 $\sum u'_n(x)$ 在$[a,b]$上一致收敛,则

$$\sum \left[\frac{\mathrm{d}u_n(x)}{\mathrm{d}x}\right] = \frac{\mathrm{d}}{\mathrm{d}x}\left[\sum u_n(x)\right].$$

证明:设 $u'_n(x) \rightrightarrows S^*(x)(n \to \infty), x \in [a,b]$,由 $u'_n(x)(n=1,2,\cdots)$ 连续及 $\sum u'_n(x)$ 的一致收敛性可知 $S^*(x)$ 在$[a,b]$上连续.

又由定理13.13得,对任意 $x \in [a,b]$,有

$$\int_a^x S^*(t)\mathrm{d}t = \int_a^x \sum u'_n(t)\mathrm{d}t = \sum \int_a^x u'_n(t)\mathrm{d}t = \sum u_n(x) - \sum u_n(a) = S(x) - S(a)$$

对 $\int_a^x S^*(t)\mathrm{d}t = S(x) - S(a)$ 两边求导,得 $S^*(x) = S'(x)$,

即 $\sum \left[\frac{\mathrm{d}u_n(x)}{\mathrm{d}x}\right] = \frac{\mathrm{d}}{\mathrm{d}x}\left[\sum u_n(x)\right]$.

4. **知识点窍** 定理13.13,函数项逐项求积定理.

逻辑推理 利用不定式 $|u_n(x)| \leqslant \frac{1}{n^2}$ 及一致收敛判定定理,可推定 $\sum u_n(x)$ 一致收敛,然后利用逐项求积定理求解.

解题过程 记 $u_n(x) = \frac{x^{n-1}}{n^2}, x \in [-1,1]$,由此可得 $|u_n(x)| \leqslant \frac{1}{n^2}$,又因为 $\sum \frac{1}{n^2}$ 收敛,推得 $\sum u_n(x)$ 在$[-1,1]$上一致收敛,且每一项 $\frac{x^{n-1}}{n^2}(n=1,2,\cdots)$ 在$[-1,1]$上连续,根据定理13.13,有 $\int_0^x S(t)\mathrm{d}t = \sum_{n=1}^{\infty} \int_0^x u_n(t)\mathrm{d}t = \sum_{n=1}^{\infty} \int_0^x \frac{x^{n-1}}{n^2}\mathrm{d}x = \sum_{n=1}^{\infty} \frac{x^n}{n^3}$.

5. 知识点窍 一致收敛函数项级数的性质逐项求积.

逻辑推理 首先判断 $S(x)$ 在 $(-\infty,+\infty)$ 上一致收敛,然后再利用其性质 —— 逐项求积定理求解.

解题过程 由 $\left|\dfrac{\cos nx}{n\sqrt{n}}\right| \leqslant \dfrac{1}{n\sqrt{n}} [x \in (-\infty,+\infty)]$ 和 $\sum \dfrac{1}{n\sqrt{n}}$ 收敛得级数 $\sum\limits_{n=1}^{\infty} \dfrac{\cos nx}{n\sqrt{n}}$ 一致收敛.

又 $\dfrac{\cos nx}{n\sqrt{n}}$ 在 $(-\infty,+\infty)$ 上连续,从而由定理 13.13 知

$$\int_0^x S(t)\mathrm{d}t = \sum_{n=1}^{\infty}\int_0^x \dfrac{\cos nt}{n\sqrt{n}}\mathrm{d}t = \sum_{n=1}^{\infty}\dfrac{\sin nx}{n^2\sqrt{n}}.$$

6. 逻辑推理 首先判定 $\sum\limits_{n=1}^{\infty} ne^{-nx}$ 在 $[\ln 2,\ln 3]$ 上是否一致收敛,若收敛,利用逐项求积定理即可求解.

解题过程 因为 $(ne^{-nx})' = -n^2e^{-nx} < 0, f(x) = ne^{-nx}$ 单调递减.

所以 $ne^{-nx} \leqslant ne^{-n\ln 2}, x \in [\ln 2,\ln 3]$.

对级数 $\sum\limits_{n=1}^{\infty} ne^{-n\ln 2}$,有 $\sqrt[n]{ne^{-n\ln 2}} = \dfrac{\sqrt[n]{n}}{e^{\ln 2}} = \dfrac{\sqrt[n]{n}}{2}$,则 $\lim\limits_{n\to\infty}\sqrt[n]{ne^{-n\ln 2}} = \lim\limits_{n\to\infty}\dfrac{\sqrt[n]{n}}{2} = \dfrac{1}{2} < 1$.

于是 $\sum\limits_{n=1}^{\infty} ne^{-n\ln 2}$ 收敛,从而 $\sum\limits_{n=1}^{\infty} ne^{-nx}$ 在 $[\ln 2,\ln 3]$ 上一致收敛,显然 $ne^{-nx}(n=1,2,\cdots)$ 在 $[\ln 2,\ln 3]$ 上连续,由定理 13.13 知

$$\int_{\ln 2}^{\ln 3} S(t)\mathrm{d}t = \sum_{n=1}^{\infty}\int_{\ln 2}^{\ln 3} ne^{-nt}\mathrm{d}t = \sum_{n=1}^{\infty}\left(\dfrac{1}{2^n} - \dfrac{1}{3^n}\right) = \dfrac{1}{2}.$$

7. 知识点窍 函数项级数逐项求导定理.

逻辑推理 由逐项求导定理可知一致收敛函数项级数具有连续导函数,则判断级数 $\sum\limits_{n=1}^{\infty}\dfrac{\sin nx}{n^3}$ 和导函数是否一致收敛即可得证.

解题过程 $\because \left|\dfrac{\sin nx}{n^3}\right| \leqslant \dfrac{1}{n^3}$,而级数 $\sum\dfrac{1}{n^3}$ 在 $(-\infty,+\infty)$ 上一致收敛.

又 $u_n(x) = \dfrac{\sin nx}{n^3}$ 在 $(-\infty,+\infty)$ 上连续$(n=1,2,\cdots)$,

$\therefore f(x) = \sum u_n(x)$ 在 $(-\infty,+\infty)$ 上连续.

由 $|u'_n(x)| = \left|\dfrac{\cos nx}{n^2}\right| \leqslant \dfrac{1}{n^2}$ 及 $\dfrac{\cos nx}{n^2}$ 在 $(-\infty,+\infty)$ 上连续可知 $\sum u'_n(x)$ 一致收敛且和函数连续.设 $g(x) = \sum u'_n(x)$,则由定理 13.14 可知

$$g(x) = \sum u'_n(x) = \left[\sum u_n(x)\right]' = f'(x),$$

即 $f(x)$ 连续且具有连续的导函数.

8. 知识点窍 函数项逐项求积定理.

逻辑推理 因为 $|u_n(x)| \leqslant r^n$,而正项级数 $\sum r^n$ 收敛,所以 $\sum r^n \cos nx$ 一致收敛,然后利用逐项求积分式求解.

解题过程 记 $u_n(x) = r^n\cos nx (0 < r < 1), x \in [0, 2\pi]$，因为 $|u_n(x)| \leqslant r^n$，而正项级数 $\sum r^n$ 收敛，所以级数 $\sum\limits_{n=0}^{\infty} r^n \cos nx$ 在 $[0, 2\pi]$ 上一致收敛，且每一项 $r^n\cos nx$ 在 $[0, 2\pi]$ 上连续，根据函数项逐项求积定理知

$$\int_0^{2\pi}\Big(\sum_{n=1}^{\infty} r^n \cos nx\Big)\mathrm{d}x = \sum_{n=1}^{\infty} r^n \int_0^{2\pi} \cos nx \,\mathrm{d}x = \int_0^{2\pi}\mathrm{d}x + \sum_{n=1}^{\infty} r^n \int_0^{2\pi} \cos nx \,\mathrm{d}x$$

$$= 2\pi + \sum_{n=1}^{\infty} \frac{r^n}{n}\sin nx\Big|_0^{2\pi} = 2\pi + \sum 0 = 2\pi.$$

9. **知识点窍** 收敛性判定方法；极限函数的连续性、可微性和可积性。

逻辑推理 先确定函数列在所定义区间上一致收敛，再利用极限函数的连续性、可微性和可积性定理判断函数的连续性、可微性和可积性。

解题过程 （1）由于当 $x = 0$ 时，$f_n(0) = 0$.

当 $x \neq 0$ 时，$\lim\limits_{n\to\infty} f_n(x) = \lim\limits_{n\to\infty} \dfrac{x}{e^{nx^2}} = 0, x \in [-l, l]$，

从而 $\sup\limits_{x \in [-l,l]} |f_n(x) - f(x)| = \sup\limits_{x \in [-l,l]} |xe^{-nx^2}| \leqslant \dfrac{1}{\sqrt{2n}} e^{-\frac{1}{2}}$，

则 $\lim\limits_{n\to\infty} \sup\limits_{x \in (-l,l)} |xe^{-nx^2}| = \lim\limits_{n\to\infty} \dfrac{1}{\sqrt{2n}} e^{-\frac{1}{2}} = 0$，

所以 $xe^{-nx^2} \rightrightarrows 0 (n \to \infty), x \in [-l, l]$.

由极限函数 $f(x) = 0$ 知 $f(x)$ 在 $[-l, l]$ 上连续、可积、可微，且由 xe^{-nx^2} 在 $[-l, l]$ 上连续及定理 13.10 有 $\int_{-l}^{l} \lim\limits_{n\to\infty} f_n(x)\mathrm{d}x = \lim\limits_{n\to\infty} \int_{-l}^{l} f_n(x)\mathrm{d}x$.

但由 $f'_n(x) = e^{-nx^2}(1 - 2nx^2)$ 知 $\lim\limits_{n\to\infty} f'_n(x) = \begin{cases} 0, & 0 < |x| \leqslant l \neq 0 \\ 1, & x = 0 \end{cases}$.

因此 $\big[\lim\limits_{n\to\infty} f_n(x)\big]' \neq \lim\limits_{n\to\infty} f'_n(x)$.

（2）（ⅰ）当 $x = 0$ 时，$\lim\limits_{n\to\infty} f_n(x) = 0$；当 $x > 0$ 时，$\lim\limits_{n\to\infty} f_n(x) = 1$，

所以 $\lim\limits_{n\to\infty} f_n(x) = f(x) = \begin{cases} 0, & x = 0 \\ 1, & 0 < x < +\infty \end{cases}$.

由于 $\{f_n(x)\}$ 的每一项在 $[0, +\infty)$ 上连续，而 $f(x)$ 在 $[0, +\infty)$ 上不连续，所以 $\{f_n(x)\}$ 在 $[0, +\infty)$ 上不一致收敛。

由 $f_n(x) = \begin{cases} 0, & x = 0 \\ 1, & 0 < x < +\infty \end{cases}$ 知 $f(x)$ 在 $[0, +\infty)$ 上不连续、可积、不可微。

（ⅱ）因为 $\lim\limits_{n\to\infty} f_n(x) = 1 = f(x), x \in [a, +\infty)$，

所以 $\sup\limits_{x \in [a, +\infty)} |f_n(x) - f(x)| = \sup\limits_{x \in [a, +\infty)} \Big|\dfrac{nx}{1 + nx}\Big|$，

则 $\lim\limits_{n\to\infty} \sup\limits_{x \in [a, +\infty)} |f_n(x) - f(x)| = 0$.

所以 $\dfrac{nx}{1 + nx} \rightrightarrows 1 (n \to \infty), x \in [a, +\infty)(a > 0)$.

由 $f(x) = 1$ 知 $f(x)$ 在 $[a,+\infty)$ 上连续、可微,在任意有限区间 $[c,d] \subset [a,+\infty)$ 上可积.

10. **解题过程** 由于 $f(x)$ 在 $(-\infty,+\infty)$ 上有任何阶导数,所以 $f^{(n)}(x)$ 在任何有限区间 (a,b) 内有连续的导数. 又因为 $f^{(n)}(x)$ 在 (a,b) 内一致收敛于 $\varphi(x)$,且 $f^{(n+1)}(x)$ 在 (a,b) 内也一致收敛于 $\varphi(x)$,由定理 13.11 知

$$\varphi'(x) = \left[\lim_{n\to\infty} f^{(n)}(x)\right]' = \lim_{n\to\infty} f^{(n+1)}(x)' = \varphi(x), x \in (a,b).$$

令 $g(x) = e^{-x}\varphi(x)$,则 $g'(x) = 0, \forall x \in (-\infty,+\infty), g(x) \equiv c$(常数),即 $\varphi(x) = ce^x$.

第十三章总练习题

1. 知识点窍 函数列一致收敛的判定定理.

逻辑推理 利用余项准则即可证明当 $k<1$ 时,(1)(2) 中的 $\{f_n(x)\}$ 都是一致收敛的.

解题过程 (1) 因为当 $x=0$ 时,$f_n(0)=0$,所以 $\lim\limits_{n\to\infty} f_n(0) = 0$;当 $x \neq 0$ 时,因为 $\lim\limits_{n\to\infty} \dfrac{n^k x}{e^{nx}} = 0$,所以 $\lim\limits_{n\to\infty} f_n(x) = 0 = f(x), x \in [0,+\infty)$,$\sup\limits_{x\in[0,+\infty)} |f_n(x) - f(x)| = \sup\limits_{x\in[0,+\infty)} xn^k e^{-nx}$.

由 $f'_n(x) = n^k e^{-nx}(1-nx)$ 知 $f_n(x)$ 在 $x = \dfrac{1}{n}$ 达到 $[0,+\infty)$ 上的最大值,所以

$$\sup_{x\in[0,+\infty)} |f_n(x) - f(x)| = n^{k-1} e^{-1},$$

于是,当 $k-1 < 0$,即 $k<1$ 时,有

$$\lim_{n\to\infty} \sup_{x\in[0,+\infty)} |f_n(x) - f(x)| = \lim_{n\to\infty}(n^{k-1} e^{-1}) = 0.$$

当 $k-1 \geqslant 0$,即 $k \geqslant 1$ 时,有

$$\lim_{n\to\infty} \sup_{x\in[0,+\infty)} |f_n(x) - f(x)| = \begin{cases} +\infty, & k>1 \\ \dfrac{1}{e}, & k=1 \end{cases}$$

故当 $k<1$ 时,$\{xn^k e^{-nx}\}$ 在 $[0,+\infty)$ 上一致收敛.

(2) 当 $x=0$ 时,$f_n(x) = 0$,所以 $f(x) = \lim\limits_{n\to\infty} f_n(x) = 0$.

当 $0 < x \leqslant 1$ 时,只要 $n > \dfrac{2}{x}$,就有 $f_n(x) = 0$,所以 $f(x) = 0$.

于是 $\{f_n(x)\}$ 在 $[0,1]$ 上的极限函数为 $f(x) = 0$.

因为 $\lim\limits_{n\to\infty} \sup\limits_{x\in[0,1]} |f_n(x) - f(x)| = \lim\limits_{n\to\infty} f_n\left(\dfrac{1}{n}\right) = \lim\limits_{n\to\infty} n^{k-1} = \begin{cases} 0, & k<1 \\ 1, & k=1 \\ +\infty, & k>1 \end{cases}$

故仅当 $k<1$ 时,$\{f_n(x)\}$ 在 $[0,1]$ 上一致收敛;$k \geqslant 1$ 时,$\lim\limits_{n\to\infty} \sup\limits_{x\in[0,1]} |f_n(x) - f(x)| \neq 0$,$\{f_n(x)\}$ 在 $[0,1]$ 上不是一致收敛.

2. 逻辑推理 要证 $\{f_n(x)\}$ 一致有界,需要先证明 $|f_n(x) - f(x)| < \varepsilon$.

解题过程 (1) 设 $|f(x)| \leqslant M_1(x \in I)$,由 $f_n(x) \rightrightarrows f(x)(x \in I)$ 可得,对于 $\varepsilon_0 = 1, \exists N$,使得当 $n > N$ 时,对一切 $x \in I$,都有 $|f_n(x) - f(x)| \leqslant \varepsilon = 1$.

从而,对 $\forall x \in I$,有 $|f_n(x)| < M_1 + 1 (n > N)$. 故 $\{f_n(x)\}$ 除前面 N 项外是一致有界的.

(2) $f_n(x) \rightrightarrows f(x)(n \to \infty)(x \in I)$,由柯西准则可知,对任意 $\varepsilon_0 = 1$,$\exists N$,当 $n > N+1 > N$ 时,对所有 $x \in I$,均有 $|f_n(x) - f_{N+1}(x)| < 1$.

故当 $n > N+1$ 时,对所有 $x \in I$,有 $|f_n(x)| < |f_{N+1}(x)| + 1$.

又对每个正整数 n,$f_n(x)$ 在 I 上有界,特别地,$|f_n(x)| \leqslant M_n (n = 1, 2, \cdots, N+1, x \in I)$.

令 $M_2 = \max\limits_{1 \leqslant n \leqslant N+1} \{M_n\}$,则对 $\forall n \in \mathbf{N}^+$ 及一切 $x \in I$,都有 $|f_n(x)| < M_2 + 1$,

即 $\{f_n(x)\}$ 在 I 上一致有界.

小提示:在考虑有界性的同时也要兼顾一致性.

3. **知识点窍** 级数一致收敛的充要条件.

   解题过程 (1) 当 $x = 1$ 时,$\lim\limits_{n \to \infty} x^n f(x) = \lim\limits_{n \to \infty} f(1) = f(1)$.

   当 $x \in \left[\dfrac{1}{2}, 1\right)$ 时,$\lim\limits_{n \to \infty} x^n f(x) = f(x) \lim\limits_{n \to \infty} x^n = f(x) \cdot 0 = 0$. 从而 $\{x^n f(x)\}$ 在 $\left[\dfrac{1}{2}, 1\right]$ 上收敛,

   且极限函数 $g(x) = \begin{cases} 0, x \in \left[\dfrac{1}{2}, 1\right) \\ f(1), x = 1 \end{cases} (n \to \infty)$,则结论成立.

   (2) 必要条件:

   因为 $f(x)$ 在闭区间 $\left[\dfrac{1}{2}, 1\right]$ 上连续,所以 $f(x)$ 在 $\left[\dfrac{1}{2}, 1\right]$ 上有界,又 $\{x^n f(x)\}$ 在 $\left[\dfrac{1}{2}, 1\right]$ 上一致收敛,且 $x^n f(x) (n = 1, 2, \cdots)$ 在 $\left[\dfrac{1}{2}, 1\right]$ 上连续,所以其极限函数 $g(x)$ 在 $\left[\dfrac{1}{2}, 1\right]$ 上连续,

   从而 $f(1) = g(1) = \lim\limits_{x \to 1} g(x) = 0$.

   充分条件:

   设 $|f(x)| \leqslant M \left(x \in \left[\dfrac{1}{2}, 1\right]\right)$,由 $f(1) = 0$ 知 $\{x^n f(x)\}$ 的极限函数 $g(x) \equiv 0$.

   由于 $f(x)$ 在 $x = 1$ 连续,从而 $\forall \varepsilon > 0$,$\exists \delta > 0$,当 $1 - \delta < x \leqslant 1$ 时,$|f(x) - f(1)| = |f(x)| < \varepsilon$,从而

   ① 当 $1 - \delta < x \leqslant 1$ 时,$|x^n f(x) - 0| \leqslant |f(x)| < \varepsilon$;

   ② 当 $\dfrac{1}{2} \leqslant x \leqslant 1 - \delta$ 时,$|x^n f(x) - 0| \leqslant (1-\delta)^n M$,而 $\lim\limits_{n \to \infty}(1-\delta)^n M = 0$.

   因此,对上述 ε,存在 N,当 $n > N$ 时,对一切 $x \in \left[\dfrac{1}{2}, 1-\delta\right]$,有 $|x^n f(x) - 0| \leqslant (1-\delta)^n M < \varepsilon$.

   综上所述,$\forall \varepsilon > 0$,存在 N,当 $n > N$ 时,对一切 $x \in \left[\dfrac{1}{2}, 1\right]$,有 $|x^n f(x) - 0| < \varepsilon$,故 $\{x^n f(x)\}$ 在 $\left[\dfrac{1}{2}, 1\right]$ 上一致收敛.

4. **解题过程** 对 $[a, b]$ 作任一"分割" T,则 $f(x)$ 在 Δ_i 上的振幅为 $w_i = \sup\limits_{x', x'' \in \Delta_i} |f(x') - f(x'')|$.

   设 $f_n(x) \rightrightarrows f(x)(n \to \infty)$,$x \in [a, b]$ 时,对 $\forall \varepsilon > 0$,$\exists N$,当 $n > N$ 时,有 $|f_n(x) - f(x)| \leqslant \dfrac{\varepsilon}{3(b-a)} (x \in [a, b])$. 特别地,$x \in \Delta_i$ 时成立.

∵ $f_n(x)$ 在 $[a,b]$ 上可积，故对上述的 $\varepsilon>0$，$\exists\delta>0$，只要 $\|T\|<\delta$，就有 $\sum w_i'\Delta i<\dfrac{\varepsilon}{3}$（其中 w_i'
$=\sup\limits_{x',x''\in\Delta i}|f_n(x')-f_n(x'')|$）．

从而当 $x',x''\in\Delta i$ 时，有

$$|f(x')-f(x'')|\leqslant|f(x')-f_n(x')|+|f_n(x')-f_n(x'')|+|f_n(x'')-f(x'')|$$

$$<\dfrac{2\varepsilon}{3(b-a)}+w_i',$$

$$\therefore \sum w_i\Delta x_i=\sum\left(\dfrac{2\varepsilon}{3(b-a)}+w_i'\right)\Delta x_i=\dfrac{2\varepsilon}{3(b-a)}\cdot\sum\Delta x_i+\sum w_i'\Delta x_i$$

$$<\dfrac{2\varepsilon}{3}+\dfrac{\varepsilon}{3}=\varepsilon.$$

∴ 由可积的第二充要条件可知 $f(x)$ 在 $[a,b]$ 上可积．

5. **知识点窍** 级数一致收敛的判定定理和一致收敛级数的连续性定理．

解题过程 因为 $\left|\dfrac{1}{n^x}\right|\leqslant 1[x\in[0,+\infty)]$，且 $\dfrac{1}{(n+1)^x}\leqslant\dfrac{1}{n^x}$，所以 $\left\{\dfrac{1}{n^x}\right\}$ 在 $\forall x\in[0,+\infty)$ 上单调一致有界，又因为 $\sum a_n$ 收敛，从而 $\sum a_n$ 在 $[0,+\infty)$ 上一致收敛，由阿贝尔判别法知 $\sum\dfrac{a_n}{n^x}$ 在 $[0,+\infty)$ 上一致收敛．由于 $\dfrac{a_n}{n^x}(n=1,2,\cdots)$ 在 $[0,+\infty)$ 上连续，由连续性定理知 $\sum\dfrac{a_n}{n^x}$ 在 $[0,+\infty)$ 上连续，故 $\lim\limits_{x\to 0^+}\sum\dfrac{a_n}{n^x}=\sum\left(\lim\limits_{x\to 0^+}\dfrac{a_n}{n^x}\right)=\sum a_n.$

6. **知识点窍** 一致收敛的判定准则．

逻辑推理 可用柯西准则证明 $\{f_n(x)\}$ 的一致收敛性，在证明过程中，利用微分中值定理证明 $|f_n(x)-f_{n+p}(x)|<\varepsilon$．

解题过程 ∵ $\{f'_n(x)\}$ 在 $[a,b]$ 上一致有界．

∴ $\exists M>0$，对 $\forall x\in[a,b]$ 及任意 $n\in\mathbf{Z}^+$，都有 $|f'_n(x)|\leqslant M$．对 $\forall\varepsilon>0$，在 $[a,b]$ 上做分割．$a=x_0<x_1<\cdots<x_{m-1}<x_m<b$，且小区间 $[x_{i-1},x_i]$ 的长度 $\Delta x_i=x_i-x_{i+1}$ 满足

$$\Delta x_i<\dfrac{\varepsilon}{3M}(i=1,2,\cdots,m).$$

又 ∵ $\{f_n(x)\}$ 在 $[a,b]$ 上收敛，

∴ 对于点 $x_i(i=1,2,\cdots,m-1)$，$\exists N$，使得当 $n>N$ 时，对 $\forall p\in\mathbf{Z}^+$，有 $|f_n(x)-f_{n+p}(x)|<\dfrac{\varepsilon}{3}$．

对 $\forall x\in[a,b]$ 一定存在某小区间 Δi，使得 $x\in\Delta i$，由微分中值定理得

$$|f_n(x)-f_{n+p}(x)|\leqslant|f_n(x)-f_n(x_i)|+|f_n(x_i)-f_{n+p}(x_i)|+|f_{n+p}(x_i)-f_{n+p}(x)|$$

$$=|f'_n(\xi_1)|\Delta x_i+|f_n(x_i)-f_{n+p}(x_i)|+|f'_{n+p}(\xi_2)|\Delta x_i(\xi_1,\xi_2\in\Delta i)$$

$$\leqslant M\cdot\dfrac{\varepsilon}{3M}+\dfrac{\varepsilon}{3}+M\cdot\dfrac{\varepsilon}{3M}=\varepsilon.$$

从而 $\{f_n(x)\}$ 在 $[a,b]$ 上一致收敛．

7. **解题过程** ∵ $f_n(x)\rightrightarrows f(x),(n\to\infty),(x\in[a,b])$．

∴ 对 $\varepsilon = 1$, $\exists N$, 当 $n > N$ 时, 对 $\forall x \in [a,b]$, 都有 $|f_n(x) - f(x)| < 1$, 即 $|f_n(x)| < 1 + |f(x)|$.

又 $f_n(x)$ 在 $[a,b]$ 上连续, 故一定存在最值.

取 $M = \max\{\max\limits_{x \in [a,b]}\{1 + |f(x)|\}, \max\limits_{x \in [a,b]}\{f_1(x)\}, \cdots, \max\limits_{x \in [a,b]}\{|f_n(x)|\}\}$, 则有

$$|f_n(x)| \leqslant M, x \in [a,b], n = 1,2,\cdots$$

∵ $g(x)$ 在 $(-\infty, +\infty)$ 上连续,

∴ $g(x)$ 在 $[-M,M]$ 上连续,

∴ $g(x)$ 在 $[-M,M]$ 上一致连续,

∴ 对 $\forall \varepsilon > 0$, 当 $\exists \delta > 0$ 时, $\forall x_1, x_2 \in [-M,M]$. 当 $|x_1 - x_2| < \delta$ 时, 有 $|g(x_1) - g(x_2)| < \varepsilon$.

又 $\{f_n(x)\}$ 在 $[a,b]$ 上一致收敛于 $f(x)$. 对上述 $\delta > 0$, $\exists N$, 当 $n > N$ 时, 对 $\forall x \in [a,b]$, 有 $|f_n(x) - f(x)| < \delta$.

∵ $f_n(x), f(x) \in [-M,M]$,

∴ $|g(f_n(x)) - g(f(x))| < \varepsilon$,

即 $\{g(f_n(x))\}$ 在 $[a,b]$ 上一致收敛于 $g(f(x))$.

走近考研

1 (北京大学, 2006 年) 设在 $[a,b]$ 上, $f_n(x)$ 一致收敛于 $f(x)$, $g_n(x)$ 一致收敛于 $g(x)$. 若存在正数列 $\{M_n\}$, 使得 $|f_n(x)| \leqslant M_n$, $|g_n(x)| \leqslant M_n$, ($x \in [a,b]$, $n = 1,2,\cdots$).

证明: $f_n(x) \cdot g_n(x)$ 在 $[a,b]$ 上一致收敛于 $f(x) \cdot g(x)$.

分析 本题主要考查一致收敛的知识.

解答 先证 $\{f_n(x)\}$ 一致有界.

因为 $f_n(x)$ 一致收敛于 $f(x)$, 所以 $\forall \varepsilon > 0$, $\exists N' > 0$, 当 $n > N'$ 时, $|f_n(x) - f(x)| < \varepsilon$ ($x \in [a,b]$).

特别地, 对 $\varepsilon = 1$, 有 $|f_n(x) - f(x)| < 1$.

所以 $|f(x)| \leqslant |f_n(x)| + 1 \leqslant M_n + 1$, 即 $f(x)$ 是有界的.

记 $M_1' = \sup\limits_{x \in [a,b]} |f(x)|$, 则当 $n > N'$ 时, $|f_n(x)| \leqslant |f_n(x)| + 1 \leqslant M_1' + 1$.

取 $M = \max\{M_1, M_2, \cdots, M_1' + 1\}$, 则 $\forall n \in \mathbf{N}$, $\forall \varepsilon \in [a,b]$, $|f_n(x)| \leqslant M$.

同理可证 $g(x)$ 是有界的, 即 $\exists M' > 0$, 使得 $|g(x)| \leqslant M'$, $x \in [a,b]$.

由于 $f_n(x)$ 一致收敛于 $f(x)$, $g_n(x)$ 一致收敛于 $g(x)$, 所以对 $\forall \varepsilon > 0$, $\exists N > 0$, 当 $n > N$ 时对一切 $x \in [a,b]$ 有

$$|f_n(x) - f(x)| < \frac{\varepsilon}{2M}, |g_n(x) - g(x)| < \frac{\varepsilon}{2M}.$$

所以当 $n > N$ 时,

$$|f_n(x)g_n(x) - f(x)g(x)| \leqslant |f_n(x)g_n(x) - f_n(x)g(x)| + |f_n(x)g(x) - f(x)g(x)|$$
$$\leqslant |f_n(x)| |g_n(x) - g(x)| + |g(x)| |f_n(x) - f(x)|$$

$$< M \cdot \frac{\varepsilon}{2M} + M' \cdot \frac{\varepsilon}{2M'} = \varepsilon.$$

故 $f_n(x)g_n(x)$ 在 $[a,b]$ 上一致收敛于 $f(x) \cdot g(x)$.

2 (复旦大学,2006年)证明级数 $\sum\limits_{n=1}^{\infty}(-1)^{n-1}\dfrac{1}{n+x^2}$ 关于 x 在 $(-\infty,+\infty)$ 上为一致收敛,但对任何 x 并非绝对收敛. 而级数 $\sum\limits_{n=1}^{\infty}x^2\dfrac{1}{(1+x^2)^n}$ 虽在 $x\in(-\infty,+\infty)$ 上绝对收敛,但并不一致收敛.

分析 本题考查一致收敛的证明.

证明 对级数 $\sum\limits_{n=1}^{\infty}(-1)^{n-1}\dfrac{1}{n+x^2}$,设 $a_n(x)=\dfrac{1}{n+x^2}$,$b_n(x)=(-1)^{n-1}$,

则 $\left|\sum\limits_{n=1}^{\infty}b_n(x)\right|\leqslant 1$ 一致有界,$a_n(x)=\dfrac{1}{n+x^2}$ 单调递减且趋于零$(n\to\infty)$. 由狄利克雷判别法知级数 $\sum\limits_{n=1}^{\infty}(-1)^{n-1}\dfrac{1}{n+x^2}$ 关于 x 在 $(-\infty,+\infty)$ 上一致收敛.

又由 $\lim\limits_{n\to\infty}\left|\dfrac{(-1)^{n-1}}{n+x^2}\right|\bigg/\dfrac{1}{n}=1>0$,故级数 $\sum\limits_{n=1}^{\infty}\dfrac{1}{n+x^2}$ 发散,即级数 $\sum\limits_{n=1}^{\infty}\dfrac{(-1)^{n-1}}{n+x^2}$ 非绝对收敛.

对级数 $\sum\limits_{n=1}^{\infty}\dfrac{x^2}{(1+x^2)^n}$,$\forall x\in(-\infty,+\infty)$ 有

$$\sqrt[n]{\dfrac{x^2}{(1+x^2)^n}}\to\begin{cases}\dfrac{1}{1+x^2}<1, & x\neq 0 \\ 0, & x=0\end{cases}(n\to\infty).$$

故可知 $\sum\limits_{n=1}^{\infty}\dfrac{x^2}{(1+x^2)^n}$ 在 $(-\infty,+\infty)$ 上绝对收敛.

但当 $x\in(-\infty,+\infty)$ 时,

$$S_n(x)=\sum_{n=1}^{\infty}\dfrac{x^2}{(1+x^2)^n}=1-\dfrac{1}{(1+x^2)^n}\to S(x)=\begin{cases}1, & x\neq 0 \\ 0, & x=0\end{cases}(n\to\infty).$$

$\{S_n(x)\}$ 的极限函数 $S(x)=\begin{cases}1, & x\neq 0 \\ 0, & x=0\end{cases}$ 在 $x=0$ 点不连续.

故级数 $\sum\limits_{n=1}^{\infty}\dfrac{x^2}{(1+x^2)^n}$ 在 $(-\infty,+\infty)$ 上非一致收敛.

3 (华南理工大学,2008年)证明级数 $\sum\limits_{n=1}^{\infty}(-1)^n x^n(1-x)$ 在 $[0,1]$ 上绝对收敛;在 $[0,1]$ 上一致收敛;但 $\sum\limits_{n=1}^{\infty}x^n(1-x)$ 在 $[0,1]$ 上并不一致收敛.

证明 显然当 $x=1$ 时,$\sum\limits_{n=1}^{\infty}x^n(1-x)$ 收敛;当 $0\leqslant x<1$ 时,$\sum\limits_{n=1}^{\infty}x^n(1-x)$ 收敛.

于是 $\sum\limits_{n=1}^{\infty}(-1)^n x^n(1-x)$ 在 $[0,1]$ 上绝对收敛.

令 $a_n(x) = (-1)^n, b_n(x) = x^n(1-x)$,显然 $|\sum_{n=1}^{\infty}(-1)^k| \leqslant 1$,

对每一 $x \in [0,1], \{b_n(x)\}$ 是递减的,$b_n(x) = x^n(1-x) \leqslant \dfrac{n^n}{(n+1)^{n+1}}$,

$$\beta_n = \sup_{x \in [0,1]} b_n(x) = \dfrac{n^n}{(n+1)^{n+1}} = \left(\dfrac{1}{1+\dfrac{1}{n}}\right)^n \dfrac{1}{n+1} \to 0, (n \to \infty)$$

$\{b_n(x)\}$ 递减且一致收敛于 0.

故由狄利克雷判别法知,$\sum_{n=1}^{\infty}(-1)^n x^n(1-x)$ 在$[0,1]$ 上一致收敛;

由于 $S_n(x) = \sum_{n=1}^{\infty} x^n(1-x) = 1-x^{n+1}$ 在$(0,1)$ 上不一致收敛,所以 $\sum_{n=1}^{\infty} x^n(1-x)$ 在$[0,1]$ 上不一致收敛.

4 (2010 年) 证明函数序列 $s_n(x) = (1-x)x^n$ 在$[0,1]$ 上一致收敛.

证明 $\{s_n(x)\}$ 在$[0,1]$ 上收敛于 $s(x) = 0$,由
$$|s_n(x) - s(x)| = (1-x)x^n,$$

及
$$[(1-x)x^n]' = x^{n-1}[n - (n+1)x],$$

易知 $|s_n(x) - s(x)|$ 在 $x = \dfrac{n}{n+1}$ 取到最大值,从而

$$d(s_n, s) = \left(1 - \dfrac{n}{n+1}\right)\left(\dfrac{n}{n+1}\right)^n = \dfrac{\dfrac{1}{n+1}}{\left(1+\dfrac{1}{n}\right)^n} \to 0(n \to \infty).$$

故函数序列 $s_n(x) = (1-x)x^n$ 在$[0,1]$ 上一致收敛.

第十四章

幂级数

本章导航

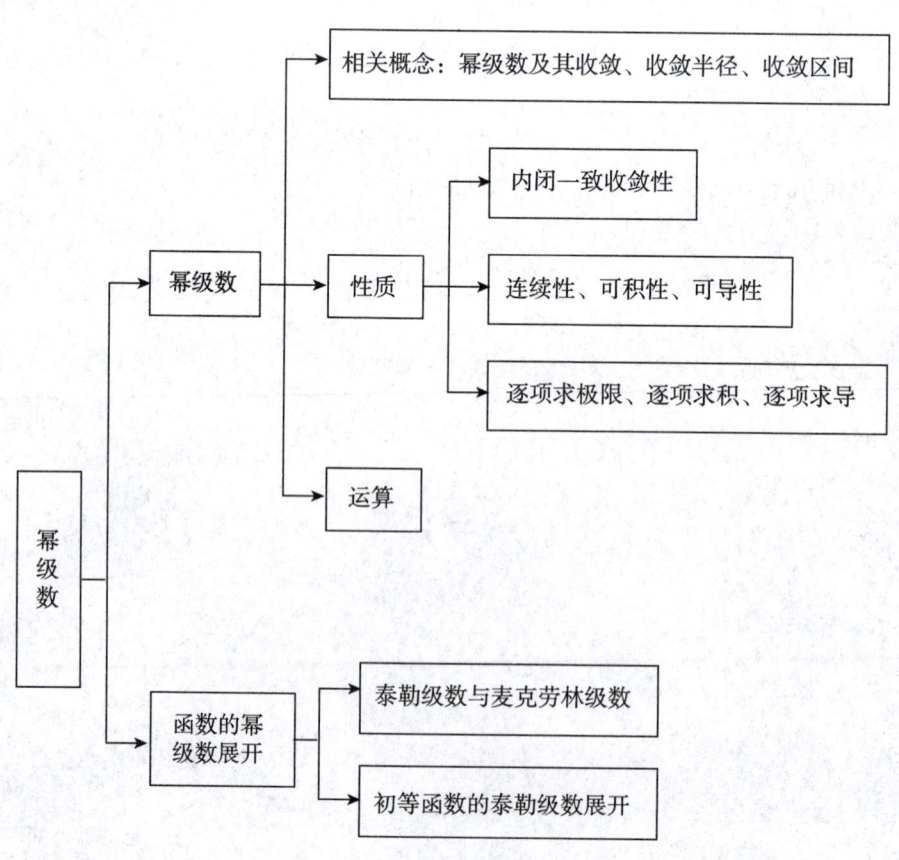

各个击破

■ 幂级数

1. 幂级数的收敛区间

名称	内容
幂级数	形如 $\sum_{n=0}^{\infty} a_n(x-x_0)^n$ 的级数称为幂级数,其中 x_0 是任意给定的实数,$a_n(n=0,1,2,\cdots)$ 称为幂级数的系数
收敛半径	若幂级数在 $x=x_1\neq x_0$ 点收敛,但不是在整个实轴上收敛,则必存在一个正数 R,使得:① 当 $\|x-x_0\|<R$ 时,幂级数收敛;② 当 $\|x-x_0\|>R$ 时,幂级数发散.(x_0-R,x_0+R) 称为幂级数的收敛区间
收敛半径的求法	设幂级数 $\sum_{n=0}^{\infty} a_n x^n$ 的收敛半径为 R,若 $\lim_{n\to\infty}\sqrt[n]{\|a_n\|}=\rho$(或 $\lim_{n\to\infty}\left\|\dfrac{a_{n+1}}{a_n}\right\|=\rho$,或 $\varlimsup_{n\to\infty}\sqrt[n]{\|a_n\|}=\rho$): (1) 当 $0<\rho<+\infty$ 时,幂级数的收敛半径 $R=\dfrac{1}{\rho}$. (2) 当 $\rho=0$ 时,幂级数的收敛半径 $R=+\infty$. (3) 当 $\rho=+\infty$ 时,幂级数的收敛半径 $R=0$

2. 幂级数的性质

名称	内容
阿贝尔定理绝对收敛性	若幂级数 $\sum_{n=0}^{\infty} a_n x^n$ 在 $x=\bar{x}\neq 0$ 收敛,则对满足不等式 $\|x\|<\|\bar{x}\|$ 的任何 x,幂级数收敛而且绝对收敛;若在 $x=\bar{x}$ 发散,则对满足不等式 $\|x\|>\|\bar{x}\|$ 的任何 x,幂级数发散
和函数的连续性	若幂级数的收敛半径 $R>0$,则和函数 $S(x)=\sum_{n=0}^{\infty} a_n x^n$ 在收敛区间 $(-R,R)$ 内连续
和函数的可积性和可导性	幂级数的和函数在其收敛域的任意闭子区间上可积,在其收敛区间内可导
内闭一致收敛性	幂级数在其收敛域的任一闭子区间内一致收敛
逐项求积分和导数	设幂级数在收敛区间 $(-R,R)$ 内的和函数为 $f(x)$,若 x 为 $(-R,R)$ 内任意一点,则 (1) $f(x)$ 在 x 可导,且 $f'(x)=\sum_{n=1}^{\infty} n a_n x^{n-1}$. (2) $f(x)$ 在 0 与 x 区间上可积,且 $\int_0^x f(t)\mathrm{d}t=\sum_{n=0}^{\infty}\dfrac{a_n}{n+1}x^{n+1}$ 设 ① 幂级数的和函数是 $(-R,R)$ 内的连续函数;② 幂级数在收敛区间的左(右)端点上收敛,则其和函数也在这一端点上右(左)连续

3. 幂级数的运算

定理 若幂级数 $\sum_{n=0}^{\infty} a_n x^n$ 与 $\sum_{n=0}^{\infty} b_n x^n$ 的收敛半径为 R_a 和 R_b，则有

$$\lambda \sum_{n=0}^{\infty} a_n x^n = \sum_{n=0}^{\infty} \lambda a_n x^n, \ |x| < R_a;$$

$$\sum_{n=0}^{\infty} a_n x^n \pm \sum_{n=0}^{\infty} b_n x^n = \sum_{n=0}^{\infty} (a_n \pm b_n) x^n, \ |x| < R;$$

$$\left(\sum_{n=0}^{\infty} a_n x^n\right)\left(\sum_{n=0}^{\infty} b_n x^n\right) = \sum_{n=0}^{\infty} c_n x^n, \ |x| < R.$$

其中 λ 为常数, $R = \min\{R_a, R_b\}, c_n = \sum_{k=0}^{n} a_k b_{n-k} (n=0,1,2,\cdots)$.

定理 若幂级数 $\sum_{n=0}^{\infty} a_n x^n$ 与 $\sum_{n=0}^{\infty} b_n x^n$ 在某邻域内相等,则它们同次幂项的系数相等,即 $a_n = b_n (n=0,1,2,\cdots)$.

例1 求幂级数 $\sum_{n=1}^{\infty} \frac{x^{2n-1}}{2^n}$ 的收敛域.

解 $\because$ 级数为 $\frac{x}{2} + \frac{x^3}{2^2} + \frac{x^5}{2^3} + \cdots$ 缺少偶次幂的项,

$\therefore$ 应用达朗贝尔判别法.

> **小提示**: 当幂级数为缺项幂级数时, 可以进行以下运算: ①进行变量替换, 将原幂级数转化为一个无缺项的幂级数; ②将幂级数的项按原顺序重新编号, 使之成为一个没有缺项的函数项级数, 然后求收敛域. 例1使用的是方法②.

$$\lim_{n\to\infty} \left|\frac{u_{n+1}(x)}{u_n(x)}\right| = \lim_{n\to\infty} \left|\frac{\frac{x^{2n+1}}{2^{n+1}}}{\frac{x^{2n-1}}{2^n}}\right| = \frac{1}{2}|x|^2,$$

当 $\frac{1}{2}x^2 < 1$, 即 $|x| < \sqrt{2}$ 时, 级数收敛;

当 $\frac{1}{2}x^2 > 1$, 即 $|x| > \sqrt{2}$ 时, 级数发散;

当 $x = \sqrt{2}$ 时, 级数为 $\sum_{n=1}^{\infty} \frac{1}{\sqrt{2}}$, 级数发散;

当 $x = -\sqrt{2}$ 时, 级数为 $\sum_{n=1}^{\infty} \frac{-1}{\sqrt{2}}$, 级数发散.

原级数的收敛域为 $(-\sqrt{2}, \sqrt{2})$.

例2 求级数 $\sum_{n=1}^{\infty} (-1)^{n-1} \frac{x^n}{n}$ 的和函数.

解 显然, 级数的收敛域为 $(-1, 1]$.

$\because S(x) = \sum_{n=1}^{\infty} (-1)^{n-1} \frac{x^n}{n}$, 显然 $S(0) = 0, S'(x) = 1 - x + x^2 - \cdots = \frac{1}{1+x}, (-1 < x < 1).$

两边求积分得 $\int_0^x S'(t)dt = \ln(1+x)$,

即 $S(x) - S(0) = \ln(1+x)$.

$\therefore S(x) = \ln(1+x)$. 又 $x=1$ 时, $\sum_{n=1}^{\infty}(-1)^{n-1}\frac{1}{n}$ 收敛.

$\therefore \sum_{n=1}^{\infty}(-1)^{n-1}\frac{x^n}{n} = \ln(1+x), (-1 < x \leqslant 1)$.

小提示:求和函数的方法——首先求出收敛域,然后按照以下方法进行求解:①变量替换法;②拆项法;③逐项求导法;④逐项积分法.

例 3 求级数 $\sum_{n=1}^{\infty}\frac{n(n+1)}{2^n}$ 的和.

解 考虑级数 $\sum_{n=1}^{\infty}n(n+1)x^n$,收敛区间 $(-1,1)$, $S(x) = \sum_{n=1}^{\infty}n(n+1)x^n = \cdots = \frac{2x}{(1-x)^3}$,

故 $\sum_{n=1}^{\infty}\frac{n(n+1)}{2^n} = S\left(\frac{1}{2}\right) = 8$.

小提示:求级数和的方法——选择合适的幂级数,使该数项级数是所选幂级数在某收敛点 x_0 处的值,然后求出幂级数的和函数 $S(x)$,则 $S(x_0)$ 即原级数的和.

例 4 求下列幂级数的收敛半径及其和函数:(1) $\sum_{n=1}^{\infty}\frac{x^n}{n(n+1)}$;(2) $\frac{x^n}{n(n+1)(n+2)}$.

解 (1) $\because a_n = \frac{1}{n(n+1)}$, $\lim_{n\to\infty}\frac{|a_{n+1}|}{|a_n|} = 1$.

$\therefore R = 1$.

当 $x = \pm 1$ 时,级数收敛,收敛域为 $[-1,1]$.

设 $\quad g(x) = x \cdot \sum_{n=1}^{\infty}\frac{x^n}{n(n+1)} = \sum_{n=1}^{\infty}\frac{x^{n+1}}{n(n+1)}$.

设 $\quad g'(x) = \sum_{n=1}^{\infty}\frac{x^n}{n}$, $g''(x) = \sum_{n=1}^{\infty}x^{n-1} = \frac{1}{1-x}$.

$\therefore \quad g'(x) = \int_0^x \frac{dt}{1-t} = \ln(1-x)$.

$$g(x) = \int_0^x g'(t)dt = \int_0^x -\ln(1-t)dt$$

$$= -t\ln(1-t)\bigg|_0^x + \int_0^x t \cdot \frac{-1}{1-t}dt$$

$$= -x\ln(1-x) + \int_0^x \left(1 - \frac{1}{1-t}\right)dt$$

$$= -x\ln(1-x) + x + \ln(1-x)$$

$$= (1-x)\ln(1-x) + x$$

$\therefore \sum_{n=1}^{\infty}\frac{x^n}{n(n+1)} = \begin{cases} \frac{1-x}{x}\ln(1-x) + 1, & 0 < |x| \leqslant 1 \\ 0, & x = 0 \end{cases}$

(2) $\because \lim\limits_{n\to\infty} n \sqrt[n]{|a_n|} = 1$,

$\therefore R = 1$.

当 $x = \pm 1$ 时,级数收敛,收敛域为 $[-1, 1]$.

设 $g(x) = x^2 \cdot \sum\limits_{n=1}^{\infty} \dfrac{x^n}{n(n+1)(n+2)} = \dfrac{x^{n+2}}{n(n+1)(n+2)}$,

$g'(x) = \sum\limits_{n=1}^{\infty} \dfrac{x^{n+1}}{n(n+1)} = (1-x)\ln(1-x) + x$.

$\therefore g(x) = \int_0^x [(1-t)\ln(1-t) + t]dt = -\dfrac{1}{2}(1-x)^2\ln(1-x) - \dfrac{x}{2} + \dfrac{3}{4}x^2$.

$\therefore \sum\limits_{n=1}^{\infty} \dfrac{x^n}{n(n+1)(n+2)} = \begin{cases} -\dfrac{(1-x)^2}{2x^2}\ln(1-x) - \dfrac{1}{2x} + \dfrac{3}{4}, & 0 < |x| \leqslant 1 \\ 0, & x = 0 \end{cases}$

■ 函数的幂级数展开

1. 泰勒级数

名称	内容	备注
$f(x)$ 在 $x=x_0$ 处的泰勒级数	若函数 $f(x)$ 在 $x=x_0$ 处具有任意阶导数,则幂级数 $\sum\limits_{n=0}^{\infty} \dfrac{f^{(n)}(x_0)}{n!}(x-x_0)^n$ 为函数 $f(x)$ 在 $x=x_0$ 处的泰勒级数 $f(x) \sim \sum\limits_{n=0}^{\infty} \dfrac{f^{(n)}(x_0)}{n!}(x-x_0)^n$	不能保证这个幂级数正好收敛到 $f(x)$ 本身
$f(x)$ 在区间上可展开成它的泰勒级数	设函数 $f(x)$ 在点 x_0 具有任意阶导数,那么 $f(x)$ 在区间 (x_0-r, x_0+r) 内等于它的泰勒级数的和函数的充分条件是:对一切满足不等式 $|x-x_0| < r$ 的 x 有 $\lim\limits_{n\to\infty} R_n(x) = 0$ (R_n 为泰勒余项)	
函数泰勒级数展开的充要条件	设函数 $f(x)$ 在 x_0 处具有任意阶导数,则 $f(x)$ 在区间 (x_0-r, x_0+r) 内等于其泰勒级数的和函数的充要条件是 $\lim\limits_{n\to\infty} R_n(x) = 0$, $\forall x \in (x_0-r, x_0+r)$,其中 $R_n(x)$ 是 $f(x)$ 在 x_0 处的泰勒公式的余项	余项对函数能否展开为幂级数的重要性
麦克劳林级数	$x_0 = 0$ 处的泰勒展开式: $f(0) + \dfrac{f'(0)}{1!}x + \dfrac{f''(0)}{2!}x^2 + \cdots + \dfrac{f^{(n)}(0)}{n!}x^n + \cdots$	麦克劳林公式在工程应用中十分重要

2. 初等函数的幂级数展开式

$$e^x = \sum_{n=0}^{\infty} \frac{x^n}{n!}, x \in (-\infty, +\infty)$$

$$\sin x = \sum_{n=1}^{\infty} \frac{(-1)^{n-1} x^{2n-1}}{(2n-1)!}, x \in (-\infty, +\infty)$$

$$\cos x = \sum_{n=0}^{\infty} \frac{(-1)^n x^{2n}}{(2n)!}, x \in (-\infty, +\infty)$$

$$\ln(1+x) = \sum_{n=1}^{\infty} \frac{(-1)^{n-1} x^n}{n}, x \in (-1, 1]$$

$$(1+x)^a = 1 + \sum_{n=1}^{\infty} \frac{a(a-1)\cdots(a-n+1)}{n!} x^n, x \in (-1, 1), a \in \mathbf{R}$$

$$\frac{1}{1-x} = \sum_{n=0}^{\infty} x^n, |x| < 1$$

$$\frac{1}{1+x} = \sum_{n=0}^{\infty} (-1)^n x^n, |x| < 1$$

例 5 展开函数 $f(x) = \cos^2 x$.

解 $\cos^2 x = \frac{1}{2}(1 + \cos 2x)$,

$$\cos 2x = \sum_{n=0}^{\infty} (-1)^n \frac{(2x)^{2n}}{(2n)!} = \sum_{n=0}^{\infty} (-1)^n \frac{4^n x^{2n}}{(2n)!}, x \in (-\infty, +\infty),$$

因此, $\cos^2 x = \frac{1}{2}\left(1 + \sum_{n=0}^{\infty} (-1)^n \frac{4^n x^{2n}}{(2n)!}\right) = \frac{1}{2} + \frac{1}{2} \sum_{n=0}^{\infty} (-1)^n \frac{4^n x^{2n}}{(2n)!}$

$$= 1 + \frac{1}{2} \sum_{n=1}^{\infty} (-1)^n \frac{4^n x^{2n}}{(2n)!}, x \in (-\infty, +\infty).$$

例 6 求积分 $I = \int_0^1 e^{-x^2} dx$, 精确到 0.0001.

解 $e^{-x^2} = \sum_{n=0}^{\infty} (-1)^n \frac{x^{2n}}{n!}, x \in (-\infty, +\infty)$.

因此, $\int_0^1 e^{-x^2} dx = \int_0^1 \left(\sum_{n=0}^{\infty} (-1)^n \frac{x^{2n}}{n!}\right) dx = \sum_{n=0}^{\infty} (-1)^n \int_0^1 \frac{x^{2n}}{n!} dx = \sum_{n=0}^{\infty} (-1)^n \frac{1}{(2n+1)n!}$.

上式最后是莱布尼茨型级数, 其余和的绝对值不超过余和首项的绝对值.

为使 $\frac{1}{(2n+1)n!} < \frac{1}{1000}$, 可取 $n \geq 7$.

故从第 0 项到第 6 项这前 7 项之和达到要求的精度, 于是

$$I = \int_0^1 e^{-x^2} dx \approx 1 - \frac{1}{3} + \frac{1}{5 \cdot 2} - \frac{1}{7 \cdot 6} + \frac{1}{9 \cdot 24} - \frac{1}{11 \cdot 120} + \frac{1}{13 \cdot 720}$$

$$= 1 - 0.33333 + 0.10000 - 0.02381 + 0.00463 - 0.00076 + 0.00011 = 0.7468.$$

例 7 设 $f(x) = \begin{cases} \dfrac{\sin x}{x}, x \neq 0, \\ 1, x = 0. \end{cases}$ 证明对 $\forall x, f^{(n)}(0)$ 存在并求其值.

解 $\sin x = \sum_{n=0}^{\infty} (-1)^n \dfrac{x^{2n+1}}{(2n+1)!}, x \in (-\infty, +\infty).$

当 $x \neq 0$ 时,$f(x) = \dfrac{\sin x}{x} = \sum_{n=0}^{\infty} (-1)^n \dfrac{x^{2n}}{(2n+1)!} = 1 + \sum_{n=0}^{\infty} (-1)^n \dfrac{x^{2n}}{(2n+1)!},$

直接验证可知上式当 $x = 0$ 时也成立.因此在 $(-\infty, +\infty)$ 内有

$$f(x) = 1 + \sum_{n=0}^{\infty} (-1)^n \dfrac{x^{2n}}{(2n+1)!}, x \in (-\infty, +\infty).$$

函数 $f(x)$ 作为 x 的幂级数的和函数,对 $\forall x, f^{(n)}(0)$ 存在,且

$$f^{(n)}(0) = \begin{cases} \dfrac{(-1)^m (2m)}{(-1)^m}, n = 2m, \\ 0, \quad n = 2m+1. \end{cases} (m = 0, 1, 2, \cdots)$$

即 $f^{(n)}(0) = \begin{cases} \dfrac{(-1)^m}{2m+1}, n = 2m, \\ 0, \quad n = 2m+1. \end{cases} (m = 0, 1, 2, \cdots)$

例 8 将 $f(x) = \dfrac{x-1}{4-x}$ 在 $x = 1$ 处展开成泰勒级数(展开成 $x-1$ 的幂级数),并求 $f^{(n)}(1)$.

解 ∵ $\dfrac{1}{4-x} = \dfrac{1}{3-(x-1)} = \dfrac{1}{3\left(1 - \dfrac{x-1}{3}\right)},$

$= \dfrac{1}{3}\left[1 + \dfrac{x-1}{3} + \left(\dfrac{x-1}{3}\right)^2 + \cdots + \left(\dfrac{x-1}{3}\right)^n + \cdots\right], |x-1| < 3,$

∴ $\dfrac{x-1}{4-x} = (x-1) \cdot \dfrac{1}{4-x}$

$= \dfrac{1}{3}(x-1) + \dfrac{(x-1)^2}{3^2} + \dfrac{(x-1)^3}{3^3} + \cdots + \dfrac{(x-1)^n}{3^n} + \cdots, |x-1| < 3,$

于是 $\dfrac{f^{(n)}(1)}{n!} = \dfrac{1}{3^n},$

故 $f^{(n)}(1) = \dfrac{n!}{3^n}.$

课后习题全解

习题 14.1

1. 【知识点窍】幂级数的收敛半径和收敛区域.

【逻辑推理】求幂级数的收敛半径和区域.当幂级数不缺项时,可直接用定理求幂级数的收敛半径 R,然后确定幂级数在 $x = -R$ 与 $x = R$ 时数项级数的敛散性,即可得收敛区域.当幂级数缺项时,可直接用正项级数的比式或根式判别法求出 x 的取值范围来判定收敛区域.

解题过程 (1) $\rho = \lim\limits_{n\to\infty} \sqrt[n]{|a_n|} = \lim\limits_{n\to\infty}\sqrt[n]{n} = 1$,收敛半径 $R=1$,收敛区间为 $(-1,1)$;

当 $x=\pm 1$ 时,$\sum\limits_{n=1}^{\infty}(\pm 1)^n n$ 均发散,故该级数的收敛区域为 $(-1,1)$.

(2) 记 $a_n = \dfrac{1}{n^2 2^n}$,由于 $\rho = \lim\limits_{n\to\infty}\sqrt[n]{|a_n|} = \lim\limits_{n\to\infty}\sqrt[n]{\dfrac{1}{n^2 2^n}} = \dfrac{1}{2}$,故收敛半径 $R=2$.

当 $x=\pm 2$ 时,原级数为 $\sum\limits_{n=1}^{\infty}\dfrac{(\pm 2)^n}{n^2 2^n}$,是收敛的级数.

故该级数的收敛区域为 $[-2,2]$.

(3) 记 $a_n = \dfrac{(n!)^2}{(2n)!}$,由于

$$\rho = \lim_{n\to\infty}\left|\dfrac{a_{n+1}}{a_n}\right| = \lim_{n\to\infty}\dfrac{(n+1)^2}{(2n+2)(2n+1)} = \dfrac{1}{4},$$

故收敛半径 $R=4$,收敛区间为 $(-4,4)$.

当 $x=\pm 4$ 时,该级数为 $\sum\limits_{n=0}^{\infty}\dfrac{(n!)^2}{(2n)!}(\pm 4)^n$,记通项为 u_n,有

$$|u_n| = \dfrac{(n!)^2 4^n}{(2n)!} = \dfrac{2\cdot 4\cdot 6\cdots\cdot 2n}{1\cdot 3\cdot 5\cdots\cdot (2n-1)}.$$

当 $x=-4$ 时,级数 $\sum\limits_{n=0}^{\infty}(-1)^n \dfrac{(n!)^2 4^n}{(2n)!} = \sum\limits_{n=0}^{\infty}(-1)^n \dfrac{2^n\cdot n!}{(2n-1)!} = \sum\limits_{n=0}^{\infty}\dfrac{(2n)!!}{(2n-1)!!} > 1$,故级数发散.

当 $x=4$ 时,级数为 $\sum\limits_{n=0}^{\infty}\dfrac{2\cdot 4\cdots\cdot 2n}{1\cdot 3\cdots\cdot (2n-1)} = \sum\limits_{n=0}^{\infty}u_n$,由于

$$\lim_{n\to\infty}n\left(1 - \dfrac{u_{n+1}}{u_n}\right) = \lim_{n\to\infty}\left(-\dfrac{n}{2n+2}\right) = -\dfrac{1}{2} < 1,$$

由拉贝判别法知 $\sum\limits_{n=0}^{\infty}u_n$ 发散. 故该级数的收敛区域为 $(-4,4)$.

(4) 记 $a_n = r^{n^2}$ $(0<r<1)$,由于

$$\rho = \lim_{n\to\infty}\sqrt[n]{|a_n|} = \lim_{n\to\infty}\sqrt[n]{r^{n^2}} = 0,$$

所以收敛半径为 $R=+\infty$,收敛区域为 $(-\infty,+\infty)$.

(5) 可将 $x-2$ 看作一个变量,记 $u_n = \dfrac{(x-2)^{2n-1}}{(2n-1)!}$,有

$$\lim_{n\to\infty}\left|\dfrac{u_{n+1}}{u_n}\right| = \lim_{n\to\infty}\dfrac{(x-2)^2}{2n(2n+1)}.$$

不论 x 取何值都有 $\lim\limits_{n\to\infty}\dfrac{(x-2)^2}{2n(2n+1)} = 0 < 1$.

故级数的收敛半径 $R=+\infty$,收敛区域为 $(-\infty,+\infty)$.

(6) 设 $u_n = \dfrac{3^n + (-2)^n}{n}$,由于 $\lim\limits_{n\to\infty}\left|\dfrac{u_{n+1}}{u_n}\right| = 3$,

故收敛半径 $R=\dfrac{1}{3}$,其收敛区域为 $\left(-\dfrac{4}{3}, -\dfrac{2}{3}\right)$.

当 $x=-\dfrac{4}{3}$ 时,幂级数 $\sum\limits_{n=1}^{\infty}\dfrac{3^n + (-2)^n}{n}(-1)^n\left(\dfrac{1}{3}\right)^n$ 是收敛的;

当 $x=-\dfrac{2}{3}$ 时,幂级数 $\sum\limits_{n=1}^{\infty}\dfrac{3^n + (-2)^n}{n}\left(\dfrac{1}{3}\right)^n$ 是发散的.

幂级数 $\sum\limits_{n=1}^{\infty} \dfrac{3^n+(-2)^n}{n}(x+1)^n$ 的收敛区域为 $\left[-\dfrac{4}{3}, -\dfrac{2}{3}\right)$.

(7) 记 $a_n = 1 + \dfrac{1}{2} + \cdots + \dfrac{1}{n}$. 由于 $\rho = \lim\limits_{n\to\infty}\left|\dfrac{a_{n+1}}{a_n}\right| = 1$, 故收敛半径 $R = 1$, 收敛区间为 $(-1, 1)$.

当 $|x| = 1$ 时, 原级数为 $\sum\limits_{n=1}^{\infty}(-1)^n\left(1 + \dfrac{1}{2} + \cdots + \dfrac{1}{n}\right)$, 有 $\left|1 + \dfrac{1}{2} + \cdots + \dfrac{1}{n}\right| > 1$, 故级数发散, 所以该级数的收敛区域为 $(-1, 1)$.

(8) 记 $u_n = \dfrac{x^{n^2}}{2^n}$. 因为

$$\rho = \lim_{n\to\infty}\left|\dfrac{u_{n+1}}{u_n}\right| = \lim_{n\to\infty}\dfrac{|x|^{2n+1}}{2} = \begin{cases} 0, & |x| < 1 \\ \dfrac{1}{2}, & |x| = 1, \\ +\infty, & |x| > 1 \end{cases}$$

又因为级数在 $|x| \leqslant 1$ 时绝对收敛, 在 $|x| > 1$ 时发散, 所以收敛半径 $R = 1$, 收敛区域为 $[-1, 1]$.

2. **知识点拨** 级数的逐项求导, 逐项求积定理.

逻辑推理 先求出幂级数的收敛区间, 再利用逐项求导和逐项求积定理求幂级数的和函数.

解题过程 (1) 记 $S(x) = \sum\limits_{n=0}^{\infty}\dfrac{x^{2n+1}}{2n+1}$,

因为 $\lim\limits_{n\to\infty}\left|\dfrac{u_{n+1}(x)}{u_n(x)}\right| = \lim\limits_{n\to\infty}\dfrac{|x|^{2n+3}}{(2n+3)} \cdot \dfrac{2n+1}{|x|^{2n+1}} = x^2$,

所以收敛半径 $R = 1$.

当 $x = \pm 1$ 时, 级数为 $\sum \pm\dfrac{1}{2n+1}$ 发散, 收敛区域为 $(-1, 1)$.

因 $S(x) = x + \dfrac{x^3}{3} + \dfrac{x^5}{5} + \cdots + \dfrac{x^{2n+1}}{2n+1} + \cdots$ 在区域 $x \in (-1, 1)$ 内逐项微分,

有 $S'(x) = \sum\limits_{n=0}^{\infty} x^{2n} = \dfrac{1}{1-x^2}$, 而 $S(0) = 0$, 则

$$S(x) = \int_0^x S'(t)\mathrm{d}t = \int_0^x \dfrac{\mathrm{d}t}{1-t^2} = \dfrac{1}{2}\ln\dfrac{1+x}{1-x}, x \in (-1, 1).$$

于是当 $|x| < 1$ 时, 有 $x + \dfrac{x^3}{3} + \dfrac{x^5}{5} + \cdots + \dfrac{x^{2n+1}}{2n+1} + \cdots = \dfrac{1}{2}\ln\dfrac{1+x}{1-x}(|x| < 1)$.

(2) 记 $f(x) = \sum\limits_{n=1}^{\infty} n(n+1)x^n$, 因为 $\rho = \lim\limits_{n\to\infty}\dfrac{(n+1)(n+2)}{n(n+1)} = 1$, 所以 $R = \dfrac{1}{\rho} = 1$,

收敛区域为 $(-1, 1)$, 在收敛区域内逐项积分得

$$\int_0^x f(t)\mathrm{d}t = \sum_{n=1}^{\infty} nx^{n+1} = x^2\sum_{n=1}^{\infty} nx^{n-1} = \dfrac{x^2}{(1-x)^2},$$

所以 $f(x) = \left[\dfrac{x^2}{(1-x)^2}\right]' = \dfrac{2x}{(1-x)^3}, x \in (-1, 1)$.

(3) 设 $f(x) = \sum\limits_{n=1}^{\infty} n^2 x^n$, 则该级数的收敛区域为 $(-1, 1)$.

记 $g_1(x) = \sum\limits_{n=1}^{\infty} n^2 x^{n-1}$,

即 $f(x) = x \cdot \sum_{n=1}^{\infty} n^2 x^{n-1} = x \cdot g_1(x), x \in (-1,1).$

而 $\int_0^x g_1(t)dt = \int_0^x \sum_{n=1}^{\infty} n^2 t^{n-1} dt = \sum_{n=1}^{\infty} nx^n.$

记 $g_2(x) = \sum_{n=1}^{\infty} nx^{n-1},$

即 $\int_0^x g_1(t)dt = x \cdot \sum_{n=1}^{\infty} nx^{n-1} = x \cdot g_2(x), x \in (-1,1).$

而 $\int_0^x g_2(t)dt = \int_0^x \sum_{n=1}^{\infty} nt^{n-1} dt = \sum_{n=1}^{\infty} x^n = \frac{x}{1-x},$

$g_2(x) = \left[\int_0^x g_2(t)dt\right]' = \frac{1}{(1-x)^2}.$

故 $\int_0^x g_1(t)dt = \frac{x}{(1-x)^2}, x \in (-1,1),$

$g_1(x) = \left[\int_0^x g_1(t)dt\right]' = \frac{1+x}{(1-x)^3},$

故 $f(x) = \frac{x+x^2}{(1-x)^3}, x \in (-1,1).$

3. 知识点窍 幂级数在收敛区间 $(-R,R)$ 为逐项求积定理.

逻辑推理 由已知条件 $\sum_{n=0}^{\infty} \frac{a_n}{n+1} R^{n+1}$ 收敛,可推得 $\sum_{n=0}^{\infty} \frac{a_n}{n+1} x^{n+1}$ 在 $x=R$ 上左连续,然后再利用 $\sum_{n=0}^{\infty} a_n x^n$ 逐项求积定理即可证明.

解题过程 $\because f(x) = \sum_{n=0}^{\infty} a_n x^n$ 在 $|x|<R$ 内收敛.

$\therefore \int_0^x f(t)dt = \sum_{n=0}^{\infty} \left(\int_0^x a_n t^n dt\right) = \sum_{n=0}^{\infty} \frac{a_n}{n+1} x^{n+1}, x \in (-R,R).$

当 $x=R$ 时,级数 $\sum_{n=0}^{\infty} \frac{a_n}{n+1} R^{n+1}$ 收敛. 由定理14.6知 $\sum_{n=0}^{\infty} \frac{a_n}{n+1} x^{n+1}$ 的和函数在 $x=R$ 处左连续.

从而 $\int_0^R f(x)dx = \sum_{n=0}^{\infty} \int_0^x f(t)dt = \lim_{x \to R^-} \left(\sum_{n=0}^{\infty} \frac{a_n}{n+1} x^{n+1}\right) = \sum_{n=0}^{\infty} \frac{a_n}{n+1} R^{n+1}.$

又 $\because f(x) = \frac{1}{1+x} = \sum_{n=0}^{\infty} (-1)^n x^n$ 在 $|x|<1$ 时收敛,且级数 $\sum_{n=0}^{\infty} \frac{(-1)^n}{n+1}$ 收敛.

$\therefore \int_0^1 \frac{1}{1+x} dx = \ln 2 = \sum_{n=0}^{\infty} \frac{(-1)^n}{n+1} = \sum_{n=1}^{\infty} (-1)^{n-1} \frac{1}{n}.$

4. 知识点窍 幂级数在收敛区间内的逐项求导与逐项求积.

解题过程 (1) 因为 $\lim_{n \to \infty} \left|\frac{u_{n+1}(x)}{u_n(x)}\right| = \lim_{n \to \infty} \frac{x^{4n+4}}{(4n+4)!} \cdot \frac{(4n)!}{x^{4n}} = 0$,所以幂级数的收敛半径 $R = +\infty$,收敛区域为 $(-\infty, +\infty)$. 根据定理14.8及推论1,和函数 $f(x)$ 在收敛区间 $(-\infty, +\infty)$ 上具有任何阶导数,得

$y' = \sum_{n=1}^{\infty} \frac{x^{4n-1}}{(4n-1)!}, y'' = \sum_{n=1}^{\infty} \frac{x^{4n-2}}{(4n-2)!}, y''' = \sum_{n=1}^{\infty} \frac{x^{4n-3}}{(4n-3)!},$

$y^{(4)} = \sum_{n=1}^{\infty} \frac{x^{4n-4}}{(4n-4)!} = \sum_{n=0}^{\infty} \frac{x^{4n}}{(4n)!} = y.$

(2) 因为 $\rho = \lim\limits_{n\to\infty}\left|\dfrac{a_{n+1}}{a_n}\right| = \lim\limits_{n\to\infty}\dfrac{(n!)^2}{[(n+1)!]^2} = 0$,

所以幂级数的收敛半径 $R = +\infty$,收敛域为 $(-\infty, +\infty)$,和函数 $f(x)$ 在收敛区间 $(-\infty, +\infty)$ 上具有任何阶导数.

$y' = \sum\limits_{n=1}^{\infty}\dfrac{x^{n-1}}{n!(n-1)!}, y'' = \sum\limits_{n=2}^{\infty}\dfrac{x^{n-2}}{n!(n-2)!}.$

因此

$xy'' + y' - y = \sum\limits_{n=2}^{\infty}\dfrac{x^{n-1}}{n!(n-2)!} + \sum\limits_{n=1}^{\infty}\dfrac{x^{n-1}}{n!(n-1)!} - \sum\limits_{n=0}^{\infty}\dfrac{x^n}{(n!)^2}$

$= \sum\limits_{n=2}^{\infty}\dfrac{x^{n-1}}{n!(n-2)!} + \sum\limits_{n=1}^{\infty}\dfrac{x^{n-1}}{n!(n-1)!} - \sum\limits_{n=1}^{\infty}\dfrac{x^{n-1}}{(n-1)!(n-1)!}$

$= \sum\limits_{n=2}^{\infty}\left[\dfrac{1}{n!(n-2)!} + \dfrac{1}{n!(n-1)!} - \dfrac{1}{(n-1)!(n-1)!}\right]x^{n-1} = 0.$

5. **知识点窍** 幂级数的和函数.

解题过程 因为 $f(x) = \sum\limits_{n=0}^{\infty}a_n x^n$ $(|x| < R)$,

所以 $f(-x) = \sum\limits_{n=0}^{\infty}(-1)^n a_n x^n$ $(|x| < R).$

① 当 $f(x)$ 为奇函数时,有 $f(x) + f(-x) = 0 (|x| < R)$,从而

$\sum\limits_{n=0}^{\infty}(-1)^n a_n x^n + \sum\limits_{n=0}^{\infty}[(-1)^n + 1]a_n x^n = 0.$

而此式当且仅当 $a_{2k} = 0 (k = 0,1,2,\cdots)$ 时必有

$f(x) = \sum\limits_{n=1}^{\infty}a_{2k-1}x^{2k-1}(|x| < R).$

② 当 $f(x)$ 为偶函数时,有 $f(x) - f(-x) = 0(|x| < R)$,从而

$\sum\limits_{n=0}^{\infty}[a_n - (-1)^n a_n]x^n = 0 (n = 0,1,2,\cdots).$

而此式当且仅当 $a_{2k-1} = 0(k = 1,2,\cdots)$ 时必有

$f(x) = \sum\limits_{n=0}^{\infty}a_{2k}x^{2k}$,其中 $x \in (-R, R).$

6. **知识点窍** 已知 $\sum\limits_{n=0}^{\infty}a_n x^n$ 的收敛半径为 R

即当 $|x| < R$ 时,级数收敛

$|x| \geqslant R$ 时,级数发散

令 $x = t^2$

可得 $|t^2| < R \Rightarrow |t| < \sqrt{R}$

$|t^2| \geqslant R \Rightarrow |t| \geqslant \sqrt{R}$

即 $\sum\limits_{n=0}^{\infty}a_n t^{2n}$ 的收敛半径为 $\sqrt{R}$

即 $\sum\limits_{n=0}^{\infty}a_n x^{2n}$ 的收敛半径为 $\sqrt{R}$

7. **知识点窍** 已知 $\sum\limits_{n=1}^{\infty}a_n x^n$ 的收敛半径为 R,则级数绝对收敛

$$\lim_{n\to\infty} |a_n| \cdot x^n = 0 \quad (0 < x < R)$$

则对于 $\forall \varepsilon > 0, \exists N$,使得 $n > N, |a_n| \cdot x^n < \varepsilon$

即 $|a_n| < \dfrac{\varepsilon}{x^n} = \left(\dfrac{1}{x}\right)^n \cdot \varepsilon \quad \left(\dfrac{1}{x} > \dfrac{1}{R}\right)$

对于 $\forall x, \exists M > \dfrac{1}{x} > \dfrac{1}{R}$

使得 $|a_n| < M^n \cdot \varepsilon$

ε 为大于 0 的任意数,总可以找到这样一个 K

使得 $|a_n| \leqslant M^n \cdot K$

8. **知识点窍** 幂级数的收敛域,即使级数收敛的全体收敛点集合.

逻辑推理 要求收敛域,需先求收敛半径,然后将区间端点值代入验证,对涉及字母的要注意讨论.

解题过程 (1) 设 $u_n = \dfrac{1}{a^n + b^n}(a > 0, b > 0)$,则

$$\lim_{n\to\infty}\left|\dfrac{u_{n+1}}{u_n}\right| = \lim_{n\to\infty}\dfrac{a^n + b^n}{a^{n+1} + b^{n+1}} = \begin{cases} \dfrac{1}{a}, a \geqslant b > 0, \\ \dfrac{1}{b}, b > a > 0. \end{cases}$$

收敛半径 $R = \max\{a, b\}$.

又当 $|x| = R$ 时,$\lim\limits_{n\to\infty}\dfrac{R^n}{a^n + b^n} = \begin{cases} \dfrac{1}{2}, a = b \\ 1, a \neq b \end{cases}$

故原幂级数在 $|x| = R$ 处发散,收敛域为 $(-R, R)$.

当 $b > a$ 时,收敛区间为 $(-b, b)$;当 $b < a$ 时,收敛区间为 $(-a, a)$.

(2) 设 $u_n = (1 + \dfrac{1}{n})^{n^2}$,则 $\lim\limits_{n\to\infty}\sqrt[n]{u_n} = \lim\limits_{n\to\infty}\left(1 + \dfrac{1}{n}\right)^n = e$.

收敛半径 $R = \dfrac{1}{e}$.

又当 $x = \pm\dfrac{1}{e}$ 时,

$$\lim_{n\to\infty}\left(1 + \dfrac{1}{n}\right)^{n^2}|\pm\dfrac{1}{e}|^n = e^{\lim\limits_{x\to 0}\frac{\ln(1+x)-x}{x^2}} = e^{-\frac{1}{2}} \neq 0.$$

故原级数在 $x = \pm\dfrac{1}{e}$ 时发散,收敛域为 $\left(-\dfrac{1}{e}, \dfrac{1}{e}\right)$.

9. **知识点窍** 幂级数的收敛半径,柯西 - 阿达玛定理.

解题过程 定理 14.3 的证明.

对任意的 x,$\sqrt[n]{|a_n x^n|} = \sqrt[n]{|a_n|}|x|$,因此

$$\lim_{n\to\infty}\sqrt[n]{|a_n x^n|} = \lim_{n\to\infty}(\sqrt[n]{|a_n|} \cdot |x|) = \rho|x|.$$

由正项级数柯西判别法的推论 2 知:当 $\rho|x| < 1$ 时,级数 $\sum\limits_{n=0}^{\infty}|a_n x^n|$ 收敛,故 $\sum\limits_{n=0}^{\infty}a_n x^n$ 收敛;当 $\rho|x| > 1$ 时,$\lim\limits_{n\to\infty}|a_n x^n| \neq 0$,于是 $\lim\limits_{n\to\infty}a_n x^n \neq 0$,从而可知 $\sum\limits_{n=0}^{\infty}a_n x^n$ 发散,因此

(i) 当 $0<\rho<+\infty$ 时,幂级数 $\sum_{n=0}^{\infty}a_nx^n$ 的收敛半径 $R=\dfrac{1}{\rho}$;

(ii) 当 $\rho=0$ 时,对任何 x 皆有 $|x|<1$,所以 $R=+\infty$;

(iii) 当 $\rho=+\infty$ 时,除 $x=0$ 外,对任何 x 皆有 $\rho|x|>1$,所以 $R=0$.

(1) 对于 $\sum_{n=1}^{\infty}\dfrac{[3+(-1)^n]^n}{n}x^n$,因为上极限 $\varlimsup_{n\to\infty}\sqrt[n]{\dfrac{[3+(-1)^n]^n}{n}}=\varlimsup_{n\to\infty}\sqrt[n]{\dfrac{4^n}{n}}=4=\rho$,

所以,收敛半径 $R=\dfrac{1}{4}$.

(2) 因为 $\varlimsup_{n\to\infty}\sqrt[n]{|a_n|}=\varlimsup_{n\to\infty}\sqrt[n]{b}=1=\rho$,

所以,收敛半径 $R=1$.

10. 知识点窍 幂级数的收敛半径及其和函数.

逻辑推理 对原级数进行适当的变换(逐项求导、逐项求积等),化为简单的幂级数,进而求得所要求的和函数.

解题过程 (1) 设 $a_n=\dfrac{1}{n(n+1)}$,则 $\lim_{n\to\infty}\left|\dfrac{a_{n+1}}{a_n}\right|=1$,收敛半径为 1.

又 $|x|=1$ 时级数收敛,且 $x=1$ 时,$\sum_{n=1}^{\infty}\dfrac{1}{n(n+1)}=1$.

故收敛域为 $[-1,1]$.

设 $f(x)=\sum_{n=1}^{\infty}\dfrac{x^n}{n(n+1)}(x\in[-1,1])$,则 $xf(x)=\sum_{n=1}^{\infty}\dfrac{x^{n+1}}{n(n+1)}$.

$(xf(x))'=\sum_{n=1}^{\infty}\dfrac{x^n}{n}$, $(xf(x))''=\sum_{n=1}^{\infty}x^{n-1}=\dfrac{1}{1-x}$.

由此得 $(xf(x))'=\int_0^x\dfrac{1}{1-t}dt=-\ln(1-x)$.

$xf(x)=-\int_0^x\ln(1-t)dt=(1-x)\ln(1-x)+x, x\in(-1,1)$,

$f(x)=\begin{cases}\dfrac{1-x}{x}\ln(1-x)+1, & x\in[-1,0)\cup(0,1)\\ 0, & x=0\\ 1, & x=1\end{cases}$

(2) $\because \sum_{n=1}^{\infty}\dfrac{x^n}{n(n+1)(n+2)}=\dfrac{1}{2}\sum_{n=1}^{\infty}\left[\dfrac{1}{n(n+1)}-\dfrac{1}{(n+1)(n+2)}\right]x^n$

$=\dfrac{1}{2}f(x)-\dfrac{1}{2}\sum_{n=1}^{\infty}\dfrac{x^n}{(n+1)(n+2)}$,

其中 $f(x)=\sum_{n=1}^{\infty}\dfrac{x^n}{n(n+1)}$,令 $g(x)=\sum_{n=1}^{\infty}\dfrac{x^n}{(n+1)(n+2)}$,则

$xg(x)=\sum_{n=1}^{\infty}\dfrac{x^{n+1}}{(n+1)(n+2)}=\sum_{n=2}^{\infty}\dfrac{x^n}{n(n+1)}=f(x)-\dfrac{x}{2}, x\in[-1,1]$.

从而 $g(x)=\begin{cases}\dfrac{1}{x}+\dfrac{1-x}{x^2}\ln(1-x)-\dfrac{1}{2}, & x\in[-1,1) \text{ 且 } x\neq 0,\\ 0, & x=0,\\ \dfrac{1}{2}, & x=1.\end{cases}$

$$\therefore \sum_{n=1}^{\infty} \frac{x^n}{n(n+1)(n+2)} = \frac{1}{2}[f(x) - g(x)]$$

$$= \begin{cases} \frac{3}{4} - \frac{1}{2x} - \frac{(x-1)^2}{2x^2}\ln(1-x), x \in [-1,1), x \neq 0, \\ 0, x = 0, \\ \frac{1}{4}, x = 1. \end{cases}$$

(3) 设 $a_n = \frac{(n-1)^2}{n+1}$,则 $\lim\limits_{n \to \infty} \left|\frac{a_{n+1}}{a_n}\right| = 1$.

当 $x = \pm 1$ 时,级数发散.故收敛域为 $(-1,1)$.

设 $S(x) = \sum_{n=2}^{\infty} \frac{(n-1)^2}{n+1} x^n = \sum_{n=2}^{\infty}(n+1)x^n - 4\sum_{n=2}^{\infty}x^n + 4\sum_{n=2}^{\infty}\frac{x^n}{n+1}$. 而

$$\sum_{n=2}^{\infty}(n+1)x^n = \frac{3x^2 - 2x^3}{(1-x)^2}, \sum_{n=2}^{\infty}x^n = \frac{x^2}{1-x}, \sum_{n=2}^{\infty}\frac{x^n}{n+1} = -\frac{x}{2} - 1 - \frac{\ln(x-1)}{x}.$$

$$\therefore \sum_{n=2}^{\infty} \frac{(n-1)^2}{n+1} x^n = \frac{3x^2 - 2x^3}{(1-x)^2} - \frac{4x^2}{1-x} - 2x - 4 - \frac{4\ln|x-1|}{x}$$

$$= \frac{1}{(1-x)^2} - 1 - \frac{4}{1-x} - \frac{4\ln|x-1|}{x}, x \neq 0$$

当 $x = 0$ 时,$S(0) = 0$,则

$$S(x) = \begin{cases} \frac{1}{(1-x)^2} - 1 - \frac{4}{1-x} - \frac{4\ln|x-1|}{x}, x \in (-1,0) \cup (0,1) \\ 0, x = 0. \end{cases}$$

11. **知识点窍** 收敛半径;数项级数的和.

逻辑推理 (1) $\rho = \lim\limits_{n \to \infty} \left|\frac{a_{n+1}}{a_n}\right| = 1 \Rightarrow$ 收敛半径 $R = 1$.

(2) 由等差数列 $\frac{a_n}{2^n} = \frac{a_0}{2^n} + \frac{n}{2^n}d$,而 $\sum_{n=0}^{\infty}\frac{a_n}{2^n}$ 为 $q = \frac{1}{2}$ 的等比数列 $\Rightarrow \sum_{n=0}^{\infty}\frac{a_n}{2^n} = 2a_0$,则此题的关键是求 $\sum_{n=0}^{\infty}\frac{n}{2^n}d$. 求此级数和,可令 $\frac{f(x)}{x} = \sum_{n=0}^{\infty}\frac{n}{2^n}x^{n-1}$,采取逐项求导法则可求得 $\sum_{n=0}^{\infty}\frac{n}{2^n}d = 2d$,因此得 $\sum_{n=0}^{\infty}\frac{a_n}{2^n} = \sum_{n=0}^{\infty}\left(\frac{a_0}{2^n} + \frac{n}{2^n}d\right) = 2a_0 + 2d$.

解题过程 (1) 设 $\{a_n\}$ 的公差为 d,则 $a_{n+1} = a_0 + (n+1)d, a_n = a_0 + nd$,

从而 $\rho = \lim\limits_{n \to \infty}\left|\frac{a_{n+1}}{a_n}\right| = \lim\limits_{n \to \infty}\left|1 + \frac{d}{a_0 + nd}\right| = 1.$

所以,收敛半径 $R = 1$.

(2) 因为 $a_n = a_0 + nd$,则 $\frac{a_n}{2^n} = \frac{a_0}{2^n} + \frac{n}{2^n}d (n = 1,2,\cdots)$,

$$\sum_{n=0}^{\infty}\frac{a_n}{2^n} = \sum_{n=0}^{\infty}\frac{a_0 + nd}{2^n} = \sum_{n=0}^{\infty}\left(\frac{a_0}{2^n} + \frac{n}{2^n}d\right),$$

$$\sum_{n=0}^{\infty}\frac{a_0}{2^n} = \frac{a_0}{1-\frac{1}{2}} = 2a_0.$$

对于 $\sum_{n=0}^{\infty}\frac{n}{2^n}d$,可令 $f(x) = \sum_{n=0}^{\infty}\frac{n}{2^n}x^n$,则 $\frac{f(x)}{x} = \sum_{n=0}^{\infty}\frac{n}{2^n}x^{n-1}(|x| < 2)$,

从而 $\int_0^x \frac{f(t)}{t} dt = \sum_{n=0}^{\infty} \int_0^x \frac{n}{2^n} t^{n-1} dt = \sum_{n=0}^{\infty} \left(\frac{x}{2}\right)^n = \frac{2}{2-x} \left(\left|\frac{x}{2}\right| < 1\right)$.

所以 $\frac{f(x)}{x} = \left(\frac{2}{2-x}\right)' = \frac{2}{(2-x)^2}, f(x) = \frac{2x}{(2-x)^2}$.

令 $x = 1$,可得 $\sum_{n=0}^{\infty} \frac{n}{2^n} = f(1) = 2$,

故 $\sum_{n=0}^{\infty} \frac{n}{2^n} d = 2d$,从而 $\sum_{n=0}^{\infty} \frac{a_n}{2^n} = \sum_{n=0}^{\infty} \frac{a_0}{2^n} + \sum_{n=0}^{\infty} \frac{n}{2^n} d = 2a_0 + 2d$.

习题 14.2

1. 知识点窍 泰勒公式;$f(x)$ 在区间内等于其泰勒级数的和函数的充分条件(定理 14.11).

逻辑推理 根据定理 14.11,只要证明 $f(x)$ 在 x_0 的泰勒公式的拉格朗日余项当 $n \to \infty$ 时为无穷小即可.

解题过程 由于函数 f 在区间 (a,b) 内的各阶导数存在且一致有界,所以对任意的 $x, x_0 \in (a,b)$,$f(x)$ 可展开为

$$f(x) = f(x_0) + f'(x_0)(x-x_0) + \frac{f''(x_0)}{2!}(x-x_0)^2 + \cdots + \frac{f^{(n)}(x_0)}{n!}(x-x_0)^n + R_n(x),$$

其中 $R_n(x) = \frac{f^{(n+1)}(\xi)}{(n+1)!}(x-x_0)^{n+1}$,$\xi$ 介于 x_0 和 x 之间.

又 $f(x)$ 在 (a,b) 上的各阶导数一致有界,所以

$$|R_n(x)| \leq \frac{M}{(n+1)!}|x-x_0|^{n+1} \leq \frac{M}{(n+1)!}(b-a)^{n+1},$$

从而 $\lim_{n \to \infty} |R_n(x)| = 0$,由定理 14.11,得

$$f(x) = \sum_{n=0}^{\infty} \frac{f^{(n)}(x_0)}{n!}(x-x_0)^n.$$

> **小提示**: 设 f 在点 x_0 处有任意阶导数,则 f 在区间 (x_0-r, x_0+r) 上等于其泰勒级数的和函数的充分条件是:对一切满足不等式 $|x-x_0|<x$ 的 x,有 $\lim_{n \to \infty} R_n(x)=0$.

2. 知识点窍 几种常见的初等函数的展开式.

解题过程 (1) 由于 $e^x = \sum_{n=0}^{\infty} \frac{x^n}{n!}, x \in (-\infty, +\infty)$,

所以 $e^{x^2} = \sum_{n=0}^{\infty} \frac{(x^2)^n}{n!} = \sum_{n=0}^{\infty} \frac{x^{2n}}{n!}, x \in (-\infty, +\infty)$.

(2) 因当 $|x| < 1$ 时,$\frac{1}{1-x} = \sum_{n=0}^{\infty} x^n$,

所以 $f(x) = \frac{x^{10}}{1-x} = x^{10} \cdot \sum_{n=0}^{\infty} x^n = \sum_{n=0}^{\infty} x^{n+10}, |x| < 1$.

(3) 由 $\frac{1}{\sqrt{1+t}} = 1 - \frac{1}{2} t + \frac{1}{2} \cdot \frac{3}{4} t^2 + \cdots + (-1)^n \frac{(2n-1)!!}{(2n)!!} t^n + \cdots$

$$= 1 + \sum_{n=1}^{\infty} (-1)^n \frac{(2n-1)!!}{2n!!} t^n \quad (-1 < t \leq 1)$$

所以 $\dfrac{x}{\sqrt{1-2x}} = x\Big[1 + \sum_{n=1}^{\infty} (-1)^n \dfrac{(2n-1)!!}{2n!!}(-2x)^n\Big]$

$$= x + \sum_{n=1}^{\infty} \frac{(2n-1)!!}{n!} x^{n+1}, \quad x \in \Big[-\frac{1}{2}, \frac{1}{2}\Big).$$

(4) 因 $\cos x = \sum_{n=0}^{\infty} (-1)^n \dfrac{x^{2n}}{(2n)!}, x \in (-\infty, +\infty)$,

所以 $\sin^2 x = \dfrac{1}{2}(1-\cos 2x) = \dfrac{1}{2} - \dfrac{1}{2}\sum_{n=0}^{\infty}(-1)^n \dfrac{(2x)^{2n}}{(2n)!}$

$$= \sum_{n=1}^{\infty} (-1)^{n+1} \frac{2^{2n-1}}{(2n)!} x^{2n}, \quad x \in (-\infty, +\infty).$$

(5) 因 $e^x = \sum_{n=0}^{\infty} \dfrac{x^n}{n!}, x \in (-\infty, +\infty), \dfrac{1}{1-x} = \sum_{n=0}^{\infty} x^n (|x| < 1)$,

所以 $\dfrac{e^x}{1-x} = \Big(\sum_{n=0}^{\infty} \dfrac{x^n}{n!}\Big)\Big(\sum_{n=0}^{\infty} x^n\Big) = \sum_{n=0}^{\infty}\Big(1 + \dfrac{1}{1!} + \dfrac{1}{2!} + \cdots + \dfrac{1}{n!}\Big)x^n$

$$= \sum_{n=0}^{\infty} \Big(\sum_{k=0}^{n} \frac{1}{k!}\Big) x^n, \quad x \in (-1, 1).$$

(6) 因 $\dfrac{x}{1+x-2x^2} = \dfrac{1}{3}\Big(\dfrac{1}{1-x} - \dfrac{1}{1+2x}\Big), \dfrac{1}{1-x} = \sum_{n=0}^{\infty} x^n (|x| < 1)$,

$$\frac{1}{1+2x} = \sum_{n=0}^{\infty} (-1)^n (2x)^n, \quad |x| < \frac{1}{2}.$$

所以 $\dfrac{1}{1+x-2x^2} = \dfrac{1}{3}\Big(\dfrac{1}{1-x} - \dfrac{1}{1+2x}\Big) = \dfrac{1}{3}\sum_{n=0}^{\infty}[1-(-2)^n]x^n, |x| < \dfrac{1}{2}.$

(7) 由于 $\sin x = \sum_{n=0}^{\infty} (-1)^n \dfrac{x^{2n+1}}{(2n+1)!}, |x| < +\infty$,

所以 $\displaystyle\int_0^x \dfrac{\sin t}{t} dt = \sum_{n=0}^{\infty} (-1)^n \int_0^x \dfrac{t^{2n+1}}{t(2n+1)!} dt = \sum_{n=0}^{\infty} (-1)^n \int_0^x \dfrac{t^{2n}}{(2n+1)!} dt$

$$= \sum_{n=0}^{\infty} \frac{(-1)^n}{(2n+1)(2n+1)!} x^{(2n+1)}, \quad |x| < +\infty.$$

(8) 由于 $e^{-x} = \sum_{n=0}^{\infty} (-1)^n \dfrac{x^n}{n!}, |x| < +\infty$,

所以 $(1+x)e^{-x} = (1+x)\sum_{n=0}^{\infty}(-1)^n \dfrac{x^n}{n!} = \sum_{n=0}^{\infty}(-1)^n \dfrac{x^n}{n!} + \sum_{n=0}^{\infty}(-1)^n \dfrac{x^{n+1}}{n!}$

$$= \sum_{n=0}^{\infty} \frac{(-1)^n(1-n)}{n!} x^n, \quad |x| < +\infty.$$

(9) 因 $\dfrac{1}{\sqrt{1+t^2}} = 1 + \sum_{n=1}^{\infty} (-1)^n \dfrac{(2n-1)!!}{(2n)!!} t^{2n}, t \in [-1, 1]$,

从而 $\ln(x + \sqrt{1+x^2}) = \displaystyle\int_0^x [\ln(t+\sqrt{1+t^2})]' dt = \int_0^x \dfrac{1}{\sqrt{1+t^2}} dt$

$$= \int_0^x \Big[1 + \sum_{n=1}^{\infty} (-1)^n \frac{(2n-1)!!}{(2n)!!} t^{2n}\Big] dt$$

$$= x + \sum_{n=1}^{\infty} (-1)^n \frac{(2n-1)!!}{(2n)!!(2n+1)} x^{2n+1} (|x|<1).$$

3. **知识点窍** 泰勒公式.

逻辑推理 函数 f 在点 x_0 处的泰勒展开式主要有以下两种方法:

(1) 直接法. 计算函数 f 在点 x_0 处的各阶导数,写出它的泰勒级数,最后由余项的收敛性来确定收敛域.

(2) 间接法. 借助某些基本函数的展开式,通过适当变换、四则运算、逐项求导和逐项求积等方法导出所求函数的幂级数展开式.

解题过程 (1) ∵ $f(1)=8, f'(1)=(2-8x+21x^2)|_{x=1}=15, f''(1)=(-8+42x)|_{x=1}=34.$
$f'''(1)=42, f^{(n)}(1)=0(n \geqslant 4).$

∴ $f(x)$ 在 $x=1$ 处的泰勒展开式为

$$f(x)=f(1)+\frac{f'(1)}{1!}(x-1)+\frac{f''(1)}{2!}(x-1)^2+\frac{f'''(1)}{3!}(x-1)^3$$
$$=8+15(x-1)+17(x-1)^2+7(x-1)^3, (-\infty<x<+\infty).$$

(2) ∵ $\frac{1}{1+x}$ 在 $x=0$ 处的幂级数展开式为 $\frac{1}{1+x}=\sum_{n=0}^{\infty}(-1)^n x^n, (-1<x<1).$

∴ $\frac{1}{x}=\frac{1}{1+(x-1)}=\sum_{n=0}^{\infty}(-1)^n(x-1)^n (0<x<2).$

(3) ∵ $f(x)=\sqrt{x^3}=(1+x-1)^{\frac{3}{2}},$

而 $(1+x)^\alpha=1+\sum_{n=0}^{\infty} C_\alpha^n x^n \left[\text{其中 } C_\alpha^n=\frac{\alpha(\alpha-1)\cdots(\alpha-n+1)}{n!}\right].$

∴ $f(x)=\sqrt{x^3}=\sum_{n=0}^{\infty} C_{\frac{3}{2}}^n (x-1)^n=1+\frac{3}{2}(x-1)+\sum_{n=0}^{\infty}(-1)^n \frac{(2n)!}{(n!)^2} \frac{3}{(n+1)(n+2)2^n} \left(\frac{x-1}{2}\right)^{n+2},$

$x \in [0,2].$

小提示:将函数在特定点展开是幂级数最重要的应用之一,这样就将在原函数形式下无法处理的问题转化成幂级数的形式处理.

4. **知识点窍** 麦克劳林级数.

逻辑推理 先把函数 $f(x)$ 通过适当变换(四则运算、逐项求导、逐项求积等方法)转化为某些已知麦克劳林级数的基本函数的展开式,最后导出所求函数的麦克劳林级数.

解题过程 (1) 令 $\frac{x}{(1-x)(1-x^2)}=\frac{A}{1-x}+\frac{C}{1+x}+\frac{B}{(1-x)^2},$

可得 $A=-\frac{1}{4}, B=\frac{1}{2}, C=-\frac{1}{4}.$

∵ $\frac{1}{(1-x)^2}=\sum_{n=0}^{\infty}(n+1)x^n, x \in (-1,1),$

∴ $\frac{x}{(1-x)(1-x^2)}=-\frac{1}{4} \cdot \frac{1}{1-x}-\frac{1}{4} \cdot \frac{1}{1+x}+\frac{1}{2} \cdot \frac{1}{(1-x)^2}$

$$=-\frac{1}{4}\sum_{n=0}^{\infty}x^n-\frac{1}{4}\sum_{n=0}^{\infty}(-1)^n x^n+\frac{1}{2}\sum_{n=0}^{\infty}(n+1)x^n$$

$$=\frac{1}{2}\sum_{n=0}^{\infty}\left[n+1-\frac{1+(-1)^n}{2}\right]x^n, x \in (-1,1).$$

(2) $\because \dfrac{1}{1+x^2} = \sum\limits_{n=0}^{\infty}(-1)^n x^{2n}$,

$\therefore x\arctan x = x\int_0^x \dfrac{\mathrm{d}t}{1+t^2} = \sum\limits_{n=0}^{\infty}\dfrac{(-1)^n}{2n+1}x^{2n+2}, x\in[-1,1], \dfrac{1}{1+x} = \sum\limits_{n=0}^{\infty}(-1)^n x^n$.

由此可知 $\dfrac{1}{2}\ln(1+x^2) = \dfrac{1}{2}\int_0^{x^2}\dfrac{\mathrm{d}t}{1+t} = \dfrac{1}{2}\sum\limits_{n=0}^{\infty}\dfrac{(-1)^n}{n+1}x^{2n+2}, x\in[-1,1]$.

$\therefore$ 函数的麦克劳林级数展开式为

$$x\arctan x - \ln\sqrt{1+x^2} = \sum_{n=0}^{\infty}(-1)^n\left[\dfrac{1}{2n+1} - \dfrac{1}{2n+2}\right]x^{2n+2}$$
$$= \sum_{n=0}^{\infty}\dfrac{(-1)^n}{(2n+1)(2n+2)}x^{2n+2}, x\in[-1,1].$$

5. **解题过程** 设 $t = \dfrac{x-1}{x+1}$, 则 $x = \dfrac{1+t}{1-t}$, 故 $\ln x = \ln\dfrac{1+t}{1-t} = \ln(1+t) - \ln(1-t)$.

$\because \ln(1+x) = \sum\limits_{n=1}^{\infty}(-1)^{n+1}\dfrac{x^n}{n}(-1 < x \leqslant 1), \ln(1-x) = -\sum\limits_{n=1}^{\infty}\dfrac{x^n}{n}(-1 \leqslant x < 1)$.

$\therefore \ln x = \sum\limits_{n=1}^{\infty}\left[(-1)^{n+1}+1\right]\dfrac{t^n}{n} = \sum\limits_{n=1}^{\infty}\dfrac{2}{2n-1}t^{2n-1}(-1 < t < 1)$.

由 $-1 < t < 1$ 即 $-1 < \dfrac{x-1}{x+1} < 1$, 可得 $x > 0$.

$\therefore \ln x = \sum\limits_{n=1}^{\infty}\dfrac{2}{2n-1}\left(\dfrac{x-1}{x+1}\right)^{2n-1}(x > 0).$

习题 14.3

1. **知识点窍** 欧拉公式和棣莫弗公式.

   解题过程 记 $z = \mathrm{i}x$ (x 是实数). 由欧拉公式 $\mathrm{e}^{\mathrm{i}x} = \cos x + \mathrm{i}\sin x$ 知
   $(\mathrm{e}^z)^n = (\mathrm{e}^{\mathrm{i}x})^n = \mathrm{e}^{\mathrm{i}nx} = \cos nx + \mathrm{i}\sin nx$,
   $(\mathrm{e}^z)^n = (\mathrm{e}^{\mathrm{i}x})^n = (\cos x + \mathrm{i}\sin x)^n$,
   从而推得 $\cos nx + \mathrm{i}\sin nx = (\cos x + \mathrm{i}\sin x)^n$.

   欧拉公式: $\mathrm{e}^{\mathrm{i}x} = \cos x + \mathrm{i}\sin x$.

2. **知识点窍** 欧拉公式和棣莫弗公式.

   解题过程 令 $z = \cos\alpha + \mathrm{i}\sin\alpha$,
   由欧拉公式有 $\mathrm{e}^z = \mathrm{e}^{\cos\alpha+\mathrm{i}\sin\alpha}[\cos(\sin\alpha) + \mathrm{i}\sin(\sin\alpha)]$,
   故 $\mathrm{e}^{xz} = \mathrm{e}^{x(\cos\alpha+\mathrm{i}\sin\alpha)} = \mathrm{e}^{x\cos\alpha}[\cos(x\sin\alpha) + \mathrm{i}\sin(x\sin\alpha)]$
   $= \mathrm{e}^{x\cos\alpha}\cos(x\sin\alpha) + \mathrm{i}\mathrm{e}^{x\cos\alpha}\sin(x\sin\alpha)$ ①

   又因为
   $\mathrm{e}^{xz} = \sum\limits_{n=0}^{\infty}\dfrac{x^n z^n}{n!} = \sum\limits_{n=0}^{\infty}\dfrac{x^n(\cos n\alpha + \mathrm{i}\sin n\alpha)}{n!} = \sum\limits_{n=0}^{\infty}\dfrac{x^n}{n!}\cos n\alpha + \mathrm{i}\sum\limits_{n=0}^{\infty}\dfrac{x^n}{n!}\sin n\alpha$ ②

   由式 ① 和式 ② 比较实虚部, 得

   $\mathrm{e}^{x\cos\alpha}\cos(x\sin\alpha) = \sum\limits_{n=0}^{\infty}\dfrac{x^n}{n!}\cos n\alpha$.

$$e^{x\cos\alpha}\sin(x\sin\alpha) = \sum_{n=0}^{\infty} \frac{x^n}{n!}\sin n\alpha.$$

第十四章总练习题

1. [知识点窍] 幂级数的展开式.

[逻辑推理] 利用间接法, 由于
$$\frac{1}{1-3x+2x^2} = \frac{2}{1-2x} - \frac{1}{1-x},$$
从而可以利用 $\frac{1}{1-2x}$ 和 $\frac{1}{1-x}$ 的展开式将原函数展开.

[解题过程] $\because \dfrac{1}{1-x} = \sum\limits_{n=0}^{\infty} x^n \, (-1 < x < 1), \dfrac{2}{1-2x} = \sum\limits_{n=0}^{\infty} 2^{n+1} x^n \left(-\dfrac{1}{2} < x < \dfrac{1}{2}\right).$

$\therefore \dfrac{1}{1-3x+2x^2} = \dfrac{2}{1-2x} - \dfrac{1}{1-x} = \sum\limits_{n=0}^{\infty}(2^{n+1}-1)x^n$

$\qquad\qquad\qquad = 1 + 3x + 7x^2 + \cdots + (2^n - 1)x^{n-1} + \cdots \left(-\dfrac{1}{2} < x < \dfrac{1}{2}\right).$

2. [知识点窍] 幂级数的展开式.

[逻辑推理] 借助某些基本函数的展开式, 通过适当变换(四则运算、逐项求导和逐项求积等方法)导出所求函数的幂级数展开式.

[解题过程] (1) 由于 $\ln(1+x) = \sum\limits_{n=0}^{\infty}\dfrac{(-1)^n}{n+1}x^{n+1}, x \in (-1,1]$,

所以 $\qquad f(x) = (1+x)\ln(1+x) = \ln(1+x) + x\ln(1+x)$

$\qquad\qquad = \sum\limits_{n=0}^{\infty}\dfrac{(-1)^n}{n+1}x^{n+1} + x\sum\limits_{n=0}^{\infty}\dfrac{(-1)^n}{n+1}x^{n+1}$

$\qquad\qquad = \sum\limits_{n=1}^{\infty}\dfrac{(-1)^{n-1}}{n}x^n + \sum\limits_{n=1}^{\infty}\dfrac{(-1)^{n-1}}{n}x^{n+1}$

$\qquad\qquad = x + \sum\limits_{n=2}^{\infty}\dfrac{(-1)^n}{n(n-1)}x^n, x \in (-1,1].$

(2) 由于 $\qquad \sin x = \sum\limits_{n=1}^{\infty}(-1)^{n+1}\dfrac{1}{(2n-1)!}x^{2n-1}, x \in (-1,1]$,

所以 $\qquad f(x) = \sin^3 x = \dfrac{1}{4}(3\sin x - \sin 3x)$

$\qquad\qquad = \dfrac{3}{4}\sum\limits_{n=1}^{\infty}(-1)^{n+1}\dfrac{x^{2n-1}}{(2n-1)!} - \dfrac{1}{4}\sum\limits_{n=1}^{\infty}(-1)^{n+1}\dfrac{(3x)^{2n-1}}{(2n-1)!}$

$\qquad\qquad = \dfrac{1}{4}\sum\limits_{n=1}^{\infty}(-1)^n\dfrac{3^{2n-1}-3}{(2n-1)!}x^{2n-1}, x \in (-\infty, +\infty).$

(3) 由逐项积分定理知, $\cos t^2 = \sum\limits_{n=0}^{\infty}\dfrac{(-1)^n}{(2n)!}t^{4n}, t \in (-\infty, +\infty)$,

$$f(x) = \int_0^x \cos t^2 \, dt = \int_0^x \sum\limits_{n=1}^{\infty}\dfrac{(-1)^n}{(2n)!}t^{4n}\, dt = \sum\limits_{n=0}^{\infty}\dfrac{(-1)^n}{(4n+1)\cdot(2n)!}x^{4n+1}, x \in (-\infty, +\infty).$$

3. [知识点窍] 幂级数的收敛域及其和函数的求解方法.

逻辑推理 求幂级数的和函数的一般步骤为:
(1) 求幂级数的收敛区间和收敛域.
(2) 求幂级数在其收敛区间内的和函数.
(3) 如果幂级数的收敛域不是开区间,则必须讨论它在收敛域端点处的和.
(4) 写出幂级数的和函数,明确注明和函数的定义域(收敛域).

解题过程 (1) 设 $a_n = n^2$,则 $\lim\limits_{n\to\infty}\left|\dfrac{a_{n+1}}{a_n}\right| = 1$,收敛半径 $R = 1$.

当 $x=1$ 时,级数 $\sum\limits_{n=1}^{\infty} n^2$ 发散;当 $x=-1$ 时,级数 $\sum\limits_{n=1}^{\infty}(-1)^{n-1}n^2$ 也发散.

故收敛域为 $(-1,1)$.

设 $f(x) = \sum\limits_{n=1}^{\infty} n^2 x^{n-1}$,$(-1<x<1)$,

则 $\int_0^x f(t)\mathrm{d}t = \int_0^x \left(\sum\limits_{n=1}^{\infty} n^2 t^{n-1}\right)\mathrm{d}t = \sum\limits_{n=1}^{\infty}\int_0^x n^2 t^{n-1}\mathrm{d}t$

$= \sum\limits_{n=1}^{\infty} nx^n = \dfrac{x}{(1-x)^2}(-1<x<1).$

$f(x) = \left(\dfrac{x}{(1-x)^2}\right)' = \dfrac{1+x}{(1-x)^3}(-1<x<1).$

(2) 设 $u_n = \dfrac{2n+1}{2^{n+1}}x^{2n}$,则 $\lim\limits_{n\to\infty}\left|\dfrac{u_{n+1}}{u_n}\right| = \dfrac{x^2}{2}$,收敛半径 $R = \sqrt{2}$.

当 $|x| = \sqrt{2}$ 时,原级数化为 $\sum\limits_{n=0}^{\infty}\dfrac{2n+1}{2}$ 发散.

故原级数的收敛域为 $(-\sqrt{2},\sqrt{2})$.

$\sum\limits_{n=0}^{\infty}\dfrac{2n+1}{2^{n+1}}x^{2n} = \dfrac{1}{2}\sum\limits_{n=0}^{\infty}[n+(n+1)]\left(\dfrac{x^2}{2}\right)^n = \dfrac{1}{2}\left(\sum\limits_{n=0}^{\infty} nt^n + \sum\limits_{n=0}^{\infty}(n+1)t^n\right)$,其中 $t = \dfrac{x^2}{2}$.

$\because \sum\limits_{n=1}^{\infty} nt^n = \dfrac{t}{(1-t)^2},$

$\therefore \sum\limits_{n=0}^{\infty}(n+1)t^n = \left(\sum\limits_{n=0}^{\infty} t^{n+1}\right)' = \left(\dfrac{t}{1-t}\right)' = \dfrac{1}{(1-t)^2}.$

$\therefore \sum\limits_{n=0}^{\infty}\dfrac{2n+1}{2^{n+1}}x^{2n} = \dfrac{1}{2}\left(\dfrac{t}{(1-t)^2} + \dfrac{1}{(1-t)^2}\right) = \dfrac{1}{2}\cdot\dfrac{1+\frac{x^2}{2}}{\left(1-\frac{x^2}{2}\right)^2} = \dfrac{2+x^2}{(2-x^2)^2}(-\sqrt{2}<x<\sqrt{2}).$

(3) 设 $t = x-1$,则原级数化为 $\sum\limits_{n=1}^{\infty} nt^{n-1}$.

由于 $\sum\limits_{n=1}^{\infty} nt^{n-1}$ 的收敛域为 $(-1,1)$,

所以原级数的收敛域为 $(0,2)$.

$\sum\limits_{n=1}^{\infty} nt^{n-1} = \sum\limits_{n=1}^{\infty}(t^n)' = \left(\dfrac{t}{1-t}\right)' = \dfrac{1}{(1-t)^2}(-1<t<1).$

$\sum\limits_{n=1}^{\infty} n(x-1)^{n-1} = \dfrac{1}{[1-(x-1)]^2} = \dfrac{1}{(2-x)^2}(0<x<2).$

(4) 设 $u_n = (-1)^{n-1}\dfrac{x^{2n+1}}{4n^2-1}$,则 $\lim\limits_{n\to\infty}\left|\dfrac{u_{n+1}}{u_n}\right| = \lim\limits_{n\to\infty}\left|\dfrac{x^{2n+3}}{4(n+1)^2-1}\cdot\dfrac{4n^2-1}{x^{2n+1}}\right| = x^2.$

当$|x|<1$时,级数收敛;当$|x|=1$时,由莱布尼茨判别法可知级数收敛.
故原级数的收敛域为$[-1,1]$.

设$f(x)=\sum\limits_{n=1}^{\infty}(-1)^{n-1}\dfrac{x^{2n+1}}{4n^2-1},(-1\leqslant x\leqslant 1)$,

则$f'(x)=\sum\limits_{n=1}^{\infty}(-1)^{n-1}\dfrac{x^{2n}}{2n-1}=x\sum\limits_{n=1}^{\infty}(-1)^{n-1}\dfrac{x^{2n-1}}{2n-1}$,

$\because\left(\sum\limits_{n=1}^{\infty}(-1)^{n-1}\dfrac{x^{2n-1}}{2n-1}\right)'=\sum\limits_{n=1}^{\infty}(-1)^{n-1}x^{2(n-1)}=\sum\limits_{n=1}^{\infty}(-1)^n\cdot x^{2n}=\dfrac{1}{1+x^2}(-1\leqslant x\leqslant 1)$,

$\therefore\sum\limits_{n=1}^{\infty}(-1)^{n-1}\dfrac{x^{2n-1}}{2n-1}=\int_0^x\dfrac{1}{1+t^2}\mathrm{d}t=\arctan x(-1\leqslant x\leqslant 1)$.

$\therefore f(x)=\int_0^x f'(t)\mathrm{d}t=\int_0^x t\cdot\arctan t\,\mathrm{d}t=\dfrac{1}{2}[(1+x^2)\cdot\arctan x-x](-1\leqslant x\leqslant 1)$.

4. 知识点窍 幂级数的性质;级数和的计算方法.

逻辑推理 级数$\sum\limits_{n=1}^{\infty}\dfrac{n}{(n+1)!}$和$\sum\limits_{n=1}^{\infty}\dfrac{(-1)^n}{3n+1}$分别是$\sum\limits_{n=1}^{\infty}\dfrac{n}{(n+1)!}x^{n+1}$和$\sum\limits_{n=1}^{\infty}\dfrac{(-1)^n}{3n+1}x^{3n+1}$的和函数在$x=1$处的值,只要求出相应的和函数即可.

解题过程 (1) 设$f(x)=\sum\limits_{n=1}^{\infty}\dfrac{n}{(n+1)!}x^{n+1}(-\infty<x<+\infty)$,则$\sum\limits_{n=1}^{\infty}\dfrac{n}{(n+1)!}=f(1)$.

$\because f'(x)=\sum\limits_{n=1}^{\infty}\dfrac{x^n}{(n-1)!}=x\sum\limits_{n=1}^{\infty}\dfrac{x^{n-1}}{(n-1)!}=x\sum\limits_{n=0}^{\infty}\dfrac{x^n}{n!}=x\cdot\mathrm{e}^x(-\infty<x<+\infty)$.

$\therefore f(x)=f(0)+\int_0^x f'(t)\mathrm{d}t=\int_0^x t\mathrm{e}^t\mathrm{d}t=x\mathrm{e}^x-\mathrm{e}^x+1(-\infty<x<+\infty)$,

$\therefore f(1)=\mathrm{e}-\mathrm{e}+1=1$,即$\sum\limits_{n=1}^{\infty}\dfrac{n}{(n+1)!}=1$.

(2) 设$f(x)=\sum\limits_{n=0}^{\infty}\dfrac{(-1)^n}{3n+1}\cdot x^{3n+1}$.其收敛域为$(-1,1]$.

所求级数和$\sum\limits_{n=0}^{\infty}\dfrac{(-1)^n}{3n+1}=f(1)$.

$\because f'(x)=\sum\limits_{n=0}^{\infty}(-1)^n\cdot x^{3n}=\sum\limits_{n=0}^{\infty}(-x^3)^n=\dfrac{1}{1+x^3}(-1<x\leqslant 1)$.

$\therefore f(x)=\int_0^x f'(t)\mathrm{d}t+f(0)=\int_0^x\dfrac{1}{1+t^3}\mathrm{d}t$

$=\dfrac{1}{3}\ln(1+x)-\dfrac{1}{6}\ln(1-x+x^2)+\dfrac{1}{\sqrt{3}}\left(\arctan\dfrac{2x-1}{\sqrt{3}}+\arctan\dfrac{1}{\sqrt{3}}\right)(-1<x\leqslant 1)$,

$\therefore f(1)=\dfrac{1}{3}\ln 2+\dfrac{\pi}{3\sqrt{3}}$,即$\sum\limits_{n=0}^{\infty}\dfrac{(-1)^n}{3n+1}=\dfrac{1}{3}\ln 2+\dfrac{\pi}{3\sqrt{3}}$.

5. 逻辑推理 令等式左边为$F(x)$,先证$F(x)$为一常数,即$F'(x)=0$,再证$F(x)=f(1)$.

解题过程 设$F(x)=f(x)+f(1-x)+\ln x\ln(1-x),x\in(0,1)$,

$F'(x)=f'(x)-f'(1-x)+\dfrac{1}{x}\ln(1-x)-\dfrac{1}{1-x}\ln x$

$=\sum\limits_{n=1}^{\infty}\dfrac{x^{n-1}}{n}-\sum\limits_{n=1}^{\infty}\dfrac{(1-x)^{n-1}}{n}-\dfrac{1}{x}\sum\limits_{n=1}^{\infty}\dfrac{x^n}{n}-\dfrac{1}{1-x}\sum\limits_{n=1}^{\infty}(-1)^{n-1}\dfrac{(x-1)^n}{n}$

$$= \sum_{n=1}^{\infty} \frac{x^{n-1}}{n} - \sum_{n=1}^{\infty} \frac{(1-x)^{n-1}}{n} - \sum_{n=1}^{\infty} \frac{x^{n-1}}{n} + \sum_{n=1}^{\infty} \frac{(1-x)^{n-1}}{n} = 0.$$

即 $F(x) = C(C$ 为常数$), x \in (0,1),$ 从而 $\lim_{x \to 1^-} F(x) = f(1).$

所以 $f(x) + f(1-x) + \ln x \ln(1-x) = f(1), x \in (0,1).$

6. **知识点窍** 利用已知幂级数展开式进行幂级数展开.

   逻辑推理 利用已知幂级数展开式进行幂级数展开,再求出不定式极限.

   解题过程 (1) $\lim_{x \to \infty}\left[x - x^2 \ln\left(1 + \frac{1}{x}\right)\right] = \lim_{x \to \infty}\left[x - x^2\left(\frac{1}{x} - \frac{1}{2x^2} + \frac{1}{3x^3} + o\left(\frac{1}{x^3}\right)\right)\right]$
   $= \lim_{x \to \infty}\left[\frac{1}{2} + \frac{1}{3x} + o\left(\frac{1}{x}\right)\right] = \frac{1}{2}.$

   (2) 因为 $\arcsin x = x + \frac{1}{2} \cdot \frac{1}{3}x^3 + o(x^3), \sin x = x + o(x),$ 所以

   $$\lim_{x \to 0} \frac{x - \arcsin x}{\sin^3 x} = \lim_{x \to \infty} \frac{x - \left[x + \frac{1}{6}x^3 + o(x^3)\right]}{[x + o(x)]^3} = \lim_{x \to 0} \frac{-\frac{1}{6}x^3 + o(x^3)}{x^3 + o(x^3)} = -\frac{1}{6}.$$

走近考研

1 (2011 年数学一) 设数列 $\{a_n\}$ 单调减少, $\lim_{n \to \infty} a_n = 0, S_n = \sum_{k=1}^{n} a_k (n = 1, 2, \cdots)$ 无界,则幂级数 $\sum_{n=1}^{\infty} a_n (x-1)^n$ 的收敛域为( ).

(A) $(-1, 1]$ (B) $[-1, 1)$ (C) $[0, 2)$ (D) $(0, 2]$

分析 本题考查的是幂级数收敛域的计算,通常要计算收敛半径并判断级数的收敛性等.

解答 $S_n = \sum_{n=1}^{\infty} a_n (n = 1, 2, \cdots)$ 无界,说明幂级数 $\sum_{n=1}^{\infty} a_n (x-1)^n$ 的收敛半径 $R \leqslant 1$; $\{a_n\}$ 单调递减,

$\lim_{n \to \infty} a_n = 0,$ 说明级数 $\sum_{n=1}^{\infty} a_n (-1)^n$ 收敛,可知幂级数 $\sum_{n=1}^{\infty} a_n (x-1)^n$ 的收敛半径 $R \geqslant 1.$

因此,幂级数 $\sum_{n=1}^{\infty} a_n (x-1)^n$ 的收敛半径 $R = 1,$ 收敛区间为 $(0, 2).$ 又由于 $x = 0$ 时幂级数收敛,$x = 2$ 时幂级数发散,可知收敛域为 $[0, 2).$

2 (2012 年数学一) 求幂级数 $\sum_{n=0}^{\infty} \frac{4n^2 + 4n + 3}{2n + 1} x^{2n}$ 的收敛域及和函数.

分析 本题考查的是幂级数的收敛域及其和函数的计算.收敛域的计算方法同上题,和函数的计算是在求出收敛域的基础上利用逐项求积、逐项求导等方法.

解答 (i) 收敛域

$$\rho = \lim_{n \to \infty} \left|\frac{a_{n+1}(x)}{a_n(x)}\right| = \lim_{n \to \infty} \left|\frac{\frac{4(n+1)^2 + 4(n+1) + 3}{2(n+1) + 1} \cdot x^{2(n+1)}}{\frac{4n^2 + 4n + 3}{2n + 1} \cdot x^{2n}}\right|$$

$$= \lim_{n\to\infty}\left|\frac{4(n+1)^2+4(n+1)+3}{2(n+1)+1}\cdot\frac{2n+1}{4n^2+4n+3}\cdot x^2\right|=x^2,$$

令 $x^2<1$，得 $-1<x<1$，当 $x=\pm 1$ 时，级数发散.
故收敛域为 $(-1,1)$.

(ii) 设 $S(x)=\sum_{n=0}^{\infty}\frac{4n^2+4n+3}{2n+1}x^{2n}=\sum_{n=0}^{\infty}\frac{(2n+1)^2+2}{2n+1}x^{2n}$

$$=\sum_{n=0}^{\infty}\left[(2n+1)x^{2n}+\frac{2}{2n+1}x^{2n}\right](|x|<1).$$

令 $S_1(x)=\sum_{n=0}^{\infty}(2n+1)x^{2n}$，$S_2(x)=\sum_{n=0}^{\infty}\frac{2}{2n+1}x^{2n}$，

$\because \int_0^x S_1(t)\mathrm{d}t=\sum_{n=0}^{\infty}\int_0^x(2n+1)t^{2n}\mathrm{d}t=\sum_{n=0}^{\infty}x^{2n+1}=\frac{x}{1-x^2}(|x|<1)$，

$\therefore S_1(x)=\left(\frac{x}{1-x^2}\right)'=\frac{1+x^2}{(1-x^2)^2}(|x|<1)$，

$\because xS_2(x)=\sum_{n=0}^{\infty}\frac{2}{2n+1}x^{2n+1}$，

$\therefore [xS_2(x)]'=\sum_{n=0}^{\infty}2x^{2n}=2\sum_{n=0}^{\infty}x^{2n}=2\cdot\frac{1}{1-x^2}(|x|<1)$.

$\therefore \int_0^x[tS_2(t)]'\mathrm{d}t=\int_0^x 2\cdot\frac{1}{1-t^2}\mathrm{d}t=\int_0^x\left(\frac{1}{1+t}+\frac{1}{1-t}\right)\mathrm{d}t=\ln\left|\frac{1+x}{1-x}\right|(|x|<1)$，

故 $xS_2(x)=\ln\left|\frac{1+x}{1-x}\right|$.

当 $x\neq 0$ 时，$S_2(x)=\frac{1}{x}\ln\left|\frac{1+x}{1-x}\right|$，

当 $x=0$ 时，$S_1(0)=1$，$S_2(0)=2$.

$\therefore S(x)=S_1(x)+S_2(x)=\begin{cases}\frac{1+x^2}{(1-x^2)^2}+\frac{1}{x}\ln\left|\frac{1+x}{1-x}\right|, & x\in(-1,0)\cup(0,1)\\ 3, & x=0.\end{cases}$

---

3 将函数 $f(x)=\dfrac{1}{x^2-3x-4}$ 展开成 $x-1$ 的幂级数，并指出其收敛区间.

分析 本题考查函数的幂级数展开，利用间接法.

解答 因为 $f(x)=\dfrac{1}{x^2-3x-4}=\dfrac{1}{(x-4)(x+1)}=\dfrac{1}{5}\left(\dfrac{1}{x-4}-\dfrac{1}{x+1}\right)$，而

$\dfrac{1}{x-4}=-\dfrac{1}{3}\cdot\dfrac{1}{1-\dfrac{x-1}{3}}=-\dfrac{1}{3}\sum_{n=0}^{\infty}\left(\dfrac{x-1}{3}\right)^n=-\sum_{n=0}^{\infty}\dfrac{(x-1)^n}{3^{n+1}}$，$-2<x<4$，

$\dfrac{1}{x+1}=\dfrac{1}{2}\cdot\dfrac{1}{1+\dfrac{x-1}{2}}=\dfrac{1}{2}\sum_{n=0}^{\infty}\left(-\dfrac{x-1}{2}\right)^n=\sum_{n=0}^{\infty}\dfrac{(-1)^n(x-1)^n}{2^{n+1}}$，$-1<x<3$.

所以 $f(x)=-\sum_{n=0}^{\infty}\dfrac{(x-1)^n}{3^{n+1}}+\sum_{n=0}^{\infty}\dfrac{(-1)^n(x-1)^n}{2^{n+1}}=\sum_{n=0}^{\infty}\left[-\dfrac{1}{3^{n+1}}+\dfrac{(-1)^n}{2^{n+1}}\right](x-1)^n$.

收敛区间为 $-1<x<3$.

4 (2013年数学一) 设数列$\{a_n\}$满足条件:$a_0 = 3, a_1 = 1, a_{n-2} - n(n-1)a_n = 0 (n \geq 2)$,$S(x)$是幂级数$\sum_{n=0}^{\infty} a_n x^n$的和函数.

(1) 证明:$S''(x) - S(x) = 0$.

(2) 求$S(x)$的表达式.

解析 (1) 设$S(x) = \sum_{n=0}^{\infty} a_n x^n$,$S'(x) = \sum_{n=0}^{\infty} a_n n x^{n-1}$,$S''(x) = \sum_{n=0}^{\infty} a_n n(n-1) x^{n-2}$,

$a_{n-2} - n(n-1)a_n = 0 \Rightarrow S''(x) = \sum_{n=0}^{\infty} a_n n(n-1) x^{n-2} = \sum_{n=0}^{\infty} a_{n-2} x^{n-2} = \sum_{n=0}^{\infty} a_n x^n = S(x)$.

(2) 方程$S''(x) - S(x) = 0$的特征方程为$\lambda^2 - 1 = 0$,得

$\lambda_1 = -1, \lambda_2 = 1 \Rightarrow S(x) = C_1 e^{-x} + C_2 e^x$,又

$a_0 = S(0) = 3 \Rightarrow C_1 + C_2 = 3, a_1 = S'(0) = 1 \Rightarrow C_1 - C_2 = 1 \Rightarrow C_1 = 2, C_2 = 1$

$\Rightarrow S(x) = 2e^{-x} + e^x$.

5 (2010年数学一) 求幂级数$\sum_{n=1}^{\infty} \frac{(-1)^{n-1}}{2n-1} x^{2n}$的收敛域与和函数.

解析 由$\lim_{n \to \infty} |\frac{u_{n+1}}{u_n}| = 1$,得幂级数$\sum_{n=1}^{\infty} \frac{(-1)^{n-1}}{2n-1} x^{2n}$的收敛半径为$R = 1$.

当$x = \pm 1$时,$\sum_{n=1}^{\infty} \frac{(-1)^{n-1}}{2n-1} x^{2n} = \sum_{n=1}^{\infty} \frac{(-1)^{n-1}}{2n-1}$,由交错级数审敛法得$\sum_{n=1}^{\infty} \frac{(-1)^{n-1}}{2n-1}$收敛,故幂级数$\sum_{n=1}^{\infty} \frac{(-1)^{n-1}}{2n-1} x^{2n}$的收敛域为$[-1, 1]$.

令$\sum_{n=1}^{\infty} \frac{(-1)^{n-1}}{2n-1} x^{2n} = S(x)$,

则$S(x) = \sum_{n=1}^{\infty} \frac{(-1)^{n-1}}{2n-1} x^{2n} = x \sum_{n=1}^{\infty} \frac{(-1)^{n-1}}{2n-1} x^{2n-1} = x S_1(x)$,其中$S_1(x) = \sum_{n=1}^{\infty} \frac{(-1)^{n-1}}{2n-1} x^{2n-1}$.

而$S'_1(x) = \sum_{n=1}^{\infty} (-1)^{n-1} x^{2n-2} = \frac{1}{1+x^2}$,$S_1(0) = 0$,

所以$S_1(x) = \int_0^x S'_1(x) dx = \arctan x$,

故$S(x) = \sum_{n=1}^{\infty} \frac{(-1)^{n-1}}{2n-1} x^{2n} = x S_1(x) = x \arctan x$.

第十五章
傅里叶级数

本章导航

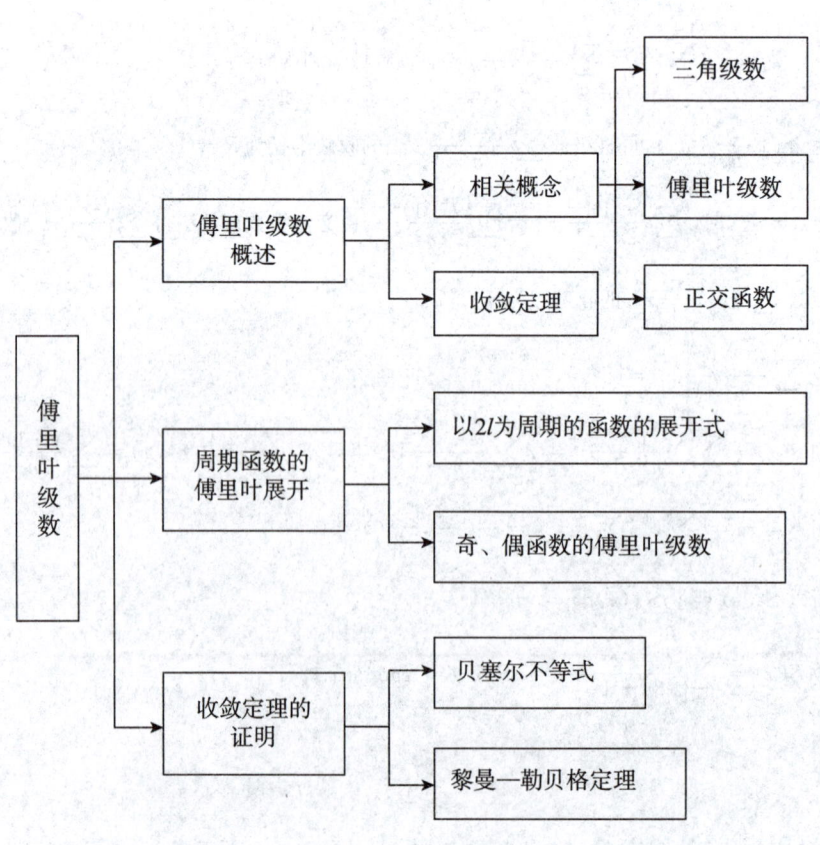

各个击破

■ 傅里叶级数

1. 傅里叶级数的相关概念

名称	定义(性质)
三角级数	(1) 由三角函数列 $\{1,\cos x,\sin x,\cos 2x,\cdots,\cos nx,\sin nx,\cdots\}$ 所产生的一般形式的三角级数为 $\dfrac{a_0}{2}+\sum\limits_{n=1}^{\infty}(a_n\cos nx+b_n\sin nx)$. (2) 如果 $a_n=0$(或 $b_n=0$), $n=0,1,2,\cdots$, 则相应的三角级数称为正弦级数(或余弦级数). (3) 若级数 $\dfrac{\|a_0\|}{2}+\sum\limits_{n=1}^{\infty}(\|a_n\|+\|b_n\|)$ 收敛, 则三角级数在整个数轴上绝对收敛且一致收敛
正交性	(1) 设函数 $f(x),g(x)$ 在 $[a,b]$ 上有定义, 若 $\int_a^b f(x)g(x)\mathrm{d}x=0$, 则称 $f(x),g(x)$ 在 $[a,b]$ 上是正交的. (2) 三角函数列中, 任意两个不同函数的乘积在 $[-\pi,\pi]$ 或 $[0,2\pi]$ 上积分为零, 则称该三角函数列在 $[-\pi,\pi]$ 或 $[0,2\pi]$ 有正交性
傅里叶系数 (以 2π 为周期)	设函数 $f(x)$ 在区间 $[-\pi,\pi]$ 上可积, 则 $a_n=\dfrac{1}{\pi}\int_{-\pi}^{\pi}f(x)\cos nx\mathrm{d}x \quad (n=0,1,2,\cdots)$ $b_n=\dfrac{1}{\pi}\int_{-\pi}^{\pi}f(x)\sin nx\mathrm{d}x \quad (n=1,2,\cdots)$ 称为 $f(x)$ 的傅里叶系数
傅里叶级数 (以 2π 为周期)	以 $a_0,a_n,b_n(n=1,2,\cdots)$ 为系数的三角级数 $\dfrac{a_0}{2}+(a_1\cos x+b_1\sin x)+\cdots+(a_n\cos nx+b_n\sin nx)+\cdots=\dfrac{a_0}{2}+\sum\limits_{n=1}^{+\infty}(a_n\cos nx+b_n\sin nx)$ 称为函数 $f(x)$ 的傅里叶级数, 记作 $f(x)\sim\dfrac{a_0}{2}+\sum\limits_{n=1}^{+\infty}(a_n\cos nx+b_n\sin nx)$

小提示: 若级数 $\dfrac{a_0}{2}+\sum\limits_{n=1}^{\infty}(\|a_n\|+\|b_n\|)$ 收敛, 因为 $\|a_n\cos nx+b_n\sin nx\|\leqslant\|a_n\|+\|b_n\|$, 所以 $\dfrac{a_0}{2}+\sum\limits_{n=1}^{\infty}(a_n\cos nx+b_n\sin nx)$ 在整个数轴上绝对收敛且一致收敛.

2. 傅里叶级数收敛定理

(1) 定理: 设以 2π 为周期的函数 $f(x)$ 在区间 $[-\pi,\pi]$ 上按段光滑, 则在每一点 $x\in[-\pi,\pi]$, $f(x)$ 的傅里叶级数收敛于 $f(x)$ 在点 x 的左、右极限的算术平均值, 即

$$\frac{f(x+0)+f(x-0)}{2}=\frac{a_0}{2}+\sum_{n=1}^{\infty}(a_n\cos nx+b_n\sin nx),$$

其中 a_n 和 b_n 为 $f(x)$ 的傅里叶系数.

(2) 推论:若 $f(x)$ 是以 2π 为周期的连续函数,且在 $[-\pi,\pi]$ 上按段光滑,则 $f(x)$ 的傅里叶级数在 $(-\infty,+\infty)$ 上收敛于 $f(x)$

小提示:设 $f(x)$ 是周期为 2π 的周期函数,如果它满足:在一个周期内连续或只有有限个第一类间断点,在一个周期内至多只有有限个极值点,则 $f(x)$ 的傅里叶级数收敛,并且有:
(1)当 x 是 $f(x)$ 的连续点时,级数收敛于 $f(x)$.
(2)当 x 是 $f(x)$ 的间断点时,级数收敛于 $\frac{1}{2}[f(x-0)+f(x+0)]$.

例 1 将函数 $f(x)=\begin{cases}-x, & -\pi\leqslant x<0\\ x, & 0\leqslant x\leqslant\pi\end{cases}$,展开为傅里叶级数.

解 所给函数满足狄利克雷充分条件.延拓后的周期函数(图 15-1)的傅里叶级数展开式在 $[-\pi,\pi]$ 收敛于 $f(x)$.

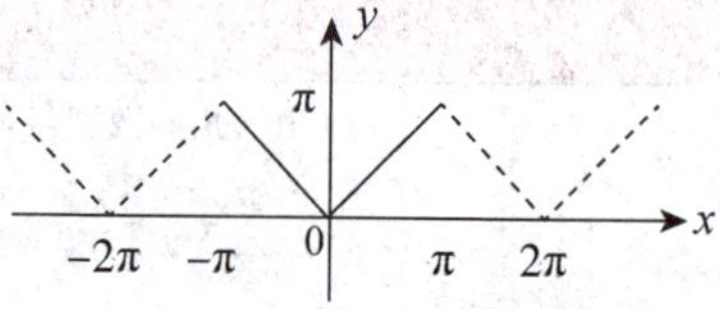

图 15-1

$$a_0=\frac{1}{\pi}\int_{-\pi}^{\pi}f(x)\mathrm{d}x=\frac{1}{\pi}\int_{-\pi}^{0}(-x)\mathrm{d}x+\frac{1}{\pi}\int_{0}^{\pi}x\mathrm{d}x=\pi,$$

$$\begin{aligned}a_n&=\frac{1}{\pi}\int_{-\pi}^{\pi}f(x)\cos nx\mathrm{d}x\\&=\frac{1}{\pi}\int_{-\pi}^{0}(-x)\cos nx\mathrm{d}x+\frac{1}{\pi}\int_{0}^{\pi}x\cos nx\mathrm{d}x\\&=\frac{2}{n^2\pi}(\cos n\pi-1)=\frac{2}{n^2\pi}[(-1)^n-1]\\&=\begin{cases}-\frac{4}{(2k-1)^2\pi}, & n=2k-1,k=1,2,\cdots\\ 0, & n=2k,k=1,2,\cdots\end{cases}\end{aligned}$$

$$b_n=\frac{1}{\pi}\int_{-\pi}^{\pi}f(x)\sin nx\mathrm{d}x=\frac{1}{\pi}\int_{-\pi}^{0}(-x)\sin nx\mathrm{d}x+\frac{1}{\pi}\int_{0}^{\pi}x\sin nx\mathrm{d}x=0(n=1,2,3,\cdots)$$

所求函数的傅里叶展开式为

$$f(x)=\frac{\pi}{2}-\frac{4}{\pi}\sum_{n=1}^{\infty}\frac{1}{(2n-1)^2}\cos(2n-1)x(-\pi\leqslant x\leqslant\pi).$$

例 2 若函数 $\varphi(-x)=\psi(x)$,$\varphi(x)$ 与 $\psi(x)$ 的傅里叶系数 a_n,b_n 与 $\alpha_n,\beta_n(n=0,1,2,\cdots)$ 之间有何关系?

解

$$\begin{aligned}a_n&=\frac{1}{\pi}\int_{-\pi}^{\pi}\varphi(x)\cos nx\mathrm{d}x=\frac{1}{\pi}\int_{\pi}^{-\pi}\varphi(-t)\cos(-nt)\mathrm{d}(-t)\\&=\frac{1}{\pi}\int_{-\pi}^{\pi}\varphi(-x)\cos nx\mathrm{d}x=\frac{1}{\pi}\int_{-\pi}^{\pi}\psi(x)\cos nx\mathrm{d}x=\alpha_n(n=0,1,2,\cdots),\end{aligned}$$

$$\begin{aligned}b_n&=\frac{1}{\pi}\int_{-\pi}^{\pi}\varphi(x)\sin nx\mathrm{d}x=\frac{1}{\pi}\int_{\pi}^{-\pi}\varphi(-t)\sin(-nt)\mathrm{d}(-t)\\&=-\frac{1}{\pi}\int_{-\pi}^{\pi}\varphi(-x)\sin nx\mathrm{d}x=-\frac{1}{\pi}\int_{-\pi}^{\pi}\psi(x)\sin nx\mathrm{d}x=-\beta_n(n=1,2,\cdots).\end{aligned}$$

所以 $a_n=\alpha_n,b_n=-\beta_n$.

小提示:求傅里叶系数时,可以在任意周期上进行积分,选择合适的积分区间可以使计算更为简单.

例 3 设 $f(x)=\begin{cases}-1, & -\pi\leqslant x\leqslant 0\\ x^2, & 0<x\leqslant\pi\end{cases}$,其傅里叶级数在 $x=\pi$ 处收敛于何值?

解 由于 $f(x)$ 在 $[-\pi,\pi]$ 上满足狄利克雷条件,可以将 $f(x)$ 展开为傅里叶级数.因为

$$f(\pi^-) = \lim_{x \to \pi^-} x^2 = \pi^2, f(\pi^+) = \lim_{x \to \pi^+}(-1) = -1.$$

所以,$f(x)$ 的傅里叶级数在点 $x = \pi$ 处收敛于
$$\frac{f(\pi^+) + f(\pi^-)}{2} = \frac{\pi^2 - 1}{2}.$$

■ 以 $2l$ 为周期的函数的展开式

名称	内容
以 $2l$ 为周期的函数的傅里叶级数	设函数 $f(x)$ 及 $f'(x)$ 在区间 $[-l, l]$ 上逐段连接,则在连续点上,$f(x)$ 有傅里叶级数 $$f(x) = \frac{a_0}{2} + \sum_{n=1}^{+\infty}\left(a_n\cos\frac{n\pi x}{l} + b_n\sin\frac{n\pi x}{l}\right)$$ 其中 a_n, b_n 为 $f(x)$ 的傅里叶系数 $$a_n = \frac{1}{l}\int_{-l}^{l} f(x)\cos\frac{n\pi x}{l}\mathrm{d}x, n = 0, 1, 2, \cdots$$ $$b_n = \frac{1}{l}\int_{-l}^{l} f(x)\sin\frac{n\pi x}{l}\mathrm{d}x, n = 1, 2, \cdots$$ 若函数 $f(x)$ 在 $[-l, l]$ 上按段光滑,则同样可由收敛定理知道 $$\frac{f(x+0) + f(x-0)}{2} = \frac{a_0}{2} + \sum_{n=1}^{\infty}\left(a_n\cos\frac{n\pi x}{l} + b_n\sin\frac{n\pi x}{l}\right)$$
偶函数	设 $f(x)$ 是以 $2l$ 为周期的偶函数,或是定义在 $[-l, l]$ 上的偶函数,则在 $[-l, l]$ 上,$f(x)\cos nx$ 是偶函数,$f(x)\sin nx$ 是奇函数.因此,$f(x)$ 的傅里叶系数 $$a_n = \frac{2}{l}\int_0^l f(x)\cos\frac{n\pi x}{l}\mathrm{d}x, b_n \equiv 0$$ 且连续点处有 $f(x) = \frac{a_0}{2} + \sum_{n=1}^{\infty} a_n\cos\frac{n\pi x}{l}$(也叫余弦级数)
奇函数	设 $f(x)$ 是以 $2l$ 为周期的奇函数,或是定义在 $[-l, l]$ 上的奇函数,则有 $a_n = 0 (n = 0, 1, 2, \cdots)$, $b_n = \frac{2}{\pi}\int_0^\pi f(x)\sin nx\mathrm{d}x(n = 1, 2, \cdots)$ 且连续点处有 $f(x) = \sum_{n=1}^{\infty} b_n\sin\frac{n\pi x}{l}$(也叫正弦级数)

例 4 设 $f(x)$ 是周期为 4 的周期函数(图 15-2),它在 $[-2, 2)$ 上的表达式为
$$f(x) = \begin{cases} 0, & -2 \leqslant x < 0 \\ k, & 0 \leqslant x < 2 \end{cases},$$
将其展开成傅里叶级数.

解 $\because l = 2$,满足狄利克雷充分条件.

$$a_0 = \frac{1}{2}\int_{-2}^{0} 0\mathrm{d}x + \frac{1}{2}\int_0^2 k\mathrm{d}x = k,$$

$$a_n = \frac{1}{2}\int_0^2 k \cdot \cos\frac{n\pi}{2}x\mathrm{d}x = 0 (n = 1, 2, \cdots),$$

$$b_n = \frac{1}{2}\int_0^2 k \cdot \sin\frac{n\pi}{2}x\mathrm{d}x = \frac{k}{n\pi}(1 - \cos n\pi)$$

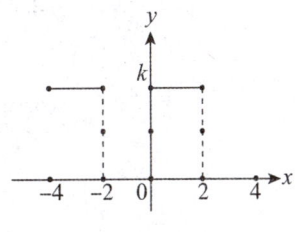

图 15-2

$$= \begin{cases} \dfrac{2k}{n\pi}, n=1,3,5,\cdots \\ 0, n=2,4,6,\cdots \end{cases},$$

$$\therefore f(x) = \dfrac{k}{2} + \dfrac{2k}{\pi}\left(\sin\dfrac{\pi x}{2} + \dfrac{1}{3}\sin\dfrac{3\pi x}{2} + \dfrac{1}{5}\sin\dfrac{5\pi x}{2} + \cdots\right)(-\infty < x < +\infty; x \neq 0, \pm 2, \pm 4, \cdots)$$

例 5 将周期函数 $u(t) = |E\sin t|$ 展开成傅里叶级数,其中 E 是常数.

解 所给函数满足狄利克雷充分条件,在整个数轴上连续,如图 15-3 所示.

$\because u(t)$ 为偶函数,

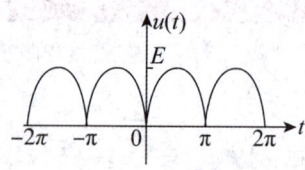

图 15-3

$\therefore b_n = 0, (n = 1, 2, \cdots),$

$a_0 = \dfrac{2}{\pi}\int_0^\pi u(t)\mathrm{d}t = \dfrac{2}{\pi}\int_0^\pi E\sin t\mathrm{d}t = \dfrac{4E}{\pi},$

$a_n = \dfrac{2}{\pi}\int_0^\pi u(t)\cos nt\,\mathrm{d}t = \dfrac{2}{\pi}\int_0^\pi E\sin t\cos nt\,\mathrm{d}t$

$= \dfrac{E}{\pi}\int_0^\pi [\sin(n+1)t - \sin(n-1)t]\mathrm{d}t$

$= \dfrac{E}{\pi}\left[-\dfrac{\cos(n+1)t}{n+1} + \dfrac{\cos(n-1)t}{n-1}\right]_0^\pi (n \neq 1)$

$= \begin{cases} -\dfrac{4E}{[(2k)^2-1]\pi}, n = 2k \\ 0, n = 2k+1 \end{cases} \quad (k = 1, 2, \cdots)$

由于 $a_1 = \dfrac{2}{\pi}\int_0^\pi u(t)\cos t\mathrm{d}t = \dfrac{2}{\pi}\int_0^\pi E\sin t\cos t\mathrm{d}t = 0,$

所以

$u(t) = \dfrac{4E}{\pi}\left(\dfrac{1}{2} - \dfrac{1}{3}\cos 2t - \dfrac{1}{15}\cos 4t - \dfrac{1}{35}\cos 6t - \cdots\right)$

$= \dfrac{2E}{\pi}\left[1 - 2\sum_{n=1}^\infty \dfrac{\cos 2nx}{4n^2-1}\right](-\infty < t < +\infty).$

例 6 将函数 $f(x) = x+1 (0 \leqslant x \leqslant \pi)$ 分别展开成正弦级数和余弦级数.

解 (1) 求正弦级数. 对 $f(x)$ 进行奇延拓,

$b_n = \dfrac{2}{\pi}\int_0^\pi f(x)\sin nx\,\mathrm{d}x = \dfrac{2}{\pi}\int_0^\pi (x+1)\sin nx\,\mathrm{d}x$

$= \dfrac{2}{n\pi}(1 - \pi\cos n\pi - \cos n\pi) = \begin{cases} \dfrac{2}{\pi}\cdot\dfrac{\pi+2}{n}, & n = 1,3,5,\cdots \\ -\dfrac{2}{n}, & n = 2,4,6,\cdots \end{cases}$

$x + 1 = \dfrac{2}{\pi}\left[(\pi+2)\sin x - \dfrac{\pi}{2}\sin 2x + \dfrac{1}{3}(\pi+2)\sin 3x - \cdots\right](0 < x < \pi),$

$y = \dfrac{2}{\pi}\left[(\pi+2)\sin x - \dfrac{\pi}{2}\sin 2x + \dfrac{1}{3}(\pi+2)\sin 3x - \dfrac{\pi}{4}\sin 4x + \dfrac{1}{5}(\pi+2)\sin 5x\right].$

(2) 求余弦级数. 对 $f(x)$ 进行偶延拓.

$$a_0 = \frac{2}{\pi}\int_0^\pi (x+1)\mathrm{d}x = \pi + 2,$$

$$a_n = \frac{2}{\pi}\int_0^\pi (x+1)\cos nx\,\mathrm{d}x = \frac{2}{n^2\pi}(\cos n\pi - 1),$$

$$= \begin{cases} 0, & n = 2,4,6,\cdots \\ -\dfrac{4}{n^2\pi}, & n = 1,3,5,\cdots \end{cases}$$

$$x + 1 = \frac{\pi}{2} + 1 - \frac{4}{\pi}\left(\cos x + \frac{1}{3^2}\cos 3x + \frac{1}{5^2}\cos 5x + \cdots\right)(0 \leqslant x \leqslant \pi),$$

$$y = \frac{\pi}{2} + 1 - \frac{4}{\pi}\left(\cos x + \frac{1}{3^2}\cos 3x + \frac{1}{5^2}\cos 5x + \frac{1}{7^2}\cos 7x\right).$$

小提示：求傅里叶级数的步骤：①确定函数的奇偶性、连续点与不连续点，必要时画出至少一个周期的函数图像；②根据周期、奇偶，写出相应的傅里叶系数；③写出相应的傅里叶级数；④验证收敛条件，写出傅里叶展开式. 注意间断点处的收敛状态.

■ 收敛定理的证明

1. 贝塞尔不等式

若函数 $f(x)$ 在 $[-\pi,\pi]$ 上可积，则 $\dfrac{a_0^2}{2} + \sum\limits_{n=1}^{\infty}(a_n^2 + b_n^2) \leqslant \dfrac{1}{\pi}\int_{-\pi}^{\pi} f^2(x)\mathrm{d}x$，其中 a_n, b_n 为 $f(x)$ 的傅里叶级数.

2. 黎曼 — 勒贝格定理

若 $f(x)$ 为 $[-\pi,\pi]$ 上的可积函数，则

$$\lim_{n\to\infty}\int_{-\pi}^{\pi} f(x)\cos nx\,\mathrm{d}x = 0,\ \lim_{n\to\infty}\int_{-\pi}^{\pi} f(x)\sin nx\,\mathrm{d}x = 0.$$

例7 设 $f(x)$ 是以 2π 为周期的连续函数，且 $f(x) = \dfrac{a_0}{2} + \sum\limits_{n=1}^{\infty}(a_n\cos nx + b_n\sin nx)$ 可逐项积分，试证明：

$$\frac{1}{\pi}\int_{-\pi}^{\pi} f^2(x)\mathrm{d}x = \frac{a_0^2}{2} + \sum_{n=1}^{\infty}(a_n^2 + b_n^2),$$ 其中 a_n, b_n 为 $f(x)$ 的傅里叶系数.

证 $\because f(x) = \dfrac{a_0}{2} + \sum\limits_{n=1}^{\infty}[a_n\cos nx + b_n\sin nx],$

$\therefore f^2(x) = \dfrac{a_0}{2}f(x) + \sum\limits_{n=1}^{\infty}[a_n f(x)\cos nx + b_n f(x)\sin nx].$

$\because f(x)$ 可逐项积分，

$\therefore \int_{-\pi}^{\pi} f^2(x)\mathrm{d}x = \int_{-\pi}^{\pi}\dfrac{a_0}{2}f(x)\mathrm{d}x + \sum\limits_{n=1}^{\infty}\left[\int_{-\pi}^{\pi} a_n f(x)\cos nx\,\mathrm{d}x + \int_{-\pi}^{\pi} b_n f(x)\sin nx\,\mathrm{d}x\right]$

$= \dfrac{a_0}{2}\underbrace{\int_{-\pi}^{\pi} f(x)\mathrm{d}x}_{} + \sum\limits_{n=1}^{\infty}\Big[a_n\underbrace{\int_{-\pi}^{\pi} f(x)\cos nx\,\mathrm{d}x}_{\pi a_n} + b_n\underbrace{\int_{-\pi}^{\pi} f(x)\cos nx\,\mathrm{d}x}_{\pi b_n}\Big]$

$\therefore \int_{-\pi}^{\pi} f^2(x)\mathrm{d}x = \dfrac{\pi a_0^2}{2} + \sum\limits_{n=1}^{\infty}(\pi a_n^2 + \pi b_n^2),$ 结果可证.

课后习题全解

习题 15.1

1. **知识点窍** $f(x)$ 是周期为 2π 且在 $[-\pi,\pi]$ 上可积的傅里叶级数.

解题过程 (1)(i) 函数 $f(x)$ 及其周期延拓后的图形如图 15-4 所示. 显然 $f(x)$ 在 $(-\pi,\pi)$ 内按段光滑, 故由收敛定理知, 它可以展开成傅里叶级数.

由于 $a_0 = \dfrac{1}{\pi}\displaystyle\int_{-\pi}^{\pi} f(x)\mathrm{d}x = \dfrac{1}{\pi}\displaystyle\int_{-\pi}^{\pi} x\mathrm{d}x = 0$,

当 $n \geqslant 1$ 时, 有

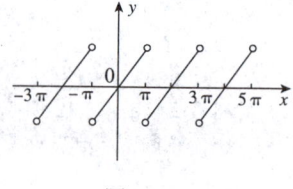

图 15-4

$a_n = \dfrac{1}{\pi}\displaystyle\int_{-\pi}^{\pi} x\cos nx\,\mathrm{d}x$

$= \dfrac{x}{n\pi}\sin nx \Big|_{-\pi}^{\pi} - \dfrac{1}{n\pi}\sin nx\,\mathrm{d}x = 0$,

$b_n = \dfrac{1}{\pi}\displaystyle\int_{-\pi}^{\pi} x\sin nx\,\mathrm{d}x = -\dfrac{1}{n\pi}x\cos nx\Big|_{-\pi}^{\pi} + \dfrac{1}{n\pi}\displaystyle\int_{-\pi}^{\pi}\cos nx\,\mathrm{d}x$

$= \dfrac{(-1)^{n+1} \times 2}{n}$.

所以在区间 $(-\pi,\pi)$ 上, $f(x) = 2\displaystyle\sum_{n=1}^{\infty}(-1)^{n+1}\dfrac{\sin nx}{n}$.

(ii) 函数 $f(x)$ 及其周期延拓后的图形如图 15-5 所示, 显然 $f(x)$ 在 $(0,2\pi)$ 内按段光滑, 由收敛定理知, 它可以展开成傅里叶级数.

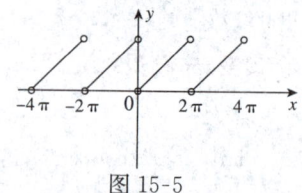

图 15-5

由于 $a_0 = \dfrac{1}{\pi}\displaystyle\int_{0}^{2\pi} x\mathrm{d}x = 2\pi$,

当 $n \geqslant 1$ 时, 有

$a_n = \dfrac{1}{\pi}\displaystyle\int_{0}^{2\pi} x\cos nx\,\mathrm{d}x = \dfrac{1}{\pi}\displaystyle\int_{0}^{2\pi} x\cos nx\,\mathrm{d}x = \dfrac{1}{n\pi}\left[x\sin nx\Big|_{0}^{2\pi} - \displaystyle\int_{0}^{2\pi}\sin nx\,\mathrm{d}x\right] = 0$,

$b_n = \dfrac{1}{\pi}\displaystyle\int_{0}^{2\pi} x\sin nx\,\mathrm{d}x = -\dfrac{1}{n\pi}x\cos nx\Big|_{0}^{2\pi} + \dfrac{1}{n\pi}\displaystyle\int_{0}^{2\pi}\cos nx\,\mathrm{d}x = -\dfrac{2}{n}$.

所以在区间 $(0,2\pi)$ 内, $f(x) = \pi - 2\displaystyle\sum_{n=1}^{\infty}\dfrac{\sin nx}{n}$.

(2)(i) 函数 $f(x)$ 及其周期延拓的图形如图 15-6 所示. 显然 $f(x)$ 在 $(-\pi,\pi)$ 内按段光滑, 故可以展开成傅里叶级数.

由于 $a_0 = \dfrac{1}{\pi}\displaystyle\int_{-\pi}^{\pi} x^2\mathrm{d}x = \dfrac{2}{3}\pi^2$, 当 $n \geqslant 1$ 时,

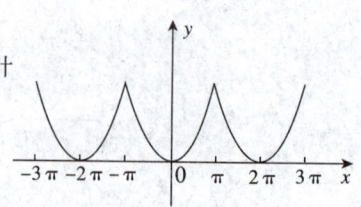

图 15-6

$$a_n = \frac{1}{\pi}\int_{-\pi}^{\pi} x^2 \cos nx \, dx = \frac{4 \cdot (-1)^n}{n^2},$$

$$b_n = \frac{1}{\pi}\int_{-\pi}^{\pi} x^2 \sin nx \, dx = 0.$$

所以在区间 $(-\pi,\pi)$ 上，

$$f(x) = \frac{\pi^2}{3} + 4\sum_{n=1}^{\infty}(-1)^n \frac{\cos nx}{n^2}.$$

(ii) 函数 $f(x)$ 及其周期延拓后的图形如图15-7所示. 显然 $f(x)$ 在 $(0,2\pi)$ 内按段光滑, 由收敛定理知, 它可以展开成傅里叶级数.

由于 $a_0 = \frac{1}{\pi}\int_0^{2\pi} x^2 dx = \frac{8}{3}\pi^2$, 当 $n \geq 1$ 时,

$$a_n = \frac{1}{\pi}\int_0^{2\pi} x^2 \cos nx \, dx$$

$$= \frac{1}{n\pi}\left[x^2 \sin nx \Big|_0^{2\pi} - 2\int_0^{2\pi} x\sin nx \, dx \right]$$

$$= \frac{2}{n^2\pi}\left[x\cos nx \Big|_0^{2\pi} - \int_0^{2\pi} \cos nx \, dx \right] = \frac{4}{n^2},$$

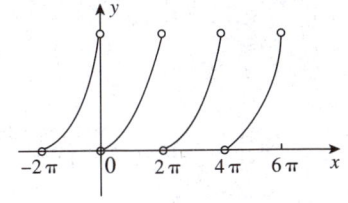

图 15-7

$$b_n = \frac{1}{\pi}\int_0^{2\pi} x^2 \sin nx \, dx$$

$$= \frac{4\pi}{n} + \frac{2}{n^2\pi}\left[x\sin nx \Big|_0^{2\pi} - \int_0^{2\pi} \sin nx \, dx \right] = -\frac{4\pi}{n}.$$

所以在区间 $(0,2\pi)$ 内,

$$f(x) = \frac{4}{3}\pi^2 + 4\sum_{n=1}^{\infty}\left(\frac{\cos nx}{n^2} - \frac{\pi \sin nx}{n} \right).$$

(3) 函数 $f(x)$ 在 $(-\pi,\pi]$ 上及其周期延拓后的函数是按段光滑的, 可以展开成傅里叶级数, 由于

$$a_0 = \frac{1}{\pi}\int_{-\pi}^{\pi} f(x) dx = \frac{1}{\pi}\left[\int_{-\pi}^0 ax \, dx + \int_0^{\pi} bx \, dx \right] = \frac{(b-a)\pi}{2},$$

$$a_n = \frac{1}{\pi}\left[\int_{-\pi}^0 ax \sin nx \, dx + \int_0^{\pi} bx \sin nx \, dx \right] = \frac{a-b}{n^2\pi}[1-(-1)^n],$$

$$b_n = \frac{1}{\pi}\int_{-\pi}^0 ax \sin nx \, dx + \int_0^{\pi} bx \sin nx \, dx = \frac{a+b}{n}(-1)^{n+1} \ (n=1,2,\cdots).$$

所以在区间 $(-\pi,\pi)$ 内,

$$f(x) = \frac{b-a}{4}\pi + \frac{2(a-b)}{\pi}\sum_{n=1}^{\infty}\frac{1}{(2n-1)^2}\cos(2n-1)x + (a+b)\sum_{n=1}^{\infty}(-1)^{n+1}\frac{\sin nx}{n}.$$

2. 知识点窍 周期为 2π 的函数在 $[-\pi,\pi]$ 上的傅里叶级数.

逻辑推理 可作变量替换 $t = x + 2\pi$, 将积分区间 $[c, c+2\pi]$ 化为 $[-\pi,\pi]$.

解题过程 令 $t = x + 2\pi$, 则 $x = t - 2\pi$.

$$a_n = \frac{1}{\pi}\int_c^{c+2\pi} f(x)\cos nx \, dx = \frac{1}{\pi}\int_c^{-\pi} f(x)\cos nx \, dx + \frac{1}{\pi}\int_{-\pi}^{\pi} f(x)\cos nx \, dx + \frac{1}{\pi}\int_{\pi}^{c+2\pi} f(x)\cos nx \, dx$$

$$= \frac{1}{\pi}\int_{c+2\pi}^{\pi} f(t-2\pi)\cos n(t-2\pi) dt + \frac{1}{\pi}\int_{-\pi}^{\pi} f(x)\cos nx \, dx + \frac{1}{\pi}\int_{\pi}^{c+2\pi} f(x)\cos nx \, dx$$

$$= \frac{1}{\pi}\int_{c+2\pi}^{\pi} f(x)\cos nt \, dt + \frac{1}{\pi}\int_{-\pi}^{\pi} f(x)\cos nx \, dx + \frac{1}{\pi}\int_{\pi}^{c+2\pi} f(x)\cos nx \, dx$$

$$= \frac{1}{\pi}\left[-\int_\pi^{c+2\pi} f(t)\cos nt\, dt + \int_{-\pi}^\pi f(x)\cos nx\, dx + \int_\pi^{c+2\pi} f(x)\cos nx\, dx\right]$$

$$= \frac{1}{\pi}\int_{-\pi}^\pi f(x)\cos nx\, dx, n = 1, 2, 3, \cdots.$$

3. **知识点窍** 周期为 2π 的函数在 $(-\pi, \pi)$ 上可积的傅里叶级数.

逻辑推理 $f(x)$ 在 $(-\pi, \pi)$ 内连续，由狄利克雷收敛定理知 $f(x) = a + \sum_{n=1}^\infty (a_n \cos nx + b_n \sin nx)$，关键是求出傅里叶系数 a_n, b_n，其中

$$a_n = \frac{1}{\pi}\int_{-\pi}^\pi \cos nx f(x)\, dx, b_n = \frac{1}{\pi}\int_{-\pi}^\pi \sin nx f(x)\, dx.$$

(1) 由于 $f(\frac{\pi}{2}) = \frac{\pi}{4} \Rightarrow \frac{\pi}{4} = \sum_{n=1}^\infty \frac{1}{2n-1}\sin\frac{2n-1}{2}\pi$.

(2) 因 $\frac{\pi}{12} = \sum_{n=1}^\infty \frac{1}{3(2n-1)}\sin\frac{2n-1}{2}\pi, \frac{\pi}{3} = \frac{\pi}{12} + \frac{\pi}{4}$ 则得解.

(3) $f(\frac{\pi}{3}) = \frac{\pi}{4}$ 展开，两边乘以 $\frac{2}{\sqrt{3}}$ 则得解.

解题过程 (1) 函数 $f(x)$ 及其周期延拓后的图形如图 15-8 所示. 显然在 $(-\pi, \pi]$ 上是按段光滑的，故它可以展开成傅里叶级数. 由于

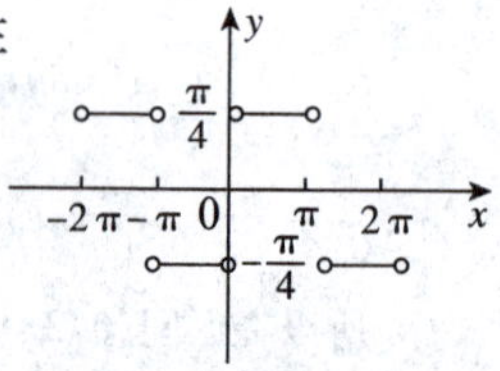

$$a_0 = \frac{1}{\pi}\int_{-\pi}^\pi f(x)\, dx = \frac{1}{\pi}\int_{-\pi}^0 \left(-\frac{\pi}{4}\right) dx + \frac{1}{\pi}\int_0^\pi \frac{\pi}{4}\, dx = 0,$$

$$a_n = \frac{1}{\pi}\int_{-\pi}^0 \left(-\frac{\pi}{4}\right)\cos nx\, dx + \frac{1}{\pi}\int_0^\pi \left(\frac{\pi}{4}\right)\cos nx\, dx = 0,$$

$$b_n = \frac{1}{\pi}\int_{-\pi}^0 \left(-\frac{\pi}{4}\right)\sin nx\, dx + \frac{1}{\pi}\int_0^\pi \left(\frac{\pi}{4}\right)\sin nx\, dx$$

$$= \frac{1}{4n}\cos nx\Big|_{-\pi}^0 - \frac{1}{4n}\cos nx\Big|_0^\pi$$

$$= \frac{1}{2n}[1 - (-1)^n] = \begin{cases} \frac{1}{n}, & \text{当 } n \text{ 为奇数时} \\ 0, & \text{当 } n \text{ 为偶数时} \end{cases}.$$

图 15-8

所以，当 $x \in (-\pi, 0) \cup (0, \pi)$ 时，$f(x) = \sum_{n=1}^\infty \frac{1}{2n-1}\sin(2n-1)x.$

当 $x = 0$ 时，上式右端收敛于 0，当 $x = \frac{\pi}{2}$ 时，由于 $f\left(\frac{\pi}{2}\right) = \frac{\pi}{4}$，所以

$$\frac{\pi}{4} = \sum_{n=1}^\infty \frac{1}{2n-1}\sin\frac{2n-1}{2}\pi = 1 - \frac{1}{3} + \frac{1}{5} - \frac{1}{7} + \cdots.$$

(2) 当 $x = \frac{\pi}{2}$ 时，由于 $\frac{\pi}{12} = \sum_{n=1}^\infty \frac{1}{3(2n-1)}\sin\frac{(2n-1)\pi}{2} = \frac{1}{3} - \frac{1}{9} + \frac{1}{15} - \frac{1}{12} + \cdots$，所以

$$\frac{\pi}{4} + \frac{\pi}{12} = \left(1 - \frac{1}{3} + \frac{1}{5} - \frac{1}{7} + \cdots\right) + \left(\frac{1}{3} - \frac{1}{9} + \frac{1}{15} - \frac{1}{12} + \cdots\right)$$

$$= 1 + \frac{1}{5} - \frac{1}{7} - \frac{1}{11} + \frac{1}{13} + \cdots,$$

故 $\frac{\pi}{3} = 1 + \frac{1}{5} - \frac{1}{7} - \frac{1}{11} + \frac{1}{13} + \frac{1}{17} + \cdots.$

(3) 当 $x = \dfrac{\pi}{3}$ 时,由于 $f\left(\dfrac{\pi}{3}\right) = \dfrac{\pi}{4}$,

所以 $\dfrac{\pi}{4} = \dfrac{\sqrt{3}}{2}\left(1 - \dfrac{1}{5} + \dfrac{1}{7} - \dfrac{1}{11} + \dfrac{1}{13} - \dfrac{1}{17} + \cdots\right)$,

故 $\dfrac{\sqrt{3}}{6}\pi = 1 - \dfrac{1}{5} + \dfrac{1}{7} - \dfrac{1}{11} + \dfrac{1}{13} - \dfrac{1}{17} + \cdots$.

4. **知识点窍** 周期为 2π 的函数在 $[-\pi,\pi]$ 上的傅里叶级数.

逻辑推理 将 $f(x)$ 的傅里叶级数展开或者写出傅里叶系数进行观察即可.

解题过程 $\because f(x+\pi) = -f(x)$,

$\therefore f(x+2\pi) = -f(x+\pi) = f(x)$,即 $f(x)$ 是以 2π 为周期的函数.

因此 $a_n = \dfrac{1}{\pi}\displaystyle\int_{-\pi}^{\pi} f(x)\cos nx\,\mathrm{d}x = \dfrac{1}{\pi}\int_{-\pi}^{0} f(x)\cos nx\,\mathrm{d}x + \dfrac{1}{\pi}\int_{0}^{\pi} f(x)\cos nx\,\mathrm{d}x$

$= \dfrac{1}{\pi}\displaystyle\int_{0}^{\pi} f(t-\pi)\cos n(t-\pi)\,\mathrm{d}t + \dfrac{1}{\pi}\int_{0}^{\pi} f(x)\cos nx\,\mathrm{d}x$(其中 $t = x+\pi$)

$= \dfrac{1}{\pi}\displaystyle\int_{0}^{\pi} -f(x)\cos(nx - n\pi)\,\mathrm{d}x + \dfrac{1}{\pi}\int_{0}^{\pi} f(x)\cos nx\,\mathrm{d}x$

$= \dfrac{1}{\pi}\displaystyle\int_{0}^{\pi} [(-1)^{n+1} + 1] f(x)\cos nx\,\mathrm{d}x$

$= \begin{cases} 0, & n \text{ 为偶数} \\ \dfrac{2}{\pi}\displaystyle\int_{0}^{\pi} f(x)\cos nx\,\mathrm{d}x, & n \text{ 为奇数} \end{cases}$.

同理可求 $b_n = \begin{cases} 0, & n \text{ 为偶数} \\ \dfrac{2}{\pi}\displaystyle\int_{0}^{\pi} f(x)\sin nx\,\mathrm{d}x, & n \text{ 为奇数} \end{cases}$.

$\therefore f(x)$ 在 $(-\pi,\pi)$ 内的傅里叶级数仅出现 n 为奇数的项.

5. **知识点窍** 周期为 π 的函数在 $(-\pi,\pi)$ 内可积的傅里叶级数.

解题过程 与上题类似,我们可以求得

$a_n = \dfrac{1}{\pi}\displaystyle\int_{0}^{\pi} [(-1)^n + 1] f(x)\cos nx\,\mathrm{d}x \quad (n = 0,1,2,\cdots)$.

因此有 $a_{2n-1} = 0 (n = 1,2,\cdots)$,同理得 $b_{2n-1} = 0 (n = 1,2,\cdots)$.

故函数 $f(x)$ 在 $(-\pi,\pi)$ 内的傅里叶级数的特性为 $a_{2n-1} = b_{2n-1} = 0 (n = 1,2,\cdots)$.

6. **知识点窍** 正交函数系的定义.

逻辑推理 利用正交函数系的定义进行证明即可.

正交函数系:任意两个不同函数的乘积在区间上的积分为 0,但是任何一个函数的平方在区间上的积分不为 0.

解题过程 对于函数系 $\cos nx (n = 0,1,2,\cdots)$,因为 $\displaystyle\int_{0}^{\pi} \cos nx\,\mathrm{d}x = 0$,

$\displaystyle\int_{0}^{\pi} \cos mx \cos nx\,\mathrm{d}x = \dfrac{1}{2}\int_{0}^{\pi} [\cos(m+n)x + \cos(m-n)x]\,\mathrm{d}x$

$$= \frac{1}{2}\left[\frac{1}{n+m}\sin(n+m)x + \frac{1}{n-m}\sin(n-m)x\right]\Big|_0^\pi$$
$$= 0(\text{其中 } m \neq n),$$

又因为 $\int_0^\pi 1^2 \mathrm{d}x = \pi, \int_0^\pi \cos^2 nx \mathrm{d}x = \frac{1}{2}\int_0^\pi (\cos 2nx + 1)\mathrm{d}x = \frac{\pi}{2}(n \neq 0).$

所以,在三角函数系 $\cos nx(n = 0,1,2,\cdots)$ 中,任何两个不相同的函数的乘积在 $[0,\pi]$ 上的积分都等于0,而任何一个函数的平方在 $[0,\pi]$ 上的积分都不等于0. 因此,函数系 $\cos nx(n = 0,1,2,\cdots)$ 是 $[0,\pi]$ 上的正交函数系;同理,函数系 $\sin nx(n = 1,2,\cdots)$ 也是 $[0,\pi]$ 上的正交函数系.

对于函数系 $1, \cos x, \sin x, \cos 2x, \sin 2x, \cdots, \cos nx, \sin nx, \cdots$,由于

$$\int_0^\pi \cos 2x \sin x \mathrm{d}x = \frac{1}{2}\int_0^\pi[\sin 3x - \sin x]\mathrm{d}x = \frac{1}{2}\left[-\frac{1}{3}\cos 3x + \cos x\right]\Big|_0^\pi = -\frac{2}{3} \neq 0.$$

所以,这个函数系不是 $[0,\pi]$ 上的正交函数系.

7. **知识点拨** 一般函数展开成傅里叶级数.

逻辑推理 对于非周期函数,特别是仅要求在有限区间展开函数时,需将其延拓为 $(-\infty, +\infty)$ 上以 2π 为周期的周期函数,然后展开成傅里叶级数. 当区间是开区间时,按定理展开;当区间为闭区间时,对于左、右端点需由收敛定理验证左、右端点是否收敛于该左、右极限的算术平均值.

解题过程 (1) 将函数进行周期延拓,因 $f(x)$ 在 $[0,2\pi]$ 上按段光滑,故可以展开成傅里叶级数.

$$a_0 = \frac{1}{\pi}\int_0^{2\pi}\frac{\pi - x}{2}\mathrm{d}x = \frac{1}{2\pi}\left(\pi x - \frac{x^2}{2}\right)\Big|_0^{2\pi} = 0,$$

$$a_n = \frac{1}{\pi}\int_0^{2\pi}\frac{\pi - x}{2}\cos nx \mathrm{d}x = \frac{\pi - x}{2n\pi}\sin nx\Big|_0^{2\pi} + \frac{1}{2n\pi}\int_0^{2\pi}\sin nx \mathrm{d}x = 0(n = 1,2,\cdots),$$

$$b_n = \frac{1}{\pi}\int_0^{2\pi}\frac{\pi - x}{2}\sin nx \mathrm{d}x = -\frac{\pi - x}{2n\pi}\cos nx\Big|_0^{2\pi} - \frac{1}{2n\pi}\int_0^{2\pi}\cos nx \mathrm{d}x = \frac{1}{n}(n = 1,2,\cdots).$$

所以,在区间 $(0,2\pi)$ 内,$f(x) = \frac{\pi - x}{2} = \sum_{n=1}^\infty \frac{\sin nx}{n}.$

(2) $f(x) = \sqrt{1 - \cos x} = \sqrt{2\sin^2\frac{x}{2}} = \begin{cases} -\sqrt{2}\sin\frac{x}{2}, & -\pi \leqslant x < 0 \\ \sqrt{2}\sin\frac{x}{2}, & 0 \leqslant x \leqslant \pi \end{cases},$

所以 $a_0 = \frac{1}{\pi}\int_{-\pi}^\pi f(x)\mathrm{d}x = \frac{\sqrt{2}}{\pi}\left[\int_{-\pi}^0\left(-\sin\frac{x}{2}\right)\mathrm{d}x + \int_0^\pi \sin\frac{x}{2}\mathrm{d}x\right] = \frac{4\sqrt{2}}{\pi},$

$$a_n = \frac{\sqrt{2}}{\pi}\left[-\int_{-\pi}^0 \sin\frac{x}{2}\cos nx \mathrm{d}x + \int_0^\pi \sin\frac{x}{2}\cos nx \mathrm{d}x\right].$$

在上式右端第一个积分中,令 $x = -y$,则

$$a_n = \frac{\sqrt{2}}{\pi}\left[\int_{-\pi}^0 \sin\left(-\frac{y}{2}\right)\cos(-ny)\mathrm{d}y + \int_0^\pi \sin\frac{x}{2}\cos nx \mathrm{d}x\right]$$

$$= \frac{2\sqrt{2}}{\pi}\int_0^\pi \sin\frac{x}{2}\cos nx \mathrm{d}x = -\frac{4\sqrt{2}}{\pi(4n^2 - 1)}.$$

$$b_n = \frac{\sqrt{2}}{\pi}\left[\int_{-\pi}^0 \sin\frac{x}{2}\sin nx \mathrm{d}x + \int_0^\pi \sin\frac{x}{2}\sin nx \mathrm{d}x\right].$$

在上式右端第一个积分中,令 $x = -y$,则

$$b_n = \frac{\sqrt{2}}{\pi}\left[\int_{-\pi}^{0}\sin\left(-\frac{y}{2}\right)\sin(-ny)\mathrm{d}y + \int_{0}^{\pi}\sin\frac{x}{2}\sin nx\,\mathrm{d}x\right] = 0.$$

因此,在区间 $(-\pi,\pi)$ 内,

$$f(x) = \sqrt{1-\cos x} = \frac{2\sqrt{2}}{\pi} - \frac{4\sqrt{2}}{\pi}\sum_{n=1}^{\infty}\frac{1}{4n^2-1}\cos nx.$$

当 $x = \pm\pi$ 时,上式右端收敛于

$$\frac{f(\pi-0)+f(\pi+0)}{2} = \frac{\sqrt{2}+\sqrt{2}}{2} = \sqrt{2} = f(\pm\pi).$$

所以,在区间 $[-\pi,\pi]$ 上,

$$f(x) = \sqrt{1-\cos x} = \frac{2\sqrt{2}}{\pi} - \frac{4\sqrt{2}}{\pi}\sum_{n=1}^{\infty}\frac{1}{4n^2-1}\cos nx.$$

(3) (i) $a_0 = \dfrac{1}{\pi}\displaystyle\int_0^{2\pi}(ax^2+bx+c)\mathrm{d}x = \dfrac{8a\pi^2}{3}+2b\pi+2c,$

$$a_n = \frac{1}{\pi}\int_0^{2\pi}(ax^2+bx+c)\cos nx\,\mathrm{d}x$$

$$= \frac{1}{n\pi}\left[(ax^2+bx+c)\sin nx\Big|_0^{2\pi} - \int_0^{2\pi}(2ax+b)\sin nx\,\mathrm{d}x\right]$$

$$= \frac{4a}{n^2}\ (n=1,2,3,\cdots),$$

$$b_n = \frac{1}{\pi}\int_0^{2\pi}(ax^2+bx+c)\sin nx\,\mathrm{d}x$$

$$= -\frac{1}{n\pi}\left[(ax^2+bx+c)\cos nx\Big|_0^{2\pi} - \int_0^{2\pi}(2ax+b)\cos nx\,\mathrm{d}x\right]$$

$$= -\frac{4\pi a}{n} - \frac{2b}{n}\ (n=1,2,3,\cdots).$$

因此,在区间 $(0,2\pi)$ 上,

$$f(x) = ax^2+bx+c = \frac{4a}{3}\pi^2+b\pi+c+\sum_{n=1}^{\infty}\left(\frac{4a}{n^2}\cos nx - \frac{4a\pi+2b}{n}\sin nx\right), x\in(0,2\pi).$$

(ii) $a_0 = \dfrac{1}{\pi}\displaystyle\int_{-\pi}^{\pi}(ax^2+bx+c)\mathrm{d}x = \dfrac{2a\pi^2}{3}+2c,$

$$a_n = \frac{1}{\pi}\int_{-\pi}^{\pi}(ax^2+bx+c)\cos nx\,\mathrm{d}x = \frac{(-1)^n\cdot 4a}{n^2} = \begin{cases}\dfrac{4a}{n^2}, & \text{当 } n \text{ 为偶数时}\\ -\dfrac{4a}{n^2}, & \text{当 } n \text{ 为奇数时}\end{cases},$$

$$b_n = \frac{1}{\pi}\int_{-\pi}^{\pi}(ax^2+bx+c)\sin nx\,\mathrm{d}x = \frac{(-1)^{n+1}\cdot 2b}{n} = \begin{cases}-\dfrac{2b}{n}, & \text{当 } n \text{ 为偶数时}\\ \dfrac{2b}{n}, & \text{当 } n \text{ 为奇数时}\end{cases},$$

因此,在区间 $(-\pi,\pi)$ 上,

$$f(x) = ax^2+bx+c = \left(\frac{a\pi^2}{3}+c\right)+\sum_{n=1}^{\infty}\left[(-1)^n\frac{4a}{n^2}\cos nx - (-1)^{n+1}\frac{2b}{n}\sin nx\right].$$

(4) $a_0 = \dfrac{1}{\pi}\displaystyle\int_{-\pi}^{\pi}\mathrm{ch}x\,\mathrm{d}x = \dfrac{2}{\pi}\mathrm{sh}\pi,$

$$a_n = \frac{1}{\pi}\int_{-\pi}^{\pi} \mathrm{ch}x\cos nx\,\mathrm{d}x = \frac{1}{\pi}\mathrm{sh}x\cos nx\Big|_{-\pi}^{\pi} + \frac{n}{\pi}\int_{-\pi}^{\pi}\mathrm{sh}x\sin nx\,\mathrm{d}x$$

$$= \frac{2}{\pi}\mathrm{sh}\pi\cdot(-1)^n + \frac{n}{\pi}\mathrm{ch}x\sin nx\Big|_{-\pi}^{\pi} - \frac{n^2}{\pi}\int_{-\pi}^{\pi}\mathrm{ch}x\cos nx\,\mathrm{d}x$$

$$= (-1)^n\frac{2}{\pi}\mathrm{sh}\pi - n^2 a_n,$$

所以 $a_n = \dfrac{(-1)^n}{n^2+1}\cdot\dfrac{2}{\pi}\mathrm{sh}\pi,$

$$b_n = \frac{1}{\pi}\int_{-\pi}^{\pi}\mathrm{ch}x\sin nx\,\mathrm{d}x = \frac{1}{\pi}\mathrm{sh}x\sin nx\Big|_{-\pi}^{\pi} - \frac{n}{\pi}\int_{-\pi}^{\pi}\mathrm{sh}x\cos nx\,\mathrm{d}x$$

$$= -\frac{n}{\pi}\mathrm{ch}x\cos nx\Big|_{-\pi}^{\pi} + \frac{n^2}{\pi}\int_{-\pi}^{\pi}\mathrm{ch}x\sin nx\,\mathrm{d}x = \frac{n^2}{\pi}b_n,$$

所以有 $b_n = 0(n=1,2,3,\cdots)$,故在区间 $(-\pi,\pi)$ 上,

$$\mathrm{ch}x = \frac{2}{\pi}\mathrm{sh}\pi\left[\frac{1}{2} + \sum_{n=1}^{\infty}(-1)^n\frac{1}{n^2+1}\cos nx\right].$$

(5) 由 $f(x) = \mathrm{sh}x$ 为 $(-\pi,\pi)$ 上的奇函数,知

$$a_0 = \frac{1}{\pi}\int_{-\pi}^{\pi}\mathrm{sh}x\,\mathrm{d}x = 0,\ a_n = \frac{1}{\pi}\int_{-\pi}^{\pi}\mathrm{sh}x\cos nx\,\mathrm{d}x = 0(n=1,2,\cdots),$$

$$b_n = \frac{1}{\pi}\int_{-\pi}^{\pi}\mathrm{sh}x\sin nx\,\mathrm{d}x = \frac{1}{\pi}\mathrm{ch}x\sin nx\Big|_{-\pi}^{\pi} - \frac{n}{\pi}\int_{-\pi}^{\pi}\mathrm{ch}x\cos nx\,\mathrm{d}x$$

$$= -\frac{n}{\pi}\mathrm{sh}x\cos nx\Big|_{-\pi}^{\pi} - \frac{n^2}{\pi}\int_{-\pi}^{\pi}\mathrm{ch}x\sin nx\,\mathrm{d}x = \frac{2n}{\pi}\mathrm{sh}\pi\cdot(-1)^{n+1} - n^2 b_n.$$

所以有 $b_n = (-1)^{n+1}\dfrac{n}{n^2+1}\cdot\dfrac{2}{\pi}\mathrm{sh}\pi$,故在区间 $(-\pi,\pi)$ 上,

$$\mathrm{sh}x = \frac{2}{\pi}\mathrm{sh}\pi\sum_{n=1}^{\infty}\frac{(-1)^{n+1}n}{n^2+1}\sin nx,\ x\in(-\pi,\pi).$$

8. [知识点窍] 一般函数的傅里叶级数展开;傅里叶级数的收敛定理.

[逻辑推理] 先将 $f(x)$ 的傅里叶级数展开,然后利用其收敛定理即可证明.

[解题过程] 利用第 7 题中第(3) 小题的结论:

在区间 $(0,2\pi)$ 上,

$$f(x) = \frac{1}{12}(3x^2 - 6\pi x + 2\pi^2) = \sum_{n=1}^{\infty}\frac{1}{n^2}\cos nx,\ 0 < x < 2\pi,$$

当 $x=0$ 时,上式的右端为 $\sum_{n=1}^{\infty}\dfrac{1}{n^2}\cos nx = \sum_{n=1}^{\infty}\dfrac{1}{n^2}$,又其收敛于

$$\frac{f(0+0) + f(2\pi-0)}{2} = \frac{\frac{\pi^2}{6} + \frac{\pi^2}{6}}{2} = \frac{\pi^2}{6}.$$

从而 $\dfrac{\pi^2}{6} = \sum_{n=1}^{\infty}\dfrac{1}{n^2}.$

9. [知识点窍] 周期为 2π 的函数在 $(-\pi,\pi)$ 上可积的傅里叶级数.

[解题过程] 因为 $f(x)$ 是 $[-\pi,\pi]$ 上的光滑函数,所以 $f'(x)$ 在 $[-\pi,\pi]$ 上连续.

故 $f'(x)$ 在 $[-\pi,\pi]$ 上可积.

$$a'_0 = \frac{1}{\pi}\int_{-\pi}^{\pi} f'(x)\mathrm{d}x = \frac{1}{\pi}[f(\pi) - f(-\pi)] = 0,$$

$$a'_n = \frac{1}{\pi}\int_{-\pi}^{\pi} f'(x)\cos nx\, \mathrm{d}x = \frac{1}{\pi}f(x)\cos nx\Big|_{-\pi}^{\pi} + \frac{n}{\pi}\int_{-\pi}^{\pi} f(x)\sin nx\, \mathrm{d}x = nb_n,$$

$$b'_n = \frac{1}{\pi}\int_{-\pi}^{\pi} f'(x)\sin nx\, \mathrm{d}x = \frac{1}{\pi}f(x)\sin nx\Big|_{-\pi}^{\pi} - \frac{n}{\pi}\int_{-\pi}^{\pi} f(x)\cos nx\, \mathrm{d}x = -na_n,$$

故 $a'_0 = 0, a'_n = nb_n, b'_n = -na_n, n = 1, 2, \cdots$.

10. **逻辑推理** 运用定理 13.12 和 13.14 进行证明.

解题过程 由 $\sup_n\{|n^3 a_n|, |n^3 b_n|\} \leqslant M$, 知 $|a_n| \leqslant \dfrac{M}{n^3}, |b_n| \leqslant \dfrac{M}{n^3}$ $(n = 1, 2, \cdots)$.

因为 $\forall n \in \mathbf{N}$, 有 $|a_n\cos nx + b_n\sin nx| \leqslant |a_n\cos nx| + |b_n\sin nx| \leqslant |a_n| + |b_n| \leqslant \dfrac{2M}{n^3}$,

且级数 $\sum\limits_{n=1}^{\infty}\dfrac{2M}{n^3}$ 收敛, 所以级数 $\dfrac{a_0}{2} + \sum\limits_{n=1}^{\infty}(a_n\cos nx + b_n\sin nx)$ 收敛, 并且绝对收敛、一致收敛.

记 $\sum\limits_{n=1}^{\infty} u_n(x) = \dfrac{a_0}{2} + \sum\limits_{n=1}^{\infty}(a_n\cos nx + b_n\sin nx)$,

则 $\sum\limits_{n=1}^{\infty} u'_n(x) = \sum\limits_{n=1}^{\infty}(nb_n\cos nx - na_n\sin nx)$.

由于 $|nb_n\cos nx - na_n\sin nx| \leqslant |nb_n\cos nx| + |na_n\sin nx| \leqslant |nb_n| + |na_n| \leqslant \dfrac{2M}{n^2}$ $(n \in \mathbf{N})$,

且级数 $\sum\limits_{n=1}^{\infty}\dfrac{2M}{n^2}$ 收敛, 所以级数 $\sum\limits_{n=1}^{\infty}(nb_n\cos nx - na_n\sin nx)$ 一致收敛. 由定理 13.12 知, 此级数的和函数连续. 由定理 13.14, 有

$$\frac{\mathrm{d}}{\mathrm{d}x}\Big(\sum_{n=1}^{\infty} u_n(x)\Big) = \sum_{n=1}^{\infty}\Big(\frac{\mathrm{d}}{\mathrm{d}x}u_n(x)\Big) = \sum_{n=1}^{\infty}(nb_n\cos nx - na_n\sin nx).$$

因此, 级数 $\dfrac{a_0}{2} + \sum\limits_{n=1}^{\infty}(a_n\cos nx + b_n\sin nx)$ 的和函数具有连续的导函数.

习题 15.2

1. **解题过程** (1) $f(x)$ 是周期为 π 的周期函数 $\left(l = \dfrac{\pi}{2}\right)$, 如图 15-9 所示.

$\because f(x)$ 按段光滑.

$\therefore$ 可以展开为傅里叶级数.

又 $f(x)$ 为偶函数, 故 $b_n = 0 (n = 1, 2, 3, \cdots)$.

$$a_0 = \frac{2}{\pi}\int_0^{\pi} f(x)\mathrm{d}x = \frac{2}{\pi}\int_0^{\pi}|\cos x|\,\mathrm{d}x$$

$$= \frac{2}{\pi}\Big(\int_0^{\frac{\pi}{2}}\cos x\,\mathrm{d}x - \int_{\frac{\pi}{2}}^{\pi}\cos x\,\mathrm{d}x\Big) = \frac{4}{\pi}.$$

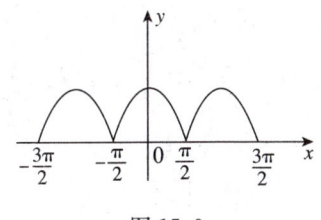

图 15-9

$$a_1 = \frac{2}{\pi}\int_0^{\pi} f(x)\cos x\,\mathrm{d}x = \frac{2}{\pi}\int_0^{\pi}|\cos x|\cos x\,\mathrm{d}x = 0.$$

$$a_n = \frac{2}{\pi}\int_0^{\pi} f(x)\cos nx\,\mathrm{d}x = \frac{2}{\pi}\int_0^{\pi}|\cos x|\cos nx\,\mathrm{d}x$$

$$= \frac{2}{\pi}\int_0^{\frac{\pi}{2}} \cos x \cos nx \, dx - \frac{2}{\pi}\int_{\frac{\pi}{2}}^{\pi} \cos x \cos nx \, dx$$

$$= \frac{1}{\pi}\int_0^{\frac{\pi}{2}} [\cos(n+1)x + \cos(n-1)x] dx - \frac{1}{\pi}\int_{\frac{\pi}{2}}^{\pi} [\cos(n+1)x + \cos(n-1)x] dx.$$

$$= \begin{cases} 0, & n = 2k+1, \\ (-1)^{k+1}\dfrac{4}{k(4k^2-1)}, & n = 2k. \end{cases} \quad (k = 1, 2, 3, \cdots).$$

由收敛定理知, 当 $x \in (-\infty, +\infty)$ 时,

$$f(x) = |\cos x| = \frac{2}{\pi} + \frac{4}{\pi}\sum_{n=1}^{\infty} \frac{(-1)^{n+1}}{4n^2 - 1}\cos 2nx.$$

(2) $f(x)$ 是周期为 1 的周期函数 $\left(l = \dfrac{1}{2}\right)$, 如图 15-10 所示.

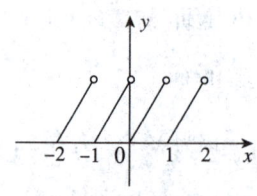

图 15-10

$\because f(x)$ 是按段光滑的,

$\therefore$ 可展开为傅里叶级数.

$$a_0 = \frac{1}{\frac{1}{2}}\int_0^1 (x - [x]) dx = 2\int_0^1 x \, dx = 1,$$

$$a_n = \frac{1}{\frac{1}{2}}\int_0^1 (x - [x])\cos 2n\pi x \, dx = 2\int_0^1 x\cos 2n\pi x \, dx = 0 \, (n = 1, 2, \cdots).$$

$$b_n = \frac{1}{\frac{1}{2}}\int_0^1 (x - [x])\sin 2n\pi x \, dx = 2\int_0^1 x\sin 2n\pi x \, dx = -\frac{1}{n\pi}, (n = 1, 2, \cdots).$$

由收敛定理知, 当 x 为整数时, 上式右端收敛于 $\dfrac{1}{2}$.

当 x 不为整数时, $f(x) = x - [x] = \dfrac{1}{2} - \dfrac{1}{\pi}\sum_{n=1}^{\infty} \dfrac{\sin 2n\pi x}{n}$.

(3) $f(x)$ 是以 π 为周期的周期函数 $\left(l = \dfrac{\pi}{2}\right)$, 又 $f(x)$ 按段光滑, 所以可展开成傅里叶级数.

$$\because \sin^4 x = (\sin^2 x)^2 = \left(\frac{1-\cos 2x}{2}\right)^2 = \frac{3}{8} - \frac{1}{2}\cos 2x + \frac{1}{8}\cos 4x,$$

$$\therefore a_0 = \frac{2}{\pi}\int_{-\frac{\pi}{2}}^{\frac{\pi}{2}} \sin^4 x \, dx = \frac{2}{\pi}\int_{-\frac{\pi}{2}}^{\frac{\pi}{2}} \left(\frac{3}{8} - \frac{1}{2}\cos 2x + \frac{1}{8}\cos 4x\right) dx = \frac{3}{4}.$$

$$a_n = \frac{2}{\pi}\int_{-\frac{\pi}{2}}^{\frac{\pi}{2}} \sin^4 x \cos nx \, dx = \frac{2}{\pi}\int_{-\frac{\pi}{2}}^{\frac{\pi}{2}} \left(\frac{3}{8} - \frac{1}{2}\cos 2x + \frac{1}{8}\cos 4x\right)\cos nx \, dx$$

$$= \begin{cases} -\dfrac{1}{2}, & n = 2 \\ \dfrac{1}{8}, & n = 4 \\ 0, & n \neq 2, n \neq 4 \end{cases} \quad (n = 1, 2, \cdots).$$

$$b_n = \frac{1}{\pi}\int_{-\frac{\pi}{2}}^{\frac{\pi}{2}} \sin^4 x \sin nx \, dx = 0 \, (n = 1, 2, \cdots).$$

由收敛定理知, 当 $x \in (-\infty, +\infty)$ 时,

$$f(x) = \sin^4 x = \frac{3}{8} - \frac{1}{2}\cos 2x + \frac{1}{8}\cos 4x.$$

(4) $f(x)$ 是以 2π 为周期的周期函数 $(l=\pi)$，因 $f(x)$ 按段光滑，故可展开成傅里叶级数.
又 $f(x)$ 为偶函数，故 $b_n=0 (n=1,2,\cdots)$.

$$a_0 = \frac{2}{\pi}\int_0^\pi \operatorname{sgn}(\cos x)\mathrm{d}x = \frac{2}{\pi}\left[\int_0^{\frac{\pi}{2}}\mathrm{d}x + \int_{\frac{\pi}{2}}^\pi(-1)\mathrm{d}x\right] = 0.$$

$$a_n = \frac{2}{\pi}\int_0^\pi \operatorname{sgn}(\cos x)\cos nx\,\mathrm{d}x = \frac{2}{\pi}\int_0^{\frac{\pi}{2}}\cos nx\,\mathrm{d}x - \frac{2}{\pi}\int_{\frac{\pi}{2}}^\pi\cos nx\,\mathrm{d}x$$

$$= \frac{4}{n\pi}\sin\frac{n\pi}{2} = \begin{cases} 0, & n=2k \\ (-1)^k \dfrac{4}{(2k+1)\pi}, & n=2k+1 \end{cases} (k=0,1,2,\cdots).$$

由收敛定理知，当 $x=2n\pi\pm\dfrac{\pi}{2}$ 时，上式右端收敛于 0.

当 $x\neq 2n\pi\pm\dfrac{\pi}{2}$ 时，$f(x)=\operatorname{sgn}(\cos x)=\dfrac{4}{\pi}\sum_{n=0}^\infty(-1)^n\dfrac{\cos(2n+1)x}{2n+1}$.

2. 知识点拨 周期为 $2l$ 的函数的傅里叶级数的计算.

逻辑推理 先对 $f(x)$ 进行周期延拓，使其按段光滑，然后将 $f(x)$ 展开成余弦级数.

解题过程 将 $f(x)$ 进行周期延拓，如图 15-11 所示，则 $f(x)$ 的延拓函数为偶函数，从而 $b_n=0$. 因其按段光滑，故可作傅里叶展开.

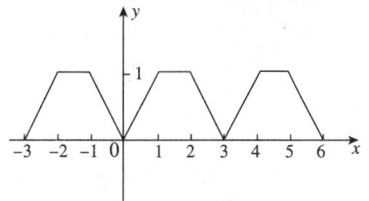

图 15-11

$$a_0 = \frac{2}{3}\int_0^3 f(x)\mathrm{d}x$$

$$= \frac{2}{3}\left[\int_0^1 x\,\mathrm{d}x + \int_1^2 \mathrm{d}x + \int_2^3(3-x)\mathrm{d}x\right] = \frac{4}{3},$$

$$a_n = \frac{2}{3}\left[\int_0^1 x\cos\frac{n\pi x}{2}\mathrm{d}x + \int_1^2 \cos\frac{n\pi x}{3}\mathrm{d}x + \int_2^3(3-x)\cos\frac{n\pi x}{3}\mathrm{d}x\right]$$

$$= \frac{6}{n^2\pi^2}\left[-1+2\cos\frac{n\pi}{2}\cos\frac{n\pi}{6}-(-1)^n\right]$$

$$= \begin{cases} 0, & n=2k-1 \\ \dfrac{3}{k^2\pi^2}\left[-1+(-1)^k\cos\dfrac{k\pi}{3}\right], & n=2k \end{cases} (k=1,2,\cdots).$$

由收敛定理可知，当 $x\in(0,3)$ 时，

$$f(x) = \frac{2}{3} + \frac{3}{\pi^2}\sum_{n=1}^\infty\left[-\frac{1}{n^2}+\frac{(-1)^n}{n^2}\cos\frac{n\pi}{3}\right]\cos\frac{2n\pi x}{3}.$$

由于 $f(x)$ 延拓后在 $(-\infty,+\infty)$ 上连续，因此上述级数对任意的 $x\in(-\infty,+\infty)$ 都收敛于 $f(x)$.

3. 知识点拨 余弦级数.

逻辑推理 先对 $f(x)$ 作周期性偶式延拓，然后将 $f(x)$ 展开成余弦级数.

解题过程 将 $f(x)$ 作周期性偶式延拓，如图 15-12 所示，则

$$a_0 = \frac{2}{\pi}\int_0^\pi\left(\frac{\pi}{2}-x\right)\mathrm{d}x = \frac{2}{\pi}\left[\frac{\pi}{2}x-\frac{x^2}{2}\right]\Big|_0^\pi = 0,$$

$$a_n = \frac{2}{\pi}\int_0^\pi\left(\frac{\pi}{2}-x\right)\cos nx\,\mathrm{d}x$$

$$= \frac{2}{n\pi}\left[\left(\frac{\pi}{2}-x\right)\sin nx\Big|_0^\pi + \int_0^\pi \sin nx\,dx\right]$$

$$= -\frac{2}{n^2\pi}\cos nx\Big|_0^\pi = \frac{2}{n^2\pi}[1-(-1)^n]$$

$$= \begin{cases} \frac{4}{n^2\pi}, n=1,3,5,\cdots \\ 0, n=2,4,6,\cdots \end{cases},$$

$b_n = 0.$

由收敛定理及 $f(x)$ 延拓后连续知

$$f(x) = \frac{\pi}{2} - x = \frac{4}{\pi}\sum_{n=1}^{\infty}\frac{\cos(2n-1)}{(2n-1)^2}x, x\in[0,\pi].$$

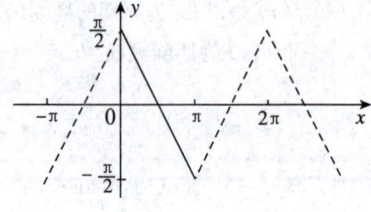

图 15-12

4. **知识点窍** 正弦级数.

逻辑推理 先对 $f(x)$ 作周期性奇式延拓,然后将 $f(x)$ 展开为正弦级数.

解题过程 将 $f(x)$ 作周期性奇式延拓,如图 15-13 所示,则

$a_0 = 0,$

$a_n = 0(n=1,2,\cdots),$

$$b_n = \frac{2}{\pi}\int_0^\pi \cos\frac{x}{2}\sin nx\,dx$$

$$= \frac{1}{\pi}\int_0^\pi\left[\sin\left(n+\frac{1}{2}\right)x + \sin\left(n-\frac{1}{2}\right)x\right]dx$$

$$= -\frac{1}{\pi}\left[\frac{\cos\left(n+\frac{1}{2}\right)x}{n+\frac{1}{2}} + \frac{\cos\left(n-\frac{1}{2}\right)x}{n-\frac{1}{2}}\right]\Big|_0^\pi$$

$$= \frac{8n}{\pi(4n^2-1)}(n=1,2,\cdots).$$

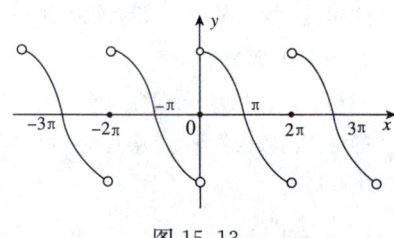

图 15-13

由收敛定理知,在区间 $(0,\pi)$ 上,

$$f(x) = \frac{8}{\pi}\sum_{n=1}^{\infty}\frac{n}{4n^2-1}\sin nx, x\in(0,\pi).$$

当 $x=0$ 或 π 时,右端级数收敛于 0.

5. **知识点窍** 余弦级数.

逻辑推理 先对 $f(x)$ 作周期为 8 的偶式延拓,再将 $f(x)$ 展开成余弦级数.

解题过程 对 $f(x)$ 作周期为 8 的偶式延拓,如图 15-14 所示.

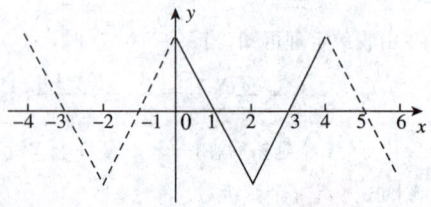

图 15-14

$$a_0 = \frac{2}{4}\int_0^4 f(x)\,dx$$

$$= \frac{1}{2}\left[\int_0^2(1-x)\,dx + \int_2^4(x-3)\,dx\right]$$

$$= 0,$$

$$a_n = \frac{2}{4}\int_0^4 f(x)\cos\frac{n\pi x}{4}dx$$

$$= \frac{1}{2}\left[\int_0^2 (1-x)\cos\frac{n\pi x}{4}dx + \int_2^4 (x-3)\cos\frac{n\pi x}{4}dx\right]$$

$$= \left(\frac{4}{n\pi}\right)^2\left[-\cos\frac{n\pi}{2} + \frac{1}{2}(1+(-1)^n)\right]$$

$$= \begin{cases} 0, & \text{当 } n = 2k-1 \\ 0, & \text{当 } n = 2k \text{ 且 } k = 2m \\ \frac{8}{(2m-1)^2\pi^2}, & \text{当 } n = 2k \text{ 且 } k = 2m-1 \end{cases} \quad (m=1,2,\cdots),$$

$b_n = 0 (n=1,2,\cdots)$.

由收敛定理知,在区间$(0,4)$上,$f(x) = \frac{8}{\pi^2}\sum_{n=1}^{\infty}\frac{1}{(2n-1)^2}\cos\frac{(2n-1)\pi x}{2}$.

6. 知识点窍 余弦级数.

逻辑推理 先对$f(x)$作周期为2的偶式延拓,然后将$f(x)$展开成余弦级数.令$x=0$,则得出结论$\pi^2 = 6\sum_{n=1}^{\infty}\frac{1}{n^2}$.

解题过程 先把$f(x)$展开为余弦级数,将函数$f(x)$作周期为2的偶式延拓,如图15-15所示,则

$$a_0 = 2\int_0^1 f(x)dx = 2\int_0^1 (x-1)^2 dx = \frac{2}{3}(x-1)^3\Big|_0^1 = \frac{2}{3},$$

$$a_n = 2\int_0^1 (x-1)^2\cos n\pi x\, dx$$

$$= \frac{2}{n\pi}\left[(x-1)^2\sin n\pi x\Big|_0^1 - 2\int_0^1 (x-1)\sin n\pi x\, dx\right]$$

$$= \frac{4}{n^2\pi^2}\left[(x-1)\cos n\pi x\Big|_0^1 - \int_0^1 \cos n\pi x\, dx\right] = \frac{4}{n^2\pi^2},$$

$b_n = 0$.

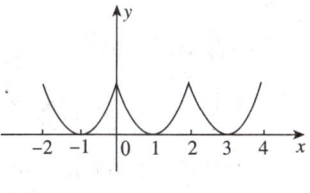

图 15-15

故由收敛定理知 $(x-1)^2 = \frac{1}{3} + \frac{4}{\pi^2}\sum_{n=1}^{\infty}\frac{\cos n\pi x}{n^2}, x \in [0,1]$.

当$x=0$时,由$f(x)$延拓及连续知$1 = f(0) = \frac{1}{3} + \frac{4}{\pi^2}\sum_{n=1}^{\infty}\frac{1}{n^2}$,

即得 $\pi^2 = 6\sum_{n=1}^{\infty}\frac{1}{n^2} = 6(1 + \frac{1}{2^2} + \frac{1}{3^2} + \cdots)$.

7. 知识点窍 正弦级数及余弦级数.

逻辑推理 利用正弦级数和余弦级数公式分别求出a_n, b_n,再写出傅里叶级数展开式.

解题过程 (1) $f(x)$是以2π为周期的连续周期函数,又因$f(x)$为$(-\pi,\pi)$内的奇函数,从而$a_0 = a_n = 0$.

$$b_n = \frac{2}{\pi}\int_0^\pi \arcsin(\sin x)\sin nx\, dx = \frac{2}{\pi}\int_0^{\frac{\pi}{2}} x\sin nx\, dx + \frac{2}{\pi}\int_{\frac{\pi}{2}}^\pi (\pi-x)\sin nx\, dx$$

$$= \frac{4}{n^2\pi}\sin\frac{n\pi}{2} = \begin{cases} 0, & \text{当 } n = 2k \text{ 时} \\ (-1)^k\frac{4}{\pi(2k+1)^2}, & \text{当 } n = 2k+1 \text{ 时} \end{cases} (k=0,1,2,\cdots).$$

由收敛定理知
$$\arcsin(\sin x) = \frac{4}{\pi}\sum_{n=0}^{\infty}\frac{(-1)^{n+1}}{(2n+1)^2}\sin(2n+1)x, x\in(-\infty,+\infty).$$

(2) $f(x)$ 是以 2π 为周期的连续周期函数，又因 $f(x)$ 为偶函数，从而 $b_n = 0$.
$$a_0 = \frac{2}{\pi}\int_0^\pi \arcsin(\cos x)\mathrm{d}x = \frac{2}{\pi}\int_0^\pi \arcsin\left(\frac{\pi}{2}-x\right)\mathrm{d}x = \frac{2}{\pi}\int_0^\pi\left(\frac{\pi}{2}-x\right)\mathrm{d}x = 0.$$
$$a_n = \frac{2}{\pi}\int_0^\pi \arcsin(\cos x)\cos nx\,\mathrm{d}x = \frac{2}{\pi}\int_0^\pi\left(\frac{\pi}{2}-x\right)\cos nx\,\mathrm{d}x$$
$$= \frac{2}{n\pi}\left[\left(\frac{\pi}{2}-x\right)\sin nx - \frac{1}{n}\cos nx\right]\Bigg|_0^\pi = \begin{cases} 0, n = 2k \\ \dfrac{4}{(2k-1)^2\pi}, n = 2k-1 \end{cases}(k=1,2,\cdots)$$

由收敛定理知 $\arcsin(\cos x) = \dfrac{4}{\pi}\sum_{n=1}^{\infty}\dfrac{1}{(2n-1)^2}\cos(2n-1)x, x\in(-\infty,+\infty).$

8. 逻辑推理 (1) 为了使 $f(x)$ 的傅里叶系数 $b_n = 0 (n=1,2,\cdots)$，可以对 $f(x)$ 作偶式延拓；又为了使 $a_{2n} = 0(n=0,1,2,\cdots)$，由本章 §1 习题 4 的结论，可证延拓后的 $f(x)$ 满足 $f(x+\pi) = f(x)$.
(2) 为了使 $f(x)$ 的傅里叶系数 $a_n = 0(n=0,1,2,\cdots)$，可以对 $f(x)$ 作奇式延拓，使 $f(-x) = -f(x)$；又为了使 $b_{2n} = 0(n=1,2,\cdots)$，由本章 §1 习题 4 的结论，可证延拓后的 $f(x)$ 满足 $f(x+\pi) = -f(x)$.

解题过程 (1) 先把 $f(x)$ 从 $\left[0,\dfrac{\pi}{2}\right]$ 到 $\left[-\dfrac{\pi}{2},\dfrac{\pi}{2}\right]$ 作偶式延拓，然后根据 $f(x+\pi) = -f(x)$ 延拓到 $\left[-\dfrac{\pi}{2},\pi\right]$ 上，再偶式延拓到 $(-\pi,\pi)$ 上，如图 15-16 所示.

这样得到的函数是 $(-\pi,\pi)$ 上的偶函数，且满足 $f(x+\pi) = -f(x)$，因此其傅里叶系数 $b_n = 0(n=1,2,\cdots), a_{2n} = 0(n=0,1,2,\cdots)$，即它的傅里叶系数的形式为
$$\sum_{n=1}^{\infty}a_{2n-1}\cos(2n-1)x, x\in(-\pi,\pi).$$

(2) 先把 $f(x)$ 从 $\left[0,\dfrac{\pi}{2}\right]$ 到 $\left[-\dfrac{\pi}{2},\dfrac{\pi}{2}\right]$ 作奇式延拓，然后再根据 $f(x+\pi) = -f(x)$ 延拓到 $\left[-\dfrac{\pi}{2},\pi\right]$ 上，再奇式延拓到 $(-\pi,\pi)$ 内，如图 15-17 所示.

这样得到的函数是 $(-\pi,\pi)$ 上的奇函数，且满足 $f(x+\pi) = -f(x)$，因此，其傅里叶系数 $a_n = 0(n=0,1,2,\cdots), b_{2n} = 0(n=1,2,\cdots)$，即它的傅里叶级数的形式为
$$\sum_{n=1}^{\infty}b_{2n-1}\sin(2n-1)x, x\in(-\pi,\pi).$$

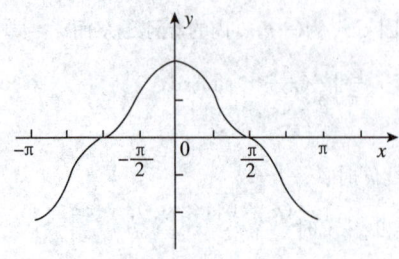

图 15-16

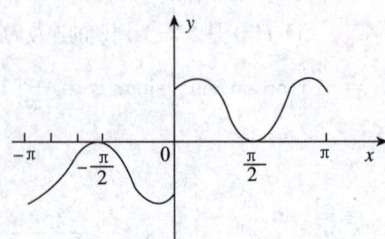

图 15-17

习题 15.3

1. 知识点窍 贝塞尔不等式;正项级数的比较判别法;傅里叶级数;级数收敛的判定.

逻辑推理 要证明 $f(x)$ 的傅里叶级数在 $(-\infty,+\infty)$ 上一致收敛,可以证明级数 $\frac{|a_0|}{2}+\sum_{n=1}^{\infty}(|a_n|+|b_n|)$ 收敛,根据本章所学知识,推出 $f'(x)$ 与 $f(x)$ 的傅里叶级数之间的关系,再由贝塞尔不等式和正项级数的比较判别法即可证明 $\frac{|a_0|}{2}+\sum_{n=1}^{\infty}(|a_n|+|b_n|)$ 收敛,从而证明命题.

解题过程 因 $f(x)$ 以 2π 为周期且具有连续的二阶导函数,

故 $f(x), f'(x)$ 均可展开成傅里叶级数.

设 $f(x) = \frac{a_0}{2} + \sum_{n=1}^{\infty}(a_n\cos nx + b_n\sin nx), f'(x) = \frac{a'_0}{2} + \sum_{n=1}^{\infty}(a'_n\cos nx + b'_n\sin nx)$.

由 §1 习题 9 的结论,得 $a'_0 = 0, a'_n = nb_n, b'_n = -na_n (n=1,2,\cdots)$.

所以 $|a_n|+|b_n| = \frac{1}{n}|b'_n|+\frac{1}{n}|a'_n| \leqslant \frac{1}{2}\left(b'^2_n+\frac{1}{n^2}\right)+\frac{1}{2}\left(a'^2_n+\frac{1}{n^2}\right) = \frac{1}{n^2}+\frac{1}{2}(a'^2_n+b'^2_n)$.

由贝塞尔不等式可知级数 $\sum_{n=1}^{\infty}(a'^2_n+b'^2_n)$ 收敛. 又级数 $\sum_{n=1}^{\infty}\frac{1}{n^2}$ 也收敛.

故 $\sum_{n=1}^{\infty}(|a_n|+|b_n|)$ 收敛,从而 $\frac{|a_0|}{2}+\sum_{n=1}^{\infty}(|a_n|+|b_n|)$ 收敛.

由定理 15.1 可知 $f(x)$ 的傅里叶级数收敛.

贝塞尔不等式 若函数 $f(x)$ 在 $[-\pi,\pi]$ 上可积,则 $\frac{a_0^2}{2}+\sum_{n=1}^{\infty}(a_n^2+b_n^2) \leqslant \frac{1}{\pi}\int_{-\pi}^{\pi}f^2(x)dx$,其中 a_n, b_n 是 $f(x)$ 的傅里叶系数.

2. 知识点窍 一致收敛;傅里叶级数.

逻辑推理 因 $f(x)$ 的傅里叶级数一致收敛于 $f(x) \Rightarrow \forall \varepsilon > 0, \exists N \in \mathbf{N}_+$,当 $m > N$ 时,$\left|f(x) - S_m(x)\right| < \varepsilon$.

解题过程 因为 $f(x)$ 在 $[-\pi,\pi]$ 上可积,由教材下册 P75 贝塞尔不等式的证明知:
$\frac{1}{\pi}\int_{-\pi}^{\pi}[f(x)-S_m(x)]^2 dx = \frac{1}{\pi}\int_{-\pi}^{\pi}f^2(x)dx - \frac{a_0^2}{2} - \sum_{n=1}^{m}(a_n^2+b_n^2)$.

其中 $S_m(x)$ 为函数 $f(x)$ 的傅里叶级数的部分和函数. 由于 $f(x)$ 的傅里叶级数在 $[-\pi,\pi]$ 上一致收敛于 $f(x)$,即 $S_m(x) \rightrightarrows f(x), x \in [-\pi,\pi] (m \to \infty)$,

因此 $\lim_{m\to\infty}\frac{1}{\pi}\int_{-\pi}^{\pi}[f(x)-S_m(x)]^2 dx = 0$.

由此得 $\frac{1}{\pi}\int_{-\pi}^{\pi}f^2(x)dx = \lim_{m\to\infty}\frac{a_0^2}{2}+\sum_{n=1}^{m}(a_n^2+b_n^2)$,

即 $\frac{1}{\pi}\int_{-\pi}^{\pi}f^2(x)dx = \frac{a_0^2}{2}+\sum_{n=1}^{m}(a_n^2+b_n^2)$.

3. 知识点窍 帕塞瓦尔等式.

解题过程 (1) 因为 $f(x)$ 在周期延拓后,在 $[-\pi,\pi]$ 上满足收敛条件,且由 §1 习题 3 的结论知

$$\sum_{n=1}^{\infty} \frac{\sin(2n-1)x}{2n-1} = f(x) = \begin{cases} -\dfrac{\pi}{4}, & -\pi < x < 0 \\ \dfrac{\pi}{4}, & 0 \leqslant x < \pi \end{cases}$$

由帕塞瓦尔等式有 $\dfrac{1}{\pi}\displaystyle\int_{-\pi}^{\pi}\dfrac{\pi^2}{16}\mathrm{d}x = \sum_{n=1}^{\infty}\dfrac{1}{(2n-1)^2}$,故 $\dfrac{\pi^2}{8} = \displaystyle\sum_{n=1}^{\infty}\dfrac{1}{(2n-1)^2}$.

(2) 因为 $f(x) = x, x \in (-\pi, \pi)$ 在周期延拓后,在 $(-\pi, \pi)$ 上满足收敛定理条件,由 §1 习题 1(1)(i) 的结论知 $f(x) = 2\displaystyle\sum_{n=1}^{\infty}(-1)^{n+1}\dfrac{\sin nx}{n}, x \in (-\pi, \pi)$.

由帕塞瓦尔定理有 $\dfrac{1}{\pi}\displaystyle\int_{-\pi}^{\pi}x^2\mathrm{d}x = \sum_{n=1}^{\infty}\left[\dfrac{(-1)^{n+1}}{n}\cdot 2\right]^2$,故 $\dfrac{\pi^2}{6} = \displaystyle\sum_{n=1}^{\infty}\dfrac{1}{n^2}$.

(3) 因为 $f(x) = x^2, x \in [-\pi, \pi]$ 在周期延拓后,在 $[-\pi, \pi]$ 上满足收敛定理条件,由 §1 习题 1(2)(i) 的结论知 $x^2 = \dfrac{\pi^2}{3} + 4\displaystyle\sum_{n=1}^{\infty}(-1)^n\dfrac{\cos nx}{n^2} (-\pi < x < \pi)$.

由帕塞尔等式有 $\dfrac{1}{\pi}\displaystyle\int_{-\pi}^{\pi}x^4\mathrm{d}x = 2\cdot\left(\dfrac{\pi^2}{3}\right)^2 + \sum_{n=1}^{\infty}\left[(-1)^n\dfrac{4}{n^2}\right]^2$,故 $\dfrac{\pi^4}{90} = \displaystyle\sum_{n=1}^{\infty}\dfrac{1}{n^4}$.

4. 知识点窍 傅里叶级数;一致收敛;帕塞瓦尔等式.

逻辑推理 因 $f(x), g(x)$ 傅里叶级数一致收敛于 $f(x)$ 和 $g(x)$,则可推断 $f(x)g(x)$ 也一致收敛于 $f(x)g(x)$,然后对函数 $F(x) = \dfrac{1}{\pi}\displaystyle\int_{-\pi}^{\pi}f(x)g(x)\mathrm{d}x$ 利用逐项求积公式化简即可得证.

解题过程 由于 $f(x)$ 的傅里叶级数在 $[-\pi, \pi]$ 上一致收敛于 $f(x)$,所以

$$f(x) = \frac{a_0}{2} + \sum_{n=1}^{\infty}(a_n\cos nx + b_n\sin nx), x \in [-\pi, \pi],$$

$$f(x)g(x) = \frac{a_0}{2}g(x) + \sum_{n=1}^{\infty}[a_ng(x)\cos nx + b_ng(x)\sin nx],$$

由第十三章 §1 习题 4 知,级数

$\displaystyle\sum_{n=1}^{\infty}[a_ng(x)\cos nx + b_ng(x)\sin nx]$ 在 $[-\pi, \pi]$ 上一致收敛于 $f(x)g(x)$. 由于 $f(x), g(x)$ 均为 $[-\pi, \pi]$ 上的可积函数,故 $f(x)g(x)$ 在 $[-\pi, \pi]$ 上可积.

设 $F(x) = \dfrac{1}{\pi}\displaystyle\int_{-\pi}^{\pi}f(x)g(x)\mathrm{d}x$,因为 $f(x)g(x)$ 在 $[-\pi, \pi]$ 上可积,所以

$$F(x) = \frac{1}{\pi}\int_{-\pi}^{\pi}f(x)g(x)\mathrm{d}x$$

$$= \frac{1}{\pi}\int_{-\pi}^{\pi}\left\{\frac{a_0}{2}g(x) + \sum_{n=1}^{\infty}[a_ng(x)\cos nx + b_ng(x)\sin nx]\right\}\mathrm{d}x$$

$$= \frac{1}{\pi}\int_{-\pi}^{\pi}\frac{a_0}{2}g(x)\mathrm{d}x + \frac{1}{\pi}\int_{-\pi}^{\pi}\sum_{n=1}^{\infty}[a_ng(x)\cos nx + b_ng(x)\sin nx]\mathrm{d}x$$

由逐项求积公式得

$$f'(x) = \frac{1}{2}a_0\alpha_0 + \frac{1}{\pi}\sum_{n=1}^{\infty}\int_{-\pi}^{\pi}[a_ng(x)\cos nx + b_ng(x)\sin nx]\mathrm{d}x$$

$$= \frac{1}{2}a_0\alpha_0 + \sum_{n=1}^{\infty}\left[\int_{-\pi}^{\pi}g(x)\cos nx\,\mathrm{d}x + b_n\int_{-\pi}^{\pi}g(x)\sin nx\,\mathrm{d}x\right]$$

$$= \frac{1}{2}a_0\alpha_0 + \sum_{n=1}^{\infty}(a_n\alpha_n + b_n\beta_n).$$

5. **知识点窍** 傅里叶级数;帕塞瓦尔等式.

   逻辑推理 先将 $f(x)$、$f'(x)$ 展开成傅里叶级数,根据本章所学知识,推出 $f'(x)$ 与 $f(x)$ 的傅里叶级数之间的关系,再利用帕塞瓦尔等式证明即可.

   解题过程 设 a_n, b_n 为 $f(x)$ 的傅里叶系数,α_n, β_n 为 $f'(x)$ 的傅里叶系数.

   $\because f(x)$ 及其导数 $f'(x)$ 都在 $[-\pi, \pi]$ 上可积,$f(-\pi) = f(\pi)$,$\int_{-\pi}^{\pi}f(x)\mathrm{d}x = 0$.

   则根据本章 §1 习题 9 的结论,得 $\alpha'_0 = 0, a_0 = 0$. $\alpha_n = nb_n, \beta_n = -na_n$.

   由帕塞瓦尔等式得

   $$\frac{1}{\pi}\int_{-\pi}^{\pi}f^2(x)\mathrm{d}x = \sum_{n=1}^{\infty}(a_n^2 + b_n^2), \frac{1}{\pi}\int_{-\pi}^{\pi}[f'(x)]^2\mathrm{d}x = \sum_{n=1}^{\infty}(\alpha_n^2 + \beta_n^2) = \sum_{n=1}^{\infty}(n^2b_n^2 + n^2a_n^2).$$

   $\therefore \int_{-\pi}^{\pi}|f'(x)|^2\mathrm{d}x \geqslant \int_{-\pi}^{\pi}|f(x)|^2\mathrm{d}x.$

第十五章总练习题

1. **知识点窍** 傅里叶级数.

   逻辑推理 利用傅里叶级数公式,将 $T_n(x)$ 展开成傅里叶级数.

   解题过程 $T_n(x)$ 是以 2π 为周期的光滑函数,从而在 $(-\infty, +\infty)$ 上可展开成傅里叶级数. 同时也可推知级数在 $(-\infty, +\infty)$ 上一致收敛于 $T_n(x)$,则

   $$a_0 = \frac{1}{\pi}\int_{-\pi}^{\pi}T_n(x)\mathrm{d}x = \frac{1}{\pi}\int_{-\pi}^{\pi}\left[\frac{A_0}{2} + \sum_{k=1}^{\infty}(A_k\cos kx + B_k\sin kx)\right]\mathrm{d}x = A_0,$$

   $$a_m = \frac{1}{\pi}\int_{-\pi}^{\pi}T_n(x)\cos mx\,\mathrm{d}x = \frac{1}{\pi}\int_{-\pi}^{\pi}\left[\frac{A_0}{2} + \sum_{k=1}^{n}(A_k\cos kx + B_k\sin kx)\right]\cos mx\,\mathrm{d}x$$

   $$= \begin{cases} A_m, & \text{当 } m \leqslant n \text{ 时} \\ 0, & \text{当 } m > n \text{ 时} \end{cases}.$$

   $$b_m = \frac{1}{\pi}\int_{-\pi}^{\pi}T_n(x)\sin mx\,\mathrm{d}x = \frac{1}{\pi}\int_{-\pi}^{\pi}\left[\frac{A_0}{2} + \sum_{k=1}^{n}(A_k\cos kx + B_k\sin kx)\right]\sin mx\,\mathrm{d}x$$

   $$= \begin{cases} B_m, & \text{当 } m \leqslant n \\ 0, & \text{当 } m > n \end{cases}.$$

   因此,在 $(-\infty, +\infty)$ 上傅里叶级数展开式为

   $$T_n(x) = \frac{a_0}{2} + \sum_{n=1}^{\infty}(a_m\cos mx + b_m\sin mx) = \frac{A_0}{2} + \sum_{k=1}^{n}(A_k\cos kx + B_k\sin kx).$$

   即 $T_n(x)$ 的傅里叶级数展开式是本身.

2. **知识点窍** 傅里叶级数;帕塞瓦尔等式.

   解题过程 设 $f(x) = \frac{a_0}{2} + \sum_{k=1}^{n}(a_k\cos kx + b_n\sin kx)$

$T_n(x) = \dfrac{A_0}{2} + \sum\limits_{k=1}^{n}(A_k\cos kx + B_n\sin kx)$,且

$$\int_{-\pi}^{\pi}[f(x)-T_n(x)]^2\mathrm{d}x = \int_{-\pi}^{\pi}[f(x)]^2\mathrm{d}x - 2\int_{-\pi}^{\pi}f(x)T_n(x)\mathrm{d}x + \int_{-\pi}^{\pi}[T_n(x)]^2\mathrm{d}x,$$

而 $\int_{-\pi}^{\pi}f(x)T_n(x)\mathrm{d}x = \int_{-\pi}^{\pi}f(x)\left[\dfrac{A_0}{2} + \sum\limits_{k=1}^{n}(A_k\cos kx + B_k\sin kx)\right]\mathrm{d}x$

$$= \dfrac{A_0}{2}\int_{-\pi}^{\pi}f(x)\mathrm{d}x + \sum\limits_{k=1}^{n}\left[A_k\int_{-\pi}^{\pi}f(x)\cos kx\,\mathrm{d}x + B_k\int_{-\pi}^{\pi}f(x)\sin kx\,\mathrm{d}x\right]$$

$$= \pi\left[\dfrac{A_0 a_0}{2} + \sum\limits_{k=1}^{n}(A_k a_k + B_k b_k)\right].$$

因为 T_n 满足收敛定理条件,所以帕塞瓦尔等式成立,即

$$\int_{-\pi}^{\pi}[T_n(x)]^2\mathrm{d}x = \pi\left[\dfrac{A_0^2}{2} + \sum\limits_{k=1}^{n}(A_k^2 + B_k^2)\right],$$

所以

$$\int_{-\pi}^{\pi}[f(x)-T_n(x)]^2\mathrm{d}x$$

$$= \int_{-\pi}^{\pi}[f(x)]^2\mathrm{d}x - 2\pi\left[\dfrac{A_0 a_0}{2} + \sum\limits_{k=1}^{n}(A_k a_k + B_k b_k)\right] + \pi\left[\dfrac{A_0^2}{2} + \sum\limits_{k=1}^{n}(A_k^2 + B_k^2)\right]$$

$$= \int_{-\pi}^{\pi}[f(x)]^2\mathrm{d}x - \pi\left[\dfrac{a_0^2}{2} + \sum\limits_{k=1}^{n}(a_k^2 + b_k^2)\right] + \pi\left\{\dfrac{(A_0 - a_0)^2}{2} + \sum\limits_{k=1}^{n}[(a_k - A_k)^2 + (b_k - B_k)^2]\right\}.$$

所以,当且仅当 $A_0 = a_0, A_k = a_k, B_k = b_k(k = 1,2,\cdots,n)$ 时积分 $\int_{-\pi}^{\pi}[f(x)-T_n(x)]^2\mathrm{d}x$ 取最小值,

且最小值为 $\int_{-\pi}^{\pi}[f(x)]^2\mathrm{d}x - \pi\left[\dfrac{a_0^2}{2} + \sum\limits_{k=1}^{n}(a_k^2 + b_k^2)\right].$

3. 知识点窍 级数绝对收敛的性质.

逻辑推理 根据已知条件推出 b''_n 与 b_n 之间的关系,然后利用级数绝对收敛的性质即可求解.

解题过程 $\because f(x)$ 是以 2π 为周期,且具有二阶连续可微的函数,

$\therefore f'(x)$ 也是周期函数,且 $f(\pi) = f(-\pi), f'(\pi) = f'(-\pi).$

从而 $b_n = \dfrac{1}{\pi}\int_{-\pi}^{\pi}f(x)\sin nx\,\mathrm{d}x = -\dfrac{1}{n\pi}f(x)\cos nx\Big|_{-\pi}^{\pi} + \dfrac{1}{n\pi}\int_{-\pi}^{\pi}f'(x)\cos nx\,\mathrm{d}x$

$= \dfrac{1}{n^2\pi}f'(x)\sin nx\Big|_{-\pi}^{\pi} - \dfrac{1}{n^2\pi}\int_{-\pi}^{\pi}f''(x)\sin nx\,\mathrm{d}x = -\dfrac{1}{n^2}b''_n.$

$\therefore \sqrt{|b_n|} \leqslant \dfrac{1}{2}\left(\dfrac{1}{n^2} + |b''_n|\right), \sum\limits_{n=1}^{\infty}\sqrt{|b_n|} \leqslant \dfrac{1}{2}\left(\sum\limits_{n=1}^{\infty}\dfrac{1}{n^2} + \sum\limits_{n=1}^{\infty}|b''_n|\right).$

由于 $\dfrac{\pi^2}{6} = \sum\limits_{n=1}^{\infty}\dfrac{1}{k^2}$ [§3 习题 3(2)],故

$\sum\limits_{n=1}^{\infty}\sqrt{|b_n|} \leqslant \dfrac{1}{2}\left(\sum\limits_{n=1}^{\infty}\dfrac{1}{n^2} + \sum\limits_{n=1}^{\infty}|b''_n|\right) \leqslant \dfrac{1}{2}\left(\dfrac{\pi^2}{6} + \sum\limits_{n=1}^{\infty}|b'_n|\right) \leqslant \dfrac{1}{2}\left(2 + \sum\limits_{n=1}^{\infty}|b''_n|\right).$

4. 知识点窍 傅里叶级数.

解题过程 (1) $a_n = \dfrac{1}{\pi}\int_{-\pi}^{\pi}\varphi(x)\cos nx\,\mathrm{d}x = \dfrac{1}{\pi}\int_{\pi}^{-\pi}\varphi(-t)\cos nt(-\mathrm{d}t) = \dfrac{1}{\pi}\int_{-\pi}^{\pi}\varphi(-t)\cos nt\,\mathrm{d}t$

$= \dfrac{1}{\pi}\int_{-\pi}^{\pi}\psi(t)\cos nt\,\mathrm{d}t = \alpha_n(n = 0,1,2,\cdots),$

$$b_n = \frac{1}{\pi}\int_{-\pi}^{\pi}\varphi(x)\sin nx\,\mathrm{d}x = \frac{1}{\pi}\int_{-\pi}^{\pi}\varphi(-t)\sin(-nt)(-\mathrm{d}t)$$
$$= -\frac{1}{\pi}\int_{-\pi}^{\pi}\psi(t)\sin nt\,\mathrm{d}t = -\beta_n\,(n=1,2,\cdots).$$

(2) $a_n = \dfrac{1}{\pi}\int_{-\pi}^{\pi}\varphi(x)\cos nx\,\mathrm{d}x = \dfrac{1}{\pi}\int_{-\pi}^{\pi}\varphi(-t)\cos(-nt)(-\mathrm{d}t)$

$$= -\frac{1}{\pi}\int_{-\pi}^{\pi}\psi(t)\cos nt\,\mathrm{d}t = -\alpha_n\,(n=0,1,2,\cdots),$$

$$b_n = \frac{1}{\pi}\int_{-\pi}^{\pi}\varphi(x)\sin nx\,\mathrm{d}x = \frac{1}{\pi}\int_{-\pi}^{\pi}\varphi(-t)\sin(-nt)(-\mathrm{d}t)$$
$$= \frac{1}{\pi}\int_{-\pi}^{\pi}\psi(t)\sin nt\,\mathrm{d}t = \beta_n\,(n=1,2,\cdots).$$

5. **逻辑推理** 要证正项级数 $\sum\limits_{n=1}^{\infty}a_n^2$ 收敛,只要证明其部分和 $\sum\limits_{k=1}^{n}a_k^2 \leqslant \int_a^b f^2(x)\mathrm{d}x$. 同时要出现 a_n^2,需要对 $a_n f(x)\varphi(x)$ 在 $[a,b]$ 上积分,因此可考虑函数 $\sum\limits_{k=1}^{n}a_k\varphi_k(x)$,利用 $\{\varphi_n(x)\}$ 的性质对积分 $\int_a^b\left[f(x)-\left(\sum\limits_{k=1}^{n}a_k\varphi_k(x)\right)\right]^2\mathrm{d}x$ 进行讨论.

解题过程 令 $S_m(x) = \sum\limits_{n=1}^{m}a_n\varphi_n(x)$,因为 $\varphi_n(x)$ 及 $f(x)$ 在 $[a,b]$ 上可积,则 $f(x)\varphi_n(x)$ 及 $f^2(x)$ 在 $[a,b]$ 上可积.

考察积分 $\int_a^b[f(x)-S_m(x)]^2\mathrm{d}x = \int_a^b f^2(x)\mathrm{d}x - 2\int_a^b f(x)S_m(x)\mathrm{d}x + \int_a^b S_m^2(x)\mathrm{d}x.$

由于 $\int_a^b f(x)S_m(x)\mathrm{d}x = \int_a^b f(x)\left[\sum\limits_{n=1}^{m}a_n\varphi_n(x)\right]\mathrm{d}x = \sum\limits_{n=1}^{m}a_n\int_a^b f(x)\varphi_n(x)\mathrm{d}x = \sum\limits_{n=1}^{m}a_n^2.$

同理,$\int_a^b S_m^2(x)\mathrm{d}x = \int_a^b\left[\sum\limits_{n=1}^{m}a_n\varphi_n(x)\right]^2\mathrm{d}x = \sum\limits_{n=1}^{m}\int_a^b a_n^2\varphi_n^2(x)\mathrm{d}x = \sum\limits_{n=1}^{m}a_n^2,$

$0 \leqslant \int_a^b[f(x)-S_m(x)]^2\mathrm{d}x = \int_a^b f^2(x)\mathrm{d}x - \sum\limits_{n=1}^{m}a_n^2.$

因此,$\sum\limits_{n=1}^{m}a_n^2 \leqslant \int_a^b f^2(x)\mathrm{d}x.$ 此式对任何自然数 m 都成立,而 $\int_a^b f^2(x)\mathrm{d}x$ 为有限值,所以正项级数的部分和数列有界,因而它收敛,且有不等式

$$\sum_{n=1}^{\infty}a_n^2 \leqslant \int_a^b[f(x)]^2\mathrm{d}x.$$

走近考研

1 (2013年数学一) 设 $f(x) = \left|x - \dfrac{1}{2}\right|$,$b_n = 2\int_0^1 f(x)\sin n\pi x\,\mathrm{d}x\,(n=1,2,\cdots)$,令 $S(x) = \sum\limits_{n=1}^{\infty}b_n\sin n\pi x$,则 $S\left(-\dfrac{9}{4}\right) = (\quad)$.

A. $\dfrac{3}{4}$ B. $\dfrac{1}{4}$ C. $-\dfrac{1}{4}$ D. $-\dfrac{3}{4}$

分析 本题考查的是傅里叶级数以及收敛定理. 傅里叶级数的类型比较单一,多半是考查和函数的

求法和收敛定理的使用.

解答 注意观察本题,和函数 $S(x)$ 形式为正弦级数,因此 $f(x)$ 是奇函数,同时观察 b_n 的形式,得知周期为 2, $S\left(-\frac{9}{4}\right) = S\left(-\frac{1}{4}\right) = -S\left(\frac{1}{4}\right)$, $\frac{1}{4}$ 为连续点,因此 $-S\left(\frac{1}{4}\right) = -f\left(\frac{1}{4}\right) = -\frac{1}{4}$.

2 (2008 年数学一) 将函数 $f(x) = 1 - x^2 (0 \leqslant x \leqslant \pi)$ 展开成余弦级数,并求级数 $\sum_{n=1}^{\infty} \frac{(-1)^{n-1}}{n}$ 的和.

解答 将 $f(x)$ 作偶式周期延拓,则有 $b_n = 0, n = 1, 2, \cdots$.

$$a_0 = \frac{2}{\pi} \int_0^\pi (1 - x^2) dx = 2\left(1 - \frac{\pi^2}{3}\right).$$

$$a_n = \frac{2}{\pi} \int_0^\pi f(x) \cos nx \, dx = \frac{2}{\pi} \left[\int_0^\pi \cos nx \, dx - \int_0^\pi x^2 \cos nx \, dx\right]$$

$$= \frac{2}{\pi}\left[0 - \int_0^\pi x^2 \cos nx \, dx\right] = \frac{-2}{\pi}\left[\frac{x^2 \sin nx}{n}\bigg|_0^\pi - \int_0^\pi \frac{2x \sin nx}{n} dx\right]$$

$$= \frac{2}{\pi} \cdot \frac{2\pi(-1)^{n-1}}{n^2} = \frac{4(-1)^{n-1}}{n^2}.$$

因此 $f(x) = 1 - x^2 = \frac{a_0}{2} + \sum_{n=1}^\infty a_n \cos nx = 1 - \frac{\pi^2}{3} + 4 \sum_{n=1}^\infty \frac{(-1)^{n-1}}{n^2} \cos nx, 0 \leqslant x \leqslant \pi.$

令 $x = 0$,有 $f(0) = 1 - \frac{\pi^2}{3} + 4 \sum_{n=1}^\infty \frac{(-1)^{n-1}}{n^2}$,又 $f(0) = 1$,所以 $\sum_{n=1}^\infty \frac{(-1)^{n-1}}{n^2} = \frac{\pi^2}{12}$.

3 (2003 年数学一) 设 $x^2 = \sum_{n=1}^\infty a_n \cos nx (-\pi \leqslant x \leqslant \pi)$,则 $a_2 = $ _____.

分析 傅里叶级数的周期,函数的奇偶性,傅里叶系数的求解公式.

解答 由 $x^2 = \sum_{n=1}^\infty a_n \cos nx$ 知,此傅里叶级数的周期为 2π, $f(x) = x^2 (-\pi \leqslant x \leqslant \pi)$ 是以 2π 为周期的偶函数. 因此

$$a_2 = \frac{2}{\pi} \int_0^\pi x^2 \cos 2x \, dx = \frac{2}{\pi} \int_0^\pi \frac{1}{2} x^2 d\sin 2x = \frac{1}{\pi}\left[x^2 \sin 2x \bigg|_0^\pi - \int_0^\pi 2x \sin 2x \, dx\right]$$

$$= -\frac{1}{\pi} \int_0^\pi 2x \sin 2x \, dx = \frac{1}{\pi} \int_0^\pi x d\cos 2x = \frac{1}{\pi} x \cos 2x \bigg|_0^\pi - \frac{1}{\pi} \int_0^\pi \cos 2x \, dx = 1.$$

第十六章
多元函数的极限与连续

本章导航

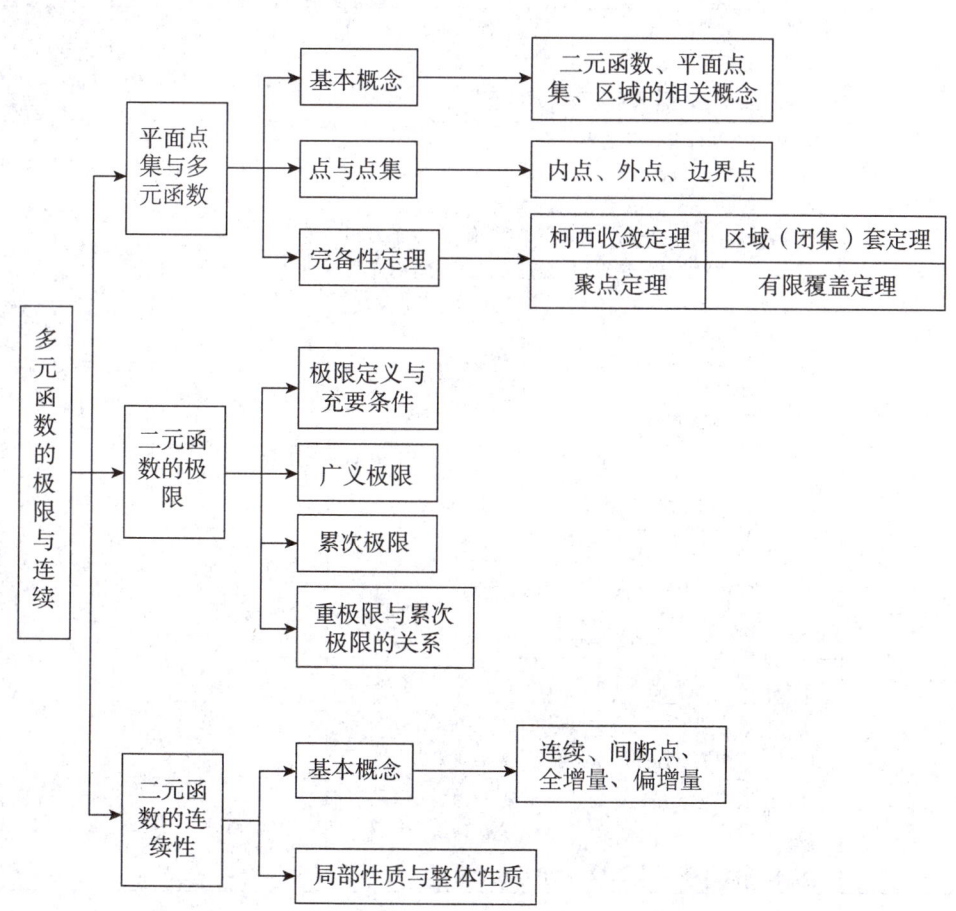

各个击破

■ 平面点集与多元函数

1. 基本概念

	名称	定义	说明
二元函数的基本概念	平面点集	坐标平面上满足某种条件 P 的点的集合,称为**平面点集**,并记作 $E = \{(x,y) \mid (x,y) \text{ 满足条件 } P\}$	例 $\mathbf{R}^2 = \{(x,y) \mid -\infty < x < +\infty, -\infty < y < +\infty\}$
	距离	设 $M_1(x_1,y_1), M_2(x_2,y_2)$ 是 xOy 平面上两点,M_1 与 M_2 的**距离**记作 $\rho(M_1,M_2) = \sqrt{(x_1-x_2)^2+(y_1-y_2)^2}$	$\forall P_1, P_2, P_3$ 三点有三角不等式 $\rho(P_1,P_2) \leqslant \rho(P_1,P_3) + \rho(P_2,P_3)$
	直径	设点集 $E \subset \mathbf{R}^2$,定义 E 的直径为 $d(E) = \sup\limits_{P_1,P_2 \in E} \rho(P_1,P_2)$	$d(E) = +\infty$ 时,说明 E 为无界点集
	邻域	在平面 xOy 上固定一点 $P_0(x_0,y_0)$,所有与 P_0 的距离小于 $\delta(\delta > 0)$ 的点的集合,称为点 P_0 的 δ 邻域,记作 $U(P_0;\delta)$. 点集 $\{P \mid 0 < d(P,P_0) < \delta\}$ 称为空心邻域,记作 $U^\circ(P_0;\delta)$	
点与点集	点集 E 是平面上的集合 / 内点	存在 P_0 的某一邻域 $U(P_0;\delta)$,使得 $U(P_0;\delta) \subset E$,则称 P_0 为点集 E 的**内点**	$\text{int}E$:表示 E 的所有内点的集合
	外点	存在 P_1 的某一邻域 $U(P_1;\delta)$,使得 $U(P_1;\delta)$ 没有 E 中的点,则称 P_1 是点集 E 的**外点**	
	边界点	P_2 的任何邻域中既有 E 中的点,又有不是 E 中的点,则称 P_2 是点集 E 的**边界点**	∂E:表示 E 的所有界点的集合
区域	开集	若点集 E 的所有点都是内点,则称 E 为**开集**	$\text{int}E = E$
	闭集	若点集 E 包含它的所有边界点,则称 E 为**闭集**	
	连通集	若点集 E 中任意两点都可用一条完全在 E 中的有限折线连接起来,则称 E 为**连通集**	
	区域	若点集 D 是连通的开集,则称 D 为**区域**;区域 D 的边界点的全体称为 D 的边界;区域 D 加上它的边界称为闭区域,记作 $\overline{D}$	

闭集与开集具有对偶性质——闭集的余集为开集;开集的余集为闭集. 利用这个性质,可以通过讨论余集 E^c 的特性,转而来认识 E.

2. 按"疏—密"而论,点 P_0 与点集 E 之间的关系又表现为以下两种情形:

(1) P_0 是 E 的聚点 $\to \forall \delta > 0$,必有 $U^\circ(P_0;\delta) \cap E \neq \varnothing$.

(2) P_0 不是 E 的聚点,$\begin{cases} \text{若 } P_0 \notin E,\text{则 } P_0 \text{ 必为 } E \text{ 的外点} \\ \text{若 } P_0 \in E,\text{则 } P_0 \text{ 为 } E \text{ 的孤立点} \end{cases}$

孤立点即为 $\exists \delta > 0$,使 $U(P_0;\delta) \cap E = \{P_0\}$.

P_0 是 E 的聚点的充要条件:存在一个各项互异的点列 $\{P_k\} \subset E$,使 $\lim\limits_{k\to\infty} P_k = P_0$.

E 的所有聚点组成的集合称为 E 的导集,记为 E^d;又称 $\overline{E} = E \cup E^d$ 为 E 的闭包.

3. $\mathbf{R}^2$ 上的完备性定理

名称	内容
柯西收敛定理	设 $\{P_n\} \subset \mathbf{R}^2$ 为一点列,$\{P_n\}$ 收敛的充要条件是:$\{P_k\}$ 为一基列(或柯西列),亦即 $\forall \varepsilon > 0$,$\exists N \in \mathbf{N}_+$,当 $n > N$ 时,对一切 $p \in \mathbf{N}_+$ 都有 $\rho(P_n, P_{n+p}) < \varepsilon$
闭域套(闭集套)定理	设 $D_k \subset \mathbf{R}^2$,$k = 1, 2, \cdots$ 是一列闭域(或闭集),它满足 ① $D_k \supset D_{k+1}$,$k = 1, 2, \cdots$;② $d_k = d(D_k) \to 0$,$k \to \infty$. 则存在唯一一点 $P_0 \in D_k$,$k = 1, 2, \cdots$
聚点定理	设 $E \subset \mathbf{R}^2$ 为任一有界无穷点集,则 E 在 $\mathbf{R}^2$ 中至少有一个聚点
	推论 1 设 $\{P_k\} \subset \mathbf{R}^2$ 为一有界点列,则它必存在收敛子列 $\{P_{k_j}\}$,并称该子列的极限 $\lim\limits_{j\to\infty} P_{k_j} = P_0$ 为点列 $\{P_k\}$ 的一个聚点
	推论 2 $E \subset \mathbf{R}^2$ 为有界闭集的充要条件是:E 的任一无穷子集必有聚点
	推论 3 $E \subset \mathbf{R}^2$ 为有界闭集的充要条件是:E 为一列子集(即 E 的任一无穷子集必有聚点,且聚点都属于 E)
有限覆盖定理	设 $E \subset \mathbf{R}^2$ 为一有界闭集,$\Delta = \{\Delta_\alpha\}$ 为 $\mathbf{R}^2$ 中的一族开集,若 Δ 覆盖了 E(即 $E \subset \bigcup_\alpha \Delta_\alpha$),则在 Δ 中必能选出有限个开集 $\Delta_1, \Delta_2, \cdots, \Delta_m$,它们能覆盖 E

例 1 给定集合 $E = \{(x,y) \mid x^2 + y^2 \leqslant 1\}$,则 E 的内点构成的集合为 _____.

解 E 的外点构成的集合为 $\{(x,y) \mid x^2 + y^2 > 1\}$,

E 的边界点构成的集合为 $\{(x,y) \mid x^2 + y^2 = 1\}$,

E 的聚点全体就是 E.

例 2 设 $E \subset \mathbf{R}^2$. 试证 E 为有界闭集的充要条件是:E 的任一无穷子集 E_q 必有聚点,且聚点恒属于 E.

证 (必要性) E 有界 $\Rightarrow E_q$ 有界,由聚点定理知 E_q 必有聚点. 又因 E_q 的聚点亦为 E 的聚点,而 E 是闭集,所以该聚点必属于 E.

(充分性) 先证 E 为有界集. 倘若 E 为无界集,则存在各项互异的点列 $\{P_k\} \subset E$,使得

$$|P_k| = \rho(O, P_k) > k, \quad k = 1, 2, \cdots.$$

易见 $\{P_k\}$ 这个子集无聚点,这与已知条件相矛盾.

再证 E 为闭集. 为此设 P_0 为 E 的任一聚点,由聚点的等价定义,存在各项互异的点列 $\{P_k\} \subset E$,使 $\lim\limits_{k\to\infty} P_k = P_0$.

现把 $\{P_k\}$ 看作 E_q,由于条件 E_q 的聚点(即 P_0)必属于 E,所以 E 为闭集.

二元函数的极限

1. 极限的定义

设 $D \subset \mathbf{R}^2$，$f(x)$ 在 D 上有定义，$P_0(x_0, y_0)$ 为 D 的一个聚点，A 为一确定的实数. 若 $\forall \varepsilon > 0$，$\exists \delta > 0$，使得有 $|f(P) - A| < \varepsilon$，$\forall P \in U°(P_0; \delta) \cap D$，则称 $f(x)$ 在 D 上当 $P \to P_0$ 时，以 A 为极限，记作 $\lim\limits_{\substack{P \to P_0 \\ P \in D}} f(P) = A$.

在对于 $P \in D$ 不致产生误解时，也可简单地写作 $\lim\limits_{P \to P_0} f(P) = A$.

当 P, P_0 分别用坐标 $(x, y), (x_0, y_0)$ 表示时，也常写作 $\lim\limits_{(x,y) \to (x_0, y_0)} f(x, y) = A$.

2. 极限的充要条件

(1) $\forall E \subset D$，P_0 始终为 E 的聚点，则有 $\lim\limits_{\substack{P \to P_0 \\ P \in D}} f(P) = A \Leftrightarrow \lim\limits_{\substack{P \to P_0 \\ P \in E}} f(P) = A$.

(2) 极限 $\lim\limits_{\substack{P \to P_0 \\ P \in D}} f(P)$ 存在的充要条件是：对于 D 中任一满足条件 $P_n \neq P_0$，且 $\lim\limits_{n \to \infty} P_n = P_0$ 的点列 $\{P_n\}$，它所对应的函数列 $\{f(P_n)\}$ 都收敛.

3. 广义极限

$\lim\limits_{\substack{P \to P_0 \\ P \in D}} f(P) = +\infty (-\infty \text{ 或 } \infty)$ 的定义：P_0 为 D 的聚点，$\forall M > 0$，$\exists \delta > 0$，当 $P \in U°(P_0; \delta) \cap D$ 时，满足 $f(P) > M$ $[f(P) < -M \text{ 或 } |f(P)| > M]$.

4. 累次极限

$\lim\limits_{y \to y_0} \lim\limits_{x \to x_0} f(x, y) = L$ 的意义是：设 $D = E_x \times E_y$，对每个 $y \in E_y (y \neq y_0)$，有

$$\begin{cases} \lim\limits_{\substack{x \to x_0 \\ x \in E_x}} f(x, y) = \varphi(y) \\ \lim\limits_{\substack{y \to y_0 \\ y \in E_y}} \varphi(y) = L \end{cases}.$$

同理 $\lim\limits_{x \to x_0} \lim\limits_{y \to y_0} f(x, y) = K$ 的定义为 $\begin{cases} \lim\limits_{\substack{y \to y_0 \\ y \in E_y}} f(x, y) = \varphi(x) \\ \lim\limits_{\substack{x \to x_0 \\ x \in E_x}} \varphi(x) = K \end{cases}$.

5. 重极限

重极限的形式为 $\lim\limits_{(x,y) \to (x_0, y_0)} f(x, y) = A$（两个自变量 x, y 同时以任何方式趋于 x_0, y_0）.

6. 重极限与累次极限的关系

(1) **定理** 若 $f(x, y)$ 在点 (x_0, y_0) 存在重极限 $\lim\limits_{(x,y) \to (x_0, y_0)} f(x, y)$ 和累次极限 $\lim\limits_{x \to x_0} \lim\limits_{y \to y_0} f(x, y)$，$\lim\limits_{y \to y_0} \lim\limits_{x \to x_0} f(x, y)$，则它们必相等.

(2) **推论 1** 若累次极限 $\lim\limits_{x \to x_0} \lim\limits_{y \to y_0} f(x, y)$，$\lim\limits_{y \to y_0} \lim\limits_{x \to x_0} f(x, y)$ 和重极限 $\lim\limits_{(x,y) \to (x_0, y_0)} f(x, y)$ 都存在，则三者相等.

(3) **推论 2** 若累次极限 $\lim\limits_{x \to x_0} \lim\limits_{y \to y_0} f(x,y)$ 与 $\lim\limits_{y \to y_0} \lim\limits_{x \to x_0} f(x,y)$ 存在但不相等,则重极限 $\lim\limits_{(x,y) \to (x_0,y_0)} f(x,y)$ 必不存在.

小提示:二次极限(累次极限)与二重极限(重极限)没有什么必然的联系.虽然,二次极限存在与否和二重极限存在与否没有一定的关系,但在某些条件下,它们之间会有一些联系. 若$f(x,y)$在点(x_0,y_0)存在极限 $\lim\limits_{(x,y) \to (x_0,y_0)} f(x,y)$与累次极限$\lim\limits_{x \to x_0} \lim\limits_{y \to y_0} f(x,y)$,则它们必相等.这就是累次极限存在的价值.

例 3 求 $\lim\limits_{x \to 0}(1+2x)^{\frac{3}{\sin x}}$.

解 原式 $= \lim\limits_{x \to 0} e^{\frac{3}{\sin x}\ln(1+2x)} = \lim\limits_{x \to 0} e^{\frac{3}{x} \cdot 2x} = e^6$.

例 4 求 $\lim\limits_{x \to 0} \dfrac{a^x - 1}{x}$.

解 令 $t = a^x - 1$,则 $x = \log_a(1+t)$,

原式 $= \lim\limits_{t \to 0} \dfrac{t}{\log_a(1+t)} = \ln a$.

小提示:计算极限的方法:①重要极限;②无穷小量的替换;③夹逼准则;④有理化(平方差公式).

例 5 判断函数

$$f(x,y) = \begin{cases} \dfrac{x^2 y}{x^4 + y^2}, & x^2 + y^2 \neq 0, \\ 0, & x^2 + y^2 = 0. \end{cases}$$

在 $x \to 0, y \to 0$ 时的极限是否存在.

解 取 $y = kx$,则

$$\lim\limits_{\substack{x \to 0 \\ y \to 0}} f(x,y) = \lim\limits_{\substack{x \to 0 \\ y \to 0}} \dfrac{x^2 \cdot kx}{x^4 + k^2 x^2} = 0.$$

若取 $y = kx^2$,则

$$\lim\limits_{\substack{x \to 0 \\ y \to 0}} f(x,y) = \lim\limits_{\substack{x \to 0 \\ y \to 0}} \dfrac{x^2 \cdot kx^2}{x^4 + k^2 x^4} = \dfrac{k}{1+k^2}.$$

由于极限存在应与$(x,y) \to (0,0)$的方式和方向无关,故原极限不存在.

小提示:"无穷多个方向"并不等于"任意方向",可利用方向性判断极限是否存在.

例 6 证明 $\lim\limits_{\substack{x \to 0 \\ y \to 0}} \dfrac{x - y + x^2 + y^2}{x + y}$ 不存在.

解 $\lim\limits_{x \to 0} \lim\limits_{y \to 0} \dfrac{x - y + x^2 + y^2}{x + y} = \lim\limits_{x \to 0} \dfrac{x + x^2}{x} = 1.$

$\lim\limits_{y \to 0} \lim\limits_{x \to 0} \dfrac{x - y + x^2 + y^2}{x + y} = \lim\limits_{y \to 0} \dfrac{-y + y^2}{y} = -1.$

由于两个累次极限不相等,故原式的极限不存在.

例 7 求极限 $\lim\limits_{\substack{x \to 0 \\ y \to 0}} \dfrac{\sin(x^2 y)}{x^2 + y^2}$. $\boxed{xy \leq \dfrac{1}{2}(x^2 + y^2)}$

解 $\lim\limits_{\substack{x\to 0\\y\to 0}}\dfrac{\sin(x^2y)}{x^2+y^2}=\lim\limits_{\substack{x\to 0\\y\to 0}}\dfrac{\sin(x^2y)}{x^2y}\cdot\dfrac{x^2y}{x^2+y^2},$

其中 $\lim\limits_{\substack{x\to 0\\y\to 0}}\dfrac{\sin(x^2y)}{x^2y}\xrightarrow{u=x^2y}\lim\limits_{u\to 0}\dfrac{\sin u}{u}=1,$

$\left|\dfrac{x^2y}{x^2+y^2}\right|\leqslant\dfrac{1}{2}\mid x\mid\xrightarrow{x\to 0}0,$

故 $\lim\limits_{\substack{x\to 0\\y\to 0}}\dfrac{\sin(x^2y)}{x^2+y^2}=0.$

$$\boxed{\lim\limits_{x\to x_0}\mid f(x)\mid=0\Leftrightarrow\lim\limits_{x\to x_0}f(x)=0}$$

■ 二元函数的连续性

1. 基本概念

名称	定义	说明
介值性定理	设函数 f 在区域 $D\subset\mathbf{R}^2$ 上连续，若 P_1,P_2 为 D 中任意两点，且 $f(P_1)<f(P_2)$，则对任何满足不等式 $f(P_1)<\mu<f(P_2)$ 的实数 μ，必存在点 $P_0\in D$，使得 $f(P_0)=\mu$	
连续	(1) 设 $f(x)$ 为定义在点集 $D\subset\mathbf{R}^2$ 上的二元函数，$P_0\in D$（它或者是 D 的聚点，或是 D 的孤立点），对于任给的正数 ε，总存在相应的正数 δ，只要 $P\in U(P_0,\delta)\bigcap D$，就有 $\mid f(P)-f(P_0)\mid<\varepsilon$，则称 $f(x)$ 关于集合 D 在点 P_0 连续； (2) 若 $f(x)$ 在 D 上的任何点关于集合 D 连续，则称 $f(x)$ 为 D 上的连续函数	(1) 若 P_0 是 D 的孤立点，则 P_0 恒为 f 关于集合 D 的连续点 (2) 若 P_0 是 D 的聚点，则等价于 $\lim\limits_{\substack{P\to P_0\\P\in D}}f(P)=f(P_0)$
间断点	若 P_0 是 D 的聚点，而 $\lim\limits_{\substack{P\to P_0\\P\in D}}f(P)=f(P_0)$ 不成立，则称 P_0 是 $f(x)$ 的一个间断点(或不连续点)．间断点包括以下两种情形： (1) 若 $\lim\limits_{\substack{P\to P_0\\P\in D}}f(P)$ 极限不存在，则称 P_0 为 $f(x)$ 关于集合 D 的一个本性间断点． (2) 若极限存在但不等于 $f(P_0)$［或 $f(x)$ 在 P_0 没有定义］，则称 P_0 为 $f(x)$ 关于集合 D 的一个可去间断点	
全增量	设 $P_0(x_0,y_0),P(x,y)\in D,\Delta x=x-x_0,\Delta y=y-y_0$，则称 $\Delta z=\Delta f(x_0,y_0)=f(x,y)-f(x_0,y_0)=f(x_0+\Delta x,y_0+\Delta y)-f(x_0,y_0)$ 为函数 $f(x)$ 在 P_0 的全增量	(1) $\lim\limits_{\Delta x\to 0}\Delta_x f(x_0,y_0)=0$，表示 $f(x,y)$ 在 x_0 连续． (2) $\lim\limits_{\Delta y\to 0}\Delta_y f(x_0,y_0)=0$，表示 $f(x,y)$ 在 y_0 连续． (3) 一般来说，全增量不等于两个偏增量之和
偏增量	如果全增量中取 $\Delta x=0$ 或 $\Delta y=0$，则相应的函数增量称为偏增量，记作 $\Delta_x f(x_0,y_0)=f(x_0+\Delta x,y_0)-f(x_0,y_0)$ $\Delta_y f(x_0,y_0)=f(x_0,y_0+\Delta y)-f(x_0,y_0)$	

2. 定理(复合函数的连续性)

设函数 $u=\varphi(x,y)$ 和 $v=\phi(x,y)$ 在 xy 平面上点 $P_0(x_0,y_0)$ 的某邻域内有定义，并在点 P_0 连续；函数 $f(u,v)$ 在 uv 平面上点 $Q_0(u_0,v_0)$ 的某邻域内有定义，并在点 Q_0 连续，其中 $u_0=\varphi(x_0,y_0)$，

$v_0 = \phi(x_0, y_0)$,则复合函数 $g(x,y) = f[\varphi(x,y), \phi(x,y)]$ 在点 P_0 也连续.

3. 有界闭域上连续函数的性质(设 $D \subset \mathbf{R}^2$ 为有界闭域,f 在 D 上连续)

名称	内容
有界性	$\forall P \in D, \exists M > 0,$ 使 $\lvert f(P) \rvert \leqslant M$
最大值、最小值	$f(x)$ 在 D 上能取得最大值和最小值,即 $\exists P_1, P_2 \in D$,使 $f(P_1) = \max\limits_{P\in D} f(P), f(P_2) = \min\limits_{P\in D} f(P)$
一致连续性	$f(x)$ 在 D 上必一致连续,即 $\forall \varepsilon > 0, \exists \delta > 0,$ 使一切 $P', P'' \in D$,只要 $\rho(P',P'') < \delta$,就有 $\lvert f(P') - f(P'') \rvert < \varepsilon$
介值性	$\forall P_1, P_2 \in D,$ 若 $f(P_1) < f(P_2),$ 则 f 在 D 内必能取得介于 $f(P_1)$ 与 $f(P_2)$ 之间的一切值,即 $\forall \mu$ 满足 $f(P_1) < \mu < f(P_2), \exists P_0 \in D,$ 使 $f(P_0) = \mu$

例 8 设 $f(x) = \begin{cases} x^2, & x \leqslant 1 \\ 2-x, & x > 1 \end{cases}$, $\varphi(x) = \begin{cases} x, & x \leqslant 1 \\ x+4, & x > 1 \end{cases}$,讨论复合函数 $f[\varphi(x)]$ 的连续性.

解 $f[\varphi(x)] = \begin{cases} \varphi^2(x), & \varphi(x) \leqslant 1 \\ 2-\varphi(x), & \varphi(x) > 1 \end{cases} = \begin{cases} x^2, & x \leqslant 1 \\ -2-x, & x > 1 \end{cases}$

当 $x \neq 1$ 时,$f[\varphi(x)]$ 为初等函数,故此时连续. 因为
$$\lim_{x \to 1^-} f[\varphi(x)] = \lim_{x \to 1^-} x^2 = 1,$$
$$\lim_{x \to 1^+} f[\varphi(x)] = \lim_{x \to 1^+} (-2-x) = -3,$$
所以 $f[\varphi(x)]$ 在点 $x = 1$ 不连续,$x = 1$ 为第一类间断点.

例 9 证明:若 $f(x)$ 在 $(-\infty, +\infty)$ 上连续,$\lim\limits_{x \to \infty} f(x)$ 存在,则 $f(x)$ 在 $(-\infty, +\infty)$ 内有界.

解 因为 $\lim\limits_{x \to \infty} f(x)$ 存在,

设 $\lim\limits_{x \to \infty} f(x) = A$,

则根据极限定义,得

对任意给定的 $\varepsilon > 0, \exists X > 0,$ 当 $\lvert x \rvert > X$ 时,使得 $A - \varepsilon < f(x) < A + \varepsilon$.

又 $f(x) \in U[-X, X]$,故 $\exists M_1 > 0,$ 使得 $\lvert f(x) \rvert \leqslant M_1, x \in [-X, X]$.

取 $M = \max\{ \lvert A+\varepsilon \rvert, \lvert A-\varepsilon \rvert, M_1 \}$,则恒有

$\lvert f(x) \rvert \leqslant M, x \in (-\infty, \infty),$ 命题得证.

例 10 求函数 $f(x,y) = \dfrac{\arcsin(3-x^2-y^2)}{\sqrt{x-y^2}}$ 的连续性.

解 $\begin{cases} \lvert 3-x^2-y^2 \rvert \leqslant 1 \\ x-y^2 > 0 \end{cases} \Rightarrow \begin{cases} 2 \leqslant x^2+y^2 \leqslant 4 \\ x > y^2 \end{cases}$

所求定义域
$$D = \{(x,y) \mid 2 \leqslant x^2+y^2 \leqslant 4, x > y^2\}$$
即为所求的连续域,如图 16-1 所示.

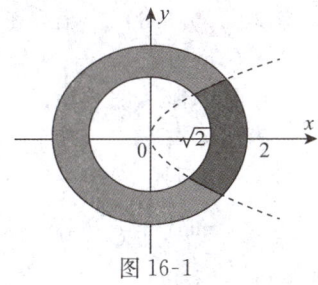

图 16-1

课后习题全解

习题 16.1

1. **知识点窍** 开集、闭集、区域、聚点及界点等相关概念的理解.

   解题过程 (1) 该点集是有界集,也是区域.但既不是开集,也不是闭集.其聚点为 $[a,b] \times [c,d)$ 中任一点,界点为矩形 $[a,b] \times [c,d]$ 的四条边上的任一点.

   (2) 该点集是开集,其聚点为平面上的任一点,界点为两坐标轴上的点.

   (3) 该集为无界闭集,其聚点与界点集为坐标轴.

   (4) 该点集为开集,也是区域.聚点集满足 $y \geq x^2$,界点集为 $\{(x,y) \mid y=x^2\}$.

   (5) 该集为有界开集,聚点集为
   $$E = \{(x,y) \mid x \leq 2, y \leq 2, x+y \geq 2\}.$$
   界点集为 E^d 的三条边.

   (6) 该集为有界闭集,聚点与界点都是闭集中的任一点.

   (7) 该集为有界闭集,其聚点集为
   $$E = \{(x,y) \mid x^2+y^2 \leq 1 \text{ 或 } y=0, 1 \leq x \leq 2\}.$$
   界点集为
   $$\partial E = \{(x,y) \mid x^2+y^2 = 1 \text{ 或 } y=0, 1 \leq x \leq 2\}.$$

   (8) 该集为闭集,没有聚点,界点集为 $\{(x,y) \mid x, y \text{ 均为整数}\}$.

   (9) 该集是无界集,其聚点集为
   $$E = \left\{(x,y) \mid y = \sin\frac{1}{x}, x > 0\right\} \cup \{(0,y) \mid -1 \leq y \leq 1\},$$
   界点集为 $\partial E = E$.

2. **知识点窍** 集合相等的概念.

   逻辑推理 利用特殊区域来判断集合是否相等.

   解题过程 不相同,第一个点集为第二个点集的子集.因为 $E = \{(x,y) \mid x=a, 0 < |y-b| < \delta\} \cup \{(x,y) \mid y=b, 0 < |x-a| < \delta\}$ 不属于第一个点集,但包含于第二个点集.

3. **知识点窍** 聚点的定义.

   逻辑推理 因 $\lim\limits_{n \to \infty} P_n = P_0$,则 $\forall \varepsilon > 0, \exists N \in \mathbf{N}_+$,当 $n > N$ 时,$P_n \in U^\circ(P_0; \varepsilon)$,得 P_0 是 E 的聚点,反之亦然.

   解题过程 充分性 若存在 $\{P_n\} \subset E$ 且各点互不相同,$P_n \neq P_0$,但 $\lim\limits_{n \to \infty} P_n = P_0$,则 $\forall \varepsilon > 0, \exists N > 0$,当 $n > N$ 时,$P_n \in U^\circ(P_0; \varepsilon)$,又 $\{P_n\} \subset E$,从而 P_0 的任何空心邻域 $U^\circ(P_0; \varepsilon)$ 内都含有 E 中的点,即 P_0 是 E 的聚点.

   必要性 若 P_0 是 E 的聚点,则 $\forall \varepsilon > 0$,存在 $P \in U^\circ(P_0; \varepsilon) \cap E$.

   令 $\varepsilon_1 = 1$,则存在 $P_1 \in U^\circ(P_0; \varepsilon_1) \cap E$.

   令 $\varepsilon_2 = \min\left\{\dfrac{1}{2}, \rho(P_1, P_0)\right\}$,则存在 $P_2 \in U^\circ(P_0; \varepsilon_2) \cap E$,且显然 $\rho(P_2, P_0) < \varepsilon_2 \leq \rho(P_1, P_0)$,可

知 $P_2 \neq P_1$.

令 $\varepsilon_n = \min\left\{\dfrac{1}{n}, \rho(P_{n-1}, P_0)\right\}$，则存在 $P_n \in U^o(P_0; \varepsilon_n) \cap E$，且 P_n 与 $P_1, \cdots, P_{n-1}$ 互异.

无限地重复以上步骤，得到 E 中各项互异的点列 $\{P_n\}$，$P_n \neq P_0$ 且由 $\rho(P_n, P_0) < \varepsilon_n \leqslant \dfrac{1}{n}$，易得 $\lim\limits_{n \to \infty} P_n = P_0$.

4. **知识点拨** 闭域、闭集的定义.
   逻辑推理 若 D 是闭域，则开域是连同边界点所成的点集，则 D 上一切点都是 D 的聚点，即 D 是闭集，反之不成立.
   解题过程 ① 设 D 为闭域. 则有开域 G 使 $D = G \cup \partial G$（其中 ∂G 是 G 的边界）.
   设 $P_0 \notin D$. 则 $P_0 \notin G$ 且 $P_0 \notin \partial G$.
   由 $P_0 \notin G$，得对 $\forall \delta > 0$，$U(P_0; \delta) \cap G^c = \varnothing$（其中 G^c 为 G 的余集，即关于 $\mathbf{R}^2$ 的补集）.
   由 $P_0 \notin \partial G$，$\exists \delta_0 > 0$，使 $U(P_0; \delta_0) \cap G = \varnothing$. 下面证明 $U(P_0; \delta_0) \cap D = \varnothing$. 否则，$\exists P_1 \in U(P_0; \delta_0) \cap \partial G$. 当 $\varepsilon > 0$ 充分小时，$U(P_1; \varepsilon) \subset U(P_0; \delta_0)$. 由于 $P_1 \in \partial G$，从而 $U(P_1; \varepsilon)$ 中含有 G 的点 Q.
   于是 $Q \in U(P_0; \delta) \cap G$. 这与以上结论矛盾，因此 $U(P_0; \delta_0) \cap D = \varnothing$.
   故 P_0 不是 D 的聚点. 这说明：若 P_0 为 D 的聚点，则 $P_0 \in D$，因此 D 为闭集.
   ③ 例如 $\{(x, y) \mid x^2 + y^2 = 1$ 或 $y = 0, 0 \leqslant x \leqslant 1\}$ 是闭集，但不是闭域.

5. **解题过程** $(E')' \subset E'$
   在 E' 中任取一点 P，使得 $P \in (E')'$
   根据聚点定义，$\forall \delta > 0$，$\exists P_1, P_1 \in E'$
   P_1 是 E 的聚点（根据导集定义）
   在 P_1 中任取一点 P_2，使得 $P_2 \in E, P_2 \neq P, P_2 \neq P_1$
   P 是 E 的聚点，$P \in E'$
   由 $P \in (E')' \Rightarrow P \in E'$

6. **知识点拨** 点列极限的定义.
   解题过程 必要条件：
   设点列 $\{P_n(x_n, y_n)\}$ 收敛于 $P_0(x_0, y_0)$，即 $\lim\limits_{n \to \infty} P_n = P_0$. 则 $\forall \varepsilon > 0$，存在 N，当 $n > N$ 时，有 $P_n \in U(P_0; \varepsilon)$，即 $\rho(P_n, P_0) = \sqrt{(x_n - x_0)^2 + (y_n - y_0)^2} < \varepsilon$.
   于是 $|x_n - x_0| \leqslant \sqrt{(x_n - x_0)^2 + (y_n - y_0)^2} < \varepsilon (n > N)$.
   从而 $\lim\limits_{n \to \infty} x_n = x_0$. 同理，$\lim\limits_{n \to \infty} y_n = y_0$.
   充分条件：
   设 $\lim\limits_{n \to \infty} x_n = x_0$，$\lim\limits_{n \to \infty} y_n = y_0$，则 $\forall \varepsilon > 0$，存在 $N > 0$，当 $n > N$ 时，
   $|x_n - x_0| < \dfrac{\varepsilon}{\sqrt{2}}$，$|y_n - y_0| < \dfrac{\varepsilon}{\sqrt{2}}$.
   因此 $\sqrt{(x_n - x_0)^2 + (y_n - y_0)^2} < \varepsilon$，可知 $\lim\limits_{n \to \infty} P_n = P_0$，
   故 $\{P_n(x_n, y_n)\}$ 收敛于 $P_0(x_0, y_0)$.

7. **解题过程** (1) $f\left(\dfrac{1 + \sqrt{3}}{2}, \dfrac{1 - \sqrt{3}}{2}\right) = \left(\dfrac{\arctan 1}{\arctan \sqrt{3}}\right)^2 = \left(\dfrac{\frac{\pi}{4}}{\frac{\pi}{3}}\right)^2 = \dfrac{9}{16}$.

(2) $f\left(1,\dfrac{y}{x}\right) = \dfrac{2\cdot\dfrac{y}{x}}{1+\left(\dfrac{y}{x}\right)^2} = \dfrac{2xy}{x^2+y^2}.$

(3) $f(tx,ty) = t^2x^2 + t^2y^2 - t^2xy\tan\dfrac{x}{y} = t^2(x^2+y^2-xy\tan\dfrac{x}{y}).$

8. 解题过程 因为 $F(x,y)=\ln x\ln y, u>0, v>0$,所以
$$\begin{aligned}F(xy,uv) &= \ln(xy)\ln(uv) = (\ln x+\ln y)(\ln u+\ln v)\\ &= \ln x\ln u + \ln x\ln v + \ln y\ln u + \ln y\ln v\\ &= F(x,u) + F(x,v) + F(y,u) + F(y,v).\end{aligned}$$

9. 解题过程 (1) 函数的定义域为 $D = \{(x,y) \mid y \neq \pm x\}$,如图 16-2 所示,它是无界开点集.

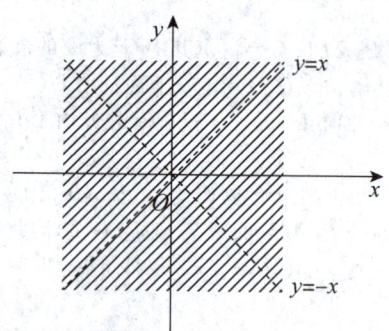

图 16-2

(2) 函数的定义域为 $D = \{(x,y) \mid x^2+y^2 \neq 0\}$,如图 16-3 所示,它是无界开点集.

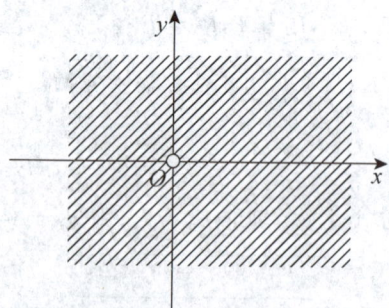

图 16-3

(3) 函数的定义域为 $D = \{(x,y) \mid xy \geqslant 0\}$,如图 16-4 所示,它是无界闭集.

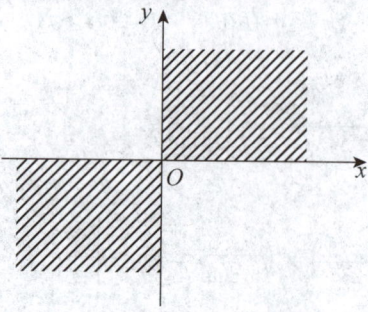

图 16-4

(4) 函数的定义域为 $D=\{(x,y)\mid |x|\leqslant 1, |y|\geqslant 1\}$，如图 16-5 所示，它是无界闭集.

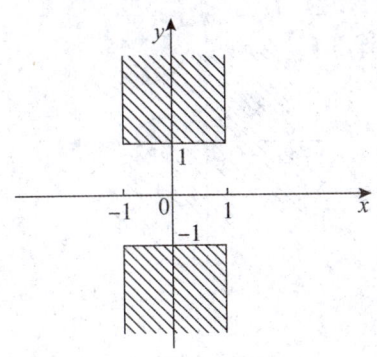

图 16-5

(5) 由对数定义得函数的定义域为 $D=\{(x,y)\mid x>0, y>0\}$，如图 16-6 所示，它是无界开点集.

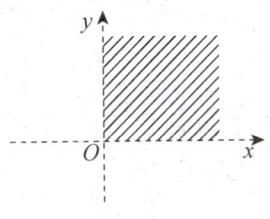

图 16-6

(6) 由开方和三角函数的定义得函数的定义域为 $D=\{(x,y)\mid 2n\pi\leqslant x^2+y^2\leqslant(2n+1)\pi, n=0,1,2,\cdots\}$，如图 16-7 所示，它是无界闭集.

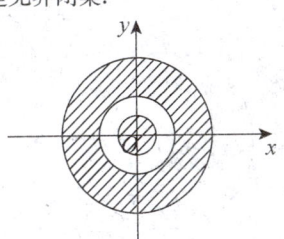

图 16-7

(7) 由对数定义得函数的定义域为 $D=\{(x,y)\mid y>x\}$，如图 16-8 所示，它是无界开集.

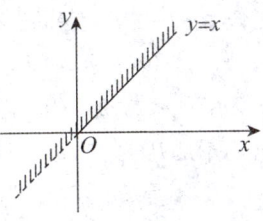

图 16-8

(8) 因为 $e^{-(x^2+y^2)} \neq 0$,所以函数的定义域为 $D = \mathbf{R}^2$,如图 16-9 所示,它是无界开集,也是无界闭集.

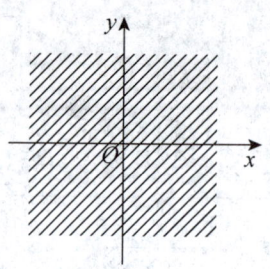

图 16-9

(9) 由所给函数可知其定义域是整个三维空间,即 $D = \mathbf{R}^3$,如图 16-10 所示,它是无界开集,也是无界闭集.

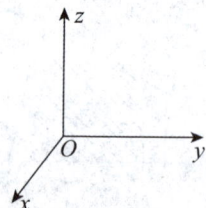

图 16-10

(10) 函数的定义域为 $D = \{(x,y,z) \mid r^2 < x^2 + y^2 + z^2 \leqslant R^2\}$,如图 16-11 所示,它是有界集,但既不是开集,也不是闭集.

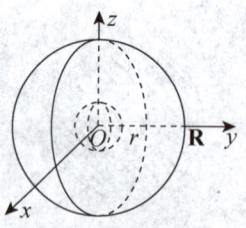

图 16-11

10. **知识点窍** 开集、闭集定义及集合 E 与余集合 E^c 的关系.

逻辑推理 E 为开集合,假设 P_0 是 E^c 的任一聚点,可知 P_0 不属于 E, $P_0 \in E^c$,故 E^c 是闭集,反之亦然.

解题过程 若 E 是开集.设 P_0 是 E^c 的任一聚点,那么 P_0 的任一邻域都有不属于 E 的点.这样,P_0 就不可能是 E 的内点,从而不属于 E,于是 $P_0 \in E^c$.故 E^c 是闭集.

若 E 是闭集,对任一 $P_0 \in E^c$,即 $P \in E$ 不是 E 的聚点.假如 P_0 不是 E^c 的内点,则 P_0 的任一邻域内至少有一个属于 E 的点,而且这点又必异于 P_0,这样 P_0 就是 E 的聚点,从而属于 E,和假设矛盾,所以 E^c 的任一点 P_0 均是 E^c 的内点.故 E^c 是开集.

11. **解题过程** (1) 这里只证 $F_1 \cup F_2$ 为闭集:设 P 为 $F_1 \cup F_2$ 的任一聚点,则存在各项互不相同的点

列 $\{P_k\} \subset F_1 \bigcup F_2, \lim_{k\to\infty} P_k = P$. 由于 F_1 和 F_2 中至少有一个集合含有 $\{P_{k_j}\}$,且有共同极限点 P,从而 P 也是 F_1 的一个聚点. 再由 F_1 为闭集,于是证得 $P \in F_1 \subset F_1 \bigcup F_2$,即 $F_1 \bigcup F_2$ 亦为闭集.

(2) 这里只证 $E_1 \bigcap E_2$ 为开集:设 $P \in E_1 \bigcap E_2$,则 $P \in E_1, P \in E_2$. 由开集定义,P 是 E_1 的内点,又是 E_2 的内点,于是分别存在 $\delta_1 > 0, \delta_2 > 0$,使得
$$U(P;\delta_1) \subset E_1, U(P;\delta_2) \subset E_2.$$
取 $\delta = \min(\delta_1, \delta_2)$,则 $U(P;\delta) \subset E_1 \bigcap E_2$,这说明点 P 是 $E_1 \bigcap E_2$ 的内点,故 $E_1 \bigcap E_2$ 是开集.

注意　这里也可以利用对偶关系来证明.

由于 $(E_1 \bigcap E_2)^c = E_1^c \bigcup E_2^c$,而 E_1^c、E_2^c 均为闭集,由(1)已证得 $E_1^c \bigcup E_2^c$ 必为闭集,再利用对偶性,便知 $E_1 \bigcap E_2$ 必为开集.

(3) 这里只证 $E \backslash F$ 为开集: $\forall P \in E \backslash F$,则 $P \in E, P \notin F$. 由此知道 P 为 E 的内点,P 又为 F 的外点,于是分别存在 $\delta_1 > 0$ 和 $\delta_2 > 0$,使
$$U(P;\delta_1) \subset E, U(P;\delta_2) \bigcap F = \emptyset.$$
取 $\delta = \min(\delta_1, \delta_2)$,则 $U(P;\delta) \subset E \backslash F$,说明点 P 是 $E \backslash F$ 的内点,也就证得 $E \backslash F$ 为开集.

其余 $F_1 \bigcap F_2$ 与 $F \backslash E$ 为闭集,$E_1 \bigcup E_2$ 为开集的证明,都可类似地进行.

12. **知识点窍** 闭域套定理.

逻辑推理 首先要找到点 P_0,为此可利用条件(ii)及柯西准则得 E_n 中点列收敛,其次证明该点列的收敛点就是要找的点,最后证明 P_0 的唯一性.

解题过程 任取点列 $P_n \in D_n, n = 1, 2, \cdots$,由于 $D_{n+p} \subset D_n$,知 $P_n, P_{n+p} \in D_n$,从而有
$$\rho(P_n, P_{n+p}) \leqslant d_n,$$
因此 $\lim_{n\to\infty} \rho(P_n, P_{n+1}) = 0$.

根据柯西准则,$\exists P_0 \in \mathbf{R}^2$,使 $\lim_{n\to\infty} P_n = P_0$.

对任意确定的 $n \in \mathbf{N}_+$,对 $\forall P \in \mathbf{N}_+, \forall p \in \mathbf{N}_+$,有 $P_{n+p} \in D_{n+p} \subset D_n$. 再令 $p \to \infty$,因为 D_n 是闭集,所以 $\lim_{n\to\infty} P_{n+p} = P_0$. P_0 作为 D_n 的聚点必属于 D_n,即
$$P_0 = \lim_{p\to\infty} P_{n+p} \in D_n, n = 1, 2, \cdots.$$
若还有 $P'_0 \in D_n, n = 1, 2, \cdots$,则由 $\rho(P_0, P'_0) \leqslant \rho(P_0, P_n) + \rho(P'_0, P_n) \leqslant 2d_n, \lim_{n\to\infty} \rho(P_0, P'_0) = 0$,得到 $\rho(P_0, P'_0) = 0$,即 $P_0 = P'_0$.

故定理成立.

13. **知识点窍** 有限覆盖定理.

逻辑推理 用反证法,假设有界闭域 D 不能用 $\{\Delta_\alpha\}$ 中任意有限个开域所覆盖. 因为 D 有界,所以存在一个闭正方形 R_1,使 $D \subset R_1$. 通过 R_1 四边的中点将闭正方形 R_1 分成至少有一个闭正方形(包含 D 的子集 D_1 不能用 $\{\Delta_\alpha\}$ 中任意有限个开域所覆盖)的四个相等的正方形. 如果继续进行下去,应用闭域套定理会得到矛盾.

解题过程 假设有界闭域 D 没有有限覆盖. 因为 $D \subset \mathbf{R}^2$ 为一有界闭域,存在一个闭正方形,使 $D \subset R_1$. 设闭正方形 R_1 的一边长为 l,则 $d(R_1) = \sqrt{2} l$,通过闭正方形 R_1 四边的中点将 R_1 分成四个相等的正方形,其中至少有一个闭正方形 R_2 所包含 D 的子集 D_1 没有有限覆盖,$d(R_2) = \frac{\sqrt{2}}{2} l$.

再通过闭正方形 R_2 四边的中点将 R_2 分成四个相等的正方形,其中至少有一个闭正方形 R_3 所包含 D 的子集 D_2 没有有限覆盖.如此无限进行下去,得一列闭正方形区域 $R_1, R_2, R_3, \cdots$ 满足条件:

① $R_1 \supset R_2 \supset R_3 \supset \cdots \supset R_n \supset \cdots$ 且 R_n 不能被有限个开域覆盖;② $\lim\limits_{n\to\infty} d(R_n) = \lim\limits_{n\to\infty} \dfrac{\sqrt{2}l}{2^{n-1}} = 0$.
每个 R_n 中所包含 D 的子集 D_{n-1} 没有有限覆盖.

由闭域套定理,存在唯一点 $P \in R_n (n=1,2,\cdots)$.又有点 $P \in D$,由定理条件知,$\{\Delta_\alpha\}$ 中至少存在一个开域 Δ_k,使 $P \in \Delta_k$,于是存在点 P 的一个邻域 $U(P,\delta)$,使 $U(P,\delta) \subset \Delta_k$. 但因为闭正方形列 $\{R_n\}$ 向点 P 收缩,且 $\lim\limits_{n\to\infty} d(R_n) = 0$,所以当 n 充分大时,有 $R_n \subset U(P,\delta)$,即 $D_{n-1} \subset R_n \subset U(P,\delta) \subset \Delta_k$. 一方面,已知 R_n 中含有 D 的子集 D_{n-1} 没有有限覆盖;另一方面,D_{n-1} 被 $\{\Delta_\alpha\}$ 中的一个开域 Δ_k 所覆盖,产生矛盾. 故闭域 D 可以被有限覆盖.

14. **解题过程** 充分条件:

由于 $f(x)$ 在 D 上无界,设点 $P(x,y)$ 为 $f(x)$ 在 D 上的无界点,即 $f(P) = \infty$,则取 P 的一个邻域 $U(P;\varepsilon)$,使 $U(P;\varepsilon) \subseteq D$. 在 $U(P;\varepsilon)$ 的内部取一点 $P_0(x_0, y_0)$,使 $x_0 = x - d, y_0 = y - d (0 < d < \varepsilon)$. 令 P_k 的坐标为 $\left(x_0 + \dfrac{d}{2^k}, y_0 + \dfrac{d}{2^k}\right)$,则 $\{P_k\} \subset D, \lim\limits_{n\to\infty} f(P_k) = f(P) = \infty$.

必要条件:

取 $k = m$,使 $f(P_m) = M$,其中 M 为一有限数.设 $P\{f(P_k)\}$ 为一维数轴上的一组点集,坐标为 $\{x_k\}$,则 $\lim\limits_{k\to\infty} P[f(P_m), f(P_k)] = \lim\limits_{k\to\infty} |x_m - x_k| = \infty$.

故 $P\{f(P_k)\}$ 为一组无界点集.

所以 $f(x)$ 在 D 上无界.

> **小提示**:在计算的过程中采用极坐标是一个很好的选择,只要求极限的过程中角度没有影响,即可将 $(x,y) \to (0,0)$ 转换成 $r \to 0$,从而简化计算.

习题 16.2

1. **知识点拨** 二元函数的极限.

解题过程 (1) 因为 $0 \leqslant \dfrac{x^2y^2}{x^2+y^2} \leqslant \dfrac{x^2y^2}{2|x\|y|} = \dfrac{1}{2}|x\|y| \to (0,0)$,所以 $\lim\limits_{(x,y)\to(0,0)} \dfrac{x^2y^2}{x^2+y^2} = 0$.

(2) 令 $x = r\cos\theta, y = r\sin\theta$,当 $(x,y) \to (0,0)$ 时,$r \to 0$,

$$\lim_{(x,y)\to(0,0)} \frac{1+x^2+y^2}{x^2+y^2} = \lim_{r\to 0} \frac{1+r^2}{r^2} = +\infty.$$

(3) 令 $x = r\cos\theta, y = r\sin\theta$,当 $(x,y) \to (0,0)$ 时,$r \to 0$,

$$\lim_{(x,y)\to(0,0)} \frac{x^2+y^2}{\sqrt{1+x^2+y^2}-1} = \lim_{(x,y)\to(0,0)} (\sqrt{1+x^2+y^2}+1) = \lim_{r\to 0}(\sqrt{1+r^2}+1) = 2.$$

(4) 令 $x = r\cos\theta, y = r\sin\theta$,当 $(x,y) \to (0,0)$ 时,$r \to 0$. 不妨限制 $0 < r < 1$,

则对 $\forall M > 0$,当 $0 < r < \min\left\{1, \sqrt[4]{\dfrac{1}{2M}}\right\}$ 时,

因为 $\sin^4\theta + \cos^4\theta = \dfrac{1}{4}(3 + \cos 4\theta)$,则

$$\frac{xy+1}{x^4+y^4} = \frac{r^2\sin\theta\cos\theta+1}{r^4(\cos^4\theta+\sin^4\theta)} = \frac{4+2r^2\sin 2\theta}{r^4(3+\cos 4\theta)} > \frac{2}{4r^4} \geqslant M.$$

故 $\lim\limits_{(x,y)\to(0,0)} \dfrac{xy+1}{x^4+y^4} = +\infty$.

(5) 对 $\forall M>0$, 当 $|x-1|<\dfrac{1}{4M}$, $|y-2|<\dfrac{1}{2M}$ 时,就有

$$\left|\dfrac{1}{2x-y}\right| = \dfrac{1}{|2(x-1)+(2-y)|} \geq \dfrac{1}{2|x-1|+|2-y|} > M.$$

所以 $\lim\limits_{(x,y)\to(1,2)} \dfrac{1}{2x-y} = \infty$.

(6) 对 $\forall \varepsilon > 0$, 当 $|x|<\dfrac{\varepsilon}{2}$, $|y|<\dfrac{\varepsilon}{2}$ 时,就有

$$\left|(x+y)\sin\dfrac{1}{x^2+y^2}\right| \leq |x|+|y| < \varepsilon.$$

所以 $\lim\limits_{(x,y)\to(0,0)} (x+y)\sin\dfrac{1}{x^2+y^2} = 0$.

(7) 令 $x=r\cos\theta, y=r\sin\theta$, 当 $(x,y)\to(0,0)$ 时, $r\to 0$,

$$\lim\limits_{(x,y)\to(0,0)} \dfrac{\sin(x^2+y^2)}{x^2+y^2} = \lim\limits_{r\to 0} \dfrac{\sin r^2}{r^2} = 1.$$

2. **知识点窍** 重极限;累次极限.

逻辑推理 ① 函数在$(0,0)$ 的重极限取不同途径趋于$(0,0)$ 求得的极限相等,则重极限存在,如题(1)(3)(5);② 通过定义求重极限,如题(2)(4). 累次极限按照一次函数极限的求法分次求得.

解题过程 (1) 当动点 $P(x,y)$ 沿直线 $y=kx$ 趋于点$(0,0)$ 时,有 $\lim\limits_{\substack{(x,y)\to(0,0)\\y=kx}} \dfrac{y^2}{x^2+y^2} = \lim\limits_{(x,y)\to(0,0)} \dfrac{k^2}{1+k^2}$, 其极限值依赖于 k, 即动点沿不同方向趋于原点时,对应的极限值不相同. 函数 $f(x,y)$ 在 $(x,y)\to(0,0)$ 时的重极限不存在.

累次极限 $\lim\limits_{x\to 0}\lim\limits_{y\to 0} \dfrac{y^2}{x^2+y^2} = 0$, $\lim\limits_{y\to 0}\lim\limits_{x\to 0} \dfrac{y^2}{x^2+y^2} = 1$.

(2) 因为 $\lim\limits_{(x,y)\to(0,0)} (x+y) = 0$,

而 $\left|\sin\dfrac{1}{x}\sin\dfrac{1}{y}\right| \leq 1$,

所以重极限 $\lim\limits_{(x,y)\to(0,0)} (x+y)\sin\dfrac{1}{x}\sin\dfrac{1}{y} = 0$.

累次极限 $\lim\limits_{x\to 0}\lim\limits_{y\to 0} (x+y)\sin\dfrac{1}{x}\sin\dfrac{1}{y} = \lim\limits_{x\to 0}\left[\sin\dfrac{1}{x}\left(\lim\limits_{y\to 0}(x+y)\sin\dfrac{1}{y}\right)\right]$ 不存在.

同理 $\lim\limits_{y\to 0}\lim\limits_{x\to 0} (x+y)\sin\dfrac{1}{x}\sin\dfrac{1}{y}$ 不存在.

(3) ① 当 $y=x$ 时,有 $\lim\limits_{(x,y)\to(0,0)} f(x,y) = \lim\limits_{x\to 0} f(x,x) = 1$.

② 当 $y=0$ 时,有 $\lim\limits_{(x,y)\to(0,0)} f(x,y) = \lim\limits_{x\to 0} f(x,0) = 0$, $(x,y)\to(0,0)$.

因此 $\lim\limits_{(x,y)\to(0,0)} f(x,y)$ 不存在,而 $\lim\limits_{x\to 0}\lim\limits_{y\to 0} f(x,y) = \lim\limits_{x\to 0}\dfrac{0}{x^2} = 0$,

$\lim\limits_{y\to 0}\lim\limits_{x\to 0} f(x,y) = \lim\limits_{y\to 0}\dfrac{0}{y^2} = 0$.

(4) 让动点 (x,y) 沿曲线 $y=x^2(x^2-1)$ 向 $(0,0)$ 移动,

$$\lim_{\substack{(x,y)\to(0,0)\\y=x^2(x^2-1)}}\frac{x^3+y^3}{x^2+y}=\lim_{\substack{(x,y)\to(0,0)\\y=x^2(x^2-1)}}\left[\frac{1}{x}+x^2(x^2-1)^3\right]=\infty,$$

因此 $f(x,y)$ 的重极限不存在.

累次极限 $\lim\limits_{x\to 0}\lim\limits_{y\to 0}\dfrac{x^3+y^3}{x^2+y}=\lim\limits_{x\to 0}x=0.$ $\lim\limits_{y\to 0}\lim\limits_{x\to 0}\dfrac{x^3+y^3}{x^2+y}=\lim\limits_{y\to 0}y^2=0.$

(5) 因为 $\lim\limits_{(x,y)\to(0,0)}y=0,$ 而 $\left|\sin\dfrac{1}{x}\right|\leqslant 1,$

所以重极限 $\lim\limits_{(x,y)\to(0,0)}y\sin\dfrac{1}{x}=0.$

累次极限 $\lim\limits_{x\to 0}\lim\limits_{y\to 0}y\sin\dfrac{1}{x}=\lim\limits_{x\to 0}0=0.$

$\lim\limits_{y\to 0}\lim\limits_{x\to 0}y\sin\dfrac{1}{x}=\lim\limits_{y\to 0}\left[y\lim\limits_{x\to 0}\sin\dfrac{1}{x}\right]$ 不存在.

(6) ① 当 $y=x$ 时,有 $\lim\limits_{\substack{(x,y)\to(0,0)\\y=x}}f(x,y)=\lim\limits_{x\to 0}\dfrac{x^4}{2x^3}=0.$

② 当 $y=-x+x^2$ 时,有

$$\lim_{\substack{(x,y)\to(0,0)\\y=-x+x^2}}f(x,y)=\lim_{x\to 0}\frac{x^4(x-1)^2}{x^3[1+(x-1)^3]}=\lim_{x\to 0}\frac{x^2-2x+1}{x^2-3x+3}=\frac{1}{3},$$

因此 $\lim\limits_{(x,y)\to(0,0)}f(x,y)$ 不存在.

而 $\lim\limits_{x\to 0}\lim\limits_{y\to 0}\dfrac{x^2y^2}{x^3+y^3}=\lim\limits_{x\to 0}0=0,\lim\limits_{y\to 0}\lim\limits_{x\to 0}\dfrac{x^2y^2}{x^3+y^3}=0.$

(7) 当动点 (x,y) 沿 x 轴正向趋于 $(0,0)$ 时, $\lim\limits_{(x,y)\to(0,0)}\dfrac{\mathrm{e}^x-\mathrm{e}^y}{\sin xy}$ 不存在.

因此函数 $f(x,y)$ 的重极限不存在.

累次极限 $\lim\limits_{x\to 0}\lim\limits_{y\to 0}\dfrac{\mathrm{e}^x-\mathrm{e}^y}{\sin xy}$ 和 $\lim\limits_{y\to 0}\lim\limits_{x\to 0}\dfrac{\mathrm{e}^x-\mathrm{e}^y}{\sin xy}$ 都不存在.

3. **知识点窍** 重极限的定义.

逻辑推理 因 $\lim\limits_{(x,y)\to(a,b)}f(x,y)=A,$ 则 $\forall\varepsilon>0,$ 存在 $\delta_1>0,$ 有 $|f(x,y)-A|<\varepsilon$ 且 $\lim\limits_{x\to a}f(x,y)=\varphi(y),$ 则当 $x\to a$ 时, $|\varphi(y)-A|<\varepsilon,$ 即累次极限 $\lim\limits_{y\to b}\lim\limits_{x\to a}f(x,y)=A,$ 即得证.

解题过程 由条件 1° 知, $\forall\varepsilon>0,$ 存在 $\delta_1>0,$ 当 $|x-a|<\delta_1,|y-b|<\delta_1,$ 且 $(x,y)\neq(a,b)$ 时,有

$$|f(x,y)-A|<\varepsilon. \qquad ①$$

又由条件 2° 知,当 y 在 b 的某邻域 $U(b;\delta_2)$ 内时, $\lim\limits_{x\to a}f(x,y)=\varphi(y)$ 存在. 令 $\delta=\min\{\delta_1,\delta_2\},$ 当 $0<|y-b|<\delta$ 时,在式 ① 中令 $x\to a,$ 得 $|\varphi(y)-A|\leqslant\varepsilon,$ 于是 $\lim\limits_{y\to b}\varphi(y)=A,$ 即 $\lim\limits_{y\to b}\lim\limits_{x\to a}f(x,y)=A.$

4. **知识点窍** 重极限的定义.

解题过程 对 $\forall\varepsilon>0,$ 取 $\delta=\varepsilon.$ 令 $x=r\cos\theta,y=r\sin\theta.$ 当 $0<r=\sqrt{x^2+y^2}<\delta,$ 即 $\rho(P,P_0)=\sqrt{x^2+y^2}<\delta$ 时, $[P(x,y),P_0(0,0)],$ 就有

$$|f(x,y)|=\left|\frac{x^2y}{x^2+y^2}\right|=|r\sin\theta\cos^2\theta|\leqslant r<\delta=\varepsilon.$$

所以 $\lim\limits_{(x,y)\to(0,0)}\dfrac{x^2y}{x^2+y^2}=0.$

5. **逻辑推理** 对于唯一性的证明，可以假设存在两个极限 A 和 B，然后证明两者相等；局部有界性定理和局部保号性定理根据极限的定义可以证明。

   解题过程 (1) 唯一性定理：若极限 $\lim\limits_{(x,y)\to(a,b)} f(x,y)$ 存在，则此极限是唯一的。

   证明：设 A,B 都是二元函数 $f(x,y)$ 的极限[在点 $P_0(a,b)$ 处]，则对 $\forall \varepsilon>0, \exists \delta>0$. 当 $(x,y) \in U^\circ(P_0;\delta) \cap D$ 时，有 $|f(x,y)-A|<\dfrac{\varepsilon}{2}$，$|f(x,y)-B|<\dfrac{\varepsilon}{2}$.

   从而 $|A-B| \leqslant |f(x,y)-A|+|f(x,y)-B| < \dfrac{\varepsilon}{2}+\dfrac{\varepsilon}{2}=\varepsilon$.

   由 $\varepsilon>0$ 的任意性，得 $A=B$.

   (2) 局部有界性定理：若 $\lim\limits_{(x,y)\to(a,b)} f(x,y)=A$，则存在点 $P_0(a,b)$ 的某空心邻域 $U^\circ(P_0;\delta)$，使 $f(x,y)$ 在 $U^\circ(P_0;\delta) \cap D$ 上有界.

   证明：因为 $\lim\limits_{(x,y)\to(a,b)} f(x,y)=A$ 存在，所以对 $\varepsilon_0=1, \exists \delta>0$，若 $(x,y) \in U^\circ(P_0;\delta) \cap D$，均有 $|f(x,y)-A|<\varepsilon_0=1$，即 $A-1<f(x,y)<A+1$.

   这说明 $f(x,y)$ 在 $U^\circ(P_0;\delta)$ 内有界.

   (3) 局部保号性定理：若 $\lim\limits_{(x,y)\to(0,0)} f(x,y)=A>0$（或 <0），则对任意正数 $r(0<r<|A|)$，且存在 $P_0(a,b)$ 的某空心邻域 $U^\circ(P_0;\delta)$，使得对一切点 $P(x,y) \in U^\circ(P_0;\delta) \cap D$，恒有 $f(x,y)>r>0$[或 $f(x,y)<r<0$].

   证明：设 $A>0$，取 $\varepsilon_0=A-r$. 由函数极限的定义知存在相应的 $\delta>0$. 对一切 $(x,y) \in U^\circ(P_0;\delta) \cap D$，有 $|f(x,y)-A|<\varepsilon_0=A-r$. 当 $(x,y) \in U^\circ(P_1;\delta) \cap D$ 时，$f(x,y)>A-(A-r)=r>0$.

   对于 $A<0$ 的情况可用类似的方法证明.

6. **知识点窍** $(x,y) \to (-\infty,+\infty), (x,y) \to (0,+\infty)$ 时重极限的定义.

   解题过程 (1) 设 $f(x,y)$ 为定义在 $D \subset \mathbf{R}^2$ 上的二元函数，A 是一个确定的实数. 若 $\forall \varepsilon>0, \exists M>0$，当 $(x,y) \in D$，且 $x>M, y>M$ 时，都有 $|f(x,y)-A|<\varepsilon$，则称在 D 上当 $(x,y) \to (-\infty,+\infty)$ 时，函数 $f(x,y)$ 以 A 为极限，记作 $\lim\limits_{(x,y)\to(-\infty,+\infty)} f(x,y)=A$.

   (2) 设 $f(x,y)$ 为定义在 $D \subset \mathbf{R}^2$ 上的函数，A 是一个确定的实数. 若 $\forall \varepsilon>0, \exists \delta>0$ 与 $M>0$，当 $(x,y) \in D$ 且 $0<|x|<\delta, y>M$ 时，有 $|f(x,y)-A|<\varepsilon$，则称在 D 上当 $(x,y) \to (0,+\infty)$ 时，函数 $f(x,y)$ 以 A 为极限，记作 $\lim\limits_{(x,y)\to(0,+\infty)} f(x,y)=A$.

7. **知识点窍** 广义极限.

   逻辑推理 (1)(2) 利用夹逼法则求极限；(3)(4) 利用重极限求极限.

   解题过程 (1) 当 $x>0, y>0$ 时，

   $\because 0 \leqslant \dfrac{x^2+y^2}{x^4+y^4} \leqslant \dfrac{x^2+y^2}{2x^2y^2}=\dfrac{1}{2}\left(\dfrac{1}{x^2}+\dfrac{1}{y^2}\right)$ 且 $\lim\limits_{(x,y)\to(+\infty,+\infty)} \dfrac{1}{2}\left(\dfrac{1}{x^2}+\dfrac{1}{y^2}\right)=0$.

   $\therefore \lim\limits_{(x,y)\to(+\infty,+\infty)} \dfrac{x^2+y^2}{x^4+y^4}=0$.

   (2) 当 x,y 充分大时，

   $\because x^2<\mathrm{e}^x, y^2<\mathrm{e}^y$,

   $\therefore 0<(x^2+y^2)\mathrm{e}^{-(x+y)}=\dfrac{x^2+y^2}{\mathrm{e}^{x+y}}<\dfrac{1}{\mathrm{e}^x}+\dfrac{1}{\mathrm{e}^y}$.

   $\because \lim\limits_{(x,y)\to(+\infty,+\infty)}\left(\dfrac{1}{\mathrm{e}^x}+\dfrac{1}{\mathrm{e}^y}\right)=0$.

$$\therefore \lim_{(x,y)\to(+\infty,+\infty)} (x^2+y^2)\mathrm{e}^{-(x+y)} = 0.$$

(3) $\lim\limits_{(x,y)\to(+\infty,+\infty)} \left(1+\dfrac{1}{xy}\right)^{x\sin y} = \lim\limits_{(x,y)\to(+\infty,+\infty)} \mathrm{e}^{\frac{\sin y}{y}\ln\left(1+\frac{1}{xy}\right)xy} = \mathrm{e}^0 = 1.$

(4) $\because \lim\limits_{(x,y)\to(+\infty,0)} \ln\left(1+\dfrac{1}{x}\right)^x = \ln\mathrm{e} = 1, \lim\limits_{(x,y)\to(+\infty,0)} \dfrac{x}{x+y} = 1.$

$\therefore \lim\limits_{(x,y)\to(+\infty,0)} \left(1+\dfrac{1}{x}\right)^{\frac{x^2}{x+y}} = \lim\limits_{(x,y)\to(+\infty,0)} \mathrm{e}^{\frac{x}{x+y}\ln\left(1+\frac{1}{x}\right)^x} = \mathrm{e}.$

小提示 两个重要极限 $\lim\limits_{x\to 0}\dfrac{\sin x}{x}=1$；$\lim\limits_{x\to\infty}\left(1+\dfrac{1}{x}\right)^x=\mathrm{e}.$

8. 知识点窍 重极限与累次极限的关系.

解题过程 (1) 取 $f(x,y) = \dfrac{x^2+y^2}{x^2-y^2}$，则

$$\lim_{x\to+\infty}\lim_{y\to+\infty}\dfrac{x^2+y^2}{x^2-y^2} = \lim_{x\to+\infty}(-1) = -1, \lim_{y\to+\infty}\lim_{x\to+\infty}\dfrac{x^2+y^2}{x^2-y^2} = \lim_{y\to+\infty}1 = 1.$$

由此知重极限不存在.

(2) 取 $f(x,y) = \dfrac{1}{y}\sin x\sin y + \dfrac{1}{x}\sin x\sin y.$

因为 $\lim\limits_{x\to+\infty}\dfrac{1}{y}\sin x\sin y$ 不存在，但 $\lim\limits_{x\to+\infty}\dfrac{1}{x}\sin x\sin y = 0.$ 所以 $\lim\limits_{y\to+\infty}\lim\limits_{x\to+\infty}f(x,y)$ 不存在. 同理 $\lim\limits_{x\to+\infty}\lim\limits_{y\to+\infty}f(x,y)$ 也不存在.

但对 $\forall \varepsilon > 0, \exists M = \dfrac{2}{\varepsilon}$，当 $x>M, y>M$ 时，就有

$$|f(x,y)| = \left|\dfrac{1}{y}\sin x\sin y + \dfrac{1}{x}\sin x\sin y\right| \leqslant \dfrac{1}{y}+\dfrac{1}{x} < \dfrac{2}{M} = \varepsilon.$$

因此 $\lim\limits_{(x,y)\to(+\infty,+\infty)}\left(\dfrac{1}{y}\sin x\sin y + \dfrac{1}{x}\sin x\sin y\right) = 0.$

(3) 取 $f(x,y) = (x^2+y^2)\sin(x^2+y^2),$

则当 $x\to+\infty, y\to+\infty$ 时，函数的重极限与累次极限都不存在.

(4) 取 $f(x,y) = \dfrac{1}{y}\sin x,$ 则 $\lim\limits_{(x,y)\to(+\infty,+\infty)}\dfrac{1}{y}\sin x = 0, \lim\limits_{x\to+\infty}\lim\limits_{y\to+\infty}\dfrac{1}{y}\sin x = \lim\limits_{x\to+\infty}0 = 0,$

但 $\lim\limits_{y\to+\infty}\lim\limits_{x\to+\infty}\dfrac{1}{y}\sin x$ 不存在.

9. 解题过程 必要条件：

设 $\lim\limits_{\substack{P\to P_0 \\ P\in D}}f(P) = A,$ 所以 $\forall \varepsilon > 0, \exists \delta > 0,$ 当 $P \in U^\circ(P_0;\delta)\cap D$ 时，有 $|f(P)-A| < \varepsilon.$

由于 $E\subset D, P_0$ 为 E 的聚点，所以 $U^\circ(P_0;\delta)\cap E \neq \varnothing,$ 故当 $P\in U^\circ(P_0;\delta)\cap E \subset U^\circ(P_0;\delta)\cap D$ 时，有 $|f(P)-A| < \varepsilon,$ 即表明 $\lim\limits_{\substack{P\to P_0 \\ P\in E}}f(P) = A.$

充分条件：

设 $E\subset D, P_0$ 为 E 的聚点，$\lim\limits_{\substack{P\to P_0 \\ P\in E}}f(P) = A.$

下面采用反证法：假设 $\lim\limits_{\substack{P\to P_0 \\ P\in E}}f(P) \neq A,$ 则必 $\exists \varepsilon_0, \forall \delta_n = \dfrac{1}{n} > 0, \exists P_n \in U^\circ(P_0;\delta_n)\cap D,$ 使 $|f(P_n)-A| \geqslant \varepsilon_0$ 且 P_n 互不相同.

因此,取 $E = \{P_n\} \subset D, \lim_{n\to\infty}\rho(P_n,P_0) \leqslant \lim_{n\to\infty}\dfrac{1}{n} = 0$,

所以 P_0 为 E 的聚点,这与条件 $\lim\limits_{\substack{P\to P_0 \\ P\in E}}f(P) = \lim\limits_{n\to\infty}f(P_n) = A$ 相矛盾,故假设不对,即有
$$\lim_{\substack{P\to P_0 \\ P\in E}}f(P) = A.$$

推论 3:极限 $\lim\limits_{\substack{P\to P_0 \\ P\in D}}f(P)$ 存在的充要条件是:对于 D 中任一满足条件 $P_n \neq P_0$ 且 $\lim\limits_{n\to+\infty}P_n = P_0$ 的点列 $\{P_n\}$ 所对应的函数列 $\{f(P_n)\}$ 都收敛.

解题过程 必要性. 设 $\lim\limits_{\substack{P\to P_0 \\ P\in D}}f(P) = A$ 存在,$\{P_n\} \subset D, P_n \neq P_0$ 且 $\lim\limits_{n\to\infty}P_n = P_0$,

则令 $E = \{P_n \mid n = 1,2,\cdots\}$,应用定理 16.5 可得 $\lim\limits_{\substack{P\to P_0 \\ P\in D}}f(P) = A$,

即 $\lim\limits_{n\to\infty}f(P_n) = A$,可见 $\lim\limits_{n\to\infty}f(P_n)$ 存在.

充分性. 设 $\{P_n\}$ 为 D 中各项不同于 P_0 但收敛于 P_0 的点列,则 $\lim\limits_{n\to\infty}f(P_n)$ 存在,记为 A.

对任一 D 中点列 $\{Q_n\}$,若 $Q_n \neq P_0 (n = 1,2,\cdots)$ 且 $Q_n \to P_0 (n\to\infty)$,则 $\lim\limits_{n\to\infty}f(Q_n) = A$.

为此作 D 中的点列 $C_n = \begin{cases}P_k, n = 2k-1, \\ Q_k, n = 2k,\end{cases} k = 1,2,\cdots,$

则 $C_n \neq P_0 (n = 1,2,\cdots)$ 且 $\lim\limits_{n\to\infty}C_n = P_0$. 从而 $\lim\limits_{n\to\infty}f(C_n)$ 存在.

因此 $\lim\limits_{k\to\infty}f(C_{2k-1}) = \lim\limits_{k\to\infty}f(C_{2k})$,故 $\lim\limits_{n\to\infty}f(Q_n) = A$.

10. **解题过程** 先证明 $\lim\limits_{y\to y_0}\psi(y) = A$ 存在.

对任给 $\varepsilon > 0$,由条件(ii)知对一切 x,存在公共 $\sigma > 0$,只要 $0 < |y - y_0| < \sigma$ 且 $(x,y) \in U^\circ(P_0)$,
便有 $|f(x,y) - \varphi(x)| < \dfrac{\varepsilon}{2}$.

当 $0 < |y' - y_0| < \sigma$ 时,有
$$|f(x,y) - f(x,y')| \leqslant |f(x,y) - \varphi(x)| + |f(x,y') - \varphi(x)| < \varepsilon.$$

再令 $x \to x_0$,由条件(i)得 $\quad |\psi(y) - \psi(y')| \leqslant \varepsilon.$

据柯西准则,证得 $\lim\limits_{y\to y_0}\psi(y) = A$ 存在.

再证明 $\lim\limits_{x\to x_0}\varphi(x) = A.$

对任给的 $\varepsilon > 0$,有
$$|\varphi(x) - A| = |\varphi(x) - f(x,y)| + |f(x,y) - \psi(y)| + |\psi(y) - A|,$$
利用(ii)与上一结论,当 $(x,y) \in U^\circ(P_0)$ 且 y 与 y_0 充分接近时,
可使 $|\varphi(x) - f(x,y)| < \dfrac{\varepsilon}{3}, |\psi(y) - A| < \dfrac{\varepsilon}{3},$

再将 y 固定,由条件(i)知,
存在 $\delta > 0$,当 $0 < |x - x_0| < \delta$ 时,又有
$$|f(x,y) - \psi(y)| < \dfrac{\varepsilon}{3}.$$

那么 $|\varphi(x) - A| < \varepsilon$,则
$$\lim_{x\to x_0}\varphi(x) = \lim_{y\to y_0}\psi(y),$$
即 $\lim\limits_{x\to x_0}\lim\limits_{y\to y_0}f(x,y) = \lim\limits_{y\to y_0}\lim\limits_{x\to x_0}f(x,y).$

习题 16.3

1. **知识点窍** 二元函数的连续性.
   逻辑推理 以二元函数的连续的定义求解.
   解题过程 (1) 当 $x^2+y^2 = \dfrac{\pi}{2}+k\pi = \dfrac{1+2k}{2}\pi$ 时,$f(x,y)=\tan(x^2+y^2)$ 间断,故 $\tan(x^2+y^2)$ 的间断曲线为圆族
   $$x^2+y^2 = \dfrac{\pi}{2}(1+2k), k=0,\pm 1,\pm 2,\cdots.$$

   (2) 函数 $f(x,y)=[x+y]$ 在直线 $x+y=k, k=0,\pm 1,\pm 2,\cdots$ 上间断,在 $D=\{(x,y) \mid k<x+y<k+1, k=0,\pm 1,\pm 2,\cdots\}$ 上连续.
   于是 $f(x,y)\equiv k\equiv f(x_0,y_0)$,从而 $\lim\limits_{(x,y)\to(x_0,y_0)}f(x,y)=f(x_0,y_0)$,即 $f(x)$ 在 D 上连续.

   (3) 因为 $\forall (x_0,0)\in \mathbf{R}^2, x_0\neq 0$,有
   $$\lim\limits_{(x,y)\to(x_0,0)}f(x,y)=\lim\limits_{(x,y)\to(x_0,0)}\dfrac{\sin xy}{y}=x_0\neq f(x_0,0)=0.$$
   所以间断点集为 $\{(x,y) \mid x\neq 0, y=0\}$.

   (4) 当 $x^2+y^2\neq 0$ 时,$f(x,y)=\dfrac{\sin xy}{\sqrt{x^2+y^2}}$ 在点 (x,y) 连续.
   当 $x^2+y^2=0$ 时,因为 $\left|\dfrac{\sin xy}{\sqrt{x^2+y^2}}\right|\leqslant \dfrac{|xy|}{\sqrt{x^2+y^2}}\leqslant \dfrac{x^2+y^2}{\sqrt{x^2+y^2}}=\sqrt{x^2+y^2}$,于是 $\lim\limits_{(x,y)\to(0,0)}f(x,y)=0=f(0,0)$,即 $f(x,y)$ 在点 $(0,0)$ 连续.
   故 $f(x,y)$ 在整个平面 $\mathbf{R}^2$ 上连续.

   (5) 设 $(x_0,y_0)\in \mathbf{R}^2$ 且 $\forall (x_0,y_0)\in \mathbf{R}^+$.
   当 x_0 为有理数时,
   $$|f(x,y)-f(x_0,y_0)|=|f(x,y)-y_0|=\begin{cases}|y-y_0|,\text{当 }x\text{ 为有理数}\\ |y_0|,\text{当 }x\text{ 为无理数}\end{cases}$$
   当 x_0 为无理数时,
   $$|f(x,y)-f(x_0,y_0)|=|f(x,y)|=\begin{cases}|y|,\text{当 }x\text{ 为有理数}\\ 0,\text{当 }x\text{ 为无理数}\end{cases}$$
   由此推得 $\lim\limits_{(x,y)\to(x_0,y_0)}f(x,y)=f(x_0,y_0)$.
   当且仅当 $y_0=0$ 时成立,即函数 $f(x,y)$ 只在直线 $y=0$ 上连续.

   (6) 当 $x^2+y^2\neq 0$ 时,函数 $f(x,y)=y^2\ln(x^2+y^2)$ 在点 (x,y) 连续.
   当 $x^2+y^2=0$ 时,因为 $|y^2\ln(x^2+y^2)|\leqslant |(x^2+y^2)\ln(x^2+y^2)|$,而
   $$\lim\limits_{(x,y)\to(0,0)}(x^2+y^2)\ln(x^2+y^2)=\lim\limits_{u\to 0^+}u\ln u=0,$$
   所以 $\lim\limits_{(x,y)\to(0,0)}y^2\ln(x^2+y^2)=0=f(0,0)$,即 $f(x,y)$ 在 $(0,0)$ 处连续,
   故函数 $f(x,y)$ 在整个平面 $\mathbf{R}^2$ 上连续.

   (7) 函数 $f(x,y)$ 在直线 $x=m\pi$ 或 $y=n\pi (m,n=0,\pm 1,\pm 2,\cdots)$ 上间断,即在 $D=\{(x,y) \mid x\neq m\pi, y=n\pi, m,n=0,\pm 1,\pm 2,\cdots\}$ 上连续.

   (8) 因为 $u=-\dfrac{x}{y}$ 在其定义域 $D=\{(x,y) \mid y\neq 0\}$ 上连续,因此 $f(u)=e^u$ 关于 u 是连续的. 由

复合函数的连续性 知函数 $f(x,y) = e^{\frac{x}{y}}$ 在其定义域 D 上连续,则函数 $f(x,y)$ 在 $D = \{(x,y) \mid x \in \mathbf{R}, y \neq 0\}$ 上的每一个点都连续.

2. **知识点窍** 二元连续函数的局部保号性及二元函数连续的定义.

   逻辑推理 函数 $f(x,y)$ 在点 P_0 连续,当 $f(x_0,y_0) > 0$ 时,取 $\varepsilon = f(x_0,y_0) - r$,则 $|f(x,y) - f(x_0,y_0)| < \varepsilon = f(x_0,y_0) - r \Rightarrow f(x,y) > 0$;同理当 $f(x_0,y_0) < 0$ 时,有 $f(x,y) < 0$.

   解题过程 设 $f(x_0,y_0) > 0$,对任何 $r, 0 < r < f(x_0,y_0)$,取 $\varepsilon = f(x_0,y_0) - r$,因为 $f(x,y)$ 在点 $P_0(x_0,y_0)$ 连续,所以存在 $\delta > 0$,当 $P(x,y) \in U(P_0;\delta) \cap D$ 时,有
   $$|f(x,y) - f(x_0,y_0)| < \varepsilon = f(x_0,y_0) - r,$$
   从而 $f(x,y) > f(x_0,y_0) - \varepsilon = r > 0$,即证.
   对 $f(x_0,y_0) < 0$ 的情况可类似证明.

3. **知识点窍** 多元函数连续的定义.

   逻辑推理 利用多元函数连续性的定义求解.

   解题过程 记 $x = r\cos\theta, y = r\sin\theta$,则 $(x,y) \to (0,0)$ 等价于 $r \to 0$.
   因此 $\lim\limits_{(x,y)\to(0,0)} f(x,y) = \lim\limits_{(x,y)\to(0,0)} \dfrac{x}{(x^2+y^2)^p} = \lim\limits_{r\to 0} r^{1-2p}\cos\theta$.

   当 $0 < p < \dfrac{1}{2}$ 时,$\lim\limits_{(x,y)\to(0,0)}(x^2+y^2)^{\frac{1}{2}-p} = 0$,则函数 $f(x,y)$ 在点 $(0,0)$ 处连续.

   当 $p \geqslant \dfrac{1}{2}$ 时,因为 $\lim\limits_{(x,y)\to(0,0)} f(x,y) = \begin{cases} 1, & p = \dfrac{1}{2} \\ \infty, & p > \dfrac{1}{2} \end{cases}$,

   即 $\lim\limits_{(x,y)\to(0,0)} f(x,y) \neq 0 = f(0,0)$.

   综上所述,当 $0 < p < \dfrac{1}{2}$ 时,$f(x,y)$ 在点 $(0,0)$ 处连续,而当 $p \geqslant \dfrac{1}{2}$ 时,$f(x,y)$ 在点 $(0,0)$ 不连续.

4. **知识点窍** 多元函数连续的定义.

   逻辑推理 利用函数连续的 ε—δ 定义,$\forall \varepsilon > 0, \exists \delta > 0$,当 $|x - x_0| < \delta, |y - y_0| < \delta$ 时,$|f(x,y) - f(x_0,y_0)| < \varepsilon$,又由已知条件得到 δ,则即证 $f(x)$ 在 S 上处处连续.

   解题过程 由于 f 对 x 在 $[a,b]$(且关于 y)为一致连续.
   于是对 $\forall \varepsilon > 0, \exists \delta_1 > 0$,对 $\forall x_1, x_2 \in [a,b], \forall y \in [c,d]$,只要 $|x_1 - x_2| < \delta_1$,就有 $|f(x_1,y) - f(x_2,y)| < \dfrac{\varepsilon}{2}$.

   对于 $\forall P_0(x_0,y_0) \in S$,因为 f 对 y 在 $[c,d]$ 上连续,所以对上述 ε 及点 $P_0, \exists \delta(x_0,y_0) > 0$,对 $\forall y \in [c,d]$ 及 $|y - y_0| < \delta(x_0,y_0)$ 时,就有 $|f(x_0,y) - f(x_0,y_0)| < \dfrac{\varepsilon}{2}$.

   取 $\delta' = \min\{\delta_1, \delta(x_0,y_0)\}$ 并使 $U(P_0;\delta) \subset S$,则当 $P(x,y) \in U(P_0;\delta)$ 时,有 $|x - x_0| < \delta', |y - y_0| < \delta', P \neq P_0$,且 $P \in S$ 时,有
   $$|f(x,y) - f(x_0,y_0)| \leqslant |f(x,y) - f(x_0,y)| + |f(x_0,y) - f(x_0,y_0)| < \dfrac{\varepsilon}{2} + \dfrac{\varepsilon}{2} = \varepsilon.$$

   因此得到 $\lim\limits_{(x,y)\to(x_0,y_0)} f(x,y) = f(x_0,y_0), f(x,y)$ 在点 P_0 连续.
   由 P_0 的任意性推得函数 $f(x)$ 在 S 上连续.

5. **解题过程** 若 f 在 D 上不恒为常数,由定理 16.8 知 f 在 D 上有界且能取得最大值、最小值. 分别设最大值、最小值为 M,m,则 $m<M$ 且 $m\leqslant f(P)\leqslant M(P\in D)$,即 $f(D)\in[m,M]$.
对任给的 $\mu\in[m,M]$,由介值定理知必存在 $P_0\in D$,使 $f(P_0)=\mu$,从而 $\mu\in f(D)$.
故 $f(D)\supset[m,M]$,
即 $f(D)=[m,M]$.

6. **解题过程** 由一致连续性定理可知,$f(x)$ 在 $[a,b]\times[c,d]$ 上也一致连续.
那么,任给 $\varepsilon>0$,存在 $\sigma>0$,当 $x\in[a,b],y',y''\in[c,d]$ 且 $|y'-y''|<\sigma$ 时,
总有 $|f(x,y')-f(x,y'')|<\varepsilon$.
又 $\{\varphi_k\}$ 在 $[a,b]$ 上一致收敛,故存在 $k>0$,当 $n,m>k$ 时,任给 $x\in[a,b]$,
有 $|\varphi_n(x)-\varphi_m(x)|<\sigma$.
故 $|F_n(x)-F_m(x)|=|f[x,\varphi_n(x)]-f[x,\varphi_m(x)]|<\varepsilon$.
那么 $\{F_k(x)\}$ 在 $[a,b]$ 上一致连续.

7. **知识点窍** 二元函数的连续性.
逻辑推理 当 $L=0$ 时,$f(x,y')=f(x,y'')$,结论成立. 当 $L>0$ 时,由于 $f(x,y_0)$ 在 x_0 点连续,
则 $|f(x,y_0)-f(x_0,y_0)|<\dfrac{\varepsilon}{2}$,同理 $|f(x,y)-f(x,y_0)|<\dfrac{\varepsilon}{2}$,由此可知 $|f(x,y)-f(x_0,y_0)|<\varepsilon$,则 $f(x,y)$ 在 G 内连续,结论即证.
解题过程 当 $L=0$ 时,$f(x,y')=f(x,y'')$,则由 $f(x,y)$ 在 G 上对 x 连续,得 $f(x,y)$ 在 G 上处处连续.
当 $L>0$ 时,$\forall P_0(x_0,y_0)\in G$,由于 $f(x,y_0)$ 在点 x_0 连续,所以 $\forall\varepsilon>0,\exists\delta_1>0$,当 $|x-x_0|<\delta_1$ 时,有 $|f(x,y_0)-f(x_0,y_0)|<\dfrac{\varepsilon}{2}$.
取 $\delta_2=\dfrac{\varepsilon}{2L}>0$,当 $|y-y_0|<\delta_2$ 时,由条件得
$|f(x,y)-f(x,y_0)|\leqslant L|y-y_0|<L\cdot\dfrac{\varepsilon}{2L}=\dfrac{\varepsilon}{2}$.
只要取 $\delta=\min\{\delta_1,\delta_2\}$,则当 $\{x-x_0\}<\delta$ 且 $(x,y)\in G$ 时,有 $|f(x,y)-f(x_0,y_0)|\leqslant|f(x,y)-f(x,y_0)|+|f(x,y_0)-f(x_0,y_0)|<\varepsilon$.
因此 $f(x,y)$ 在点 (x_0,y_0) 处连续,由点 (x_0,y_0) 的任意性知,$f(x,y)$ 在 G 内处处连续.

8. **解题过程** 对于任意的 $(x_0,y_0)\in D$,由于 $f(x,y)=\varphi(x)$ 且 $\varphi(x)$ 在 $[a,b]$ 上连续,由连续函数的定义,对于 $\forall\varepsilon>0,\exists\delta>0$,使得当 $|x-x_0|<\delta$ 时,有 $|\varphi(x)-\varphi(x_0)|<\varepsilon$.
因此,当 $(x,y)\in D$,且 $|x-x_0|<\delta,|y-y_0|<\delta$ 时,
$|f(x,y)-f(x_0,y_0)|=|\varphi(x)-\varphi(x_0)|<\varepsilon$.
由 (x_0,y_0) 的任意性知 $f(x,y)$ 在 D 上连续.
由于 $\varphi(x)$ 在 $[a,b]$ 上连续,从而一致连续,于是对于 $\forall\varepsilon>0,\exists\delta>0$,使得当 $x',x''\in[a,b]$ 且 $|x'-x''|<\delta$ 时,有 $|\varphi(x')-\varphi(x'')|<\varepsilon$,
从而有
$|f(x',y')-f(x'',y'')|=|\varphi(x')-\varphi(x'')|<\varepsilon$.
故 $f(x,y)$ 在 D 上一致连续.

9. **知识点窍** 二元函数连续、一致连续的定义.
逻辑推理 利用二元函数连续及一致连续的定义证明.

解题过程 对于 $\forall P_0(x_0,y_0), P(x,y) \in D$, 有 $x_0y_0 < 1, xy < 1$.

所以 $\lim\limits_{(x,y) \to (x_0,y_0)} f(x,y) = \lim\limits_{P \to P_0} \dfrac{1}{1-xy} = \dfrac{1}{1-\lim\limits_{(x,y)\to(x_0,y_0)}xy} = \dfrac{1}{1-x_0y_0} = f(x_0,y_0)$, 则得出 f 在 D

上连续.

但对 $\varepsilon_0 = 1, 0 < \delta < \dfrac{1}{8}, \exists x_0 = 1-\delta, y_0 = 1-\delta,$ 及 $x = 1-\dfrac{\delta}{2}, y = 1-\dfrac{\delta}{2}.$

其中 $P_0(x_0,y_0), P(x,y) \in D$, 且

$$\rho(P,P_0) = \sqrt{(x-x_0)^2+(y-y_0)^2} = \sqrt{(\dfrac{\delta}{2})^2+(\dfrac{\delta}{2})^2} = \dfrac{\sqrt{2}}{2}\delta < \delta.$$

$$|f(x,y)-f(x_0,y_0)| = \dfrac{1}{1-xy} - \dfrac{1}{1-x_0y_0}$$

$$= \dfrac{1}{1-(1-\delta+\dfrac{\delta^2}{4})} - \dfrac{1}{1-(1-2\delta+\delta^2)} = \dfrac{4}{\delta(4-\delta)} - \dfrac{1}{\delta(2-\delta)}$$

$$= \dfrac{4-3\delta}{\delta(4-\delta)(2-\delta)} > \dfrac{4-\dfrac{3}{8}}{8\delta} > 1 = \varepsilon_0.$$

由 P_0 的任意性, 得出 $f(x,y)$ 在 D 上不一致连续.

10. **知识点窍** 函数连续.

逻辑推理 由于 $f(x,y)$ 对自变量 x 是连续的, 则 $|f(x,y_0-\delta_1)-f(x_0,y_0-\delta_1)| < \dfrac{\varepsilon}{2}, |f(x, y_0+\delta_1)-f(x_0,y_0+\delta_1)| < \dfrac{\varepsilon}{2} \Rightarrow |f(x_0+\Delta x,y_0\pm\delta_1)-f(x_0,y_0)| < \varepsilon$, 然后利用不等式 $|f(x_0+\Delta x,y_0\pm\delta_1)-f(x_0,y_0)| \leqslant \max\{f(x_0+\Delta x,y_0+\delta_1)-f(x_0,y_0), f(x_0+\Delta x,y_0-\delta_1)-f(x_0,y_0)\}$, 并运用函数连续的定义即可求解.

解题过程 $\forall (x_0,y_0) \in \mathbf{R}^2$, 由于 $f(x,y)$ 关于 y 连续, 从而 $f(x_0,y)$ 在 y_0 连续, 于是 $\forall \varepsilon > 0$, $\exists \delta_1 > 0$, 当 $|y_1-y_0| < \delta_1$ 时, 有 $|f(x_0,y)-f(x_0,y_0)| < \dfrac{\varepsilon}{2}$.

对于点 $(x_0,y_0-\delta_1)$ 及 $(x_0,y_0+\delta_1)$, 由于 $f(x,y)$ 关于 x 连续, 从而 $f(x,y_0\pm\delta_1)$ 在 x_0 连续, 故对上述 $\varepsilon > 0$, $\exists \delta_2 > 0$, 当 $|x-x_0| < \delta_2$ 时,

$$|f(x,y_0-\delta_1)-f(x_0,y_0-\delta_1)| < \dfrac{\varepsilon}{2}, |f(x,y_0+\delta_1)-f(x_0,y_0+\delta_1)| < \dfrac{\varepsilon}{2}.$$

故当 $|x-x_0| \leqslant \delta_2, |y-y_0| < \delta_1$ 时,
$|f(x,y)-f(x_0,y_0)| \leqslant f(x,y_0+\delta_1)-f(x_0,y_0)$
$\qquad < f(x,y_0+\delta_1) + \dfrac{\varepsilon}{2} - f(x_0,y_0) < \dfrac{\varepsilon}{2} + \dfrac{\varepsilon}{2} = \varepsilon$.

故 $f(x,y)$ 在点 (x_0,y_0) 处连续.

令 $\delta = \min\{\delta_1,\delta_2\}$, 则当 $|\Delta x| < \delta, |\Delta y| < \delta$ 时, 由于 $f(x,y)$ 关于 y 单调, 所以有
$|f(x_0+\Delta x,y_0+\Delta y)-f(x_0,y_0)|$
$\leqslant \max |f(x_0+\Delta x,y_0+\delta_1)-f(x_0,y_0\pm\delta_1)| + |f(x_0,y_0\pm\delta_1)-f(x_0,y_0)|$
$< \dfrac{\varepsilon}{2} + \dfrac{\varepsilon}{2} = \varepsilon$.

故 $\forall \varepsilon > 0, \exists \delta > 0$, 当 $|\Delta x| < \delta, |\Delta y| < \delta$ 时, 有 $|f(x_0+\Delta x,y_0+\Delta y)-f(x_0,y_0)| < \varepsilon$. 因此, 由 (x_0,y_0) 的任意性可知, $f(x,y)$ 是 $\mathbf{R}^2$ 上的二元连续函数.

第十六章总练习题

1. **知识点窍** 函数有界的性质.

   逻辑推理 $d(E) = \sup\limits_{P,Q \in E} \rho(P,Q)$,根据确界定义可在 E 中找到点列 P_n, Q_n,又由 $E \subset \mathbf{R}^2$ 是有界闭集 $\Rightarrow$ 得到点集 P_1, P_2 使 $\rho(P_1, P_2) = d(E)$,即得证.

   解题过程 由 $d(E) = \sup\limits_{P,Q \in E} \rho(P,Q)$ 知,对任意 $\varepsilon_n = \dfrac{1}{n}$,总存在 $P_n, Q_n \in E$,使得 $d(E) < \rho(P_n, Q_n) + \dfrac{1}{n}$. 因为 $\{P_n\}, \{Q_n\}$ 均为有界闭集 E 中的点列,从而有收敛子列 $\{P_{n_k}\}, \{Q_{n_k}\}$. 设 $\lim\limits_{k \to \infty} P_{n_k} = P_1$,$\lim\limits_{k \to \infty} Q_{n_k} = P_2$. 于是 $\rho(P_{n_k}, Q_{n_k}) \leqslant d(E) < \rho(P_{n_k}, Q_{n_k}) + \dfrac{1}{n_k}$.

   对上式取 $k \to \infty$ 的极限得 $\rho(P_1, P_2) \leqslant d(E) < \rho(P_1, P_2)$.

   即 $d(E) = \rho(P_1, P_2)$,由于 E 为闭集,所以 $P_1, P_2 \in E$.

2. **解题过程** ① E 为闭集 $\Leftrightarrow \overline{E} = E \Leftrightarrow E = E \cup E'$,则 $E = E \cup (E - E') = E \cup \partial E$. ② E 为闭集 $\Leftrightarrow E^c$ 为开集 $\Leftrightarrow E^c = \text{int} E^c$.

3. **知识点窍** 二元函数极限是否存在的判断.

   解题过程 (1) 当 $i = 1$ 时,$(x,y) \in D_1$,且 $r \to +\infty$,可得 $x \to +\infty, y \to +\infty$,从而 $\lim\limits_{\substack{r \to +\infty \\ (x,y) \in D_1}} f(x,y) = 0$.

   (2) 当 $i = 2$ 时,若取 $x_n = n, y_n = \dfrac{1}{n^2}, r_n = \sqrt{n^2 + \dfrac{1}{n^4}}$,则 $n \to +\infty, r \to +\infty$,但是 $f(x_n, y_n) = n \to +\infty (n \to +\infty)$. 又对 $\overline{x}_n = \overline{y}_n = n$,有 $\overline{r}_n = \sqrt{2} n \to +\infty (n \to \infty)$,但是 $f(\overline{x}_n, \overline{y}_n) = \dfrac{1}{n^2} \to 0 (n \to \infty)$;故此时 $\lim\limits_{\substack{r \to +\infty \\ (x,y) \in D_2}} f(x,y)$ 不存在.

4. **知识点窍** 函数极限的 $\varepsilon - \delta$ 定义.

   逻辑推理 根据函数极限的 $\varepsilon - \delta$ 定义求证.

   解题过程 因为 $\lim\limits_{y \to y_0} \varphi(y) = A$,于是 $\forall \varepsilon > 0, \exists \delta_1 > 0$,当 $|y - y_0| < \delta_1$ 时,有 $|\varphi(y) - A| < \dfrac{\varepsilon}{2}$.

   又因为 $\lim\limits_{x \to x_0} \psi(x) = 0$,于是 $\forall \varepsilon > 0, \exists \delta_2 > 0$,当 $|x - x_0| < \delta_2$,有 $|\psi(x) - 0| < \dfrac{\varepsilon}{2}$.

   取 $\delta = \min\{\delta_1, \delta_2\}$,当 $|x - x_0| < \delta, |y - y_0| < \delta$ 时,就有
   $$|f(x,y) - A| = |f(x,y) - \varphi(y) + \varphi(y) - A|$$
   $$\leqslant |f(x,y) - \varphi(y)| + |\varphi(y) - A|$$
   $$\leqslant |\psi(x)| + |\varphi(y) - A| < \varepsilon.$$

   故由函数极限的定义知 $\lim\limits_{(x,y) \to (x_0, y_0)} f(x,y) = A$.

5. **知识点窍** 连续函数的保号性;开集和闭集的定义;聚点定义及函数连续性.

   逻辑推理 (1) $\forall P_0(x_0, y_0) \in E$,用连续函数保号性可得 $U(P_0; \delta) \subset E$,即 $P_0(x_0, y_0)$ 是内点,则 E 为开集,得证.

(2) $\forall P_0(x_0,y_0)$ 为 F 的聚点 $\Rightarrow \lim\limits_{k\to\infty} P_k = P_0$,又 $f(x,y)$ 连续 $\Rightarrow f(P_0) = \lim\limits_{k\to\infty} f(P_k) \geqslant \alpha$,则 F 为闭集,得证.

解题过程 (1) $\forall P_0(x_0,y_0) \in E, f(x_0,y_0) > \alpha$ 且 $f(x,y)$ 在 P_0 处连续. 由局部保号性知,存在 $\delta > 0$,当 $P(x,y) \in U(P_0;\delta)$ 时,$f(P) > \alpha$,故 $U(P_0;\delta) \subset E$. 证得 P_0 是 E 的内点,即 E 为开集.

(2) $\forall P_0(x_0,y_0)$ 为 F 的聚点,对各项互异的点列 $\{P_k(x_k,y_k)\} \subset F$,使 $\lim\limits_{k\to\infty} P_k = P_0$. 由 F 的定义知,$f(P_k) = f(x_k,y_k) \geqslant \alpha$,利用 f 为连续,有
$$f(P_0) = \lim\limits_{k\to\infty} f(P_k) \geqslant \alpha,$$
故 $P_0 \in F$,即 F 为闭集.

6. 知识点拨 函数的连续,有界性及数列极限的柯西准则.

解题过程 (1) f 在有界开集 E 上一致连续,则对 $\forall \varepsilon > 0, \exists \delta > 0$,只要 $P_1(x_1,y_1), P_2(x_2,y_2)$ 满足 $P_1, P_2 \in E$ 且 $\rho(P_1,P_2) < \delta$,就有 $|f(P_1) - f(P_2)| < \varepsilon$.

设 $P_0(x_0,y_0) \in \partial E$,则 P_0 的任何邻域内都有 E 中的点及不属于 E 的点,所以 P_0 是 E 的聚点,则在 E 中任取一收敛到 P_0 的点列 $\{P_n\} \subset E$,即 $\lim\limits_{n\to\infty} P_n = P_0$.

因为 $\forall \varepsilon > 0$,对所得的 δ,$\exists N \in \mathbf{N}_+$,当 $n, m > N$,就有
$$\rho(P_n, P_0) < \frac{\delta}{2}, \rho(P_m, P_0) < \frac{\delta}{2}.$$

所以 $\rho(P_n, P_m) \leqslant \rho(P_n, P_0) + \rho(P_m, P_0) < \delta$,则 $|f(P_n) - f(P_m)| < \varepsilon$.

由数列极限的柯西准则推得函数列 $\{f(P_n)\}$ 收敛.

因为 E 中任一满足条件 $P_n \neq P_0$ 且 $\lim\limits_{n\to\infty} P_n = P_0$,它所对应的函数列 $\{f(P_n)\}$ 都收敛,所以 $\lim\limits_{\substack{P\to P_0 \\ P\in E}} f(P)$ 存在定义 $f(P_0) = \lim\limits_{\substack{P\to P_0 \\ P\in E}} f(P)$,从而将 f 延拓到 P_0,且在点 P_0 函数 f 连续.

由 P_0 到 ∂E 上的任意性,可将 f 延拓到 ∂E 且是连续地延拓到 E 的边界.

(2) 记 $F = E \cup \partial E$,则 F 为有界闭集,它对应的延拓函数 f 必有界,如果不然则对每个正整数 n 必存在点 $P_n \in F$,使 $|f(P_n)| > n, n = 1, 2, \cdots$.

因此得到一有界点列 $\{P_n\} \subset F$,而且总可选择 P_n 各点互不相同,由聚点定理可知,它存在收敛子列,设 $\lim\limits_{n\to\infty} P_n = P_0$.

因为 F 是闭集,所以 $P_0 \in F$.

由于 f 在 F 上连续,故 f 在点 P_0 连续,即 $\lim\limits_{n\to\infty} f(P_n) = f(P_0)$.

这与 $\lim\limits_{n\to\infty} |f(P_n)| = +\infty$ 的假设矛盾,所以 f 在 F 上有界.

由此知 f 在开集 E 上有界.

7. 知识点拨 复合函数一致连续定义.

解题过程 对 $\forall \varepsilon > 0$,因为 $f(u,v)$ 在 D 上一致连续,所以 $\exists \delta(\varepsilon) > 0$,使对一切 $P(u_1,v_1), Q(u_2,v_2) \in D$,只要 $|u_1 - u_2| < \delta, |v_1 - v_2| < \delta$,就有 $|f(u_1,v_1) - f(u_2,v_2)| < \varepsilon$.

又 $u = \varphi(x,y), v = \psi(x,y)$ 在 E 上一致收敛,于是对上述 $\delta > 0, \exists \eta > 0$,对一切 $(x_1,y_1), (x_2,y_2) \in E$,只要 $|x_1 - x_2| < \eta, |y_1 - y_2| < \eta$,有 $|u_1 - u_2| < \delta, |v_1 - v_2| < \delta$.

其中 $u_k = \varphi(x_k,y_k), v_k = \psi(x_k,y_k) \quad (k=1,2)$,从而对 $\forall \varepsilon > 0, \exists \delta(\varepsilon) > 0$,对 $\forall P, Q \in E$,有 $|f[\varphi(x_1,y_1), \psi(x_1,y_1)] - f[\varphi(x_2,y_2), \psi(x_2,y_2)]| = |f(u_1,v_1) - f(u_2,v_2)| < \varepsilon$.

故复合函数 $f[\varphi(x,y), \psi(x,y)]$ 在 E 上一致连续.

8. **知识点窍** 拉格朗日中值定理.

   逻辑推理 由函数中值定理可得 $F(x) = f'(\varepsilon)$，然后两边取极限即可得证.

   解题过程 因为 $f(t)$ 在 (a,b) 内连续可导，所以当 $(x,y) \in D = (a,b) \times (a,b)$ 且 $x \neq y$ 时，在以 x，y 为端点的区间上用拉格朗日中值定理，有

   $$F(x,y) = \frac{f(x) - f(y)}{x - y} = f'(\xi).$$

   记 $x = c + \Delta x, y = c + \Delta y,$

   则 $F(x) = \dfrac{f(x) - f(y)}{x - y} = \dfrac{f(c + \Delta x) - f(c + \Delta y)}{\Delta x - \Delta y} = f'(\xi).$

   可见对任意的 $(x,y) \in D$，总存在 ξ 介于 x 与 y 之间，使得 $F(x,y) = f'(\xi)$.
   由于当 $(x,y) \to (c,c)$ 时，$\xi \to c$ 且 $f'(t)$ 在 c 处连续，从而

   $$\lim_{(x,y) \to (c,c)} F(x,y) = \lim_{\xi \to c} f'(\xi) = f'(c).$$

走近考研

1 （2006 年）设二元函数 $f(x,y)$ 在正方形区域 $[0,1] \times [0,1]$ 上连续. 记 $J = [0,1]$.

   (1) 试比较 $\inf\limits_{y \in J} \sup\limits_{x \in J} f(x,y)$ 与 $\sup\limits_{x \in J} \inf\limits_{y \in J} f(x,y)$ 的大小并证明之；

   (2) 给出并证明使等式 $\inf\limits_{y \in J} \sup\limits_{x \in J} f(x,y) = \sup\limits_{x \in J} \inf\limits_{y \in J} f(x,y)$ 成立的（你认为最好的）充分条件.

分析 本题主要考查二元函数连续的性质.

证明 (1) $\forall y \in J$，有 $\sup\limits_{x \in J} f(x,y) \geq f(x,y) \geq \inf\limits_{y \in J} f(x,y)$，对于任意的 x 都成立，则 $\sup\limits_{x \in J} f(x,y) \geq \sup\limits_{x \in J} \inf\limits_{y \in J} f(x,y)$. 由 y 的任意性可知 $\inf\limits_{y \in J} \sup\limits_{x \in J} f(x,y) \geq \sup\limits_{x \in J} \inf\limits_{y \in J} f(x,y)$.

(2) 若 $\exists x_0 \in J$，使 $f(x,y) \leq f(x_0,y) (\forall x \in J, y \in J)$.

下面证明上面条件为充分条件. 显然 $\sup\limits_{x \in J} f(x,y) = f(x_0,y)$.

$f(x_0,y)$ 在 $[0,1]$ 上连续，$\exists y_0 \in J$，使

$$f(x_0,y_0) = \inf\limits_{y \in J} f(x_0,y) = \inf\limits_{y \in J} \sup\limits_{x \in J} f(x,y),$$

$$f(x_0,y_0) = \inf\limits_{y \in J} f(x_0,y) \leq \sup\limits_{x \in J} \inf\limits_{y \in J} f(x,y).$$

故 $\inf\limits_{y \in J} \sup\limits_{x \in J} f(x,y) = \sup\limits_{x \in J} \inf\limits_{y \in J} f(x,y)$.

2 （2006 年）Ω 为 $\mathbf{R}^2$ 中的开集，$(x_0,y_0) \in \Omega$，$f(x,y)$ 为 Ω 上的函数，且

   (1) 对每个 $(x,y) \in \Omega$ 的 x 存在 $\lim\limits_{y \to y_0} f(x,y) = g(x)$；

   (2) $\lim\limits_{x \to x_0} f(x,y) = h(y)$，关于 $(x,y) \in \Omega$ 中的 y 一致.

试证：$\lim\limits_{x \to x_0} \lim\limits_{y \to y_0} f(x,y) = \lim\limits_{y \to y_0} \lim\limits_{x \to x_0} f(x,y).$

分析 本题主要考查累次极限.

为了证明等式，只要证明等式左端的累次极限 $\lim\limits_{x \to x_0} \lim\limits_{y \to y_0} f(x,y) = \lim\limits_{x \to x_0} g(x) = A$ 存在，且右端的函数 $h(y) \equiv \lim\limits_{x \to x_0} f(x,y)$ 当 $y \to y_0$ 时趋向 A.

证明 $1°$ [证明 $\lim\limits_{x\to x_0} g(x)$ 存在] 因 $(x_0,y_0)\in \Omega$ (Ω 为开集),所以 $\exists \delta_1>0$,使得 $\{(x,y)\mid \|x-x_0\|<\delta_1,|y-y_0|<\delta_1\}\subseteq \Omega$,由条件(2)知 $\forall \varepsilon>0, \exists \delta>0 (\delta>\delta_1)$,当 $0<|x'-x_0|<\delta, 0<|x''-x_0|<\delta$ 时,有
$$|f(x',y)-f(x'',y)|<\varepsilon, (\forall y\in\{y:|y-y_0|<\delta\})$$
令 $y\to y_0$ 取极限,据条件(1)得
$$|g(x')-g(x'')|\leqslant \varepsilon.$$
由柯西准则知 $\lim g(x)$ 存在,即等式(1)左端极限存在.记之为 A.

$2°$ [证明 $\lim\limits_{y\to y_0} h(y)=A$] $\forall \varepsilon>0$,由
$$|h(y)-A|\leqslant |h(y)-f(x,y)|+|f(x,y)-g(x)|+|g(x)-A|$$
利用条件(2)及 $1°$ 的结论,可取 x 与 x_0 充分接近,使得
$$|h(y)-f(x,y)|<\frac{\varepsilon}{3}, |g(x)-A|<\frac{\varepsilon}{3},$$
将 x 固定,由条件(1)知 $\exists \delta>0$,使得 $|y-y_0|<\delta$ 时,有
$$|f(x,y)-g(x)|<\frac{\varepsilon}{3}.$$
于是 $|h(y)-A|<\frac{\varepsilon}{3}+\frac{\varepsilon}{3}+\frac{\varepsilon}{3}=\varepsilon$. 证毕.

第十七章
多元函数微分学

本章导航

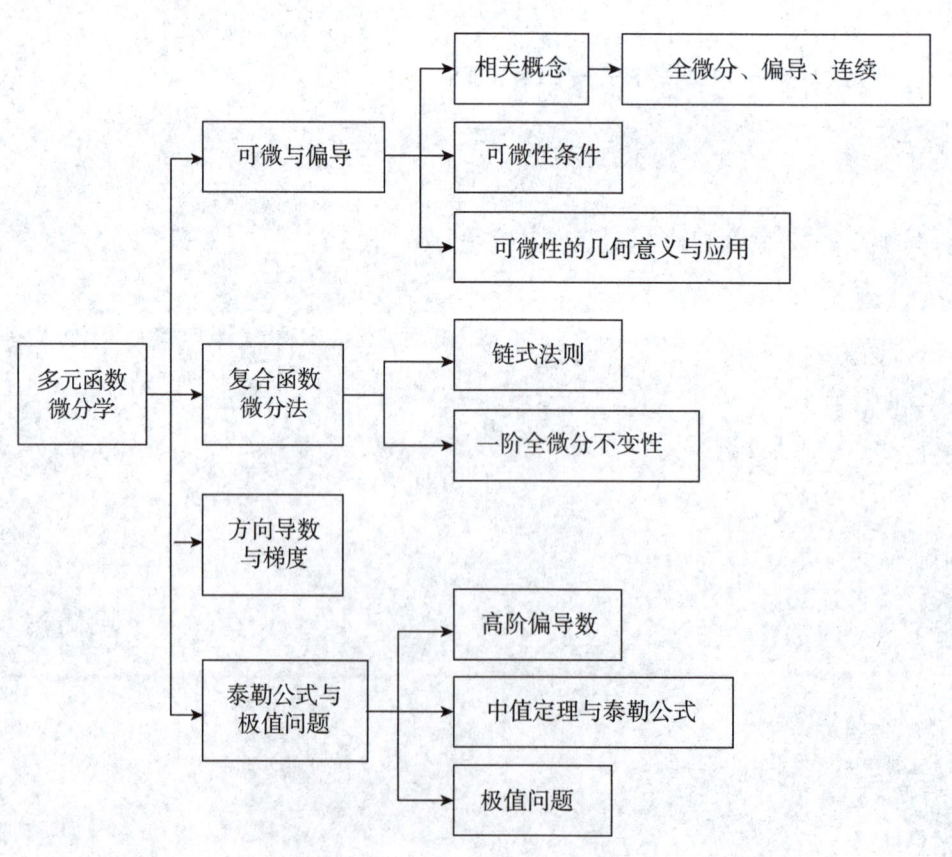

各个击破

■ 可微性与偏导数

1. 基本概念、性质

名称	定义	性质
偏导数	设函数 $z=f(x,y),(x,y)\in D$. 若 $(x_0,y_0)\in D$,且 $f(x,y_0)$ 在 x_0 的某一邻域内有定义,则当极限 $$\lim_{\Delta x\to 0}\frac{\Delta_x f(x_0,y_0)}{\Delta x}=\lim_{\Delta x\to 0}\frac{f(x_0+\Delta x,y_0)-f(x_0,y_0)}{\Delta x}$$ 存在时,称这个极限为函数 f 在点 (x_0,y_0) 关于 x 的偏导数,记作 $f_x(x_0,y_0)$ 或 $\left.\frac{\partial f}{\partial x}\right\vert_{(x_0,y_0)}$	(1) $z=f(x,y)$ 的偏导数 $f_x(x_0,y_0)$ 表示空间曲线 $l_1:\begin{cases}z=f(x,y)\\y=y_0\end{cases}$ 在点 $M_0[x_0,y_0,f(x_0,y_0)]$ 处的切线 T_x 对 x 的斜率. (2) 若 $z=f(x,y)$ 的两个混合偏导数 $f_{xy}(x,y)$ 和 $f_{yx}(x,y)$ 在点 $P_0(x_0,y_0)$ 处连续,则必相等,即 $f_{xy}(x_0,y_0)=f_{yx}(x_0,y_0)$.
全微分	函数 $z=f(x,y)$ 在点 (x_0,y_0) 的某一邻域内有定义,给 x_0,y_0 以改变量 $\Delta x,\Delta y$,便得到 z 的全改变量 $$\Delta z=f(x_0+\Delta x,y_0+\Delta y)-f(x_0,y_0)$$ $$=A\Delta x+B\Delta y+o(\rho)(\rho\to 0).$$ A,B 仅与点 (x_0,y_0) 有关,而与 $\Delta x,\Delta y$ 无关,$\rho=\sqrt{\Delta x^2+\Delta y^2}$,$o(\rho)$ 是较 ρ 高阶的无穷小量,则称 z 在 (x_0,y_0) 可微,$A\Delta x+B\Delta y$ 称为 $z=f(x,y)$ 的全微分,记作 $dz=A\Delta x+B\Delta y$,$A=f_x(x_0,y_0),B=f_y(x_0,y_0)$.	(1) $z=f(x,y)$ 在 (x_0,y_0) 可微,则 $f(x,y)$ 在 (x_0,y_0) 连续. (2) 若 $z=f(x,y)$ 在 (x_0,y_0) 可微,则 $f(x,y)$ 在 (x_0,y_0) 的两个偏导数存在,且 $f_x(x_0,y_0)=A,f_y(x_0,y_0)=B$. (3) 若 $z=f(x,y)$ 在 (x_0,y_0) 的某邻域存在偏导数 f_x,f_y,且它们在 (x_0,y_0) 处连续,则 $z=f(x,y)$ 在 (x_0,y_0) 处可微

2. 连续、可导、可微三者的关系

二元函数 $z=f(x,y)$ 连续、可导(两个偏导数存在)与可微三者关系如下:

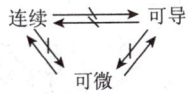

小提示:注意上面箭头的方向.

3. 可微性条件

(1) **定理**(必要条件) 若二元函数 f 在定义域内一点 (x_0,y_0) 处可微,则 f 在该点关于每个自变量的偏导数都存在,且 $A=f_x(x_0,y_0),B=f_y(x_0,y_0)$,因此函数 f 在点 (x_0,y_0) 的全微分可唯一地表示为

$$\left.df\right\vert_{(x_0,y_0)}=f_x(x_0,y_0)\cdot\Delta x+f_y(x_0,y_0)\cdot\Delta y,$$

与一元函数的情况一样,由于自变量增量等于自变量的微分,即 $\Delta x = \mathrm{d}x, \Delta y = \mathrm{d}y$,所以全微分又可写为
$$\mathrm{d}z = f_x(x_0, y_0)\mathrm{d}x + f_y(x_0, y_0)\mathrm{d}y.$$

(2) **定理**(充分条件) 若函数 $z = f(x, y)$ 的偏导数在点 (x_0, y_0) 的某邻域内存在,且 f_x 与 f_y 在点 (x_0, y_0) 处连续,则函数 f 在点 (x_0, y_0) 可微.

(3) 函数 $f(x,y)$ 在 $P_0(x_0, y_0)$ 处可微的充分条件:函数 f 的两个偏导数 f_x, f_y 在 $P_0(x_0, y_0)$ 处连续.

4. 可微性几何意义及应用

曲面 $z = f(x,y)$ 在点 $P_0(x_0, y_0, f(x_0, y_0))$ 存在不平行于 z 轴的切平面的充要条件:函数 f 在点 $P_0(x_0, y_0)$ 处可微,且该切平面和法线的方程分别是
$$z - z_0 = f_x(x_0, y_0)(x - x_0) + f_y(x_0, y_0)(y - y_0),$$
$$\frac{x - x_0}{f_x(x_0, y_0)} = \frac{y - y_0}{f_y(x_0, y_0)} = \frac{z - z_0}{-1}.$$

其中,$\boldsymbol{n} = (f_x(x_0, y_0), f_y(x_0, y_0), -1)$ 是曲面 $z = f(x,y)$ 在点 P_0 处的法向量.

例1 讨论函数
$$z = f(x,y) = \begin{cases} (x^2 + y^2)\sin\dfrac{1}{\sqrt{x^2 + y^2}}, & x^2 + y^2 \neq 0 \\ 0, & x^2 + y^2 = 0 \end{cases}$$
在点 $(0,0)$ 处:(1) 是否连续?(2) 是否存在偏导数?(3) 是否可微?(4) $f_x(x,y)$ 和 $f_y(x,y)$ 在点 $(0,0)$ 是否连续?

解 (1) 由有界函数与无穷小的乘积为无穷小得
$$\lim_{\substack{x \to 0 \\ y \to 0}} f(x,y) = \lim_{\substack{x \to 0 \\ y \to 0}} (x^2 + y^2)\sin\frac{1}{\sqrt{x^2 + y^2}} = 0 = f(0,0),$$
故 $f(x,y)$ 在点 $(0,0)$ 处连续.

(2) 因 $\left.\dfrac{\partial f}{\partial x}\right|_{(0,0)} = \lim_{x \to 0}\dfrac{f(x,0) - f(0,0)}{x} = \lim_{x \to 0}\dfrac{x^2\sin\dfrac{1}{|x|}}{x} = \lim_{x \to 0} x\sin\dfrac{1}{|x|} = 0,$

同理 $\left.\dfrac{\partial f}{\partial y}\right|_{(0,0)} = 0$ [因 $f(x,y) = f(y,x)$],

故 $f(x,y)$ 在点 $(0,0)$ 处的偏导数存在.

(3) 由(2) 知 $f_x(0,0) = 0, f_y(0,0) = 0$,故
$$\Delta z - [f_x(0,0)\mathrm{d}x + f_y(0,0)\mathrm{d}y] = \Delta z$$
$$= [(\Delta x)^2 + (\Delta y)^2]\sin\frac{1}{\sqrt{(\Delta x)^2 + (\Delta y)^2}} = \rho^2\sin\frac{1}{\rho},$$

其中 $\rho = \sqrt{(\Delta x)^2 + (\Delta y)^2}$,于是
$$\lim_{\rho \to 0}\frac{\Delta z - [f_x(0,0)\mathrm{d}x + f_y(0,0)\mathrm{d}y]}{\rho} = \lim_{\rho \to 0}\rho\sin\frac{1}{\rho} = 0,$$

即
$$\Delta z = f_x(0,0)\mathrm{d}x + f_y(0,0)\mathrm{d}y + o(\rho),$$

所以 $f(x,y)$ 在点 $(0,0)$ 处可微,且
$$\left.\mathrm{d}z\right|_{\substack{x=0 \\ y=0}} = 0.$$

(4) 当 $(x,y) \neq (0,0)$ 时,

$$f_x(x,y) = 2x\sin\frac{1}{\sqrt{x^2+y^2}} - \frac{x}{\sqrt{x^2+y^2}}\cos\frac{1}{\sqrt{x^2+y^2}},$$

$$f_y(x,y) = 2y\sin\frac{1}{\sqrt{x^2+y^2}} - \frac{y}{\sqrt{x^2+y^2}}\cos\frac{1}{\sqrt{x^2+y^2}},$$

而

$$\lim_{\substack{x \to 0 \\ y \to 0}} 2x\sin\frac{1}{\sqrt{x^2+y^2}} = 0,$$

又

$$\lim_{\substack{x \to 0 \\ y \to 0}} \frac{x}{\sqrt{x^2+y^2}}\cos\frac{1}{\sqrt{x^2+y^2}} = \lim_{x \to 0} \frac{x}{|x|}\cos\frac{1}{\sqrt{2}|x|}$$

不存在,故 $\lim\limits_{\substack{x \to 0 \\ y \to 0}} f_x(x,y)$ 不存在,所以 $f_x(x,y)$ 在点 $(0,0)$ 处不连续. 同理 $f_y(x,y)$ 在点 $(0,0)$ 处不连续.

小提示: 由本例可知 $f_x(x,y), f_y(x,y)$ 在点 (x,y) 处连续是 $f(x,y)$ 可微的充分条件而不是必要条件.

例 2 设 $z = (x^2+y^2)\mathrm{e}^{-\arctan\frac{y}{x}}$,求 $\mathrm{d}z$ 与 $\dfrac{\partial^2 z}{\partial x \partial y}$.

分析 显函数求偏导.

解答
$$\frac{\partial z}{\partial x} = 2x\mathrm{e}^{-\arctan\frac{y}{x}} - (x^2+y^2) \cdot \frac{1}{1+\left(\frac{y}{x}\right)^2} \cdot \left(-\frac{y}{x^2}\right) \cdot \mathrm{e}^{-\arctan\frac{y}{x}} = (2x+y)\mathrm{e}^{-\arctan\frac{y}{x}},$$

$$\frac{\partial z}{\partial y} = 2y\mathrm{e}^{-\arctan\frac{y}{x}} - (x^2+y^2) \cdot \frac{1}{1+\left(\frac{y}{x}\right)^2} \cdot \frac{1}{x} \cdot \mathrm{e}^{-\arctan\frac{y}{x}} = (2y-x)\mathrm{e}^{-\arctan\frac{y}{x}},$$

所以

$$\mathrm{d}z = \mathrm{e}^{-\arctan\frac{y}{x}}[(2x+y)\mathrm{d}x + (2y-x)\mathrm{d}y].$$

$$\frac{\partial^2 z}{\partial x \partial y} = \mathrm{e}^{-\arctan\frac{y}{x}} - (2x-y) \cdot \frac{1}{1+\left(\frac{y}{x}\right)^2} \cdot \frac{1}{x} \cdot \mathrm{e}^{-\arctan\frac{y}{x}} = \frac{y^2-xy-x^2}{x^2+y^2}\mathrm{e}^{-\arctan\frac{y}{x}}.$$

例 3 设 $z = z(x,y)$ 是由方程 $y^2 z\mathrm{e}^{x+y} - \sin(xyz) = 0$ 确定的函数,求 $\mathrm{d}z$.

分析 隐函数求偏导.

解答 记 $F(x,y,z) = y^2 z\mathrm{e}^{x+y} - \sin(xyz)$,则
$$F'_x(x,y,z) = y^2 z\mathrm{e}^{x+y} - yz\cos(xyz),$$
$$F'_y(x,y,z) = 2yz\mathrm{e}^{x+y} + y^2 z\mathrm{e}^{x+y} - xz\cos(xyz),$$
$$F'_z(x,y,z) = y^2\mathrm{e}^{x+y} - xy\cos(xyz),$$

故

$$\frac{\partial z}{\partial x} = -\frac{F'_x}{F'_z} = \frac{yz\cos(xyz) - y^2 z\mathrm{e}^{x+y}}{y^2 \mathrm{e}^{x+y} - xy\cos(xyz)},$$

$$\frac{\partial z}{\partial y} = -\frac{F'_y}{F'_z} = \frac{xz\cos(xyz) - 2yz\mathrm{e}^{x+y} - y^2 z\mathrm{e}^{x+y}}{y^2\mathrm{e}^{x+y} - xy\cos(xyz)},$$

所以

$$\mathrm{d}z = \frac{\partial z}{\partial x}\mathrm{d}x + \frac{\partial z}{\partial y}\mathrm{d}y.$$

$$= \frac{[yz\cos(xyz) - y^2 z e^{x+y}]dx + [xz\cos(xyz) - 2yze^{x+y} - y^2 e^{x+y}]dy}{y^2 e^{x+y} - xy\cos(xyz)}.$$

例4 计算 $1.04^{2.02}$ 的近似值.

分析 利用二元函数全微分的几何意义.

解答 设 $f(x,y) = x^y$,则 $f_x(x,y) = yx^{y-1}, f_y(x,y) = x^y \ln x$,

令 $x = 1, y = 2, \Delta x = 0.04, \Delta y = 0.02$,

则 $1.04^{2.02} = f(1.04, 2.02) \approx f(1,2) + f_x(1,2)\Delta x + f_y(1,2)\Delta y$
$= 1 + 2 \times 0.04 + 0 \times 0.02 = 1.12.$

■ 复合函数微分法

1. 链式法则

设函数 $x = \varphi(s,t), y = \phi(s,t)$ 在点 $(s,t) \in D$ 可微,$z = f(x,y)$ 在点 $(x,y) = (\varphi(s,t), \phi(s,t))$ 可微,则复合函数

$$z = f(\varphi(s,t), \phi(s,t))$$

在点 (s,t) 可微,并且有链式法则 $\begin{cases} \dfrac{\partial z}{\partial s} = \dfrac{\partial z}{\partial x} \cdot \dfrac{\partial x}{\partial s} + \dfrac{\partial z}{\partial y} \cdot \dfrac{\partial y}{\partial s} \\ \dfrac{\partial z}{\partial t} = \dfrac{\partial z}{\partial x} \cdot \dfrac{\partial x}{\partial t} + \dfrac{\partial z}{\partial y} \cdot \dfrac{\partial y}{\partial t} \end{cases}.$

2. 一阶全微分形式不变性

设函数 $x = \varphi(s,t), y = \phi(s,t)$ 在点 $(s,t) \in D$ 可微,$z = f(x,y)$ 在点 $(x,y) = (\varphi(s,t), \phi(s,t))$ 可微,则 z 无论是作为中间变量 x, y 的函数,还是作为自变量 s, t 的函数,都有

$$dz = \frac{\partial z}{\partial x}dx + \frac{\partial z}{\partial y}dy.$$

例5 设 $z = uv, x = e^u \cos v, y = e^u \sin v$,求 $\dfrac{\partial z}{\partial x}, \dfrac{\partial z}{\partial y}$.

解 由题意可知,$u = u(x,y), v = v(x,y)$,故

$$\frac{\partial z}{\partial x} = v\frac{\partial u}{\partial x} + u\frac{\partial v}{\partial x}, \frac{\partial z}{\partial y} = v\frac{\partial u}{\partial y} + u\frac{\partial v}{\partial y}.$$

对 $\begin{cases} x = e^u \cos v \\ y = e^u \sin v \end{cases}$ 两边关于 x 求导,得

$$\begin{cases} 1 = e^u \cos v \cdot \dfrac{\partial u}{\partial x} - e^u \sin v \cdot \dfrac{\partial v}{\partial x}, \\ 0 = e^u \sin v \cdot \dfrac{\partial u}{\partial x} + e^u \cos v \cdot \dfrac{\partial v}{\partial x}. \end{cases}$$

解得

$$\frac{\partial u}{\partial x} = \frac{\cos v}{e^u}, \frac{\partial v}{\partial x} = -\frac{\sin v}{e^u}.$$

对 $\begin{cases} x = e^u \cos v \\ y = e^u \sin v \end{cases}$ 两边关于 y 求导,得

$$\begin{cases} 0 = e^u \cos v \cdot \dfrac{\partial u}{\partial y} - e^u \sin v \cdot \dfrac{\partial v}{\partial y}, \\ 1 = e^u \sin v \cdot \dfrac{\partial u}{\partial y} + e^u \cos v \cdot \dfrac{\partial v}{\partial y}. \end{cases}$$

解得

$$\frac{\partial u}{\partial y} = \frac{\sin v}{e^u}, \frac{\partial v}{\partial y} = -\frac{\cos v}{e^u}.$$

所以

$$\frac{\partial z}{\partial x} = \frac{v\cos v - u\sin v}{e^u},$$

$$\frac{\partial z}{\partial y} = \frac{v\sin v + u\cos v}{e^u}.$$

小提示：在求复合函数的偏导数时，要分清哪些是自变量，哪些是中间变量.

例 6 设 f 可微,利用一阶全微分形式不变性求 $u = f(x^2 - y^2, e^{xy}, z)$ 的全微分和偏导数.

解 求全微分

$$du = f_1 d(x^2 - y^2) + f_2 de^{xy} + f_3 dz = f_1(2xdx - 2ydy) + f_2 e^{xy}(ydx + xdy) + f_3 dz$$

$$= (2xf_1 + yf_2 e^{xy})dx + (-2yf_1 + xe^{xy}f_2)dy + f_3 dz.$$

求偏导数

$$u_x = 2xf_1 + f_2 e^{xy}, u_y = -2yf_1 + xe^{xy}f_2, u_z = f_3.$$

例 7 设 $f(x,y,z) = \dfrac{x\cos y + y\cos z + z\cos x}{1 + \cos x + \cos y + \cos z}$, 求 $df\big|_{(0,0,0)}$.

解 $\because f(x,0,0) = \dfrac{x}{3 + \cos x},$

注意：x,y,z 具有轮换对称性.

$\therefore f_x(0,0,0) = \left(\dfrac{x}{3 + \cos x}\right)'\bigg|_{x=0} = \dfrac{1}{4}.$

利用轮换对称性,可得

$$f_y(0,0,0) = f_z(0,0,0) = \frac{1}{4}.$$

$\therefore df\big|_{(0,0,0)} = f_x(0,0,0)dx + f_y(0,0,0)dy + f_z(0,0,0)dz$

$= \dfrac{1}{4}(dx + dy + dz).$

方向导数与梯度

名称	定义	性质
方向导数	设三元函数 f 在点 $P_0(x_0, y_0, z_0)$ 的某邻域 $U(P_0) \subset \mathbf{R}^3$ 内有定义,l 为从点 P_0 出发的射线,则极限 $$\frac{\partial f}{\partial l}\bigg|_{P_0} = \lim_{\rho \to 0^+} \frac{f(P) - f(P_0)}{\rho}$$ $$= \lim_{\rho \to 0^+} \frac{\Delta_l f}{\rho}$$ 为函数 f 在点 P_0 处沿射线 l 方向的方向导数	(1) 若 f 在点 P_0 存在关于 x 的偏导数,则 f 在点 P_0 沿 x 轴正向的方向导数恰为 $\frac{\partial f}{\partial l}\bigg|_{P_0} = \frac{\partial f}{\partial x}\bigg|_{P_0}$; 当 l 的方向为 x 轴的负方向时,则有 $\frac{\partial f}{\partial l}\bigg|_{P_0} = -\frac{\partial f}{\partial x}\bigg|_{P_0}$. (2) 若函数 f 在点 $P_0(x_0, y_0, z_0)$ 可微,则 f 在点 P_0 处沿任一方向 l 的方向导数都存在,且 $f_l(P_0) = f_x(P_0)\cos\alpha + f_y(P_0)\cos\beta + f_z(P_0)\cos\gamma$ 其中 $\{\cos\alpha, \cos\beta, \cos\gamma\}$ 为方向 l 的方向导数
梯度	若 $f(x, y, z)$ 在点 $P_0(x_0, y_0, z_0)$ 存在对所有自变量的偏导数,则称向量 $\{f_x(P_0), f_y(P_0), f_z(P_0)\}$ 为函数 f 在点 P_0 的梯度. $\text{grad} f = (f_x(P_0), f_y(P_0), f_z(P_0))$ 向量 $\text{grad} f$ 的长度(或模)为 $\|\text{grad} f\| = \sqrt{[f_x(P_0)]^2 + [f_y(P_0)]^2 + [f_z(P_0)]^2}$	若记 l 方向上的单位向量为 $l_0 = (\cos\alpha, \cos\beta, \cos\gamma)$,于是方向导数公式又可写成 $$f_l(P_0) = \text{grad} f(P_0) \cdot l_0$$ $$= |\text{grad} f(P_0)| \cos\theta$$ 其中 θ 是梯度向量 $\text{grad} f_l(P_0)$ 与 l_0 的夹角,因此当 $\theta = 0$ 时,$f(P_0)$ 取得最大值 $|\text{grad} f_l(P_0)|$;当 $\theta = \pi$ 时,$f(P_0)$ 取最小值 $-|\text{grad} f_l(P_0)|$

例 8 设函数 $f(x, y)$ 在 $P_0(2, 0)$ 处沿 $l_1 = (2, -2)$ 的方向导数是 1,在 P_0 处沿 $l_2 = (-2, 0)$ 的方向导数是 -3,求 $f(x, y)$ 在 P_0 处沿 $l = (3, 2)$ 的方向导数.

解 因为 l_1 方向上的单位向量为 $(\cos\alpha_1, \cos\beta_1) = \left(\frac{1}{\sqrt{2}}, -\frac{1}{\sqrt{2}}\right)$,$l_2$ 方向上的单位向量为 $(\cos\alpha_2, \cos\beta_2) = (-1, 0)$,

所以 $\frac{\partial f}{\partial l_1} = f_x(2, 0)\cos\alpha_1 + f_y(2, 0)\cos\beta_1 = \frac{1}{\sqrt{2}} f_x(2, 0) - \frac{1}{\sqrt{2}} f_y(2, 0) = 1$,

$\frac{\partial f}{\partial l_2} = f_x(2, 0)\cos\alpha_2 + f_y(2, 0)\cos\beta_2 = -f_x(2, 0) = -3$,

从而得到 $f_x(2, 0) = 3, f_y(2, 0) = 3 - \sqrt{2}$.

又因为 l 方向上的单位向量为 $(\cos\alpha, \cos\beta) = \left(\frac{3}{\sqrt{13}}, \frac{2}{\sqrt{13}}\right)$,

所以 $\frac{\partial f}{\partial l} = f_x(2, 0)\cos\alpha + f_y(2, 0)\cos\beta = \frac{9}{\sqrt{13}} + \frac{2(3 - \sqrt{2})}{\sqrt{13}} = \frac{15 - 2\sqrt{2}}{\sqrt{13}}$.

例 9 求函数 $u = \ln(x^2 + y^2 + z^2)$ 在点 $M(1, 2, -2)$ 处的梯度 $\text{grad} u \big|_M$.

解 $\text{grad} u \big|_M = \left(\frac{\partial u}{\partial x}, \frac{\partial u}{\partial y}, \frac{\partial u}{\partial z}\right)\bigg|_{(1, 2, -2)}$

$$\left|\begin{array}{l}\text{令 } r = \sqrt{x^2+y^2+z^2}, \text{则} \dfrac{\partial u}{\partial x} = \dfrac{1}{r^2} \cdot 2x, \\ \text{注意 } x, y, z \text{ 具有轮换对称性.}\end{array}\right.$$

$$= \left(\dfrac{2x}{r^2}, \dfrac{2y}{r^2}, \dfrac{2z}{r^2}\right)\bigg|_{(1,2,-2)} = \dfrac{2}{9}(1,2,-2).$$

■ 泰勒公式与极值问题

1. 高阶偏导数

如果函数 $f(x,y)$ 的偏导数 $f_x(x,y)$, $f_y(x,y)$ 继续可求偏导数，则称 $f_x(x,y)$, $f_y(x,y)$ 的偏导数为 $f(x,y)$ 的二阶偏导数；类似地可定义 $k(k\geqslant 3)$ 阶偏导数的概念.
以二阶偏导数为例，有如下 4 种情况：

$$\dfrac{\partial}{\partial x}\left(\dfrac{\partial z}{\partial x}\right) = \dfrac{\partial^2 z}{\partial x^2} = f_{xx}(x,y); \qquad \dfrac{\partial}{\partial y}\left(\dfrac{\partial z}{\partial x}\right) = \dfrac{\partial^2 z}{\partial x \partial y} = f_{xy}(x,y);$$

$$\dfrac{\partial}{\partial x}\left(\dfrac{\partial z}{\partial y}\right) = \dfrac{\partial^2 z}{\partial y \partial x} = f_{yx}(x,y); \qquad \dfrac{\partial}{\partial y}\left(\dfrac{\partial z}{\partial y}\right) = \dfrac{\partial^2 z}{\partial y^2} = f_{yy}(x,y).$$

混合偏导数相等的充分条件：$f_{xy}(x,y)$ 与 $f_{yx}(x,y)$ 都在 (x_0, y_0) 处连续，则

$$f_{xy}(x_0, y_0) = f_{yx}(x_0, y_0).$$

2. 中值定理和泰勒公式

名称	内容	说明
微分中值定理	设二元函数 f 在凸开域 $D \subset \mathbf{R}^2$ 上连续，在 D 的所有内点都可微，则对 D 内任意两点 $P(a,b)$, $Q(a+h, b+k) \in \text{int}D$，存在某个 $\theta (0 < \theta < 1)$，使得 $$f(a+h, b+k) - f(a,b) = f_x(a+\theta h, b+\theta k)h + f_y(a+\theta h, b+\theta k)k$$	(1) 如果 D 是凸区域，f 在 D 上连续，在 $\text{int}D$ 内可微，且线段 PQ 上除端点 P、Q 外都是 D 的内点，则等式同样成立. (2) 若函数 $f(x,y)$ 在区域 D 上存在偏导数，且满足 $f_x = f_y \equiv 0$，则 f 在区域 D 上恒为一常数
泰勒公式	设 $z = f(x,y)$ 在包含点 $M_0(x_0, y_0)$ 的某个邻域 D 内有直到 $n+1$ 阶连续偏导数，$M(x_0 + \Delta x, y_0 + \Delta y) \in D$，且 $\overline{M_0 M} < D$，则有公式： $$f(x_0+h, y_0+h) = f(x_0, y_0) + \left(h\dfrac{\partial}{\partial x} + k\dfrac{\partial}{\partial y}\right)f(x_0, y_0)$$ $$+ \dfrac{1}{2!}\left(h\dfrac{\partial}{\partial x} + k\dfrac{\partial}{\partial y}\right)^2 f(x_0, y_0) + \cdots + \dfrac{1}{n!}\left(h\dfrac{\partial}{\partial x} + k\dfrac{\partial}{\partial y}\right)^n f(x_0, y_0) + \dfrac{1}{(n+1)!}\left(h\dfrac{\partial}{\partial x} + k\dfrac{\partial}{\partial y}\right)^{n+1} f(x_0+\theta h, y_0+\theta k) \quad (0 < \theta < 1)$$ 其中，$\left(h\dfrac{\partial}{\partial x} + k\dfrac{\partial}{\partial y}\right)^m f(x_0, y_0) = \sum\limits_{i=0}^{m} c_m^i \dfrac{\partial^m}{\partial x^i \partial y^{m-i}} f(x_0, y_0) h^i k^{m-i}$	

3. 极值问题

名称	内容	说明
极值定义	设函数 f 在点 $P_0(x_0,y_0)$ 的某邻域 $U(P_0)$ 内有定义,若对 $\forall P(x,y) \in U(P_0)$ 有 $f(P) \leqslant f(P_0)$(或 $f(P) \geqslant f(P_0)$),则称 f 在点 P_0 取得极大(或极小)值,点 P_0 称为函数 f 的一个极大(或极小)值点	极值点必须是函数定义域的内点
极值必要条件	如果函数 $f(x,y)$ 在点 $P_0(x_0,y_0)$ 存在偏导数,且 P_0 为 f 的极值点,则 $$f_x(P_0) = f_y(P_0) = 0$$	偏导数等于零的点称为稳定点. 因此,如果 f 存在偏导数,则其极值点必为稳定点,而稳定点不一定为极值点
极值充分条件	设函数 $f(x,y)$ 在点 $P_0(x_0,y_0)$ 的某邻域内有连续的二阶偏导数,且 P_0 为其稳定点,则 (1) 当 $H_f(P_0)$ 正定时,$f(P_0)$ 是 f 的一个极小值. (2) 当 $H_f(P_0)$ 负定时,$f(P_0)$ 是 f 的一个极大值. (3) 当 $H_f(P_0)$ 不定时,$f(P_0)$ 不是 f 的极值	(1) 对二阶实对称矩阵 $H = \begin{pmatrix} a & b \\ b & c \end{pmatrix}$. (2) $H_f(P_0) = \begin{pmatrix} f_{xx} & f_{xy} \\ f_{yx} & f_{yy} \end{pmatrix}_{P_0}$. ① H 正定的充要条件:$a>0, ac-b^2>0$. ② H 负定的充要条件:$a<0, ac-b^2>0$. ③ H 不定的充要条件:$ac-b^2<0$.

例 10 求函数 $f(x,y) = \ln(1+x+y)$ 在点 $(0,0)$ 的三阶泰勒公式.

解 $f_x(x,y) = f_y(x,y) = \dfrac{1}{1+x+y}, f_{xx} = f_{xy} = f_{yy} = \dfrac{-1}{(1+x+y)^2}.$

$$\frac{\partial^3 f}{\partial x^p \partial y^{3-p}} = \frac{2!}{(1+x+y)^3}, p = 0,1,2,3,$$

$$\frac{\partial^4 f}{\partial x^p \partial y^{4-p}} = \frac{-3!}{(1+x+y)^4}, p = 0,1,2,3,4,$$

$$\left(h\frac{\partial}{\partial x} + k\frac{\partial}{\partial y}\right) f(0,0) = h f_x(0,0) + k f_y(0,0) = h+k,$$

$$\left(h\frac{\partial}{\partial x} + k\frac{\partial}{\partial y}\right)^2 f(0,0) = h^2 f_{xx}(0,0) + 2hk f_{xy}(0,0) + k^2 f_{yy}(0,0) = -(h+k)^2,$$

$$\left(h\frac{\partial}{\partial x} + k\frac{\partial}{\partial y}\right)^3 f(0,0) = \sum_{p=0}^{3} C_3^p h^p k^{3-p} \frac{\partial^3 f}{\partial x^p \partial y^{3-p}}\bigg|_{(0,0)} = 2(h+k)^3,$$

又 $f(0,0) = 0$,将 $h = x, k = y$ 代入三阶泰勒公式得

$$\ln(1+x+y) = x+y - \frac{1}{2}(x+y)^2 + \frac{1}{3}(x+y)^3 + R_3,$$

其中 $R_3 = \left(h\dfrac{\partial}{\partial x} + k\dfrac{\partial}{\partial y}\right)^4 f(\theta h, \theta k)\bigg|_{\substack{h=x \\ k=y}} = -\dfrac{1}{4} \cdot \dfrac{(x+y)^4}{(1+\theta x+\theta y)^4} (0 < \theta < 1).$

例 11 求函数 $z = \dfrac{x+y}{x^2+y^2+1}$ 的最大值和最小值.

解 因为 $z_x = \dfrac{(x^2+y^2+1) - 2x(x+y)}{(x^2+y^2+1)^2}, z_y = \dfrac{(x^2+y^2+1) - 2y(x+y)}{(x^2+y^2+1)^2}$,令 $\begin{cases} z_x = 0 \\ z_y = 0 \end{cases}$,

得驻点为 $\left(\frac{1}{\sqrt{2}}, \frac{1}{\sqrt{2}}\right)\left(-\frac{1}{\sqrt{2}}, -\frac{1}{\sqrt{2}}\right).$

因为 $\lim\limits_{\substack{x\to\infty \\ y\to\infty}} \frac{x+y}{x^2+y^2+1} = 0$,即边界上的值为 0,且

$z\left(\frac{1}{\sqrt{2}}, \frac{1}{\sqrt{2}}\right) = \frac{1}{\sqrt{2}}, z\left(-\frac{1}{\sqrt{2}}, -\frac{1}{\sqrt{2}}\right) = -\frac{1}{\sqrt{2}},$

所以最大值为 $\frac{1}{\sqrt{2}}$,最小值为 $-\frac{1}{\sqrt{2}}.$

小提示 求函数在有界闭区域上的最大值与最小值通常是先求出所有稳定点、偏导数不存在的点、边界上可能取得最值的点,然后再比较这些点上函数值的大小.

例 12 讨论函数 $z = x^3 + y^3$ 及 $z = (x^2+y^2)^2$ 在点 (0,0) 是否取得极值.

解 显然 (0,0) 是它们的驻点,并且在 (0,0) 都有
$$AC - B^2 = 0.$$

$z = x^3 + y^3$ 在 (0,0) 点邻域内的取值

可能为 $\begin{cases} 正 \\ 负, \text{因此 } z(0,0) \text{ 不是极值}. \\ 0 \end{cases}$

当 $x^2 + y^2 \neq 0$ 时,$z = (x^2+y^2)^2 > z\big|_{(0,0)} = 0.$

因此 $z(0,0) = (x^2+y^2)^2 \big|_{(0,0)} = 0$ 为极小值.

例 13 要设计一个容量为 V_0 的长方体开口水箱,水箱长、宽、高等于多少时所用材料最省?

解 设 x, y, z 分别表示长、宽、高,则问题为求 x, y, z,使水箱在条件 $xyz = V_0$ 下表面积 $S = 2(xz + yz) + xy$ 最小,如图 17-1 所示.

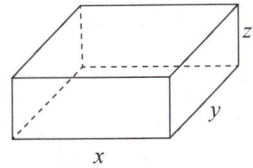

图 17-1

令 $F = 2(xz + yz) + xy + \lambda(xyz - V_0),$

解方程组 $\begin{cases} F_x = 2z + y + \lambda yz = 0 \\ F_y = 2z + x + \lambda xz = 0 \\ F_z = 2(x+y) + \lambda xy = 0 \\ F_\lambda = xyz - V_0 = 0 \end{cases}$

得唯一驻点 $x = y = 2z = \sqrt[3]{2V_0}, \lambda = \dfrac{-4}{\sqrt[3]{2V_0}},$

由题意可知合理的设计是存在的,因此当高为 $\sqrt[3]{\dfrac{V_0}{4}}$,长、宽为高的 2 倍时,所用材料最省.

课后习题全解

习题 17.1

1. 【知识点窍】函数的偏导数.

【逻辑推理】求关于一个变量的偏导数,就把其余的变量看作常数,用一元函数的求导公式和求导法则来求解.

【解题过程】(1) $z_x = 2xy, z_y = x^2$;

(2) $z_x = -y\sin x, z_y = \cos x$;

(3) $z_x = \dfrac{-x}{(x^2+y^2)^{\frac{3}{2}}}, z_y = \dfrac{-y}{(x^2+y^2)^{\frac{3}{2}}}$;

(4) $z_x = \dfrac{1}{x+y^2}, z_y = \dfrac{2y}{x+y^2}$;

(5) $z_x = y\mathrm{e}^{xy}, z_y = x\mathrm{e}^{xy}$;

(6) $z_x = \dfrac{1}{1+\left(\dfrac{y}{x}\right)^2} \cdot \dfrac{-y}{x^2} = \dfrac{-y}{x^2+y^2}, z_y = \dfrac{x}{x^2+y^2}$;

(7) $z_x = y\mathrm{e}^{\sin(xy)} + xy^2\mathrm{e}^{\sin(xy)}\cos(xy) = y\mathrm{e}^{\sin(xy)}[1+xy\cos(xy)]$,
$z_y = [1+xy\cos(xy)]x\mathrm{e}^{\sin(xy)}$;

(8) $u_x = -\dfrac{y}{x^2} - \dfrac{1}{z}, u_y = \dfrac{1}{x} - \dfrac{z}{y^2}, u_z = \dfrac{1}{y} + \dfrac{x}{z^2}$;

(9) $u_x = zy(xy)^{z-1}, u_y = zx(xy)^{z-1}, u_z = (xy)^z \ln(xy)$;

(10) $u_x = y^z x^{y^z-1}, u_y = zy^{z-1}x^{y^z}\ln x, u_z = x^{y^z}y^z\ln x\ln y$.

2. 【知识点窍】函数的偏导数.

【解题过程】$f(x,1) = x + 0 \cdot \arcsin\sqrt{x} = x, f_x(x,1) = 1$.

3. 【知识点窍】函数的偏导数.

【逻辑推理】按偏导数的定义求解.

【解题过程】因为 $\lim\limits_{\Delta x \to 0}\dfrac{f(0+\Delta x,0)-f(0,0)}{\Delta x} = \lim\limits_{\Delta x \to 0}\dfrac{0-0}{\Delta x} = 0$,

$\lim\limits_{\Delta y \to 0}\dfrac{f(0,0+\Delta y)-f(0,0)}{\Delta y} = \lim\limits_{\Delta y \to 0}\sin\dfrac{1}{(\Delta y)^2}$ 不存在.

所以,$f(x,y)$ 在原点关于 x 的偏导数为 0,关于 y 的偏导数不存在.

4. 【知识点窍】二元函数连续及其偏导数.

【逻辑推理】利用函数连续及偏导数的定义即可求解.

【解题过程】记 $x = r\cos\theta, y = r\sin\theta$,则 $(x,y) \to (0,0) \Leftrightarrow r \to 0$.

而 $f(0,0) = 0, \lim\limits_{(x,y)\to(0,0)}\sqrt{x^2+y^2} = \lim\limits_{r\to 0}r = 0$.

所以 $\lim\limits_{(x,y)\to(0,0)} \sqrt{x^2+y^2} = 0 = f(0,0)$,即 $z = \sqrt{x^2+y^2}$ 在点$(0,0)$连续.

然而,$\lim\limits_{\Delta x \to 0} \dfrac{f(\Delta x, 0) - f(0,0)}{\Delta x} = \lim\limits_{x \to 0} \dfrac{\sqrt{\Delta x^2}}{\Delta x}$ 不存在,即 $f_x(0,0)$ 不存在,同理 $f_y(0,0)$ 不存在.

5. **知识点窍** 二元函数的全微分.

逻辑推理 若 $\Delta f(x,y) = f_x(x_0, y_0)\Delta x + f_y(x_0, y_0)\Delta y + o(\rho)(\rho \to 0)$[其中$o(\rho)$是较$\rho$的高阶无穷小量],则 $f(x,y)$ 可微.

解题过程 由偏导数的定义我们可以得到
$$f_x(0,0) = \lim\limits_{\Delta x \to 0} \dfrac{f(0+\Delta x, 0) - f(0,0)}{\Delta x} = \lim\limits_{\Delta x \to 0} \dfrac{0-0}{\Delta x} = 0.$$
同理可得 $f_y(0,0) = 0$.

由于 $\left| \dfrac{\Delta f - f_x(0,0)\Delta x - f_y(0,0)\Delta y}{\rho} \right| = \left| \dfrac{\Delta x \cdot \Delta y}{\sqrt{(\Delta x)^2 + (\Delta y)^2}} \sin \dfrac{1}{(\Delta x)^2 + (\Delta y)^2} \right|$

$\leqslant \dfrac{(\Delta x)^2 + (\Delta y)^2}{2\sqrt{(\Delta x)^2 + (\Delta y)^2}} = \dfrac{\sqrt{(\Delta x)^2 + (\Delta y)^2}}{2} \to 0(\rho \to 0, \rho = \sqrt{(\Delta x)^2 + (\Delta y)^2})$.

故 $f(x,y)$ 在点$(0,0)$处可微.

6. **知识点窍** 函数的连续、偏导数和全微分.

逻辑推理 函数连续和偏导数存在的证明利用相应的定义即可;函数可微的证明思路同上题.

解题过程 (1) 因为 $\left| \dfrac{x^2 y}{x^2 + y^2} \right| = \dfrac{|x||xy|}{x^2+y^2} \leqslant \dfrac{|x|}{2}$,所以 $\lim\limits_{(x,y)\to(0,0)} \dfrac{x^2 y}{x^2+y^2} = 0 = f(0,0)$,即 $f(x,y)$ 在点$(0,0)$连续.

(2) 由偏导数的定义得
$$f_x(0,0) = \lim\limits_{\Delta x \to 0} \dfrac{f(0+\Delta x, 0) - f(0,0)}{\Delta x} = \lim\limits_{\Delta x \to 0} \dfrac{0-0}{\Delta x} = 0,$$
同理可得 $f_y(0,0) = 0$.

所以,$f(x,y)$ 在点$(0,0)$处的偏导数存在.

(3) 因为
$$\dfrac{\Delta f - f_x(0,0)\Delta x - f_y(0,0)\Delta y}{\rho} = \dfrac{(\Delta x)^2 \Delta y}{[(\Delta x)^2 + (\Delta y)^2]^{3/2}} \qquad ①$$

当 $\Delta x = \Delta y$ 时,①式的值为 $\dfrac{1}{\sqrt{8}}$;当 $\Delta y = 0$ 时,其值为 0.

所以①式的极限不存在.

故 $f(x,y)$ 在点$(0,0)$不可微.

7. **解题过程** 由于 $\lim\limits_{(x,y)\to(0,0)} (x^2+y^2) \sin \dfrac{1}{\sqrt{x^2+y^2}} = 0 = f(0,0)$,

所以 $f(x,y)$ 在点$(0,0)$连续,且 $f_x(0,0) = \lim\limits_{\Delta x \to 0} \dfrac{f(0+\Delta x, 0) - f(0,0)}{\Delta x} = \lim\limits_{\Delta x \to 0} \Delta x \sin \dfrac{1}{|\Delta x|} = 0$.

同理 $f_y(0,0) = 0$,所以 f 在点$(0,0)$偏导数存在.

但当 $x^2 + y^2 \neq 0$ 时,$f_x(x,y) = 2x \sin \dfrac{1}{\sqrt{x^2+y^2}} - \dfrac{x}{\sqrt{x^2+y^2}} \cos \dfrac{1}{\sqrt{x^2+y^2}}$,

而 $\lim\limits_{(x,y)\to(0,0)} 2x \sin \dfrac{1}{\sqrt{x^2+y^2}} = 0$,$\lim\limits_{(x,y)\to(0,0)} \dfrac{x}{\sqrt{x^2+y^2}} \cos \dfrac{1}{\sqrt{x^2+y^2}}$ 不存在.

因此，$\lim\limits_{(x,y)\to(0,0)} f_x(x,y)$ 不存在，从而 $f_x(x,y)$ 在点 $(0,0)$ 不连续.

同理可证 $f_y(x,y)$ 在点 $(0,0)$ 不连续. 然而

$$\lim_{(\Delta x,\Delta y)\to(0,0)} \frac{\Delta f - f_x(0,0)\Delta x - f_y(0,0)\Delta y}{\sqrt{(\Delta x)^2+(\Delta y)^2}} = \lim_{(\Delta x,\Delta y)\to(0,0)} \frac{(\Delta x)^2+(\Delta y)^2}{\sqrt{(\Delta x)^2+(\Delta y)^2}} \sin\frac{1}{\sqrt{(\Delta x)^2+(\Delta y)^2}}$$

$$= 0 \left(\rho = \sqrt{(\Delta x)^2+(\Delta y)^2} \to 0\right),$$

所以 f 在点 $(0,0)$ 可微.

小提示：一阶全微分形式不变性：z 不论是自变量的函数，还是中间变量的函数，都有 $\mathrm{d}z = \dfrac{\partial z}{\partial x}\mathrm{d}x + \dfrac{\partial z}{\partial y}\mathrm{d}y$.

8. 知识点窍 二元函数的全微分.

逻辑推理 f 在可微条件下，可由全微分公式 $\mathrm{d}z = \dfrac{\partial f}{\partial x}\mathrm{d}x + \dfrac{\partial f}{\partial y}\mathrm{d}y$ 求得 f 在给定点处的全微分.

解题过程 (1) 因为 $z_x = 4x^3 - 8xy^2, z_y = 4y^3 - 8x^2y$ 在点 $(0,0),(1,1)$ 连续，所以函数在 $(0,0)$，$(1,1)$ 可微. 由 $z_x(0,0)=0, z_y(0,0)=0, z_x(1,1)=-4, z_y(1,1)=-4$ 可得

$$\mathrm{d}z\Big|_{(0,0)} = 0, \mathrm{d}z\Big|_{(1,1)} = -4(\mathrm{d}x+\mathrm{d}y).$$

(2) 因为 $z_x = \dfrac{y^2}{(x^2+y^2)^{\frac{3}{2}}}, z_y = \dfrac{-xy}{(x^2+y^2)^{\frac{3}{2}}}$ 在点 $(1,0),(0,1)$ 连续，所以函数在 $(1,0),(0,1)$ 可微，由 $z_x(1,0)=0, z_x(0,1)=1, z_y(1,0)=0, z_y(0,1)=0$ 可得

$$\mathrm{d}z\Big|_{(1,0)} = 0, \mathrm{d}z\Big|_{(0,1)} = \mathrm{d}x.$$

9. 知识点窍 全微分.

逻辑推理 函数在可微条件下，其全微分为

① $\mathrm{d}z = \dfrac{\partial z}{\partial x}\mathrm{d}x + \dfrac{\partial z}{\partial y}\mathrm{d}y$；② $\mathrm{d}u = \dfrac{\partial u}{\partial x}\mathrm{d}x + \dfrac{\partial u}{\partial y}\mathrm{d}y + \dfrac{\partial u}{\partial z}\mathrm{d}z$.

解题过程 显然函数 z 和 u 的偏导数连续，于是 z 和 u 可微，且

(1) 因 $\dfrac{\partial z}{\partial x} = y\cos(x+y), \dfrac{\partial z}{\partial y} = \sin(x+y) + y\cos(x+y)$，所以

$$\mathrm{d}z = y\cos(x+y)\mathrm{d}x + [\sin(x+y) + y\cos(x+y)]\mathrm{d}y.$$

(2) 因 $\dfrac{\partial u}{\partial x} = \mathrm{e}^{yz}, \dfrac{\partial u}{\partial y} = 1 + xz\mathrm{e}^{yz}, \dfrac{\partial u}{\partial z} = xy\mathrm{e}^{yz} - \mathrm{e}^{-z}$，所以

$$\mathrm{d}u = \mathrm{e}^{yz}\mathrm{d}x + (xz\mathrm{e}^{yz}+1)\mathrm{d}y + (xy\mathrm{e}^{yz} - \mathrm{e}^{-z})\mathrm{d}z.$$

10. 知识点窍 二元函数可微性的应用：求曲面的切平面和法线.

逻辑推理 利用切平面和法线的公式.

解题过程 因为 $z = \arctan\dfrac{y}{x}$ 在 $(1,1)$ 处可微，所以切平面存在.

由 $z_x(1,1) = -\dfrac{1}{2}, z_y(1,1) = \dfrac{1}{2}$，得

切平面方程为 $-\dfrac{1}{2}(x-1) + \dfrac{1}{2}(y-1) - \left(z - \dfrac{\pi}{4}\right) = 0$，即 $x - y + 2z = \dfrac{\pi}{2}$.

法线方程为 $\dfrac{x-1}{-\dfrac{1}{2}} = \dfrac{y-1}{\dfrac{1}{2}} = \dfrac{z-\dfrac{\pi}{4}}{-1}$,即 $2(1-x) = 2(y-1) = \dfrac{\pi}{4} - z$.

> **小提示**:$z=f(x,y)$ 在点 $M_0(x_0,y_0,z_0)$ 处,
> 切平面方程:
> $f_x(x_0,y_0)(x-x_0)+f_y(x_0,y_0)(y-y_0)-(z-z_0)=0$;
> 法线方程:
> $\dfrac{x-x_0}{f_x(x_0,y_0)} = \dfrac{y-y_0}{f_y(x_0,y_0)} = \dfrac{z-z_0}{-1}$.

11. **解题过程** 分别对 x,y 求导得 $6x - 2z \cdot z_x = 0, 2y - 2z \cdot z_y = 0 \Rightarrow z_x = \dfrac{3x}{z}, z_y = \dfrac{y}{z}$.

在点 $(3,1,1)$ 处有 $z_x = 9, z_y = 1$,所以根据切平面方程定义得切平面方程为

$9(x-3) + (y-1) - (z-1) = 0$,

即 $9x + y - z - 27 = 0$.

法线方程为 $\dfrac{x-3}{9} = \dfrac{y-1}{1} = \dfrac{z-1}{-1}$,

即 $x - 3 = 9(y-1) = 9(1-z)$.

12. **逻辑推理** 平面 $x + 3y + z + 9 = 0$ 的法向量为 $(1,3,1)$,使切平面与已知平面平行,则得到 $\dfrac{1}{y_0} = \dfrac{3}{x_0} = -1$,求出所求点,再利用切平面和法线方程即可.

解题过程 设所求点为 $P(x_0, y_0, x_0 y_0)$,点 P 处切平面法向量为

$(z_x(x_0, y_0), z_y(x_0, y_0), -1) = (y_0, x_0, -1)$.

要使切平面与平面 $x + 3y + z + 9 = 0$ 平行,则有 $\dfrac{1}{y_0} = \dfrac{3}{x_0} = -1$,

于是求得 $x_0 = -3, y_0 = -1$,

则点 P 为 $(-3, -1, 3)$,且点 P 处的切平面方程为

$-(x+3) - 3(y+1) - (z-3) = 0$,即 $x + 3y + z + 3 = 0$.

法线方程为 $\dfrac{x+3}{-1} = \dfrac{y+1}{-3} = \dfrac{z-3}{-1}$,即 $3(x+3) = y+1 = 3(z-3)$.

13. **知识点窍** 全微分在近似计算中的应用.

逻辑推理 适当选取点 P_0,使 P_0 处的函数值和偏导数都易计算,并使 $|\Delta x|, |\Delta y|, |\Delta z|$ 尽量小,利用近似公式 $\Delta f \approx \mathrm{d}f = f(P_0) + f_x(P_0)\Delta x + f_y(P_0)\Delta y + f_z(P_0)\Delta z$ 求解.

解题过程 (1) 选函数 $f(x,y,z) = xy^2 z^3, P_0(x_0, y_0, z_0) = (1,2,3), \Delta x = 0.002, \Delta y = 0.003$,

$\Delta z = 0.004$. 于是

$f_x(1,2,3) = y^2 z^3 \big|_{(1,2,3)} = 108, f_y(1,2,3) = 2xyz^3 \big|_{(1,2,3)} = 108$,

$f_z(1,2,3) = 3xy^2 z^2 \big|_{(1,2,3)} = 108$.

故

$f(1.002, 2.003, 3.004) \approx f(1,2,3) + f_x(1,2,3)\Delta x + f_y(1,2,3)\Delta y + f_z(1,2,3)\Delta z$

$$= 108 + 108 \times 0.002 + 108 \times 0.003 + 108 \times 0.004$$
$$= 108.972.$$

即 $1.002 \times 2.003^2 \times 3.004^3 = 108.972.$

(2) 选取函数 $f(x,y) = \sin x \tan y, P_0(x_0, y_0) = \left(\dfrac{\pi}{6}, \dfrac{\pi}{4}\right), \Delta x = -\dfrac{\pi}{180}, \Delta y = \dfrac{\pi}{180}$,则

$$f\left(\dfrac{\pi}{6}, \dfrac{\pi}{4}\right) = \sin\dfrac{\pi}{6}\tan\dfrac{\pi}{4} = 0.5,$$

$$f_x\left(\dfrac{\pi}{6}, \dfrac{\pi}{4}\right) = \cos\dfrac{\pi}{6}\tan\dfrac{\pi}{4} = \dfrac{\sqrt{3}}{2},$$

$$f_y\left(\dfrac{\pi}{6}, \dfrac{\pi}{4}\right) = \sin\dfrac{\pi}{6}\sec^2\dfrac{\pi}{4} = 1,$$

所以

$$f\left(\dfrac{29\pi}{180}, \dfrac{46\pi}{180}\right) = \sin 29° \tan 46° \approx f\left(\dfrac{\pi}{6}, \dfrac{\pi}{4}\right) + f_x\left(\dfrac{\pi}{6}, \dfrac{\pi}{4}\right)\Delta x + f_y\left(\dfrac{\pi}{6}, \dfrac{\pi}{4}\right)\Delta y$$

$$= 0.5 + \dfrac{\pi}{180}\left(-\dfrac{\sqrt{3}}{2} + 1\right) = 0.5023.$$

14. **[知识点窍]** 全微分在近似计算中的应用.

[逻辑推理] 要求体积变化值 $\Delta V \approx dV = \dfrac{\partial V}{\partial R}\Delta R + \dfrac{\partial V}{\partial r}\Delta r + \dfrac{\partial V}{\partial h}\Delta h.$

[解题过程] 圆台体积 $V = \dfrac{\pi h}{3}(R^2 + Rr + r^2)$,于是 $\Delta V \approx V_R \Delta R + V_r \Delta r + V_h \Delta h$,

其中 $V_R = \dfrac{\partial V}{\partial R} = \dfrac{2\pi h}{3}R + \dfrac{3\pi h r}{3}, V_r = \dfrac{\partial V}{\partial r} = \dfrac{2\pi hr}{3} + \dfrac{\pi h R}{3}, V_h = \dfrac{\partial V}{\partial h} = \dfrac{\pi}{3}(R^2 + r^2 + Rr).$

将 $R = 30, r = 20, h = 40$,以及 $\Delta R = 0.3, \Delta r = 0.4, \Delta h = 0.2$ 代入上式得

$$\Delta V\bigg|_{(30,20,40)} \approx \dfrac{3200\pi}{3}\times 0.3 + \dfrac{2800\pi}{3}\times 0.4 + \dfrac{1900\pi}{3}\times 0.2 = 820\pi$$

$$\approx 2576 (\text{cm})^3.$$

15. **[逻辑推理]** 要证明函数 f 在 $U(P)$ 上连续,只要证明 $|\Delta f - f| < \varepsilon$ 即可.

[解题过程] $\because f_x, f_y$ 在 $U(P)$ 内有界,设此邻域为 $U(P;\delta_1)$,则 $\exists M > 0$,使 $|f_x| \le M, |f_y| \le M$ 在 $U(P;\delta_1)$ 内成立. 由于 $|f(x+\Delta x, y) - f(x,y)| = |f_x(x+\theta_1\Delta x, y)\Delta x + f_y(x, y+\theta_2\Delta y)\Delta y|$
$\le M|\Delta x| + M|\Delta y|$ (其中 $\theta_1, \theta_2 \in (0,1)$).

$\therefore$ 对任意的正数 $\varepsilon, \exists \delta = \min\left\{\delta_1, \dfrac{\varepsilon}{2M}\right\}.$ 当 $|\Delta x| < \delta, |\Delta y| < \delta$ 时,有

$|f(x+\Delta x, y+\Delta y) - f(x,y)| < \varepsilon.$

故 f 在 $U(P)$ 内连续.

16. **[知识点窍]** 二元函数 f 在区域内连续.

[逻辑推理] 由一元函数的微分中值定理 $f(x,y) - f(x+\Delta x, y) = f'_x \Delta x, f(x,y) - f(x, y+\Delta y)$
$= f'_y \Delta y$ 可知 ① 当 $f'_x \equiv 0$ 时, $f(x,y) = \varphi(y)$; ② 当 $f'_x = f'_y = 0$ 时, f 为常数.

[解题过程] (1) 在 int$D$ 内, $f(x,y)$ 仅是 y 的函数 $\varphi(y)$. 任取两点 $(x, y_0), (x', y_0) \in D$ 可知,其连线完全含于 int$D$ 内,由题设及中值定理得

$$f(x, y_0) - f(x', y_0) = f'_x(\xi, y_0)(x - x') = 0, \xi \text{ 在 } x \text{ 与 } x' \text{ 之间}$$

对 $\forall x \in [a,b]$ 及 $(x,y) \in D$, 由 $f_x \equiv 0$ 得 $f(x,y_0) = f(x',y_0)$, 由于 (x,y_0) 和 (x',y_0) 的任意性知 $f(x,y) = \varphi(y)$, 其中 $\varphi(y)$ 在 $[c,d]$ 上连续.

(2) 由(1)可推理得 $f(x,y) \equiv c$ (c 是常数)$[(x,y) \in D]$.

(3) f 在 D 上的连续性假设可以省略,则只能得出 f 在 D 的内部(边界除外)是仅与 y 有关的函数.

但是长方形区域不能改为任意区域,如图 17-2 所示.

$D = [a,b] \times [d,e] \cup [a,b] \times [f,g] \cup [b,c] \times [d,g]$

若 $f(x,y) = \begin{cases} y, (x,y) = [a,b] \times [d,e] \\ 2y, (x,y) = [a,b] \times [f,g] \\ 5y, (x,y) = [b,c] \times [d,g] \end{cases}$.

这时在 int$D$ 内,$f_x \equiv 0$,但函数在(1)的特性不存在.

图 17-2

17. **知识点窍** 全微分在近似计算中的应用.

逻辑推理 利用全微分公式,关键是求出 $\dfrac{\partial f}{\partial u}\bigg|_{(0,0)}$ 和 $\dfrac{\partial f}{\partial v}\bigg|_{(0,0)}$.

解题过程 设 $f(u,v) = \arctan\dfrac{u+v}{1+uv}, u_0 = 0, v_0 = 0, \Delta u = x, \Delta v = y$, 则

$$f_u(u,v) = \dfrac{1-v^2}{(1+uv)^2 + (u+v)^2},$$

$$f_v(u,v) = \dfrac{1-u^2}{(1+uv)^2 + (u+v)^2},$$

且在原点充分小的邻域内,由于 f_x 和 f_y 连续,因此 f 在原点 $(0,0)$ 处可微,则有

$$f(x,y) \approx f(0,0) + f_u(0,0)\Delta u + f_v(0,0)\Delta v.$$

而 $f(0,0) = 0, f_u(0,0) = f_v(0,0) = 1$.

故 $\arctan\dfrac{x+y}{1+xy} \approx x + y$.

18. **知识点窍** 偏导数的几何意义.

逻辑推理 切线与 Ox 轴的斜率即为曲面对 x 在 $(2,4)$ 处的偏导数.

解题过程 设该角为 α,根据偏导数的几何意义知,切线对 Ox 轴的斜率为

$$z_x(2,4) = \dfrac{x}{2}\bigg|_{(2,4)} = 1,$$

即 $\tan\alpha = 1, \alpha = \dfrac{\pi}{4}$,

所以切线与 Ox 轴的交角 $\alpha = \dfrac{\pi}{4}$.

19. **知识点窍** 相对误差限,全微分.

逻辑推理 $\left|\dfrac{\Delta u}{u}\right| \approx \left|\dfrac{du}{u}\right| = \left|\dfrac{1}{u}\left(\dfrac{\partial u}{\partial x}\Delta x + \dfrac{\partial u}{\partial y}\Delta y\right)\right|$.

解题过程 (1) 设 $u = xy$,则

$$du = y\Delta x + x\Delta y, \dfrac{du}{u} = \dfrac{1}{u}(y\Delta x + x\Delta y) = \dfrac{\Delta x}{x} + \dfrac{\Delta y}{y},$$

$$\left|\frac{\Delta u}{u}\right| \approx \left|\frac{\mathrm{d}u}{u}\right| \leqslant \left|\frac{\Delta x}{x}\right| + \left|\frac{\Delta y}{y}\right|.$$

(2) 设 $v = \frac{x}{y}$,则 $\mathrm{d}v = \frac{y\Delta x - x\Delta y}{y^2}, \frac{\mathrm{d}v}{v} = \frac{\Delta x}{x} - \frac{\Delta y}{y}$.

故 $\left|\frac{\Delta v}{v}\right| \approx \left|\frac{\mathrm{d}v}{v}\right| \leqslant \left|\frac{\mathrm{d}x}{x}\right| + \left|\frac{\mathrm{d}y}{y}\right|.$

20. **知识点窍** 利用全微分的几何意义求绝对误差限和相对误差限.

解题过程 $|\Delta P| \approx |\rho W \cdot \Delta W + \rho V \cdot \Delta v| = \left|\frac{\Delta W}{V} - \frac{W}{V^2}\Delta V\right|$,

$|\Delta P| \approx \left|\frac{\Delta W}{V}\right| + \left|\frac{W}{V^2}\Delta V\right| = \frac{1}{4.45} \times 0.01 + \frac{30.80}{4.45^2} \times 0.01 \approx 0.018$.

$\left|\frac{\Delta P}{P}\right| = \left|\frac{\Delta W}{W}\right| + \left|\frac{\Delta V}{V}\right| \approx 0.26\%$.

故 ρ 的相对误差限为 0.26%,绝对误差限为 0.018.

习题 17.2

1. **知识点窍** 复合函数的偏导数;全导数.

逻辑推理 链式法则求导.

解题过程 (1) 令 $u = xy$,则变量间的结构为 $z - u \begin{array}{c} x - x \\ y - x \end{array}$.

由复合函数的求导法则有

$$\frac{\mathrm{d}z}{\mathrm{d}x} = \frac{\mathrm{d}z}{\mathrm{d}u}\left(\frac{\partial u}{\partial x} + \frac{\partial u}{\partial y}\frac{\mathrm{d}y}{\mathrm{d}x}\right) = \frac{y}{1+x^2y^2} + \frac{xe^x}{1+x^2y^2} = \frac{e^x(1+x)}{1+x^2e^{2x}}.$$

(2) $\frac{\partial z}{\partial x} = \frac{y(x^2-y^2)}{x^2y^2}e^{\frac{x^2+y^2}{xy}} + \frac{x^2+y^2}{xy} \cdot \frac{y(x^2-y^2)}{x^2y^2}e^{\frac{x^2+y^2}{xy}}$

$= \frac{x^2-y^2}{x^2y}\left(1+\frac{x^2+y^2}{xy}\right)e^{\frac{x^2+y^2}{xy}}$,

$\frac{\partial z}{\partial y} = \frac{2y(xy)-x(x^2+y^2)}{(xy)^2}e^{\frac{x^2+y^2}{xy}} + \frac{x^2+y^2}{xy}e^{\frac{x^2+y^2}{xy}} \cdot \frac{2y(xy)-x(x^2+y^2)}{(xy)^2}$

$= \frac{y^2-x^2}{xy^2}(1+\frac{x^2+y^2}{xy})e^{\frac{x^2+y^2}{xy}}$.

(3) 变量间的结构为 $z \begin{array}{c} x-t \\ y-t \end{array}$.

于是 $\frac{\mathrm{d}z}{\mathrm{d}t} = \frac{\partial z}{\partial x}\frac{\mathrm{d}x}{\mathrm{d}t} + \frac{\partial z}{\partial y}\frac{\mathrm{d}y}{\mathrm{d}t} = (2x+y)2t + (x+2y) = 4t^3 + 3t^2 + 2t$.

(4) $\frac{\partial z}{\partial u} = \frac{\partial z}{\partial x} \cdot \frac{\partial x}{\partial u} + \frac{\partial z}{\partial y} \cdot \frac{\partial y}{\partial u} = 2x\ln y \cdot \frac{1}{v} + x^2 \cdot \frac{1}{y} \cdot 3 = \frac{u}{v^2}\left[2\ln(3u-2v) + \frac{3u}{3u-2v}\right]$,

$\frac{\partial z}{\partial v} = \frac{\partial z}{\partial x} \cdot \frac{\partial x}{\partial v} + \frac{\partial z}{\partial y} \cdot \frac{\partial y}{\partial v} = 2x\ln y(-\frac{u}{v^2}) + \frac{x^2}{y} \cdot (-2)$

$$=-\frac{2u^2}{v^2}\left[\frac{1}{v}\ln(3u-2v)+\frac{1}{3u-2v}\right].$$

(5) 用 f_1,f_2 分别表示函数 f 对第一个中间变量$(x+y)$与第二个中间变量(xy)的偏导数.

$$\frac{\partial u}{\partial x}=f_1+f_2 y,\frac{\partial u}{\partial y}=f_1+xf_2.$$

(6) 用 f_1、f_2 分别表示函数 f 对第一个中间变量$\left(\frac{x}{y}\right)$与第二个中间变量$\left(\frac{y}{z}\right)$的偏导数.

$$\frac{\partial u}{\partial x}=f_1 \cdot \frac{1}{y}=\frac{1}{y}f_1;$$

$$\frac{\partial u}{\partial y}=f_1 \cdot \left(-\frac{x}{y^2}\right)+f_2 \cdot \frac{1}{z}=-\frac{x}{y^2}f_1+\frac{1}{z}f_2;$$

$$\frac{\partial u}{\partial z}=f_2 \cdot \left(-\frac{y}{z^2}\right)=-\frac{y}{z^2}f_2.$$

2. **解题过程** 由于 $z=(x+y)^{xy}$ 可微,故

$$dz=\frac{\partial z}{\partial x}dx+\frac{\partial z}{\partial y}dy$$

$$=\left[(x+y)^{xy}\ln(x+y) \cdot y+xy(x+y)^{xy-1}\right]dx+\left[(x+y)^{xy}\ln(x+y) \cdot x+xy(x+y)^{xy-1}\right]dy$$

$$=(x+y)^{xy}\left\{\left[\frac{xy}{x+y}+y\ln(x+y)\right]dx+\left[\frac{xy}{x+y}+x\ln(x+y)\right]dy\right\}.$$

3. **知识点窍** 复合函数的偏导.

解题过程 设 $u=x^2-y^2$,则变量间结构图为 $\begin{smallmatrix}y-y\\x\\u\\y\end{smallmatrix}$.

$$\frac{\partial z}{\partial x}=\frac{\partial z}{\partial u}\frac{\partial u}{\partial x}=\frac{-f'(u)\frac{\partial u}{\partial x}y}{f^2(u)}=-\frac{2xyf'(u)}{f^2(u)},$$

$$\frac{\partial z}{\partial y}=\frac{1}{f(u)}+\frac{\partial z}{\partial u}\cdot\frac{\partial u}{\partial y}=\frac{1}{f(u)}+\frac{-yf'(u)}{f^2(u)}\cdot(-2y)=\frac{f(u)+2y^2f'(u)}{f^2(u)}.$$

于是

$$\frac{1}{x}\frac{\partial z}{\partial x}+\frac{1}{y}\frac{\partial z}{\partial y}=\frac{-2yf'(u)}{f^2(u)}+\frac{f(u)+2y^2f'(u)}{yf^2(u)}=\frac{1}{yf(u)}=\frac{1}{y}\cdot\frac{z}{y}=\frac{z}{y^2}.$$

4. **逻辑推理** 考查要证明的等式左边含有 $\sec x$,$\sec y$,而等式右边为常数1,所以想到将$\frac{\partial z}{\partial x}$,$\frac{\partial z}{\partial y}$ 表示成含有 $\cos x$,$\cos y$ 的式子,利用复合函数求偏导即可得到.

解题过程 设 $u=\sin x-\sin y$,则 $z=\sin y+f(u)$.

$$\frac{\partial z}{\partial x}=f'(u)\cos x,\frac{\partial z}{\partial y}=[1-f'(u)]\cos y.$$

故 $\frac{\partial z}{\partial x}\sec x+\frac{\partial z}{\partial y}\sec y=f'(u)+1-f'(u)=1.$

5. **知识点窍** 复合函数的偏导.

逻辑推理 以 x,y 为中间变量,u,v 为最终变量,用链式法则求得 g_u,g_v,代入即证.

解题过程 $g_u=f_x\frac{\partial x}{\partial u}+f_y\frac{\partial y}{\partial u}=\cos\theta \cdot f_x+\sin\theta \cdot f_y,$

$$g_v = f_x(-\sin\theta) + f_y\cos\theta,$$
$$(g_u)^2 + (g_v)^2 = f_x^2\cos^2\theta + f_y^2\sin^2\theta + 2f_xf_y\cos\theta\sin\theta + f_x^2\sin^2\theta + f_y^2\cos^2\theta - 2f_xf_y\sin\theta\cos\theta$$
$$= f_x^2(\cos^2\theta + \sin^2\theta) + f_y^2(\sin^2\theta + \cos^2\theta) = f_x^2 + f_y^2,$$

故 $f_x^2 + f_y^2 = g_u^2 + g_v^2.$

小提示: 本题中的公式在求重积分中有广泛的应用,读者可尝试找出公式中 θ 的几何意义.

6. 知识点窍 函数的偏导.

逻辑推理 x,t 为最终变量,等式两边分别对 x,t 可偏导,可求得 F_x,F_t.

解题过程 $F_x = f'(x+2t) + 3f'(3x-2t),$
$F_t = 2f'(x+2t) - 2f'(3x-2t),$

因此 $F_x(0,0) = 4f'(0), F_t(0,0) = 0.$

7. 解题过程 必要条件:

已知 $F(tx_0,ty_0,tz_0) = t^k F(x_0,y_0,z_0)$,其中 (x_0,y_0,z_0) 为任意固定一点. 两边对 t 求导,得
$$x_0 F_x(tx_0,ty_0,tz_0) + y_0 F_y(tx_0,ty_0,tz_0) + z_0 F_z(tx_0,ty_0,tz_0) = kt^{k-1}F(x_0,y_0,z_0).$$

令 $t=1$,则有
$$x_0 F_x(x_0,y_0,z_0) + y_0 F_y(x_0,y_0,z_0) + z_0 F_z(x_0,y_0,z_0) = kF(x_0,y_0,z_0).$$

由 (x_0,y_0,z_0) 的任意性知,上式对任意点 (x,y,z) 也都成立.

充分条件:

设 $g(t) = F(tx_0,ty_0,tz_0).$ 若 $xF_x + yF_y + zF_z = kF(x,y,z)$,则当 $t>0$ 时,有
$$g'(t) = x_0 F_x(tx_0,ty_0,tz_0) + y_0 F_y(tx_0,ty_0,tz_0) + z_0 F_z(tx_0,ty_0,tz_0)$$
$$= \frac{1}{t}[tx_0 F_x(tx_0,ty_0,tz_0) + ty_0 F_y(tx_0,ty_0,tz_0) + tz_0 F_z(tx_0,ty_0,tz_0)]$$
$$= \frac{1}{t}kF(tx_0,ty_0,tz_0) = \frac{1}{t}kg(t).$$

从而
$$(t^{-k}g(t))' = -kt^{-k-1}g(t) + t^{-k}g'(t) = t^{-k}[-kt^{-1}g(t) + g'(t)] = 0.$$

于是推知
$t^{-k}g(t) = C \Rightarrow g(t) = t^k C.$

取 $t=1$,得 $C = g(1) = F(x_0,y_0,z_0)$,故证得
$F(tx_0,ty_0,tz_0) = t^k F(x_0,y_0,z_0).$

由 (x_0,y_0,z_0) 的任意性知,此式对任意点 (x,y,z) 也都成立,故 F 为 k 次齐次函数.

下面验证 $z = \dfrac{xy^2}{\sqrt{x^2+y^2}} - xy$ 为 2 次齐次函数,这是因为它满足
$$z(tx,ty) = \frac{(tx)(ty)^2}{\sqrt{(tx)^2+(ty)^2}} - (tx)(ty) = t^2\left[\frac{xy^2}{\sqrt{x^2+y^2}} - xy\right]$$
$$= t^2 z(x,y).$$

8. 逻辑推理 (1) 取 $t = x^{-1}$,代入题中所给的等式即可得证;(2) 利用函数 $f(x,y,z)$ 的可微性,等式两边对 t 求导,再令 $t=1$,则可得证.

解题过程 (1) 由于 $f(tx,t^k y,t^m z) = t^n f(x,y,z)$,取 $t = x^{-1}.$

故 $f(1, \dfrac{y}{x^k}, \dfrac{z}{x^m}) = \dfrac{1}{x^n} f(x,y,z)$,

即 $f(x,y,z) = x^n f(1, \dfrac{y}{x^k}, \dfrac{z}{x^m})$.

(2) 令 $u = tx, v = t^k y, w = t^m z$,则 $f(tx, t^k y, t^m z) = t^n f(x,y,z)$. 对两边求导,得 $x f_u(u,v,w) + kt^{k-1} y f_v(u,v,w) + mt^{m-1} z f_w(u,v,w) = nt^{n-1} f(x,y,z)$.

令 $t = 1$,则有 $x f_x(x,y,z) + k y f_y(x,y,z) + m z f_z(x,y,z) = n f(x,y,z)$.

9. **知识点窍** 行列式表示的函数的偏导数.

逻辑推理 设 $a_{ij}(t) = x_{ij}$,将行列式表示为 t 的复合函数,用复合函数求导法则和行列式的定义可证得结果.

解题过程 记 $a_{ij}(t) = x_{ij} (i,j = 1,2,\cdots,n)$,

$$f(x_{11}, x_{12}, \cdots, x_{ij}, \cdots, x_{nn}) = \begin{vmatrix} x_{11} & x_{12} & \cdots & x_{1n} \\ x_{21} & x_{22} & \cdots & x_{2n} \\ \vdots & \vdots & & \vdots \\ x_{n1} & x_{n2} & \cdots & x_{nn} \end{vmatrix},$$ ①

由行列式定义知 f 为 n^2 元的可微函数,且 $D(t) = f(a_{11}(t), \cdots, a_{ij}(t), \cdots, a_{nn}(t))$,
于是由复合函数求导法得

$$\dfrac{\mathrm{d}D(t)}{\mathrm{d}t} = \sum_{i=1}^n \sum_{j=1}^n \dfrac{\partial f}{\partial x_{ij}} \cdot \dfrac{\mathrm{d}x_{ij}}{\mathrm{d}t} = \sum_{i=1}^n \sum_{j=1}^n \dfrac{\partial}{\partial x_{ij}} \Big[\sum_{k=1}^n x_{kj} A_{kj}\Big] a_{ij}'(t)$$

$$= \sum_{i=1}^n \sum_{j=1}^n \Big(\sum_{k=1}^n \dfrac{\partial}{\partial x_{ij}}(x_{kj} A_{kj})\Big) a_{ij}'(t) = \sum_{i=1}^n \sum_{j=1}^n A_{ij} a_{ij}'(t).$$

记行列式(1)中 x_{ij} 的代数余子式为 A_{ij},于是

$$f(x_{11}, x_{12}, \cdots, x_{ij}, \cdots, x_{nn}) = \sum_{j=1}^n x_{ij} A_{ij} (i = 1,2,\cdots,n), \dfrac{\partial f}{\partial x_{ij}} = A_{ij},$$

从而 $D'(t) = \sum_{i=1}^n \sum_{j=1}^n a_{ij}'(t) A_{ij}(t)$,其中 $A_{ij}(t)$ 是将 A_{ij} 中元素 x_{kl} 换为 $a_{kl}(t)$,它恰为行列式

$$\begin{vmatrix} a_{11}(t) & a_{12}(t) & \cdots & a_{1n}(t) \\ \vdots & \vdots & & \vdots \\ a_{i1}'(t) & a_{i2}'(t) & \cdots & a_{in}'(t) \\ \vdots & \vdots & & \vdots \\ a_{n1}(t) & a_{n2}(t) & \cdots & a_{nn}(t) \end{vmatrix}$$

中 $a_{ij}'(t)$ 的代数余子式,于是

$$D'(t) = \sum_{i=1}^n \begin{vmatrix} a_{11}(t) & a_{12}(t) & \cdots & a_{1n}(t) \\ \vdots & \vdots & & \vdots \\ a_{i1}'(t) & a_{i2}'(t) & \cdots & a_{in}'(t) \\ \vdots & \vdots & & \vdots \\ a_{n1}(t) & a_{n2}(t) & \cdots & a_{nn}(t) \end{vmatrix}.$$

习题 17.3

1. **知识点窍** 方向导数.

逻辑推理 f 在点 P_0 处沿 l 的方向导数为

$$\left.\frac{\partial f}{\partial l}\right|_{P_0} = f_x(P_0)\cos\alpha + f_y(P_0)\cos\beta + f_z(P_0)\cos\gamma.$$

解题过程 函数 $u = xy^2 + z^3 - xyz$ 在点 $(1,1,2)$ 处可微,且

$\left.\dfrac{\partial u}{\partial x}\right|_{(1,1,2)} = y^2 - yz\Big|_{(1,1,2)} = -1, \left.\dfrac{\partial u}{\partial y}\right|_{(1,1,2)} = 2xy - xz\Big|_{(1,1,2)} = 0,$

$\left.\dfrac{\partial u}{\partial z}\right|_{(1,1,2)} = 3z^2 - xy\Big|_{(1,1,2)} = 11.$

于是 u 沿方向 l 的方向导数为 $\left.\dfrac{\partial u}{\partial t}\right|_{(1,1,2)} = \dfrac{\partial u}{\partial x}\cos 60° + \dfrac{\partial u}{\partial y}\cos 45° + \dfrac{\partial u}{\partial z}\cos 60° = 5.$

2. **知识点窍** 函数在某点沿某方向的方向导数.

逻辑推理 利用方向导数的公式求解即可.

$\overrightarrow{AB} = (4, 3, 12), l$ 的方向余弦为 $\left(\dfrac{4}{13}, \dfrac{3}{13}, \dfrac{12}{13}\right).$

$\because u_x(5,1,2) = 2, u_y(5,1,2) = 10, u_z(5,1,2) = 5.$

$\therefore u_l(5,1,2) = 2 \times \dfrac{4}{13} + 10 \times \dfrac{3}{13} + 5 \times \dfrac{12}{13} = \dfrac{98}{13}.$

> **方向导数**:$\left.\dfrac{\partial f}{\partial l}\right|_{P_0} = f_x(P_0)\cos\alpha + f_y(P_0)\cos\beta + f_z(P_0)\cos\gamma.$

3. **知识点窍** 函数在某点 P_0 处的梯度和模.

逻辑推理 利用梯度和模的公式求解.

由 $u_x(0,0,0) = -4, u_y(0,0,0) = 2, u_z(0,0,0) = -4,$ 得

$\mathbf{grad}u(0,0,0) = (-4, 2, -4).$

从而 $|\mathbf{grad}u(0,0,0)| = \sqrt{(-4)^2 + 2^2 + (-4)^2} = 6.$

由 $u_x\left(5, -3, \dfrac{2}{3}\right) = 3, u_y\left(5, -3, \dfrac{2}{3}\right) = -5, u_z\left(5, -3, \dfrac{2}{3}\right) = 0,$ 得

$\mathbf{grad}u\left(5, -3, \dfrac{2}{3}\right) = (3, -5, 0).$

从而 $\left|\mathbf{grad}u\left(5, -3, \dfrac{2}{3}\right)\right| = \sqrt{(3)^2 + (-5)^2 + 0^2} = \sqrt{34}.$

> **梯度**:$\mathbf{grad}u|_{P_0} = (f_x, f_y, f_z,)|_{P_0}$;**模** $|\mathbf{grad}f|(A) = \sqrt{f_x^2 + f_y^2 + f_z^2}.$

4. **解题过程** $\dfrac{\partial u}{\partial x} = u_r r_x = r \cdot \dfrac{-1}{r^2} \cdot \dfrac{x-a}{\sqrt{(x-a)^2 + (y-b)^2 + (z-c)^2}} = \dfrac{a-x}{r^2},$

同理 $\dfrac{\partial u}{\partial y} = -\dfrac{(y-b)}{r^2}, \dfrac{\partial u}{\partial z} = -\dfrac{(z-c)}{r^2},$

$$\mathbf{grad}\,u = -\frac{1}{r^2}(x-a, y-b, z-c),$$

$$|\,\mathbf{grad}\,u\,| = \frac{\sqrt{(x-a)^2+(y-b)^2+(z-c)^2}}{r^2} = \frac{1}{r}.$$

故在空间球面:$(x-a)^2+(y-b)^2+(z-c)^2=1$ 上的点处均有 $|\,\mathbf{grad}\,u\,|=1$.

5. **解题 过程** $\because u_x(a,b,c)=-\frac{2}{a}, u_y(a,b,c)=-\frac{2}{b}, u_z(a,b,c)=\frac{2}{c}.$

$$\therefore \mathbf{grad}\,u = \left(-\frac{2}{a}, -\frac{2}{b}, -\frac{2}{c}\right).$$

6. **知识 点窍** 函数梯度的性质.

   逻辑 推理 由梯度的定义及函数偏导数的性质即可得证.

   解题 过程 设 $u=u(x,y,z), v=v(x,y,z)$，则

   (1) $\mathbf{grad}(u+c) = \left(\frac{\partial(u+c)}{\partial x}, \frac{\partial(u+c)}{\partial y}, \frac{\partial(u+c)}{\partial z}\right) = \left(\frac{\partial u}{\partial x}, \frac{\partial u}{\partial y}, \frac{\partial u}{\partial z}\right) = \mathbf{grad}\,u.$

   (2) $\mathbf{grad}(\alpha u+\beta v) = (\alpha u_x+\beta v_x, \alpha u_y+\beta v_y, \alpha u_z+\beta v_z) = \alpha(u_x,u_y,u_z)+\beta(v_x,v_y,v_z)$
   $= \alpha\,\mathbf{grad}\,u + \beta\,\mathbf{grad}\,v.$

   (3) $\mathbf{grad}(uv) = \left(\frac{\partial(uv)}{\partial x}, \frac{\partial(uv)}{\partial y}, \frac{\partial(uv)}{\partial z}\right) = (u_x v+uv_x, u_y v+uv_y, u_z v+uv_z)$
   $= u(v_x,v_y,v_z)+v(u_x,u_y,u_z) = u\,\mathbf{grad}\,v + v\,\mathbf{grad}\,u.$

   (4) $\mathbf{grad}\,f(u) = \left(\frac{\partial f(u)}{\partial x}, \frac{\partial f(u)}{\partial y}, \frac{\partial f(u)}{\partial z}\right) = (f'(u)u_x, f'(u)u_y, f'(u)u_z)$
   $= f'(u)(u_x,u_y,u_z) = f'(u)\,\mathbf{grad}\,u.$

7. **知识 点窍** 函数梯度及其性质.

   逻辑 推理 函数梯度 $\mathbf{grad}\,r = (r_x, r_y, r_z).$

   解题 过程 (1) 由 $r_x=\frac{x}{r}, r_y=\frac{y}{r}, r_z=\frac{z}{r}$ 得 $\mathbf{grad}\,r = \frac{1}{r}(x,y,z).$

   (2) 设 $u=\frac{1}{r}$，则 $u_x=-\frac{x}{r^3}, u_y=-\frac{y}{r^3}, u_z=-\frac{z}{r^3}.$

   $$\mathbf{grad}\,u = \mathbf{grad}\,\frac{1}{r} = -\frac{1}{r^2}\mathbf{grad}\,r = -\frac{1}{r^3}(x,y,z).$$

8. **知识 点窍** 函数的梯度.

   逻辑 推理 垂直于 z 轴即 $\mathbf{grad}\,u\cdot(0,0,1)=0$; 平行于 z 轴即 $\mathbf{grad}\,u$ 中的 x,y 向量为 0, z 向量为常数; 恒为零向量即 $\mathbf{grad}\,u$ 中 x,y,z 向量皆为 0.

   解题 过程 (1) 因为 $u_x=3x^2-3yz, u_y=3y^2-3xz, u_z=3z^2-3xy,$

   所以 $\mathbf{grad}\,u = (3x^2-3yz, 3y^2-3xz, 3z^2-3xy).$

   由 $\mathbf{grad}\,u$ 垂直于 z 轴，有

   $(3x^2-3yz, 3y^2-3xz, 3z^2-3xy)\cdot(0,0,1)=0,$

   即 $\quad 3z^2-3xy=0, z^2=xy.$

   故在 $z^2=xy$ 上, $\mathbf{grad}\,u$ 垂直于 z 轴.

   (2) 若 $\mathbf{grad}\,u$ 平行于 z 轴，因为 z 轴的方向向量是 $(0,0,1)$，所以

   $3x^2-3yz=0, 3y^2-3xz=0, 3z^2-3xy=\lambda(常数).$

于是 $x^2 = yz, y^2 = xz, 3z^2 - 3xy = \lambda$ 时,**grad**u 平行于 z 轴.

(3) 若 **grad**u 恒为零向量,则
$$3x^2 - 3yz = 0, 3y^2 - 3xz = 0, 3z^2 - 3xy = 0,$$
即 $x = y = z$.

9. **知识点窍** 函数的梯度和方向导数.

逻辑推理 $f_l(x,y) = f_x\cos\alpha + f_y\cos\beta = 0 \Rightarrow$ 梯度向量与向量 l 垂直.

解题过程 设 l 的方向余弦为 $(\cos\alpha, \cos\beta)$,则 $f_l(x,y) = f_x\cos\alpha + f_y\cos\beta$.

又 $f_l(x,y) \equiv 0$,所以 $f_x\cos\alpha + f_y\cos\beta = 0$,

即 $(f_x, f_y) \cdot (\cos\alpha, \cos\beta) = 0$,说明函数 f 在点 (x,y) 的梯度向量与向量 l 垂直.

10. **知识点窍** 函数的方向导数.

逻辑推理 由题意可知 l_1 与 l_2 无关,并利用公式 $f_{l_i}(x,y) = f_x\alpha_i + f_y\beta_i$ 可知,当 $f_{l_i}(x,y) = 0$ 时,$f_x = f_y = 0$,又因 $f(x,y)$ 可微,所以 $f(x,y)$ 为常数.

解题过程 设 $l_1 = (a_1, b_1), l_2 = (a_2, b_2)$,由 $f_{l_i}(x,y) \equiv 0 (i = 1, 2)$.

则 $\begin{cases} a_1 f_x + b_1 f_y \equiv 0, \\ a_2 f_x + b_2 f_y \equiv 0. \end{cases}$

因为 l_1 与 l_2 线性无关 $\Rightarrow \begin{vmatrix} a_1 & b_1 \\ a_2 & b_2 \end{vmatrix} \neq 0$.

由此知 $\begin{cases} f_x \equiv 0 \\ f_y \equiv 0 \end{cases}$,而 $f(x,y)$ 可微.

故 $f(x,y) \equiv$ 常数.

习题 17.4

1. **知识点窍** 高阶偏导数的计算.

   逻辑推理 计算复合函数的偏导数时,利用链式法则求解.

   解题过程 (1) $z_x = 4x^3 - 8xy^2, z_y = 4y^3 - 8x^2y, z_{xx} = 12x^2 - 8y^2, z_{xy} = z_{yx} = -16xy, z_{yy} = 12y^2 - 8x^2$.

   (2) $z_x = e^x(\cos y + x\sin y) + e^x \sin y = e^x(\cos y + x\sin y + \sin y)$,

   $z_y = e^x(x\cos y - \sin y)$,

   $z_{xy} = z_{yx} = e^x(x\cos y + \cos y - \sin y)$,

   $z_{xx} = e^x(\cos y + x\sin y + 2\sin y)$,

   $z_{yy} = -e^x(x\sin y + \cos y)$.

   (3) $z_x = \ln(xy) + 1 = \ln x + \ln y + 1, z_{xx} = \dfrac{1}{x}, z_{xy} = \dfrac{1}{y}$,

   于是 $z_{x^2 y} = 0, z_{xy^2} = -\dfrac{1}{y^2}$.

   (4) $u = xyz e^{x+y+z} = xe^x \cdot ye^y \cdot ze^z$. 由归纳法知

$$(xe^x)^{(p)} = (x+p)e^x, (ye^y)^{(q)} = (y+q)e^y, (ze^z)^{(r)} = (z+r)e^z.$$

因此
$$\frac{\partial^p u}{\partial x^p} = ye^y \cdot ze^z(x+p)e^x,$$

$$\frac{\partial^{p+q} u}{\partial x^p \partial y^q} = ze^z(x+p)e^x \cdot (y+q)e^y,$$

$$\frac{\partial^{p+q+r} u}{\partial x^p \partial y^q \partial z^r} = (x+p)e^x(y+q)e^y(z+r)e^z = (x+p)(y+q)(z+r)e^{x+y+z}.$$

(5) $z_x = f'_1 y^2 + f'_2 \cdot 2xy, z_y = f'_1 \cdot 2xy + f'_2 x^2.$

$z_{xy} = 2yf'_1 + y^2(f''_{11} \cdot 2xy + f''_{12} x^2) + 2xf'_2 + 2xy(f''_{21} \cdot 2xy + f''_{22} \cdot x^2)$

$\quad = 2yf'_1 + 2xf'_2 + 2xy(x^2 f''_{22} + y^2 f''_{11}) + 5x^2 y^2 f''_{12}.$

$z_{xx} = f''_{11} y^2 \cdot y^2 + f''_{12} 2xy \cdot y^2 + 2yf'_2 + 2xy(f''_{21} y^2 + f''_{22} 2xy)$

$\quad = y^4 f''_{11} + 4xy^3 f''_{12} + 4x^2 y^2 f''_{22} + 2yf'_2.$

$z_{yy} = 2xf'_1 + 4x^2 y^2 f''_{11} + 4x^3 y f''_{12} + x^4 f''_{22}.$

(6) 令 $x^2 + y^2 + z^2 = t.$ 则 $u = f(t).$

$u_x = 2xf'(t), u_y = 2yf'(t), u_z = 2zf'(t).$

$u_{xx} = 2f'(t) + 4x^2 f''(t), u_{yy} = 2f'(t) + 4y^2 f''(t),$

$u_{zz} = 2f'(t) + 4z^2 f''(t), u_{xy} = 4xyf''(t),$

$u_{yz} = 4yzf''(t), u_{zx} = 4xzf''(t).$

(7) $z_x = f'_1 + yf'_2 + \dfrac{1}{y} f'_3.$

$z_{xx} = f''_{11} + f''_{12} y + \dfrac{1}{y} f''_{13} + y\left(f''_{21} + yf''_{22} + \dfrac{1}{y} f''_{23}\right)$

$\quad + \dfrac{1}{y}\left(f''_{31} + yf''_{32} + \dfrac{1}{y} f''_{33}\right).$

$\quad = f''_{11} + 2yf''_{12} + \dfrac{2}{y} f''_{13} + y^2 f''_{22} + 2f''_{23} + \dfrac{1}{y^2} f''_{33}.$

$z_{xy} = f''_{11} + (x+y)f''_{12} + \dfrac{1}{y}\left(1 - \dfrac{x}{y}\right) f''_{13} + xyf''_{22} - \dfrac{x}{y^3} f''_{33} + f'_2 - \dfrac{1}{y^2} f'_3.$

小提示：在计算多元函数的偏导数时，注意不要缺项，尤其是交叉项。

2. 知识点窍 复合函数的高阶偏导数。

逻辑推理 根据复合函数链式法则求出题中涉及的各个偏导数，然后代入微分方程加以验证。

解题过程 $\dfrac{\partial u}{\partial r} = \dfrac{\partial u}{\partial x} \dfrac{\partial x}{\partial r} + \dfrac{\partial u}{\partial y} \dfrac{\partial y}{\partial r} = \dfrac{\partial u}{\partial x} \cos\theta + \dfrac{\partial u}{\partial y} \sin\theta.$

$\dfrac{\partial^2 u}{\partial r^2} = \cos^2\theta \dfrac{\partial^2 u}{\partial x^2} + 2\sin\theta\cos\theta \dfrac{\partial^2 u}{\partial x \partial y} + \sin^2\theta \dfrac{\partial^2 u}{\partial y^2},$

$\dfrac{\partial u}{\partial \theta} = \dfrac{\partial u}{\partial x} \dfrac{\partial x}{\partial \theta} + \dfrac{\partial u}{\partial y} \dfrac{\partial y}{\partial \theta} = -r\sin\theta \dfrac{\partial u}{\partial x} + r\cos\theta \dfrac{\partial u}{\partial y},$

$\dfrac{\partial^2 u}{\partial \theta^2} = r^2 \sin^2\theta \dfrac{\partial^2 u}{\partial x^2} + r^2 \cos^2\theta \dfrac{\partial^2 u}{\partial y^2} - 2r^2 \sin\theta\cos\theta \dfrac{\partial^2 u}{\partial x \partial y} - r\cos\theta \dfrac{\partial u}{\partial x} - r\sin\theta \dfrac{\partial u}{\partial y}.$

于是代入等式左边得

$\dfrac{\partial^2 u}{\partial r^2} + \dfrac{1}{r} \dfrac{\partial u}{\partial r} + \dfrac{1}{r^2} \dfrac{\partial^2 u}{\partial \theta^2} = \dfrac{\partial^2 u}{\partial x^2} + \dfrac{\partial^2 u}{\partial y^2},$ 即证。

3. **解题过程** 因为 $\dfrac{\partial u}{\partial x_i} = \dfrac{\mathrm{d}u}{\mathrm{d}r} \cdot \dfrac{\partial r}{\partial x_i} = \dfrac{\mathrm{d}u}{\mathrm{d}r} \cdot \dfrac{x_i}{r}, i=1,2,\cdots,n.$

$$\dfrac{\partial^2 u}{\partial x_i^2} = \dfrac{\mathrm{d}^2 u}{\mathrm{d}r^2} \cdot \dfrac{x_i^2}{r^2} + \dfrac{\mathrm{d}u}{\mathrm{d}r} \cdot \dfrac{r^2 - x_i^2}{r^3},$$

所以 $\dfrac{\partial^2 u}{\partial x_1^2} + \dfrac{\partial^2 u}{\partial x_2^2} + \cdots + \dfrac{\partial^2 u}{\partial x_n^2} = \dfrac{\mathrm{d}^2 u}{\mathrm{d}r^2} + \dfrac{n}{r}\dfrac{\mathrm{d}u}{\mathrm{d}r} - \dfrac{1}{r}\dfrac{\mathrm{d}u}{\mathrm{d}r} = \dfrac{\mathrm{d}^2 u}{\mathrm{d}r^2} + \dfrac{n-1}{r}\dfrac{\mathrm{d}u}{\mathrm{d}r}.$

4. **知识点窍** 复合函数的高阶导数.

逻辑推理 根据复合函数的链式法则先求出 $v_{xx}, v_{yy}, v_{zz}, v_{tt}$，然后代入等式加以验证.

解题过程
$$v_x = -\dfrac{1}{r^2} \cdot \dfrac{x}{r} g\left(t-\dfrac{r}{c}\right) + \dfrac{1}{r} g'\left(t-\dfrac{r}{c}\right) \cdot \left(-\dfrac{x}{cr}\right)$$
$$= -\dfrac{x}{r^3} g\left(t-\dfrac{r}{c}\right) - \dfrac{x}{cr^2} g'\left(t-\dfrac{r}{c}\right),$$

$$v_{xx} = \dfrac{3x^2 - r^2}{r^5} g\left(t-\dfrac{r}{c}\right) + \left(-\dfrac{x}{r^3}\right) g'\left(t-\dfrac{r}{c}\right) \cdot \left(-\dfrac{x}{cr}\right)$$
$$- \dfrac{r^2 - 2x^2}{cr^4} g'\left(t-\dfrac{r}{c}\right) - \dfrac{x}{cr^2} g''\left(t-\dfrac{r}{c}\right) \cdot \left(-\dfrac{x}{cr}\right).$$
$$= \dfrac{3x^2 - r^2}{r^5} g\left(t-\dfrac{r}{c}\right) + \dfrac{3x^2 - r^2}{cr^4} g'\left(t-\dfrac{r}{c}\right) + \dfrac{x^2}{c^2 r^3} g''\left(t-\dfrac{r}{c}\right),$$

同理, $v_{yy} = \dfrac{3y^2 - r^2}{r^5} g\left(t-\dfrac{r}{c}\right) + \dfrac{3y^2 - r^2}{cr^4} g'\left(t-\dfrac{r}{c}\right) + \dfrac{y^2}{c^2 r^3} g''\left(t-\dfrac{r}{c}\right),$

$v_{zz} = \dfrac{3z^2 - r^2}{r^5} g\left(t-\dfrac{r}{c}\right) + \dfrac{3z^2 - r^2}{cr^4} g'\left(t-\dfrac{r}{c}\right) + \dfrac{z^2}{c^2 r^3} g''\left(t-\dfrac{r}{c}\right),$

$v_t = \dfrac{1}{r} g'\left(t-\dfrac{r}{c}\right), v_{tt} = \dfrac{1}{r} g''\left(t-\dfrac{r}{c}\right).$

因此
$$v_{xx} + v_{yy} + v_{zz} = \dfrac{3(x^2+y^2+z^2) - 3r^2}{r^5} g\left(t-\dfrac{r}{c}\right)$$
$$+ \dfrac{3(x^2+y^2+z^2) - 3r^2}{cr^4} g'\left(t-\dfrac{r}{c}\right) + \dfrac{x^2+y^2+z^2}{c^2 r^3} g''\left(t-\dfrac{r}{c}\right)$$
$$= \dfrac{1}{c^2} \cdot \dfrac{1}{r} g''\left(t-\dfrac{r}{c}\right) = \dfrac{1}{c^2} v_{tt}.$$

5. **知识点窍** 中值定理；有限覆盖定理.

逻辑推理 首先在 D 的局部区域（邻域）上利用中值定理证明结论成立，然后用有限覆盖定理把结论在局部成立推广到整体成立.

解题过程 设 P, P' 是 D 上任意两点，由于 D 是区域，可用一条完全在 D 内的折线 $Px_1 x_2 x_3 \cdots x_n P'$ 连接（图 17-3），在直线段 Px_1 上每一点 $P_0(x_0, y_0)$ 存在邻域 $U(P_0) \subset D, \forall M(x,y) \in U(P_0)$，由中值定理（定理 17.8）得

$f(x,y) - f(x_0, y_0) = f_x(x_0 + \theta(x-x_0), y_0 + \theta(y-y_0))(x-x_0) + f_y(x_0 + \theta(x-x_0), y_0 + \theta(y-y_0))(y-y_0) = 0,$ 其中 $0 < \theta < 1$.

因为 f 在区域内存在偏导数，且 $f_x = f_y = 0$.

于是 $\forall (x,y) \in U(P_0), f(x,y) = f(x_0, y_0)$，即在 $U(P_0)$ 内 $f(x,y)$ 是常数. 这就证明了在直线段

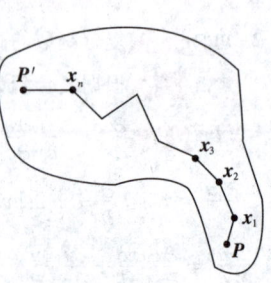

图 17-3

Px_1 上任意一点都存在邻域,使 $f(x,y) = $ 常数. 由有限覆盖定理知,存在有限个这样的邻域 $U(P_1), U(P_0), \cdots, U(P_n)$ 将 Px_1 覆盖,不妨设 $U(P_i) \cap U(P_{i+1}) \neq \emptyset (i = 1, 2, \cdots, n-1)$. 既然在每个邻域上函数为常数,且在两邻域相交部分函数值相等,故在 Px_1 上 $f(x,y)$ 为常数, $f(P) = f(x_1)$.

同理可证 $f(x_1) = f(x_2), f(x_2) = f(x_3), \cdots, f(x_n) = f(P')$.

故 $f(P) = f(P')$,由 P 和 P' 的任意性知,在 D 内 $f(x,y) = $ 常数.

6. **知识点窍** 二元函数的中值定理.

   逻辑推理 利用中值定理将 $f(x_0+h, y_0+k)$ 的表达式写出来,然后根据要证明等式的特点,将 $x_0 = 0, y_0 = 0, h = \dfrac{\pi}{3}, k = \dfrac{\pi}{6}$ 代入等式中即可证明.

   解题过程 $\because F(x, y) = \sin x \cos y$ 在 $\mathbf{R}^2$ 上连续且可微,满足中值定理条件.

   $\therefore F(x_0+h, y_0+k) = F(x_0, y_0) + F_x(x_0+\theta h, y_0+\theta h)h + F_y(x_0+\theta h, y_0+\theta k)k$

   令 $x_0 = 0, y_0 = 0, h = \dfrac{\pi}{3}, k = \dfrac{\pi}{6}$,则

   $\sin\dfrac{\pi}{3}\cos\dfrac{\pi}{6} = \dfrac{\pi}{3}\cos\dfrac{\pi\theta}{3}\cos\dfrac{\pi\theta}{6} - \dfrac{\pi}{6}\sin\dfrac{\pi\theta}{3}\sin\dfrac{\pi}{6}\theta$,

   即 $\dfrac{3}{4} = \dfrac{\pi}{3}\cos\dfrac{\pi\theta}{6}\cos\dfrac{\pi\theta}{6} - \dfrac{\pi}{6}\sin\dfrac{\pi\theta}{3} \cdot \sin\dfrac{\pi\theta}{6}$.

7. **知识点窍** 泰勒公式.

   逻辑推理 函数 f 在点 $P_0(x_0, y_0)$(在某邻域内)的泰勒公式:

   $$f(x_0+h, y_0+k) = f(x_0, y_0) + \sum_{m=1}^{n}(h\dfrac{\partial}{\partial x} + k\dfrac{\partial}{\partial y})^m f(x_0, y_0)$$
   $$+ \dfrac{1}{(n+1)!}(h\dfrac{\partial}{\partial x} + k\dfrac{\partial}{\partial y})^{n+1} f(x_0+\theta h, y_0+\theta k).$$

   其中 $(h\dfrac{\partial}{\partial x} + k\dfrac{\partial}{\partial y})^m f(x_0, y_0) = \sum_{i=1}^{m} C_m^i \dfrac{\partial^m}{\partial x^i \partial y^{m-i}} f(x_0, y_0) h^i k^{m-i}$.

   解题过程 (1) 函数 $f(x, y) = \sin(x^2+y^2)$ 在 $\mathbf{R}^2$ 上存在任意阶连续偏导数,且
   $f(0, 0) = 0, f_x(x, y) = 2x\cos(x^2+y^2)$,
   $f_x(0, 0) = 0, f_y(x, y) = 2y\cos(x^2+y^2), f_y(0, 0) = 0$,
   $f_{xx} = 2\cos(x^2+y^2) - 4x^2\sin(x^2+y^2), f_{xx}(0, 0) = 2$,
   $f_{xy} = -4xy\sin(x^2+y^2), f_{xy}(0, 0) = 0$,
   $f_{yy} = 2\cos(x^2+y^2) - 4y^2\sin(x^2+y^2), f_{yy}(0, 0) = 2$.

   由于
   $f_{x^3}(\theta x, \theta y) = -12\theta x\sin(\theta^2 x^2+\theta^2 y^2) - 8\theta^3 x^3\cos(\theta^2 x^2+\theta^2 y^2)$,
   $f_{x^2 y}(\theta x, \theta y) = -4\theta y\sin(\theta^2 x^2+\theta^2 y^2) - 8\theta^3 x^2 y\cos(\theta^2 x^2+\theta^2 y^2)$,
   $f_{xy^2}(\theta x, \theta y) = -4\theta x\sin(\theta^2 x^2+\theta^2 y^2) - 8\theta^3 xy^2\cos(\theta^2 x^2+\theta^2 y^2)$,
   $f_{y^3}(\theta x, \theta y) = -12\theta y\sin(\theta^2 x^2+\theta^2 y^2) - 8\theta^3 y^3\cos(\theta^2 x^2+\theta^2 y^2)$.

   于是 $\sin(x^2+y^2) = x^2+y^2+R_2(x, y)$,

   其中 $R_2(x, y) = -\dfrac{2}{3}[3\theta(x^2+y^2)^2\sin(\theta^2 x^2+\theta^2 y^2) + 2\theta^3(x^2+y^2)^3\cos(\theta^2 x^2+\theta^2 y^2)], 0 < \theta < 1$.

(2) 函数 $f(x,y) = \dfrac{x}{y}$ 在点$(1,1)$的某邻域内存在任意阶连续偏导数,且

$$f(1,1) = 1, f_x(x,y) = \frac{1}{y} \Rightarrow f_x(1,1) = 1;$$

$$f_y(x,y) = -\frac{x}{y^2} \Rightarrow f_y(1,1) = -1;$$

$$f_{xx}(x,y) = 0 \Rightarrow f_{xx}(1,1) = 0; f_{xy}(x,y) = -\frac{1}{y^2} \Rightarrow f_{xy}(1,1) = -1;$$

$$f_{yy}(x,y) = \frac{2x}{y^3} \Rightarrow f_{yy}(1,1) = 2, f_{x^3}(1,1) = f_{x^2 y}(1,1) = 0,$$

$$f_{xy^2}(1,1) = 2, f_{y^3}(1,1) = -6, f_{x^4}(x,y) = f_{x^3 y}(x,y) = f_{x^2 y^2}(x,y) = 0,$$

$$f_{xy^3}(1+\theta x, 1+\theta y) = -\frac{6}{(1+\theta y)^4},$$

$$f_{y^4}(1+\theta x, 1+\theta y) = \frac{24(1+\theta x)}{(1+\theta y)^5},$$

所以

$$\frac{x}{y} = 1 + (x-1) - (y-1) - (x-1)(y-1) + (y-1)^2 + (x-1)(y-1)^2 - (y-1)^3$$

$$+ R_3(x,y),$$

其中 $R_3(x,y) = -\dfrac{(x-1)(y-1)^3}{[1+\theta(y-1)]^4} + \dfrac{1+\theta(x-1)}{[1+\theta(y-1)]^5}(y-1)^4, 0 < \theta < 1.$

令 $x - 1 = h, y - 1 = k$

$$f(x,y) = 1 + h - k - hk + k^2 + hk^2 - k^3 + \left[-\frac{hk^3}{(1+\theta k)^4} + \frac{1+\theta k}{(1+\theta k)^5} k^4 \right]$$

(3) 因为 $\dfrac{\partial^k f}{\partial x^k} = \dfrac{(-1)^{k-1}(k-1)!}{(1+x+y)^k} = \dfrac{\partial^k f}{\partial y^k},$

$$\frac{\partial^k f(0,0)}{\partial x^k} = \frac{\partial^k f(0,0)}{\partial y^k} = (-1)^{k-1}(k-1)!,$$

$$\frac{\partial^n f}{\partial x^p \partial y^{n-p}} = \frac{(-1)^{n-1}(n-1)!}{(1+x+y)^n}, \frac{\partial^n f(0,0)}{\partial x^p \partial y^{n-p}} = (-1)^{n-1}(n-1)!,$$

$$\frac{1}{p!}\left(h\frac{\partial}{\partial x} + k\frac{\partial}{\partial y}\right)^p f(0,0) = \frac{1}{p!}\sum_{i=0}^{p} C_p^i (-1)^{p-1}(p-1)! h^i k^{p-i} = \frac{(-1)^{p-1}}{p}(h+k)^p$$

$$\frac{1}{(n+1)!}\left(h\frac{\partial}{\partial x} + k\frac{\partial}{\partial y}\right)^{n+1} f(\theta h, \theta k) = \frac{1}{(n+1)!}\sum_{p=0}^{n+1} C_{n+1}^p \frac{(-1)^n n!}{(1+\theta h + \theta k)^{n+1}} h^p k^{n+1-p}$$

$$= \frac{(-1)^n}{(n+1)(1+\theta h + \theta k)^{n+1}}(h+k)^{n+1}$$

$$\ln(1+x+y) = \sum_{p=1}^{n} (-1)^{p-1} \frac{(x+y)^p}{p} + (-1)^n \frac{(x+y)^{n+1}}{(n+1)(1+\theta x + \theta y)^{n+1}} (0 < \theta < 1).$$

(4) $f(1,-2) = 5, f_x(1,-2) = 0, f_y(1,-2) = 0, f_{xx}(1,-2) = 4, f_{xy}(1,-2) = -1,$
$f_{yy}(1,-2) = -2,$所有三阶偏导数均为零,因此 $R_2(x,y) = 0,$于是
$2x^2 - xy - y^2 - 6x - 3y + 5 = 5 + 2(x-1)^2 - (x-1)(y+2) - (y+2)^2.$

8. 知识点窍 函数的极值.

逻辑推理 先根据极值必要条件求得函数的驻点,再由极值充分条件排除一些不是极值点的驻

点,并判断出极值点是极小值点还是极大值点.

解题过程 (1) 令 $\begin{cases} z_x = 3ay - 3x^2 = 0 \\ z_y = 3ax - 3y^2 = 0 \end{cases}$,得稳定点 $P_1(0,0)$ 与 $P_2(a,a)$.

$z_{xx} = -6x, z_{xy} = 3a, z_{yy} = -6y$.

① $f_{xx}(P_1) = 0, f_{xx}(P_1)f_{yy}(P_1) - f_{xy}^2(P_1) = -9a^2 < 0. P_1$ 点不能取得极值.

② $f_{xx}(P_2) = -6a < 0, f_{xx}(P_2)f_{yy}(P_2) - f_{xy}^2(P_2) = 27a^2 > 0$.

则函数 $z = f(x,y)$ 在点 P_2 取得极大值,$f(a,a) = a^3$.

(2) 由 $\begin{cases} z_x = 2x - y - 2 = 0 \\ z_y = -x + 2y + 1 = 0 \end{cases}$ 得稳定点$(1,0)$.

由于 $z_{xx}(1,0) = 2 > 0, z_{yy}(1,0) = 2, z_{xy}(1,0) = -1$,且 $z_{xx}z_{yy} - z_{xy}^2 = 3 > 0$.

所以 $f(x,y)$ 在点$(1,0)$取得极小值:$f(1,0) = 1 - 2 = -1$.

小提示 求多元极值的一般方法是先求出一阶偏导为0的驻点,再利用二阶偏导数的组合来判断极值.

(3) 令 $\begin{cases} z_x = e^{2x}(2x + 2y^2 + 4y + 1) = 0 \\ z_y = e^{2x}(2y + 2) = 0 \end{cases} \Rightarrow \begin{cases} 2y + 2 = 0 \\ 2x + 2y^2 + 4y + 1 = 0 \end{cases}$,

得稳定点 $P_0(\frac{1}{2}, -1)$.

$z_{xx} = e^{2x}(4x + 4y^2 + 8y + 4), z_{yy} = 2e^{2x}, z_{yy} = e^{2x}(4y + 4)$.

$f_{xx}(P_0) = 2e > 0$,则 $f_{xx}(P_0)f_{yy}(P_0) - f_{xy}^2(P_0) = 4e^2 > 0$.

所以函数 $z = f(x,y)$ 在点 $(\frac{1}{2}, -1)$ 处取得极小值:$f(\frac{1}{2}, -1) = -\frac{1}{2}e$.

9. **知识点窍** 函数的极值.

逻辑推理 因 D 是有界闭域,于是连续函数 z 在 D 上能取得最大、最小值,再找出 $f(x,y)$ 在 D 上的全部可疑极值点,算出它们的函数值并与 D 的边界上 f 的最大、最小值进行比较,其中最大、最小值即为 f 在 D 上的最大、最小值.

解题过程 (1) 先求开区域内的可疑极值点.

由 $\begin{cases} z_x = 2x = 0 \\ z_y = -2y = 0 \end{cases}$ 得稳定点$(0,0)$. 再求边 $x^2 + y^2 = 4$ 上的可疑极值点.

由 $\begin{cases} z = x^2 - y^2 \\ x^2 + y^2 = 4 \end{cases}$ 得 $z = 2x^2 - 4$ 或 $z = 4 - 2y^2$.

由 $z_x = 2x = 0$ 得 $x = 0$,这时 $y = \pm 2$,由 $z_y = -4y = 0$ 得 $y = 0$,

这时 $x = \pm 2$,所以边界上的稳定点为$(0,2),(0,-2),(2,0),(-2,0)$.

分别计算出边界上稳定点的值.

$z(0,0) = 0, z(0,2) = z(0,-2) = -4, z(2,0) = z(-2,0) = 4$.

综上所述,函数在$(2,0),(-2,0)$取最大值4;在点$(0,2),(0,-2)$取最小值-4.

(2) 解方程组 $\begin{cases} z_x = 2x - y = 0 \\ z_y = -x + 2y = 0 \end{cases}$,得稳定点$(0,0)$,$z(0,0) = 0$,考察边界[边界上的最大(小)值在可疑极值点和端点之中],有

$z|_{x+y=1} = 1 - 3x(1-x), z_x = -3 + 6x = 0,$ 得 $x = \frac{1}{2}.$

这时 $y = \frac{1}{2}, z\left(\frac{1}{2}, \frac{1}{2}\right) = \frac{1}{4}, z(0,1) = 1, z(1,0) = 1.$

$z|_{x-y=1} = 1 + x(x-1), z_x = 2x - 1 = 0,$ 得 $x = \frac{1}{2}.$

这时 $y = -\frac{1}{2}, z\left(\frac{1}{2}, -\frac{1}{2}\right) = \frac{3}{4}, z(0,-1) = 1.$

$z|_{x+y=-1} = 1 + 3x(x+1), z_x = 3(2x+1) = 0,$ 得 $x = -\frac{1}{2}.$

这时 $y = -\frac{1}{2}, z\left(-\frac{1}{2}, -\frac{1}{2}\right) = \frac{1}{4}, z(-1,0) = 1.$

$z|_{y-x=1} = 1 + x(x+1), z_x = 2x + 1 = 0,$ 得 $x = -\frac{1}{2}.$

这时 $y = \frac{1}{2}, z\left(-\frac{1}{2}, \frac{1}{2}\right) = \frac{3}{4}.$

所以函数在点 $(1,0),(0,1),(-1,0),(0,-1)$ 取最大值 1,在点 $(0,0)$ 取最小值 $0.$

(3) 记 $D = \{(x,y) \mid x \geqslant 0, y \geqslant 0, x + y \leqslant 2\pi\}.$

令 $\begin{cases} \dfrac{\partial z}{\partial x} = \cos x - \cos(x+y) = 2\sin\dfrac{y}{2}\sin\left(x + \dfrac{y}{2}\right) = 0 \\ \dfrac{\partial z}{\partial y} = \cos y - \cos(x+y) = 2\sin\dfrac{x}{2}\sin\left(y + \dfrac{x}{2}\right) = 0 \end{cases}.$

唯一稳定点 $P_0\left(\dfrac{2\pi}{3}, \dfrac{2\pi}{3}\right) \in \mathrm{int}\, D.$

在边界 $x = 0, 0 \leqslant y \leqslant 2\pi, y = 0, 0 \leqslant x \leqslant 2\pi, x + y = 2\pi, 0 \leqslant x \leqslant 2\pi$ 上均有

$f(x,y) = 0,$ 而 $f(P_0) = f\left(\dfrac{2\pi}{3}, \dfrac{2\pi}{3}\right) = \dfrac{3\sqrt{3}}{2}.$

综上所述,f 在区域 D 上的最大值是 $\dfrac{3\sqrt{3}}{2},$ 最小值是 $0.$

10. **知识点窍** 函数极值在实际中的应用.

逻辑推理 将所求问题转化成函数 $f = p(p-x)(p-y)(x+y+p)$ 在相应区域上的最大值问题.

解题过程 设三角形的三边分别为 $x,y,z,$ 则面积 $S = \sqrt{p(p-x)(p-y)(p-z)}, x + y + z = 2p.$ 所述问题就是求函数 $f(x,y) = \sqrt{p(p-x)(p-y)(x+y-p)}$ 在 $D = \{(x,y) \mid 0 < x < p,$ $0 < y < p, p < x + y < 2p\}$ 上的最大值.

因为 S 与 $\dfrac{S^2}{p}$ 有相同的稳定点,所以考虑函数 $g(x,y) = \dfrac{S^2}{p} = (p-x)(p-y)(x+y-p),$

解方程组 $\begin{cases} g_x = (p-y)(2p - 2x - y) = 0 \\ g_y = (p-x)(2p - 2y - x) = 0 \end{cases},$ 得 $x = \dfrac{2}{3}p, y = \dfrac{2}{3}p,$ 从而 $z = \dfrac{2}{3}p.$

又在 D 的边界上 $S = 0,$ 所以 S 在 $\left(\dfrac{2}{3}p, \dfrac{2}{3}p\right)$ 处取得最大值.

因此面积最大为 $S = \dfrac{\sqrt{3}}{9}p^2,$ 此时为边长为 $\dfrac{2}{3}p$ 的等边三角形.

11. **知识点窍** 函数的极值在实际中的应用.

    逻辑推理 将所求实际问题转化为求函数 $f = x^2 + y^2 + \dfrac{(x+2y-16)^2}{5}$ 的最小值问题.

    解题过程 设所求点为 $P(x,y)$,则 P 到直线 $x=0$ 的距离是 $d_1 = |x|$,到直线 $y=0$ 的距离是 $d_2 = |y|$,到直线 $x+2y-16=0$ 的距离是 $d_3 = \dfrac{|x+2y-16|}{\sqrt{1+2^2}}$,所求距离平方和为

    $$f(x,y) = d_1^2 + d_2^2 + d_3^2 = x^2 + y^2 + \dfrac{(x+2y-16)^2}{5}.$$

    令 $\begin{cases} f_x = 2x + \dfrac{2}{5}(x+2y-16) = 0 \\ f_y = 2y + \dfrac{4}{5}(x+2y-16) = 0 \end{cases}$,得稳定点 $\left(\dfrac{8}{5}, \dfrac{16}{5}\right)$.

    由于最小值点必存在,故这唯一的稳定点必是最小值点,而最小值是 $\dfrac{128}{5}$.

12. **知识点窍** 函数的极值在实际中的应用.

    逻辑推理 将实际问题转化为求函数 $f_x = \sum\limits_{i=1}^{n}[(x-x_i)^2 + (y-y_i)^2]$ 的最小值问题.

    解题过程 设所求的点为 (x,y),它与各点距离的平方和为

    $$f(x,y) = \sum_{i=1}^{n}[(x-x_i)^2 + (y-y_i)^2].$$

    将所求的问题转化为求函数 $f(x,y)$ 的最小值问题.

    由 $\begin{cases} f_x = 2\sum\limits_{i=1}^{n}(x-x_i) = 2nx - 2\sum\limits_{i=1}^{n}x_i = 0 \\ f_y = 2\sum\limits_{i=1}^{n}(y-y_i) = 2ny - 2\sum\limits_{i=1}^{n}y_i = 0 \end{cases}$

    得 $x = \dfrac{1}{n}\sum\limits_{i=1}^{n}x_i, y = \dfrac{1}{n}\sum\limits_{i=1}^{n}y_i, f_{xx} = 2n, f_{xy} = 0, f_{yy} = 2n$.

    在稳定点处,$A = 2n > 0, B = 0, C = 2n, AC - B^2 = 4n^2 > 0$.

    由于最小值点必存在,故这唯一的稳定点 $\left(\dfrac{1}{n}\sum\limits_{i=1}^{n}x_i, \dfrac{1}{n}\sum\limits_{i=1}^{n}y_i\right)$ 为所求的最小值点.

13. **解题过程** $\dfrac{\partial u}{\partial t} = \left[-\dfrac{1}{4a\sqrt{\pi}t^{\frac{3}{2}}} + \dfrac{1}{2a\sqrt{\pi}t}\dfrac{(x-b)^2}{4a^2 t^2}\right]e^{-\frac{(x-b)^2}{4a^2 t}}$,

    $\dfrac{\partial u}{\partial x} = \dfrac{-(x-b)}{4a^3\sqrt{\pi}t^{\frac{3}{2}}}e^{-\frac{(x-b)^2}{4a^2 t}}$,

    $\dfrac{\partial^2 u}{\partial x^2} = \dfrac{-1}{4a^3\sqrt{\pi}t^{\frac{3}{2}}}e^{-\frac{(x-b)^2}{4a^2 t}} + \dfrac{(x-b)^2}{8a^5\sqrt{\pi}t^{\frac{3}{2}}}e^{-\frac{(x-b)^2}{4a^2 t}}$.

    因此可知 $\dfrac{\partial u}{\partial t} = a^2 \dfrac{\partial^2 u}{\partial x^2}$,即得证.

14. **知识点窍** 函数的高阶导数.

    逻辑推理 利用链式法则求出 u 关于 x,y 的二阶偏导数,然后代入即可得证.

    解题过程 因为

$$\frac{\partial u}{\partial x} = \frac{x-a}{(x-a)^2+(y-b)^2}, \frac{\partial^2 u}{\partial x^2} = \frac{(y-b)^2-(x-a)^2}{[(x-a)^2+(y-b)^2]^2},$$

$$\frac{\partial u}{\partial y} = \frac{y-b}{(x-a)^2+(y-b)^2}, \frac{\partial^2 u}{\partial y^2} = \frac{(x-a)^2-(y-b)^2}{[(x-a)^2+(y-b)^2]^2},$$

所以 $\frac{\partial^2 u}{\partial x^2} + \frac{\partial^2 u}{\partial y^2} = 0$.

15. **知识点窍** 函数的高阶偏导数.

逻辑推理 对函数 $u = f(\frac{x}{x^2+y^2}, \frac{y}{x^2+y^2})$ 可先设中间变量 $s = \frac{x}{x^2+y^2}, t = \frac{y}{x^2+y^2}$,然后以 s, t 为中间变量,x,y 为最终变量,用链式求导法求得 $\frac{\partial^2 u}{\partial x^2}$ 和 $\frac{\partial^2 u}{\partial y^2}$,代入等式即证.

解题过程 令 $s = \frac{x}{x^2+y^2}, t = \frac{y}{x^2+y^2}$,则有

$$\frac{\partial s}{\partial x} = \frac{y^2-x^2}{(x^2+y^2)^2} = -\frac{\partial t}{\partial y}, \frac{\partial t}{\partial x} = \frac{-2xy}{(x^2+y^2)^2} = \frac{\partial s}{\partial y},$$

$$\frac{\partial u}{\partial x} = \frac{\partial f}{\partial s} \cdot \frac{\partial s}{\partial x} + \frac{\partial f}{\partial t} \cdot \frac{\partial t}{\partial x},$$

$$\frac{\partial^2 u}{\partial x^2} = \frac{\partial^2 f}{\partial s^2}\left(\frac{\partial s}{\partial x}\right)^2 + 2\frac{\partial^2 f}{\partial s \partial t}\frac{\partial s}{\partial x}\cdot\frac{\partial t}{\partial x} + \frac{\partial f}{\partial s}\cdot\frac{\partial^2 s}{\partial x^2} + \frac{\partial^2 f}{\partial t^2}\left(\frac{\partial t}{\partial x}\right)^2 + \frac{\partial f}{\partial t}\cdot\frac{\partial^2 t}{\partial x^2}.$$

同理 $\frac{\partial^2 u}{\partial y^2} = \frac{\partial^2 f}{\partial s^2}\left(\frac{\partial s}{\partial y}\right)^2 + 2\frac{\partial^2 f}{\partial s \partial t}\frac{\partial s}{\partial y}\cdot\frac{\partial t}{\partial y} + \frac{\partial f}{\partial s}\cdot\frac{\partial^2 s}{\partial y^2} + \frac{\partial^2 f}{\partial t^2}\left(\frac{\partial t}{\partial y}\right)^2 + \frac{\partial f}{\partial t}\cdot\frac{\partial^2 t}{\partial y^2}.$

由于 $\left(\frac{\partial s}{\partial x}\right)^2 = \left(\frac{\partial t}{\partial y}\right)^2, \left(\frac{\partial s}{\partial y}\right)^2 = \left(\frac{\partial t}{\partial x}\right)^2, \frac{\partial^2 f}{\partial s^2} + \frac{\partial^2 f}{\partial t^2} = 0,$

$\frac{\partial t}{\partial x}\cdot\frac{\partial s}{\partial x} = -\frac{\partial t}{\partial y}\cdot\frac{\partial s}{\partial y}, \frac{\partial^2 s}{\partial x^2} = -\frac{\partial^2 t}{\partial x \partial y}, \frac{\partial^2 s}{\partial y^2} = \frac{\partial^2 t}{\partial x \partial y},$

故有 $\frac{\partial^2 s}{\partial x^2} + \frac{\partial^2 s}{\partial y^2} = 0,$ 同理 $\frac{\partial^2 t}{\partial x^2} + \frac{\partial^2 t}{\partial y^2} = 0.$

从而 $\frac{\partial^2 u}{\partial x^2} + \frac{\partial^2 u}{\partial y^2} = \frac{\partial^2 f}{\partial s^2}\left[\left(\frac{\partial s}{\partial x}\right)^2 + \left(\frac{\partial s}{\partial y}\right)^2\right] + \frac{\partial^2 f}{\partial t^2}\left[\left(\frac{\partial t}{\partial x}\right)^2 + \left(\frac{\partial t}{\partial y}\right)^2\right]$

$$= (x^2+y^2)^{-2}\left(\frac{\partial^2 f}{\partial s^2} + \frac{\partial^2 f}{\partial t^2}\right) = 0.$$

所以函数 $u = f(\frac{x}{x^2+y^2}, \frac{y}{x^2+y^2})$ 也满足方程.

16. **解题过程** 设 $x + \psi(y) = s$,则

$$\frac{\partial u}{\partial x} = \frac{du}{ds}, \frac{\partial^2 u}{\partial x^2} = \frac{d^2 u}{ds^2}, \frac{\partial^2 u}{\partial x \partial y} = \frac{d^2 u}{ds^2}\cdot\varphi'(y), \frac{\partial u}{\partial y} = \frac{du}{ds}\cdot\varphi'(y).$$

$$\frac{\partial u}{\partial x}\cdot\frac{\partial^2 u}{\partial x \partial y} = \frac{du}{ds}\cdot\frac{d^2 u}{ds^2}\cdot\varphi'(y), \frac{\partial u}{\partial y}\cdot\frac{\partial^2 u}{\partial x^2} = \frac{du}{ds}\cdot\varphi'(y)\cdot\frac{d^2 u}{ds^2}.$$

故 $\frac{\partial u}{\partial x}\cdot\frac{\partial^2 u}{\partial x \partial y} = \frac{\partial x}{\partial y}\cdot\frac{\partial^2 u}{\partial x^2},$

因此等式成立.

17. **知识点窍** 函数的高阶偏导数.

逻辑推理 按定义 $f_{xy}(x_0, y_0) = \lim_{\Delta x \to 0, \Delta y \to 0} \frac{F(\Delta x, \Delta y)}{\Delta x \Delta y},$ 其中 $F(\Delta x, \Delta y) = f(x_0 + \Delta x, y_0 + \Delta y) - $

$f(x_0+\Delta x,y_0)-f(x_0,y_0+\Delta y)+f(x_0,y_0)$. 同时 $F(\Delta x,\Delta y)$ 利用函数微分中值定理得 $F(\Delta x,\Delta y)=f_y(x_0+\Delta x,y_0+\theta\Delta y)-f_y(x_0,y_0+\theta\Delta y)$ 代入求极限,由此可以得证.

解题过程 对于固定的 x_0 与 Δx,令 $\varphi(y)=f(x_0+\Delta x,y)-f(x_0,y)$,
则 $\varphi(y)$ 在 y_0 的邻域可微,从而由微分中值定理,$\exists\theta\in(0,1)$,使
$$\varphi(y_0+\Delta y)-\varphi(y_0)=\varphi'(y_0+\theta\Delta y)\Delta y,$$
即
$$\begin{aligned}F(\Delta x,\Delta y)&=[f(x_0+\Delta x,y_0+\Delta y)-f(x_0,y_0+\Delta y)]-[f(x_0+\Delta x,y_0)-f(x_0,y_0)]\\&=\varphi(y_0+\Delta y)-\varphi(y_0)\\&=[f_y(x_0+\Delta x,y_0+\theta\Delta y)-f_y(x_0,y_0+\theta\Delta y)]\Delta y(0<\theta<1).\end{aligned}$$
于是
$$\begin{aligned}f_{xy}&=\lim_{\Delta y\to 0}\frac{f_x(x_0,y_0+\Delta y)-f_x(x_0,y_0)}{\Delta y}\\&=\lim_{\Delta y\to 0}\frac{1}{\Delta y}\left[\lim_{\Delta x\to 0}\frac{f(x_0+\Delta x,y_0+\Delta y)-f(x_0,y_0+\Delta y)}{\Delta x}-\lim_{\Delta x\to 0}\frac{f(x_0+\Delta x,y_0)-f(x_0,y_0)}{\Delta x}\right]\\&=\lim_{\Delta y\to 0}\lim_{\Delta x\to 0}\frac{[f(x_0+\Delta x,y_0+\Delta y)-f(x_0,y_0+\Delta y)]-[f(x_0+\Delta x,y_0)-f(x_0,y_0)]}{\Delta x\Delta y}\\&=\lim_{\Delta y\to 0}\lim_{\Delta x\to 0}\frac{f_y(x_0+\Delta x,y_0+\theta\Delta y)-f_y(x_0,y_0+\theta\Delta y)}{\Delta x}=\lim_{\Delta y\to 0}f_{yx}(x_0,y_0+\theta\Delta y)\\&=f_{yx}(x_0,y_0),\end{aligned}$$
由此得 $f_{xy}(x_0,y_0)=f_{yx}(x_0,y_0)$.

18. 知识点窍 函数的微分中值定理及高阶导数.

逻辑推理 对 $F(\Delta x,\Delta y)$ 用一次一元函数微分中值定理后,对 f 的一阶偏导 $f_x(f_y)$ 用可微定义将 $F(\Delta x,\Delta y)$ 与二阶偏导数 $f_{xy}(f_{yx})$ 联系,取极限得结论.

解题过程 令 $\varphi(x)=f(x,y_0+\Delta y)-f(x,y_0)$,则
$$\begin{aligned}F(\Delta x,\Delta y)&=f(x_0+\Delta x,y_0+\Delta y)-f(x_0+\Delta x,y_0)-f(x_0,y_0+\Delta y)+f(x_0,y_0)\\&=\varphi(x_0+\Delta x)-\varphi(x_0)=\varphi'(x_0+\theta_1\Delta x)\Delta x\\&=[f_x(x_0+\theta_1\Delta x,y_0+\Delta y)-f_x(x_0+\theta_1\Delta x,y_0)]\Delta x,0<\theta_1<1,\end{aligned}$$
由 f_x 在点 (x_0,y_0) 可微知
$$\begin{aligned}F(\Delta x,\Delta y)&=[f_x(x_0+\theta_1\Delta x,y_0+\Delta y)-f_x(x_0,y_0)]\Delta x\\&\quad-[f_x(x_0+\theta_1\Delta x,y_0)-f_x(x_0,y_0)]\Delta x\\&=[f_{xx}(x_0,y_0)\theta_1\Delta x+f_{xy}(x_0,y_0)\Delta y+o(\rho_1)-f_{xx}(x_0,y_0)\theta_1\Delta x-o(\rho_2)]\Delta x\\&=f_{xy}(x_0,y_0)\Delta x\Delta y+o(\rho)\Delta x.\end{aligned}$$
所以
$$\lim_{(\Delta x,\Delta y)\to(0,0)}\frac{F(\Delta x,\Delta y)}{\Delta x\Delta y}=f_{xy}(x_0,y_0).$$
同理,由 f_y 在 (x_0,y_0) 处可微,得
$$\lim_{(\Delta x,\Delta y)\to(0,0)}\frac{F(\Delta x,\Delta y)}{\Delta x\Delta y}=f_{yx}(x_0,y_0).$$
从而 $f_{xy}(x_0,y_0)=f_{yx}(x_0,y_0)$.

19. 知识点窍 由行列式确定函数的高阶偏导.

解题过程 (1) $u_x = \begin{vmatrix} 0 & 1 & 1 \\ 1 & y & z \\ 2x & y^2 & z^2 \end{vmatrix} = (y-z)(-2x+y+z).$

同理 $u_y = (z-x)(x-2y+z), u_z = (x-y)(x+y-2z),$

所以 $u_x + u_y + u_z = 0.$

(2) $xu_x + yu_y + zu_z$
$= (2x^2z - 2x^2y - xz^2 + xy^2) + (2xy^2 - 2y^2z - x^2y + yz^2) + (2yz^2 - 2xz^2 - y^2z + x^2z)$
$= 3(z-y)(x-y)(x-z).$

(3) $u_{xx} = 2(z-y), u_{yy} = 2(x-z), u_{zz} = 2(y-x).$

所以 $u_{xx} + u_{yy} + u_{zz} = 0.$

20. **知识点窍** 泰勒公式.

逻辑推理 把 $f(x+h, y+k, z+l)$ 在 (x,y,z) 附近用泰勒公式展开.

解题过程 $f_x = 2Ax + Dy + Fz, f_{xx} = 2A, f_{xy} = D, f_{xz} = F,$

$f_y = 2By + Dx + Ez, f_{yy} = 2B, f_{yz} = E,$

$f_z = 2Cz + Ey + Fx, f_{zz} = 2C,$

且函数三阶及三阶以上的偏导数均为零,于是

$f(x+h, y+k, z+l) = f(x,y,z) + (2Ax+Dy+Fz)h + (2By+Dx+Ez)k + (2Cz+Ey+Fx)l$
$\quad + \frac{1}{2}(2Ah^2 + 2Bk^2 + 2Cl^2 + 2Dhk + 2Ekl + 2Fhl)$

$= f(x,y,z) + (2Ax+Dy+Fz)h + (2By+Dx+Ez)k + (2Cz+Ey+Fx)l$
$\quad + f(h,k,l).$

第十七章总练习题

1. **解题过程** 由 $f_x = 2xy + z^2, f_y = 2yz + x^2, f_z = 2zx + y^2$,得

$f_x + f_y + f_z = (x+y+z)^2.$

2. **知识点窍** 偏导数;全微分;函数可微性的判断.

逻辑推理 判断函数是否可微时,若 $\lim\limits_{\rho \to 0} \dfrac{\Delta z - \mathrm{d}z}{\rho} = 0,$(其中 $\rho = \sqrt{(\Delta x)^2 + (\Delta y)^2}$),则函数 z 可微.

解题过程 $f_x(0,0) = \lim\limits_{\Delta x \to 0} \dfrac{f(0+\Delta x, 0) - f(0,0)}{\Delta x} = \lim\limits_{\Delta x \to 0} \dfrac{(\Delta x)^3}{(\Delta x)^3} = 1,$

$f_y(0,0) = \lim\limits_{\Delta y \to 0} \dfrac{f(0, 0+\Delta y) - f(0,0)}{\Delta y} = \lim\limits_{\Delta y \to 0} \dfrac{-(\Delta y)^3}{(\Delta y)^3} = -1.$

若 $z = f(x,y)$ 在点 $(0,0)$ 处可微,则 $\mathrm{d}z = \Delta x - \Delta y$ 且 $\lim\limits_{\rho \to 0} \dfrac{\Delta z - \mathrm{d}z}{\rho} = 0, \rho = \sqrt{(\Delta x)^2 + (\Delta y)^2},$

而 $\Delta z = f(0+\Delta x, 0+\Delta y) - f(0,0) = \dfrac{(\Delta x)^3 - (\Delta y)^3}{(\Delta x)^2 + (\Delta y)^2}.$

当 $\Delta x = -\Delta y$ 时, $\dfrac{\Delta z - \mathrm{d}z}{\rho} = \dfrac{\Delta x \Delta y (\Delta x - \Delta y)}{[(\Delta x)^2 + (\Delta y)^2]^{3/2}} = -\dfrac{\sqrt{2}}{3}.$

所以 $\lim\limits_{\rho\to 0}\dfrac{\Delta z-\mathrm{d}z}{\rho}\neq 0$. 从而 $f(x,y)$ 在 $(0,0)$ 处不可微.

3. **解题过程** (1) 记 $u=u(x_1,x_2,\cdots,x_n)$, 并令 $g(t)=u(x_1+t,x_2+t,\cdots,x_n+t)$.

   由范德蒙行列式的计算法则知

   $$g(t)=\prod_{1\leqslant i<j\leqslant n}[(x_j+t)-(x_i+t)]=\prod_{1\leqslant i<j\leqslant n}(x_j-x_i)\equiv u,$$

   于是 $g'(t)=0$.

   另一方面,

   $$g'(t)=u_1(x_1+t,\cdots,x_n+t)+u_2(x_1+t,\cdots,x_n+t)+\cdots+u_n(x_1+t,\cdots,x_n+t),$$

   上式中令 $t=0$, 使得 $\sum\limits_{k=1}^n\dfrac{\partial u}{\partial x_k}=0$.

   (2) 令 $f(t)=u(tx_1,tx_2,\cdots,tx_n)$, 则

   $$f(t)=t^{\frac{n(n-1)}{2}}u(x_1,x_2,\cdots,x_n),\ f'(t)=\dfrac{n(n-1)}{2}t^{\frac{n(n-1)}{2}-1}u.$$

   另一方面, $f'(t)=x_1u_1(tx_1,\cdots,tx_n)+\cdots+x_nu_n(tx_1,\cdots,tx_n)$,

   取 $t=1$, 便得 $\sum\limits_{k=1}^n x_k\dfrac{\partial u}{\partial x_k}=\dfrac{n(n-1)}{2}u$.

4. **知识点窍** 函数的高阶导数.

   逻辑推理 对于 n 阶导数, 可以采用数学归纳法证明.

   解题过程 应用数法归纳法证明:

   当 $n=1$ 时, $\dfrac{\mathrm{d}g(t)}{\mathrm{d}t}=\left(h\dfrac{\partial}{\partial x}+k\dfrac{\partial}{\partial y}\right)f(a+ht,b+kt)$,

   它仍是以 $x=a+ht, y=b+kt$ 为中间变量, t 为自变量的复合函数.

   当 $n=2$ 时, $\dfrac{\mathrm{d}^2g(t)}{\mathrm{d}t^2}=\dfrac{\mathrm{d}}{\mathrm{d}t}\left(\dfrac{\mathrm{d}g(t)}{\mathrm{d}t}\right)=\left(h\dfrac{\partial}{\partial x}+k\dfrac{\partial}{\partial y}\right)\left(h\dfrac{\partial}{\partial x}+k\dfrac{\partial}{\partial y}\right)f(a+ht,b+kt)$

   $$=\left(h\dfrac{\partial}{\partial x}+k\dfrac{\partial}{\partial y}\right)^2f(a+ht,b+kt).$$

   设 $\dfrac{\mathrm{d}^{n-1}g(t)}{\mathrm{d}t^{n-1}}=\left(h\dfrac{\partial}{\partial x}+k\dfrac{\partial}{\partial y}\right)^{n-1}f(a+ht,b+kt)$ 成立, 则

   $$\dfrac{\mathrm{d}^n g(t)}{\mathrm{d}t^n}=\dfrac{\mathrm{d}}{\mathrm{d}t}\left(\dfrac{\mathrm{d}^{n-1}g(t)}{\mathrm{d}t^{n-1}}\right)=\left(h\dfrac{\partial}{\partial x}+k\dfrac{\partial}{\partial y}\right)\left(h\dfrac{\partial}{\partial x}+k\dfrac{\partial}{\partial y}\right)^{n-1}f(a+ht,b+kt).$$

   $$=\left(h\dfrac{\partial}{\partial x}+k\dfrac{\partial}{\partial y}\right)^n f(a+ht,b+kt).$$

   故对一切 $n\geqslant 1, \dfrac{\mathrm{d}^n g(t)}{\mathrm{d}t^n}=\left(h\dfrac{\partial}{\partial x}+k\dfrac{\partial}{\partial y}\right)^n f(a+ht,b+kt)$ 成立.

5. **解题过程** $\dfrac{\partial\varphi}{\partial x}=\begin{vmatrix}1 & b+y & c+z\\0 & e+x & f+y\\0 & h+z & k+x\end{vmatrix}+\begin{vmatrix}a+x & 0 & c+z\\d+z & 1 & f+g\\g+y & 0 & k+x\end{vmatrix}+\begin{vmatrix}a+x & b+y & 0\\d+z & e+x & 0\\g+y & h+z & 1\end{vmatrix}$

   $$=\begin{vmatrix}e+x & f+y\\h+z & k+x\end{vmatrix}+\begin{vmatrix}a+x & c+z\\g+y & k+x\end{vmatrix}+\begin{vmatrix}a+x & b+y\\d+z & e+x\end{vmatrix}$$

   $$=(e+x)(k+x)-(f+y)(h+z)+(a+x)(k+x)$$

$$-(c+z)(g+y)+(a+x)(e+x)-(b+y)(d+z).$$

则 $\dfrac{\partial^2 \varphi}{\partial x^2} = k+x+e+x+k+x+a+x+e+x+a+x = 6x+2(a+e+k).$

6. 解题过程 $\dfrac{\partial \Phi}{\partial x} = \begin{vmatrix} f'_1(x) & f'_2(x) & f'_3(x) \\ g_1(y) & g_2(y) & g_3(y) \\ h_1(z) & h_2(z) & h_3(z) \end{vmatrix},$

则 $\dfrac{\partial^2 \Phi}{\partial x \partial y} = \begin{vmatrix} f'_1(x) & f'_2(x) & f'_3(x) \\ g'_1(y) & g'_2(y) & g'_3(y) \\ h_1(z) & h_2(z) & h_3(z) \end{vmatrix},$

则 $\dfrac{\partial^3 \Phi}{\partial x \partial y \partial z} = \begin{vmatrix} f'_1(x) & f'_2(x) & f'_3(x) \\ g'_1(y) & g'_2(y) & g'_3(y) \\ h'_1(z) & h'_2(z) & h'_3(z) \end{vmatrix}.$

7. 解题过程 首先证明:若 $f(x,y)$ 在 **R**^{2} 上连续,$f_x(x,y)=0$,则 $f(x,y)=\varphi(y)$.

对 **R**^{2} 上任意两点 $(x_1,y),(x_2,y)$,由中值定理得

$$f(x_2,y)-f(x_1,y)=f_x(x_2+\theta(x_2-x_1),y)(x_2-x_1)=0,$$

所以 $f(x_2,y)=f(x_1,y)$,由 x 的任意性知 $f(x,y)$ 与 x 无关,即 $f(x,y)=\varphi(y)$. 其次求 u 关于 x,y 的函数式.

因 $u_{xy}=0$,由上述结论有 $u_x=\varphi(x)$,从而

$$\dfrac{\partial}{\partial x}\left(u-\int \varphi\mid x\mid \mathrm{d}x\right)=0, 于是 u-\int \varphi(x)\mathrm{d}x=\varphi(y),$$

故 $u=\int \varphi(x)\mathrm{d}x+\varphi(y)=\varphi(x)+\varphi(y)+C.$

8. 知识点窍 方向导数.

逻辑推理 $\sum\limits_{i=1}^{n}f_{l_i}(P_0)=f_x(P_0)\sum\limits_{i=1}^{n}\cos\alpha_i+f_y(P_0)\sum\limits_{i=1}^{n}\sin\alpha_i.$ 证明 $\sum\limits_{i=1}^{n}f_{l_i}(P_0)=0$,即证 $\sum\limits_{i=1}^{n}\cos\alpha_i=\sum\limits_{i=1}^{n}\sin\alpha_i=0$,又因为 $\sum\limits_{i=1}^{n}(\cos\alpha_i+\sin\alpha_i)=0$,则此题即解.

解题过程 设 l_i 的方向数为 $(\cos\alpha_i,\sin\alpha_i)$,$i=1,2,\cdots,n$,

其中 $\alpha_{i+1}=\alpha_i+\dfrac{2\pi}{n}$,$i=1,2,\cdots,n-1$. 由此得到

$$\sum_{i=1}^{n}(\cos\alpha_i+k\sin\alpha_i)=\sum_{i=0}^{n-1}\left[\cos\left(\alpha_1+\dfrac{2i\pi}{n}\right)+i\sin\left(\alpha_1+\dfrac{2i\pi}{n}\right)\right]$$

$$=\sum_{i=0}^{n-1}(\cos\alpha_1+i\sin\alpha_1)\left(\cos\dfrac{2i\pi}{n}+\sin\dfrac{2i\pi}{n}\right)$$

$$=(\cos\alpha_1+i\sin\alpha_1)\sum_{i=0}^{n-1}\left(\cos\dfrac{2i\pi}{n}+i\sin\dfrac{2i\pi}{n}\right)$$

$$=0,$$

于是 $\sum\limits_{i=1}^{n}\cos\alpha_i=\sum\limits_{i=1}^{n}\sin\alpha_i=0.$ 由此证得

$$\sum_{i=1}^{n}f_{l_i}(P_0)=\sum_{i=1}^{n}[f_x(P_0)\cos\alpha_i+f_y(P_0)\sin\alpha_i]=f_x(P_0)\sum_{i=1}^{n}\cos\alpha_i+f_y(P_0)\sum_{i=1}^{n}\sin\alpha_i=0.$$

走近考研

1 (2012年数学一) 如果函数 $f(x,y)$ 在$(0,0)$处连续,那么下列命题正确的是( ).

(A) 若极限 $\lim\limits_{\substack{x\to 0\\y\to 0}}\dfrac{f(x,y)}{|x|+|y|}$ 存在,则 $f(x,y)$ 在$(0,0)$处可微

(B) 若极限 $\lim\limits_{\substack{x\to 0\\y\to 0}}\dfrac{f(x,y)}{x^2+y^2}$ 存在,则 $f(x,y)$ 在$(0,0)$处可微

(C) 若 $f(x,y)$ 在$(0,0)$处可微,则极限 $\lim\limits_{\substack{x\to 0\\y\to 0}}\dfrac{f(x,y)}{|x|+|y|}$ 存在

(D) 若 $f(x,y)$ 在$(0,0)$处可微,则极限 $\lim\limits_{\substack{x\to 0\\y\to 0}}\dfrac{f(x,y)}{x^2+y^2}$ 存在

分析 本题考查的是二元函数的极限以及连续、可微和极限之间的关系.

解答 设 $\lim\limits_{\substack{x\to 0\\y\to 0}}\dfrac{f(x,y)}{x^2+y^2}=k$,由 $f(x,y)$ 连续,则 $f(0,0)=\lim\limits_{\substack{x\to 0\\y\to 0}}f(x,y)=0$,

故 $\lim\limits_{x\to 0}\dfrac{f(x,0)-f(0,0)}{x}=\lim\limits_{x\to 0}\dfrac{f(x,0)}{x}=\lim\limits_{x\to 0}\dfrac{kx^2}{x}=0$,

同理 $\lim\limits_{y\to 0}\dfrac{f(0,y)-f(0,0)}{y}=0$,

故 $\lim\limits_{\substack{x\to 0\\y\to 0}}\dfrac{f(x,y)-0-0\cdot x-0\cdot y}{\sqrt{x^2+y^2}}=\lim\limits_{\substack{x\to 0\\y\to 0}}k\sqrt{x^2+y^2}=0$.

$f(x,y)$ 在$(0,0)$可微,故选(B).

2 (2013年数学三) 设函数 $z=z(x,y)$ 由方程 $(z+y)^x=xy$ 确定,则 $\left.\dfrac{\partial z}{\partial x}\right|_{(1,2)}=$ _____.

解答 此题考查的是二元函数偏导数的计算,可以利用隐函数求导法或者利用微分形式不变性求出偏导函数,然后将点$(1,2)$代入即可.

方程 $(z+y)^x=xy$ 等价于 $x\ln(y+z)=\ln x+\ln y$,

方程 $x\ln(y+z)=\ln x+\ln y$ 两端对 x 求偏导数得

$\ln(y+z)+\dfrac{x}{y+z}\dfrac{\partial z}{\partial x}=\dfrac{1}{x}$.

由 $x=1,y=2$ 及方程可得 $z=0$,所以将 $x=1,y=2,z=0$ 代入上式,

得 $\ln 2+\dfrac{1}{2}\left.\dfrac{\partial z}{\partial x}\right|_{(1,2)}=1$,所以 $\left.\dfrac{\partial z}{\partial x}\right|_{(1,2)}=2-2\ln 2$.

3 (2012年数学二) 求函数 $f(x,y)=xe^{-\frac{x^2+y^2}{2}}$ 的极值.

分析 本题考查的是多元函数的极值问题,先求出驻点,然后通过极值的充分条件判断极大值与极小值.

解答 由 $\begin{cases}\dfrac{\partial f(x,y)}{\partial x}=e^{-\frac{x^2+y^2}{2}}+xe^{-\frac{x^2+y^2}{2}}(-x)=e^{-\frac{x^2+y^2}{2}}(1-x^2)=0\\ \dfrac{\partial f(x,y)}{\partial y}=xe^{-\frac{x^2+y^2}{2}}(-y)=0\end{cases}$

得驻点 $P_1(-1,0), P_2(1,0)$.

$$\frac{\partial^2 f(x,y)}{\partial x^2} = -2xe^{\frac{x^2+y^2}{2}} + e^{\frac{x^2+y^2}{2}}(1-x^2)(-x),$$

$$\frac{\partial^2 f(x,y)}{\partial x \partial y} = e^{\frac{x^2+y^2}{2}}(1-x^2)(-y),$$

$$\frac{\partial^2 f(x,y)}{\partial y^2} = xe^{\frac{x^2+y^2}{2}}(y^2-1).$$

根据判断极值的第二充分条件,

把 $P_1(-1,0)$ 代入二阶偏导数 $B=0, A>0, C>0, AC-B^2>0$,

所以 $P_1(-1,0)$ 为极小值点,极小值为 $f(-1,0) = -e^{-\frac{1}{2}}$.

把 $P_2(1,0)$ 代入二阶偏导数 $B=0, A<0, C<0, A^2-BC>0$,

所以 $P_2(1,0)$ 为极大值点,极大值为 $f(1,0) = e^{-\frac{1}{2}}$.

4 (2011 年数学一)设 $z = f(xy, yg(x))$,其中函数 f 具有二阶连续偏导数,函数 $g(x)$ 可导,且在 $x=1$ 处取得极值 $g(1) = 1$,求 $\left.\dfrac{\partial^2 z}{\partial x \partial y}\right|_{x=1,y=1}$.

分析 本题综合考查二元函数偏导数的计算以及取极值的条件.

解答 $\dfrac{\partial z}{\partial x} = f'_1(xy, yg(x))y + f'_2(xy, yg(x))yg'(x),$

$\dfrac{\partial^2 z}{\partial x \partial y} = f''_{11}(xy, yg(x))xy + f''_{12}(xy, yg(x))yg(x) + f'_1(xy, yg(x))$
$\qquad + f''_{21}(xy, yg(x))xyg'(x) + f''_{22}(xy, yg(x))yg(x)g'(x) + f'_2(xy, yg(x))g'(x),$

由于 $g(x)$ 在 $x=1$ 处取得极值,所以 $g'(1)=0$,又 $g(1)=1$.

故 $\left.\dfrac{\partial^2 z}{\partial x \partial y}\right|_{x=1,y=1} = f''_{11}(1,g(1)) + f''_{12}(1,g(1))g(1) + f'_1(1,g(1)) + f''_{21}(1,g(1))g'(1)$
$\qquad + f''_{22}(1,g(1))g(1)g'(1) + f'_2(1,g(1))g'(1)$
$\qquad = f''_{11}(1,1) + f''_{12}(1,1) + f'_1(1,1).$

5 (2013 年数学一)已知函数 $f(x,y)$ 在点 $(0,0)$ 的某个邻域内连续,且 $\lim\limits_{x\to 0, y\to 0} \dfrac{f(x,y)-xy}{(x^2+y^2)^2} = 1$,则( ).

(A) 点 $(0,0)$ 不是 $f(x,y)$ 的极值点

(B) 点 $(0,0)$ 是 $f(x,y)$ 的极大值点

(C) 点 $(0,0)$ 是 $f(x,y)$ 的极小值点

(D) 根据所给条件无法判断点 $(0,0)$ 是否为 $f(x,y)$ 的极值点

分析 本题综合考查了多元函数的极限、连续和多元函数的极值概念,题型比较新,有一定难度. 将极限表示式转化为极限值加无穷小量,是有关极限分析过程中常用的思想.

详解 由 $\lim\limits_{x\to 0, y\to 0} \dfrac{f(x,y)-xy}{(x^2+y^2)^2} = 1$ 知,分子的极限必有零,从而有 $f(0,0)=0$,

且 $f(x,y) - xy \approx (x^2+y^2)^2 (|x|, |y|$ 充分小时$)$,于是
$$f(x,y) - f(0,0) \approx xy + (x^2+y^2)^2.$$

可见当 $y=x$ 且 $|x|$ 充分小时,$f(x,y) - f(0,0) \approx x^2 + 4x^4 > 0$;而当 $y=-x$ 且 $|x|$ 充分小时,$f(x,y) - f(0,0) \approx -x^2 + 4x^4 < 0$. 故点 $(0,0)$ 不是 $f(x,y)$ 的极值点,应选(A).

第十八章
隐函数定理及其应用

本章导航

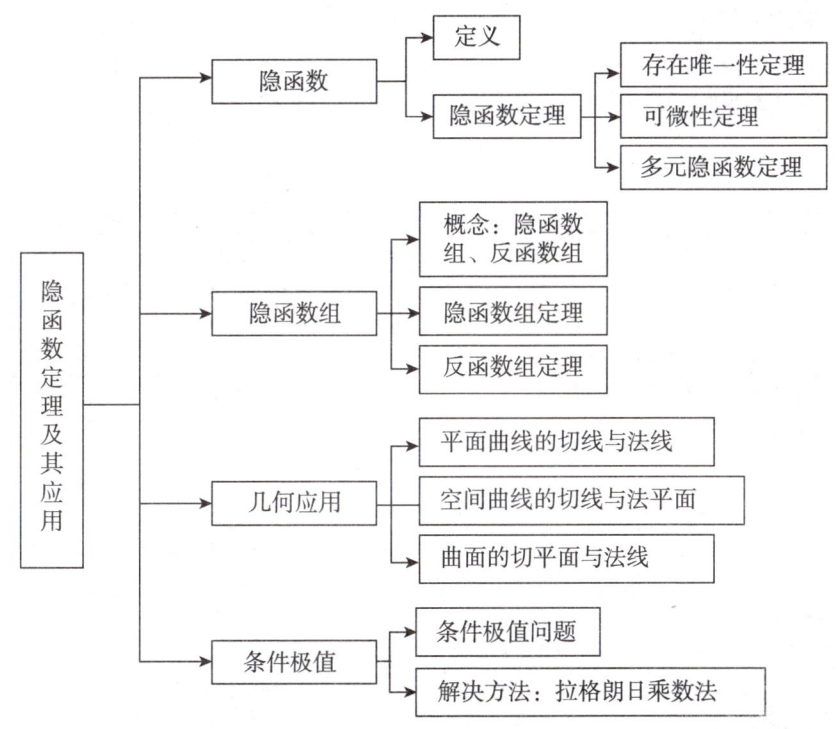

各个击破

■ 隐函数

名称	定义	备注
隐函数	设 $X \subset \mathbf{R}, Y \subset \mathbf{R}$,函数 $F: X \times Y \to \mathbf{R}$,对于方程 $F(x,y)=0$,若存在集合 $I \subset X$ 与 $J \subset Y$,使得对于任何 $x \in I$,恒有唯一确定的 $y \in J$,它与 x 一起满足方程,则称由方程 $F(x,y)=0$ 确定一个定义在 I 上,值域含于 J 的**隐函数**	
隐函数定理 — 隐函数存在唯一性定理	若满足下列条件: (1) 函数 F 在以 $P_0(x_0,y_0)$ 为内点的某一区域 $D \subset \mathbf{R}^2$ 上连续. (2) $F(x_0,y_0)=0$(通常称为初始条件). (3) 在 D 内存在连续的偏导数 $F_y(x,y)$. (4) $F_y(x_0,y_0) \neq 0$,则在点 P_0 的某邻域 $U(P_0) \subset D$ 内,方程 $F(x,y)=0$ 唯一地确定了一个定义在某区间 (x_0-a, x_0+a) 内的隐函数 $y=f(x)$,使得 $f(x_0)=y_0$, $x \in (x_0-a, x_0+a)$ 时 $(x, f(x)) \in U(P_0)$ 且 $F(x, f(x)) \equiv 0$, $f(x)$ 在 (x_0-a, x_0+a) 内连续.	定理的条件仅仅是充分的,非充要条件
隐函数定理 — 隐函数可微性定理	设二元函数 $F(x,y)$ 在以点 $P_0(x_0,y_0)$ 为内点的某个区域 $D \subset \mathbf{R}^2$ 上有定义,如果满足如下条件:① $F(x,y)$ 在 D 内连续且有连续的一阶偏导数 $F_y(x,y)$ 与 $F_x(x,y)$;② $F(x_0,y_0)=0$;③ $F_y(x_0,y_0) \neq 0$.则在点 P_0 的某个邻域 $U(P_0) \subset D$ 内,由方程 $F(x,y)=0$ 唯一确定了一个定义在某区间 (x_0-a, x_0+a) 内的隐函数 $y=f(x)$,使得 ① $f(x_0)=y_0$;② 当 $x \in (x_0-a, x_0+a)$ 时,$(x, f(x)) \in U(P_0)$ 且 $F(x, f(x)) \equiv 0$;③ $y=f(x)$ 在 (x_0-a, x_0+a) 内有连续的导函数,且 $f'(x) = -\dfrac{F_x}{F_y}$	如果 $F(x,y)$ 在 D 内还有连续二阶偏导数,则隐函数在 (x_0-a, x_0+a) 内有连续的二阶导数: $$y'' = \frac{F_{xx}F_y^2 + F_{yy}F_x^2 - 2F_{xy}F_xF_y}{F_y^3}$$
隐函数定理 — 多元隐函数定理	设函数 $F(x_1, x_2, \cdots, x_n, y)$ 在以点 $P_0(x_1^0, x_2^0, x_3^0, \cdots, x_n^0, y^0)$ 为内点的某个区域 $D \subset \mathbf{R}^{n+1}$ 内有定义,如果满足如下条件:① $F(x_1, x_2, \cdots, x_n, y)$ 在 D 内连续且关于每个自变量都有连续的一阶偏导数;② $F(x_1^0, x_2^0, \cdots, x_n^0, y^0)=0$;③ $F_y(x_1^0, x_2^0, \cdots, x_n^0, y^0) \neq 0$.则在点 P_0 的某邻域内,由方程 $F(x_1, x_2, \cdots, x_n, y)=0$ 唯一确定了一个定义在点 $Q_0(x_1^0, x_2^0, \cdots, x_n^0)$ 的某个邻域内的 n 元隐函数 $y=f(x_1, x_2, \cdots, x_n)$,使得① $y_0 = f(x_1^0, x_2^0, \cdots, x_n^0)$;② 当 $(x_1, x_2, \cdots, x_n) \in U(Q_0)$ 时,$(x_1, x_2, \cdots, x_n, f) \in U(P_0)$ 且 $F(x_1, x_2, \cdots, x_n, f)=0$;③ $y=f(x_1, x_2, \cdots, x_n)$ 在 $U(Q_0)$ 内连续且有连续的偏导数 $f_{x_1}, f_{x_2}, \cdots, f_{x_n}$,并且 $$f_{x_1} = -\frac{F_{x_1}}{F_y}, f_{x_2} = -\frac{F_{x_2}}{F_y}, \cdots, f_{x_n} = \frac{-F_{x_n}}{F_y}$$	

例 1 验证方程 $\sin y + e^x - xy - 1 = 0$ 在点 $(0,0)$ 某邻域可确定一个单值可导隐函数 $y = f(x)$，并求 $\dfrac{dy}{dx}\big|_{x=0}, \dfrac{d^2 y}{dx^2}\big|_{x=0}$.

解 令 $F(x,y) = \sin y + e^x - xy - 1$，则 $F_x = e^x - y, F_y = \cos y - x$.

因为 F, F_x, F_y 连续且 $F(0,0) = 0, F_y(0,0) = 1 \neq 0$，

根据隐函数存在唯一性定理可知，在 $x = 0$ 的某邻域内方程存在单值可导的隐函数 $y = f(x)$，

且 $\dfrac{dy}{dx}\bigg|_{x=0} = -\dfrac{F_x}{F_y}\bigg|_{x=0} = -\dfrac{e^x - y}{\cos y - x}\bigg|_{\substack{x=0 \\ y=0}} = -1$，

$\dfrac{d^2 y}{dx^2}\bigg|_{x=0} = -\dfrac{d}{dx}\left(\dfrac{e^x - y}{\cos y - x}\right)\bigg|_{x=0, y=0, y'=-1}$

$= -\dfrac{(e^x - y')(\cos y - x) - (e^x - y)(-\sin y \cdot y' - 1)}{(\cos y - x)^2}\bigg|_{\substack{x=0 \\ y=0 \\ y'=-1}} = -3$.

隐函数求导的方法：①利用公式；②利用隐函数求导法.该题利用的是方法①.

例 2 设 $x^2 + y^2 + z^2 - 4z = 0$，求 $\dfrac{\partial^2 z}{\partial x^2}$.

解 利用隐函数求导法，首先进行一阶求导.

$2x + 2z \dfrac{\partial z}{\partial x} - 4 \dfrac{\partial z}{\partial x} = 0 \Rightarrow \dfrac{\partial z}{\partial x} = \dfrac{x}{2 - z}$，再对 x 进行求导，得

$2 + 2\left(\dfrac{\partial z}{\partial x}\right)^2 + 2z \dfrac{\partial^2 z}{\partial x^2} - 4 \dfrac{\partial^2 z}{\partial x^2} = 0$，

所以 $\dfrac{\partial^2 z}{\partial x^2} = \dfrac{1 + (\dfrac{\partial z}{\partial x})^2}{2 - z} = \dfrac{(2-z)^2 + x^2}{(2-z)^3}$.

例 3 验证二元方程 $F(x,y) = xy + 2^x - 2^y = 0$ 在 $x = 0$ 的某邻域内确定唯一一个隐函数 $y = \varphi(x)$，满足 $F[x, \varphi(x)] \equiv 0$.

解 因为

①$F(x,y) = xy + 2^x - 2^y$ 在 $(0,0)$ 的邻域内连续；

②$F(0,0) = 0$；

③$F_y(x,y) = x - 2^y \ln 2$ 在 $(0,0)$ 的邻域内连续；

④$F_y(0,0) = -\ln 2 \neq 0$.

满足隐函数存在唯一性定理的条件，所以，在 $x = 0$ 的某邻域内确定唯一一个隐函数 $y = \varphi(x)$，满足

$$F[x, \varphi(x)] \equiv 0.$$

隐函数组与隐函数组定理

名称	内容
隐函数组	隐函数组是由一组方程所确定的函数组,当方程组中出现的变量个数大于方程组中方程的个数时,就可由此方程组确定出一组隐函数
隐函数组定理	设 $F(x,y,u,v)$ 与 $G(x,y,u,v)$ 为两个定义在区域 $V \subset \mathbf{R}^4$ 上的函数,点 $P_0(x_0,y_0,u_0,v_0)$ 为 V 的内点,如果满足以下条件: (1) $F(x,y,u,v)$ 与 $G(x,y,u,v)$ 在 V 上连续. (2) $F(x_0,y_0,u_0,v_0)G(x_0,y_0,u_0,v_0)=0$. (3) F 与 G 在 V 上有连续的一阶导数. (4) $J\big|_{P_0} = \dfrac{\partial(F,G)}{\partial(u,v)}\bigg|_{P_0} = \begin{vmatrix} F_u & F_v \\ G_u & G_v \end{vmatrix}_{P_0} \neq 0$. 则在点 P_0 的某个邻域 $U(P_0) \subset V$ 内,方程组 $\begin{cases} F(x,y,u,v)=0 \\ G(x,y,u,v)=0 \end{cases}$ 唯一地确定了定义在点 $Q_0(x_0,y_0)$ 的某个二维邻域 $U(Q_0)$ 内的两个隐函数 $u=f(x,y), v=g(x,y)$,使得 (1) $u_0=f(x_0,y_0), v_0=g(x_0,y_0)$,且当 $(x,y) \in U(Q_0)$ 时,$(x,y,f(x,y),g(x,y)) \in U(P_0)$ 以及 $F(x,y,f(x,y),g(x,y)) \equiv 0, G(x,y,f(x,y),g(x,y)) \equiv 0$. (2) $f(x,y), g(x,y)$ 在 $U(Q_0)$ 内连续. (3) $f(x,y), g(x,y)$ 在 $U(Q_0)$ 内有连续的一阶偏导数,且 $\begin{cases} \dfrac{\partial u}{\partial x} = -\dfrac{1}{J} \cdot \dfrac{\partial(F,G)}{\partial(x,v)}, \dfrac{\partial v}{\partial x} = -\dfrac{1}{J} \dfrac{\partial(F,G)}{\partial(u,x)} \\ \dfrac{\partial u}{\partial y} = -\dfrac{1}{J} \dfrac{\partial(F,G)}{\partial(y,v)}, \dfrac{\partial v}{\partial y} = -\dfrac{1}{J} \dfrac{\partial(F,G)}{\partial(u,y)} \end{cases}$
反函数组定理	设函数 $u(x,y), v(x,y)$ 在某个以点 $P_0(x_0,y_0)$ 为内点的区域 $D \subset \mathbf{R}^2$ 上有连续的一阶偏导数,如果函数组 $\begin{cases} u=u(x,y) \\ v=v(x,y) \end{cases}$ 还满足 $u_0=(x_0,y_0), v_0=v(x_0,y_0), J\big|_{P_0} = \dfrac{\partial(u,v)}{\partial(x,y)}\bigg|_{P_0} \neq 0$, 则在点 $P'_0(u_0,v_0)$ 的某邻域 $U(P'_0)$ 内存在唯一的一组反函数 $\begin{cases} x=x(u,v) \\ y=y(u,v) \end{cases}$, 使得 $x_0=x(u_0,v_0), y_0=y(u_0,v_0)$ 且当 $(u,v) \in U(P'_0)$ 时,$(x(u,v),y(u,v)) \in U(P'_0)$,并有恒等式 $u \equiv u(x(u,v),y(u,v)), v \equiv v(x(u,v),y(u,v))$,其计算公式为 $\begin{cases} \dfrac{\partial x}{\partial u} = \dfrac{1}{J} \dfrac{\partial v}{\partial y}, \dfrac{\partial x}{\partial v} = -\dfrac{1}{J} \dfrac{\partial u}{\partial y} \\ \dfrac{\partial y}{\partial u} = -\dfrac{1}{J} \dfrac{\partial v}{\partial x}, \dfrac{\partial y}{\partial v} = \dfrac{1}{J} \dfrac{\partial u}{\partial x} \end{cases}$

例 4 设 $xu-yv=0, yu+xv=1$,求 $\dfrac{\partial u}{\partial x}, \dfrac{\partial u}{\partial y}, \dfrac{\partial v}{\partial x}, \dfrac{\partial v}{\partial y}$.

解 方程组两边对 x 求导,并移项得

$$\begin{cases} x\dfrac{\partial u}{\partial x} - y\dfrac{\partial v}{\partial x} = -u \\ y\dfrac{\partial u}{\partial x} + x\dfrac{\partial v}{\partial x} = -v \end{cases}, \text{由题设知 } J = \begin{vmatrix} x & -y \\ y & x \end{vmatrix} = x^2 + y^2 \neq 0.$$

故有 $\begin{cases} \dfrac{\partial u}{\partial x} = \dfrac{1}{J}\begin{vmatrix} -u & -y \\ -v & x \end{vmatrix} = -\dfrac{xu + yv}{x^2 + y^2}, \\ \dfrac{\partial v}{\partial x} = \dfrac{1}{J}\begin{vmatrix} x & -u \\ y & -v \end{vmatrix} = -\dfrac{xv - yu}{x^2 + y^2}, \end{cases}$

同理可得 $\begin{cases} \dfrac{\partial u}{\partial y} = -\dfrac{yu - xv}{x^2 + y^2}, \\ \dfrac{\partial v}{\partial y} = -\dfrac{xu + yv}{x^2 + y^2}. \end{cases}$

例5 讨论方程组 $\begin{cases} F(x,y,u,v) = u^2 + v^2 - x^2 - y = 0, \\ G(x,y,u,v) = -u + v - xy + 1 = 0, \end{cases}$
在 $P_0(2,1,1,2)$ 附近能确定怎样的隐函数,并求其偏导数.

解 ① F, G 在 $P_0(2,1,1,2)$ 的邻域内连续;
② $F(P_0) = G(P_0) = 0$;
③ $F_x = -2x, F_y = -1, F_u = 2u, F_v = 2v, G_x = -y, G_y = -x,$
$G_u = -1, G_v = 1$, 在 $P_0(2,1,1,2)$ 的邻域内连续;
④ 在 $P_0(2,1,1,2)$ 处 $C_4^2 = \dfrac{4!}{2!2!} = 6$(个雅克比式):

$$\dfrac{\partial(F,G)}{\partial(u,v)}\bigg|_{P_0} = \begin{vmatrix} F_u & F_v \\ G_u & G_v \end{vmatrix}_{P_0} = \begin{vmatrix} 2 & 4 \\ -1 & 1 \end{vmatrix} = 6 \neq 0, \cdots.$$

仅 $\dfrac{\partial(F,G)}{\partial(x,v)}\bigg|_{P_0} = \begin{vmatrix} -4 & 4 \\ -1 & 1 \end{vmatrix} = 0.$

在 $P_0(2,1,1,2)$ 附近除 x,v 难以确定为 y,u 的隐函数外,任何两个变量都可以作为其余两个变量的隐函数.

如果求 $u = u(x,y), v = v(x,y)$ 的偏导数,则对方程组
$$\begin{cases} F(x,y,u,v) = u^2 + v^2 - x^2 - y = 0, \\ G(x,y,u,v) = -u + v - xy + 1 = 0, \end{cases}$$
关于 x 求偏导数,得到
$$\begin{cases} 2u \cdot u_x + 2v \cdot v_x - 2x = 0, \\ -u_x + v_x - y = 0, \end{cases}$$

$\Rightarrow u_x = \dfrac{\begin{vmatrix} 2x & 2v \\ y & 1 \end{vmatrix}}{\begin{vmatrix} 2u & 2v \\ -1 & 1 \end{vmatrix}} = \dfrac{x - yv}{u + v}, v_x = \dfrac{\begin{vmatrix} 2u & 2x \\ -1 & y \end{vmatrix}}{\begin{vmatrix} 2u & 2v \\ -1 & 1 \end{vmatrix}} = \dfrac{x + yu}{2u + 2v}$

亦即公式 $\boxed{\dfrac{\partial u}{\partial x} = -\dfrac{1}{J}\dfrac{\partial(F,G)}{\partial(x,v)}, \dfrac{\partial v}{\partial x} = -\dfrac{1}{J}\dfrac{\partial(F,G)}{\partial(u,x)}.}$

对方程组
$$\begin{cases} F(x,y,u,v) = u^2 + v^2 - x^2 - y = 0, \\ G(x,y,u,v) = -u + v - xy + 1 = 0, \end{cases}$$

关于 y 求偏导数,得到

$$\begin{cases} 2u \cdot u_y + 2v \cdot v_y - 1 = 0, \\ -u_y + v_y - x = 0, \end{cases} 即 \begin{cases} 2u \cdot u_y + 2v \cdot v_y = 1 \\ -u_y + v_y = x \end{cases}$$

$$\Rightarrow u_y = \frac{\begin{vmatrix} 1 & 2v \\ x & 1 \end{vmatrix}}{\begin{vmatrix} 2u & 2v \\ -1 & 1 \end{vmatrix}} = \frac{1-2xv}{2u+2v}, v_x = \frac{\begin{vmatrix} 2u & 1 \\ -1 & x \end{vmatrix}}{\begin{vmatrix} 2u & 2v \\ -1 & 1 \end{vmatrix}} = \frac{2xu+1}{2u+2v}.$$

亦即公式 $\dfrac{\partial u}{\partial y} = -\dfrac{1}{J}\dfrac{\partial(F,G)}{\partial(y,v)}, \dfrac{\partial v}{\partial y} = -\dfrac{1}{J}\dfrac{\partial(F,G)}{\partial(u,y)}.$

■ 几何应用

名称	内容
平面曲线的切线与法线	曲线 $L: F(x,y) = 0$ 条件:$P_0(x_0, y_0)$ 为 L 上一点,$F(x,y)$ 在点 P_0 的近旁满足隐函数定理的条件. 法向量:$n = (F_x(P_0), F_y(P_0))$. 切线方程:$F_x(P_0)(x-x_0) + F_y(P_0)(y-y_0) = 0.$ 法线方程:$F_y(P_0)(x-x_0) - F_x(P_0)(y-y_0) = 0.$
空间曲线的切线与法平面	(1) 参数方程. 设空间曲线的参数方程为 $\begin{cases} x = x(t) \\ y = y(t), t \in T \\ z = z(t) \end{cases}$ $x(t), y(t), z(t)$ 都是 t 的可微函数,设 $M_0(x_0, y_0, z_0)$ 为曲线上一点,而 $x_0 = x(t_0), y_0 = y(t_0), z_0 = z(t_0), x'(t_0), y'(t_0), z'(t_0)$ 不全为 0,则在 M_0 处切线方程为 $\dfrac{x-x_0}{x'(t_0)} = \dfrac{y-y_0}{y'(t_0)} = \dfrac{z-z_0}{z'(t_0)}$,法平面方程为 $x'(t_0)(x-x_0) + y'(t_0)(y-y_0) + z'(t_0)(z-z_0) = 0.$ (2) 一般方程. 设空间曲线方程为 $\begin{cases} F(x,y,z) = 0 \\ G(x,y,z) = 0 \end{cases}$ 则在点 $M_0(x_0, y_0, z_0)$ 处的切线方程为 $$\frac{x-x_0}{\begin{vmatrix} F_y & F_z \\ G_y & G_z \end{vmatrix}_{M_0}} = \frac{y-y_0}{\begin{vmatrix} F_z & F_x \\ G_z & G_x \end{vmatrix}_{M_0}} = \frac{z-z_0}{\begin{vmatrix} F_x & F_y \\ G_x & G_y \end{vmatrix}_{M_0}},$$ 法平面方程为 $\begin{vmatrix} F_y & F_z \\ G_y & G_z \end{vmatrix}_{M_0}(x-x_0) + \begin{vmatrix} F_z & F_x \\ G_z & G_x \end{vmatrix}_{M_0}(y-y_0) + \begin{vmatrix} F_x & F_y \\ G_x & G_y \end{vmatrix}_{M_0}(z-z_0) = 0.$
空间曲面的切平面与法线	(1) 曲面方程为 $z = f(x,y)$,在点 $M_0(x_0, y_0, z_0)$ 处切平面的方程为 $z - z_0 = f'_x(x_0, y_0)(x-x_0) + f'_y(x_0, y_0)(y-y_0),$ 法线方程为 $\dfrac{x-x_0}{f'_x(x_0, y_0)} = \dfrac{y-y_0}{f'_y(x_0, y_0)} = \dfrac{z-z_0}{-1}.$ (2) 曲面方程 $F(x,y,z) = 0$,则在点 $M_0(x_0, y_0, z_0)$ 处切平面方程为 $F_x(x_0, y_0, z_0)(x-x_0) + F_y(x_0, y_0, z_0)(y-y_0) + F_z(x_0, y_0, z_0)(z-z_0) = 0,$ 法线方程为 $\dfrac{x-x_0}{F_x(x_0, y_0, z_0)} = \dfrac{y-y_0}{F_y(x_0, y_0, z_0)} = \dfrac{z-z_0}{F_z(x_0, y_0, z_0)}$

例 6 求 $x^2+y^2=4$ 在 $(-2,-2)$ 处的切线和法线方程.

解 令 $F=x^2+y^2-4$,则 $F_x=2x, F_y=2y$,由于 F, F_x, F_y 在 $\mathbf{R}^2$ 上连续,且 $F_x(-2,-2)=-4\neq 0, F_y(-2,-2)=-4\neq 0$.
所以,切线方程为 $-4(x+2)-4(y+2)=0$,即 $x+y+4=0$;
法线方程为 $x-y=0$.

例 7 求曲面 $z-\mathrm{e}^z+2xy=3$ 在点 $(1,2,0)$ 处的切平面及法线方程.

解 令 $F(x,y,z)=z-\mathrm{e}^z+2xy-3$,则
$F'_x\big|_{(1,2,0)}=2y\big|_{(1,2,0)}=4, F'_y\big|_{(1,2,0)}=2x\big|_{(1,2,0)}=2, F'_z\big|_{(1,2,0)}=1-\mathrm{e}^z\big|_{(1,2,0)}=0$,
所以,切平面方程:$4(x-1)+2(y-2)+0\cdot(z-0)=0\Rightarrow 2x+y-4=0$,
法线方程:$\dfrac{x-1}{2}=\dfrac{y-2}{1}=\dfrac{z-0}{0}$.

■ 条件极值

1. 条件极值问题

求目标函数 $y=f(x_1,x_2,\cdots,x_n)$ 在条件组 $\varphi_k(x_1,x_2,\cdots,x_n)=0, k=1,2,\cdots,m(m<n)$ 限制下的极值问题称为条件极值问题.

2. 拉格朗日函数

拉格朗日乘数法将求函数(目标函数)在条件组限制下的条件极值问题转化为求函数

$$L(x_1,x_2,\cdots,x_n,\lambda_1,\lambda_2,\cdots,\lambda_m)=f+\sum_{k=1}^{m}\lambda_k\varphi_k$$

的简单极值问题. 变量 $\lambda_1,\lambda_2,\cdots,\lambda_m$ 称为拉格朗日乘数,函数 L 称为拉格朗日函数.

3. 定理

设在条件组的限制下,求目标函数的极值问题,其中 f 与 $\varphi_k(k=1,2,\cdots,m)$ 在区域 D 内有连续一阶偏导数. 若 D 的内点 $P_0(x_1^{(0)},\cdots,x_n^{(0)})$ 是上述问题的极值点,且雅可比矩阵

$$\begin{bmatrix} \dfrac{\partial\varphi_1}{\partial x_1} & \dfrac{\partial\varphi_1}{\partial x_2} & \cdots & \dfrac{\partial\varphi_1}{\partial x_n} \\ \dfrac{\partial\varphi_2}{\partial x_1} & \dfrac{\partial\varphi_2}{\partial x_2} & \cdots & \dfrac{\partial\varphi_2}{\partial x_n} \\ \vdots & \vdots & & \vdots \\ \dfrac{\partial\varphi_m}{\partial x_1} & \dfrac{\partial\varphi_m}{\partial x_2} & \cdots & \dfrac{\partial\varphi_m}{\partial x_n} \end{bmatrix}_{P_0}$$

的秩为 m,则存在 m 个常数 $\lambda_1^{(0)},\lambda_2^{(0)},\cdots,\lambda_m^{(0)}$,使得 $(x_1^{(0)},x_2^{(0)},\cdots,x_n^{(0)},\lambda_1^{(0)},\lambda_2^{(0)},\cdots,\lambda_m^{(0)})$ 为拉格朗日函数 L 的稳定点,即 $(x_1^{(0)},x_2^{(0)},\cdots,x_n^{(0)},\lambda_1^{(0)},\lambda_2^{(0)},\cdots,\lambda_m^{(0)})$ 为下述方程的解

$$\begin{cases} Lx_1 = \dfrac{\partial f}{\partial x_1} + \sum_{k=1}^m \lambda_k \dfrac{\partial \varphi_k}{\partial x_i} = 0 \\ \cdots\cdots\cdots \\ Lx_n = \dfrac{\partial f}{\partial x_n} + \sum_{k=1}^m \lambda_k \dfrac{\partial \varphi_k}{\partial x_n} = 0 \\ L_{\lambda_1} = \varphi_1(x_1,\cdots,x_n) = 0 \\ \cdots\cdots\cdots \\ L_{\lambda_n} = \varphi_m(x_1,\cdots,x_n) = 0 \end{cases}$$

4. 一般步骤

拉格朗日乘数法求解条件极值问题的一般步骤如下：

(1) 根据问题意义确立目标函数与条件组；

(2) 作拉格朗日函数 $L(x_1,x_2,\cdots,x_n,\lambda_1,\lambda_2,\cdots,\lambda_m) = f + \sum_{k=1}^m \lambda_k \varphi_k$；

(3) 求拉格朗日函数的稳定点，即通过令 $\dfrac{\partial L}{\partial x_i} = \dfrac{\partial f}{\partial x_i} + \sum_{k=1}^m \lambda_k \dfrac{\partial \varphi_k}{\partial x_i} = 0, \dfrac{\partial L}{\partial \lambda_j} = \varphi_j = 0$，求出所有的稳定点，这些稳定点就是可能的条件极值点；

(4) 对每一个可能的条件极值点，说明它是否确实为条件极值点.

例8 求函数 $f(x,y) = xy$ 在圆周 $(x-1)^2 + y^2 = 1$ 上的最大值和最小值.

解 令 $F = xy + \lambda[(x-1)^2 + y^2 - 1]$，

解方程组 $\begin{cases} F_x = y + 2\lambda(x-1) = 0, \\ F_y = x + 2\lambda y = 0, \\ F_\lambda = (x-1)^2 + y^2 - 1 = 0, \end{cases}$

有 $y^2 = x(x-1), (x-1)^2 + x(x-1) - 1 = 2x^2 - 3x = 0$，

得稳定点 $P_0(0,0), P_1\left(\dfrac{3}{2}, \dfrac{\sqrt{3}}{2}\right), P_2\left(\dfrac{3}{2}, -\dfrac{\sqrt{3}}{2}\right)$.

由于函数 f 在圆周(有界闭域)上连续，故一定取得最大值和最小值，并且必在稳定点取得. 又

$$f(P_0) = 0, f(P_1) = \dfrac{3\sqrt{3}}{4}, f(P_2) = -\dfrac{3\sqrt{3}}{4},$$

得最大值和最小值 $\dfrac{3\sqrt{3}}{4}, -\dfrac{3\sqrt{3}}{4}$.

小提示. 拉格朗日乘数法固然可以求出稳定点，但该方法无法判断是否是极值点，还需用二阶导数或者一阶导数左右形态来判断. 值得提醒的是，这一步是不能忽略的，即使只求出一个稳定点，也应该判断一下.

课后习题全解

习题 18.1

1. 知识点窍 隐函数存在唯一性定理.

逻辑推理 只需验证所给问题是否满足隐函数存在定理的条件即可.

解题过程 令 $F(x,y) = \cos x + \sin y - e^{xy}$,则有

(1) $F(x,y)$ 在原点的某邻域内连续;

(2) $F(0,0) = 0$;

(3) $F_x = -\sin x - ye^{xy}, F_y = \cos y - xe^{xy}$ 均在上述邻域内连续;

(4) $F_y(0,0) = 1 \neq 0, F_x(0,0) = 0$.

故由隐函数存在唯一性定理知,方程 $\cos x + \sin y = e^{xy}$ 在原点的某邻域内可确定隐函数 $y = f(x)$.

2. 知识点窍 隐函数存在唯一性定理.

逻辑推理 要验证是否能确定出某一个变量为另外两个变量的函数,只有确定 $F(x,y,z) = xy + z\ln y + e^{xz} - 1$ 满足隐函数存在唯一性定理的条件即可.

解题过程 令 $F(x,y,z) = xy + z\ln y + e^{xz} - 1$,则

(1) $F(x,y,z)$ 在点 $(0,1,1)$ 的某邻域内连续;

(2) $F(0,1,1) = 0$;

(3) $F_x = y + ze^{xz}, F_y = x + \dfrac{z}{y}, F_z = \ln y + xe^{xz}$ 均在上述邻域内连续;

(4) $F_x(0,1,1) = 2 \neq 0, F_y(0,1,1) = 1 \neq 0, F_z(0,1,1) = 0$.

故由隐函数存在唯一性定理知,在点 $(0,1,1)$ 的某邻域内唯一确定一个定义在 $Q_0(1,1)$ 的某邻域 $U(Q_0)$ 内的二元函数 $x = f(y,z)$,它连续且在 $U(Q_0)$ 内有连续偏导数,可在点 $(0,1,1)$ 的某邻域内唯一确定一个定义在 $R_0(0,1)$ 的某邻域 $U(R_0)$ 的二元函数 $y = g(x,z)$,也在 $U(R_0)$ 内连续,且有连续的偏导数.

3. 知识点窍 隐函数的求导.

逻辑推理 隐函数导数的计算有两种方法:① 公式法;② 隐函数求导法,即对方程两边进行求导.

解题过程 (1) 方程两边对 x 求导,得

$$2xy + x^2 \frac{dy}{dx} + 12x^3 y^3 + 9x^4 y^2 \frac{dy}{dx} = 0,$$

从而 $\dfrac{dy}{dx} = -\dfrac{2y + 12x^2 y^3}{x + 9x^3 y^2} (x \neq 0)$.

(2) 方程两边对 x 求导,得 $\dfrac{1}{\sqrt{x^2 + y^2}} \cdot \dfrac{2x + 2y\dfrac{dy}{dx}}{2\sqrt{x^2 + y^2}} = \dfrac{1}{1 + \left(\dfrac{y}{x}\right)^2} \cdot \dfrac{x\dfrac{dy}{dx} - y}{x^2}$,

从而 $\dfrac{dy}{dx} = \dfrac{x + y}{x - y} (x \neq y)$.

(3) 令 $F(x,y,z) = e^{-xy} + 2z - e^z$,则 $F_x = -ye^{-xy}, F_y = -xe^{-xy}, F_z = 2 - e^z$,

从而 $\dfrac{\partial z}{\partial x} = -\dfrac{F_x}{F_z} = \dfrac{ye^{-xy}}{2-e^z}, \dfrac{\partial z}{\partial y} = -\dfrac{F_y}{F_z} = \dfrac{xe^{-xy}}{2-e^z}(2-e^z \neq 0)$.

(4) 令 $F(x,y) = a + \sqrt{a^2 - y^2} - ye^{\frac{x+\sqrt{a^2-y^2}}{a}}$,则

$F_x = -\dfrac{y}{a}e^u, F_y = -\left(e^u + ye^u \dfrac{-y}{a\sqrt{a^2-y^2}}\right) - \dfrac{y}{\sqrt{a^2-y^2}}$,

将 $e^u = \dfrac{1}{y}(a + \sqrt{a^2-y^2})$ 代入上式,得

$F_y = \dfrac{y}{a} - \dfrac{a}{y} - \dfrac{\sqrt{a^2-y^2}}{y}$,

故 $\dfrac{dy}{dx} = -\dfrac{F_x}{F_y} = -\dfrac{y}{\sqrt{a^2-y^2}}$,

$\dfrac{d^2 y}{dx^2} = \dfrac{d}{dx}\left(\dfrac{dy}{dx}\right) = -\dfrac{\sqrt{a^2-y^2}\dfrac{dy}{dx} - y\dfrac{y}{\sqrt{a^2-y^2}}\dfrac{dy}{dx}}{a^2 - y^2} = \dfrac{a^2 y}{(a^2-y^2)^2}$

(5) 令 $F(x,y,z) = x^2 + y^2 + z^2 - 2x + 2y - 4z - 5$,则

$F_x = 2x - 2, F_y = 2y + 2, F_z = 2z - 4$.

故 $\dfrac{\partial z}{\partial x} = -\dfrac{F_x}{F_z} = \dfrac{1-x}{z-2}, \dfrac{\partial z}{\partial y} = -\dfrac{F_y}{F_z} = \dfrac{y+1}{2-z}(2-z \neq 0)$.

(6) 令 $F(x,y,z) = z - f(x+y+z, xyz)$,则

$F_x = -f'_1 - yzf'_2, F_y = -f'_1 - xzf'_2, F_z = 1 - f'_1 - xyf'_2$,

从而 $\dfrac{\partial z}{\partial x} = -\dfrac{F_x}{F_z} = \dfrac{f'_1 + yzf'_2}{1 - f'_1 - xyf'_2}$,

$\dfrac{\partial x}{\partial y} = -\dfrac{F_y}{F_x} = -\dfrac{f'_1 + xzf'_2}{f'_1 + yzf'_2}$,

$\dfrac{\partial y}{\partial z} = -\dfrac{F_z}{F_y} = \dfrac{1 - f'_1 - xyf'_2}{f'_1 + xzf'_2}$.

4. **解题过程** 由方程得 $2x - y - xy' + 2yy' = 0$,两边对 x 求导,得 $\dfrac{dy}{dx} = \dfrac{y-2x}{2y-x}$.

由 $z = x^2 + y^2$ 得 $\dfrac{dz}{dx} = 2x + 2y\dfrac{dy}{dx} = \dfrac{2y^2 - 2x^2}{2y-x}$.

故 $\dfrac{d^2 z}{dx^2} = \dfrac{(4yy' - 4x)(2y-x) - (2y'-1)(2y^2 - 2x^2)}{(2y-x)^2}$

$= \dfrac{(2x^2 + 2y^2 - 8xy) + (4x^2 + 4y^2 - 4xy)y'}{(2y-x)^2}$

$= \dfrac{-6x(x^2 - xy + y^2) - (2y-x)^2(4x - 2y)}{(2y-x)^3}$

$= \dfrac{4x-2y}{x-2y} + \dfrac{6x}{(x-2y)^3}(x-2y \neq 0)$.

5. **解题过程** 由方程两边对 x 求偏导得 $3x^2 + 3z^2 z_x = 3yz + 3xyz_x$,

因此解得 $z_x = \dfrac{x^2 - yz}{xy - z^2}$.

再对 x 求偏导得 $6x + 6z(z_x)^2 + 3z^2 z_{xx} = 3yz_x + 3yz_x + 3xyz_{xx}$,

即 $z_{xx} = \dfrac{2x - 2yz_x + 2z(z_x)^2}{xy - z^2}$

$$= \frac{2x(xy-z^2)^2 - 2y(x^2-yz)(xy-z^2) + 2z(x^2-yz)^2}{(xy-z^2)^3}$$

$$= 2\,\frac{x^3y^2 - 2x^2yz^2 + xz^4 - x^3y^2 + x^2yz^2 + xy^3z - y^2z^3 + x^4z - 2x^2yz^2 + y^2z^3}{(xy-z^2)^3}$$

$$= 2x\,\frac{z(x^3+y^3+z^3-3xyz)}{(xy-z^2)^3}$$

$$= 0.$$

于是得

$$\frac{\partial u}{\partial x} = 2x + 2zz_x = 2\left(x + \frac{x^2z-yz^2}{xy-z^2}\right),$$

$$\frac{\partial^2 u}{\partial x^2} = 2 + 2(z_x)^2 + 2zz_{xx} = 2\left[1 + \frac{(x^2-yz)^2}{(xy-z^2)^2}\right](xy-z^2 \neq 0).$$

6. **逻辑推理** 利用公式法，将$\frac{\partial x}{\partial y}, \frac{\partial y}{\partial z}, \frac{\partial z}{\partial x}$用$F_x, F_y, F_z$表示，然后代入等式即可得证.

解题过程 由于$\frac{\partial x}{\partial y} = -\frac{F_y}{F_x}, \frac{\partial y}{\partial z} = -\frac{F_z}{F_y}, \frac{\partial z}{\partial x} = -\frac{F_x}{F_z}$.

所以$\frac{\partial x}{\partial y} \cdot \frac{\partial y}{\partial z} \cdot \frac{\partial z}{\partial x} = -\frac{F_y}{F_x} \cdot \left(-\frac{F_z}{F_y}\right) \cdot \left(-\frac{F_x}{F_z}\right) = -1.$

小提示：由本题可以发现，偏导数不再是偏微分的商.

7. **知识点窍** 方程所确定的隐函数的偏导数.

逻辑推理 $F(x,y,z)=0$所确定的隐函数$z=z(x,y)$的二阶偏导数：① 先求出一阶偏导数$\frac{\partial z}{\partial x}$，然后再对$x$求导；② 直接对原方程连续求导两次.

解题过程 (1) 令$F(x,y,z) = x+y+z-\mathrm{e}^{-(x+y+z)}$，则

$$F_x = 1+\mathrm{e}^{-(x+y+z)} = F_y = F_z, \frac{\partial z}{\partial x} = \frac{\partial z}{\partial y} = -1,$$

$$\frac{\partial^2 z}{\partial x^2} = \frac{\partial^2 z}{\partial x \partial y} = \frac{\partial^2 z}{\partial y^2} = 0.$$

(2) 等式两边分别对x, y求偏导数，得

$$F_1 + F_3\left(1+\frac{\partial z}{\partial x}\right) = 0, \quad F_2 + F_3\left(1+\frac{\partial z}{\partial y}\right) = 0,$$

于是 $\frac{\partial z}{\partial x} = -\left(1+\frac{F_1+F_2}{F_3}\right), \frac{\partial z}{\partial y} = -\left(1+\frac{F_2}{F_3}\right).$

再将$\frac{\partial z}{\partial x}$对$x$求偏导数，得

$$\frac{\partial^2 z}{\partial x^2} = -\frac{1}{F_3^2}\left\{F_3\left[F_{11}+F_{12}+F_{13}\left(1+\frac{\partial z}{\partial x}\right)+F_{21}+F_{22}+F_{23}\left(1+\frac{\partial z}{\partial x}\right)\right]\right.$$
$$\left. - (F_1+F_2)\cdot\left[F_{31}+F_{32}+F_{33}\left(1+\frac{\partial z}{\partial x}\right)\right]\right\}$$

$$= \frac{-1}{F_3^3}\{F_3^2(F_{11}+2F_{12}+F_{22}) - 2(F_1+F_2)F_3(F_{13}+F_{23}) + (F_1+F_2)^2 F_{33}\}.$$

8. **解题过程** 由隐函数定理，得$y' = -\frac{F_x}{F_y}(F_y \neq 0).$

从而$y'' = -\frac{1}{F_y^2}[(F_{xx}+F_{xy}y')F_y - F_x(F_{yx}+F_{yy}y')]$

$$= (2F_xF_yF_{xy} - F_y^2F_{xx} - F_{xx}F_y^2) \cdot F_y^{-3}(F_y \neq 0),$$

于是 $F_y^3 y'' = 2F_xF_yF_{xy} - F_y^2F_{xx} - F_{xx}F_y^2 = \begin{vmatrix} F_{xx} & F_{xy} & F_x \\ F_{xy} & F_{yy} & F_y \\ F_x & F_y & 0 \end{vmatrix}(F_y \neq 0).$

9. **知识点窍** 隐函数存在唯一性定理.

   逻辑推理 要使其在 $(1,1)$ 的邻域内能确定出唯一的 y 为 x 的函数,只要 $F(x,y) = 2f(xy) - f(x) - f(y)$ 满足隐函数存在唯一性定理即可,从而也确定 f 满足的条件.

   解题过程 记 $F(x,y) = 2f(xy) - f(x) - f(y)$,则

   (1) $F(x,y)$ 在以点 $P_0(1,1)$ 为内点的某一区域 $D \subset \mathbf{R}^2$ 上连续 $\Rightarrow f(x)$ 在 $x=1$ 的某邻域内有连续导数;

   (2) $F(1,1) = 2f(1) - f(1) - f(1) = 0$;

   (3) $F_x = 2yf'(xy) - f'(y), F_y = 2xf'(xy) - f'(y)$ 在该邻域 D 连续 $\Rightarrow f(x)$ 在 $x=1$ 的该邻域内有连续导数;

   (4) $F_y(1,1) = 2f'(1) - f'(1) = f'(1) \neq 0$.

   综上所述,若 $f(x)$ 在 $x=1$ 的某邻域内有连续导数,且 $f'(1) \neq 0$,则方程确定唯一的 y 为 x 的函数,且该函数在 $x=1$ 的该邻域内有连续导数.

习题 18.2

1. **知识点窍** 隐函数组存在唯一性定理.

   逻辑推理 验证所给问题是否满足隐函数组存在唯一性定理的条件即可.

   解题过程 令 $F(x,y,z) = x^2 + y^2 - \dfrac{z^2}{2}, G(x,y,z) = x + y + z - 2$,则

   (1) F, G 在点 $(1,-1,2)$ 的某邻域内连续;

   (2) $F(1,-1,2) = 0, G(1,-1,2) = 0$;

   (3) $F_x = 2x, F_y = 2y, F_z = -z, G_x = G_y = G_z = 1$ 均在点 $(1,-1,2)$ 的邻域内连续;

   (4) $\dfrac{\partial(F,G)}{\partial(x,y)}\bigg|_{(1,-1,2)} = \begin{vmatrix} 2 & -2 \\ 1 & 1 \end{vmatrix} = 4.$

   由隐函数组定理知,在点 $(1,-1,2)$ 的附近所给方程组能确定形如 $x = f(z), y = g(z)$ 的隐函数组.

   小提示 在利用隐函数或者隐函数组时,一定要判断其前提条件是否成立.

2. **知识点窍** 方程组所确定的隐函数组的求导.

   逻辑推理 原方程组两边同时对 x 求导,解得 $\dfrac{\mathrm{d}z}{\mathrm{d}x}, \dfrac{\mathrm{d}y}{\mathrm{d}x}$.

   解题过程 (1) 设方程组确定的隐函数组为 $\begin{cases} y = y(x) \\ z = z(x) \end{cases}$,对方程组两边关于 x 求导,得

   $$\begin{cases} 2x + 2y\dfrac{\mathrm{d}y}{\mathrm{d}x} + 2z\dfrac{\mathrm{d}z}{\mathrm{d}x} = 0, \\ 2x + 2y\dfrac{\mathrm{d}y}{\mathrm{d}x} = a, \end{cases}$$

解方程组,得
$$\frac{dy}{dx}=\frac{a-2x}{2y},\frac{dz}{dx}=-\frac{a}{2z}.$$

(2) 对方程组关于 x 求偏导数,得
$$\begin{cases} 1-2u\dfrac{\partial u}{\partial x}-y\dfrac{\partial v}{\partial x}=0,\\ -2v\dfrac{\partial v}{\partial x}-u-x\dfrac{\partial u}{\partial x}=0, \end{cases}$$

解得
$$\frac{\partial u}{\partial x}=\frac{2v+uy}{4uv-xy},\frac{\partial v}{\partial x}=\frac{2u^2+x}{xy-4uv}.$$

对方程组关于 y 求偏导数,得
$$\begin{cases} -2u\dfrac{\partial u}{\partial y}-v-y\dfrac{\partial v}{\partial y}=0,\\ 1-2v\dfrac{\partial v}{\partial y}-x\dfrac{\partial u}{\partial y}=0, \end{cases}$$

解得
$$\frac{\partial u}{\partial y}=\frac{2v^2+y}{xy-4uv},\frac{\partial v}{\partial y}=\frac{2u+xv}{4uv-xy}.$$

(3) 两个方程包含 x,y,u 及 v 四个变量,可以确定两个二元函数,因为是求 $\dfrac{\partial u}{\partial x},\dfrac{\partial v}{\partial x}$,自然 u,v 是因变量、y,x 是自变量.

对方程组关于 x 求偏导数,得
$$\begin{cases} \dfrac{\partial u}{\partial x}=f'_1\left(u+x\dfrac{\partial u}{\partial x}\right)+f'_2\dfrac{\partial v}{\partial x},\\ \dfrac{\partial v}{\partial x}=g'_1\left(\dfrac{\partial u}{\partial x}-1\right)+g'_2\left(2vy\dfrac{\partial v}{\partial x}\right), \end{cases}$$

解得
$$\frac{\partial u}{\partial x}=\frac{u(1-2vyg'_2)f'_1-f'_2g'_1}{(1-xf'_1)(1-2vyg'_2)-f'_2g'_1},$$
$$\frac{\partial v}{\partial x}=\frac{uf'_1g'_2+xf'_1g'_1-g'_1}{(1-xf'_1)(1-2vyg'_2)-f'_2g'_1}.$$

3. **知识点窍** 方程组确定隐函数组的偏导数.

逻辑推理 直接对方程组两边求偏导.

解题过程 (1) 分别对函数组关于 x,y 求偏导数.
$$\begin{cases} 1=u_x e^u+u_x\sin v+uv_x\cos v\\ 0=u_x e^u-u_x\cos v+uv_x\sin v \end{cases} 及 \begin{cases} 0=u_y e^u+u_y\sin v+uv_y\cos v\\ 1=u_y e^u-u_y\cos v+uv_y\sin v \end{cases}.$$

$$\frac{\partial v}{\partial x}=\frac{\cos v-e^u}{u(1+e^u\sin v-e^u\cos v)},\frac{\partial u}{\partial x}=\frac{\sin v}{1+e^u(\sin v-\cos v)}.$$

$$\frac{\partial v}{\partial y}=\frac{\sin v+e^u}{u(1+e^u\sin v-e^u\cos v)},\frac{\partial u}{\partial y}=\frac{-\cos v}{1+e^u(\sin v-\cos v)}.$$

(2) 分别对函数组两边关于 x 求偏导数 $\begin{cases} 1=u_x+v_x\\ 0=2uu_x+2vv_x \end{cases}$.

$$\frac{\partial u}{\partial x}=\frac{v}{v-u},\frac{\partial u}{\partial x}=\frac{u}{u-v}.$$

$$\frac{\partial z}{\partial x}=3u^2 u_x+3v^2 v_x=\frac{3u^2 v-3v^2 u}{v-u}=-3uv.$$

4. **知识点窍** 方程组确定的函数组的导数.

逻辑推理 根据一阶微分形式的不变性写出 dz 的表达式,然后将 dx,dy 用 u,v,du,dv 表示出来.

解题过程 由于 $dz = z_x dx + z_y dy, z_x = u_x v + uv_x, z_y = u_y v + uv_y,$
故当 $u = 0, v = 0$ 时, $dz = 0$.

5. 知识点窍 复合函数求偏导.

逻辑推理 把 x,y 看成自变量,u,v 是中间变量,z 看作 x,y 的复合函数,用复合函数求导法则即可得解.

解题过程 (1) 把 x,y 作为自变量,z 看作 x,y 的复合函数,于是有

$$\frac{\partial z}{\partial x} = \frac{\partial z}{\partial u}\frac{\partial u}{\partial x} + \frac{\partial z}{\partial v}\frac{\partial v}{\partial x} = \frac{xz_u}{x^2+y^2} - \frac{yz_v}{x^2+y^2} = \frac{xz_u - yz_v}{x^2+y^2}.$$

$$\frac{\partial z}{\partial y} = \frac{\partial z}{\partial u}\frac{\partial u}{\partial y} + \frac{\partial z}{\partial v}\frac{\partial v}{\partial y} = \frac{yz_u}{x^2+y^2} + \frac{xz_v}{x^2+y^2} = \frac{yz_u + xz_v}{x^2+y^2}.$$

将 $\frac{\partial z}{\partial x}, \frac{\partial z}{\partial y}$ 代入原方程得

$$(x+y)\frac{\partial z}{\partial x} - (x-y)\frac{\partial z}{\partial y} = \frac{1}{x^2+y^2}[(x+y)(x\frac{\partial z}{\partial u} - y\frac{\partial z}{\partial v}) - (x-y)(y\frac{\partial z}{\partial u} + x\frac{\partial z}{\partial v})]$$

$$= \frac{\partial z}{\partial u} - \frac{\partial z}{\partial v}.$$

采用新自变量,方程就换成: $\frac{\partial z}{\partial u} - \frac{\partial z}{\partial v} = 0$.

(2) 把 x,y 作为自变量,z 看作 x,y 的复合函数,于是有

$$\frac{\partial z}{\partial x} = \frac{\partial z}{\partial u}y + \frac{\partial z}{\partial v}\frac{1}{y}, \frac{\partial z}{\partial y} = \frac{\partial z}{\partial u}x - \frac{x}{y^2}\frac{\partial z}{\partial v}.$$

$$\frac{\partial^2 z}{\partial x^2} = \frac{\partial^2 z}{\partial u^2}y^2 + 2\frac{\partial^2 z}{\partial u \partial v} + \frac{1}{y^2}\frac{\partial^2 z}{\partial v^2}.$$

$$\frac{\partial^2 z}{\partial y^2} = \frac{\partial^2 z}{\partial u^2}x^2 - \frac{2x^2}{y^2}\frac{\partial^2 z}{\partial u \partial v} + \frac{2x}{y^3}\frac{\partial z}{\partial v} + \frac{x^2}{y^4}\frac{\partial^2 z}{\partial v^2}.$$

将 $\frac{\partial^2 z}{\partial x^2} - \frac{\partial^2 z}{\partial y^2}$ 代入原方程,得

$$x^2\frac{\partial^2 z}{\partial x^2} - y^2\frac{\partial^2 z}{\partial y^2} = x^2(y^2 z_{uu} + 2z_{uv} + \frac{1}{y^2}z_{vv}) - y^2 x^2 z_{uu} - \frac{2x^2}{y^2}z_{uv} + \frac{2x}{y^3}z_v + \frac{x^2}{y^4}z_{vv})$$

$$= 4x^2 z_{uv} - \frac{2x}{y}z_v = 4x^2[z_{uv} - \frac{1}{2xy}z_v],$$

采用新自变量,方程就换成: $\frac{\partial^2 x}{\partial u \partial v} = \frac{1}{2u}\frac{\partial z}{\partial v}$.

6. 知识点窍 复合函数求偏导.

逻辑推理 由 $u = u(x,y)$ 知 u 是 x,y 的二元函数,则 z,t 均是 x,y 的函数,于是应用复合函数链式求导法则即解.

解题过程 对方程组分别关于 x,y 求偏导数,得

$$\begin{cases} u_x = f_x + f_z z_x + f_t t_x \\ g_z z_x + g_t t_x = 0 \\ h_z z_x + h_t t_x = 0 \end{cases}, \quad 解得 \quad \frac{\partial u}{\partial x} = f_x.$$

$$\begin{cases} u_y = f_y + f_z z_y + f_t t_y \\ g_y + g_z z_y + g_t t_y = 0 \\ h_z z_y + h_t t_y = 0 \end{cases}, 解得 \quad \frac{\partial u}{\partial y} = f_y + f_z z_y + f_t t_y = f_y + \frac{\frac{\partial (h,f)}{\partial (z,t)}}{\frac{\partial (g,h)}{\partial (z,t)}} g_y.$$

7. **知识点窍** 复合函数求偏导.

逻辑推理 等式左边由行列式的性质和复合函数运算法则表示出来，得到 $\begin{vmatrix} u_x & u_y \\ v_x & v_y \end{vmatrix} \begin{vmatrix} x_s & x_t \\ y_s & y_t \end{vmatrix} +$
$\begin{vmatrix} u_y & u_z \\ v_y & v_z \end{vmatrix} \begin{vmatrix} y_s & y_t \\ z_s & z_t \end{vmatrix} + \begin{vmatrix} u_s & u_x \\ v_s & v_x \end{vmatrix} \begin{vmatrix} z_s & z_t \\ x_s & x_t \end{vmatrix}$，再逆用复合函数求导的链式法则即得证.

解题过程
$$\begin{vmatrix} \frac{\partial u}{\partial s} & \frac{\partial u}{\partial t} \\ \frac{\partial v}{\partial s} & \frac{\partial v}{\partial t} \end{vmatrix} = \begin{vmatrix} \frac{\partial u}{\partial x} & \frac{\partial u}{\partial y} & \frac{\partial u}{\partial z} \\ \frac{\partial v}{\partial x} & \frac{\partial v}{\partial y} & \frac{\partial v}{\partial z} \end{vmatrix} \begin{pmatrix} \frac{\partial x}{\partial s} & \frac{\partial x}{\partial t} \\ \frac{\partial y}{\partial s} & \frac{\partial y}{\partial t} \\ \frac{\partial z}{\partial s} & \frac{\partial z}{\partial t} \end{pmatrix},$$

$$\begin{vmatrix} \frac{\partial u}{\partial s} & \frac{\partial u}{\partial t} \\ \frac{\partial v}{\partial s} & \frac{\partial v}{\partial t} \end{vmatrix} = \begin{vmatrix} \frac{\partial u}{\partial x} & \frac{\partial u}{\partial y} & \frac{\partial u}{\partial z} \\ \frac{\partial v}{\partial x} & \frac{\partial v}{\partial y} & \frac{\partial v}{\partial z} \end{vmatrix} \begin{pmatrix} \frac{\partial x}{\partial s} & \frac{\partial x}{\partial t} \\ \frac{\partial y}{\partial s} & \frac{\partial y}{\partial t} \\ \frac{\partial z}{\partial s} & \frac{\partial z}{\partial t} \end{pmatrix}$$

$$= \begin{vmatrix} u_x & u_y \\ v_x & v_y \end{vmatrix} \begin{vmatrix} x_s & x_t \\ y_s & y_t \end{vmatrix} + \begin{vmatrix} u_y & u_z \\ v_y & v_z \end{vmatrix} \begin{vmatrix} y_s & y_t \\ z_s & z_t \end{vmatrix} + \begin{vmatrix} u_z & u_x \\ v_z & v_x \end{vmatrix} \begin{vmatrix} z_s & z_t \\ x_s & x_t \end{vmatrix}.$$

因此得到

$$\frac{\partial(u,v)}{\partial(s,t)} = \frac{\partial(u,v)}{\partial(x,y)} \cdot \frac{\partial(x,y)}{\partial(s,t)} + \frac{\partial(u,v)}{\partial(y,z)} \cdot \frac{\partial(y,z)}{\partial(s,t)} + \frac{\partial(u,v)}{\partial(z,x)} \cdot \frac{\partial(z,x)}{\partial(s,t)}.$$

8. **知识点窍** 反函数组定理，复合函数的链式求导法则.

逻辑推理 首先根据 $\frac{\partial(u,v)}{\partial(x,y)}$ 是否等于 0，判断 u,v 的反函数组是否存在. 然后计算出 $\frac{\partial(u,v)}{\partial(x,y)}$ 和 $\frac{\partial(x,y)}{\partial(u,v)}$ 的表达式并进行相乘，判断结果是否为 1.

解题过程 $\because u_x = -\frac{y}{\sin^2 x}, u_y = \frac{1}{\tan x}, v_x = -\frac{y\cos x}{\sin^2 x}, v_y = \frac{1}{\sin x}$,

$\frac{\partial(u,v)}{\partial(x,y)} = \begin{vmatrix} u_x, u_y \\ v_x, v_y \end{vmatrix} = -\frac{y}{\sin x}.$

故当 $0 < x < \frac{\pi}{2}, y > 0$ 时，u_x, v_x, u_y, v_y 都连续且 $\frac{\partial(u,v)}{\partial(x,y)} \neq 0$. 根据反函数组定理可知存在函数组 $x = x(u,v), y = y(u,v)$. 从而 u,v 可以用来作为曲线坐标.

由 $\begin{cases} u = \dfrac{y}{\tan x} \\ v = \dfrac{y}{\sin x} \end{cases}$，解得 $\begin{cases} x = \arccos \dfrac{u}{v} \\ y = \sqrt{v^2 - u^2} \end{cases}$,

$u = 1, v = 2$ 分别对应 xy 平面上坐标曲线 $y = \tan x, y = 2\sin x$，如图 18-1 所示.

又 $\frac{\partial(x,y)}{\partial(u,v)} = \begin{vmatrix} -(v^2-u^2)^{-\frac{1}{2}} & (v^2-u^2)^{-\frac{1}{2}} \\ -u(v^2-u^2)^{-\frac{1}{2}} & v(v^2-u^2)^{-\frac{1}{2}} \end{vmatrix} = -\frac{1}{v} = -\frac{\sin x}{y}.$

由 $\frac{\partial(u,v)}{\partial(x,y)} = -\frac{y}{\sin x}$ 得 $\frac{\partial(u,v)}{\partial(x,y)} \cdot \frac{\partial(x,y)}{\partial(u,v)} = 1.$

$\therefore \dfrac{\partial(u,v)}{\partial(x,y)}$ 与 $\dfrac{\partial(x,y)}{\partial(u,v)}$ 互为倒数.

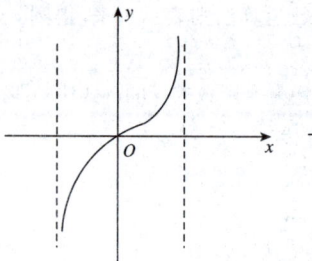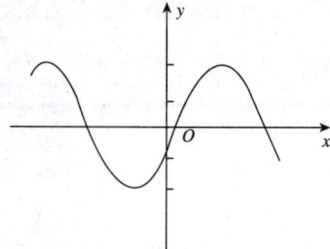

图 18-1

9. **知识点窍** 复合函数求偏导.

逻辑推理 将球面坐标变换 $\begin{cases} x = r\sin\theta\cos\varphi \\ y = r\sin\theta\sin\varphi \\ z = r\cos\theta \end{cases}$ 表达成 $\begin{cases} x = \rho\cos\varphi \\ y = \rho\sin\varphi \\ z = z \end{cases}$ 和 $\begin{cases} z = r\cos\theta \\ \rho = r\sin\varphi \\ \varphi = \varphi \end{cases}$ 的复合, 然后利用题 5 逻辑推理中变量代换方法即解.

解题过程 球坐标变换 $\begin{cases} x = r\sin\theta\cos\varphi \\ y = r\sin\theta\sin\varphi \\ z = r\cos\theta \end{cases}$ 可看成

$\begin{cases} x = \rho\cos\varphi \\ y = \rho\sin\varphi \text{①} \\ z = z \end{cases}$ 和 $\begin{cases} z = r\cos\theta \\ \rho = r\sin\theta \text{②} \\ \varphi = \varphi \end{cases}$ 的复合.

以 ρ, φ 为自变量, x, y 为中间变量, 分别对 ① 式两边关于 ρ, φ 求偏导, 得

$\begin{cases} \dfrac{\partial u}{\partial \rho} = \cos\varphi \dfrac{\partial u}{\partial x} + \sin\varphi \dfrac{\partial u}{\partial y} \\ \dfrac{\partial u}{\partial \varphi} = -\rho\sin\varphi \dfrac{\partial u}{\partial x} + \rho\cos\varphi \dfrac{\partial u}{\partial y} \end{cases}$, 解得 $\begin{cases} \dfrac{\partial u}{\partial x} = \cos\varphi \dfrac{\partial u}{\partial \rho} - \dfrac{1}{\rho}\sin\varphi \dfrac{\partial u}{\partial \varphi} \\ \dfrac{\partial u}{\partial y} = \sin\varphi \dfrac{\partial u}{\partial \rho} + \dfrac{1}{\rho}\cos\varphi \dfrac{\partial u}{\partial \varphi} \end{cases}$.

于是

$$\left(\dfrac{\partial u}{\partial x}\right)^2 + \left(\dfrac{\partial u}{\partial y}\right)^2 + \left(\dfrac{\partial u}{\partial z}\right)^2 = \left(\dfrac{\partial u}{\partial \rho}\right)^2 + \dfrac{1}{\rho^2}\left(\dfrac{\partial u}{\partial \varphi}\right)^2 + \left(\dfrac{\partial u}{\partial z}\right)^2.$$

以 z, ρ 为自变量, r, θ 为中间变量, 对 ② 式两边对 z, ρ 求偏导, 有

$\begin{cases} \dfrac{\partial u}{\partial z} = \cos\theta \dfrac{\partial u}{\partial r} - \dfrac{1}{r}\sin\theta \dfrac{\partial u}{\partial \theta} \\ \dfrac{\partial u}{\partial \rho} = \sin\theta \dfrac{\partial u}{\partial r} + \dfrac{1}{r}\cos\theta \dfrac{\partial u}{\partial \theta} \end{cases}$,

$$\left(\dfrac{\partial u}{\partial \rho}\right)^2 + \dfrac{1}{\rho^2}\left(\dfrac{\partial u}{\partial \varphi}\right)^2 + \left(\dfrac{\partial u}{\partial z}\right)^2 = \left(\dfrac{\partial u}{\partial r}\right)^2 + \dfrac{1}{r^2}\left(\dfrac{\partial u}{\partial \theta}\right)^2 + \dfrac{1}{\rho^2}\left(\dfrac{\partial u}{\partial \varphi}\right)^2$$
$$= \left(\dfrac{\partial u}{\partial r}\right)^2 + \dfrac{1}{r^2}\left(\dfrac{\partial u}{\partial \theta}\right)^2 + \dfrac{1}{r^2\sin^2\theta}\left(\dfrac{\partial u}{\partial \varphi}\right)^2.$$

故 $\Delta_1 u = \left(\dfrac{\partial u}{\partial r}\right)^2 + \dfrac{1}{r^2}\left(\dfrac{\partial u}{\partial \theta}\right)^2 + \dfrac{1}{r^2\sin^2\theta}\left(\dfrac{\partial u}{\partial \varphi}\right)^2.$

由题意知 $u = f(x,y,z)$, 且 $\begin{cases} x = \rho\cos\varphi \\ y = \rho\sin\varphi \\ z = \rho \end{cases}$,

则可知 $\dfrac{\partial^2 u}{\partial \rho^2} + \dfrac{1}{\rho}\dfrac{\partial u}{\partial \rho} + \dfrac{1}{\rho^2}\dfrac{\partial^2 u}{\partial \varphi^2} + \dfrac{\partial^2 u}{\partial z^2} = \dfrac{\partial^2 u}{\partial x^2} + \dfrac{\partial^2 u}{\partial y^2} + \dfrac{\partial^2 u}{\partial z^2}.$

因 $u = f(z, \rho, \varphi)$,且 $\begin{cases} z = r\cos\theta \\ \rho = r\sin\theta \\ \varphi = \varphi \end{cases}$,则可得知

$\dfrac{\partial^2 u}{\partial \varphi^2} + \dfrac{\partial^2 u}{\partial \rho^2} + \dfrac{\partial^2 u}{\partial z^2} = \dfrac{\partial^2 u}{\partial r^2} + \dfrac{1}{r}\dfrac{\partial u}{\partial r} + \dfrac{1}{r^2}\dfrac{\partial^2 u}{\partial \theta^2} + \dfrac{\partial^2 u}{\partial \varphi^2}.$

又因 $r = \sqrt{\rho^2 + z^2}, \theta = \arctan\dfrac{\rho}{z}$,于是

$\dfrac{\partial u}{\partial \rho} = \dfrac{\partial u}{\partial r} \cdot \dfrac{\rho}{r} + \dfrac{\partial u}{\partial \theta} \cdot \dfrac{z}{r^2} = \sin\theta\dfrac{\partial u}{\partial r} + \dfrac{\cos\theta}{r}\dfrac{\partial u}{\partial \theta}.$

故 $\Delta_2 u = \dfrac{\partial^2 u}{\partial r^2} + \dfrac{2}{r}\dfrac{\partial u}{\partial r} + \dfrac{1}{r^2}\dfrac{\partial^2 u}{\partial \theta^2} + \dfrac{\cos\theta}{r^2\sin\theta}\dfrac{\partial u}{\partial \theta} + \dfrac{1}{r^2\sin^2\theta} \cdot \dfrac{\partial^2 u}{\partial \varphi^2}.$

10. **知识点窍** 反函数组;复合函数求偏导.

逻辑推理 求偏导时利用复合函数的求偏导公式即可求解.

解题过程 (1) 因为 $u^2 + v^2 + w^2 = \dfrac{1}{r^4}(x^2 + y^2 + z^2) = \dfrac{1}{r^2}$,

所以 $x = ur^2 = \dfrac{u}{u^2 + v^2 + w^2}, y = vr^2 = \dfrac{v}{u^2 + v^2 + w^2}, z = wr^2 = \dfrac{w}{u^2 + v^2 + w^2}.$

(2) $\dfrac{\partial(u,v,w)}{\partial(x,y,z)} = \begin{vmatrix} u_x & u_y & u_z \\ v_x & v_y & v_z \\ w_x & w_y & w_z \end{vmatrix} = \begin{vmatrix} \dfrac{r^2 - 2x^2}{r^4} & -\dfrac{2xy}{r^4} & -\dfrac{2xz}{r^4} \\ -\dfrac{2xy}{r^4} & \dfrac{r^2 - 2y^2}{r^4} & -\dfrac{2yz}{r^4} \\ -\dfrac{2xz}{r^4} & -\dfrac{2yz}{r^4} & \dfrac{r^2 - 2z^2}{r^4} \end{vmatrix} = -\dfrac{1}{r^6}.$

习题 18.3

1. **知识点窍** 平面曲线的切线方程.

    逻辑推理 先求出函数在该点的偏导数 F_x, F_y,然后代入曲面切线方程即可.

    解题过程 令 $F(x,y) = x^{\frac{2}{3}} + y^{\frac{2}{3}} - a^{\frac{2}{3}}$,则 $F_x = \dfrac{2}{3}x^{-\frac{1}{3}}, F_y = \dfrac{2}{3}y^{-\frac{1}{3}}$,

    所以曲线上任一点 $(x_0, y_0)(x_0 \neq 0$ 或 $y_0 \neq 0)$ 处的
    切线方程为

    > 曲线 $F(x,y)=0$ 在点 (x_0,y_0) 的切线方程:
    > $F_x(x-x_0)+F_y(y-y_0)=0$

    $\dfrac{2}{3}x_0^{-\frac{1}{3}}(x - x_0) + \dfrac{2}{3}y_0^{-\frac{1}{3}}(y - y_0) = 0,$

    即 $xx_0^{-\frac{1}{3}} + yy_0^{-\frac{1}{3}} = a^{\frac{2}{3}}.$

    分别令 $x = 0$ 和 $y = 0$,则得此切线在 y 轴和 x 轴上的截距分别为 $a^{\frac{2}{3}}y_0^{\frac{1}{3}}, a^{\frac{2}{3}}x_0^{\frac{1}{3}}$.
    切线被坐标轴所截取线段长为

    $$\left[(a^{\frac{2}{3}}y_0^{\frac{1}{3}})^2 + (a^{\frac{2}{3}}x_0^{\frac{1}{3}})^2\right]^{\frac{1}{2}} = a$$

    故这些切线被坐标轴所截取的线段等长.

2. **知识点窍** 曲线的切线方程和法平面方程.

逻辑推理 ① 利用参数式的曲线切线和法平面公式,切线方程为 $\dfrac{x-x_0}{x'(t_0)} = \dfrac{y-y_0}{y'(t_0)} = \dfrac{z-z_0}{z'(t_0)}$,
法平面方程为 $x'(t_0)(x-x_0) + y'(t_0)(y-y_0) + z'(t_0)(z-z_0) = 0$;② 利用一般方程求解(见本章的内容简介).

解题过程 (1) 当 $t = \dfrac{\pi}{4}$ 时,$x(\dfrac{\pi}{4}) = \dfrac{a}{2}$,$y(\dfrac{\pi}{4}) = \dfrac{b}{2}$,$z(\dfrac{\pi}{4}) = \dfrac{c}{2}$,

且 $x'\left(\dfrac{\pi}{4}\right) = a$,$y'\left(\dfrac{\pi}{4}\right) = 0$,$z'\left(\dfrac{\pi}{4}\right) = -c$,

所以切线方程为 $\dfrac{x - \dfrac{a}{2}}{a} = \dfrac{y - \dfrac{b}{2}}{0} = \dfrac{z - \dfrac{c}{2}}{-c}$,

即 $\begin{cases} \dfrac{x}{a} + \dfrac{z}{c} = 1 \\ y = \dfrac{b}{2} \end{cases}$.

法平面方程为 $a\left(x - \dfrac{a}{2}\right) - c\left(z - \dfrac{c}{2}\right) = 0$,

即 $ax - cz = \dfrac{1}{2}(a^2 - c^2)$.

(2) 令 $F(x,y,z) = 2x^2 + 3y^2 + z^2 - 9$,$G(x,y,z) = 3x^2 + y^2 - z^2$,则
$F_x = 4x, F_y = 6y, F_z = 2z, G_x = 6x, G_y = 2y, G_z = -2z$.

所以 $\dfrac{\partial(F,G)}{\partial(x,y)}\Big|_{(1,-1,2)} = 28$, $\dfrac{\partial(F,G)}{\partial(y,z)}\Big|_{(1,-1,2)} = 32$, $\dfrac{\partial(F,G)}{\partial(z,x)}\Big|_{(1,-1,2)} = 40$.

故曲线在 $(1,-1,2)$ 处的切向量为 $(32, 40, 28) = 4(8, 10, 7)$,

于是切线方程为 $\dfrac{x-1}{8} = \dfrac{y+1}{10} = \dfrac{z-2}{7}$.

法平面方程为 $8(x-1) + 10(y+1) + 7(z-2) = 0$.

3. **知识点窍** 曲面的切平面方程和法线方程.

逻辑推理 对于曲面 $S: F(x,y,z) = 0$ 在点 P_0 的法向量为 $\{F_x\mid_{P_0}, F_y\mid_{P_0}, F_z\mid_{P_0}\}$.
切平面方程为 $F_x(P_0)(x-x_0) + F_y(P_0)(y-y_0) + F_z(P_0)(z-z_0) = 0$.

法线方程为 $\dfrac{x-x_0}{F_x(P_0)} = \dfrac{y-y_0}{F_y(P_0)} = \dfrac{z-z_0}{F_z(P_0)}$.

解题过程 (1) 记 $F(x,y,z) = y - e^{2x-z}$,则 $F_x = -2e^{2x-z}, F_y = 1, F_z = e^{2x-z}$. 在点 $(1,1,2)$ 处,
$F_x(1,1,2) = -2, F_y(1,1,2) = 1, F_z(1,1,2) = 1$,则曲面在 $(1,1,2)$ 处的法向量为 $\{-2, 1, 1\}$.
因此切平面方程为 $-2(x-1) + (y-1) + (z-2) = 0$,即 $-2x + y + z - 1 = 0$.

法线方程为 $\dfrac{x-1}{-2} = \dfrac{y-1}{1} = \dfrac{z-2}{1}$.

(2) 记 $F(x,y,z) = \dfrac{x^2}{a^2} + \dfrac{y^2}{b^2} + \dfrac{z^2}{c^2} - 1$,则 $F_x = \dfrac{2x}{a^2}, F_y = \dfrac{2y}{b^2}, F_z = \dfrac{2z}{c^2}$,

$F_x\left(\dfrac{a}{\sqrt{3}}, \dfrac{b}{\sqrt{3}}, \dfrac{c}{\sqrt{3}}\right) = \dfrac{2}{\sqrt{3}a}, F_y\left(\dfrac{a}{\sqrt{3}}, \dfrac{b}{\sqrt{3}}, \dfrac{c}{\sqrt{3}}\right) = \dfrac{2}{\sqrt{3}b}, F_z\left(\dfrac{a}{\sqrt{3}}, \dfrac{b}{\sqrt{3}}, \dfrac{c}{\sqrt{3}}\right) = \dfrac{2}{\sqrt{3}c}$.

则曲面在 $\left(\dfrac{a}{\sqrt{3}}, \dfrac{b}{\sqrt{3}}, \dfrac{c}{\sqrt{3}}\right)$ 处的法向量为 $\left\{\dfrac{2}{\sqrt{3}a}, \dfrac{2}{\sqrt{3}b}, \dfrac{2}{\sqrt{3}c}\right\}$.

因此,切平面方程为 $\dfrac{2}{\sqrt{3}a}\left(x - \dfrac{a}{\sqrt{3}}\right) + \dfrac{2}{\sqrt{3}b}\left(y - \dfrac{b}{\sqrt{3}}\right) + \dfrac{2}{\sqrt{3}c}\left(z - \dfrac{c}{\sqrt{3}}\right) = 0$,

即 $\dfrac{x}{a} + \dfrac{y}{b} + \dfrac{z}{c} = \sqrt{3}$.

法线方程为 $a\left(x - \dfrac{a}{\sqrt{3}}\right) = b\left(y - \dfrac{b}{\sqrt{3}}\right) = c\left(z - \dfrac{c}{\sqrt{3}}\right)$.

4. 知识点窍 曲面的法向量.

逻辑推理 两曲面正交即证两曲面在交线上任意一点处两曲面的法向量垂直.

解题过程 设(x,y,z)是球面与锥面交线上的任意一点，则球面在该点的法向量 $\bm{n}_1 = (2x, 2y, 2z)$，锥面在该点的法向量为 $\bm{n}_2 = (2x, 2y, -2z\tan^2\varphi)$，因$(x,y,z)$是两曲面交线上的任意一点，则
$$\begin{cases} x^2 + y^2 + z^2 = \rho^2 \\ x^2 + y^2 = \tan^2\varphi \cdot z^2 \\ \bm{n}_1 \cdot \bm{n}_2 = 4x^2 + 4y^2 - 4z^2\tan^2\varphi \end{cases}.$$

则 $\bm{n}_1 \cdot \bm{n}_2 = 0$ 即 $\bm{n}_1 \perp \bm{n}_2$.

因此，对任意的常数 ρ, φ，球面与锥面正交.

5. 知识点窍 曲面的切平面.

逻辑推理 首先求出 $x + 4y + 6z = 0$ 的法向量，然后找出曲面上的切点，使过该切点的切面的法向量与上述法向量垂直.

解题过程 平面 $x + 4y + 6z = 0$ 的法向量为 $\bm{n}_1 = (1, 4, 6)$.

令 $F(x, y, z) = x^2 + 2y^2 + 3z^2 - 21$，

因为 $F_x = 2x, F_y = 4y, F_z = 6z$，

所以曲线 $x^2 + 2y^2 + 3z^2 = 21$ 在点(x,y,z)处的切平面的法向量为 $\bm{n}_2 = (x, 2y, 3z)$.

由于所求曲面的切平面平行于已知平面，所以 $\bm{n}_1 \parallel \bm{n}_2$，即有
$$\begin{cases} x^2 + 2y^2 + 3z^2 = 21 \\ \dfrac{x}{1} = \dfrac{2y}{4} = \dfrac{3z}{6} \end{cases}.$$

平面$Ax+Bx+(x+1)=0$的法向量为（A,B,C）

解得 $2x = y = z = \pm 1$

即切点为 $\left(\dfrac{1}{2}, 1, 1\right)$ 或 $\left(-\dfrac{1}{2}, -1, -1\right)$.

故所求切平面方程为

$\left(x - \dfrac{1}{2}\right) + 4(y - 1) + 6(z - 1) = 0$，即 $x + 4y + 6z = 21$

或 $\left(x + \dfrac{1}{2}\right) + 4(y + 1) + 6(z + 1) = 0$，即 $x + 4y + 6z = -21$.

6. 知识点窍 曲线的切线.

逻辑推理 曲线的切线平行于平面 $x + 2y + z = 4$，即曲线的切线方向向量$(x'(t), y'(t), z'(t))$与平面 $x + 2y + z = 4$ 的法向量$(1, 2, 1)$垂直.

解题过程 设曲线在 t_0 处的切线平行于平面 $x + 2y + z = 4$，因为曲线在 t_0 处的切向量为$(x'(t_0), y'(t_0), z'(t_0)) = (1, 2t_0, 3t_0^2)$，而已知平面的法向量 $\bm{n} = (1, 2, 1)$.

所以要使切线平行于平面，则 $(1, 2t_0, 3t_0^2) \cdot (1, 2, 1) = 0$，即 $1 + 4t_0 + 3t_0^2 = 0$，

解得 $t_0 = -1$ 或 $t_0 = -\dfrac{1}{3}$，

故所求点为$(-1, 1, -1)$ 或 $\left(-\dfrac{1}{3}, \dfrac{1}{9}, -\dfrac{1}{27}\right)$.

7. 知识点窍 曲线的切线及方向导数.

逻辑推理 曲线在点 P_0 处的方向导数为 $\frac{\partial u}{\partial l}\Big|_M = \text{grad}u\Big|_{P_0} \cdot (\cos\alpha, \cos\beta, \cos\gamma)$. 其中 $\text{grad}u\Big|_{P_0} = (u_x, u_y, u_z)\Big|_{P_0}$；$(\cos\alpha, \cos\beta, \cos\gamma)$ 为曲线在点 M 的切线方向余弦.

解题过程 由曲线过点 $(1, 2, -2)$ 知 $t_0 = 1$，于是 $x'(t_0) = 1, y'(t_0) = 4, z'(t_0) = -8$，故在该点曲线切线的方向向量 $\boldsymbol{S} = (1, 4, -8)$ 且曲线在点 M 的切线方向的方向余弦为 $\frac{1}{9}, \frac{4}{9}, -\frac{8}{9}$，而 $u_x(M) = \frac{8}{27}, u_y(M) = -\frac{2}{27}, u_z(M) = \frac{2}{27}$，则

$$\text{grad}u(1, 2, -2) = (u_x, u_y, u_z)\Big|_M = \left(\frac{8}{27}, -\frac{2}{27}, \frac{2}{27}\right).$$

故所求方向导数为

$$\frac{\partial u}{\partial l}\Big|_M = \text{grad}u(1, 2, -2) \cdot \left(\frac{1}{9}, \frac{4}{9}, -\frac{8}{9}\right)$$

$$= \frac{8}{27} \cdot \frac{1}{9} + \left(-\frac{2}{27}\right) \cdot \frac{4}{9} + \frac{2}{27} \cdot \left(-\frac{8}{9}\right)$$

$$= -\frac{16}{243}.$$

8. 知识点窍 函数在点 P_0 处的梯度以及法向量.

逻辑推理 分别求出等值线在点 P_0 处的法向量和梯度并进行比较即可.

解题过程 F 在点 $P_0(x_0, y_0)$ 处的等值方程为 $F(x, y) = F(x_0, y_0)$.
它在点 P_0 处的切线方程为 $F_x(x_0, y_0)(x - x_0) + F_y(x_0, y_0)(y - y_0) = 0$.
故等值线在点 P_0 处的法向量为 $(F_x(x_0, y_0), F_y(x_0, y_0))$，而函数 F 在点 P_0 处的梯度也是 $(F_x(x_0, y_0), F_y(x_0, y_0))$，结论成立.

9. 知识点窍 曲面的切平面.

逻辑推理 两曲面在同一点相切即有公共切面，则两曲面在该点切平面的法向量平行，即成比例相等.

解题过程 设 $P_0(x_0, y_0, z_0)$ 为公共切点，则满足

$$\begin{cases} x_0 y_0 z_0 = \lambda \\ \dfrac{x_0^2}{a^2} + \dfrac{y_0^2}{b^2} + \dfrac{z_0^2}{c^2} = 1 \end{cases}.$$

因为曲面 $xyz = \lambda$ 和曲面 $\dfrac{x^2}{a^2} + \dfrac{y^2}{b^2} + \dfrac{z^2}{c^2} = 1$ 在 P_0 处切平面的法向量分别为

$$\boldsymbol{n}_1 = (y_0 z_0, x_0 z_0, x_0 y_0), \boldsymbol{n}_2 = \left(\frac{2x_0}{a^2}, \frac{2y_0}{b^2}, \frac{2z_0}{c^2}\right).$$

且两曲面在 P_0 处有公共切平面，故它们的切平面法向量平行，则

$$\frac{\frac{x_0}{a^2}}{y_0 z_0} = \frac{\frac{y_0}{b^2}}{x_0 z_0} = \frac{\frac{z_0}{c^2}}{x_0 y_0} = t.$$

由 $x_0 y_0 z_0 = \lambda$ 可推出

$$\frac{x_0^2}{a^2} = \frac{y_0^2}{b^2} = \frac{z_0^2}{c^2} = \frac{1}{3}.$$

即
$$3 \cdot \frac{x_0^2}{a^2} = 1, 3 \cdot \frac{y_0^2}{b^2} = 1, 3 \cdot \frac{z_0^2}{c^2} = 1.$$

或
$$x_0 = \pm \frac{a}{\sqrt{3}}, y_0 = \pm \frac{b}{\sqrt{3}}, z_0 = \pm \frac{c}{\sqrt{3}}.$$

故当 $\lambda = \frac{|abc|}{3\sqrt{3}} > 0$ 时,两曲面在切点

$\left(\frac{|a|}{\sqrt{3}}, \frac{|b|}{\sqrt{3}}, \frac{|c|}{\sqrt{3}}\right)$ 或 $\left(\frac{|a|}{\sqrt{3}}, -\frac{|b|}{\sqrt{3}}, -\frac{|c|}{\sqrt{3}}\right)$ 或 $\left(-\frac{|a|}{\sqrt{3}}, -\frac{|b|}{\sqrt{3}}, \frac{|c|}{\sqrt{3}}\right)$ 或 $\left(-\frac{|a|}{\sqrt{3}}, \frac{|b|}{\sqrt{3}}, -\frac{|c|}{\sqrt{3}}\right)$

处有公共切平面.

小提示:此处所求的λ为正数,而题设条件中未指明 a,b,c 的正负,故此处λ应表示为 $\frac{|abc|}{3\sqrt{3}}$,而不能写成 $\pm\frac{|abc|}{3\sqrt{3}}$.

10. **解题过程** 对于平面 $x - y - \frac{1}{2}z = 2$ 和 $x - y - z = 2$,其法向量分别为

$\boldsymbol{n}_1 = (1, -1, -\frac{1}{2})$, $\boldsymbol{n}_2 = (1, -1, -1)$,

设所求切平面法线 $\boldsymbol{n}$ 为 (a,b,c),

则 $\begin{cases} \boldsymbol{n} \cdot \boldsymbol{n}_1 = 0 \\ \boldsymbol{n} \cdot \boldsymbol{n}_2 = 0 \end{cases} \Rightarrow \begin{cases} a - b - \frac{1}{2}c = 0 \\ a - b - c = 0 \end{cases}$.

则 $\boldsymbol{n} = (k, k, 0)$ $(k \in \mathbf{R}$ 且 $k \neq 0)$.

设所求切平面与原曲面的切点为 $P_0 = (x_0, y_0, z_0)$,

则 $\begin{cases} F_x(x_0, y_0, z_0) = k \\ F_y(x_0, y_0, z_0) = k \\ F_z(x_0, y_0, z_0) = 0 \\ F(x_0, y_0, z_0) = 0 \end{cases} \Rightarrow \begin{cases} 2x_0 - 1 = k \\ 2y_0 = k \\ 2z_0 = 0 \\ x_0^2 + y_0^2 + z_0^2 = x \end{cases}$.

得 $k = \pm\frac{\sqrt{2}}{2}, x_0 = \frac{k+1}{2}, y_0 = \frac{k}{2}, z_0 = 0.$

那么所求切平面为
$F_x(x_0, y_0, z_0)(x - x_0) + F_y(x_0, y_0, z_0)(y - y_0) + F_z(x_0, y_0, z_0)(z - z_0) = 0.$

即 $x + y = \frac{1}{2}(1 \pm \sqrt{2}).$

11. **知识点窍** 曲线的切线方程.

解题过程 两曲面的交线方程为 $\begin{cases} F(x,y,z) = 0 \\ G(x,y,z) = 0 \end{cases}$,对方程组关于 z 求导:

$\begin{cases} F_x \frac{\mathrm{d}x}{\mathrm{d}z} + F_y \frac{\mathrm{d}y}{\mathrm{d}z} + F_z = 0 \\ G_x \frac{\mathrm{d}x}{\mathrm{d}z} + G_y \frac{\mathrm{d}y}{\mathrm{d}z} + G_z = 0 \end{cases}$, 解得 $\frac{\mathrm{d}x}{\mathrm{d}z} = \frac{\frac{\partial(F,G)}{\partial(y,z)}}{\frac{\partial(F,G)}{\partial(x,y)}}, \frac{\mathrm{d}y}{\mathrm{d}z} = \frac{\frac{\partial(F,G)}{\partial(z,x)}}{\frac{\partial(F,G)}{\partial(x,y)}}.$

因此,交线在 xy 平面的投影曲线 L 在 P_0 处的切线方程为

$\begin{cases} \frac{x - x_0}{\frac{\mathrm{d}x}{\mathrm{d}z}\big|_{P_0}} = \frac{y - y_0}{\frac{\mathrm{d}y}{\mathrm{d}z}\big|_{P_0}} \\ z = 0 \end{cases}$, 即 $\begin{cases} \frac{\partial(F,G)}{\partial(x,y)}\big|_{P_0}(x - x_0) - \frac{\partial(F,G)}{\partial(y,z)}\big|_{P_0}(y - y_0) = 0 \\ z = 0. \end{cases}$

习题 18.4

1. **知识点拨** 拉格朗日乘数法求条件极值.

逻辑推理 运用拉格朗日乘数法求条件极值(一般步骤见本章的内容简介).

解题过程 (1) 设 $L(x,y,\lambda) = x^2 + y^2 + \lambda(x+y-1)$,令 $\begin{cases} L_x = 2x+\lambda = 0 \\ L_y = 2y+\lambda = 0 \\ L_\lambda = x+y-1 = 0 \end{cases}$,

解得 $x = y = \dfrac{1}{2}, \lambda = -1$.

这时由隐函数方程 $x+y-1=0$ 确定 $y = y(x)$,得 $y' = -1$.

设 $g(x) = f(x,y(x))$,得 $g'(x)\big|_{(\frac{1}{2},\frac{1}{2})} = 0, g''(x)\big|_{(\frac{1}{2},\frac{1}{2})} = 4 > 0$,故函数必在唯一稳定点处取得极小值,极小值 $f\left(\dfrac{1}{2}, \dfrac{1}{2}\right) = \dfrac{1}{2}$.

(2) 设 $L(x,y,z,t,\lambda) = x+y+z+t+\lambda(xyzt-c^4)$,

令 $\begin{cases} L_x = 1+\lambda yzt = 0 \\ L_y = 1+\lambda xzt = 0 \\ L_z = 1+\lambda xyt = 0 \\ L_t = 1+\lambda xyz = 0 \\ L_\lambda = xyzt - c^4 = 0 \end{cases}$,解方程组得 $x = y = z = t = c$.

这时由隐函数方程 $xyzt = c^4$ 确定 $t = t(x,y,z)$,记 $F(x,y,z) = f(x,y,z,t(x,y,z))$.

因为 $F_x = 1 - \dfrac{t}{x}, F_y = 1 - \dfrac{t}{y}, F_z = 1 - \dfrac{t}{z}, F_{xx} = \dfrac{2t}{x^2}, F_{yy} = \dfrac{2t}{y^2}, F_{zz} = \dfrac{2t}{z^2}, F_{xy} = \dfrac{t}{xy}, F_{xz} = \dfrac{t}{xz}, F_{yz} = \dfrac{t}{yz}$,这时 $\left(\dfrac{\partial}{\partial x}\mathrm{d}x + \dfrac{\partial}{\partial y}\mathrm{d}y + \dfrac{\partial}{\partial z}\mathrm{d}z\right)^2 F > 0$,

故 $f(x,y,z,t)$ 一定在唯一稳定点 (c,c,c,c) 处取得极小值,极小值 $f(c,c,c,c) = 4c$.

(3) 设 $L(x,y,z,\lambda,u) = xyz + \lambda(x^2+y^2+z^2-1) + u(x+y+z)$,

令 $\begin{cases} L_x = yz + 2\lambda x + u = 0 \\ L_y = xz + 2\lambda y + u = 0 \\ L_z = xy + 2\lambda z + u = 0 \\ L_\lambda = x^2+y^2+z^2-1 = 0 \\ L_u = x+y+z = 0 \end{cases}$,于是得到可能的条件极值点有 6 个:

$P_1\left(\dfrac{1}{\sqrt{6}}, \dfrac{1}{\sqrt{6}}, \dfrac{-2}{\sqrt{6}}\right), P_2\left(\dfrac{1}{\sqrt{6}}, -\dfrac{2}{\sqrt{6}}, \dfrac{1}{\sqrt{6}}\right), P_3\left(-\dfrac{2}{\sqrt{6}}, \dfrac{1}{\sqrt{6}}, \dfrac{1}{\sqrt{6}}\right), P_4\left(-\dfrac{1}{\sqrt{6}}, -\dfrac{1}{\sqrt{6}}, \dfrac{2}{\sqrt{6}}\right)$,

$P_5\left(-\dfrac{1}{\sqrt{6}}, \dfrac{2}{\sqrt{6}}, -\dfrac{1}{\sqrt{6}}\right), P_6\left(\dfrac{2}{\sqrt{6}}, -\dfrac{1}{\sqrt{6}}, -\dfrac{1}{\sqrt{6}}\right)$.

又 $f(x,y,z) = xyz$ 在有界闭集 $\{(x,y,z) \mid x^2+y^2+z^2 = 1, x+y+z = 0\}$ 上连续,故有最值.因此,极小值为 $f(P_1) = f(P_2) = f(P_3) = -\dfrac{1}{3\sqrt{6}}$,

极大值为 $f(P_4) = f(P_5) = f(P_6) = \dfrac{1}{3\sqrt{6}}$.

2. **知识点窍** 拉格朗日乘数法求条件极值问题在实际中的应用.

逻辑推理 将实际问题转化为求函数的极值问题.

解题过程 (1) 设长方体的长、宽、高分别为 x,y,z，表面积为 $a^2(a>0)$，则体积为 $f(x,y,z)=xyz$. 于是问题成为在条件 $2(xy+yz+xz)=a^2$ 下，求函数 $f(x,y,z)$ 的最大值.

设 $L(x,y,z,\lambda)=xyz+\lambda[2(xy+yz+xz)-a^2]$，

令 $\begin{cases}L_x=yz+2\lambda(y+z)=0\\L_y=xz+2\lambda(x+z)=0\\L_z=xy+2\lambda(x+y)=0\\L_\lambda=2(xy+yz+xz)-a^2=0\end{cases}$，则得 $\begin{cases}3xy+2\lambda(2xy+2yz+2xz)=0\\2\lambda=-\dfrac{3xyz}{a^2}\end{cases}$，

解得 $x=y=z=\sqrt{\dfrac{a^2}{6}}=\dfrac{a}{\sqrt{6}}$.

按实际问题，因为所求长方体体积有最大值，且稳定点只有一个，所以表面积一定而体积最大的长方体是立方体，即边长为 $\dfrac{a}{\sqrt{6}}$ 的正方体.

(2) 设长方体的长、宽、高分别为 x,y,z，体积 $V=xyz$，则表面积为 $f(x,y,z)=2(xy+yz+xz)$.

设 $L(x,y,z,\lambda)=2(xy+yz+xz)+\lambda(xyz-V)$，

令 $\begin{cases}L_x=2(y+z)+\lambda yz=0\\L_y=2(x+z)+\lambda xz=0\\L_z=2(x+y)+\lambda xy=0\\L_\lambda=xyz-V=0\end{cases}$，

解得 $x=y=z=\sqrt[3]{V}$.

根据实际问题，表面积最小的长方体一定存在，且稳定点只有一个，故体积一定而表面积最小的长方体是边长为 $\sqrt[3]{V}$ 的正方体，且最小表面积为 $S=6V^{\frac{2}{3}}$.

3. **解题过程** 设平面上任意一点是 (x,y,z). 此题就是求函数 $d=[(x-x_0)^2+(y-y_0)^2+(z-z_0)^2]^{\frac{1}{2}}$ 在条件 $Ax+By+Cz+D=0$ 下的最小值. 因为 d 与 d^2 的极值点相同，所以设 $L(x,y,z,\lambda)=(x-x_0)^2+(y-y_0)^2+(z-z_0)^2+\lambda(Ax+By+Cz+D)$，

令 $\begin{cases}L_x=2(x-x_0)+\lambda A=0 & ①\\L_y=2(y-y_0)+\lambda B=0 & ②\\L_z=2(z-z_0)+\lambda C=0 & ③\\L_\lambda=Ax+By+Cz+D=0. & ④\end{cases}$

由①②③得 $x=x_0-\dfrac{1}{2}\lambda A, y=y_0-\dfrac{1}{2}\lambda B, z=z_0-\dfrac{1}{2}\lambda C$.

代入④解得 $\lambda=\dfrac{2(Ax_0+By_0+Cz_0+D)}{A^2+B^2+C^2}$.

所以 $(x-x_0)^2+(y-y_0)^2+(z-z_0)^2=\dfrac{1}{4}\lambda^2(A^2+B^2+C^2)$

$$=\dfrac{(Ax_0+By_0+Cz_0+D)^2}{A^2+B^2+C^2}.$$

按实际问题，点到平面的最短距离一定存在，故所求得的点一定是使距离最小的点，这时，最短距离为

$$d = \frac{|Ax_0 + By_0 + Cz_0 + D|}{\sqrt{A^2 + B^2 + C^2}}.$$

4. 知识点窍 拉格朗日乘数法求条件极值.

逻辑推理 目标函数为 $f(x_1, x_2, \cdots, x_n) = x_1 x_2 \cdots x_n (x_i \geqslant 0)$,约束条件为 $x_1 + x_2 + \cdots + x_n = a$. 由于函数 f 在有界闭集 $x_1 + x_2 + \cdots + x_n = a$ 上必有最大值与最小值,显然在边界上 f 取最小值 0, f 在 $x_1 + x_2 + \cdots + x_n = a$ 下的最大值必在 $x_i > 0$ 时取得,即在拉格朗日乘数法唯一稳定点处.

解题过程 设 $f(x_1, x_2, \cdots, x_n) = x_1 x_2 \cdots x_n$,其约束条件为 $x_1 + x_2 + \cdots + x_n = a$,则设 $L(x_1, x_2, \cdots, x_n, \lambda) = f(x_1 x_2 \cdots x_n) + \lambda(x_1 + x_2 + \cdots + x_n - a)$.

令 $\begin{cases} L_{x_1} = \dfrac{x_1 x_2 \cdots x_n}{x_1} + \lambda = 0 \\ L_{x_2} = \dfrac{x_1 x_2 \cdots x_n}{x_2} + \lambda = 0 \\ \cdots\cdots\cdots \\ L_{x_n} = \dfrac{x_1 x_2 \cdots x_n}{x_n} + \lambda = 0 \\ L_\lambda = x_1 + x_2 + \cdots + x_n - a = 0 \end{cases}$,解得 $\begin{cases} x_1 = x_2 = \cdots = x_n = \dfrac{a}{n} \\ \lambda = -\dfrac{n}{a} \prod\limits_{i=1}^{n} x_i \end{cases}.$

由于函数 f 在有界闭集 $x_1 + x_2 + \cdots + x_n = a$ 上必有最大值和最小值,又因为其有唯一稳定点,所以最大值在唯一稳定点取得,$f_{\max} = f\left(\dfrac{a}{n}, \dfrac{a}{n}, \cdots, \dfrac{a}{n}\right) = \dfrac{a^n}{n^n}$.

于是 $\sqrt[n]{x_1 x_2 \cdots x_n} \leqslant \sqrt[n]{\dfrac{a^n}{n^n}} = \dfrac{a}{n} = \dfrac{x_1 + x_2 + \cdots + x_n}{n}$,

即 $\sqrt[n]{x_1 x_2 \cdots x_n} \leqslant \dfrac{x_1 + x_2 + \cdots + x_n}{n}$.

而其最小值显然在边界上取得,最小值为 0.

5. 知识点窍 拉格朗日乘数法求条件极值.

逻辑推理 目标函数为 $f(x_1, x_2, \cdots, x_n) = \sum\limits_{k=1}^{n} a_k x_k$,约束条件为 $x_1^2 + x_2^2 + \cdots + x_n^2 = 1$,应用拉格朗日乘数法求最大值.

解题过程 (1) 在开区域 $x_1^2 + x_2^2 + \cdots + x_n^2 < 1$ 内,因 $f_{x_i} = a_i > 0$,故开区域内无稳定点,即不可能存在极值.

(2) 在开区域 $x_1^2 + x_2^2 + \cdots + x_n^2 = 1$ 上,设 $L = \sum\limits_{k=1}^{n} a_k x_k + \lambda \left(\sum\limits_{k=1}^{n} x_k^2 - 1\right)$,

令 $\begin{cases} L_{x_k} = a_k + 2\lambda x_k = 0 \\ L_\lambda = \left(\sum\limits_{k=1}^{n} x_k^2\right) - 1 = 0 \end{cases}$ $(k = 1, 2, \cdots, n)$, $x_k = -\dfrac{a_k}{2\lambda}$,

则 $\dfrac{1}{4\lambda^2} \sum\limits_{k=1}^{n} a_k^2 = 1$,

因此解得 $\begin{cases} x_k = \pm \dfrac{a_k}{\sqrt{\sum\limits_{k=1}^{n} a_k^2}} \\ \lambda = \pm \sqrt{\sum\limits_{k=1}^{n} a_k^2} \end{cases}.$

因为闭区域上连续函数一定达到最大值和最小值,而开区域内无稳定点.

故最大值 $f_{\max} = \Big[\sum\limits_{k=1}^{n} a_k^2\Big]^{\frac{1}{2}}$,最小值 $f_{\min} = -\Big[\sum\limits_{k=1}^{n} a_k^2\Big]^{\frac{1}{2}}$.

6. **知识点窍** 拉格朗日乘数法求条件极值.

逻辑推理 利用求偏导数建立方程组的方法求解.

解题过程 令 $$L(x_1, x_2, \cdots, x_n, \lambda) = \sum_{k=1}^{n} x_k^2 + \lambda\Big(\sum_{k=1}^{n} a_k x_k - 1\Big).$$

由 $$\begin{cases} L_{x_k} = 2x_k + \lambda a_k = 0, \\ L_\lambda = \sum\limits_{k=1}^{n} a_k x_k - 1 = 0 \end{cases} k = 1, 2, \cdots, n,$$

解得
$$x_k = -\frac{1}{2}\lambda a_k = \frac{a_k}{\sum\limits_{k=1}^{n} a_k^2}, k = 1, 2, \cdots, n, \lambda = -\frac{2}{\sum\limits_{k=1}^{n} a_k^2}.$$

根据题意可知,函数的最小值在唯一的稳定点取得,最小值为 $\dfrac{1}{\sum\limits_{k=1}^{n} a_k^2}$.

7. **解题过程** 取目标函数 $f(x, y, z) = xy^2 z^3$,约束条件为 $x + y + z = a (x, y, z, a > 0)$.
这时所求问题的拉格朗日函数是
$$L(x, y, z, \lambda) = xy^2 z^3 + \lambda(x + y + z - a).$$
对 L 求偏导数,并令它们都等于 0,则有
$$\begin{cases} L_x = y^2 z^3 + \lambda = 0 \\ L_y = 2xyz^3 + \lambda = 0 \\ L_z = 3xy^2 z^2 + \lambda = 0 \\ L_\lambda = x + y + z - a = 0 \end{cases}$$

则解方程组易得函数稳定点为 $\quad x = \dfrac{a}{6}, y = \dfrac{a}{3}, z = \dfrac{a}{2}, \lambda = -\dfrac{a^5}{72}$.

为了判断 $f\Big(\dfrac{a}{6}, \dfrac{a}{3}, \dfrac{a}{2}\Big) = \dfrac{a^6}{432}$ 是否为所求条件极(大)值,我们可把条件 $x + y + z = a$ 看作隐函数 $z = z(x, y)$(满足隐函数定理条件),并把目标函数 $f(x, y, z) = xy^2 [z(x, y)]^3 = F(x, y)$ 看作 f 与 $z = z(x, y)$ 的复合函数.
这样即可用极值充分条件来作判断,计算如下:
$$z_x = -\frac{1}{1} = -1, z_y = -1.$$
$$F_x = y^2 z^3 + xy^2 z_x \cdot 3z^2 = y^2 z^3 - 3xy^2 z^2, F_y = 2xyz^3 - 3xy^2 z^2,$$
$$F_{xx} = 3y^2 z^2 z_x - 3y^2 z^2 - 6xy^2 z z_x = -6y^2 z^2 + 6xy^2 z,$$
$$F_{xy} = 2yz^3 + 3y^2 z^2 z_x - 6xyz^2 - 6xy^2 z z_x = 2yz^3 - 3y^2 z^2 - 6xyz^2 + 6xy^2 z,$$
$$F_{yy} = 2xz^3 + 6xyz^2 z_y - 6xyz^2 - 6xy^2 z z_x = 2xz^3 - 6xyz^2 + 6xy^2 z.$$

当 $x = \dfrac{a}{6}, y = \dfrac{a}{3}, z = \dfrac{a}{2}$ 时,
$$F_{xx} = -\frac{a^4}{9} < 0, F_{yy} = -\frac{5}{72}a^4, F_{xy} = -\frac{1}{36}a^4,$$

$$F_{xx}F_{yy} - F_{xy^2} = \frac{5}{648}a^4 - \frac{1}{1296}a^4 = \frac{1}{144}a^4 > 0.$$

由此可见，所求得的稳定点为极大值点，而且可验证为极大值点，即有不等式：

$$xy^2z^3 \leqslant \frac{a^6}{432}(x,y,z > 0 \text{ 且 } x+y+z = a),$$

则 $xy^2z^3 \leqslant \frac{(x+y+z)^6}{432}.$

整理即证得 $xy^2z^3 \leqslant 108\left(\frac{x+y+z}{6}\right)^6, x,y,z > 0.$

■ 第十八章总练习题

1. **知识点窍** 隐函数存在唯一性定理和可微性定理.

解题过程 求定义域，由 $y^2 = x^2(1-x^2)$ 得 $(1-x^2) \geqslant 0.$

$\because |x| \leqslant 1$，且 $y^2 = x^2(1-x^2) \leqslant \left(\frac{x^2+1-x^2}{2}\right)^2 = \frac{1}{4}.$

$\therefore |y| \leqslant \frac{1}{2}$，令 $F(x,y) = y^2 - x^2(1-x^2)$，则有 $F_x = -2x + 4x^3, F_y = 2y.$

由 $F_y \neq 0$ 知 $y \neq 0$，即 $x \neq 0, x \neq \pm 1.$

令 $D = \{(x,y) \mid |x| < 1, |y| \leqslant \frac{1}{2} \text{ 且 } y \neq 0\}$，则 $F(x,y)$ 在 D 内每一邻域内有定义且连续；F_x，F_y 在 D 内每邻域内都连续. $F(x,y) = 0, F_y(x,y) \neq 0$，故方程 $y^2 - x^2(1-x^2) = 0$ 可在 D 上唯一确定隐函数 $y = f(x).$

2. **知识点窍** 隐函数存在唯一性定理和可微性定理.

逻辑推理 判断 $F(x,y) = \varphi(y) - f(x)$ 是否符合隐函数存在唯一性定理的条件即可.

解题过程 记 $F(x,y) = \varphi(y) - f(x), (x,y) \in (a,b) \times (c,d) = D$，则 $F(x,y)$ 在 D 内连续.

① 若对 $\forall x \in (a,b), \exists y \in (c,d)$，使 $F(x,y) = \varphi(y) - f(x) = 0.$

② 若 $F_y(x,y) = \varphi'(y)$ 在 (c,d) 内连续.

③ 由于 $F_y(x,y) = \varphi'(y) > 0$，即 F 在 $(a,b) \times (c,d)$ 内关于 y 严格单调.

则推得同时满足②③的点 $P(x,y)$ 在某邻域 $U(P) \subset D$ 内，方程确定唯一一个隐函数

$$y = \varphi^{-1}[f(x)].$$

(i) 设 $f(x) = x, \varphi(y) = \sin y + \operatorname{sh} y.$ 由于 $f(x), \varphi(y)$ 都在 $\mathbf{R}$ 上连续，且 $\varphi'(y) = \cos y + \operatorname{ch} y > 0$，$f(\mathbf{R}) \cap \varphi(\mathbf{R}) = \mathbf{R} \neq \varnothing$，故方程 $\sin y + \operatorname{sh} y = x$ 可确定函数 $y = \varphi^{-1}[f(x)]$；

(ii) 由于 $f(x) - \sin^2 x \leqslant 0, \varphi(y) = e^{-y} > 0$，虽然 $f(x)$ 在 $(-\infty, +\infty)$ 内连续，$\varphi(y)$ 在 $(-\infty, +\infty)$ 内连续，但因为 $f(\mathbf{R}) \cap \varphi(\mathbf{R}) = \varnothing$，所以方程 $e^{-y} = -\sin^2 x$ 不能确定函数 $y = \varphi^{-1}[f(x)].$

3. **知识点窍** 隐函数组求偏导.

逻辑推理 把 y, z 看作 x 的函数，方程组两边分别对 x 求导.

解题过程 对方程组 $\begin{cases} f(x,y,z) = 0 \\ z = g(x,y) \end{cases}$ 关于 x 求导得 $\frac{\mathrm{d}z}{\mathrm{d}x} = g_x + g_y \frac{\mathrm{d}y}{\mathrm{d}x},$

及 $f_x + f_y y' + f_z(g_x + g_y y') = 0.$

推得 $\frac{\mathrm{d}y}{\mathrm{d}x} = -\frac{f_x + g_x f_z}{f_y + g_y f_z}, \frac{\mathrm{d}z}{\mathrm{d}x} = g_x - \frac{g_y(f_x + g_x f_z)}{f_y + g_y f_z} = \frac{f_y g_x - f_x g_y}{f_y + g_y f_z}.$

4. **知识点窍** 隐函数组求偏导.

   解题过程 $\dfrac{\partial g_i}{\partial x} = G_{ix} + G_{iz}f_x, \dfrac{\partial g_i}{\partial y} = G_{iy} + G_{iz}f_y, i = 1,2.$

   $\dfrac{\partial(g_1,g_2)}{\partial(x,y)} = \begin{vmatrix} G_{1x} + G_{1z}f_x & G_{1y} + G_{1z}f_y \\ G_{2x} + G_{2z}f_x & G_{2y} + G_{2z}f_y \end{vmatrix}$

   $= f_x(G_{1z}G_{2y} - G_{1y}G_{2z}) + f_y(G_{1x}G_{2z} - G_{2x}G_{1z}) + (G_{1x}G_{2y} - G_{1y}G_{2x})$

   $= \begin{vmatrix} -f_x & -f_y & 1 \\ G_{1x} & G_{1y} & G_{1z} \\ G_{2x} & G_{2y} & G_{2z} \end{vmatrix}.$

   故原式成立.

5. **知识点窍** 隐函数组求偏导.

   解题过程 对方程组 $\begin{cases} x = f(u,v,w) \\ y = g(u,v,w) \\ z = h(u,v,w) \end{cases}$ 关于 x 求偏导数,有

   $\begin{cases} 1 = f_u\dfrac{\partial u}{\partial x} + f_v\dfrac{\partial v}{\partial x} + f_w\dfrac{\partial w}{\partial x} \\ 0 = g_u\dfrac{\partial u}{\partial x} + g_v\dfrac{\partial v}{\partial x} + g_w\dfrac{\partial w}{\partial x}, \\ 0 = h_u\dfrac{\partial u}{\partial x} + h_v\dfrac{\partial v}{\partial x} + h_w\dfrac{\partial w}{\partial x} \end{cases}$ 解得 $\dfrac{\partial u}{\partial x} = \dfrac{\dfrac{\partial(g,h)}{\partial(v,w)}}{\dfrac{\partial(f,g,h)}{\partial(u,v,w)}}.$

   同理,三方程分别关于 y,z 求偏导数,可解得

   $\dfrac{\partial u}{\partial y} = \dfrac{\dfrac{\partial(h,f)}{\partial(v,w)}}{\dfrac{\partial(f,g,h)}{\partial(u,v,w)}}, \dfrac{\partial u}{\partial z} = \dfrac{\dfrac{\partial(f,g)}{\partial(v,w)}}{\dfrac{\partial(f,g,h)}{\partial(u,v,w)}}.$

6. **知识点窍** 函数的偏导数.

   解题过程 (1) 把 u 看作 x,y 的函数,两边对 x 求偏导数,得
   $2x + 2uu_x = f_x + f_u u_x + g_x + g_u u_x,$

   于是 $\dfrac{\partial u}{\partial x} = \dfrac{2x - f_x - g_x}{f_u + g_u - 2u}.$

   同理两边对 y 求偏导数,得 $\dfrac{\partial u}{\partial y} = \dfrac{-g_y}{f_u + g_u - 2u}.$

   (2) 把 u 看作 x,y 的函数,两边分别对 x,y 求偏导.
   $u_x = f'_1(1 + u_x) + yf'_2 u_x,$ 得 $\dfrac{\partial u}{\partial x} = -\dfrac{f'_1}{f'_1 + yf'_2 - 1}.$

   $u_y = f'_1 u_y + f'_2(u + yu_y),$ 得 $\dfrac{\partial u}{\partial y} = -\dfrac{uf'_2}{f'_1 + yf'_2 - 1}.$

7. **知识点窍** 隐函数组定理.

   逻辑推理 判断函数 $\begin{cases} F(x,y,u,v) = u^3 + xv - y \\ G(x,y,u,v) = v^3 + yu - x \end{cases}$ 是否符合隐函数组定理的条件即可.

   解题过程 设 $F(x,y,u,v) = u^3 + xv - y = 0, G(x,y,u,v) = v^3 + yu - x = 0,$ 有

   ① F,G 在以 $P_0(0,1,1,-1)$ 为内点的 $\mathbf{R}^4$ 内连续;

   ② F,G 在 $\mathbf{R}^4$ 内具有连续一阶偏导数;

③ $F(P_0) = 0, G(P_0) = 0$;

④ $\left.\dfrac{\partial(F,G)}{\partial(u,v)}\right|_{P_0} = \left.\begin{vmatrix} 3u^2 & x \\ y & 3v^2 \end{vmatrix}\right|_{P_0} = 9 \neq 0.$

由隐函数组定理知,方程组在 P_0 附近唯一地确定了在点 $Q_0(0,1)$ 近旁连续可微的二元函数 $u = f(x,y), v = g(x,y)$,满足 ① $f(0,1) = 1, g(0,1) = -1$;② $f(x,y), g(x,y)$ 在 $U(Q_0)$ 内有一阶连续偏导数,且得 $\begin{cases} [f(x,y)]^3 + xg(x,y) - y = 0 \\ [g(x,y)]^3 + yf(x,y) - x = 0 \end{cases}$.

8. **知识点窍** 隐函数组定理.

解题过程 (1) 设 $\begin{cases} \overline{F}(x,y,z,u) = f(x) + f(y) + f(z) - F(u) = 0 \\ \overline{G}(x,y,z,u) = g(x) + g(y) + g(z) - G(u) = 0, \\ \overline{H}(x,y,z,u) = h(x) + h(y) + h(z) - H(u) = 0 \end{cases}$

由题意知: $\overline{F}, \overline{G}, \overline{H}$ 在 $\mathbf{R}^4$ 内连续; $\overline{F}, \overline{G}, \overline{H}$ 在 $\mathbf{R}^4$ 内具有一阶连续偏导数.
$\overline{F}(x_0,y_0,z_0,u_0) = 0, \overline{G}(x_0,y_0,z_0,u_0) = 0, \overline{H}(x_0,y_0,z_0,u_0) = 0.$

由隐函数组定理知

$\left.\dfrac{\partial(\overline{F},\overline{G},\overline{H})}{\partial(x,y,z)}\right|_{P_0} = \begin{vmatrix} f'(x_0) & f'(y_0) & f'(z_0) \\ g'(x_0) & g'(y_0) & g'(z_0) \\ h'(x_0) & h'(y_0) & h'(z_0) \end{vmatrix} \neq 0$ 是已知方程组能在 $P_0(x_0,y_0,z_0,u_0)$ 的邻

域内确定 x,y,z 作为 u 的函数的充分条件.

(2) 在 $f(x) = x, g(x) = x^2, h(x) = x^3$ 的情况下,上述条件相当于

$\begin{vmatrix} 1 & 1 & 1 \\ 2x_0 & 2y_0 & 2z_0 \\ 3x_0^2 & 3y_0^2 & 3z_0^2 \end{vmatrix} = 6 \begin{vmatrix} 1 & 0 & 0 \\ x_0 & y_0 - x_0 & z_0 - x_0 \\ x_0^2 & y_0^2 - x_0^2 & z_0^2 - x_0^2 \end{vmatrix}$

$= 6(y_0 - x_0)(z_0 - x_0)(z_0 - y_0) \neq 0,$

即 x_0, y_0, z_0 是 3 个互不相同的实数.

9. **解题过程** (1) 由隐函数求导法,等式两边对 x 求导,得

$2x + 2y + 2x\dfrac{\mathrm{d}y}{\mathrm{d}x} + 4y\dfrac{\mathrm{d}y}{\mathrm{d}x} = 0, \dfrac{\mathrm{d}y}{\mathrm{d}x} = -\dfrac{2x + 2y}{2x + 4y} = -\dfrac{x + y}{x + 2y}.$

令 $\dfrac{\mathrm{d}y}{\mathrm{d}x} = 0$,有 $x = -y$,代入原方程,得 $x^2 = 1, x = \pm 1,$

因此方程所确定的隐函数的稳定点为 $(1, -1)$ 和 $(-1, 1)$.

又 $\dfrac{\mathrm{d}^2 y}{\mathrm{d}x^2} = \dfrac{-y + x\dfrac{x+y}{x+2y}}{(x+2y)^2}, \left.\dfrac{\mathrm{d}^2 y}{\mathrm{d}x^2}\right|_{(1,-1)} = 1 > 0,$ 而 $\left.\dfrac{\mathrm{d}^2 y}{\mathrm{d}x^2}\right|_{(-1,1)} = -1 < 0,$

故当 $x = 1$ 时,函数有极小值 $y(1) = -1$;当 $x = -1$ 时,函数有极大值 $y(-1) = 1$.

(2) 由隐函数求导法,得 $2(x^2 + y^2)(2x + 2y\dfrac{\mathrm{d}y}{\mathrm{d}x}) = 2a^2 x - 2a^2 y \dfrac{\mathrm{d}y}{\mathrm{d}x},$

令 $\dfrac{\mathrm{d}y}{\mathrm{d}x} = -\dfrac{4x(x^2 + y^2) - 2a^2 x}{4y(x^2 + y^2) + 2a^2 y} = 0,$ 得 $x = 0$ 或 $y^2 = \dfrac{a^2}{2} - x^2.$

将 $x = 0$ 代入原方程得 $y = 0,$ 这时 $F_y = 0,$ 所以 $x = 0$(舍去).

再以 $y^2 = \dfrac{a^2}{2} - x^2$ 代入原方程解得 $x = \pm\sqrt{\dfrac{3}{8}}a,$

从而 $y=\pm\sqrt{\dfrac{1}{8}}a$,则函数的稳定点为 $(\pm\sqrt{\dfrac{3}{8}}a,\sqrt{\dfrac{1}{8}}a)$,$(\pm\sqrt{\dfrac{3}{8}}a,-\sqrt{\dfrac{1}{8}}a)$.

又 $\dfrac{\mathrm{d}^2 y}{\mathrm{d}x^2}=-[2y(x^2+y^2)+a^2 y]^{-2}\{[2y(x^2+y^2)+a^2 y](6x^2+2y^2+4xyy'-a^2)-[2x(x^2+y^2)-a^2 x](4xy+2x^2 y'+6y^2 y'+a^2 y')\}$,

在稳定点处均有 $x^2+y^2=\dfrac{a^2}{2}$ 及 $y'=0$,代入上式,有 $\dfrac{\mathrm{d}^2 y}{\mathrm{d}x^2}=-\dfrac{2x^2}{a^2 y}$.

于是 $\dfrac{\mathrm{d}^2 y}{\mathrm{d}x^2}\bigg|_{(\pm\sqrt{\frac{3}{8}}a,\sqrt{\frac{1}{8}}a)}<0,\dfrac{\mathrm{d}^2 y}{\mathrm{d}x^2}\bigg|_{(\pm\sqrt{\frac{3}{8}}a,-\sqrt{\frac{1}{8}}a)}>0$.

故隐函数在 $(\pm\sqrt{\dfrac{3}{8}}a,\sqrt{\dfrac{1}{8}}a)$ 取极大值 $\sqrt{\dfrac{1}{8}}a$,在 $(\pm\sqrt{\dfrac{3}{8}}a,-\sqrt{\dfrac{1}{8}}a)$ 取极小值 $-\sqrt{\dfrac{1}{8}}a$.

10. **逻辑推理** 先用 x 对 u,v 求偏导,y 对 u,v 求偏导,然后再计算 $\dfrac{\mathrm{d}^2 y}{\mathrm{d}x^2}$.

解题过程 由 $\begin{cases} x=\varphi(u,v(u)) \\ y=\psi(u,v(u)) \end{cases}$ 得 $\dfrac{\mathrm{d}y}{\mathrm{d}x}=\dfrac{\psi_u+\psi_v\dfrac{\mathrm{d}v}{\mathrm{d}u}}{\varphi_u+\varphi_v\dfrac{\mathrm{d}v}{\mathrm{d}u}}$. 于是

$\dfrac{\mathrm{d}^2 y}{\mathrm{d}x^2}=\dfrac{\mathrm{d}}{\mathrm{d}x}\left(\dfrac{\mathrm{d}y}{\mathrm{d}x}\right)=\dfrac{1}{\left(\varphi_u+\varphi_v\dfrac{\mathrm{d}v}{\mathrm{d}u}\right)^3}\left\{\left[\psi_{uu}+\psi_{uv}\dfrac{\mathrm{d}v}{\mathrm{d}u}+\left(\psi_{vu}+\psi_{vv}\dfrac{\mathrm{d}v}{\mathrm{d}u}\right)\dfrac{\mathrm{d}v}{\mathrm{d}u}\right]\left(\varphi_u\right.\right.$
$\left.\left.+\varphi_v\dfrac{\mathrm{d}v}{\mathrm{d}u}\right)\left[\varphi_{uu}+\varphi_{uv}\dfrac{\mathrm{d}v}{\mathrm{d}u}+\left(\varphi_{vu}+\varphi_{vv}\dfrac{\mathrm{d}v}{\mathrm{d}u}\right)\dfrac{\mathrm{d}v}{\mathrm{d}u}+\varphi_v\dfrac{\mathrm{d}^2 v}{\mathrm{d}u^2}\right]\right\}$

11. **知识点窍** 拉格朗日乘数法求条件极值.

解题过程 设拉格朗日函数 $L(x,y,z,\lambda)=f(x,y,z)-\lambda(x^2+y^2+z^2-1)$,

令 $\begin{cases} L_x=2Ax+2Fy+2Ez-2\lambda x=0 & \text{①} \\ L_y=2Fx+2By+2Dz-2\lambda y=0 & \text{②} \\ L_z=2Ex+2Dy+2Cz-2\lambda z=0 & \text{③} \\ L_\lambda=x^2+y^2+z^2-1=0 & \text{④} \end{cases}$

$x\cdot$①$+y\cdot$②$+z\cdot$③,结合 ④ 得 $f(x,y,z)=\lambda$.

由 ①②③ 得 $\begin{cases} (A-\lambda)x+Fy+Ez=0 \\ Fx+(B-\lambda)y+Dz=0, \\ Ex+Dy+(C-\lambda)z=0 \end{cases}$

由此可得 $\begin{bmatrix} A & F & E \\ F & B & D \\ E & D & C \end{bmatrix}\begin{bmatrix} x \\ y \\ z \end{bmatrix}=\lambda\begin{bmatrix} x \\ y \\ z \end{bmatrix}$,

即 λ 是对称矩阵 $\Phi=\begin{bmatrix} A & F & E \\ F & B & D \\ E & D & C \end{bmatrix}$ 的特征值.

又因 f 在有界闭集 $\{(x,y,z)\mid x^2+y^2+z^2=1\}$ 上连续,故最大值、最小值存在.且

$f(x,y,z)=(x,y,z)\begin{bmatrix} A & F & E \\ F & B & D \\ E & D & C \end{bmatrix}\begin{bmatrix} x \\ y \\ z \end{bmatrix}=\lambda(x^2+y^2+z^2)=\lambda$.

可知 $f(x,y,z)$ 的最大值与最小值必是矩阵 Φ 的最大特征值和最小特征值.

12. **知识点窍** 拉格朗日乘法求条件极值.

逻辑推理 可转化为求函数 $F(x,y) = \dfrac{x^n + y^n}{2}$ 在约束条件下 $x + y = a$ 下的最小值 $\left(\dfrac{a}{2}\right)^n$ 的问题.

解题过程 先求函数 $F(x,y) = \dfrac{x^n + y^n}{2}$ 在约束条件下 $x + y = a$ 下的最小值.

令 $L(x,y,\lambda) = \dfrac{x^n + y^n}{2} + \lambda(x + y - a)$,

由 $\begin{cases} L_x = \dfrac{n}{2}x^{n-1} + \lambda = 0 \\ L_y = \dfrac{n}{2}y^{n-1} + \lambda = 0 \\ L_\lambda = x + y - a = 0 \end{cases}$

解出 $x = y = \dfrac{a}{2}$,稳定点为 $\left(\dfrac{a}{2}, \dfrac{a}{2}\right)$.

由于当 $x \to +\infty, y \to +\infty$ 时,$F \to +\infty$.

所以 F 必在唯一稳定点 $\left(\dfrac{a}{2}, \dfrac{a}{2}\right)$ 处取得最小值.

$F_{\min} = F\left(\dfrac{a}{2}, \dfrac{a}{2}\right) = \left(\dfrac{a}{2}\right)^n, \dfrac{x^n + y^n}{2} \geqslant \left(\dfrac{a}{2}\right)^n = \left(\dfrac{x+y}{2}\right)^n$.

即 $\dfrac{x^n + y^n}{2} \geqslant \left(\dfrac{x+y}{2}\right)^n$ 成立.

13. **知识点窍** 拉格朗日乘法求条件极值在实际中的应用.

逻辑推理 将实际问题转化为求函数 $f(x,y) = \dfrac{a^2 b^2 c^2}{6xyz}$ 在条件 $\dfrac{x^2}{a^2} + \dfrac{y^2}{b^2} + \dfrac{a^2}{c^2} = 1$ 下的条件极值问题.

解题过程 设 (x,y,z) 是椭球面上任一点 $F(x,y,z) = \dfrac{x^2}{a^2} + \dfrac{y^2}{b^2} + \dfrac{z^2}{c^2} - 1$,则 $F_x = \dfrac{2x}{a^2}, F_y = \dfrac{2y}{b^2}$,$F_z = \dfrac{2z}{c^2}$. 则过该点的切平面方程为

$$\dfrac{2x}{a^2}(X - x) + \dfrac{2y}{b^2}(Y - y) + \dfrac{2z}{c^2}(Z - z) = 0,$$

它在坐标轴上的截距分别为 $\dfrac{a^2}{x}, \dfrac{b^2}{y}, \dfrac{c^2}{z}$. 于是椭球面在第一卦限部分上任一点处的切平面与三个坐标面围成的四面体的体积为 $f(x,y,z) = \dfrac{a^2 b^2 c^2}{6xyz}$. 由几何学知最小体积存在,因此本题是求函数 $f(x,y,z) = \dfrac{a^2 b^2 c^2}{6xyz}$ 在条件 $\dfrac{x^2}{a^2} + \dfrac{y^2}{b^2} + \dfrac{z^2}{c^2} = 1(x > 0, y > 0, z > 0)$ 下的最小值.

设 $L(x,y,z,\lambda) = \dfrac{a^2 b^2 c^2}{6xyz} + \lambda\left(\dfrac{x^2}{a^2} + \dfrac{y^2}{b^2} + \dfrac{z^2}{c^2} - 1\right)$,

令 $\begin{cases} L_x = -\dfrac{a^2 b^2 c^2}{6x^2 yz} + \dfrac{2\lambda x}{a^2} = 0 & \text{①} \\ L_y = -\dfrac{a^2 b^2 c^2}{6xy^2 z} + \dfrac{2\lambda y}{b^2} = 0 & \text{②} \\ L_z = -\dfrac{a^2 b^2 c^2}{6xyz^2} + \dfrac{2\lambda z}{c^2} = 0 & \text{③} \\ L_\lambda = \dfrac{x^2}{a^2} + \dfrac{y^2}{b^2} + \dfrac{z^2}{c^2} - 1 = 0 & \text{④} \end{cases}$

$x \cdot ① + y \cdot ② + z \cdot ③$,利用 ④ 得 $\lambda = \frac{1}{4} \frac{a^2 b^2 c^2}{xyz}$,代入 $x \cdot ①$,有

$$x^2 = \frac{a^2}{3}, x = \frac{a}{\sqrt{3}} (x > 0).$$

类似得 $y = \frac{b}{\sqrt{3}}, z = \frac{c}{\sqrt{3}}$. 因此,按实际问题,$f(x,y,z)$ 必在唯一稳定点 $\left(\frac{a}{\sqrt{3}}, \frac{b}{\sqrt{3}}, \frac{c}{\sqrt{3}}\right)$ 处四面体体积最小,其最小体积为 $f_{\min} = f\left(\frac{a}{\sqrt{3}}, \frac{b}{\sqrt{3}}, \frac{c}{\sqrt{3}}\right) = \frac{\sqrt{3}}{2} abc.$

14. **知识点窍** 曲面的切平面方程.

    解题过程 因为 F 为 n 次齐次方程,则 $F(tx, ty, tz) = t^n F(x, y, z)$,
    两边对 t 求导,有 $x F_{tx} + y F_{ty} + z F_{tz} = n t^{n-1} F$.
    令 $t = 1$ 及将 P_0 代入,则 $x_0 F_x(P_0) + y_0 F_y(P_0) + z_0 F_z(P_0) = n F(P_0) = n.$
    设 $G(x,y,z) = F(x,y,z) - 1$,分别对 x, y, z 求偏导,得
    $G_x = F_x, G_y = F_y, G_z = F_z.$
    则过 P_0 点的切平面方程 $G_x(P_0)(x - x_0) + G_y(P_0)(y - y_0) + G_z(P_0)(z - z_0) = 0$
    又因为 $x_0 F_x(P_0) + y_0 F_y(P_0) + z_0 F_z(P_0) = n$,所以过 P_0 的切平面方程为
    $$x F_x(P_0) + y F_y(P_0) + z F_z(P_0) = n.$$

走近考研

1 (2014年数学一) 曲面 $z = x^2(1 - \sin y) + y^2(1 - \sin x)$ 在点 $(1, 0, 1)$ 处的切平面方程为_____.

详解 曲面 $z = x^2(1 - \sin y) + y^2(1 - \sin x)$ 在点 $(1, 0, 1)$ 处的法向量为 $(z_x, z_y, -1)|_{(1,0,1)} = (2, -1, -1)$,所以切平面方程为 $2(x-1) + (-1)(y-0) + (-1)(z-1) = 0$,即 $2x - y - z - 1 = 0$.

2 (2006年数学一) 设 $f(x,y)$ 与 $\varphi(x,y)$ 均为可微函数,且 $\varphi_y(x,y) \neq 0$,已知 (x_0, y_0) 是 $f(x,y)$ 在约束条件 $\varphi(x,y) = 0$ 下的一个极值点,下列选项正确的是( ).
(A) 若 $f'_x(x_0, y_0) = 0$,则 $f'_y(x_0, y_0) = 0$
(B) 若 $f'_x(x_0, y_0) = 0$,则 $f'_y(x_0, y_0) \neq 0$
(C) 若 $f'_x(x_0, y_0) \neq 0$,则 $f'_y(x_0, y_0) = 0$
(D) 若 $f'_x(x_0, y_0) \neq 0$,则 $f'_y(x_0, y_0) \neq 0$

分析 利用拉格朗日函数 $F(x, y, \lambda) = f(x,y) + \lambda \varphi(x,y)$ 在 (x_0, y_0, λ_0)(λ_0 是对应 x_0, y_0 的参数 λ 的值) 取到极值的必要条件即可.

解 作拉格朗日函数 $F(x, y, \lambda) = f(x,y) + \lambda \varphi(x,y)$,并记对应 x_0, y_0 的参数 λ 的值为 λ_0,则
$\begin{cases} F'_x(x_0, y_0, \lambda_0) = 0 \\ F'_y(x_0, y_0, \lambda_0) = 0 \end{cases}$,即 $\begin{cases} f'_x(x_0, y_0) + \lambda_0 \varphi'_x(x_0, y_0) = 0 \\ f'_y(x_0, y_0) + \lambda_0 \varphi'_y(x_0, y_0) = 0 \end{cases}$.
消去 λ_0,得
$f'_x(x_0, y_0) \varphi'_y(x_0, y_0) - f'_y(x_0, y_0) \varphi'_x(x_0, y_0) = 0,$
整理得 $f'_x(x_0, y_0) = \frac{1}{\varphi'_y(x_0, y_0)} f'_y(x_0, y_0) \varphi'_x(x_0, y_0) [因为 \varphi'_y(x,y) \neq 0],$

若 $f'_x(x_0,y_0) \neq 0$,则 $f'_y(x_0,y_0) \neq 0$. 故选(D).

3 (2008年数学一) 曲线 $\sin(xy) + \ln(y-x) = x$ 在点$(0,1)$ 的切线方程为_____.

解 设 $F(x,y) = \sin(xy) + \ln(y-x) - x$,则

$$F'_x(x,y) = y\cos(xy) + \frac{-1}{y-x} - 1, F'_y(x,y) = x\cos(xy) + \frac{1}{y-x},$$

$F'_x(0,1) = -1, F'_y(0,1) = 1.$

于是,斜率 $k = -\dfrac{F'_x(0,1)}{F'_y(0,1)} = 1.$

故所求的切线方程为 $y = x + 1.$

4 (2008年数学一) 已知曲线 $C: \begin{cases} x^2+y^2-2z^2=0, \\ x+y+3z=5, \end{cases}$ 求 C 上距离 xOy 面最远的点和最近的点.

详解 点(x,y,z) 到 xOy 面的距离为 $|z|$,故求 C 上距离 xOy 面最远的点和最近的点的坐标等价于求函数 $H = z^2$ 在条件 $x^2+y^2-2z^2 = 0, x+y+3z = 5$ 下的最大值点和最小值点.

构造拉格朗日函数

$L(x,y,z,\lambda,\mu) = z^2 + \lambda(x^2+y^2-2z^2) + \mu(x+y+3z-5),$

由 $\begin{cases} L'_x = 2\lambda x + \mu = 0, \\ L'_y = 2\lambda y + \mu = 0, \\ L'_z = 2z - 4\lambda z + 3\mu = 0, \\ x^2+y^2-2z^2 = 0, \\ x+y+3z = 5. \end{cases}$

得 $x = y$,

从而 $\begin{cases} 2x^2 - 2z^2 = 0, \\ 2x + 3z = 5. \end{cases}$ 解得 $\begin{cases} x=-5, \\ y=-5, \\ z=5. \end{cases}$ 或 $\begin{cases} x=1, \\ y=1, \\ z=1. \end{cases}$

根据几何意义,曲线 C 上存在距离 xOy 面最远的点和最近的点,
故所求点依次为 $(-5,-5,5)$ 和 $(1,1,1)$.

5 (2010年数学三) 求函数 $u = xy + 2yz$ 在约束条件 $x^2+y^2+z^2 = 10$ 下的最大值和最小值.

解 $F(x,y,z,\lambda) = xy + 2yz + \lambda(x^2+y^2+z^2-10),$

令 $\begin{cases} F'_x = y + 2\lambda x = 0, \\ F'_y = x + 2z + 2\lambda y = 0, \\ F'_z = 2y + 2\lambda z = 0, \\ F'_\lambda = x^2+y^2+z^2-10 = 0. \end{cases}$

得可能的最值点为 $A(1,\sqrt{5},2), B(-1,\sqrt{5},-2),$
$C(1,-\sqrt{5},2), D(-1,-\sqrt{5},-2),$
$E(2\sqrt{2},0,-\sqrt{2}), F(-2\sqrt{2},0,\sqrt{2}).$

因为在 A,D 两处 $u = 5\sqrt{5}$,在 B,C 两处 $u = -5\sqrt{5}$,在 E,F 两处 $u = 0$,
所以 $u_{\max} = 5\sqrt{5}, u_{\min} = -5\sqrt{5}.$

第十九章
含参量积分

本章导航

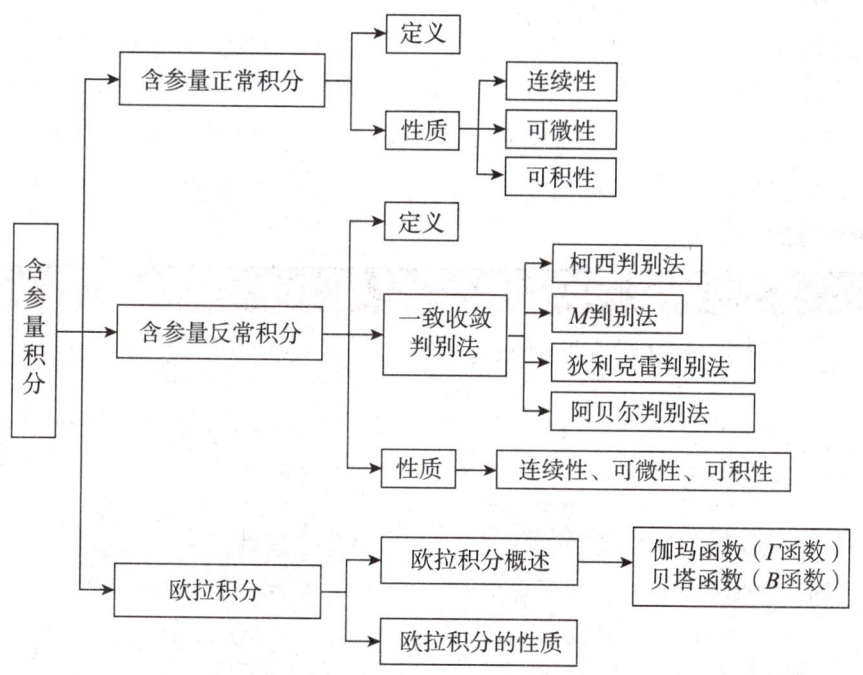

各个击破

■ 含参量正常积分

1. 含参量积分

设 $f(x,y)$ 为定义在矩形区域 $R=[a,b]\times[c,d]$ 上的二元函数,若对于 $[a,b]$ 上每一固定的 x 值,$f(x,y)$ 作为 y 的函数在闭区间 $[c,d]$ 上可积,则其积分值是 x 在 $[a,b]$ 上取值的函数,记作 $I(x)$,即 $I(x)=\int_c^d f(x,y)\mathrm{d}y, x\in[a,b]$,函数 $I(x)$ 称为定义在 $[a,b]$ 上含参量 x 的正常积分,简称**含参量积分**.

它的更一般的情形是上、下限也是 x 的函数:设 $f(x,y)$ 为定义在区域

$$G=\{(x,y)\mid c(x)\leqslant y\leqslant d(x), a\leqslant x\leqslant b\}$$

上的二元函数,其中 $c(x),d(x)$ 为定义在 $[a,b]$ 上的连续函数. 若对于 $[a,b]$ 上每一固定 x 值,$f(x,y)$ 作为 y 的函数在闭区间 $[c(x),d(x)]$ 上可积,则其积分值是 x 在 $[a,b]$ 上取值的函数,记作 $F(x)$,即 $F(x)=\int_{c(x)}^{d(x)} f(x,y)\mathrm{d}y, x\in[a,b]$,函数 $F(x)$ 同样称为定义在 $[a,b]$ 上**含参量** x **的正常积分**,简称含参量积分.

2. 含参积分的性质

性质	内容
连续性	(1) 若二元函数 $f(x,y)$ 在矩形区域 $R=[a,b]\times[c,d]$ 上连续,则函数 $I(x)=\int_c^d f(x,y)\mathrm{d}y$ 在 $[a,b]$ 上连续. (2) 若二元函数 $f(x,y)$ 在区域 $G=\{(x,y)\mid c(x)\leqslant y\leqslant d(x), a\leqslant x\leqslant b\}$ 上连续,其中 $c(x),d(x)$ 为 $[a,b]$ 上的连续函数,则函数 $F(x)=\int_{c(x)}^{d(x)} f(x,y)\mathrm{d}y$ 在 $[a,b]$ 上连续
可微性	(1) 若二元函数 $f(x,y)$ 及其偏导数 $f_x(x,y)$ 都在 $[a,b]\times[c,d]$ 上连续,则 $I(x)=\int_c^d f(x,y)\mathrm{d}y$ 在 $[a,b]$ 上可微,且 $I'(x)=\int_c^d f_x(x,y)\mathrm{d}y, x\in[a,b]$. (2) 若二元函数 $f(x,y), f_x(x,y)$ 在 $[a,b]\times[p,q]$ 上连续,且 $c(x),d(x)$ 为定义在 $[a,b]$ 上其值含于 $[p,q]$ 内的可微函数,则函数 $F(x)=\int_{c(x)}^{d(x)} f(x,y)\mathrm{d}y$ 在 $[a,b]$ 上可微且 $F'(x)=\int_{c(x)}^{d(x)} f_x(x,y)\mathrm{d}y+f(x,d(x))d'(x)-f(x,c(x))c'(x), x\in[a,b]$
可积性	若二元函数 $f(x,y)$ 在 $[a,b]\times[c,d]$ 上连续,则函数 $I(x)=\int_c^d f(x,y)\mathrm{d}y, J(y)=\int_a^b f(x,y)\mathrm{d}x$ 分别在 $[a,b]$ 和 $[c,d]$ 上可积,且 $\int_a^b \mathrm{d}x \int_c^d f(x,y)\mathrm{d}y = \int_c^d \mathrm{d}y \int_a^b f(x,y)\mathrm{d}x$

小提示: 对于含参量积分的三个性质,基本上只要被积的二元函数是连续的,则结论是成立的,其中可微性需要添加可微的条件.

例1 求 $F(y) = \int_y^{y^2} \dfrac{\sin(xy)}{x}\mathrm{d}x$ 的导数.

解 $F'(y) = \int_y^{y^2} \cos(xy)\mathrm{d}x + \dfrac{\sin y^3}{y^2}\cdot 2y - \dfrac{\sin y^2}{y}$

$= \dfrac{\sin xy}{y}\bigg|_y^{y^2} + \dfrac{\sin y^3}{y^2}\cdot 2y - \dfrac{\sin y^2}{y}$

$= \dfrac{3\sin y^3 - 2\sin y^2}{y}.$

例2 求 $I(a) = \int_0^\pi \ln(1+a\cos x)\mathrm{d}x$,其中 $|a|<1$.

解 因为 $\int_0^a \dfrac{\cos x}{1+y\cos x}\mathrm{d}y = \ln(1+a\cos x)$,所以

$I(a) = \int_0^\pi \ln(1+a\cos x)\mathrm{d}x = \int_0^\pi \mathrm{d}x \int_0^a \dfrac{\cos x}{1+y\cos x}\mathrm{d}y.$

被积函数 $\dfrac{\cos x}{1+y\cos x}$ 在 $[0,\pi]\times[0,a]$ 上连续,由积分号下的积分法交换积分顺序,得

$I(a) = \int_0^a \mathrm{d}y \int_0^\pi \dfrac{\cos x}{1+y\cos x}\mathrm{d}x = \int_0^a \dfrac{-y\pi \mathrm{d}y}{\sqrt{1-y^2}(1+\sqrt{1-y^2})}\mathrm{d}y$

$= \pi\ln(1+\sqrt{1-y^2})\bigg|_0^a = \pi\ln\dfrac{1+\sqrt{1-a^2}}{2}.$

例3 求极限 $\lim\limits_{\alpha\to 0}\int_0^{1+\alpha} \dfrac{\mathrm{d}x}{1+x^2+\alpha^2}.$

解 令 $I(\alpha) = \int_0^{1+\alpha} \dfrac{\mathrm{d}x}{1+x^2+\alpha^2}$,由于 $f(x,\alpha) = \dfrac{1}{1+x^2+\alpha^2}$ 在整个平面上连续,$1+\alpha$ 在 $\mathbf{R}$ 上连续,因此 $I(\alpha)$ 在 $\mathbf{R}$ 上连续,于是

$\lim\limits_{\alpha\to 0}\int_0^{1+\alpha} \dfrac{\mathrm{d}x}{1+x^2+\alpha^2} = \lim\limits_{\alpha\to 0} I(\alpha) = I(0) = \int_0^1 \dfrac{\mathrm{d}x}{1+x^2} = \arctan x\bigg|_0^1 = \dfrac{\pi}{4}.$

例4 讨论函数 $I(x) = \int_1^2 \dfrac{\ln(1+xy)}{y}\mathrm{d}y$ 的连续性.

解 易见 $I(x)$ 的定义域为 $\left(-\dfrac{1}{2},+\infty\right)$.令

$f(x,y) = \dfrac{\ln(1+xy)}{y},(x,y)\in\left(-\dfrac{1}{2},+\infty\right)\times[1,2].$

$\forall x_0 \in \left(-\dfrac{1}{2},\infty\right),\exists a,b$,使得 $-\dfrac{1}{2}<a<x_0<b,$

$f(x,y)$ 在 $[a,b]\times[1,2]$ 上连续,因此 $I(x)$ 在 $[a,b]$ 上连续,从而在 x_0 上连续.

由 x_0 的任意性可得 $I(x)$ 在 $\left(-\dfrac{1}{2},+\infty\right)$ 上连续.

■ 含参量反常积分

1. 基本概念

名称	定义
含参量反常积分	设函数 $f(x,y)$ 定义在无界区域 $R=[a,b]\times[c,+\infty)$ 上,若对每一个固定的 $x\in[a,b]$,反常积分 $\int_c^{+\infty} f(x,y)\mathrm{d}y$ 都收敛,则它的值是 x 在 $[a,b]$ 上取值的函数,记作 $I(x)$,即 $$I(x)=\int_c^{+\infty} f(x,y)\mathrm{d}y, x\in[a,b]$$ 函数 $I(x)$ 称为**含参量 x 的无穷限反常积分**,简称含参量反常积分
含参量反常积分的一致收敛	若 $\forall \varepsilon>0, \exists N>c$,使得当 $M>N$ 时,对任何 $x\in[a,b]$ 都有 $\left|\int_M^{+\infty} f(x,y)\mathrm{d}y\right|<\varepsilon$,则称该含参量反常积分在 $[a,b]$ 上**一致收敛**于 $I(x)$

2. 反常积分一致收敛的判别方法

无穷积分 $\int_c^{+\infty} f(x,y)\mathrm{d}y$ 与函数项级数 $\sum_{n=1}^{\infty} u_n(x)$ 都是对函数的求"和",前者是连续地求和,后者是离散地求和.因此,它们的一致收敛判别法类似,分别如下:

名称	无穷积分	函数项级数
公式	$\int_c^{+\infty} f(x,y)\mathrm{d}y, x\in I$	$\sum_{n=1}^{\infty} u_n(x), x\in I$
柯西准则	$\forall \varepsilon>0, \exists M>c, \forall A_2>A_1>M,$ $\forall x\in I,$ 有 $\left|\int_{A_1}^{A_2} f(x,y)\mathrm{d}y\right|<\varepsilon$	$\forall \varepsilon>0, \exists N\in \mathbf{N}_+, \forall n_2>n_1>N,$ $\forall x\in I,$ 有 $\left|\sum_{n=n_1}^{n_2} u_n(x)\right|<\varepsilon$
魏尔斯特拉斯 M 判别法	若 $\forall(x,y)\in I\times[c,+\infty),$ 有 $|f(x,y)|\leqslant g(y)$,且 $\int_c^{+\infty} g(y)\mathrm{d}y$ 收敛,则 $\int_c^{+\infty} f(x,y)\mathrm{d}y$ 在 I 上一致收敛	若 $\forall n\in \mathbf{N}_+, \forall x\in I,$ 有 $|u_n(x)|\leqslant M_n$,且 $\sum_{n=1}^{\infty} M_n$ 收敛,则 $\sum_{n=1}^{\infty} u_n(x)$ 在 I 上一致收敛
狄利克雷判别法	若 $\forall N>c, \int_c^N f(x,y)\mathrm{d}y$ 在 I 上一致有界,$\forall x\in I, g(x,y)$ 关于 y 是单调的,且 $g(x,y)\rightrightarrows 0 (y\to+\infty), x\in I$,则 $\int_c^{+\infty} f(x,y)g(x,y)\mathrm{d}y$ 在 I 上一致收敛	若 $\forall n\in \mathbf{N}_+, \sum_{k=1}^n u_k(x)$ 在 I 上一致有界,$\forall x\in I, \{v_n(x)\}$ 是单调的,且 $v_n(x)\rightrightarrows 0 (n\to+\infty), x\in I$,则 $\sum_{n=1}^{\infty} u_n(x)v_n(x)$ 在 I 上一致收敛
阿贝尔判别法	若 $\int_c^{+\infty} f(x,y)\mathrm{d}y$ 在 I 上一致收敛,$\forall x\in I, g(x,y)$ 关于 y 是单调的,且在 I 上一致有界,则 $\int_c^{+\infty} f(x,y)g(x,y)\mathrm{d}y$ 在 I 上一致收敛	若 $\sum_{n=1}^{+\infty} u_n(x)$ 在 I 上一致收敛,$\forall x\in I, \{v_n(x)\}$ 是单调的,且在 I 上一致有界,则 $\sum_{n=1}^{\infty} u_n(x)v_n(x)$ 在 I 上一致收敛

3. 含参量反常积分的性质

性质	内容
连续性	设 $f(x,y)$ 在 $[a,b]\times[c,+\infty)$ 上连续，若含参量反常积分 $I(x)=\int_c^{+\infty}f(x,y)\mathrm{d}y$ 在 $[a,b]$ 上一致收敛，则 $I(x)$ 在 $[a,b]$ 上连续
可微性	设 $f(x,y)$ 与 $f_x(x,y)$ 在 $[a,b]\times[c,+\infty)$ 上连续，若 $I(x)=\int_c^{+\infty}f(x,y)\mathrm{d}y$ 在 $[a,b]$ 上收敛，$\int_c^{+\infty}f_x(x,y)\mathrm{d}y$ 在 $[a,b]$ 上一致收敛，则 $I(x)$ 在 $[a,b]$ 上可微，且 $$I'(x)=\int_c^{+\infty}f_x(x,y)\mathrm{d}y, x\in[a,b]$$
可积性	(1) 设 $f(x,y)$ 在 $[a,+\infty)\times[c,+\infty)$ 上连续；$\int_c^{+\infty}f(x,y)\mathrm{d}x$ 关于 y 在 $[c,+\infty)$ 上内闭一致收敛，$\int_a^{+\infty}f(x,y)\mathrm{d}y$ 关于 x 在 $[a,+\infty)$ 上内闭一致收敛；两个反常积分 $\int_a^{+\infty}\mathrm{d}x\int_c^{+\infty}\lvert f(x,y)\rvert\mathrm{d}y,$ $\int_c^{+\infty}\mathrm{d}y\int_a^{+\infty}\lvert f(x,y)\rvert\mathrm{d}x$ 中如果有一个收敛，则 $$\int_a^{+\infty}\mathrm{d}x\int_c^{+\infty}f(x,y)\mathrm{d}y=\int_c^{+\infty}\mathrm{d}y\int_a^{+\infty}f(x,y)\mathrm{d}x$$ (2) 设 $f(x,y)$ 在 $[a,b]\times[c,+\infty)$ 上连续，若含参量反常积分在 $[a,b]$ 上一致收敛，则 $I(x)$ 在 $[a,b]$ 上可积，且 $\int_a^b\mathrm{d}x\int_c^{+\infty}f(x,y)\mathrm{d}y=\int_c^{+\infty}\mathrm{d}y\int_a^b f(x,y)\mathrm{d}x$

例 5 试证 $\int_0^{+\infty}x\mathrm{e}^{-xy}\mathrm{d}y$

(1) 在 $[\alpha,+\infty)$ 上一致收敛(其中 $\alpha>0$)；(2) 在 $(0,+\infty)$ 内不一致收敛.

解 (1) $\because 0<\int_A^{+\infty}x\mathrm{e}^{-xy}\mathrm{d}y=-\mathrm{e}^{-xy}\big|_A^{+\infty}=\mathrm{e}^{-Ax}\leqslant\mathrm{e}^{-\alpha A}, x\geqslant\alpha.$

又 $\because \lim\limits_{A\to+\infty}\mathrm{e}^{-\alpha A}=0,$

$\therefore \forall\varepsilon>0, \exists A_0>0$，当 $A>A_0$ 时，$\mathrm{e}^{-\alpha A}<\varepsilon.$

$\left|\int_A^{+\infty}x\mathrm{e}^{-xy}\mathrm{d}y\right|\leqslant\mathrm{e}^{-\alpha A}<\varepsilon.$

$\therefore \int_0^{+\infty}x\mathrm{e}^{-xy}\mathrm{d}y$ 在 $[\alpha,+\infty)$ 上一致收敛(其中 $\alpha>0$).

(2) 需要证明"存在 $\varepsilon_0>0$，对 $\forall A_0>0, \exists A>A_0$ 和 $x_0>0,$ 使 $\left|\int_A^{+\infty}x_0\mathrm{e}^{-x_0 y}\mathrm{d}y\right|>\varepsilon_0$".

注意 $\int_A^{+\infty}x_0\mathrm{e}^{-x_0 y}\mathrm{d}y=\mathrm{e}^{-x_0 A}=0$，取 $x_0=\dfrac{1}{A}$，就有 $\int_A^{+\infty}x_0\mathrm{e}^{-x_0 y}\mathrm{d}y=\mathrm{e}^{-1}.$

故存在 $\varepsilon_0=\dfrac{\mathrm{e}^{-1}}{2}>0$，对于 $\forall A_0>0, \exists A>A_0$ 和 $x_0=\dfrac{1}{A}$，使得 $\int_A^{+\infty}x_0\mathrm{e}^{-x_0 y}\mathrm{d}y=\mathrm{e}^{-1}>\varepsilon_0.$

因此 $\int_0^{+\infty}x\mathrm{e}^{-xy}\mathrm{d}y$ 在 $(0,+\infty)$ 内不一致收敛.

> **小提示**：对于含参量反常积分来说，其一致收敛的性质是很重要的！

例 6 计算 $I=\int_0^{+\infty}\mathrm{e}^{-px}\dfrac{\sin bx-\sin ax}{x}\mathrm{d}x\ (p>0, b>a).$

解 因 $\dfrac{\sin bx-\sin ax}{x}=\int_a^b\cos xy\,\mathrm{d}y,$

故 $I = \int_0^{+\infty} e^{-px}(\int_a^b \cos xy\, dy)dx = \int_a^b dy \int_0^{+\infty} e^{-px}\cos xy\, dy$.

因 $|e^{-px}\cos xy| \leqslant e^{-px}$ 及 $\int_0^{+\infty} e^{-px}dx$ 收敛,由魏尔斯特拉斯 M 判别法,得 $\int_0^{+\infty} e^{-px}\cos xy\, dx$ 在区间 $[a,b]$ 上一致收敛.

又 $e^{-px}\cos xy$ 在 $[0,+\infty) \times [a,b]$ 上连续,故由定理可知,积分换序值不变,所以
$$I = \int_a^b dy \int_0^{+\infty} e^{-px}\cos xy\, dx = \int_a^b \frac{p}{p^2+y^2}dy = \arctan\frac{b}{p} - \arctan\frac{a}{p}.$$

> $\int e^{ax}\cos bx\, dx = e^{ax}\dfrac{a\cos bx + b\cos bx}{a^2+b^2} = C.$

例 7 证明含参量的反常积分 $\int_0^{+\infty} e^{-xy}\dfrac{\sin x}{x}dy$ 在 $[0,d]$ 上一致收敛.

证 由 $\int_0^{+\infty}\dfrac{\sin x}{x}dx$ 收敛从而一致收敛, $e^{-xy}\Big|_0^{+\infty} = e^{-xy} \leqslant 1, (x,y) \in [0,+\infty) \times [0,d]$ 及对每一个 $y \in [0,d]$, e^{-xy} 单调,据阿贝尔判别法即得含参量的反常积分 $\int_0^{+\infty} e^{-xy}\dfrac{\sin x}{x}dy$ 在 $[0,d]$ 上一致收敛.

例 8 计算 $\varphi(r) = \int_0^{+\infty} e^{-x^2}\cos rx\, dx$.

解 由于 $|e^{-x^2}\cos rx| \leqslant e^{-x^2}$ 和 $\int_0^{+\infty} e^{-x^2}dx$ 收敛,故 $\int_0^{+\infty} e^{-x^2}\cos rx\, dx$ 一致收敛,

类似地 $\int_0^{+\infty}\dfrac{\partial}{\partial r}(e^{-x^2}\cos rx)dx = \int_0^{+\infty} -xe^{-x^2}\sin rx\, dx$ 也一致收敛.

$\varphi'(r) = \int_0^{+\infty} -xe^{-x^2}\sin rx\, dx$
$= \lim_{A\to+\infty}\int_0^A -xe^{-x^2}\sin rx\, dx = \lim_{A\to+\infty}\left(\dfrac{1}{2}e^{-x^2}\sin rx\Big|_0^A - \dfrac{1}{2}\int_0^A re^{-x^2}\cos rx\, dx\right)$
$= -\dfrac{r}{2}\int_0^{+\infty} e^{-x^2}\cos rx\, dx = -\dfrac{r}{2}\varphi(r),$

于是 $\ln\varphi(r) = -\dfrac{r^2}{4} + \ln C,\qquad \varphi(r) = ce^{-\frac{r^2}{4}}.$

由 $\varphi(0) = \int_0^{+\infty} e^{-x^2}dx = \dfrac{\sqrt{\pi}}{2},\qquad$ 得 $\varphi(r) = \dfrac{\sqrt{\pi}}{2}e^{-\frac{r^2}{4}}.$

■ 欧拉积分

1. 欧拉积分概述

含参量反常积分: $\Gamma(s) = \int_0^{+\infty} x^{s-1}e^{-x}dx, s > 0,$

$$B(p,q) = \int_0^1 x^{p-1}(1-x)^{q-1}dx, p > 0, q > 0,$$ 统称为**欧拉积分**.

其中前者又称为**伽马函数**(或 Γ 函数),后者称为**贝塔函数**(或 B 函数).

2. 欧拉积分性质

名称	Γ 函数	B 函数
特征	$\Gamma(s)$ 在定义域 $s>0$ 内连续且可导	$B(p,q)$ 在定义域 $p>0, q>0$ 内连续
递推公式	$\Gamma(s+1) = s\Gamma(s)$	$B(p,q) = \dfrac{q-1}{p+q-1} B(p, q-1)\ (p>0, q>1)$ $B(p,q) = \dfrac{p-1}{p+q-1} B(p-1, q)\ (p>1, q>0)$ $B(p,q) = \dfrac{(p-1)(q-1)}{(p+q-1)(p+q-2)} B(p-1, q-1)$ $(p>1, q>1)$
其他表达形式	$\Gamma(s) = \int_0^{+\infty} 2y^{2s-1} e^{-y^2} dy$ $= p^s \int_0^{+\infty} y^{s-1} e^{-py} dy$ $(s>0, p>0)$	$B(p,q) = \int_0^{\frac{\pi}{2}} 2\sin^{2q-1}\varphi \cos^{2p-1}\varphi\, d\varphi = \int_0^{+\infty} \dfrac{y^{p-1}}{(1+y)^{p+q}} dy$ $= \int_0^1 \dfrac{y^{p-1} + y^{q-1}}{(1+y)^{p+q}} dy$
对称性		$B(p,q) = B(q,p)$
两者关系		$B(p,q) = \dfrac{\Gamma(p)\Gamma(q)}{\Gamma(q+p)}, p>0, q>0$

例 9 已知 $\Gamma\left(\dfrac{1}{2}\right) = \sqrt{\pi}$,试证

$$\int_{-\infty}^{+\infty} x^2 e^{-x^2} dx = \dfrac{\sqrt{\pi}}{2}.$$

证
$$\int_{-\infty}^{+\infty} x^2 e^{-x^2} dx = \int_{-\infty}^{0} x^2 e^{-x^2} dx + \int_{0}^{+\infty} x^2 e^{-x^2} dx$$
$$= \int_{0}^{+\infty} y^2 e^{-y^2} dy + \int_{0}^{+\infty} x^2 e^{-x^2} dx$$
$$= 2\int_{0}^{+\infty} x^2 e^{-x^2} dx$$

令 $t = x^2$,则

上式 $= 2\int_{0}^{+\infty} t e^{-t} dt^{\frac{1}{2}}$
$= 2\int_{0}^{+\infty} t e^{-t} \cdot \dfrac{1}{2} t^{-\frac{1}{2}} dt$
$= 2\int_{0}^{+\infty} t^{\frac{1}{2}} e^{-t} dt$
$= \Gamma\left(\dfrac{3}{2}\right) = \dfrac{1}{2}\Gamma\left(\dfrac{1}{2}\right) = \dfrac{\sqrt{\pi}}{2}.$

课后习题全解

习题 19.1

1. **知识点拨** 含参量正常积分的连续性定理(定理 19.1).

逻辑推理 首先讨论 $f(x,y) = \operatorname{sgn}(x-y)$ 的表达式,再求出 $F(y)$,最后证明 $F(y)$ 在 $(-\infty,+\infty)$ 上的连续性.

解题过程 因为 $0 \leqslant x \leqslant 1$,

所以,当 $y < 0$ 时, $x-y > 0$, 则 $\operatorname{sgn}(x-y) = 1$, 即 $f(x,y) = 1$, 则 $F(y) = \int_0^1 \mathrm{d}x = 1$.

当 $0 \leqslant y \leqslant 1$ 时, $f(x,y) = \begin{cases} -1, & x \leqslant y \\ 0, & x = y \\ 1, & x > y \end{cases}$, 则 $F(y) = \int_0^y (-1)\mathrm{d}x + \int_y^1 \mathrm{d}x = 1-2y$.

当 $y > 1$ 时, $f(x,y) = -1$, 则 $F(y) = \int_0^1 (-1)\mathrm{d}x = -1$,

即 $F(y) = \begin{cases} 1, y < 0 \\ 1-2y, 0 \leqslant y \leqslant 1, \\ -1, y > 1 \end{cases}$

$F(y)$ 的图像如图 19-1 所示.

又因 $\lim\limits_{y \to 0} F(y) = 1 = F(0)$, $\lim\limits_{y \to 1} F(y) = -1 = F(1)$. $F(y)$ 在 $y=0$ 与 $y=1$ 处均连续,因而 $F(y)$ 在 $(-\infty,+\infty)$ 上连续.

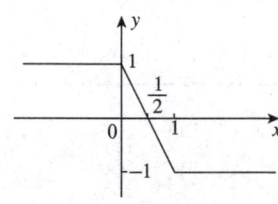

图 19-1

2. **知识点拨** 含参量正常积分的连续性定理.

逻辑推理 $f(x)$ 在矩形区域 $R=[a,b]\times[c,d]$ 上连续,则函数 $I(x) = \int_c^d f(x,y)\mathrm{d}y$ 在 $[a,b]$ 上连续,因此 $\lim\limits_{y\to 0}\int_a^d f(x,y)\mathrm{d}x = \int_a^d \lim\limits_{y\to 0} f(x,y)\mathrm{d}x$,然后利用极限性求解.

解题过程 (1) 因为 $f(x,\alpha) = \sqrt{x^2+\alpha^2}$ 在区域 $R=[-1,1]\times[-1,1]$ 上连续,

所以由连续性定理得 $\lim\limits_{\alpha\to 0}\int_{-1}^1 \sqrt{x^2+\alpha^2}\,\mathrm{d}x = \int_{-1}^1 \lim\limits_{\alpha\to 0}\sqrt{x^2+\alpha^2}\,\mathrm{d}x = \int_{-1}^1 |x|\,\mathrm{d}x = 1$.

(2) 因为 $f(x,\alpha) = x^2\cos\alpha x$ 在区域 $R=[0,2]\times[-1,1]$ 上连续,

所以由连续性定理得 $\lim\limits_{\alpha\to 0}\int_0^2 x^2\cos\alpha x\,\mathrm{d}x = \int_0^2 \lim\limits_{\alpha\to 0} x^2\cos\alpha x\,\mathrm{d}x = \int_0^2 x^2\,\mathrm{d}x = \frac{8}{3}$.

小提示 应用零点的闭区间即可,如本题给出了 $[-1,1]$ 的闭区间,换成 $[-2,2]$ 也可以.由于只研究在 $\alpha=0$ 处的极限,所以在使用连续性条件时,只需人为给出一个包含零点的连续闭区间.

3. **知识点拨** 含参积分的可微性定理.

逻辑推理 若 $f(x,y)$ 及其偏导数 $f_x(x,y)$ 在 $[a,b]\times[p,q]$ 上连续,则

$$f'(x) = \int_{c(x)}^{d(x)} f_x(x,y)\mathrm{d}y + f[x,d(x)]d'(x) - f[x,c(x)]c'(x).$$

解题过程 记 $f(x,y) = e^{-xy^2}$，则 $f_x(x,y) = -y^2 e^{-xy^2}$. $\forall x \in (-\infty, +\infty)$，在矩形区域 $[-k,k] \times [-k, k^2]$ 上，f, f_x 在 $\mathbf{R}^2$ 上连续，由可微性定理知，$F(x) = \int_{x}^{x^2} e^{-xy^2} dy$ 在 $[-k,k]$ 上可微，且

$$F'(x) = \int_{x}^{x^2} f_x(x,y) dy + f[x, y_2(x)] y_2'(x) - f[x, y_1(x)] y_1'(x)$$

$$= -\int_{x}^{x^2} y^2 e^{-xy^2} dy + 2x e^{-x^5} - e^{-x^3}.$$

4. **知识点窍** 含参量正常积分的微分性定理(定理 19.3).

逻辑推理 若二元函数 $f(x,y)$ 及其偏导数 $f_x(x,y)$ 在 $[a,b] \times [c,d]$ 上连续，则 $I(x)$ 在 $[a,b]$ 上可微，且 $I'(x) = \int_c^d f_x(x,y) dy$.

解题过程 (1) 若 $|a| = 0$，则 $|b| > 0$，所以

$$\int_0^{\frac{\pi}{2}} \ln(a^2 \sin^2 x + b^2 \cos^2 x) dx = \int_0^{\frac{\pi}{2}} \ln(b^2 \cos^2 x) dx = \pi \ln|b| + 2\int_0^{\frac{\pi}{2}} \ln(\cos x) dx$$

$$= \pi \ln \frac{|b|}{2}.$$

同理，当 $|b| = 0$，则 $|a| > 0$，此时有

$$\int_0^{\frac{\pi}{2}} \ln(a^2 \sin^2 x + b^2 \cos^2 x) dx = \int_0^{\frac{\pi}{2}} \ln(a^2 \sin^2 x) dx = \pi \ln|a| + 2\int_0^{\frac{\pi}{2}} \ln(\sin x) dx$$

$$= \pi \ln|a| - \pi \ln 2 = \pi \ln \frac{|a|}{2}.$$

当 $|a| > 0, |b| > 0$ 时，令 $I(b) = \int_0^{\frac{\pi}{2}} \ln(|a|^2 \sin^2 x + |b|^2 \cos^2 x) dx$，显然满足可微性定理 19.3 的条件，则 $I'(b) = \int_0^{\frac{\pi}{2}} \frac{1}{1 + \left(\frac{|a|}{|b|} \tan x\right)^2} dx = \frac{\pi}{|a| + |b|}$,

而 $I(0) = \int_0^{\frac{\pi}{2}} \ln(a^2 \sin^2 x) dx = \pi \ln \frac{|a|}{2}$,

所以 $I(b) = \int_0^{|b|} \frac{\pi}{|a| + t} dt + \pi \ln \frac{|a|}{2} = \pi \ln \frac{|a| + |b|}{2}$.

从而，当 $a^2 + b^2 \ne 0$ 时，

$$\int_0^{\frac{\pi}{2}} \ln(a^2 \sin^2 x + b^2 \cos^2 x) dx = \pi \ln \frac{|a| + |b|}{2}.$$

(2) 设 $I(a) = \int_0^{\pi} \ln(1 - 2a\cos x + a^2) dx$,

当 $|a| < 1$ 时，$1 - 2a\cos x + a^2 \geq 1 - 2|a| + |a|^2 = (1 - |a|)^2$.

因而 $\ln(1 - 2a\cos x + a^2)$ 为连续函数且具有连续导数，于是

$$I'(a) = \int_0^{\pi} \frac{2a - 2\cos x}{1 - 2a\cos x + a^2} dx = \frac{1}{a} \int_0^{\pi} \left(1 + \frac{a^2 - 1}{1 - 2a\cos x + a^2}\right) dx$$

$$= \frac{\pi}{a} + \frac{a^2 - 1}{a^2} \cdot \frac{1}{1 + a^2} \int_0^{\pi} \frac{1}{1 + \frac{-2a}{1 + a^2} \cos x} dx = 0.$$

从而 $I(a)$ 恒等于常数，由 $I(0) = 0$ 知 $I(a) = 0 (|a| < 1)$.

当 $|a| > 1$ 时，令 $b = \frac{1}{a}$，则 $|b| < 1$，有 $I(b) = 0$.

$$I(a) = I\left(\frac{1}{b}\right) = \int_0^\pi \ln\left(1 - \frac{2}{b}\cos x + \frac{1}{b^2}\right)dx$$

$$= \int_0^\pi \ln(b^2 - 2b\cos x + 1)dx - \int_0^\pi \ln b^2 dx = I(b) - 2\pi\ln|b| = 2\pi\ln|a|.$$

当 $a = 1$ 时,有

$$I(1) = \int_0^\pi \ln 2(1-\cos x)dx = \int_0^\pi (\ln 4 + 2\ln(\sin\frac{x}{2}))dx = \pi\ln 4 + 2\int_0^{\frac{\pi}{2}} \ln(\sin\frac{x}{2})dx$$

$$= \pi\ln 4 + 4(-\frac{\pi}{2}\ln 2) = 0.$$

同理,当 $a = -1$ 时, $I(-1) = 0$.

综上所述 $I(a) = \begin{cases} 0, & |a| \leqslant 1 \\ 2\pi\ln|a|, & |a| > 1 \end{cases}$.

5. **知识点窍** 含参量正常积分的可积性定理.

   解题过程 (1) 令 $g(x) = \sin\left(\ln\frac{1}{x}\right)\frac{x^b - x^a}{\ln x}$.

   因为 $\lim_{x \to 0^+} g(x) = 0, \lim_{x \to 1} g(x) = 0$,所以 $x = 0, x = 1$ 是函数可去间断点,补充定义 $g(0) = 0$, $g(1) = 0$,则 $g(x)$ 在 $[0,1]$ 上连续.

   所以,原积分 $= \int_0^1 g(x)dx = \int_0^1 \left[\int_a^b \sin\left(\ln\frac{1}{x}\right)x^y dy\right]dx$.

   令 $f(x,y) = \begin{cases} \sin\left(\ln\frac{1}{x}\right)x^y, & 0 < x \leqslant 1 \\ 0, & x = 0 \end{cases}$,则 $f(x,y)$ 在 $R = [0,1] \times [a,b]$ 上连续,有

   $$\int_0^1 \left[\int_a^b \sin\left(\ln\frac{1}{x}\right)x^y dy\right]dx = \int_a^b dy \int_0^1 \sin\left(\ln\frac{1}{x}\right)x^y dx = \int_a^b dy \int_0^{+\infty} e^{-(y+1)t}\sin t\, dt$$

   $$= \int_a^b \frac{1}{1+(1+y)^2}dy = \arctan(1+b) - \arctan(1+a).$$

   (2) $\lim_{x \to 0^+} \cos\left(\ln\frac{1}{x}\right)\frac{x^b - x^a}{\ln x} = 0, \lim_{x \to 1}\cos\left(\ln\frac{1}{x}\right)\frac{x^b - x^a}{\ln x} = b - a.$

   与(1)同理, $x = 0, x = 1$ 是函数可去间断点,补充定义 $g(0) = 0, g(1) = b - a, f(x,y) = \cos(\ln\frac{1}{x}) \cdot x^y$ 在 $D = [0,1] \times [a,b]$ 上有

   $$I = \int_0^1 \cos\left(\ln\frac{1}{x}\right)\frac{x^b - x^a}{\ln x}dx = \int_0^1 dx \int_a^b x^y \cos\left(\ln\frac{1}{x}\right)dy = \int_a^b dy \int_0^1 x^y \cos\left(\ln\frac{1}{x}\right)dx.$$

   令 $g(x) = \begin{cases} x^y \cos\left(\ln\frac{1}{x}\right), & 0 < x \leqslant 1 \\ 0, & x = 0 \end{cases}$,则 $g(x)$ 在 $R = [0,1] \times [a,b]$ 上连续

   则 $I = \int_0^1 dx \int_a^b x^y \cos(\ln\frac{1}{x})dy = \int_a^b dy \int_0^1 \cos(\ln\frac{1}{x})dx$

   $$= \int_a^b \frac{1+y}{1+(1+y)^2}dy = \frac{1}{2}\ln\frac{(b+1)^2 + 1}{(a+1)^2 + 1}.$$

6. **知识点窍** 累次积分与定理 19.6.

   逻辑推理 若结果与定理不符,则必定是不满足定理需要的条件,即在区域上不连续. 观察函数 $f(x,y) = \frac{x^2 - y^2}{(x^2 + y^2)^2}$,可证明其在 $(0,0)$ 处不连续.

解题过程 由于 $\dfrac{x^2-y^2}{(x^2+y^2)^2} = \dfrac{\partial}{\partial x}\left(\dfrac{-x}{x^2+y^2}\right)$. 所以

$$\int_0^1 dx \int_0^1 \dfrac{x^2-y^2}{(x^2+y^2)^2} dy = \int_0^1 \left[\dfrac{y}{x^2+y^2}\bigg|_0^1\right] dx = \int_0^1 \dfrac{dx}{x^2+1} = \dfrac{\pi}{4},$$

$$\int_0^1 dy \int_0^1 \dfrac{x^2-y^2}{(x^2+y^2)^2} dx = \int_0^1 \left[\dfrac{-x}{x^2+y^2}\bigg|_0^1\right] dy = -\int_0^1 \dfrac{1}{y^2+1} dy = -\dfrac{\pi}{4},$$

因为 $\dfrac{x^2-y^2}{(x^2+y^2)^2}$ 在点 $(0,0)$ 处不连续,所以与定理 19.6 的结果不符.

7. **知识点窍** 含参量正常积分的连续性定理.

逻辑推理 通过被积函数 $\dfrac{yf(x)}{x^2+y^2}$ 的连续性,来讨论 $F(y)$ 的连续性.

解题过程 对任意 $y_0 > 0$,取 $\delta > 0$,使 $y_0 - \delta > 0$,于是被积函数 $\dfrac{yf(x)}{x^2+y^2}$ 在 $R = [0,1] \times [y_0 - \delta,$
$y_0 + \delta]$ 上连续,根据含参量正常积分的连续性定理,则 $F(y)$ 在区间 $[y_0 - \delta, y_0 + \delta]$ 上连续,由 y_0
的任意性知, $F(y)$ 在 $(0, +\infty)$ 上连续.

又因 $F(-y) = \int_0^1 \dfrac{-yf(x)}{x^2+y^2} dx = -\int_0^1 \dfrac{yf(x)}{x^2+y^2} dx$,则 $F(y)$ 在 $(-\infty, 0)$ 上连续.

在 $y = 0$ 处 $F(y_0) = 0$.

由于 $f(x)$ 为 $[0,1]$ 上的正的连续函数,则存在最小值 $m > 0$.

当 $y > 0$ 时,$F(y) = \int_0^1 \dfrac{yf(x)}{x^2+y^2} dx \geq \int_0^1 \dfrac{my}{x^2+y^2} dx = m\arctan\dfrac{1}{y}$.

从而 $\lim\limits_{y \to 0^+} F(y) \geq \dfrac{m}{4}\pi > 0$,但 $F(0) = 0$,即 $F(y)$ 在 $y = 0$ 处不连续.

所以 $F(y)$ 在 $(-\infty, 0) \cup (0, +\infty)$ 上连续,在 $y = 0$ 处不连续.

8. **逻辑推理** 利用拉格朗日中值定理将 $\int_a^x [f(t+h) - f(t)] dt$ 转换成 $f(\xi_1)h + f(\xi_2)h$ 的形式.

解题过程
$$\int_a^x [f(t+h) - f(t)] dt = \int_{a+h}^{x+h} f(t) dt - \int_a^x f(t) dt$$
$$= \int_{a+h}^x f(t) dt + \int_x^{x+h} f(t) dt - \int_a^{a+h} f(t) dt - \int_{a+h}^x f(t) dt = \int_x^{x+h} f(t) dt - \int_a^{a+h} f(t) dt$$
$$= f(\xi_1)h - f(\xi_2)h,$$

其中 $x \leq \xi_1 \leq x+h, a \leq \xi_2 \leq a+h$.

∵ 当 $h \to 0$ 时,$\xi_1 \to x, \xi_2 \to a$.

∴ $\lim\limits_{h \to 0} \dfrac{1}{h} \int_a^x [f(t+h) - f(t)] dt = \lim\limits_{h \to 0} \dfrac{1}{h} [f(\xi_1)h - f(\xi_2)h] = f(x) - f(a)$.

> **小提示**:拉格朗日中值定理:若函数在区间 $[a,b]$ 满足以下条件:
> ①在 $[a,b]$ 上可导;②在 $[a,b]$ 上连续,则必有一 $\xi \in (a,b)$,
> 使得 $\dfrac{f(b)-f(a)}{b-a} = f'(\xi)$.

9. **知识点窍** 含参量积分的可微性定理(定理 19.4).

解题过程 由定理 19.4 知

$$F_x(x,y) = \int_{\frac{x}{y}}^{xy} f(z) dz + y(x - xy^2) f(xy) - \dfrac{1}{y} f\left(\dfrac{x}{y}\right)\left(x - y \cdot \dfrac{x}{y}\right)$$
$$= \int_{\frac{x}{y}}^{xy} f(z) dz + xy(1 - y^2) f(xy),$$

$$F_{xy}(x,y) = xf(xy) + \frac{x}{y^2}f\left(\frac{x}{y}\right) + (x - 3xy^2)f(xy) + x^2y(1-y^2)f'(xy)$$

$$= x(2 - 3y^2)f(xy) + \frac{x}{y^2}f\left(\frac{x}{y}\right) + x^2y(1-y^2)f'(xy).$$

10. **知识点窍** 含参量积分可微性定理(定理 19.3).

逻辑推理 (1) 利用可微性定理(定理 19.3) 导出 $E'(k)$ 和 $F'(k)$,再用 $E(k), F(k)$ 来表示.
(2) 对 $E'(k)$ 求导得出 $E''(k)$,并利用题(1) 结论即得证.

解题过程 (1) 利用可微性定理 19.3,得

$$E'(k) = -\int_0^{\frac{\pi}{2}} \frac{k\sin^2\varphi}{\sqrt{1-k^2\sin^2\varphi}}\,d\varphi = \frac{1}{k}\int_0^{\frac{\pi}{2}} \sqrt{1-k^2\sin^2\varphi}\,d\varphi - \frac{1}{k}\int_0^{\frac{\pi}{2}} \frac{d\varphi}{\sqrt{1-k^2\sin^2\varphi}}$$

$$= \frac{1}{k}[E(k) - F(k)],$$

$$F'(k) = \int_0^{\frac{\pi}{2}} \frac{k\sin^2\varphi}{(1-k^2\sin^2\varphi)^{\frac{3}{2}}}\,d\varphi = \frac{1}{k}\left[\int_0^{\frac{\pi}{2}}(1-k^2\sin^2\varphi)^{-\frac{3}{2}}\,d\varphi - \int_0^{\frac{\pi}{2}}(1-k^2\sin^2\varphi)^{-\frac{1}{2}}\,d\varphi\right]$$

$$= \frac{1}{k}\left[\int_0^{\frac{\pi}{2}}(1-k^2\sin^2\varphi)^{-\frac{3}{2}}\,d\varphi - F(k)\right].$$

由于 $k^2 \dfrac{d}{d\varphi}\left[\sin\varphi\cos\varphi(1-k^2\sin^2\varphi)^{-\frac{1}{2}}\right]$

$$= \frac{k^2(\cos^2\varphi - \sin^2\varphi)}{(1-k^2\sin^2\varphi)^{\frac{1}{2}}} + \frac{k^4\sin^2\varphi\cos^2\varphi}{(1-k^2\sin^2\varphi)^{\frac{3}{2}}}$$

$$= \frac{k^4\sin^2\varphi\cos^2\varphi}{(1-k^2\sin^2\varphi)^{\frac{3}{2}}} + \frac{k^2\cos^2\varphi - 1}{(1-k^2\sin^2\varphi)^{\frac{1}{2}}} + (1-k^2\sin^2\varphi)^{\frac{1}{2}}$$

$$= \frac{k^2 - 1}{(1-k^2\sin^2\varphi)^{\frac{3}{2}}} + (1-k^2\sin^2\varphi)^{\frac{1}{2}},$$

两边从 0 到 $\dfrac{\pi}{2}$ 积分,得

$$k^2\left[\sin\varphi\cos\varphi(1-k^2\sin^2\varphi)^{-\frac{1}{2}}\right]\Big|_0^{\frac{\pi}{2}}$$

$$= (k^2 - 1)\int_0^{\frac{\pi}{2}} \frac{d\varphi}{(1-k^2\sin^2 d\varphi)^{\frac{3}{2}}} + \int_0^{\frac{\pi}{2}}(1-k^2\sin^2\varphi)^{\frac{1}{2}}\,d\varphi,$$

由此 $\int_0^{\frac{\pi}{2}}(1-k^2\sin^2 d\varphi)^{-\frac{3}{2}}\,d\varphi = \dfrac{1}{1-k^2}\int_0^{\frac{\pi}{2}}(1-k^2\sin^2\varphi)^{\frac{1}{2}}\,d\varphi$,则

$$F'(k) = \frac{E(k)}{k(1-k^2)} - \frac{F(k)}{(k)}.$$

(2) 由(1) 得 $\quad E''(k) = -\dfrac{E(k) - F(k)}{k^2} + \dfrac{E'(k) - F'(k)}{k}$

$$= -\frac{E(k) - F(k)}{k^2} + \frac{E(k) - F(k)}{k^2} - \frac{F'(k)}{k}$$

$$= -\frac{F'(k)}{k} = \frac{F(k)}{k^2} - \frac{E(k)}{k^2(1-k^2)}.$$

代入方程左边得

$$E''(k) + \frac{1}{k}E'(k) + \frac{E(k)}{1-k^2} = \frac{F(k)}{k^2} - \frac{E(k)}{k^2(1-k^2)} + \frac{E(k) - F(k)}{k^2} + \frac{E(k)}{1-k^2} = 0.$$

习题 19.2

1. **知识点窍** 魏尔斯特拉斯 M 判别法.

(1) **逻辑推理** $\left|\dfrac{y^2-x^2}{(x^2+y^2)^2}\right| \leqslant \dfrac{1}{x^2}$,因 $\int_1^{+\infty}\dfrac{\mathrm{d}x}{x^2}$ 收敛,利用 M 判别法可判定其一致收敛.

解题过程 $\forall x\in(1,+\infty), y\in(-\infty,+\infty)$,有 $\left|\dfrac{y^2-x^2}{(x^2+y^2)^2}\right| \leqslant \dfrac{x^2+y^2}{(x^2+y^2)^2} \leqslant \dfrac{1}{x^2}$.

而 $\int_1^{+\infty}\dfrac{\mathrm{d}x}{x^2}$ 收敛,则由 M 判别法知反常积分 $\int_1^{+\infty}\dfrac{y^2-x^2}{(x^2+y^2)^2}\mathrm{d}x$ 在 $(-\infty,+\infty)$ 上一致收敛.

(2) **解题过程** $\forall x\in[a,b], y\in[0,+\infty)(a>0)$,有 $0<|\mathrm{e}^{-x^2 y}|\leqslant \mathrm{e}^{-a^2 y}$.

而 $\int_0^{+\infty}\mathrm{e}^{-a^2 y}\mathrm{d}y = -\dfrac{1}{a^2}\mathrm{e}^{-a^2 y}\Big|_0^{+\infty} = \dfrac{1}{a^2}$,则 $\int_0^{+\infty}\mathrm{e}^{-a^2 y}\mathrm{d}y$ 收敛,

由 M 判别法知反常积分 $\int_0^{+\infty}\mathrm{e}^{-x^2 y}\mathrm{d}y$ 在 $[a,b](a>0)$ 上一致收敛.

(3) **逻辑推理** (i) 因 $0\leqslant x\mathrm{e}^{-xy}\leqslant b\mathrm{e}^{-ay}$ 且 $\int_0^{+\infty}b\mathrm{e}^{-ay}\mathrm{d}y$ 收敛,由 M 判别法知其一致收敛.(ii) 利用定义证明即可.

解题过程 (i) $\forall x\in(a,b), y\in[0,+\infty)$,有 $0\leqslant x\mathrm{e}^{-xy}\leqslant b\mathrm{e}^{-ay}$,而 $\int_0^{+\infty}b\mathrm{e}^{-ay}\mathrm{d}y$ 收敛 $(a>0)$,

由 M 判别法,知反常积分 $\int_0^{+\infty}x\mathrm{e}^{-xy}\mathrm{d}y$ 在 $[a,b](a>0)$ 上一致收敛.

(ii) 取 $\varepsilon_0 = \dfrac{1}{\mathrm{e}^2} > 0$,则对任何 $M>0$. 令 $A_1 = M, A_2 = 2M, x_0 = \dfrac{1}{M}$.

得到 $\left|\int_{A_1}^{A_2} x_0 \mathrm{e}^{-x_0 y}\mathrm{d}y\right| = -\mathrm{e}^{-x_0 y}\Big|_M^{2M} = \dfrac{\mathrm{e}-1}{\mathrm{e}^2} > \dfrac{1}{\mathrm{e}^2} = \varepsilon_0$,

故 $\int_0^{+\infty}x\mathrm{e}^{-xy}\mathrm{d}y$ 在 $[0,b]$ 上一致连续.

(4) **逻辑推理** $|\ln xy|\leqslant \ln b - \ln y$,由 $\int_0^1(\ln b - \ln y)$ 收敛,则可判定 $\int_0^1 \ln(xy)\mathrm{d}y$ 一致收敛.

解题过程 $\forall x\in\left[\dfrac{1}{b}, b\right](b>1), \forall y\in[0,1]$,

$|\ln xy| = |\ln x + \ln y|\leqslant|\ln x| + |\ln y|\leqslant \ln b - \ln y$.

而 $\int_0^1(\ln b - \ln y) = \dfrac{1}{b}\ln b - \int_0^{\frac{1}{b}}\ln y\mathrm{d}y = \dfrac{1}{b}\ln b - \lim_{a\to 0^+}[y\ln y - y]\Big|_a^{\frac{1}{b}}$

$= \dfrac{1}{b}\ln b - (-\dfrac{1}{b}\ln b - \dfrac{1}{b}) = \dfrac{2}{b}\ln b + \dfrac{1}{b}$,

则可知其收敛,由 M 判别法推断反常积分 $\int_0^1 \ln(xy)\mathrm{d}y$ 在 $\left[\dfrac{1}{b}, b\right](b>1)$ 上一致收敛.

(5) **逻辑推理** $\dfrac{1}{x^p}\leqslant \dfrac{1}{x^b}$,由 $\int_0^1 \dfrac{1}{x^b}\mathrm{d}x(b<1)$ 收敛,则可判定 $\int_0^1 \dfrac{1}{x^p}\mathrm{d}x$ 一致收敛.

解题过程 $\forall x\in[0,1]$ 及 $y\in(-\infty,b](b<1)$,有 $\left|\dfrac{1}{x^p}\right|\leqslant \dfrac{1}{x^b}(b<1)$,

而 $\int_0^1 \frac{1}{x^b}dx = \lim_{\varepsilon \to 0^+}\int_\varepsilon^1 \frac{dx}{x^b} = \lim_{\varepsilon \to 0^+} \frac{1}{1-b}x^{1-b}\Big|_\varepsilon^1 = \frac{1}{1-b}$, 则 $\int_0^1 \frac{1}{x^b}dx(b<1)$ 收敛,

故由 M 判别法知,含参量反常积分 $\int_0^1 \frac{1}{x^b}dx$ 在 $(-\infty, b](b<1)$ 上一致收敛.

小提示: 最常用的一致收敛的判别方法是 M 判别法, 在选择适当的比较对象时, 一定要注意合理地缩放.

2. **知识点窍** 魏尔斯特拉斯 M 判别法;可积性定理.

   逻辑推理 先利用 M 判别法判别 $\int_0^{+\infty} e^{-xy}dx$ 一致收敛, 然后由函数可积性定理即可求解.

   解题过程 因为 e^{-xy} 在 $[0,+\infty) \times [a,b]$ 上连续, 且 $xy \geq ax$, 则有 $0 < e^{-xy} \leq e^{-ax}$.

   而 $\int_0^{+\infty} e^{-ax}dx = -\frac{1}{a}e^{-ax}\Big|_0^{+\infty} = \frac{1}{a}$ 收敛, 由 M 判别法可推断含参量反常积分 $\int_0^{+\infty} e^{-xy}dx$ 在 $[a,b](a>0)$ 上一致收敛. 由可积性定理知 $I(y) = \int_0^{+\infty} e^{-xy}dx$ 在 $[a,b]$ 上可积, 且

   $$\int_0^{+\infty}dx\int_a^b e^{-xy}dy = \int_0^{+\infty}\frac{e^{-ax} - e^{-bx}}{x}dx = \int_a^b dy\int_0^{+\infty} e^{-xy}dx$$
   $$= \int_a^b \left[-\frac{1}{y}e^{-xy}\right]\Big|_0^{+\infty}dy = \int_a^b \frac{1}{y}dy = \ln\frac{b}{a}.$$

3. **知识点窍** 含参量正常积分连续性定理(定理 19.2).

   逻辑推理 利用 $\int_0^{+\infty} e^{-x^2}dx = \frac{\sqrt{\pi}}{2}$ 和连续性定理可解.

   解题过程 对 $\forall y \in (-\infty, +\infty)$, 令 $x - y = t$, 可推得

   $$F(y) = \int_0^{+\infty} e^{-(x-y)^2}dx = \int_{-y}^{+\infty} e^{-t^2}dt = \int_{-y}^0 e^{-t^2}dt + \int_0^{+\infty} e^{-t^2}dt = \int_{-y}^0 e^{-t^2}dt + \frac{\sqrt{\pi}}{2}.$$

   对于含参量正常积分 $\int_{-y}^0 e^{-t^2}dt$, 由连续性定理可得 $\int_{-y}^0 e^{-t^2}dt$ 在 $(-\infty, +\infty)$ 上连续,

   则 $F(y) = \int_0^{+\infty} e^{-(x-y)^2}dx$ 在 $(-\infty, +\infty)$ 上连续.

4. **解题过程** (1) $\int_0^{+\infty} \frac{e^{-a^2x^2} - e^{-b^2x^2}}{x^2}dx = -\int_0^{+\infty}(e^{-a^2x^2} - e^{-b^2x^2})d\left(\frac{1}{x}\right) = 2b\int_0^{+\infty} e^{-(bx)^2}d(bx) - 2a\int_0^{+\infty} e^{-(ax)^2}d(ax)$
   $$= \sqrt{\pi}(b-a).$$

   (2) (i) 若 $x > 0$, $\int_0^{+\infty} e^{-t}\frac{\sin xt}{t}dt = \int_0^{+\infty} e^{-t}\frac{\sin xt - \sin 0t}{t}dt = \arctan x.$

   (ii) 若 $x = 0$, $\int_0^{+\infty} e^{-t}\frac{\sin xt}{t}dt = 0.$

   (iii) 若 $x < 0$, $\int_0^{+\infty} e^{-t}\frac{\sin xt}{t}dt = -\int_0^{+\infty} e^{-t}\frac{\sin 0t - \sin xt}{t}dt = \arctan x.$

   总之, $\int_0^{+\infty} e^{-t}\frac{\sin xt}{t}dt = \arctan x.$

   (3) **知识点窍** 含参量反常积分可微性定理.

   记 $J(y) = \int_0^{+\infty} e^{-x}\frac{1-\cos xy}{x^2}dx$, 由含参量反常积分可微性定理推得

$$J'(y) = \int_0^{+\infty} e^{-x} \frac{\sin xy}{x} dx = \arctan y, \text{ 而 } J(0) = 0, \text{所以}$$

$$\int_0^{+\infty} e^{-x} \frac{1-\cos xy}{x^2} dx = J(y) = \int_0^y J'(t) dt,$$

$$I = \int_0^y \arctan t\, dt = y\arctan y - \frac{1}{2}\ln(1+y^2).$$

5. (1) **知识点窍** 含参量反常积分连续性定理(定理 19.10).

   逻辑推理 验证函数 $f(x,y) = 2xye^{-xy^2}$ 是否满足连续性定理的条件,若不满足条件,则不能变换顺序.

   解题过程 由于 $\int_0^{+\infty} 2xye^{-xy^2} dy = \int_0^{+\infty} xe^{-xu} du$(其中 $u=y^2$)在 $[0,b]$ 上不一致收敛. 故不能施行极限与积分运算顺序的交换. 实际上, 因 $F(x) = \int_0^{+\infty} 2xye^{-xy^2} dy = \begin{cases} 1, x>0, \\ 0, x=0, \end{cases}$ 而 $\lim_{x \to 0^+} F(x) = 1,$

   $\int_0^{+\infty} \lim_{x \to 0^+} 2xye^{-xy^2} dy = 0,$ 即交换顺序后不相等.

(2) **知识点窍** 含参量反常积分可积性定理(定理 19.12).

   逻辑推理 验证函数 $\int_0^1 dy \int_0^{+\infty} (2y-2xy^3)e^{-xy^2} dy$ 是否满足可积性定理的条件,若不满足条件,则不能变换顺序.

   解题过程 由于 $\int_0^{+\infty} (2y-2xy^3)e^{-xy^2} dx = 0,$ 且

   $$\int_M^{+\infty} (2y-2xy^3)e^{-xy^2} dx = -2Mye^{-My^2}.$$

   取 $\varepsilon_0 = 1$, 对任意正数 M, 总有 $y_0 = \frac{1}{M}e^{-My^2} \in [0,1],$

   使得 $\int_M^{+\infty} (2y-2xy^3)e^{-xy^2} dx = 2e^{-\frac{1}{M}} > 1,$

   因而 $\int_0^{+\infty} (2y-2xy^3)e^{-xy^2} dx$ 在 $[0,1]$ 上不一致收敛. 故不能运用定理 19.11.

   实际上 $\int_0^1 dy \int_0^{+\infty} (2y-2xy^3)e^{-xy^2} dx = \int_0^1 (2xye^{-xy^2})\Big|_0^{+\infty} dy = 0.$

   $\int_0^{+\infty} dx \int_0^1 (2y-2xy^3)e^{-xy^2} dy = \int_0^{+\infty} (y^2 e^{-xy^2})\Big|_0^1 dx = 1,$

   故不能运用积分顺序交换来求解.

(3) **知识点窍** 含参量反常积分可微性定理(定理 19.11).

   逻辑推理 先验证积分是否一致收敛,然后经过化简得出是否满足定理 19.11 的条件.

   解题过程 由于 $\int_0^{+\infty} \frac{\partial}{\partial x}(x^3 e^{-x^2 y}) dy = \int_0^{+\infty} (3x^2 - 2x^4 y)e^{-x^2 y} dy = \begin{cases} 1, x \neq 0 \\ 0, x = 0 \end{cases},$

   因而 $\int_0^{+\infty} \frac{\partial}{\partial x}(x^3 e^{-x^2 y}) dy$ 在 $[0,1]$ 上不一致收敛,故不能运用含参量反常积分可微性定理.

   实际上,因 $F(x) = \int_0^{+\infty} x^3 e^{-x^2 y} dy = x, x \in (-\infty, +\infty),$ 则 $f'(x) = 1.$

而 $\int_0^{+\infty} \frac{\partial}{\partial x}(x^3 e^{-x^2 y}) dy = \int_0^{+\infty}(3x^2 - 2x^4 y)e^{-x^2 y} dy$ 在 $x = 0$ 处为零.

故积分与求导运算不能交换顺序.

小提示：在使用连续性、可微性、可积性时，注意不要忽略其成立的前提条件.

6. **解题过程** (1) $\int_0^{+\infty} t^2 e^{-at^2} dt = -\frac{1}{2a}\int_0^{+\infty} t\, d(e^{-at^2}) = -\frac{1}{2a} t e^{-at^2}\Big|_0^{+\infty} + \frac{1}{2a}\int_0^{+\infty} e^{-at^2} dt$
$$= \frac{1}{2a}\int_0^{+\infty} e^{-at^2} dt = \frac{\sqrt{\pi}}{4} a^{-\frac{3}{2}}.$$

(2) 设 $I_n = \int_0^{+\infty} t^{2n} e^{-at^2} dt$，则

$$I_n = \int_0^{+\infty} t^{2n-1} d(e^{-at^2}) = -\frac{t^{2n-1}}{2a} e^{-at^2}\Big|_0^{+\infty} + \frac{2n-1}{2n}\int_0^{+\infty} t^{2(n-1)} e^{-at^2} dt = \frac{2n-1}{2a} I_{n-1}.$$

所以 $\dfrac{I_n}{I_{n-1}} = \dfrac{2n-1}{2a}$.

因为 $I_0 = \dfrac{\sqrt{\pi}}{2} a^{-\frac{1}{2}}$，所以

$$I_n = \frac{I_n}{I_{n-1}} \cdot \frac{I_{n-1}}{I_{n-2}} \cdot \cdots \cdot \frac{I_1}{I_0} \cdot I_0 = \frac{2n-1}{2a} \cdot \frac{2n-3}{2a} \cdot \cdots \cdot \frac{1}{2a} \cdot \int_0^{+\infty} e^{-at^2} dt$$
$$= \frac{\sqrt{\pi}}{2} \cdot \frac{1 \cdot 3 \cdot \cdots \cdot (2n-1)}{2^n} a^{-(n+\frac{1}{2})}.$$

7. **解题过程** 设 $I_n = \int_0^{+\infty} \dfrac{dx}{(x^2+a^2)^{n+1}}$，

则 $I_n = \dfrac{1}{a^2}\int_0^{+\infty} \dfrac{(x^2+a^2)-x^2}{(x^2+a^2)^{n+1}} dx = \dfrac{1}{a^2} I_{n-1} - \dfrac{1}{a^2}\int_0^{+\infty} \dfrac{x^2}{(x^2+a^2)^{n+1}} dx$

$= \dfrac{1}{a^2} I_{n-1} - \dfrac{1}{2a^2}\int_0^{+\infty} \dfrac{x\, d(a^2+x^2)}{(a^2+x^2)^{n+1}}$

$= \dfrac{1}{a^2} I_{n-1} + \dfrac{x}{2a^2} \cdot \dfrac{1}{n(x^2+a^2)^n}\Big|_0^{+\infty} - \dfrac{1}{2na^2} I_{n-1} = \dfrac{2n-1}{2na^2} I_{n-1}$.

故 $\dfrac{I_n}{I_{n-1}} = \dfrac{2n-1}{2na^2}$，而 $I_0 = \int_0^{+\infty}\dfrac{dx}{x^2+a^2} = \dfrac{1}{a}\arctan\dfrac{x}{a}\Big|_0^{+\infty} = \dfrac{\pi}{2a}$.

$I_n = \dfrac{I_n}{I_{n-1}} \cdot \dfrac{I_{n-1}}{I_{n-2}} \cdot \cdots \cdot \dfrac{I_1}{I_0} \cdot I_0 = \dfrac{2n-1}{2na^2} \cdot \dfrac{2n-3}{2(n-1)a^2} \cdot \cdots \cdot \dfrac{1}{2a^2} \cdot \dfrac{\pi}{2a}$

$= \dfrac{\pi}{2} \cdot \dfrac{(2n-1)!!}{(2n)!!} a^{-2n-1}$.

8. **逻辑推理** 要证 $I(x)$ 在 $[a,b]$ 上一致收敛，由狄尼定理可知，只需验证级数 $\sum_{n=1}^{\infty}\int_{A_n}^{A_{n+1}} f(x,y) dy = \sum_{n=1}^{\infty} u_n(x)$ 在 $[a,b]$ 上一致收敛.

解题过程 任取一个趋于 $+\infty$ 的递增数列 $\{A_n\}$，使满足 $A_1 = c$ 及 $\lim_{n\to+\infty} A_n = +\infty$. 对于级数 $\sum_{n=1}^{\infty}\int_{A_n}^{A_{n+1}} f(x,y) dy = \sum_{n=1}^{\infty} u_n(x)$，由于 $f(x,y)$ 在 $[a,b] \times [c,+\infty)$ 上非负连续，则 $u_n(x) \geq 0$，且为 $[a,b]$ 上的连续函数，在 $[a,b]$ 上收敛于连续函数 $I(x)$，则由狄尼定理知 $\sum_{n=1}^{\infty} u_n(x)$ 在 $[a,b]$ 上一

致收敛,则 $I(x) = \int_a^{+\infty} f(x,y) \mathrm{d}y$ 在 $[a,b]$ 上一致收敛.

9. **知识点拨** 一致收敛的柯西准则,无穷积分 $\int_0^{+\infty} f(x) \mathrm{d}x$ 收敛的充要条件(定理 11.1).

逻辑推理 由 $|f(x,y)| \leqslant F(x,y)$ 有 $\forall A_2 > A_1$,满足 $\left|\int_{A_1}^{A_2} f(x,y) \mathrm{d}x\right| \leqslant \int_{A_1}^{A_2} F(x,y) \mathrm{d}x$,再利用 $\int_a^{+\infty} F(x,y) \mathrm{d}x$ 的一致收敛及柯西准则即得.

解题过程 因为 $\int_a^{+\infty} F(x,y) \mathrm{d}x$ 在 $[c,d]$ 上一致收敛,根据一致收敛的柯西准则(定理 19.7)可知,对 $\forall \varepsilon > 0$,总存在某一实数 $M > a$,使得当 $A_1, A_2 > M$(不妨设 $A_1 < A_2$)时,对一切 $y \in [c,d]$ 有
$$\left|\int_{A_1}^{A_2} F(x,y) \mathrm{d}x\right| = \int_{A_1}^{A_2} F(x,y) \mathrm{d}x < \varepsilon.$$
而 $\left|\int_{A_1}^{A_2} |f(x,y)| \mathrm{d}x\right| \leqslant \int_{A_1}^{A_2} |f(x,y)| \mathrm{d}x \leqslant \int_{A_1}^{A_2} F(x,y) \mathrm{d}x < \varepsilon.$

根据定理 19.7 及定理 11.1 推知,

① $\int_a^{+\infty} |f(x,y)| \mathrm{d}x$ 在 $y \in [c,d]$ 上收敛,即 $\int_a^{+\infty} f(x,y) \mathrm{d}x$ 在 $y \in [c,d]$ 上绝对收敛.

② $\left|\int_{A_1}^{A_2} f(x,y) \mathrm{d}x\right| \leqslant \int_{A_1}^{A_2} |f(x,y)| \mathrm{d}x < \varepsilon$,则 $\int_a^{+\infty} f(x,y) \mathrm{d}x$ 在 $y \in [c,d]$ 上一致收敛.

综上所述,$\int_a^{+\infty} f(x,y) \mathrm{d}x$ 在 $y \in [c,d]$ 上一致收敛且绝对收敛.

习题 19.3

1. **知识点拨** Γ 函数及其递推公式.

逻辑推理 $\Gamma(s+1) = s\Gamma(s); \Gamma(s) = \int_0^{+\infty} x^{s-1} \mathrm{e}^{-x} \mathrm{d}x (s > 0); \Gamma\left(\frac{1}{2}\right) = \sqrt{\pi}.$

解题过程 $\Gamma\left(\frac{5}{2}\right) = \frac{3}{2} \Gamma\left(\frac{3}{2}\right) = \frac{3}{4} \Gamma\left(\frac{1}{2}\right) = \frac{3}{4} \sqrt{\pi}.$

$$\Gamma\left(-\frac{5}{2}\right) = \Gamma\frac{\left(-\frac{3}{2}\right)}{\left(-\frac{5}{2}\right)} = -\frac{2}{5} \Gamma\frac{\left(-\frac{1}{2}\right)}{\left(-\frac{3}{2}\right)}$$

$$= \frac{4}{15} \Gamma\frac{\left(\frac{1}{2}\right)}{\left(-\frac{1}{2}\right)} = -\frac{8}{15} \sqrt{\pi}.$$

$$\Gamma\left(\frac{1}{2} + n\right) = \frac{2n-1}{2} \Gamma\left[\frac{1}{2} + (n-1)\right]$$

$$= \frac{2n-1}{2} \cdot \frac{2n-3}{2} \cdot \cdots \cdot \frac{3}{2} \cdot \frac{1}{2} \Gamma\left(\frac{1}{2}\right) = \frac{(2n-1)!!}{2^n} \sqrt{\pi}.$$

$$\Gamma\left(\frac{1}{2} - n\right) = -\frac{2}{2n-1} \Gamma\left[\frac{1}{2} - (n-1)\right]$$

$$= \left(-\frac{2}{2n-1}\right)\left(-\frac{2}{2n-3}\right)\cdots\left(-\frac{2}{1}\right)\Gamma\left(\frac{1}{2}\right)$$

$$= \frac{(-1)^n 2^n}{(2n-1)!!}\sqrt{\pi}.$$

2. **知识点窍** B 函数, Γ 函数及其递推公式.

   逻辑推理 $B(p,q) = \dfrac{\Gamma(p)\Gamma(q)}{\Gamma(p+q)}$.

   解题过程 $\displaystyle\int_0^{\frac{\pi}{2}} \sin^{2n}u\,du = \int_0^{\frac{\pi}{2}} \cos^{2\cdot\frac{1}{2}-1}u \sin^{(2n+1)-1}u\,du = \frac{1}{2}B\left(\frac{1}{2},n+\frac{1}{2}\right)$

   $$= \frac{1}{2}\frac{\Gamma\left(\frac{1}{2}\right)\Gamma\left(n+\frac{1}{2}\right)}{\Gamma(n+1)} = \frac{\sqrt{\pi}(2n-1)!!\sqrt{\pi}}{2\cdot n!\cdot 2^n}$$

   $$= \frac{(2n-1)!!}{(2n)!!}\cdot\frac{\pi}{2}.$$

   $\displaystyle\int_0^{\frac{\pi}{2}}\sin^{2n+1}u\,du = \frac{1}{2}B\left(\frac{1}{2},n+1\right) = \frac{1}{2}\frac{\Gamma\left(\frac{1}{2}\right)\Gamma(n+1)}{\Gamma\left(n+\frac{3}{2}\right)} = \frac{(2n)!!}{(2n+1)!!}.$

3. **解题过程** (1) 令 $x = e^{-t}$, 则 $dx = -e^{-t}dt$.

   $$\int_0^1 \left(\ln\frac{1}{x}\right)^{a-1}dx = \int_{+\infty}^0 t^{a-1}(-e^{-t})dt = \int_0^{+\infty} t^{a-1}e^{-t}dt = \Gamma(a),$$

   即 $\Gamma(a) = \displaystyle\int_0^1\left(\ln\dfrac{1}{x}\right)^{a-1}dx.$

   (2) 令 $t = \dfrac{x}{1+x}$, 所以 $x = \dfrac{t}{1-t}$, $dx = \dfrac{dt}{(1-t)^2}$.

   由此可知

   $$\int_0^{+\infty}\frac{x^{a-1}}{1+x}dx = \int_0^1 (1-t)\cdot\left(\frac{t}{1-t}\right)^{a-1}\cdot\frac{dt}{(1-t)^2} = \int_0^1 t^{a-1}(1-t)^{-a}dt$$

   $$= B(a,1-a) = \Gamma(a)\Gamma(1-a).$$

   (3) 令 $t = x^r$, 则 $x = t^{\frac{1}{r}}$, $dx = \dfrac{1}{r}t^{\frac{1}{r}-1}dt$.

   $$\int_0^1 x^{p-1}(1-x^r)^{q-1}dx = \int_0^1 t^{\frac{p-1}{r}}\cdot(1-t)^{q-1}\cdot\frac{1}{r}t^{\frac{1}{r}-1}dt$$

   $$= \frac{1}{r}\int_0^1 t^{\frac{p}{r}-1}(1-t)^{q-1}dt = \frac{1}{r}B\left(\frac{p}{r},q\right).$$

   (4) 令 $t = x^4$, 则 $x = t^{\frac{1}{4}}$, $dx = \dfrac{1}{4}t^{-\frac{3}{4}}dt$, 由第(2)题结论推得

   $$\int_0^{+\infty}\frac{dx}{1+x^4} = \int_0^{+\infty}\frac{t^{\frac{1}{4}-1}}{4(1+t)}dt = \frac{1}{4}\Gamma\left(\frac{1}{4}\right)\Gamma\left(1-\frac{1}{4}\right) = \frac{\pi}{4\sin\frac{\pi}{4}} = \frac{\pi}{2\sqrt{2}}.$$

4. **知识点窍** B 函数, $B(p,q) = \displaystyle\int_0^1 x^{p-1}(x-1)^{q-1}dx.$

   解题过程 $B(p+1,q) + B(p,q+1) = \displaystyle\int_0^1 x^p(1-x)^{q-1}dx + \int_0^1 x^{p-1}(1-x)^q dx$

   $$= \int_0^1 [x^p(1-x)^{q-1} + x^{p-1}(1-x)^q]dx$$

$$= \int_0^1 x^{p-1}(1-x)^{q-1}[x+(1-x)]\mathrm{d}x$$

$$= \int_0^1 x^{p-1}(1-x)^{q-1}\mathrm{d}x = B(p,q).$$

5. **解题过程** $\int_{-\infty}^{+\infty} x^2 e^{-x^2} \mathrm{d}x = \int_{-\infty}^{0} x^2 e^{-x^2} \mathrm{d}x + \int_{0}^{+\infty} x^2 e^{-x^2} \mathrm{d}x = 2\int_{0}^{+\infty} x^2 e^{-x^2} \mathrm{d}x = -\int_{0}^{+\infty} x \mathrm{d}(e^{-x^2})$

$$= -xe^{-x^2}\Big|_0^{+\infty} + \int_0^{+\infty} e^{-x^2} \mathrm{d}x = \int_0^{+\infty} e^{-x^2}\mathrm{d}x$$

$$= \frac{1}{2}\int_0^{+\infty} t^{-\frac{1}{2}} e^{-t}\mathrm{d}t (x^2=t) = \frac{1}{2}\Gamma\left(\frac{1}{2}\right) = \frac{\sqrt{\pi}}{2}.$$

6. **解题过程** (1) 令 $t = \sin^2 x$,则有

$$\int_0^{\frac{\pi}{2}} \sin^m x \cos^n x \mathrm{d}x = \frac{1}{2}\int_0^1 t^{\frac{m-1}{2}}(1-t)^{\frac{n-1}{2}}\mathrm{d}t = \frac{1}{2}B\left(\frac{m+1}{2}, \frac{n+1}{2}\right).$$

因为 $B(p,q)$ 的定义域为 $p>0, q>0$,所以 $\int_0^{\frac{\pi}{2}} \sin^m x \cos^n x \mathrm{d}x$ 中参量的取值范围是 $m>-1, n>-1$.

(2) 令 $t = \ln\frac{1}{x}$,则有 $x = e^{-t}, \mathrm{d}x = -e^{-t}\mathrm{d}t$,因此

$$\int_0^1 \left(\ln\frac{1}{x}\right)^p \mathrm{d}x = \int_0^{+\infty} t^p e^{-t}\mathrm{d}t = \Gamma(p+1).$$

因为 $\Gamma(s)$ 的定义域为 $s>0$,所以 $\int_0^1 \left(\ln\frac{1}{x}\right)^p \mathrm{d}x$ 中参量的取值范围是 $p>-1$.

第十九章总练习题

1. **知识点窍** 含参量积分及极值判别法.

   逻辑推理 求出函数 $f(a,b) = \int_1^3 (a+bx-x^2)^2 \mathrm{d}x$ 的稳定点,然后在稳定点处求最小值.

   解题过程 令 $f(a,b) = \int_1^3 (a+bx-x^2)^2 \mathrm{d}x$,则

$$f_a = 2\int_1^3 (a+bx-x^2)\mathrm{d}x = 4a+8b-\frac{52}{3},$$

$$f_b = 2\int_1^3 x(a+bx-x^2)\mathrm{d}x = \frac{52}{3}b+8a-40.$$

令 $f_a=0, f_b=0$,解得 $a=-\frac{11}{3}, b=4$,即得 $f(a,b)$ 的稳定点 $P_0 = \left(-\frac{11}{3}, 4\right)$.

又 $f_{aa}(P_0) = 2\int_1^3 \mathrm{d}x = 4 > 0, f_{bb}(P_0) = 2\int_1^3 x^2 \mathrm{d}x = \frac{52}{3} > 0, f_{ab}(P_0) = 2\int_1^3 x\mathrm{d}x = 8 > 0$,且 $f_{aa} \cdot f_{bb} - f_{ab}^2$

$= \frac{208}{3} - 64 > 0$,因此 $f(a,b)$ 在点 P_0 取得极小值.

又因 $f(a,b)$ 处处存在偏导数,故 $\left(-\frac{11}{3}, 4\right)$ 为 $f(a,b)$ 的唯一极值点,

从而 $f(a,b)$ 在 $a=-\dfrac{11}{3}, b=4$ 时取最小值.

2. **解题过程** 因为 $v(y)$ 定义在 $[0,1]$ 上,所以只要证明等式 $u''(x) = -v(x)$ 对 $x\in[0,1]$ 成立即可.

对于 $x\in[0,1]$,有
$$u(x) = \int_0^x y(1-x)v(y)\mathrm{d}y + \int_x^1 x(1-y)v(y)\mathrm{d}y = (1-x)\int_0^x yv(y)\mathrm{d}y + x\int_x^1(1-y)v(y)\mathrm{d}y.$$

函数 $\varphi(x,y) = y(1-x)v(y)$ 与 $\psi(x,y) = x(1-y)v(y)$ 及 $\dfrac{\partial\varphi}{\partial x} = -yv(y), \dfrac{\partial\psi}{\partial y} = (1-y)v(y)$ 均在 $R=[0,1]\times[0,1]$ 上连续,由可微性定理知
$$u'(x) = -\int_0^x yv(y)\mathrm{d}y + x(1-x)v(x) + \int_x^1(1-y)v(y)\mathrm{d}y - x(1-x)v(x)$$
$$= -\int_0^x yv(y)\mathrm{d}y + \int_x^1(1-y)v(y)\mathrm{d}y.$$

从而 $\quad u''(x) = -xv(x) - (1-x)v(x) = -v(x).$

3. **解题过程** 由教材 §2 例题 6 知
$$\int_0^{+\infty}\dfrac{\sin ax}{x}\mathrm{d}x = \dfrac{\pi}{2}\mathrm{sgn}a$$

因此 $F(a) = \int_0^{+\infty}\dfrac{\sin(1-a^2)x}{x}\mathrm{d}x = \dfrac{\pi}{2}\mathrm{sgn}(1-a^2)$

它在 $a=\pm1$ 处不连续,图像如图 19-2 所示.

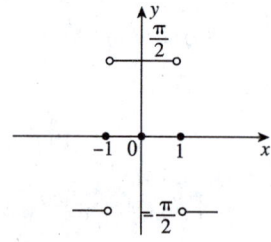

图 19-2

4. **逻辑推理** 通过证 $\int_0^{+\infty}\varphi(t)\mathrm{d}t$ 形式的积分收敛于 $\lim\limits_{x\to+\infty}F(x) = \int_0^{+\infty}\varphi(t)\mathrm{d}t$,证明结论成立.

解题过程 先证积分 $\int_0^{+\infty}\varphi(t)\mathrm{d}t$ 收敛.

由 $\int_0^{+\infty}f(x,t)\mathrm{d}t$ 在 $x\in(0,+\infty)$ 上一致收敛于 $F(x)$,则对任给的 $\varepsilon>0$,存在 $N>0$,当 $A''>A'>N$ 时,对一切 $x>0$,有 $\left|\int_{A'}^{A''}f(x,y)\mathrm{d}y\right|<\varepsilon$.

又由 $f(x,t)$ 对任意 $t\in[a,b]\subset(0,+\infty)$ 一致收敛 $\varphi(t)(x\to+\infty)$,则对 $\dfrac{\varepsilon}{|A''-A'|}>0$,存在 $M>0$,对一切 $x>M$ 和 $t\in[a,b]$,有 $|f(x,t)-\varphi(t)|<\dfrac{\varepsilon}{|A''-A'|}$.

所以 $\left|\int_{A'}^{A''}\varphi(t)\mathrm{d}t\right| \leqslant \left|\int_{A'}^{A''}[\varphi(t)-f(x,t)]\mathrm{d}t\right| + \left|\int_{A'}^{A''}f(x,t)\mathrm{d}t\right| < 2\varepsilon.$

因此,积分 $\int_0^{+\infty}\varphi(t)\mathrm{d}t$ 收敛.

再证 $\lim\limits_{x\to+\infty}F(x) = \int_0^{+\infty}\varphi(t)\mathrm{d}t.$

因 $\left|F(x) - \int_0^{+\infty}\varphi(t)\mathrm{d}t\right|$
$= \left|F(x) - \int_0^A f(x,t)\mathrm{d}t + \int_0^A f(x,t)\mathrm{d}t - \int_0^A \varphi(t)\mathrm{d}t + \int_0^A \varphi(t)\mathrm{d}t - \int_0^{+\infty}\varphi(t)\mathrm{d}t\right|$

$$\leqslant |F(x)-\int_0^A f(x,t)\mathrm{d}t| + |\int_0^A f(x,t)\mathrm{d}t - \int_0^A \varphi(t)\mathrm{d}t| + |\int_0^A \varphi(t)\mathrm{d}t - \int_0^{+\infty} \varphi(t)\mathrm{d}t|, \quad ①$$

由 $\int_0^{+\infty} f(t)\mathrm{d}t$ 一致收敛于 $F(x)$ 知,对任给的 $\varepsilon>0$,存在 N_1,对一切 $A>N_1$ 和一切 $x>0$ 有

$$|F(x)-\int_0^A f(x,t)\mathrm{d}t|<\varepsilon. \quad ②$$

由 $\int_0^{+\infty} \varphi(x,t)\mathrm{d}t$ 收敛,对上述 $\varepsilon>0$,存在 N_2,有

$$|\int_A^{+\infty} \varphi(t)\mathrm{d}t|<\varepsilon. \quad ③$$

取 $A>N_1+N_2$,则①②式都成立.

由 $f(x,t)$ 一致收敛于 $\varphi(t)(x\to+\infty,t\in[0,A])$,

对 $\dfrac{\varepsilon}{A}>0$,存在 $X>0$,当 $X>x$ 时,对任意 $t\in[0,A]$,$|f(x,t)-\varphi(t)|<\dfrac{\varepsilon}{A}$,则

$$|\int_0^A [f(x,t)-\varphi(t)]\mathrm{d}t|<\varepsilon. \quad ④$$

由①~④,则对任给 $\varepsilon>0$,存在 $X>0$,对一切 $x>X$,有 $|F(x)-\int_0^{+\infty}\varphi(t)\mathrm{d}t|<3\varepsilon$,

因此 $\lim\limits_{x\to+\infty} F(x) = \int_0^{+\infty}\varphi(t)\mathrm{d}t.$

5. 解题过程 $\dfrac{\partial u}{\partial x} = \dfrac{1}{2}[f'(x-at)+f'(x+at)] + \dfrac{1}{2a}[F(x+at)-F(x-at)],$

$\dfrac{\partial^2 u}{\partial x^2} = \dfrac{1}{2}[f''(x-at)+f''(x+at)] + \dfrac{1}{2a}[F'(x+at)-F'(x-at)],$

且 $\dfrac{\partial u}{\partial t} = \dfrac{1}{2}[(-a)f'(x-at)+af'(x+at)] + \dfrac{1}{2a}[aF(x+at)+aF(x-at)],$

$\dfrac{\partial^2 u}{\partial t^2} = \dfrac{1}{2}[a^2 f''(x-at)+a^2 f''(x+at)] + \dfrac{a}{2}[F'(x+at)-F'(x-at)].$

则 $\dfrac{\partial^2 u}{\partial t^2} = a^2\{\dfrac{1}{2}[f''(x-at)+f''(x+at)] + \dfrac{1}{2a}[F'(x+at)-F'(x-at)]\} = a^2 \dfrac{\partial^2 u}{\partial x^2}.$

即 $u(x,t)$ 是 $\dfrac{\partial^2 y}{\partial t^2} = a^2 \dfrac{\partial^2 y}{\partial x^2}$ 的解,且满足

$$u(x,0) = \dfrac{1}{2}[f(x)+f(x)] + \dfrac{1}{2a}\int_x^x F(z)\mathrm{d}z = f(x),$$

$$u_t(x,0) = \dfrac{1}{2}[-af'(x)+af'(x)] + \dfrac{1}{2}[F(x)+F(x)] = F(x).$$

6. 解题过程 (1) 由 $\ln x = -\sum\limits_{n=1}^{\infty} \dfrac{(1-x)^n}{n}(-1<1-x\leqslant 1),$

则 $\int_0^1 \dfrac{\ln x}{1-x}\mathrm{d}x = \int_0^1 \left(-\sum\limits_{n=1}^{\infty} \dfrac{(1-x)^{n-1}}{n}\right)\mathrm{d}x.$

由第十四章§1习题3的结论得

$$\int_0^1 \left(-\sum\limits_{n=1}^{\infty} \dfrac{(1-x)^{n-1}}{n}\right)\mathrm{d}x = -\sum\limits_{n=1}^{\infty} \int_0^1 \dfrac{(1-x)^{n-1}}{n}\mathrm{d}x = -\sum\limits_{n=1}^{\infty} \dfrac{1}{n^2} = -\dfrac{\pi^2}{6},$$

从而 $\int_0^1 \dfrac{\ln x}{1-x}\mathrm{d}x = -\dfrac{\pi^2}{6}.$

(2) 由 $\ln(1-t) = -\sum_{n=1}^{\infty} \frac{t^n}{n}(0 < x \leqslant 1)$,

则 $\int_0^u \frac{\ln(1-t)}{t} dt = \int_0^u \left(-\sum_{n=1}^{\infty} \frac{t^{n-1}}{n}\right) dt (0 \leqslant u \leqslant 1)$.

由第十四章 §1 习题 3 的结论,有 $\int_0^u \left(-\sum_{n=1}^{\infty} \frac{t^{n-1}}{n}\right) dt = -\sum_{n=1}^{\infty} \frac{u^n}{n^2}(0 \leqslant u \leqslant 1)$,

从而 $\int_0^u \frac{\ln(1-t)}{t} dt = -\sum_{n=1}^{\infty} \frac{u^n}{n^2}(0 \leqslant u \leqslant 1)$.

走近考研

1 (2007 年华东师范大学) 设 $f(x)$ 是定义在 $(-\infty, +\infty)$ 上的连续函数,且 $\int_0^{+\infty} f(x) dx$ 收敛,若含参量反常积分 $I(y) = \int_0^{+\infty} f(x+y) dx$ 在 $(-\infty, +\infty)$ 上一致收敛. 求证:对任意的 $x \in (-\infty, +\infty), f(x) = 0$.

证 由题设条件:

（ⅰ）$\int_0^{+\infty} f(x) dx$ 收敛,$\forall \varepsilon > 0, \exists A_1 > 0$,使得当 $A \geqslant A_1$ 时,有 $\left|\int_A^{+\infty} f(x) dx\right| < \frac{\varepsilon}{4}$.

（ⅱ）$\int_0^{+\infty} f(x+y) dx$ 在 $(-\infty, +\infty)$ 上一致收敛,

对于上述 $\varepsilon > 0, \exists A_2 > 0$,使得当 $A \geqslant A_2$ 时,
$$\left|\int_A^{+\infty} f(x+y) dx\right| = \left|\int_{A+y}^{+\infty} f(x) dx\right| < \frac{\varepsilon}{4},$$

取 $A = \max\{A_1, A_2\}$,有
$$\left|\int_A^{+\infty} f(x) dx\right| < \frac{\varepsilon}{4},$$
$$\left|\int_{A+y}^{+\infty} f(x) dx\right| < \frac{\varepsilon}{4} (\forall y \in \mathbf{R}),$$

于是
$$\left|\int_A^{A+y} f(x) dx\right| = \left|\int_A^{+\infty} f(x) dx - \int_{A+y}^{+\infty} f(x) dx\right| < \frac{\varepsilon}{2}.$$

从而对 $\forall [a, b] \subset \mathbf{R}$,
$$\left|\int_a^b f(x) dx\right| = \left|\int_a^A f(x) dx + \int_A^b f(x) dx\right|$$
$$\leqslant \left|\int_A^{A+(a-A)} f(x) dx\right| + \left|\int_A^{A+(b-A)} f(x) dx\right| < \varepsilon.$$

而由 ε 的任意性,有
$$\int_a^b f(x) dx = 0,$$

再由 $f(x)$ 的连续性及 $[a, b]$ 的任意性,

即得 $f(x) = 0, \forall x \in \mathbf{R}$.

2 （2010 年西北大学）设 $f(x) > 0$ 且在 $[0,1]$ 上连续，研究函数 $g(y) = \int_0^1 \dfrac{yf(x)}{x^2+y^2}\mathrm{d}x$ 的连续性.

证 对任意的 $y_0 > 0$，取 $\delta > 0$，使 $y_0 - \delta > 0$.

则被积函数 $\dfrac{yf(x)}{x^2+y^2}$ 在矩形区域 $D = [0,1] \times [y_0-\delta, y_0+\delta]$ 内连续.

于是由含参量正常积分的连续性定理知，函数 $g(y) = \int_0^1 \dfrac{yf(x)}{x^2+y^2}\mathrm{d}x$ 在 $[y_0-\delta, y_0+\delta]$ 上连续.

再由 y_0 的任意性可知，函数 $g(y)$ 在 $(0,+\infty)$ 上连续.

又因为 $g(-y) = \int_0^1 \dfrac{-yf(x)}{x^2+y^2}\mathrm{d}x = -\int_0^1 \dfrac{yf(x)}{x^2+y^2}\mathrm{d}x = -g(y)$，

所以 $g(y)$ 为奇函数，即函数 $g(y)$ 在 $(-\infty, 0)$ 上也连续.

于是函数 $g(y)$ 在 $(-\infty, 0) \cup (0, +\infty)$ 上连续.

在 $y = 0$ 处，$g(y) = g(0) = 0$.

又函数 $f(x)$ 为 $[0,1]$ 上的正值连续函数，

所以函数 $f(x)$ 在 $[0,1]$ 上存在最小值 m，且 $m > 0$.

于是当 $y > 0$ 时，$g(y) = \int_0^1 \dfrac{yf(x)}{x^2+y^2}\mathrm{d}x \geqslant \int_0^1 \dfrac{my}{x^2+y^2}\mathrm{d}x = m\int_0^1 \dfrac{y}{x^2+y^2}\mathrm{d}x$

$= m\int_0^1 \dfrac{1}{1+\left(\dfrac{x}{y}\right)^2}\mathrm{d}\left(\dfrac{x}{y}\right) = m\arctan\dfrac{x}{y}\bigg|_0^1 = m\arctan\dfrac{1}{y}$.

又 $\lim\limits_{y\to 0}g(y) = \lim\limits_{y\to 0}m\arctan\dfrac{1}{y} = m\cdot\dfrac{\pi}{2} > 0$，而 $g(0) = 0$.

故函数 $g(y)$ 在 $y = 0$ 处不连续.

综上所述，函数 $g(y) = \int_0^1 \dfrac{yf(x)}{x^2+y^2}\mathrm{d}x$ 在 $(-\infty, 0) \cup (0, +\infty)$ 上连续，而在 $y = 0$ 处不连续.

第二十章
曲线积分

本章导航

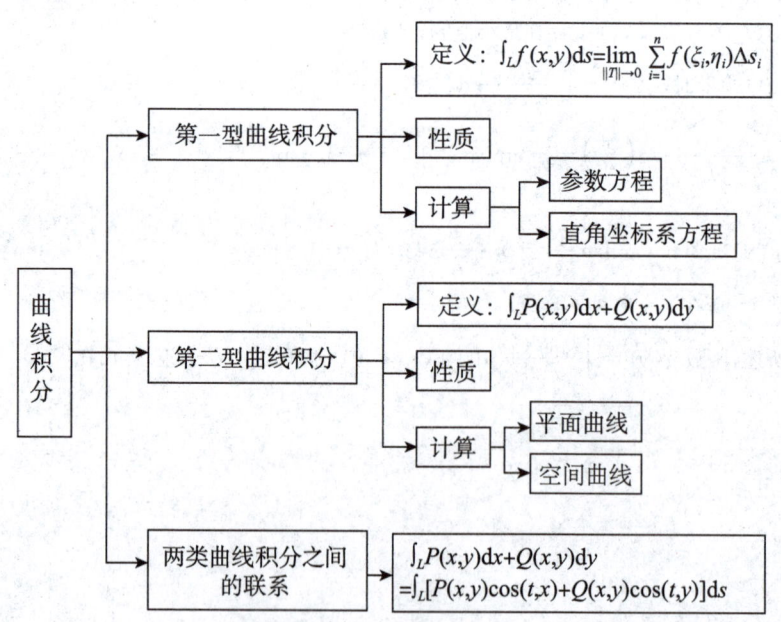

各个击破

■ 第一型曲线积分

名称	内容
定义	设 L 为平面上可求长度的曲线段,$f(x,y)$ 为定义在 L 上的二元函数,对曲线 L 做分割 T,它把 L 分成 n 个可求长度的小曲线段 $L_i,(i=1,2,\cdots,n)$,L_i 的弧长记为 Δs_i,分割 T 的细度为 $\|T\| = \max\limits_{1\leqslant i\leqslant n}\Delta s_i$,在 L_i 上任取一点 $(\xi_i,\eta_i)(i=1,2,\cdots,n)$. 若有极限 $\lim\limits_{\|T\|\to 0}\sum\limits_{i=1}^n f(\xi_i,\eta_i)\Delta s_i = J$,且 J 的值与分割 T 与点 (ξ_i,η_i) 的取法无关,则称此极限为 $f(x,y)$ 在 L 上的第一型曲线积分,记作 $\int_L f(x,y)\mathrm{d}s$
性质	(1) 若 $\int_L f_i(x,y)\mathrm{d}s$ 存在,c_i 为常数,$(i=1,2,\cdots,k)$,则 $\int_L\sum\limits_{i=1}^k c_i f_i(x,y)\mathrm{d}s$ 也存在,且 $\int_L\sum\limits_{i=1}^k c_i f_i(x,y)\mathrm{d}s = \sum\limits_{i=1}^k c_i\int_L f_i(x,y)\mathrm{d}s$. (2) 若曲线段 L 由曲线段 $L_1,L_2,\cdots,L_k$ 首尾相接而成,且 $\int_{L_i}f(x,y)\mathrm{d}s(i=1,2,\cdots,k)$ 都存在,则 $\int_L f(x,y)\mathrm{d}s$ 也存在,且 $\int_L f(x,y)\mathrm{d}s = \sum\limits_{i=1}^k\int_{L_i}f(x,y)\mathrm{d}s$. (3) 若 $\int_L f(x,y)\mathrm{d}s$ 与 $\int_L g(x,y)\mathrm{d}s$ 都存在,且在 L 上 $f(x,y)\leqslant g(x,y)$,则 $\int_L f(x,y)\mathrm{d}s\leqslant\int_L g(x,y)\mathrm{d}s$. (4) 若 $\int_L f(x,y)\mathrm{d}s$ 存在,则 $\int_L\|f(x,y)\|\mathrm{d}s$ 也存在,且 $\left\|\int_L f(x,y)\mathrm{d}s\right\|\leqslant\int_L\|f(x,y)\|\mathrm{d}s$. (5) 若 $\int_L f(x,y)\mathrm{d}s$ 存在,L 的弧长为 s,则存在常数 c,使得 $\int_L f(x,y)\mathrm{d}s = cs$,这里 $\inf\limits_L f(x,y)\leqslant c\leqslant\sup\limits_L f(x,y)$. 特别地,如果 L 是光滑曲线,$f(x,y)$ 在 L 上连续,则存在点 $(x_0,y_0)\in L$,使得 $\int_L f(x,y)\mathrm{d}s = f(x_0,y_0)s$
计算	设平面光滑曲线 L 的参数方程为 $\begin{cases}x=\varphi(t),\\ y=\psi(t).\end{cases}a\leqslant t\leqslant b,f(x,y)$ 在 L 上连续,则 $$\int_L f(x,y)\mathrm{d}s = \int_a^b f[\varphi(t),\psi(t)]\sqrt{(\varphi'(t))^2+(\psi'(t))^2}\,\mathrm{d}t$$ 特别地,当曲线 $L:y=\varphi(x),a\leqslant x\leqslant b$ 时 $$\int_L f(x,y)\mathrm{d}s = \int_a^b f(x,\varphi(x))\sqrt{1+[\varphi'(x)^2]}\,\mathrm{d}x$$ 设空间光滑曲线 L 的参数方程为 $\begin{cases}x=\varphi(t)\\ y=\psi(t)\\ z=h(t)\end{cases}$ $a\leqslant t\leqslant b,f(x,y,z)$ 在 L 上连续,则 $$\int_L f(x,y,z)\mathrm{d}s = \int_a^b f(\varphi(t),\psi(t),h(t))\sqrt{[\varphi'(t)]^2+[\psi'(t)]^2+[h'(t)]^2}\,\mathrm{d}t$$ 当曲线 L 的坐标方程 $r=r(\theta)(\alpha\leqslant\theta\leqslant\beta)$ 给出,则 $$\int_L f(x,y)\mathrm{d}s = \int_\alpha^\beta f[r\cos\theta,r\sin\theta]\sqrt{r^2+[r']^2}\,\mathrm{d}\theta$$ 注:公式中一定要 $\alpha<\beta$

例1 求 $I = \int_L xy\,\mathrm{d}s$,$L$:椭圆 $\begin{cases} x = a\cos t, \\ y = b\sin t, \end{cases}$（第 I 象限）.

解 $I = \int_0^{\frac{\pi}{2}} a\cos t \cdot b\sin t \sqrt{(-a\sin t)^2 + (b\cos t)^2}\,\mathrm{d}t$

$= ab\int_0^{\frac{\pi}{2}} \sin t\cos t \sqrt{a^2\sin^2 t + b^2\cos^2 t}\,\mathrm{d}t$

$= \dfrac{ab}{a^2 - b^2} \int_b^a u^2\,\mathrm{d}u$

（其中 $u = \sqrt{a^2\sin^2 t + b^2\cos^2 t}$）

$= \dfrac{ab(a^2 + ab + b^2)}{3(a+b)}.$

> **小提示:**
> （1）定积分的下限 α 一定要小于上限 β；
> （2）$f(x,y)$ 中 x,y 不彼此独立,而是相互有关的.

例2 计算积分 $I = \int_L (x^2 + y^2)\,\mathrm{d}s$,其中 L 为以 $O(0,0), A(1,0), B(0,1)$ 为顶点的三角形周界.

解 $\int_L (x^2 + y^2)\,\mathrm{d}s = \int_{OA} (x^2 + y^2)\,\mathrm{d}s + \int_{AB} (x^2 + y^2)\,\mathrm{d}s + \int_{OB} (x^2 + y^2)\,\mathrm{d}s.$

因为 $OA: y = 0, 0 \leqslant x \leqslant 1, AB: y = 1-x, 0 \leqslant x \leqslant 1, OB: x = 0, 0 \leqslant y \leqslant 1,$

所以 $\int_{OA} (x^2 + y^2)\,\mathrm{d}s = \int_0^1 x^2 \sqrt{1 + 0^2}\,\mathrm{d}x = \left.\dfrac{x^3}{3}\right|_0^1 = \dfrac{1}{3}.$

$\int_{AB} (x^2 + y^2)\,\mathrm{d}s = \int_0^1 [x^2 + (1-x)^2]\sqrt{1+1^2}\,\mathrm{d}x = \sqrt{2}\int_0^1 [2x^2 - 2x + 1]\,\mathrm{d}x = \dfrac{2\sqrt{2}}{3}.$

$\int_{OB} (x^2 + y^2)\,\mathrm{d}s = \int_0^1 y^2 \sqrt{1 + 0^2}\,\mathrm{d}y = \dfrac{1}{3}.$

于是,$I = \int_L (x^2 + y^2)\,\mathrm{d}s = \dfrac{2}{3}(\sqrt{2} + 1).$

例3 计算积分 $I = \int_L |y|\,\mathrm{d}s$,其中 L 为双扭线 $(x^2 + y^2)^2 = a^2(x^2 - y^2)$.

解 双扭线方程为 $r^2 = a^2\cos 2\theta, 0 \leqslant \theta \leqslant 2\pi.$ 于是,$2rr' = -2a^2\sin 2\theta,$

得到 $r' = -\dfrac{a^2\sin 2\theta}{r},$

从而 $\mathrm{d}s = \dfrac{1}{r}\sqrt{a^4\cos^2 2\theta + a^4\sin^2 2\theta}\,\mathrm{d}\theta = \dfrac{a^2}{r}\mathrm{d}\theta.$

所以 $I = 4\int_0^{\frac{\pi}{4}} r\sin\theta \cdot \dfrac{a^2}{r}\mathrm{d}\theta = 4a^2[-\cos\theta]\Big|_0^{\frac{\pi}{4}} = (4 - 2\sqrt{2})a^2.$

> **小提示:** 在计算第一型曲线积分时,有时可以利用对称性简化计算.

第二型曲线积分

名称	内容
定义	设函数 $P(x,y)$ 和 $Q(x,y)$ 定义在从 A 到 B 的平面有向可求长度的曲线 $L:\overset{\frown}{AB}$ 上. 对 L 的任一分割 T, 它把 L 分成 n 个小曲线段 $\overset{\frown}{M_{i-1}M_i}(i=1,2,\cdots,n)$, 其中 $M_0=A, M_n=B$. 记各小曲线段 $\overset{\frown}{M_{i-1}M_i}$ 的弧长为 Δs_i, 分割 T 的细度为 $\|T\| = \max\limits_{1\leqslant i\leqslant n}\Delta s_i$, T 的分点 M_i 的坐标为 (x_i,y_i), $\Delta x_i = x_i - x_{i-1}, \Delta y_i = y_i - y_{i-1}(i=1,2,\cdots,n)$. 在 $\overset{\frown}{M_{i-1}M_i}$ 上任取一点 (ξ_i,η_i), 若极限 $\lim\limits_{\|T\|\to 0}\sum\limits_{i=1}^{n}P(\xi_i,\eta_i)\Delta x_i + \lim\limits_{\|T\|\to 0}\sum\limits_{i=1}^{n}Q(\xi_i,\eta_i)\Delta y_i$ 存在且与分割 T 和点 (ξ_i,η_i) 的取法无关, 则称此极限为函数 $P(x,y)$ 和 $Q(x,y)$ 沿有向曲线 L 上的第二型曲线积分, 记作 $\int_L P(x,y)\mathrm{d}x + Q(x,y)\mathrm{d}y$ 或 $\int_{AB}P(x,y)\mathrm{d}x + Q(x,y)\mathrm{d}y$, 若 L 为封闭的有向曲线, 则记为 $\oint_L P\mathrm{d}x + Q\mathrm{d}y$.
性质	(1) 若 $\int_L P_i\mathrm{d}x + Q_i\mathrm{d}y(i=1,2,\cdots,k)$ 存在, 则 $\int_L (\sum\limits_{i=1}^{k}c_iP_i)\mathrm{d}x + (\sum\limits_{i=1}^{k}c_iQ_i)\mathrm{d}y$ 也存在, 且 $$\int_L (\sum_{i=1}^{k}c_iP_i)\mathrm{d}x + (\sum_{i=1}^{k}c_iQ_i)\mathrm{d}y = \sum_{i=1}^{k}c_i(\int_L P_i\mathrm{d}x + Q_i\mathrm{d}y)$$ 其中 $c_i(i=1,2,\cdots,k)$ 为常数. (2) 若有向曲线是由有向曲线 $L_1, L_2, \cdots, L_k$ 首尾相接而成, 且 $\int_{L_i}P\mathrm{d}x + Q\mathrm{d}y(i=1,2,\cdots,k)$ 存在, 则 $\int_L P\mathrm{d}x + Q\mathrm{d}y$ 也存在, 且 $\int_L P\mathrm{d}x + Q\mathrm{d}y = \sum\limits_{i=1}^{k}\int_{L_i} P\mathrm{d}x + Q\mathrm{d}y$. (3) (方向性) 设 L 是一条有向曲线, 如果把它的走向颠倒过来, 得出的另一条定向曲线记为 L^-, 则 $\int_L P\mathrm{d}x + Q\mathrm{d}y = -\int_{L^-}P\mathrm{d}x + Q\mathrm{d}y$
计算	设光滑有向曲线 L 的参数方程为 $\begin{cases}x=x(t)\\y=y(t)\\z=z(t)\end{cases}$ 当 t 单调地(增加或减少)从 α 变成 β 时, 相应的点 M 从 L 的起点 A 沿曲线变到 B, 且假定 $P(x,y,z), Q(x,y,z), R(x,y,z)$ 在 L 上连续, 则 $$\int_L P(x,y,z)\mathrm{d}x + Q(x,y,z)\mathrm{d}y + R(x,y,z)\mathrm{d}z$$ $$= \int_\alpha^\beta \{P[x(t),y(t),z(t)]x'(t) + Q[x(t),y(t),z(t)]y'(t) + R[x(t),y(t),z(t)]z'(t)\}\mathrm{d}t$$ 平面曲线 $\begin{cases}x=\varphi(t)\\y=\psi(t)\end{cases} t\in(\alpha,\beta)$ 沿 L 从 A 到 B 的第二型曲线积分 $$\int_L [P(x,y)\mathrm{d}x + Q(x,y)\mathrm{d}y = \int_\alpha^\beta [P(\varphi(t),\psi(t))\varphi'(t) + Q(\varphi(t),\psi(t))\psi'(t)]\mathrm{d}t$$ 注: 这里不要求 $\alpha < \beta$, 而是起点对应参数作积分上限, 终点对应参数作积分下限.

小提示: 所谓积分带有方向性或者顺序, 在几何上表示当标记一种方向为正时, 反向方向定义为负.

例 4 计算 $\int_L 2xy\,dx + x^2\,dy$,其中 L 为

(1) 抛物线 $L: y = x^2, x: 0 \to 1$;

(2) 抛物线 $L: x = y^2, y: 0 \to 1$;

(3) 有向折线 $L: \overline{OA} + \overline{AB}$. $O(0,0)\ A(1,0)\ B(1,1)$.

解 (1) 原式 $= \int_0^1 (2x \cdot x^2 + x^2 \cdot 2x)\,dx = 4\int_0^1 x^3\,dx = 1$;

(2) 原式 $= \int_0^1 (2y^2 \cdot y \cdot 2y + y^4)\,dy = 5\int_0^1 y^4\,dy = 1$;

(3) 原式 $= \int_{\overline{OA}} 2xy\,dx + x^2\,dy + \int_{\overline{AB}} 2xy\,dx + x^2\,dy$

$= \int_0^1 (2x \cdot 0 + x^2 \cdot 0)\,dx + \int_0^1 (2y \cdot 0 + 1)\,dy = 1.$

例 5 计算 $\int_L y^2\,dx$,其中 L 为

(1) 半径为 a、圆心在原点的上半圆周,如图 20-1 所示,方向为逆时针方向;

(2) 从点 $A(a,0)$ 沿 x 轴到点 $B(-a,0)$.

解 (1) 取 L 的参数方程为 $x = a\cos t, y = a\sin t, t: 0 \to \pi$,则

$$\int_L y^2\,dx = \int_0^\pi a^2 \sin^2 t \cdot (-a\sin t)\,dt = -2a^3 \int_0^{\frac{\pi}{2}} \sin^3 t\,dt$$

$$= -2a^3 \cdot \frac{2}{3} \cdot 1 = -\frac{4}{3}a^3.$$

(2) 取 L 的方程为 $y = 0, x: a \to -a$,则 $\int_L y^2\,dx = \int_a^{-a} 0\,dx = 0$.

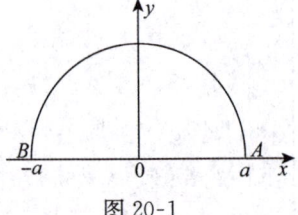

图 20-1

小提示 计算第二型曲线积分时也可以利用对称性简化计算.

例 6 $\int_C (y^2 + z^2)\,dx + (x^2 + z^2)\,dy + (x^2 + y^2)\,dz$,式中 C 是曲线 $x^2 + y^2 + z^2 = 2Rx, x^2 + y^2 = 2rx\ (0 < r < R, z > 0)$,

此曲线所包围在球 $x^2 + y^2 + z^2 = 2Rx$ 表面上的最小区域如图 20-2 所示.

解 注意到球面的法线的方向余弦为

$\cos\alpha = \dfrac{x-R}{R}, \cos\beta = \dfrac{y}{R}, \cos\gamma = \dfrac{z}{R},$

由斯托克斯公式有

原式 $= 2\iint_S [(y-z)\cos\alpha + (z-x)\cos\beta + (x-y)\cos\gamma]\,dS$

$= 2\iint_S (y-z)\left(\dfrac{x}{R}-1\right) + (z-x)\dfrac{y}{R} + (x-y)\dfrac{z}{R}\,dS$

$= 2\iint_S (z-y)\,dS,$

由于曲面 S 关于 Oxz 平面对称, y 关于 O_{xz} 平面是奇函数,有

$$\iint_S y\,dS = 0.$$

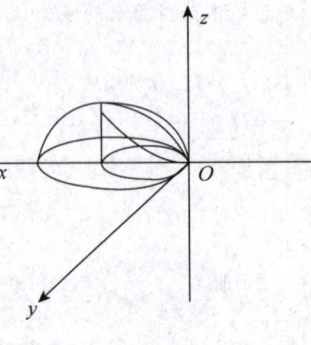

图 20-2

于是原式 $= \iint\limits_{S} z\mathrm{d}S = \iint\limits_{S} R\cos r\mathrm{d}S = \iint\limits_{S} R\mathrm{d}x\mathrm{d}y = R\iint\limits_{x^2+y^2 \leq 2rx} \mathrm{d}\sigma = R\pi r^2.$

■ 两类曲线积分之间的关系

项目	内容
第一型曲线积分	(1) 设函数 $f(x,y,z)$ 在空间光滑曲线 $L: \begin{cases} x=x(t) \\ y=y(t) \\ z=z(t) \end{cases}$ $(t\in[\alpha,\beta])$ 上连续,则 $$\int_L f(x,y,z)\mathrm{d}s = \int_\alpha^\beta f[x(t),y(t),z(t)]\sqrt{[x'(t)]^2+[y'(t)]^2+[z'(t)]^2}\mathrm{d}t$$ (2) 设函数 $f(x,y)$ 在平面光滑曲线 $L: \begin{cases} x=x(t) \\ y=y(t) \end{cases}$ $(t\in[\alpha,\beta])$ 上连续,则 $$\int_L f(x,y)\mathrm{d}s = \int_\alpha^\beta f(x(t),y(t))\sqrt{[x'(t)]^2+[y'(t)]^2}\mathrm{d}t$$ 特别地,当 $L:y=y(x)(a\leq x\leq b)$ 时,则 $$\int_L f(x,y)\mathrm{d}s = \int_a^b f[x,y(x)]\sqrt{1+[y'(x)]^2}\mathrm{d}x$$ (3) 当曲线 L 由极坐标方程 $r=r(\theta)(\alpha\leq\theta\leq\beta)$ 给出,则 $$\int_L f(x,y)\mathrm{d}s = \int_\alpha^\beta f[r(\theta)\cos\theta,r(\theta)\sin\theta]\sqrt{r^2(\theta)+[r'(\theta)]^2}\mathrm{d}\theta$$ 注:公式中一定要 $\alpha<\beta$
第二型曲线积分	设光滑有向曲线 L 的参数方程为 $\begin{cases} x=x(t) \\ y=y(t) \\ z=z(t) \end{cases}$ 当 t 单调地(增加或减少)从 α 变成 β 时,相应的点 M 从 L 的起点 A 沿曲线变到 B,且假定 $P(x,y,z),Q(x,y,z),R(x,y,z)$ 在 L 上连续,则 $$\int_L P(x,y,z)\mathrm{d}x+Q(x,y,z)\mathrm{d}y+R(x,y,z)\mathrm{d}z$$ $$=\int_\alpha^\beta \{P[x(t),y(t),z(t)]x'(t)+Q[x(t),y(t),z(t)]y'(t)+R[x(t),y(t),z(t)]z'(t)\}\mathrm{d}t$$ 平面曲线 $\begin{cases} x=\varphi(t) \\ y=\phi(t) \end{cases}$ $t\in[\alpha,\beta]$ 沿 L 从 A 到 B 的第二型曲线积分 $$\int_L P(x,y)\mathrm{d}x+Q(x,y)\mathrm{d}y = \int_\alpha^\beta [P(\varphi(t),\phi(t))\varphi'(t)+Q(\varphi(t),\phi(t))\phi'(t)]\mathrm{d}t$$ 注:这里不要求 $\alpha<\beta$,而是起点对应参数作积分下限,终点对应参数作积分上限
两类曲线积分的联系	$\int_L P\mathrm{d}x+Q\mathrm{d}y+R\mathrm{d}z = \int_L (P\cos\alpha+Q\cos\beta+R\cos\gamma)\mathrm{d}s$,其中 $\{\cos\alpha,\cos\beta,\cos\gamma\}$ 为有向曲线 L 在点 (x,y,z) 处的单位切向量

例7 设曲线 C 为曲面 $x^2 + y^2 + z^2 = a^2$ 与曲面 $x^2 + y^2 = ax(z \geqslant 0, a > 0)$ 的交线，从 Ox 轴正向看去为逆时针方向，

(1) 写出曲线 C 的参数方程；

(2) 计算曲线积分 $\int_C y^2 \mathrm{d}x + z^2 \mathrm{d}y + x^2 \mathrm{d}z$.

解 (1) $\begin{cases} \left(x - \dfrac{a}{2}\right)^2 + y^2 = \left(\dfrac{a}{2}\right)^2 \\ z = \sqrt{a^2 - x^2 - y^2} \end{cases}$

$\Longrightarrow \begin{cases} x = \dfrac{a}{2} + \dfrac{a}{2}\cos t \\ y = \dfrac{a}{2}\sin t \qquad (t : 0 \to 2\pi) \\ z = a \sin \dfrac{t}{2} \end{cases}$

(2) 原式 $= \int_0^{2\pi} \left[-\dfrac{a^3}{8}\sin^3 t + \dfrac{a^3}{2}\sin^2 \dfrac{t}{2}\cos t + \dfrac{a^3}{8}(1 + \cos t)^2 \cos \dfrac{t}{2} \right] \mathrm{d}t$

令 $u = \pi - t$

$= \int_{-\pi}^{\pi} \left[-\dfrac{a^3}{8}\sin^3 u - \dfrac{a^3}{2}\cos^2 \dfrac{u}{2} \cos u + \dfrac{a^3}{8}(1 - \cos u)^2 \sin \dfrac{u}{2} \right] \mathrm{d}u$

$= -2 \cdot \dfrac{a^3}{2} \int_0^\pi \dfrac{1 + \cos u}{2} \cos u \, \mathrm{d}u$ 利用"偶倍奇零"

$= -\dfrac{\pi}{4} a^3$

课后习题全解

习题 20.1

1. **解题过程** (1) 因为 $f(x, y)$ 必须是定义在 L 上的连续函数，所以设 $L = L_1 + L_2 + L_3$，其中

$L_1 : \begin{cases} x = x \\ y = 0 \end{cases} (0 \leqslant x \leqslant 1); L_2 : \begin{cases} x = x \\ y = 1 - x \end{cases} (0 \leqslant x \leqslant 1); L_3 : \begin{cases} x = 0 \\ y = y \end{cases} (0 \leqslant y \leqslant 1).$

$\int_L (x + y) \mathrm{d}s = \int_{OA} (x + y) \mathrm{d}s + \int_{AB} (x + y) \mathrm{d}s + \int_{BO} (x + y) \mathrm{d}s$

$= \int_0^1 x \, \mathrm{d}x + \int_0^1 \sqrt{2} \, \mathrm{d}x + \int_0^1 y \, \mathrm{d}y = 1 + \sqrt{2}.$

(2) 右半圆周的参数方程为 $\begin{cases} x = R\cos\theta \\ y = R\sin\theta \end{cases} \left(-\dfrac{\pi}{2} \leqslant \theta \leqslant \dfrac{\pi}{2} \right)$，则

$\int_L (x^2 + y^2)^{\frac{1}{2}} \mathrm{d}s = \int_{-\frac{\pi}{2}}^{\frac{\pi}{2}} R \sqrt{(-R\sin\theta)^2 + (R\cos\theta)^2} \, \mathrm{d}\theta = \pi R^2.$

(3) 设 $L: \begin{cases} x = a\cos\varphi \\ y = b\sin\varphi \end{cases} \left(0 \leqslant \varphi \leqslant \dfrac{\pi}{2}\right), x' = -a\sin\varphi, y' = b\cos\varphi.$

当 $a > b$ 时,

$$\int_L xy \, ds = ab \int_0^{\frac{\pi}{2}} \sin\varphi\cos\varphi \sqrt{(-a\sin\varphi)^2 + (b\cos\varphi)^2} \, d\varphi = \dfrac{1}{2} ab \int_0^{\frac{\pi}{2}} \sqrt{(a^2-b^2)\sin^2\varphi + b^2} \, d\sin^2\varphi$$

$$= \dfrac{ab}{3(a^2-b^2)} \left\{ \left[(a^2-b^2)\sin^2\varphi + b^2\right]^{\frac{3}{2}} \Big|_0^{\frac{\pi}{2}} \right\} = \dfrac{ab(a^2 + ab + b^2)}{3(a+b)}.$$

当 $a < b$ 时,结果相同.

(4) 设圆的参数为 $L: \begin{cases} x = \cos\varphi \\ y = \sin\varphi \end{cases} (0 \leqslant \varphi \leqslant 2\pi)$,则

$x'(\varphi) = -\sin\varphi, y'(\varphi) = \cos\varphi,$

$$\int_L |y| \, ds = \int_0^\pi \sin\varphi \sqrt{(-\sin\varphi)^2 + \cos^2\varphi} \, d\varphi - \int_\pi^{2\pi} \sin\varphi \sqrt{(-\sin\varphi)^2 + \cos^2\varphi} \, d\varphi = 4.$$

(5) $\int_L (x^2 + y^2 + z^2) \, ds = \int_0^{2\pi} (a^2 + b^2 t^2) \sqrt{(-a\sin t)^2 + (a\cos t)^2 + b^2} \, dt$

$$= \sqrt{a^2 + b^2} \left(a^2 t + \dfrac{b^3}{3} t^3 \right) \Big|_0^{2\pi} = \dfrac{2}{3} \pi (3a^2 + 4b^3 \pi^2) \sqrt{a^2 + b^2}.$$

(6) $\int_L xyz \, ds = \int_0^1 t \cdot \dfrac{2}{3} \sqrt{2t^3} \cdot \dfrac{1}{2} t^2 \sqrt{1 + 2t + t^2} \, dt = \dfrac{\sqrt{2}}{3} \int_0^1 t^{\frac{9}{2}} (1+t) \, dt = \dfrac{16\sqrt{2}}{143}.$

(7) L 为圆 $2y^2 + z^2 = a^2$,其参数方程为 $x = y = \dfrac{a}{\sqrt{2}} \sin t, z = a\cos t (0 \leqslant t \leqslant 2\pi).$

则 $\int_L \sqrt{2y^2 + z^2} \, ds = \int_0^{2\pi} a \sqrt{a^2 \sin^2 t + a^2 \cos^2 t} \, dt = 2a^2 \pi.$

2. **解题过程** 曲线质量 $M = \int_L \sqrt{\dfrac{2z}{a}} \, ds = \int_0^1 t \sqrt{a^2 + a^2 t^2} \, dt = \dfrac{a}{2} \int_0^1 \sqrt{1+t^2} \, d(1+t^2) = \dfrac{a}{3} (2\sqrt{2} - 1).$

3. **知识点窍** 第一型曲线积分的应用.

 逻辑推理 质心为 $\left(\bar{x} = \dfrac{1}{M} \int_L y \, ds, \bar{y} = \dfrac{1}{M} \int_L x \, ds\right)$,其中 $M = \int_L \rho \, ds.$

 解题过程 因 $ds = \sqrt{a^2(1 - \cos t)^2 + a^2 \sin^2 t} \, dt = 2a \sin \dfrac{t}{2} \, dt, M = 2a\rho \int_0^\pi \sin \dfrac{t}{2} \, dt = 4a\rho.$

质心坐标为 $(\bar{x}, \bar{y})$,则

$\bar{y} = \dfrac{1}{M} \int_L \rho x \, ds = \dfrac{1}{M} \int_0^\pi \rho a(t - \sin t) 2a \sin \dfrac{t}{2} \, dt = \dfrac{a}{2} \int_0^\pi t \sin \dfrac{t}{2} \, dt - \dfrac{a}{2} \int_0^\pi \sin t \cdot \sin \dfrac{t}{2} \, dt = \dfrac{4}{3} a,$

$\bar{x} = \dfrac{1}{M} \int_L \rho y \, ds = \dfrac{1}{M} \int_0^\pi \rho a(1 - \cos t) \cdot 2a \sin \dfrac{t}{2} \, dt = \dfrac{a}{2} \int_0^\pi \sin \dfrac{t}{2} \, dt - \dfrac{a}{4} \int_0^\pi \left(\sin \dfrac{3t}{2} - \sin \dfrac{t}{2} \right) dt = \dfrac{4}{3} a.$

故质心坐标为 $\left(\dfrac{4}{3} a, \dfrac{4}{3} a \right).$

4. **解题过程** (1) 曲线 $L: \begin{cases} x = \rho(\theta) \cos\theta \\ y = \rho(\theta) \sin\theta \end{cases} (\theta_1 \leqslant \theta \leqslant \theta_2).$

而 $ds = \sqrt{(x'(\theta))^2 + (y'(\theta))^2} = \sqrt{(\rho'\cos\theta - \rho\sin\theta)^2 + (\rho'\sin\theta + \rho\cos\theta)^2}$

$= \sqrt{\rho'^2(\theta) + \rho^2(\theta)}.$

故 $\int_L f(x, y) \, ds = \int_{\theta_1}^{\theta_2} f[\rho(\theta)\cos\theta, \rho(\theta)\sin\theta] \sqrt{\rho'^2(\theta) + \rho^2(\theta)} \, d\theta.$

由此知 $\int_L e^{\sqrt{x^2+y^2}} ds = \int_0^{\frac{\pi}{4}} e^a a d\theta = \frac{\pi}{4} a e^a.$

(2) $\rho' = k a e^{k\theta}, \sqrt{\rho'^2(\theta)+\rho^2(\theta)} = a\sqrt{1+k^2} e^{k\theta}.$

$\int_L x ds = \int_{-\infty}^0 a e^{k\theta} \cos\theta \cdot a \sqrt{1+k^2} e^{k\theta} d\theta = a^2 \sqrt{1+k^2} \int_{-\infty}^0 e^{2k\theta} \cos\theta d\theta.$

设 $I = \int_{-\infty}^0 e^{2k\theta} \cos\theta d\theta,$ 则

$I = \sin\theta e^{2k\theta}\Big|_{-\infty}^0 - \int_{-\infty}^0 \sin\theta \cdot 2k \cdot e^{2k\theta} d\theta$

$= -2k\Big[-\cos\theta e^{2k\theta}\Big|_{-\infty}^0 - \int_{-\infty}^0 -\cos\theta \cdot 2k e^{2k\theta} d\theta\Big]$

$= 2k - 4k^2 I,$

则 $I = \dfrac{2k}{4k^2+1},$ 故 $\int_L x ds = \dfrac{2ka^2 \sqrt{1+k^2}}{1+4k^2}.$

5. **知识点窍** 积分中值定理.

逻辑推理 根据已知条件证明 $f[x(t),y(t)]$ 和 $\sqrt{x'^2(t)+y'^2(t)}$ 在区间上连续,然后运用中值定理即可证明.

解题过程 由于 f 在光滑曲线 L 上连续,所以曲线积分 $\int_L f(x,y) ds$ 存在,且

$\int_L f(x,y) ds = \int_\alpha^\beta f[x(t),y(t)] \sqrt{x'^2(t)+y'^2(t)} dt.$

又因 f 在光滑曲线 L 上连续,所以 $f[x(t),y(t)]$ 和 $\sqrt{x'^2(t)+y'^2(t)}$ 在区间 $[\alpha,\beta]$ 上连续. 由积分中值定理得 $\exists t_0 \in [\alpha,\beta]$,使得

$\int_\alpha^\beta f[x(t),y(t)] \sqrt{x'^2(t)+y'^2(t)} dt = f[x(t_0),y(t_0)] \int_\alpha^\beta \sqrt{x'^2(t)+y'^2(t)} dt$

$= f[x(t_0),y(t_0)] \cdot \Delta L.$

令 $x_0 = x(t_0), y_0 = y(t_0),$ 则 $(x_0,y_0) \in L.$

所以 $\int_L f(x,y) ds = f(x_0,y_0) \cdot \Delta L.$

习题 20.2

1. **知识点窍** 第二型曲线积分.

解题过程 (1) 沿抛物线 $y = 2x^2$,从 O 到 B 的一段(图 20-3),则

$\int_L x dy - y dx = \int_0^1 (4x^2 - 2x^2) dx = \dfrac{2}{3}.$

沿直线段 $OB: y = 2x,$ 则

$\int_L x dy - y dx = \int_0^1 (2x - 2x) dx = 0.$

沿封闭曲线 $OABO$. 则 $\oint_L x dy - y dx = \int_{OA} + \int_{AB} + \int_{BO}.$

因为 $OA: y = 0, 0 \leqslant x \leqslant 1, \int_{OA} x dy - y dx = 0,$

$AB: x=1, 0 \leqslant y \leqslant 2, \int_{AB} x\mathrm{d}y - y\mathrm{d}x = \int_0^2 \mathrm{d}y = 2,$

$OB: y=2x$，从 $x=1$ 到 $x=0$ 的一段，

所以 $\int_{OB} x\mathrm{d}y - y\mathrm{d}x = \int_1^0 (x \cdot 2 - 2x)\mathrm{d}x = 0,$

故 $\oint x\mathrm{d}y - y\mathrm{d}x = \int_0^1 0\mathrm{d}x + \int_0^2 \mathrm{d}y = 2.$

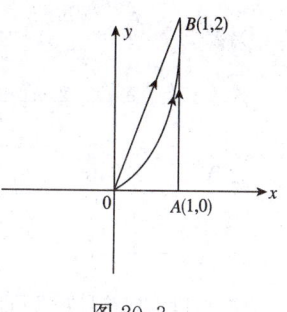

图 20-3

(2) $\int_L (2a-y)\mathrm{d}x + \mathrm{d}y = \int_0^{2\pi} [(2a-a+a\cos t) \cdot a(1-\cos t) + a\sin t]\mathrm{d}t$

$= \int_0^{2\pi} (a^2 \sin^2 t + a\sin t)\mathrm{d}t$

$= a^2 \int_0^{2\pi} \frac{1-\cos 2t}{2}\mathrm{d}t - a\cos t \Big|_0^{2\pi}$

$= a^2 \pi.$

(3) 圆的参数方程 $\begin{cases} x=a\cos t \\ y=a\sin t \end{cases} (0 \leqslant t \leqslant 2\pi).$

在圆周上，$\oint_L \frac{-x\mathrm{d}x + y\mathrm{d}y}{x^2+y^2} = \frac{1}{a^2}\oint_L (-x\mathrm{d}x + y\mathrm{d}y)$，则

$\oint_L \frac{-x\mathrm{d}x + y\mathrm{d}y}{x^2+y^2} = \int_0^{2\pi} \frac{a^2 \sin t\cos t + a^2 \sin t\cos t}{a^2}\mathrm{d}t = \int_0^{2\pi} \sin 2t\mathrm{d}t = 0.$

(4) $\oint y\mathrm{d}x + \sin x\mathrm{d}y = \int_{L_1} + \int_{L_2}$，其中 $L_1: y=\sin x, x$ 从 0 到 π；$L_2: y=0, x=\pi, x$ 从 π 到 0.

则 $\oint y\mathrm{d}x + \sin x\mathrm{d}y = \int_0^\pi (\sin x + \sin x\cos x)\mathrm{d}x + \int_\pi^0 (0 + \sin x \cdot 0)\mathrm{d}x$

$= \int_0^\pi \sin x\mathrm{d}x + \int_0^\pi \sin x\cos x\mathrm{d}x = 2.$

(5) 直线 L 的参数方程：$x=1+t, y=1+2t, z=1+3t, 0 \leqslant t \leqslant 1.$

则 $\oint x\mathrm{d}x + y\mathrm{d}y + z\mathrm{d}z = \int_0^1 [(1+t) + 2(1+2t) + 3(1+3t)]\mathrm{d}t = \int_0^1 (6+14t)\mathrm{d}t = 13.$

2. **知识点窍** 第二型曲线积分在实际中的应用.

   逻辑推理 力所做的功 $W = \int_L F \cdot \mathrm{d}s$，其中 $F = k\sqrt{x^2+y^2}\left(\frac{x}{\sqrt{x^2+y^2}}\boldsymbol{i} + \frac{y}{\sqrt{x^2+y^2}}\boldsymbol{j}\right).$

   解题过程 椭圆的参数方程 $\begin{cases} x=a\cos\theta \\ y=b\sin\theta \end{cases} (0 \leqslant \theta \leqslant \frac{\pi}{2}).$ 因为力的反方向指向原点，则力的方向背离原点.

$F = k\sqrt{x^2+y^2}(\cos\theta \boldsymbol{i} + \sin\theta \boldsymbol{j}) = k\sqrt{x^2+y^2}\left(\frac{x}{\sqrt{x^2+y^2}}\boldsymbol{i} + \frac{y}{\sqrt{x^2+y^2}}\boldsymbol{j}\right)$

$= (kx\boldsymbol{i} + ky\boldsymbol{j})(k>0, k\text{ 为比例系数}).$

故 $W = \int_L P\mathrm{d}x + Q\mathrm{d}y = \int_L k(x\mathrm{d}x + y\mathrm{d}y)$

$= k\int_0^{\frac{\pi}{2}} [a\cos\theta \cdot (-a\sin\theta) + b\sin\theta \cdot \cos\theta]\mathrm{d}\theta$

$= \frac{k}{2}(b^2 - a^2) (k \text{ 为比例系数}).$

3. **知识点窍** 第二型曲线积分在实际中的应用.

   逻辑推理 力所做的功 $W = \int_L F \cdot \mathrm{d}s$，其中 $F = -\frac{k}{z}\left(\frac{x}{r}\boldsymbol{i} + \frac{y}{r}\boldsymbol{j} + \frac{z}{r}\boldsymbol{k}\right).$

解题过程 $F = \dfrac{k}{z}$，因为力的方向指向原点，所以 $\cos\alpha = -\dfrac{x}{r}, \cos\beta = -\dfrac{y}{r}, \cos\gamma = \dfrac{-z}{r}$，则

$$F = -\dfrac{k}{z}\left(\dfrac{x}{r}\boldsymbol{i} + \dfrac{y}{r}\boldsymbol{j} + \dfrac{z}{r}\boldsymbol{k}\right) = -\dfrac{k}{z\sqrt{x^2+y^2+z^2}}(x\boldsymbol{i}+y\boldsymbol{j}+z\boldsymbol{k}),$$

故 $W = \displaystyle\int_L \boldsymbol{F}\cdot \mathrm{d}\boldsymbol{s} = -k\int_L \dfrac{x\mathrm{d}x+y\mathrm{d}y+z\mathrm{d}z}{z\sqrt{x^2+y^2+z^2}} = -k\int_1^2 \dfrac{a^2t+b^2t+c^2t}{ct\sqrt{a^2+b^2+c^2}}\mathrm{d}t$

$\qquad = -\dfrac{k}{c}\sqrt{a^2+b^2+c^2}\displaystyle\int_1^2 \dfrac{\mathrm{d}t}{t} = -\dfrac{k\sqrt{a^2+b^2+c^2}}{c}\ln 2.$

注：这里出现符号"—"可以理解为实际是"克服某种力"做功.

4. 知识点窍 第二型曲线积分，柯西不等式.

逻辑推理 因不知道 $\overset{\frown}{AB}$ 的光滑性，也不知道它的方程，故只能用第二型曲线积分的定义来证明.

解题过程 因不知道 $\overset{\frown}{AB}$ 的光滑性，故不能直接用公式，根据第二型曲线积分的定义并利用柯西不等式，有

$$\left|\int_{\overset{\frown}{AB}} P\mathrm{d}x + Q\mathrm{d}y\right| = \left|\lim_{\|T\|\to 0}\sum_{k=1}^n (P(\xi_k,\eta_k)\Delta x_k + Q(\xi_k,\eta_k)\Delta y_k)\right|$$

$$\leqslant \lim_{\|T\|\to 0}\sum_{k=1}^n \left(\sqrt{P^2(\xi_k,\eta_k)+Q^2(\xi_k,\eta_k)}\cdot\sqrt{(\Delta x_k)^2+(\Delta y_k)^2}\right)$$

$$\leqslant M\lim_{\|T\|\to 0}\sum_{k=1}^n \sqrt{(\Delta x_k)^2+(\Delta y_k)^2}$$

$$= M\int_{\overset{\frown}{AB}} \mathrm{d}s = LM.$$

对于 I_R，因为 $\sqrt{P^2+Q^2} = \dfrac{R}{(R^2+xy)^2}$，

且在 $x^2+y^2=R^2$ 上 R^2+xy 的最小值为 $\dfrac{R^2}{2}$，所以 $M = \max\limits_{x^2+y^2=R^2}\sqrt{P^2+Q^2} = \dfrac{4}{R^3}$.

而 $L = 2\pi R$，故 $\left|\displaystyle\iint_{x^2+y^2=R^2}\dfrac{y\mathrm{d}x-x\mathrm{d}y}{(x^2+xy+y^2)^2}\right| \leqslant 2\pi\cdot R\dfrac{4}{R^3} = \dfrac{8\pi}{R^2}.$

由于 $\left|I_R\right| \leqslant \dfrac{8\pi}{R^2}$，且 $\lim\limits_{R\to+\infty}\dfrac{8\pi}{R^2} = 0$，故 $\lim\limits_{R\to+\infty}I_R = 0$.

5. (1) **解题过程** 曲线 L 的参数方程为 $\begin{cases} x = \cos\varphi \\ y = \dfrac{\sqrt{2}}{2}\sin\varphi \\ z = \dfrac{\sqrt{2}}{2}\sin\varphi \end{cases}$ $(0 \leqslant \varphi \leqslant 2\pi).$

当 φ 从 0 增加到 2π 时，点依次经过 1,2,7,8 卦限，点 (x,y,z) 的变动方向与曲线指向一致.

故 $\displaystyle\int_L xyz\mathrm{d}z = \int_0^{2\pi}\dfrac{1}{2}\sin^2\varphi\cos\varphi\cdot\dfrac{\sqrt{2}}{2}\cos\varphi\mathrm{d}\varphi = \dfrac{\sqrt{2}}{16}\int_0^{2\pi}\sin^2 2\varphi\mathrm{d}\varphi$

$\qquad = \dfrac{\sqrt{2}}{32}\displaystyle\int_0^{2\pi}(1-\cos 4\varphi)\mathrm{d}\varphi = \dfrac{\sqrt{2}}{16}\pi.$

(2) **知识点窍** 第二型曲线积分.

逻辑推理 球面 $x^2+y^2+z^2=1$ 在第一卦限部分的边界曲线为球面与三个坐标平面的交线，其有三段，分别写出各段第二型曲线积分并相加，在计算过程中利用对称性简化计算.

解题过程 记 $A(1,0,0), B(0,1,0), C(0,0,1), L = \widehat{AB} + \widehat{BC} + \widehat{CA}$，其中

$$\widehat{AB}: \begin{cases} x = \cos\theta \\ y = \sin\theta \\ z = 0 \end{cases} \left(0 \leqslant \theta \leqslant \frac{\pi}{2}\right),$$

$$\widehat{BC}: \begin{cases} x = 0 \\ y = \cos\theta \\ z = \sin\theta \end{cases} \left(0 \leqslant \theta \leqslant \frac{\pi}{2}\right),$$

$$\widehat{CA}: \begin{cases} x = \sin\theta \\ y = 0 \\ z = \cos\theta \end{cases} \left(0 \leqslant \theta \leqslant \frac{\pi}{2}\right),$$

由图形的对称性以及被积函数中变量的轮换对称性知

$$\int_L (y^2 - z^2)\mathrm{d}x = \int_L (z^2 - x^2)\mathrm{d}y = \int_L (x^2 - y^2)\mathrm{d}z,$$

故 $\int_L (y^2 - z^2)\mathrm{d}x + (z^2 - x^2)\mathrm{d}y + (x^2 - y^2)\mathrm{d}z$

$= 3 \int_L (y^2 - z^2)\mathrm{d}x$

$= 3 \int_{\widehat{AB}} (y^2 - z^2)\mathrm{d}x + 3 \int_{\widehat{BC}} (y^2 - z^2)\mathrm{d}x + 3 \int_{\widehat{CA}} (y^2 - z^2)\mathrm{d}x$

$= 3 \int_0^{\frac{\pi}{2}} \sin^2\theta(-\sin\theta)\mathrm{d}\theta + 0 + 3 \int_0^{\frac{\pi}{2}} (-\cos^2\theta)\cos\theta\mathrm{d}\theta$

$= -6 \int_0^{\frac{\pi}{2}} \sin^3\theta\mathrm{d}\theta = -6 \times \frac{2}{3} \times 1 = -4.$

第二十章总练习题

1. **知识点窍** 第一型曲线积分.

逻辑推理 闭曲线 L 分为三段，在每一段上求曲线积分.

解题过程 (1) 如图 20-4 所示，闭曲线 L 分三段，因此

$$\int_L y\mathrm{d}s = \int_{L_1} y\mathrm{d}s + \int_{L_2} y\mathrm{d}s + \int_{L_3} y\mathrm{d}s.$$

① $L_1: y = -\sqrt{x}, x$ 从 0 到 4，则

$$\int_{L_1} y\mathrm{d}s = \int_0^4 (-\sqrt{x}) \cdot \sqrt{1 + {y'}^2}\mathrm{d}x = -\frac{1}{2}\int_0^4 \sqrt{4x+1}\mathrm{d}x = -\frac{1}{12}(17\sqrt{17} - 1).$$

② $L_2: y = 2 - x, x$ 从 1 到 4，则

$$\int_{L_2} y\mathrm{d}s = \int_1^4 (2 - x) \cdot \sqrt{2}\mathrm{d}x = -\frac{3}{2}\sqrt{2}.$$

③ $L_3: y = \sqrt{x}, x$ 从 0 到 1，则

$$\int_{L_3} y\mathrm{d}s = \int_0^1 \sqrt{x} \cdot \sqrt{1 + {y'}^2}\mathrm{d}x$$

$$= \frac{1}{2}\int_0^1 \sqrt{4x+1}\mathrm{d}x = \frac{1}{12}(5\sqrt{5} - 1).$$

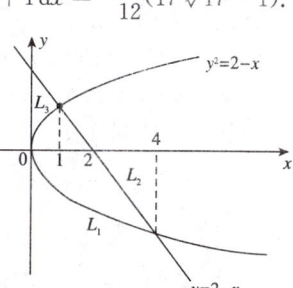

图 20-4

所以 $\int_L y \mathrm{d}s = \frac{1}{12}(5\sqrt{5} - 17\sqrt{17}) - \frac{3}{2}\sqrt{2}$.

(2) 因为 L 的极坐标方程为 $\rho^2 = a^2\cos 2\theta$, $|\theta| \leqslant \frac{\pi}{4}$ 及 $|\theta - \pi| \leqslant \frac{\pi}{4}$,

所以 $\mathrm{d}s = \sqrt{\rho'^2(\theta) + \rho^2(\theta)}\,\mathrm{d}\theta = \sqrt{\frac{a^2\sin^2 2\theta}{\cos 2\theta} + a^2\cos 2\theta}\,\mathrm{d}\theta = \frac{a}{\sqrt{\cos 2\theta}}\mathrm{d}\theta = \frac{a^2}{\rho}\mathrm{d}\theta$.

由对称性,有

$$\int_L |y|\,\mathrm{d}s = 4\int_0^{\frac{\pi}{4}} \rho(\theta)\sin\theta\,\frac{a^2}{\rho(\theta)}\mathrm{d}\theta = 4a^2 \int_0^{\frac{\pi}{4}} \sin\theta\,\mathrm{d}\theta = 4a^2\left(1 - \frac{\sqrt{2}}{2}\right).$$

(3) $\int_L z\,\mathrm{d}s = \int_0^{t_0} t\sqrt{x_t'^2 + y_t'^2 + z_t'^2}\,\mathrm{d}t = \int_0^t t\sqrt{2 + t^2}\,\mathrm{d}t = \frac{1}{3}[(2 + t_0)^{\frac{3}{2}} - 2\sqrt{2}]$.

(4) BA 的参数方程为: $\begin{cases} x = a\cos\theta \\ y = a\sin\theta \end{cases}$, θ 从 $\frac{\pi}{2}$ 到 $-\frac{\pi}{2}$, 则

$$\int_L xy^2\,\mathrm{d}y - x^2 y\,\mathrm{d}x = \int_{\frac{\pi}{2}}^{-\frac{\pi}{2}} [a^4\cos^2\theta\sin^2\theta + a^4\cos^2\theta\sin^2\theta]\,\mathrm{d}\theta$$
$$= \frac{a^4}{4}\int_{\frac{\pi}{2}}^{-\frac{\pi}{2}} (1 - \cos 4\theta)\,\mathrm{d}\theta = -\frac{\pi}{4}a^4.$$

(5) $L: \begin{cases} x = x \\ y = x^2 - 4 \end{cases}$, $0 \leqslant x \leqslant 2$, 则

$$\int_L \frac{\mathrm{d}y - \mathrm{d}x}{x - y} = \int_0^2 \frac{2x - 1}{4 + x - x^2}\mathrm{d}x = -\ln|4 + x - x^2|\Big|_0^2 = \ln 2.$$

(6) L 的参数方程为 $\begin{cases} x = a\cos^2\theta \\ y = a\cos\theta\sin\theta \\ z = a\sqrt{1 - \cos^2\theta} \end{cases}$ $\left(-\frac{\pi}{2} \leqslant \theta \leqslant \frac{\pi}{2}\right)$, 则

$$\int_L y^2\,\mathrm{d}x + z^2\,\mathrm{d}y + x^2\,\mathrm{d}z$$
$$= \int_{-\frac{\pi}{2}}^{\frac{\pi}{2}} [a^2\cos^2\theta\sin^2\theta(-2a\cos\theta\sin\theta) + a^2\sin^2\theta \cdot a(\cos^2\theta - \sin^2\theta)$$
$$+ a^2\cos^4\theta \cdot a\cos\theta\sin\theta(1 - \cos^2\theta)^{-\frac{1}{2}}]\,\mathrm{d}\theta$$
$$= 2a^3\int_0^{\frac{\pi}{2}} (\sin^2\theta\cos^2\theta - \sin^4\theta)\,\mathrm{d}\theta = -\frac{\pi}{4}a^3.$$

2. **解题过程** (1) L_1: 从 $A(a, a)$ 到 $C(b, a)$ 的直线段为 $y = a$, $a \leqslant x \leqslant b$, 所以

$$\int_{L_1} f(x, y)\,\mathrm{d}s = \int_a^b f(x, a)\,\mathrm{d}x, \int_{L_1} f(x, y)\,\mathrm{d}x = \int_a^b f(x, a)\,\mathrm{d}x, \int_{L_1} f(x, y)\,\mathrm{d}y = 0.$$

(2) L: 连接 $A(a, a)$, $C(b, a)$, $B(b, b)$ 三点的三角形.

从 $A(a, a)$ 到 $C(b, a)$: $y = a$, $a \leqslant x \leqslant b$;

从 $C(b, a)$ 到 $B(b, b)$: $a \leqslant y \leqslant b$, $x = b$;

从 $B(b, b)$ 到 $A(a, a)$: $y = x$, x 从 b 到 a.

所以 $\oint_L f(x, y)\,\mathrm{d}s = \int_a^b f(x, a)\,\mathrm{d}x + \int_a^b f(b, y)\,\mathrm{d}y + \sqrt{2}\int_a^b f(t, t)\,\mathrm{d}t$,

$\oint_L f(x, y)\,\mathrm{d}x = \int_a^b f(x, a)\,\mathrm{d}x + \int_b^a f(t, t)\,\mathrm{d}t$,

$\oint_L f(x, y)\,\mathrm{d}y = \int_a^b f(b, y)\,\mathrm{d}y + \int_b^a f(t, t)\,\mathrm{d}t$.

3. **知识点窍** 曲线积分和积分第一中值定理.

逻辑推理 利用积分第一中值定理知 $\int_{\widehat{AB}} f(x,y)\mathrm{d}s = f(x(\varepsilon),y(\varepsilon))\int_\alpha^\beta \sqrt{x'^2(t)+y'^2(t)}\mathrm{d}t$,因此只需判断此式大于零即可.

解题过程 (1) 设 $\widehat{AB}$ 为光滑(或按段光滑)曲线,且其方程为 $x = \varphi(t), y = \psi(t), t \in [\alpha,\beta]$,则 $\int_{\widehat{AB}} f(x,y)\mathrm{d}s = \int_\alpha^\beta f[\varphi(t),\psi(t)]\sqrt{\varphi'^2(t)+\psi'^2(t)}\mathrm{d}t$.

因为 $f[\varphi(t),\psi(t)]\sqrt{\varphi'^2(t)+\psi'^2(t)} > 0$,从而由推广的积分第一中值定理知存在 $\varepsilon \in [\alpha,\beta]$,得

$$\int_{\widehat{AB}} f(x,y)\mathrm{d}s = \int_\alpha^\beta f[\varphi(t),\psi(t)]\sqrt{\varphi'^2(t)+\psi'^2(t)}\mathrm{d}t = f[x(\varepsilon),y(\varepsilon)]\int_\alpha^\beta \sqrt{\psi'^2(t)+\varphi'^2(t)}\mathrm{d}t > 0.$$

(2) 不一定成立,因为有向曲线 $\widehat{AB}$ 的方向可能会影响符号,$\int_{\widehat{AB}} f(x,y)\mathrm{d}x = -\int_{\widehat{BA}} f(x,y)$.

例如 $f(x,y) = x^2 + 1 > 0$,而曲线 $\widehat{AB}$ 是直线 $y = x$ 上从 $A(1,1)$ 到 $B(0,0)$ 一段,则
$$\int_{\widehat{AB}} f(x,y)\mathrm{d}x = \int_1^0 f(x,x)\mathrm{d}x = \int_1^0 (x^2+1)\mathrm{d}x = -\frac{4}{3} < 0.$$

走近考研

1 (2011年数学一) 设 L 是柱面方程 $x^2+y^2=1$ 与平面 $z=x+y$ 的交线,从 z 轴正向往 z 轴负向看去为逆时针方向,则曲线积分 $\oint_L xz\mathrm{d}x + x\mathrm{d}y + \frac{y^2}{2}\mathrm{d}z = \underline{\qquad}$.

分析 本题考查第二型曲线积分的计算. 首先将曲线写成参数方程的形式,再代入相应的计算公式计算即可.

解答 曲线 L 的参数方程为 $\begin{cases} x = \cos t \\ y = \sin t \\ z = \cos t + \sin t \end{cases}$,其中 t 从 0 到 2π.

因此 $\oint_L xz\mathrm{d}x + x\mathrm{d}y + \frac{y^2}{2}\mathrm{d}z$

$= \int_0^{2\pi} \left[\cos t(\cos t + \sin t)(-\sin t) + \cos t \cos t + \frac{\sin^2 t}{2}(\cos t - \sin t) \right]\mathrm{d}t$

$= \int_0^{2\pi} \left[-\sin t \cos^2 t - \frac{\sin^2 t \cos t}{2} + \cos^2 t - \frac{\sin^3 t}{2} \right]\mathrm{d}t$

$= \pi.$

2 (2010年数学一) 已知曲线 L 的方程为 $y = 1 - |x|, x \in [-1,1]$,起点是 $(-1,0)$,终点是 $(1,0)$,则曲线积分 $\int_L xy\mathrm{d}x + x^2\mathrm{d}y = \underline{\qquad}$.

分析 本题考查的是第二型曲线积分,可以利用格林公式,也可以利用对称性进行计算.

解答 方法一:补充 $L_1: y = 0$[起点$(1,0)$,终点$(-1,0)$],由格林公式得

$\int_L xy\mathrm{d}x + x^2\mathrm{d}y = \oint_{L+L_1} xy\mathrm{d}x + x^2\mathrm{d}y - \int_{L_1} xy\mathrm{d}x + x^2\mathrm{d}y,$

而 $\oint_{L+L_1} xy\mathrm{d}x + x^2\mathrm{d}y = \iint_D x\mathrm{d}x\mathrm{d}y = \int_0^1 \mathrm{d}y \int_{y-1}^{1-y} x\mathrm{d}x = 0,$

$\int_{L_1} xy\mathrm{d}x + x^2\mathrm{d}y = \int_{L_1} xy\mathrm{d}x = 0,$

所以原式 $= 0.$

方法二：$\int_L xy\mathrm{d}x + x^2\mathrm{d}y = \int_{-1}^0 [x(1+x) + x^2]\mathrm{d}x + \int_0^1 [x(1-x) - x^2]\mathrm{d}x = 0.$

3 (2012年数学一) 已知 $f(x) - a$ 是第一象限中从点 $(0,0)$ 沿圆周 $x^2 + y^2 = 2x$ 到点 $(2,0)$，再沿圆周 $x^2 + y^2 = 4$ 到点 $(0,2)$ 的曲线段，计算曲线积分 $J = \int_L 3x^2 y\mathrm{d}x + (x^3 + x - 2y)\mathrm{d}y.$

分析 本题考查的是第二型曲线积分，需要补充一条曲线，使积分区域成为一个闭区域，然后利用格林公式求解.

解答 补充曲线 L_1 沿 y 轴由点 $(0,2)$ 到点 $(0,0)$，D 为曲线 L 和 L_1 围城的区域. 由格林公式可得

原式 $= \int_{L+L_1} 3x^2 y\mathrm{d}x + (x^3 + x - 2y)\mathrm{d}y - \int_{L_1} 3x^2 y\mathrm{d}x + (x^3 + x - 2y)\mathrm{d}y$

$= \iint_D (3x^2 + 1 - 3x^2)\mathrm{d}\sigma - \int_{L_1} (-2y)\mathrm{d}y = \iint_D 1\mathrm{d}\sigma + \int_{L_1} 2y\mathrm{d}y$

$= \dfrac{1}{4} \cdot \pi \cdot 2^2 - \dfrac{1}{2} \cdot \pi \cdot 1^2 - \int_0^2 2y\mathrm{d}y$

$= \dfrac{\pi}{2} - y^2 \Big|_0^2 = \dfrac{\pi}{2} - 4.$

第二十一章
重积分

各章导航

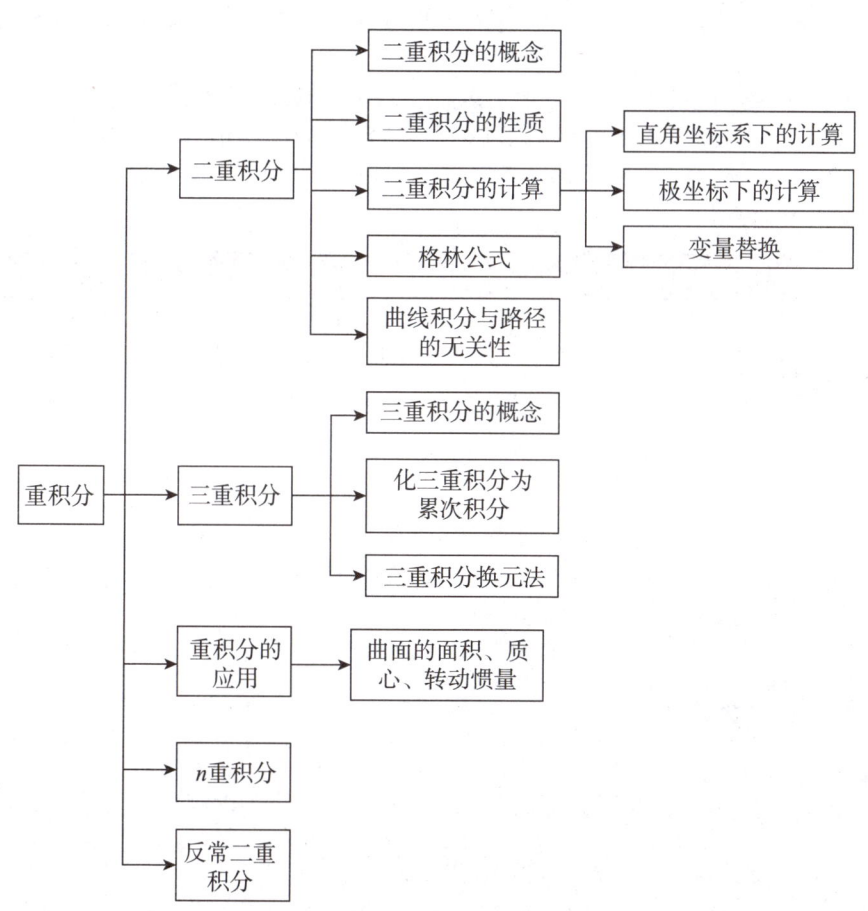

各个击破

■ 二重积分的概念

1. 平面图形的面积

平面图形 P 的面积:若平面图形 P 的内面积 $\underline{I}_P$ 等于它的外面积 $\overline{I}_P$,则称 P 为可求面积,并称其共同值 $I_P = \underline{I}_P = \overline{I}_P$ 为 P 的面积.

定理 1 平面有界图形 P 可求面积的充要条件是:对任给 $\varepsilon > 0$,总存在直线网 T,使得 $S_P(T) - s_P(T) < \varepsilon$.

推论 平面有界图形 P 的面积为零的充要条件是它的外面积 $\overline{I}_P = 0$,即对任给的 $\varepsilon > 0$,存在直线网 T,使得 $S_P(T) < \varepsilon$ 或对任给的 $\varepsilon > 0$,平面图形 P 能被有限个其面积总和小于 ε 的小矩形所覆盖.

定理 2 平面有界图形 P 可求面积的充要条件是:P 的边界 K 的面积为零.

重要结论: ① 若曲线 K 为定义在 $[a,b]$ 上的连续函数 $y = f(x)$ 的图像,则曲线 K 的面积为零;
② 由参量方程 $x = \varphi(t), y = \psi(t) (\alpha \leqslant t \leqslant \beta)$ 所表示的平面光滑曲线或按段光滑曲线的面积为零.

2. 二重积分的概念

名称	内容
二重积分的定义	设 $f(x,y)$ 是定义在可求面积的有界闭区域 D 上的函数. J 是一个确定的数,若对任给的正数 ε,总存在某个正数 δ,使对于 D 的任何分割 T,当它的细度 $\|T\| < \delta$ 时,属于 T 的所有积分和都有 $\left\| \sum_{i=1}^{n} f(\xi_i, \eta_i) \Delta \sigma_i - J \right\| < \varepsilon$,则称 $f(x,y)$ 在 D 上可积,数 J 称为函数 $f(x,y)$ 在 D 上的二重积分,记作 $J = \iint\limits_{D} f(x,y) \mathrm{d}\sigma$
$f(x,y)$ 在 D 上可积的条件	(1) $f(x,y)$ 在 D 上可积的充要条件是 $\lim\limits_{\|T\| \to 0} S(T) = \lim\limits_{\|T\| \to 0} s(T)$. (2) $f(x,y)$ 在 D 上可积的充要条件是:对于任给的正数 ε,存在 D 的某个分割 T,使得 $S(T) - s(T) < \varepsilon$ (3) 有界闭区域 D 上的连续函数必可积. (4) 设 $f(x,y)$ 是定义在有界闭区域 D 上的有界函数,其中不连续点集 E 是零面积集,则 $f(x,y)$ 在 D 上可积
二重积分的几何意义	(1) 当 $f(x,y) \geqslant 0$ 时,$\iint\limits_{D} f(x,y) \mathrm{d}\sigma$ 是以区域 D 为底,以 $f(x,y)$ 为高,S 为顶的曲顶柱体的体积. (2) 当 $f(x,y) \leqslant 0$ 时,$\iint\limits_{D} f(x,y) \mathrm{d}\sigma$ 是以区域 D 为底,以 $f(x,y)$ 为高,S 为顶的曲顶柱体体积的相反数. (3) 当 $f(x,y) = 1$ 时,$\iint\limits_{D} \mathrm{d}\sigma = S_D$ 为区域 D 的面积
存在性	若 $f(x,y)$ 在区域 D 内分片连续,则 $\iint\limits_{D} f(x,y) \mathrm{d}\sigma$ 存在

3. 二重积分的性质

名称	内容
线性	$\iint\limits_D kf(x,y)\mathrm{d}\sigma = k\iint\limits_D f(x,y)\mathrm{d}\sigma, k$ 是常数, $\iint\limits_D [f(x,y)\pm g(x,y)]\mathrm{d}\sigma = \iint\limits_D f(x,y)\mathrm{d}\sigma \pm \iint\limits_D g(x,y)\mathrm{d}\sigma$
区域可见性	设区域 D 由 D_1,D_2 组成,且 D_1,D_2 除边界点处无其他交点,则 $f(x,y)$ 在 $D_1 \cup D_2$ 上也可积,且 $\iint\limits_D f(x,y)\mathrm{d}\sigma = \iint\limits_{D_1} f(x,y)\mathrm{d}\sigma + \iint\limits_{D_2} f(x,y)\mathrm{d}\sigma$
比较定理	(1) 若 $f(x,y)$ 与 $g(x,y)$ 在区域 D 上可积,且有 $f(x,y) \leqslant g(x,y)$,则有 $\iint\limits_D f(x,y)\mathrm{d}\sigma \leqslant \iint\limits_D g(x,y)\mathrm{d}\sigma$. (2) 若 $f(x,y)$ 在 D 上可积,则函数 $|f(x,y)|$ 在 D 上也可积,且 $\left|\iint\limits_D f(x,y)\mathrm{d}\sigma\right| \leqslant \iint\limits_D |f(x,y)|\mathrm{d}\sigma$
估值定理	设 m, M 分别是 $f(x,y)$ 在闭区域 D 上的最大值和最小值,则 $mS_D \leqslant \iint\limits_D f(x,y)\mathrm{d}\sigma \leqslant MS_D$,其中 S_D 表示区域 D 的面积
中值定理	若函数 $f(x,y)$ 在有界闭区域 D 上连续,则存在 $(\xi,\eta) \in D$,使 $\iint\limits_D f(x,y)\mathrm{d}\sigma = f(\xi,\eta) \cdot S_D$,其中 S_D 为区域 D 的面积

> **小提示**:
> 知识拓展:不完全相等的两个函数其积分值也可能相同.
> 例如: $f(x),g(x)$ 都是定义在 $[a,b]$ 上的有界函数,它们只在有限个点处函数值不相等.

例1 不做计算,估计 $I = \iint\limits_D \mathrm{e}^{(x^2+y^2)}\mathrm{d}\sigma$ 的值,

其中 D 是椭圆闭区域: $\dfrac{x^2}{a^2} + \dfrac{y^2}{b^2} = 1 (0 < b < a)$.

解 区域 D 的面积: $S_D = ab\pi$.

在 D 上, $0 \leqslant x^2 + y^2 \leqslant a^2$,

故 $1 = \mathrm{e}^0 \leqslant \mathrm{e}^{x^2+y^2} \leqslant \mathrm{e}^{a^2}$,

由二重积分的性质可得 $S_D \leqslant \iint\limits_D \mathrm{e}^{(x^2+y^2)}\mathrm{d}\sigma \leqslant S_D \cdot \mathrm{e}^{a^2}$,

所以 $ab\pi \leqslant \iint\limits_D \mathrm{e}^{(x^2+y^2)}\mathrm{d}\sigma \leqslant ab\pi \cdot \mathrm{e}^{a^2}$.

例2 判断 $\iint\limits_{r \leqslant |x|+|y| \leqslant 1} \ln(x^2 + y^2)\mathrm{d}x\mathrm{d}y$ 的符号.

解 当 $r \leqslant |x| + |y| \leqslant 1$ 时, $0 < x^2 + y^2 \leqslant (|x|+|y|)^2 \leqslant 1$,

故 $\ln(x^2 + y^2) \leqslant 0$.

又当 $|x| + |y| < 1$ 时, $\ln(x^2 + y^2) < 0$.

于是 $\iint\limits_{r \leqslant |x|+|y| \leqslant 1} \ln(x^2 + y^2)\mathrm{d}x\mathrm{d}y < 0$.

■ 直角坐标系下二重积分的计算

名称		内容	图示
直角坐标系	先对 y 积分再对 x 积分	若 D 为由 $x=a, x=b, y=y_1(x), y=y_2(x)$ 所围成的区域（图 21-1），即 $D: \begin{cases} a \leqslant x \leqslant b \\ y_1(x) \leqslant y \leqslant y_2(x) \end{cases}$ 则 $\iint\limits_D f(x,y)\mathrm{d}\sigma = \iint\limits_D f(x,y)\mathrm{d}x\mathrm{d}y = \int_a^b \mathrm{d}x \int_{y_1(x)}^{y_2(x)} f(x,y)\mathrm{d}y$	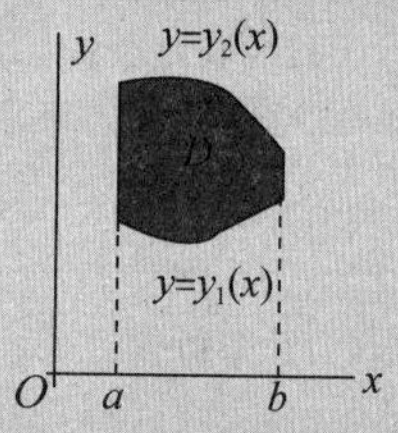 图 21-1
	先对 x 积分再对 y 积分	若 D 为由 $y=c, y=d, x=x_1(y), x=x_2(y)$ 所围成的区域（图 21-2），即 $D: \begin{cases} c \leqslant y \leqslant d \\ x_1(y) \leqslant x \leqslant x_2(y) \end{cases}$ 则 $\iint\limits_D f(x,y)\mathrm{d}\sigma = \iint\limits_D f(x,y)\mathrm{d}x\mathrm{d}y = \int_c^d \mathrm{d}y \int_{x_1(y)}^{x_2(y)} f(x,y)\mathrm{d}x$	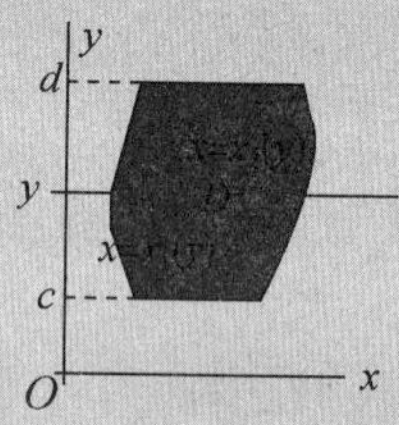 图 21-2
极坐标系	先对 r 积分再对 θ 积分	若 D 为由 $\theta=\theta_1, \theta=\theta_2, r=r_1(\theta), r=r_2(\theta)$ 所围成的区域（图 21-3），即 $D: \begin{cases} \theta_1 \leqslant \theta \leqslant \theta_2 \\ r_1(\theta) \leqslant r \leqslant r_2(\theta) \end{cases}$ 则 $\iint\limits_D f(x,y)\mathrm{d}\sigma = \int_{\theta_1}^{\theta_2} \mathrm{d}\theta \int_{r_1(\theta)}^{r_2(\theta)} rf(r\cos\theta, r\sin\theta)\mathrm{d}r$	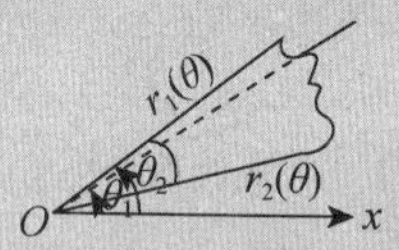 图 21-3
	先对 θ 积分再对 r 积分	若 D 为由 $\theta=\theta_1(r), \theta=\theta_2(r), r=a, r=b$ 所围成的区域（图 21-4），即 $D: \begin{cases} a \leqslant r \leqslant b \\ \theta_1(r) \leqslant \theta \leqslant \theta_2(r) \end{cases}$ 则 $\iint\limits_D f(x,y)\mathrm{d}\sigma = \int_a^b \mathrm{d}r \int_{\theta_1(r)}^{\theta_2(r)} f(r\cos\theta, r\sin\theta)\mathrm{d}\theta$	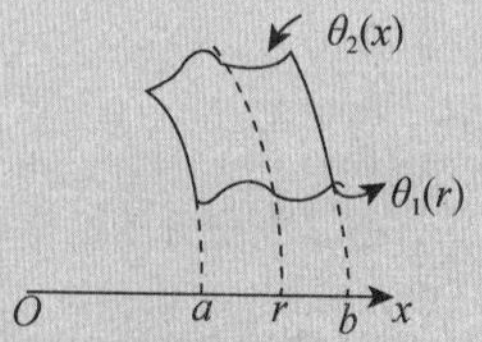 图 21-4
变量替换		设函数 $f(x,y)$ 在区域 D 上连续，变换 $\begin{cases} x=x(u,v) \\ y=y(u,v) \end{cases}$ 把直角坐标系 uv 平面上的区域 D' 一对一映射成直角坐标系 xy 平面上的区域 D，并且变换函数 $x(u,v)$ 与 $y(u,v)$ 在 D' 上有连续偏导数，而且 $J=\dfrac{\partial(x,y)}{\partial(u,v)} \neq 0$，则 $\iint\limits_D f(x,y)\mathrm{d}x\mathrm{d}y = \iint\limits_{D'} f[x(u,v), y(u,v)]|J|\mathrm{d}u\mathrm{d}v$	

例3 改变积分 $\int_0^1 \mathrm{d}x \int_0^{1-x} f(x,y)\mathrm{d}y$ 的次序.

解 积分区域如图 21-5 所示.

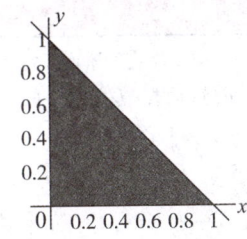

图 21-5

原式 $= \int_0^1 \mathrm{d}y \int_0^{1-y} f(x,y) \mathrm{d}x$.

小提示：
①在分配积分的上下限时，应注意下限不大于上限；②在计算时，可利用对称性来简化计算；③积分顺序不同，则计算的难易和计算量大小会不同.

例4 求 $\iint_D x^2 \mathrm{e}^{-y^2} \mathrm{d}x\mathrm{d}y$，其中 D 是以 $(0,0),(1,1),(0,1)$ 为顶点的三角形，如图 21-6 所示.

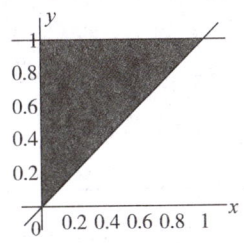

图 21-6

解析 注意考虑积分次序.

$$\iint_D x^2 \mathrm{e}^{-y^2} \mathrm{d}x\mathrm{d}y = \int_0^1 \mathrm{d}y \int_0^y x^2 \mathrm{e}^{-y^2} \mathrm{d}x$$
$$= \int_0^1 \mathrm{e}^{-y^2} \cdot \frac{y^3}{3} \mathrm{d}y$$
$$= \int_0^1 \mathrm{e}^{-y^2} \cdot \frac{y^2}{6} \mathrm{d}y^2$$
$$= \frac{1}{6}\left(1 - \frac{2}{\mathrm{e}}\right).$$

■ 格林公式·曲线积分与路线的无关性

名称	内容	备注
Green 公式（格林公式）	设函数 $P(x,y), Q(x,y)$ 在有界闭区域 D 上有一阶连续偏导数，D 的边界 ∂D 由一条或几条光滑曲线所组成，记为 ∂D^+ 为 D 的正向边界，则 $$\iint_D \left(\frac{\partial Q}{\partial x} - \frac{\partial P}{\partial y}\right) dxdy = \oint_{\partial D^+} Pdx + Qdy$$	注：所谓正向边界，是指在 ∂D 上沿着这个方向行走，D 始终落在行走方向的左侧
$Pdx+Qdy$ 的原函数	若 $P(x,y)dx + Q(x,y)dy$ 或 $P(x,y,z)dx + Q(x,y,z)dy + R(x,y,z)dz$ 是某一函数 $u(x,y)$ [或 $u(x,y,z)$] 的全微分，即 $du(x,y) = P(x,y)dx + Q(x,y)dy$ 或 $du(x,y,z) = P(x,y,z)dx + Q(x,y,z)dy + R(x,y,z)dz$，则称 $u(x,y)$ 是 $Pdx+Qdy$ 的原函数，或 $u(x,y,z)$ 是 $pdx+Qdy+Rdz$ 的原函数	
积分与路径无关的条件	设 D 是单连通闭区域，若函数 $P(x,y), Q(x,y)$ 在 D 内连续，且具有一阶连续偏导数，则以下 4 个条件等价： ① 沿 D 内任一按段光滑封闭曲线 L，有 $\oint_L Pdx + Qdy = 0$； ② 对 D 中任一按段光滑曲线 L，曲线积分 $\int_L Pdx + Qdy$ 与路径无关，只与 L 的起点和终点有关； ③ $Pdx+Qdy$ 是 D 内某一函数 $u(x,y)$ 的全微分，即在 D 内有 $du = Pdx + Qdy$； ④ 在 D 内处处成立 $\dfrac{\partial P}{\partial y} = \dfrac{\partial Q}{\partial x}$	在这个结论中，它重点强调条件④，因此要求函数 P, Q 具有一阶连续偏导数. 当 D 不一定是单连通区域时，如果 P, Q 上连续，则①⇒②⇒③仍成立

例 5 计算积分 $\oint_L (y-x)dx + (3x+y)dy$，其中 L 为 $(x-1)^2 + (y-4)^2 = 9$，沿逆时针方向.

解 分析上式积分，可知其满足格林公式的条件，利用格林公式可以简化计算.
记 $P(x,y) = y - x, Q(x,y) = 3x + y$，
则 $\dfrac{\partial Q}{\partial x} = 3, \dfrac{\partial P}{\partial y} = 1$.

原式 $= \iint_D (3-1)dxdy = 18\pi$.

小提示：注意格林公式成立的条件.

例 6 求全微分 $xy^2 dx + x^2 y dy$ 的原函数 $u(x,y)$.

解 首先应验证 $u(x,y)$ 的存在性，然后再求出原函数.
令 $P(x,y) = xy^2, Q(x,y) = x^2 y$，则
$\dfrac{\partial P}{\partial y} = \dfrac{\partial}{\partial y}(xy^2) = 2xy, \dfrac{\partial Q}{\partial x} = \dfrac{\partial}{\partial x}(x^2 y) = 2xy$，
即 $\dfrac{\partial P}{\partial y} = \dfrac{\partial Q}{\partial x}$. 因此 $xy^2 dx + x^2 y dy$ 的原函数 $u(x,y)$ 存在.
因为 $xy^2 dx + x^2 y dy = d\left(\dfrac{x^2 y^2}{2}\right)$.

小提示：注意后面的常数 C.

所以 $u(x,y) = \dfrac{x^2 y^2}{2} + C$,其中 C 是任意常数.

三重积分

1. 三重积分的概念

定义:设 $f(x,y,z)$ 是定义在三维空间可求体积的有界闭区域 V 上的有界函数,J 是一个确定的数,若对任给的正数 ε,总存在某一个正数 δ,使得对于 V 的任何分割 T,只要 $\|T\| < \delta$,属于分割 T 的所有积分和都有 $\left| \sum\limits_{i=1}^{n} f(\xi_i, \eta_i, \zeta_i) \triangle V_i - J \right| < \varepsilon$,则称 $f(x,y,z)$ 在 V 上可积,数 J 称为函数 $f(x,y,z)$ 在 V 上的三重积分,记作 $J = \iiint\limits_{V} f(x,y,z) \mathrm{d}V = \iiint\limits_{V} f(x,y,z) \mathrm{d}x\mathrm{d}y\mathrm{d}z$.

注意:(1) 三重积分没有几何意义,若 $f(x,y,z) = 1$,则 $\iiint\limits_{V} f(x,y,z) \mathrm{d}V = |V|$ 是区域 V 的体积.

(2) 三重积分的存在性类似于二重积分.

(3) 三重积分的性质类似于二重积分.

2. 化三重积分为累次积分

设函数 $f(x,y,z)$ 在长方体 $V = [a,b] \times [c,d] \times [e,h]$ 上的三重积分存在,且对任何 $x \in [a,b]$,二重积分 $I(x) = \iint\limits_{D} f(x,y,z) \mathrm{d}y\mathrm{d}z$ 存在,其中 $D = [c,d] \times [e,h]$,则积分 $\int_a^b \mathrm{d}x \iint\limits_{D} f(x,y,z) \mathrm{d}y\mathrm{d}z$ 也存在,且 $\iiint\limits_{V} f(x,y,z) \mathrm{d}x\mathrm{d}y\mathrm{d}z = \int_a^b \mathrm{d}x \iint\limits_{D} f(x,y,z) \mathrm{d}y\mathrm{d}z$.

3. 三重积分的换元法

设变换 $T: x = x(u,v,w), y = y(u,v,w), z = z(u,v,w)$,把 uvw 空间中的闭域 V' 一对一映射成 xyz 空间中的区域 V,并设函数 $x(u,v,w), y(u,v,w), z(u,v,w)$ 及它们的一阶偏导数在 V' 内连续且函数行列式

$$J(u,v,w) = \begin{vmatrix} \dfrac{\partial x}{\partial u} & \dfrac{\partial x}{\partial v} & \dfrac{\partial x}{\partial w} \\ \dfrac{\partial y}{\partial u} & \dfrac{\partial y}{\partial v} & \dfrac{\partial y}{\partial w} \\ \dfrac{\partial z}{\partial u} & \dfrac{\partial z}{\partial v} & \dfrac{\partial z}{\partial w} \end{vmatrix} \neq 0, (u,v,w) \in V',$$

则 $\iiint\limits_{V} f(x,y,z) \mathrm{d}x\mathrm{d}y\mathrm{d}z = \iiint\limits_{V'} f(x(u,v,w), y(u,v,w), z(u,v,w)) |J(u,v,w)| \mathrm{d}u\mathrm{d}v\mathrm{d}w$,

其中 $f(x,y,z)$ 在 V 上可积.

名称	内容
柱面坐标变换	设 $f(x,y,z)$ 在有界闭区域 V 上可积,在柱面坐标变换 $T:\begin{cases} x = r\cos\theta & 0 \leqslant r < +\infty \\ y = r\sin\theta & 0 \leqslant \theta \leqslant 2\pi \\ z = z & -\infty < z < +\infty \end{cases}$ V 与 $r\theta z$ 空间中区域 V' 相对应 则 $\iiint\limits_{V} f(x,y,z)\mathrm{d}x\mathrm{d}y\mathrm{d}z = \iiint\limits_{V'} f(r\cos\theta, r\sin\theta, z)r\mathrm{d}r\mathrm{d}\theta\mathrm{d}z$
球坐标变换	设 $f(x,y,z)$ 在有界闭区域 V 上可积,在球面坐标变换 $T:\begin{cases} x = r\sin\varphi\cos\theta & 0 \leqslant r < +\infty \\ y = r\sin\varphi\sin\theta & 0 \leqslant \varphi \leqslant \pi \\ z = r\cos\varphi & 0 \leqslant \theta \leqslant 2\pi \end{cases}$ $\iiint\limits_{V} f(x,y,z)\mathrm{d}x\mathrm{d}y\mathrm{d}z = \iiint\limits_{V'} f(r\sin\varphi\cos\theta, r\sin\varphi\sin\theta, r\cos\varphi)r^2\sin\varphi\mathrm{d}r\mathrm{d}\varphi\mathrm{d}\theta$

小提示:
① 三重积分化为累次积分的方法: "先二后一"法和"先一后二"法;
② 利用对称性简化三重积分的运算.

例7 计算 $\iiint\limits_{V} x\mathrm{d}x\mathrm{d}y\mathrm{d}z$,其中 V 是由平面 $x+y+z=1$ 与三个坐标平面所围成的闭区域,如图 21-7 所示.

解 $D(x):0 \leqslant y \leqslant 1-x, 0 \leqslant z \leqslant 1-x-y$
$x:0 \leqslant x \leqslant 1$
$\iiint\limits_{V} x\mathrm{d}x\mathrm{d}y\mathrm{d}z = \int_0^1 x\mathrm{d}x \iint\limits_{D(x)} \mathrm{d}y\mathrm{d}z$
$= \int_0^1 x \cdot \frac{1}{2}(1-x)^2 \mathrm{d}x$
$= \frac{1}{24}$

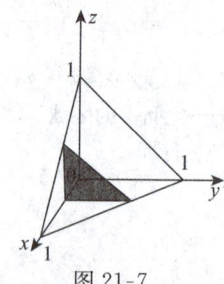

图 21-7

例8 计算 $\iiint\limits_{V} z\sqrt{x^2+y^2}\mathrm{d}x\mathrm{d}y\mathrm{d}z$,其中 V 是由 $z = \sqrt{x^2+y^2}$ 与 $z = 1$ 所围成的闭区域,如图 21-8 所示.

解 利用柱面坐标变换可简化计算.
$\begin{cases} z = \sqrt{x^2+y^2} \\ z = 1 \end{cases} \Rightarrow \begin{cases} x^2+y^2 = 1 \\ z = 1 \end{cases} \Rightarrow D: x^2+y^2 \leqslant 1.$
$z = \sqrt{x^2+y^2} \Rightarrow z = r.$
$\iiint\limits_{V} z\sqrt{x^2+y^2}\mathrm{d}x\mathrm{d}y\mathrm{d}z = \iiint\limits_{V'} zr^2\mathrm{d}r\mathrm{d}\theta\mathrm{d}z$
$= \iint\limits_{D} r^2\mathrm{d}r\mathrm{d}\theta \int_r^1 z\mathrm{d}z = \int_0^{2\pi}\mathrm{d}\theta \int_0^1 r^2\mathrm{d}r \int_r^1 z\mathrm{d}z$

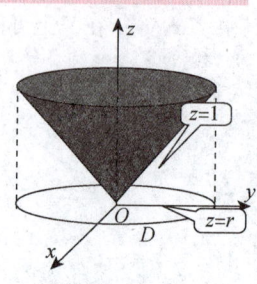

图 21-8

$$= 2\pi \int_0^1 r^2 \frac{(1-r^2)}{2} dr = \frac{2}{15}\pi.$$

例 9 计算 $\iiint\limits_V (x^2+y^2+z^2)dxdydz$,其中 V 是由 $z=\sqrt{x^2+y^2}$ 和 $x^2+y^2+z^2=a^2$ 所围成的闭区域.

解 $x^2+y^2+z^2=a^2 \Rightarrow r=a$,

$z=\sqrt{x^2+y^2} \Rightarrow \varphi = \frac{\pi}{4}$.

$$\text{原式} = \iiint\limits_V r^2 \cdot r^2 \sin\varphi \cdot drd\varphi d\theta = \int_0^{2\pi} d\theta \iint\limits_{D(\theta)} r^4 \sin\varphi dr d\varphi$$

$$= \int_0^{2\pi} d\theta \int_0^{\frac{\pi}{4}} \sin\varphi d\varphi \int_0^a r^4 dr = \int_0^{2\pi} d\theta \iint\limits_{D(\theta)} r^4 \sin\varphi dr d\varphi$$

$$= \frac{1}{5}\pi a^5 (2-\sqrt{2}).$$

■ 重积分的应用

名称		内容
曲面的面积	平面	设 D 为可求面积的平面有界区域,函数 $f(x,y)$ 在 D 上具有连续的一阶偏导数,则 $z=f(x,y)$,$(x,y) \in D$,所确定的曲面 S 的面积 ΔS 为 $$\Delta S = \iint\limits_D \sqrt{1+f_x^2(x,y)+f_y^2(x,y)} dxdy = \iint\limits_D \frac{dxdy}{|\cos(\widehat{\boldsymbol{n},z})|}$$ 其中 $\cos(\widehat{\boldsymbol{n},z})$ 为曲面 S 的法向量 $\boldsymbol{n}$ 与 z 轴正向夹角的余弦
	空间曲面	设空间曲面 S 由 $x=x(u,v),y=y(u,v),z=z(u,v),(u,v) \in D$ 表示,其中 $x(u,v),y(u,v),z(u,v)$ 在可求面积的平面有界区域 D 上具有连续的一阶偏导数,且 $\frac{\partial(x,y)}{\partial(u,v)}$,$\frac{\partial(y,z)}{\partial(u,v)}$,$\frac{\partial(z,x)}{\partial(u,v)}$ 中至少有一个不为 0,则曲面 S 的面积 ΔS 为 $$\Delta S = \iint\limits_D \sqrt{EG-F^2} dudv$$ 其中 $E = x_u^2+y_u^2+z_u^2$,$F = x_u x_v + y_u y_v + z_u z_v$,$G = x_v^2+y_v^2+z_v^2$
质心	平面薄板	设 D 是密度函数为 $\rho(x,y)$ 的平面薄板,$\rho(x,y)$ 在 D 上连续,则 D 的重心坐标 $(\bar{x},\bar{y})$ 为 $$\bar{x} = \frac{\iint\limits_D x\rho(x,y)d\sigma}{\iint\limits_D \rho(x,y)d\sigma}, \bar{y} = \frac{\iint\limits_D y\rho(x,y)d\sigma}{\iint\limits_D \rho(x,y)d\sigma}$$
	空间物体	设 V 是密度函数为 $\rho(x,y,z)$ 的物体,$\rho(x,y,z)$ 在 V 上连续,则 V 的重心坐标 $(\bar{x},\bar{y},\bar{z})$ 为 $$\bar{x} = \frac{\iiint\limits_V x\rho(x,y,z)dV}{\iiint\limits_V \rho(x,y,z)dV}, \bar{y} = \frac{\iiint\limits_V y\rho(x,y,z)dV}{\iiint\limits_V \rho(x,y,z)dV}, \bar{z} = \frac{\iiint\limits_V z\rho(x,y,z)dV}{\iiint\limits_V \rho(x,y,z)dV}$$

名称		内容
转动惯量	平面薄板	设 D 是密度函数为 $\rho(x,y)$ 的平面薄板，$\rho(x,y)$ 在 D 上连续，则 D 对于 x 轴和 y 轴的转动惯量分别为 $J_x = \iint_D y^2 \rho(x,y) \mathrm{d}\sigma, J_y = \iint_D x^2 \rho(x,y) \mathrm{d}\sigma$
转动惯量	物体	设 V 是密度函数为 $\rho(x,y,z)$ 的物体，$\rho(x,y,z)$ 在 V 上连续，则 V 对于 x 轴、y 轴和 z 轴的转动惯量分别为 $$J_x = \iiint_V (y^2 + z^2) \rho(x,y,z) \mathrm{d}V$$ $$J_y = \iiint_V (z^2 + x^2) \rho(x,y,z) \mathrm{d}V$$ $$J_z = \iiint_V (x^2 + y^2) \rho(x,y,z) \mathrm{d}V$$ V 对于 xy、yz 和 zx 坐标平面的转动惯量分别为 $$J_{xy} = \iiint_V z^2 \rho(x,y,z) \mathrm{d}V$$ $$J_{yz} = \iiint_V x^2 \rho(x,y,z) \mathrm{d}V$$ $$J_{zx} = \iiint_V y^2 \rho(x,y,z) \mathrm{d}V$$
引力	空间物体	设 V 是密度函数为 $\rho(x,y,z)$ 的空间物体，$\rho(x,y,z)$ 在 V 上连续，则 V 对质量为 1 的质点 $A(\varepsilon, \eta, \zeta)$ 的引力为 $\boldsymbol{F} = F_x \boldsymbol{i} + F_y \boldsymbol{j} + F_z \boldsymbol{k}$ 其中 $F_x = k\iiint_V \dfrac{x-\varepsilon}{r^3}\rho \mathrm{d}V, F_y = k\iiint_V \dfrac{y-\eta}{r^3}\rho \mathrm{d}V, F_z = k\iiint_V \dfrac{z-\zeta}{r^3}\rho \mathrm{d}V$ 其中 $r = \sqrt{(x-\zeta)^2 + (y-\eta)^2 + (z-\zeta)^2}$，$k$ 为引力常数

例 10 求球面 $x^2 + y^2 + z^2 = a^2$ 包含在圆柱体 $x^2 + y^2 = ax$ 内部的那部分面积，如图 21-9 所示.

解 设第一卦限部分的面积为 A_1，
则根据对称性，得到所求的面积为 $4A_1$.
曲面方程 $z = \sqrt{a^2 - x^2 - y^2}$，
$$\sqrt{1 + \left(\dfrac{\partial z}{\partial x}\right)^2 + \left(\dfrac{\partial z}{\partial y}\right)^2} = \dfrac{a}{\sqrt{a^2 - x^2 - y^2}}.$$
$D_{xy} : x^2 + y^2 \leqslant ax (x, y \geqslant 0)$，
利用极坐标变换

$$A_1 = \iint_{D_{xy}} \sqrt{1 + \left(\dfrac{\partial z}{\partial x}\right)^2 + \left(\dfrac{\partial z}{\partial y}\right)^2} \mathrm{d}x\mathrm{d}y$$

$$= \iint_{D_{xy}} \dfrac{a}{\sqrt{a^2 - x^2 - y^2}} \mathrm{d}x\mathrm{d}y = \iint_{D_{xy}} \dfrac{a}{\sqrt{a^2 - r^2}} \cdot r \mathrm{d}r \mathrm{d}\theta$$

$$= a \int_0^{\frac{\pi}{2}} \mathrm{d}\theta \int_0^{a\cos\theta} \dfrac{1}{\sqrt{a^2 - r^2}} \cdot r \mathrm{d}r$$

$$= 2\pi a^2 - 4a^2$$

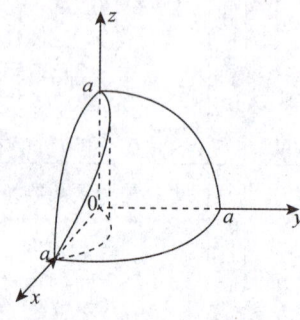

图 21-9

利用对称性解答.

n 重积分

本节是选学内容,是二重积分和三重积分的推广,n 重积分的概念、求解方法及 n 维球坐标变换都可以由二重积分和三重积分的相应内容推广得到.

反常二重积分

1. 无界区域上的二重积分

设 $f(x,y)$ 为定义在无界区域 D 上的二元函数,若对于平面上任一包围原点的光滑封闭曲线 γ,$f(x,y)$ 在曲线 γ 所围的有界区域 E_γ 与 D 的交集上恒可积. 令 $d_\gamma = \inf\{\sqrt{x^2+y^2}\mid(x,y)\in\gamma\}$. 若极限 $\lim\limits_{d_\gamma\to+\infty}\iint\limits_{D_\gamma}f(x,y)\mathrm{d}\sigma$ 存在并有限,且与 γ 的取法无关,则称 $f(x,y)$ 在 D 上的反常二重积分收敛,并记为

$$\iint\limits_D f(x,y)\mathrm{d}\sigma = \lim_{d_\gamma\to+\infty}\iint\limits_{D_\gamma}f(x,y)\mathrm{d}\sigma.$$

2. 无界函数的二重积分

设 P 为有界区域 D 上的一个聚点,$f(x,y)$ 在 D 上除 P 点外皆有定义,且在 P 的任何空心邻域内无界,Δ 为 D 中任何含有 P 的小区域,$f(x,y)$ 在 $D-\Delta$ 上可积,设 d 为 Δ 直径,若极限 $\lim\limits_{d\to 0}\iint\limits_{D-\Delta}f(x,y)\mathrm{d}\sigma$ 存在并有限,并与 Δ 的取法无关,则称 $f(x,y)$ 在 D 上的反常二重积分收敛,记作:

$$\iint\limits_D f(x,y)\mathrm{d}\sigma = \lim_{d\to 0}\iint\limits_{D-\Delta}f(x,y)\mathrm{d}\sigma.$$

课后习题全解

习题 21.1

1. **知识点窍** 二重积分的定义;定理 21.6.

   逻辑推理 根据二重积分的定义求解.

   解题过程 设 $f(x,y)=xy$ 且它在闭区域 D 上连续,由定理 21.6 知 $f(x,y)$ 在 D 上可积. 在每一个小正方形 $\delta_{ij}=[x_{i-1},x_i]\times[y_{j-1},y_j]=\left[\dfrac{i-1}{n},\dfrac{i}{n}\right]\times\left[\dfrac{j-1}{n},\dfrac{j}{n}\right]$ 上取 $(\varepsilon_i,\zeta_j)=\left(\dfrac{i}{n},\dfrac{j}{n}\right)$,则

   $$\iint\limits_D xy\mathrm{d}x\mathrm{d}y = \lim_{x\to\infty}\sum_{i=1}^n\sum_{j=1}^n\dfrac{i}{n}\cdot\dfrac{j}{n}\cdot\dfrac{1}{n^2} = \lim_{x\to\infty}\dfrac{1}{n^4}\cdot\dfrac{n^2(n+1)^2}{4} = \dfrac{1}{4}.$$

2. **知识点窍** 函数 $f(x,y)$ 可积与有界的定义.

   解题过程 用反证法,假设函数 $f(x,y)$ 在 D 上可积,但在 D 上无界,则对 D 的任一分割 $T=\{\sigma_1,\sigma_2,\cdots,\sigma_n\}$,$f$ 必在某个小区域 σ_k 上无界.

任取 $p_i \in \sigma_i, (i \neq k)$,令 $G = \left| \sum_{i \neq k} f(p_i)\sigma_i \right|, I = \iint_D f(x,y)\mathrm{d}x\mathrm{d}y$.

由于 f 在 σ_k 上无界,所以存在 $p_k \in \sigma_k$,使 $|f(p_k)| > \dfrac{|I|+1+G}{\Delta\sigma_k}$,因此

$\left| \sum_{i=1}^{n} f(p_i)\Delta\sigma_i \right| = \left| \sum_{i \neq k} f(p_i)\Delta\sigma_i + f(p_k)\Delta\sigma_k \right| \geqslant |f(p_k)\Delta\sigma_k| - \left| \sum_{i \neq k} f(p_i)\Delta\sigma_i \right| > |I|+1$ ①

另一方面,由 f 在 D 上可积知:存在 $\delta > 0$,对 D 的任一分割 $T = \{\sigma_1, \sigma_2, \cdots, \sigma_n\}$,当 $\|T\| < \delta$ 时,T 的任一积分和 $\sum_{i=1}^{n} f(p_i)\Delta\sigma_i$ 都满足 $\left| \sum_{i=1}^{n} f(p_i)\Delta\sigma_i - I \right| < 1$,

这与①式矛盾,因此假设不成立,f 在 D 上有界.

3. **知识点窍** 二重积分的性质.

   解题过程 函数 $f(x,y)$ 在有界闭域 D 上连续,可知 $f(x,y)$ 在 D 上存在最大值 M 与最小值 m,且对 D 中任意点 (x,y),有 $m \leqslant f(x,y) \leqslant M$.

   由性质 6 知 f 在 D 上可积,由二重积分性质推得 $mS_D \leqslant \iint_D f(x,y)\mathrm{d}\sigma \leqslant MS_D$,即 $m \leqslant \dfrac{1}{S_D}\iint_D f(x,y)\mathrm{d}\sigma \leqslant M$. 由介值定理推得存在 $(\xi,\eta) \in D$,使得 $\iint_D f(x,y)\mathrm{d}\sigma = f(\xi,\eta)S_D$.

4. **知识点窍** 利用二重积分的性质证明.

   逻辑推理 把 D 分为 $D_1 = U(P_0;\sigma) \cap D$ 和 $D - D_1$ 两部分,

   由 $\iint_D f(x,y)\mathrm{d}\sigma \geqslant 0, \iint_{D-D_1} f(x,y)\mathrm{d}\sigma > 0 \Rightarrow \iint_{D_1} f(x,y)\mathrm{d}\sigma > 0$.

   解题过程 由题意可知存在 $P_0(x_0,y_0) \in D$,使得 $f(P_0) = \delta > 0$,由连续函数的局部保号性知:$\exists \delta > 0$,使得对任一 $P \in D_1[D_1 = U(P_0;\sigma) \cap D]$,有 $f(P) > \dfrac{\delta}{2}$,又 $f(x,y) \geqslant 0$ 且连续,所以

   $\iint_D f(x,y)\mathrm{d}\sigma = \iint_{D_1} f\mathrm{d}\sigma + \iint_{D-D_1} f\mathrm{d}\sigma \geqslant \dfrac{\delta}{2}S_{D_1} > 0$,

   命题得证.

   小提示:二元函数连续的保号性:已知 $\lim\limits_{x \to a} f(x) = f(a) > 0$,即 $\exists \dfrac{f(a)}{2} > 0, \exists \delta > 0, \forall x: |x-a| < \delta$,有 $|f(x) - f(a)| < \dfrac{f(a)}{2}$ 或 $f(a) - \dfrac{f(a)}{2} < f(x)$.

5. **解题过程** 反证法:假设 $f(x,y) \not\equiv 0, (x,y) \in D$.

   设 $\exists (x_0,y_0) \in D$ 存在一点 $f(x_0,y_0) > 0$[或 $f(x_0,y_0) < 0$]. 由 f 在点 (x_0,y_0) 连续知,存在 $U((x_0,y_0);\delta)$,对 $\forall (x,y) \in U((x_0,y_0);\delta) \cap D$,都有 $f(x,y) > \dfrac{1}{2}f(x_0,y_0)$[或 $f(x,y) < \dfrac{1}{2}f(x_0,y_0)$].

   记 $D_1 = U((x_0,y_0),\delta) \cap D \Rightarrow D_1 \cup \partial D_1 \subset D$,且 $f(x,y)$ 在 $D_1 \cup \partial D_1$ 上可积. 而

   $\iint_{D_1 \cup \partial D_1} f(x,y)\mathrm{d}\sigma \geqslant \dfrac{1}{2}\iint_{D_1 \cup \partial D_1} f(x_0,y_0)\mathrm{d}\sigma = \dfrac{1}{2}f(x_0,y_0)S_{D_1} > 0$

   与题设矛盾. 所以 $f(x,y) \equiv 0, (x,y) \in D(S_{D_1}$ 为区域 D_1 的面积).

6. **知识点窍** 函数可积.

   逻辑推理 用积分定义,对 D 上任意分割 $T = \{\sigma_1, \sigma_2, \cdots, \sigma_n\}$,按两种方法取 σ_i 上的点 (ξ_i, η_i),使所

作和式的极限不等.

解题过程 对 D 上任意分割 $T = \{\sigma_1, \sigma_2, \cdots, \sigma_n\}$,

若在每个 σ_i 上取点 (ξ_i, η_i), 使 (ξ_i, η_i) 为有理点, 则 $\sum_{i=1}^{n} f(\xi_i, \eta_i) \Delta \sigma_i = \sum_{i=1}^{n} \Delta \sigma_i = S_D$.

若在每个 σ_i 上取点 (ξ_i, η_i), 使 (ξ_i, η_i) 为非有理点, 则 $\sum_{i=1}^{n} f(\xi_i, \eta_i) \Delta \sigma_i = 0$.

因此 $\sum_{i=1}^{n} f(\xi_i, \eta_i) \Delta \sigma_i$ 的极限不存在(当 $T \to 0$ 时), 即 $f(x,y)$ 在 D 上不可积.

7. 知识点窍 重积分性质, 介值定理.

解题过程 函数 $f(x,y)$ 在有界闭区域 D 上连续, 必存在最大值 M 与最小值 m, 使 $\forall (x,y) \in D$, 有 $m \leqslant f(x,y) \leqslant M$. 从而

$$m \iint_D g(x,y) \mathrm{d}x\mathrm{d}y \leqslant \iint_D f(x,y) g(x,y) \mathrm{d}x\mathrm{d}y \leqslant M \iint_D g(x,y) \mathrm{d}x\mathrm{d}y.$$

若 $\iint_D g(x,y) \mathrm{d}x\mathrm{d}y = 0$, 则

$$\iint_D f(x,y) g(x,y) \mathrm{d}x\mathrm{d}y = f(\xi, \eta) \iint_D g(x,y) = D.$$

即对任意 $(\xi, \eta) \in D$, 等式成立.

若 $\iint_D g(x,y) \mathrm{d}x\mathrm{d}y > 0$, 有 $m \leqslant \dfrac{\iint_D f(x,y) g(x,y) \mathrm{d}x\mathrm{d}y}{\iint_D g(x,y) \mathrm{d}x\mathrm{d}y} \leqslant M$.

由介值定理, 存在 $(\xi, \eta) \in D$, 使 $f(\xi, \eta) = \dfrac{\iint_D f(x,y) g(x,y) \mathrm{d}x\mathrm{d}y}{\iint_D g(x,y) \mathrm{d}x\mathrm{d}y}$. 等式得证.

同理当 $g(x,y) < 0$ 时, 则 $-g(x,y) > 0$, 证明同上, 等式也成立.

综上所述, $\iint_D f(x,y) g(x,y) \mathrm{d}\sigma = f(\xi, \eta) \iint_D g(x,y) \mathrm{d}\sigma$.

8. 知识点窍 重积分的中值定理.

解题过程 因 $f(x,y) = \dfrac{1}{100 + \cos^2 x + \cos^2 y}$ 在有界闭域 $D = \{(x,y) \mid |x| + |y| \leqslant 10\}$ 上连续,

且 $100 \leqslant 100 + \cos^2 x + \cos^2 y \leqslant 102$.

$f(0,0) = 102, f(\dfrac{\pi}{2}, \dfrac{\pi}{2}) = 100$.

则由中值定理知

$$\iint_D \dfrac{\mathrm{d}\sigma}{100 + \cos^2 x + \cos^2 y} = \dfrac{1}{100 + \cos^2 \varepsilon + \cos^2 \eta} \cdot S_D,$$

且 $\dfrac{1}{102} \leqslant \dfrac{1}{100 + \cos^2 \varepsilon + \cos^2 \eta} \leqslant \dfrac{1}{100}$.

同时 $S_D = 200$, 推得 $\dfrac{100}{51} \leqslant I \leqslant 2$.

习题 21.2

1. 知识点窍 直角坐标系下的二重积分.

解题过程 (1) 积分区域 D 如图 21-10 所示.

$$\iint_D f(x,y)d\sigma = \int_a^b dx \int_a^x f(x,y)dy = \int_a^b dy \int_y^b f(x,y)dx.$$

(2) 积分区域如图 21-11 所示.

$$\iint_D f(x,y)d\sigma = \int_0^{\frac{\sqrt{2}}{2}} dy \int_y^{\sqrt{1-y^2}} f(x,y)dx$$

$$= \int_0^{\frac{\sqrt{2}}{2}} dx \int_0^x f(x,y)dy + \int_{\frac{\sqrt{2}}{2}}^1 dx \int_0^{\sqrt{1-x^2}} f(x,y)dy.$$

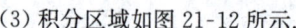

图 21-10

(3) 积分区域如图 21-12 所示.

$$\iint_D f(x,y)d\sigma = \int_0^1 dx \int_{1-x}^{\sqrt{1-x^2}} f(x,y)dy = \int_0^1 dy \int_{1-y}^{\sqrt{1-y^2}} f(x,y)dx.$$

(4) 积分区域如图 21-13 所示.

$$\iint_D f(x,y)d\sigma = \int_{-1}^0 dx \int_{-(1+x)}^{1+x} f(x,y)dy + \int_0^1 dx \int_{x-1}^{1-x} f(x,y)dy$$

$$= \int_{-1}^0 dy \int_{-1-y}^{1+y} f(x,y)dx + \int_0^1 dy \int_{y-1}^{1-y} f(x,y)dx.$$

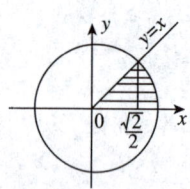
图 21-11

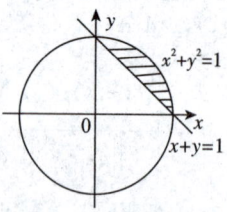
图 21-12

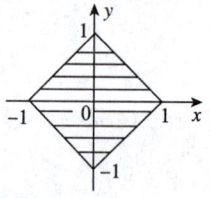
图 21-13

2. 知识点窍 改变累次积分顺序.

逻辑推理 由所给累次积分,正确画出积分区域图形,再改变累次积分顺序.

解题过程 (1) 积分区域如图 21-14 所示.

$$\int_0^2 dx \int_x^{2x} f(x,y)dy = \int_0^2 dy \int_{\frac{y}{2}}^y f(x,y)dx + \int_2^4 dy \int_{\frac{y}{2}}^y f(x,y)dx.$$

(2) 积分区域如图 21-15 所示.

$$\int_{-1}^1 dx \int_{-\sqrt{1-x^2}}^{1-x^2} f(x,y)dy = \int_{-1}^0 dy \int_{-\sqrt{1-y^2}}^{\sqrt{1-y^2}} f(x,y)dx + \int_0^1 dy \int_{-\sqrt{1-y}}^{\sqrt{1-y}} f(x,y)dx.$$

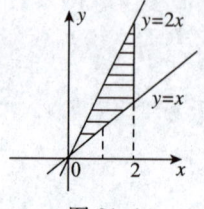
图 21-14

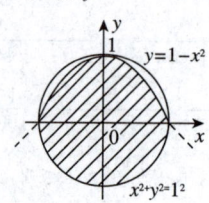
图 21-15

(3) 积分区域如图 21-16 所示.

$$\int_0^{2a} dx \int_{\sqrt{2ax-x^2}}^{\sqrt{2ax}} f(x,y) dy$$
$$= \int_0^a dy \int_{\frac{y^2}{2a}}^{a-\sqrt{a^2-y^2}} f(x,y) dx + \int_a^{2a} dy \int_{\frac{y^2}{2a}}^{2a} f(x,y) dx + \int_0^a dy \int_{a+\sqrt{a^2-y^2}}^{2a} f(x,y) dx.$$

(4) 积分区域如图 21-17 所示.

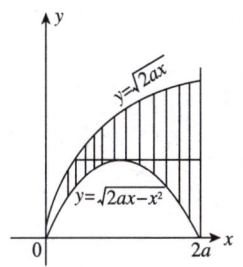

图 21-16

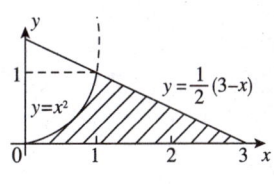

图 21-17

$$\int_0^1 dx \int_0^{x^2} f(x,y) dy + \int_1^3 dx \int_0^{\frac{1}{2}(3-x)} f(x,y) dy = \int_0^1 dy \int_{\sqrt{y}}^{3-2y} f(x,y) dx.$$

3. **逻辑推理** 根据积分区域 D,将积分化为累次积分

解题过程 (1) 积分区域 D 如图 21-18 所示.

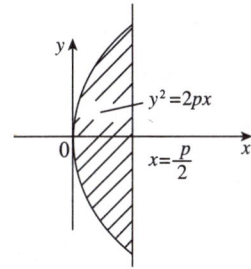

图 21-18

$$原式 = \int_{-p}^{p} y^2 dy \int_{\frac{y^2}{2p}}^{\frac{p}{2}} x dx = \frac{1}{8} \int_{-p}^{p} y^2 \left(p^2 - \frac{y^4}{p^2} \right) dy = \frac{p^5}{21}.$$

(2) $原式 = \int_0^1 dx \int_{\sqrt{x}}^{\sqrt[3]{x}} (x^2 + y^2) dy = \int_0^1 \left(x^{\frac{5}{2}} + \frac{7}{3} x^{\frac{3}{2}} \right) dx = \frac{128}{105}.$

(3) 积分区域 D 如图 21-19 所示.

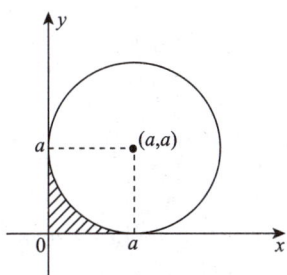

图 21-19

原式 $= \int_0^a dx \int_0^{a-\sqrt{a^2-(x-a)^2}} \frac{1}{\sqrt{2a-x}} dy = \int_0^a \left(\frac{a}{\sqrt{2a-x}} - \sqrt{x}\right) dx = \left(2\sqrt{2} - \frac{8}{3}\right) a^{\frac{3}{2}}.$

(4) 积分区域 D 如图 21-20 所示.

原式 $= \int_0^1 dx \int_{-\sqrt{x-x^2}}^{\sqrt{x-x^2}} \sqrt{x} dy = 2\int_0^1 x\sqrt{1-x} dx = \frac{8}{15}.$

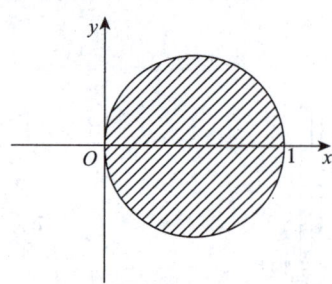

图 21-20

4. **解题过程** 角柱体如图 21-21 所示.

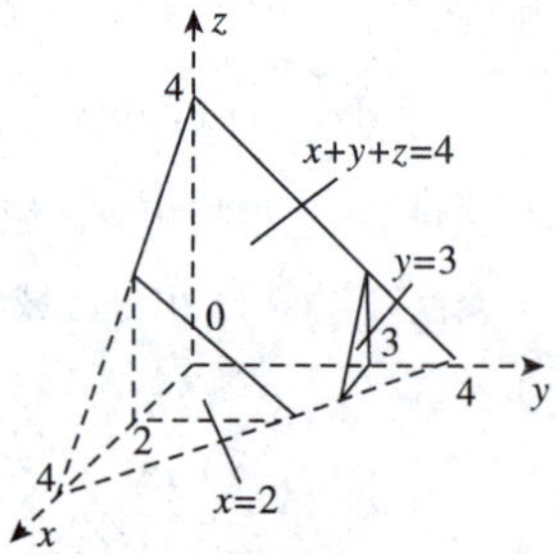

$x+y+z=4$ 在 xOy 平面上的投影为 $\begin{cases} x+y=4 \\ z=0 \end{cases}$,则与

$x=2$ 和 $y=3$ 两平面的交点为 $(2,2),(1,3)$.

$V = \iint_D z dx dy = \iint_D (4-x-y) dx dy$

$= \int_0^1 dx \int_0^3 (4-x-y) dy + \int_1^2 dx \int_0^{4-x} (4-x-y) dy = \frac{55}{6}.$

图 21-21

5. **知识点窍** 二重积分及其性质的应用.

逻辑推理 将 $\left[\int_a^b f(x) dx\right]^2$ 化为二重积分,再利用其性质可证得命题.

解题过程 令 $D = [a,b] \times [a,b]$,则

$\left[\int_a^b f(x) dx\right]^2 = \int_a^b f(x) dx \int_a^b f(y) dy$

$= \int_a^b f(x) dx \int_a^b f(y) dy = \iint_D f(x) f(y) dx dy$

$\leqslant \frac{1}{2} \iint_D [f^2(x) + f^2(y)] dx dy = (b-a) \int_a^b f^2(x) dx,$

> 如果 a,b 都为实数,那么 $a^2+b^2 \geqslant 2ab$,当且仅当 $a=b$ 时等号成立.

等号成立的充要条件是对 $\forall (x,y) \in D$,有 $f(x) = f(y)$,即 $f(x)$ 为常量函数.

6. **知识点窍** 二重积分的性质.

逻辑推理 利用不等式 $\left|\iint_D f(x) g(y) dx dy\right| \leqslant \iint_D |f(x)| |g(y)| dx dy$,

$\left|\iint_D f(x) g(y) dx dy\right| \leqslant \int_a^b |f(x)| dx \int_c^d |g(y)| dy (D \subset [a,b] \times [c,d])$ 和二重积分的性质即可得证.

解题过程 设 D 在 x 轴和 y 轴上的投影区间分别为 $[a,b]$ 和 $[c,d]$,则

$l_x = b-a, l_y = d-c$,由 $\forall (\alpha, \beta) \in D$ 得 $|x-\alpha| \leqslant l_x, |y-\beta| \leqslant l_y$.

因此

(1) $\left|\iint_D (x-\alpha)(y-\beta)\,d\sigma\right| \leq \iint_D |x-\alpha|\,|y-\beta|\,d\sigma \leq l_x l_y \iint_D d\sigma = l_x l_y S_D.$

(2) $\left|\iint_D (x-\alpha)(y-\beta)\,d\sigma\right| \leq \int_a^b |x-\alpha|\,dx \int_c^d |y-\beta|\,dy.$

$\int_a^b |x-\alpha|\,dx = \int_a^\alpha (\alpha-x)\,dx + \int_\alpha^b (x-\alpha)\,dx = \frac{1}{2}[(x-a)^2+(b-x)^2]$

$\leq \frac{1}{2}[(x-a)+(b-x)]^2 = \frac{1}{2}(b-a)^2 = \frac{1}{2}l_x^2,$

同理可证 $\int_c^d |y-\beta|\,dy \leq \frac{1}{2}l_y^2.$

所以 $\left|\iint_D (x-\alpha)(y-\beta)\,d\sigma\right| \leq \frac{1}{4}l_x^2 l_y^2.$

命题得证.

> $(x-a)$ 和 $(b-x)$ 都是大于0的值，故该不等式成立.

7. **解题过程** $\forall \varepsilon > 0$，因为 $f(x,y) \geq \frac{\varepsilon}{2}$，当且仅当 $x = \frac{p_x}{q_x}, y = \frac{p_y}{q_y}$ (p_x, q_x, p_y, q_y 为非负整数) 且 $\frac{1}{q_x} \geq \frac{\varepsilon}{4}$ 或 $\frac{1}{q_y} \geq \frac{\varepsilon}{4}$ 时，所以 D 中只有有限条线段上的点可能使得 $f(x,y) \geq \frac{\varepsilon}{2}$，这种线段设有 n 条. 用平行于矩形 D 的边的直线网分割 D，使得该分割 T 满足 $\|T\| < \frac{\varepsilon}{8n}$，则有

$$\sum_i \omega_i \Delta\sigma_i = \sum_{i_1} \omega_{i_1} \Delta\sigma_{i_1} + \sum_{i_2} \omega_{i_2} \Delta\sigma_{i_2} < 2 \cdot \left(1 \cdot \frac{\varepsilon}{8n}\right) \cdot 2n + \frac{\varepsilon}{2} \cdot 1 = \varepsilon,$$

其中 i_1 表示含有使得 $f(x,y) \geq \frac{\varepsilon}{2}$ 的点的小区域 σ_i 的下标，i_2 则为剩余下标. 所以 $f(x,y)$ 在 D 上可积.

当 y 为无理数时，$f(x,y) = 0$，于是 $\int_0^1 f(x,y)\,dx = 0.$ 当 y 为有理数时，如果 x 为无理数，则 $f(x,y) = 0$；而如果 x 为有理数，则 $f(x,y) = \frac{1}{q_x} + \frac{1}{q_y} \geq \frac{1}{q_y}.$

从而对于 $[0,1]$ 的任何分割 T，有

$$\sum_i \omega_i \Delta x_i \geq \sum_i \frac{1}{q_y} \Delta x_i = \frac{1}{q_y},$$

即 $\int_0^1 f(x,y)\,dx$ 不存在.

故 $\int_0^1 dy \int_0^1 f(x,y)\,dx$ 不存在. 类似地，可以证明累次积分 $\int_0^1 dx \int_0^1 f(x,y)\,dy$ 也不存在.

8. **解题过程** 用反证法.

假设 $f(x,y)$ 在 D 上可积，则对任意的分割 T，有 $\lim_{\|T\|\to 0}[S(T) - s(T)] = 0.$

令 $T_n = \left\{\left[\frac{i-1}{n}, \frac{i}{n}\right] \times \left[\frac{j-1}{n}, \frac{j}{n}\right] \mid i,j = 1,2,\cdots,n\right\}$，记

$$\sigma_{ij} = \left[\frac{i-1}{n}, \frac{i}{n}\right] \times \left[\frac{j-1}{n}, \frac{j}{n}\right],$$

由于 $\frac{i-1}{n}$ 与 $\frac{i}{n}$ 中必有一个为既约分数，记为 ξ_i，$\frac{j-1}{n}$ 与 $\frac{j}{n}$ 中必有一个为既约分数，记为 η_j. 则 $(\xi_i, \eta_j) \in \sigma_{ij}$，于是 $M_{ij} = 1, m_{ij} = 0.$ 从而 $S(T_n) - s(T_n) = 1(n=1,2,\cdots,n).$

但当 $n \to \infty$ 时，$\|T_n\| \to 0$，这与 $\lim_{\|T\|\to 0}[S(T_n) - s(T_n)] = 0$ 矛盾，故 $f(x,y)$ 在 D 上不可积.

对固定的 y,若 y 为无理数,则函数 $f(x,y)$ 恒为 0;若 y 为有理数,则函数仅有有限个异于 0 的值. 因此 $\int_0^1 f(x,y)\mathrm{d}x = 0$.

所以累次积分存在且 $\int_0^1 \mathrm{d}y \int_0^1 f(x,y)\mathrm{d}x = 0$. 同理,累次积分 $\int_0^1 \mathrm{d}x \int_0^1 f(x,y)\mathrm{d}y = 0$.

习题 21.3

1. [知识点窍] 格林公式的应用.

(1) [逻辑推理] 首先画出曲线 L 的图形(图 21-22),并求出直线 AB、BC、CA 的方程,再利用格林公式求解.

[解题过程] 各个边的方程:

$AB: y = \dfrac{1}{2}(x+1)(1 \leqslant x \leqslant 3)$,

$BC: y = -3x + 11(2 \leqslant x \leqslant 3)$,

$CA: y = 4(x-3)(1 \leqslant x \leqslant 2)$.

原式 $= \iint\limits_D [-2(x+y) - 2x] \mathrm{d}x\mathrm{d}y$

$= -2\int_1^2 \mathrm{d}x \int_{\frac{1}{2}(x+1)}^{4(x-3)} (2x+y)\mathrm{d}y - 2\int_2^3 \mathrm{d}x \int_{\frac{1}{2}(x+1)}^{-3x+11} (2x+y)\mathrm{d}y$

$= -46\dfrac{2}{3}$.

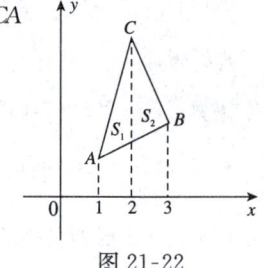

图 21-22

(2) [逻辑推理] 格林公式应用的前提条件是曲线是封闭的,因此应补一条线段 BA.

[解题过程] 引入线段 BA,构成封闭路线(图 21-23),则

原式 $= \iint\limits_D (-e^x\cos y + m + e^x\cos y)\mathrm{d}x\mathrm{d}y$

$\quad - \int_{BA} (e^x\sin y - my)\mathrm{d}x + (e^x\cos y - m)\mathrm{d}y$

$= m\iint\limits_D \mathrm{d}x\mathrm{d}y = \dfrac{ma^2\pi}{8}$.

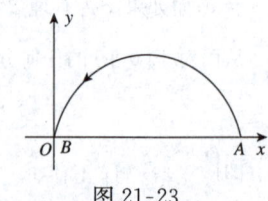

图 21-23

2. [解题过程] (1) 如图 21-24 所示,所围成平面面积

$S_D = \dfrac{1}{2}\oint_L x\mathrm{d}y - y\mathrm{d}x$

$= \dfrac{1}{2}\int_0^{2\pi} [a\cos^3 t \times 3a\sin^2 t\cos t - a\sin^3 t(-3a\cos^2 t\sin t)]\mathrm{d}t$

$= \dfrac{3}{2}a^2 \int_0^{2\pi} \sin^2 t\cos^2 t\, \mathrm{d}t$

$= \dfrac{3}{8}\pi a^2$.

(2) 如图 21-25 所示,将双纽线直角坐标方程化为参数方程,即 $x = r\cos\theta, y = r\sin\theta$. 由 $r = a\sqrt{\cos 2\theta}$ 可得 $x = a\sqrt{\cos 2\theta}\cos\theta$,

$y = a\sqrt{\cos 2\theta}\sin\theta, \theta \in \left[-\dfrac{\pi}{4}, \dfrac{\pi}{4}\right] \cup \left[\dfrac{3\pi}{4}, \dfrac{5\pi}{4}\right]$.

因为 L_1 与 L_2 对称,且 L_1 与 L_2 都是封闭的,则

$$S_D = 2 \times \frac{1}{2} \oint_{L_1} x\mathrm{d}y - y\mathrm{d}x = \int_0^{\frac{\pi}{4}} a^2 \cos 2\theta \mathrm{d}\theta = a^2.$$

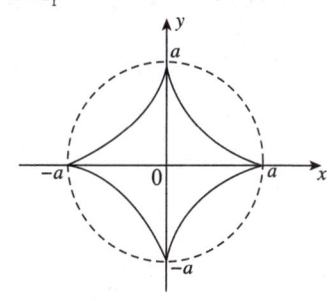
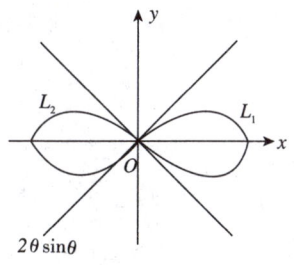

图 21-24　　　　　　　　　图 21-25

3. [知识点窍] 格林公式.

   [逻辑推理] $\cos(l, n) = \cos(l, x)\cos(n, x) + \sin(l, y)\sin(n, y)$,再利用格林公式求解.

   [解题过程] 设 $(n, x), (l, x)$ 与 (l, y) 分别表示外法线与 x 轴正向,L 与外法线 n 及 L 与 x 轴正向的夹角,且 $\cos(l, n) = \cos(l, x)\cos(n, x) + \sin(l, x)\sin(n, x)$,

   即 $\cos(l, n) = \dfrac{l \cdot n}{|l||n|} = \dfrac{a\cos(n, x) + b\cos(n, y)}{\sqrt{a^2 + b^2}}$.

   因为沿 L 的正方向的切线方向 t 有

   $(n, x) = (t, y), (n, y) = \pi - (t, x)$,

   所以由格林公式有

   $$\oint_L \cos(l, n)\mathrm{d}s = \oint_L \left(\frac{a}{\sqrt{a^2 + b^2}} \cos(n, x) + \frac{b}{\sqrt{a^2 + b^2}} \cos(n, y) \right) \mathrm{d}s$$

   $$= \oint_L \left(\frac{a}{\sqrt{a^2 + b^2}} \cos(t, y) - \frac{b}{\sqrt{a^2 + b^2}} \cos(t, x) \right) \mathrm{d}s$$

   $$= \oint_L \frac{a}{\sqrt{a^2 + b^2}} \mathrm{d}y - \frac{b}{\sqrt{a^2 + b^2}} \mathrm{d}x = \iint_D 0 \mathrm{d}\sigma = 0.$$

   其中 D 为 L 所围的区域.

4. [知识点窍] 格林公式的应用.

   [解题过程] $I = \oint_L [x\cos(n, x) + y\cos(n, y)]\mathrm{d}s = \oint_L x\mathrm{d}y - y\mathrm{d}x = 2\iint_D \mathrm{d}x\mathrm{d}y = 2\sigma$,

   其中 σ 是曲线 L 所围平面图形的面积.

   > **格林公式**: $\iint_D (\frac{\partial Q}{\partial x} - \frac{\partial P}{\partial y})\mathrm{d}x\mathrm{d}y = \oint_{D'} P\mathrm{d}x + Q\mathrm{d}y$.
   > D' 为 D 的正面边缘.

5. [知识点窍] 积分与路线无关的条件.

   [逻辑推理] 积分与路线无关的条件是 $\dfrac{\partial Q}{\partial x} = \dfrac{\partial P}{\partial y}$.

   [解题过程] (1) $P(x, y) = x - y, Q(x, y) = -x + y$.

   $\dfrac{\partial P}{\partial y} = -1, \dfrac{\partial Q}{\partial x} = -1$,则 $\dfrac{\partial P}{\partial y} = \dfrac{\partial Q}{\partial x}$.

   故积分与路线无关.取积分路线为从 $(0, 0)$ 到 $(1, 1)$,有

$$\int_{(0,0)}^{(1,1)} (x-y)(\mathrm{d}x - \mathrm{d}y) = \int_{(0,0)}^{(1,1)} 0(\mathrm{d}x - \mathrm{d}y) = 0.$$

(2) $P = 2x\cos y - y^2\sin x, Q = 2y\cos x - x^2\sin y, \dfrac{\partial P}{\partial y} = -2x\sin y - 2y\sin x, \dfrac{\partial Q}{\partial x} = -2y\sin x - 2x\sin y,$

$\dfrac{\partial P}{\partial y} = \dfrac{\partial Q}{\partial x}$,则积分与路径无关. 取积分路线为 $(0,0)$ 到 $(x,0)$ 然后到 (x,y) 的折线, 有

$$\int_{(0,0)}^{(x,y)} (2x\cos y - y^2\sin x)\mathrm{d}x + (2y\cos x - x^2\sin y)\mathrm{d}y$$
$$= \int_0^x 2x\mathrm{d}x + \int_0^y (2y\cos x - x^2\sin y)\mathrm{d}y = y^2\cos x + x^2\cos y.$$

(3) $P = \dfrac{y}{x^2}, Q = -\dfrac{1}{x}, \dfrac{\partial P}{\partial y} = \dfrac{\partial Q}{\partial x} = \dfrac{1}{x^2}.$

积分与路径无关,且因为点 $(2,1)$ 到 $(1,2)$ 在右半平面内,取直线 $y = 3 - x$. 则

$$\int_{(2,1)}^{(1,2)} \dfrac{y\mathrm{d}x - x\mathrm{d}y}{x^2} = \int_{(2,1)}^{(1,2)} \mathrm{d}\left(-\dfrac{y}{x}\right) = -\dfrac{y}{x}\bigg|_{(2,1)}^{(1,2)} = -\dfrac{3}{2}.$$

(4) $P(x,y) = x(x^2+y^2)^{-\frac{1}{2}}, Q(x,y) = y(x^2+y^2)^{-\frac{1}{2}}, \dfrac{\partial Q}{\partial x} = \dfrac{\partial P}{\partial y} = -xy(x^2+y^2)^{-\frac{3}{2}}, (x,y) \in D$
$= \{(x,y) \mid (x,y) \in \mathbf{R}^2, x^2 + y^2 \neq 0\}$,所以积分与路线无关,取积分路线为 $(1,0)$ 到 $(6,0)$ 再到 $(6,8)$,则有

$$\int_{(1,0)}^{(6,8)} \dfrac{x\mathrm{d}x + y\mathrm{d}y}{\sqrt{x^2+y^2}} = \int_1^6 \mathrm{d}x + \int_0^8 \dfrac{y\mathrm{d}y}{\sqrt{36+y^2}} = 5 + \left[\sqrt{36+y^2}\,\bigg|_0^8\right] = 9.$$

(5) 因 $\varphi(x), \psi(y)$ 为连续函数,则 $F(x) = \int_2^x \varphi(u)\mathrm{d}u$ 与 $G(y) = \int_1^y \psi(y)\mathrm{d}y$ 分别是 $\varphi(x)$ 和 $\psi(y)$ 的原函数. 于是 $\mathrm{d}[F(x) + G(y)] = \mathrm{d}F(x) + \mathrm{d}G(y) = \varphi(x)\mathrm{d}x + \psi(y)\mathrm{d}y$,即为函数的全微分,由此知积分与路线无关. 则取积分路线为 $(2,1)$ 到 $(1,1)$ 再到 $(1,2)$,有

$$\int_{(2,1)}^{(1,2)} \varphi(x)\mathrm{d}x + \psi(y)\mathrm{d}y = \int_2^1 \varphi(x)\mathrm{d}x + \int_1^2 \psi(y)\mathrm{d}y.$$

6. **知识点窍** 全微分和原函数.

逻辑推理 因 $\dfrac{\partial P}{\partial y} = \dfrac{\partial Q}{\partial x}$,即积分与路线无关,再选择一条简单路线求出原函数.

解题过程 (1) $P = x^2 + 2xy - y^2, Q = x^2 - 2xy - y^2, \dfrac{\partial P}{\partial y} = \dfrac{\partial Q}{\partial x} = 2(x-y),$

故 $(x^2 + 2xy - y^2)\mathrm{d}x + (x^2 - 2xy - y^2)\mathrm{d}y$ 为某一函数 $u(x,y)$ 的全微分,且积分与路线无关. 其原函数

$$u(x,y) = \int_{(x_0,y_0)}^{(x,y)} (x^2 + 2xy - y^2)\mathrm{d}x + (x^2 - 2xy - y^2)\mathrm{d}y$$
$$= \int_{x_0}^x (x^2 + 2y_0 x - y_0^2)\mathrm{d}x + \int_{y_0}^y (x^2 - 2xy - y^2)\mathrm{d}y$$
$$= \dfrac{1}{3}x^3 + x^2 y - xy^2 - \dfrac{1}{3}y^3 + C.$$

(2) $P = \mathrm{e}^x[\mathrm{e}^y(x-y+2) + y], Q = \mathrm{e}^x[\mathrm{e}^y(x-y) + 1],$

$\dfrac{\partial P}{\partial y} = \dfrac{\partial Q}{\partial x} = \mathrm{e}^x[\mathrm{e}^y(x-y+1) + 1],$

则 $\mathrm{e}^x[\mathrm{e}^y(x-y+2) + y]\mathrm{d}x + \mathrm{e}^x[\mathrm{e}^y(x-y) + 1]\mathrm{d}y$ 为某一函数 $u(x,y)$ 的全微分,且积分与路线无关. 其原函数

$$u(x,y) = \int_{(0,0)}^{(x,y)} \mathrm{e}^x[\mathrm{e}^y(x-y+2) + y]\mathrm{d}x + \mathrm{e}^x[\mathrm{e}^y(x-y) + 1]\mathrm{d}y$$

$$= \int_0^y (1-ye^y)dy + \int_0^x e^x[e^y(x-y+2)+y]dx$$
$$= (x-y+1)e^{x+y} + ye^x + C.$$

(3) $\dfrac{\partial P}{\partial y} = \dfrac{\partial Q}{\partial x} = \dfrac{xy}{\sqrt{x^2+y^2}}f'$，则知所求原函数存在，且积分与路径无关.

由于 $f(\sqrt{x^2+y^2})xdx + f(\sqrt{x^2+y^2})ydy = \dfrac{1}{2}f(\sqrt{x^2+y^2})d(x^2+y^2)$，

所以原函数 $u(x,y) = \dfrac{1}{2}\int f(\sqrt{x^2+y^2})d(x^2+y^2)$.

7. **知识点窍** 积分与路线无关的等价条件.

 逻辑推理 曲线积分与路线的无关等价条件是 $\dfrac{\partial Q}{\partial x} = \dfrac{\partial P}{\partial y}$.

 解题过程 $P = yF(x,y), Q = xF(x,y)$. 因为 $F(x,y)$ 是可微函数，则积分与路径无关的等价条件是 $\dfrac{\partial Q}{\partial x} = \dfrac{\partial P}{\partial y}$，而 $\dfrac{\partial Q}{\partial x} = F(x,y) + xF_x, \dfrac{\partial P}{\partial y} = F(x,y) + yF_y$.

 即 $xF'_x(x,y) = yF'_y(x,y)$.

8. **知识点窍** 格林公式.

 逻辑推理 $\widehat{AMB}$ 与 BA 构成封闭曲线，因而可用格林公式.

 解题过程 设 AB 的参数方程为 $y = y_1 + \dfrac{y_2-y_1}{x_2-x_1}(x-x_1)$.

(1) 若封闭曲线 $\widehat{AMB}$ 与 BA 构成逆时针方向，则由格林公式得

$$\oint_{\widehat{AMB}+\widehat{BA}} [\varphi(y)e^x - my]dx + [\varphi'(y)e^x - m]dy = \iint_D [\varphi'(y)e^x - \varphi'(y)e^x - m]d\sigma$$
$$= \iint_D m\,d\sigma = mS_D.$$

其中 D 为 $AMBA$ 所围区域，则

$$\int_{\widehat{AMB}} [\varphi(y)e^x - my]dx + [\varphi'(y)e^x - m]dy$$
$$= mS_D + \int_{\widehat{AB}} [\varphi(y)e^x - my]dx + [\varphi'(y)e^x - m]dy$$
$$= mS_D + \varphi(y_2)e^{x_2} - \varphi(y_1)e^{x_1} - \dfrac{m}{2}(x_2-x_1)(y_2+y_1) - m(y_2-y_1).$$

(2) 若封闭曲线 $\widehat{AMB}$ 与 BA 构成顺时针方向，则根据格林公式得

$$\oint_{\widehat{AMB}+\widehat{BA}} [\varphi(y)e^x - my]dx + [\varphi'(y)e^x - m]dy$$
$$= -\iint_D [\varphi'(y)e^x - \varphi'(y)e^x - m]d\sigma = -mS_D.$$

故 $\int_{\widehat{AMB}} [\varphi(y)e^x - my]dx + [\varphi'(y)e^x - m]dy$

$$= -mS_D + \varphi(y_2)e^{x_2} - \varphi(y_1)e^{x_1} - \dfrac{m}{2}(x_2-x_1)(y_2+y_1) - m(y_2-y_1).$$

9. **知识点窍** 格林公式，函数 P,Q 在 D 内连续的条件.

 逻辑推理 本题主要是判断 P,Q 在 D 内连续，再运用格林公式即可得证.

 解题过程 令 $P = f(xy)y, Q = f(xy)x$，则

$$\frac{\partial P}{\partial y} = f(xy) + xyf'(xy) = \frac{\partial Q}{\partial x},$$

由格林公式得

$$\oint_L f(xy)(y\mathrm{d}x + x\mathrm{d}y) = \iint_D \left(\frac{\partial Q}{\partial x} - \frac{\partial P}{\partial y}\right)\mathrm{d}x\mathrm{d}y = 0.$$

10. **知识点窍** 格林公式.

解题过程 因为 $\cos(\boldsymbol{n},x)\mathrm{d}s = \mathrm{d}y, \cos(\boldsymbol{n},y)\mathrm{d}s = -\mathrm{d}x,$

所以 $\oint_L \frac{\partial u}{\partial \boldsymbol{n}}\mathrm{d}s = \oint_L \left[\frac{\partial u}{\partial x}\cos(\boldsymbol{n},x) + \frac{\partial u}{\partial y}\cos(\boldsymbol{n},y)\right]\mathrm{d}s = \oint_L \frac{\partial u}{\partial x}\mathrm{d}y - \frac{\partial u}{\partial y}\mathrm{d}x.$

又 $\frac{\partial u}{\partial x}, \frac{\partial u}{\partial y}$ 在 D 上具有连续导数,由格林公式得

$$\oint_L \frac{\partial u}{\partial x}\mathrm{d}y - \frac{\partial u}{\partial y}\mathrm{d}x = \iint_D \left(\frac{\partial^2 u}{\partial x^2} + \frac{\partial^2 u}{\partial y^2}\right)\mathrm{d}\sigma,\text{则}$$

$$\iint_D \left(\frac{\partial^2 u}{\partial x^2} + \frac{\partial^2 u}{\partial y^2}\right)\mathrm{d}\sigma = \oint_L \frac{\partial u}{\partial \boldsymbol{n}}\mathrm{d}s.$$

习题 21.4

1. **知识点窍** 二重积分的变量变换.

逻辑推理 在极坐标变换下,将 xOy 平面上的区域 D 变换成极坐标下区域 D',求出区域 D',最后写出累次积分.

解题过程 (1) 令 $\begin{cases} x = r\cos\theta \\ y = r\sin\theta \end{cases}$,则将 D 变成 $D' = \{(r,\theta) \mid a \leqslant r \leqslant b, 0 \leqslant \theta \leqslant \pi\}.$

从而 $\iint_D f(x,y)\mathrm{d}x\mathrm{d}y = \iint_{D'} f(r\cos\theta, r\sin\theta)r\mathrm{d}r\mathrm{d}\theta = \int_a^b \mathrm{d}r \int_0^\pi rf(r\cos\theta, r\sin\theta)\mathrm{d}\theta$

$$= \int_0^\pi \mathrm{d}\theta \int_a^b rf(r\cos\theta, r\sin\theta)\mathrm{d}r.$$

(2) 令 $\begin{cases} x = r\cos\theta \\ y = r\sin\theta \end{cases}$,则将 D 变成 $D' = \{(r,\theta) \mid 0 \leqslant \theta \leqslant \frac{\pi}{2}, 0 \leqslant r \leqslant \sin\theta\}$. 从而

$$\iint_D f(x,y)\mathrm{d}x\mathrm{d}y = \iint_{D'} f(r\cos\theta, r\sin\theta)r\mathrm{d}r\mathrm{d}\theta = \int_0^{\frac{\pi}{2}} \mathrm{d}\theta \int_0^{\sin\theta} rf(r\cos\theta, r\sin\theta)\mathrm{d}r$$

$$= \int_0^1 \mathrm{d}r \int_{\arcsin r}^{\frac{\pi}{2}} rf(r\cos\theta, r\sin\theta)\mathrm{d}\theta.$$

(3) 令 $\begin{cases} x = r\cos\theta \\ y = r\sin\theta \end{cases}$, $-\frac{\pi}{4} \leqslant \theta \leqslant \frac{\pi}{2}, 0 \leqslant r\cos\theta \leqslant 1, 0 \leqslant r(\cos\theta + \sin\theta) \leqslant 1,$ 则

$$D' = \{(r,\theta) \mid -\frac{\pi}{4} \leqslant \theta \leqslant \frac{\pi}{2}, 0 \leqslant r\cos\theta \leqslant 1, 0 \leqslant r(\cos\theta + \sin\theta) \leqslant 1\},$$

则 $\iint_D f(x,y)\mathrm{d}x\mathrm{d}y = \int_{-\frac{\pi}{4}}^0 \mathrm{d}\theta \int_0^{\sec\theta} rf(r\cos\theta, r\sin\theta)\mathrm{d}\theta + \int_0^{\frac{\pi}{2}} \mathrm{d}\theta \int_0^{\frac{1}{\cos\theta+\sin\theta}} rf(r\cos\theta, r\sin\theta)\mathrm{d}r$

$$= \int_0^{\frac{\sqrt{2}}{2}} \mathrm{d}r \int_{-\frac{\pi}{4}}^{\frac{\pi}{2}} rf(r\cos\theta, r\sin\theta)\mathrm{d}\theta + \int_{\frac{\sqrt{2}}{2}}^1 \mathrm{d}r \int_{-\frac{\pi}{4}}^{\frac{\pi}{2}-\arcsin\frac{1}{\sqrt{2}r}} rf(r\cos\theta, r\sin\theta)\mathrm{d}\theta$$

$$+\int_{\frac{\sqrt{2}}{2}}^{1}dr\int_{\frac{\pi}{4}+\arccos\frac{1}{\sqrt{2}r}}^{\frac{\pi}{2}}rf(r\cos\theta,r\sin\theta)d\theta+\int_{1}^{\sqrt{2}}dr\int_{-\frac{\pi}{4}}^{-\arccos\frac{1}{r}}f(r\cos\theta,r\sin\theta)rd\theta.$$

2. **解题过程** (1) 原式 $=\int_{0}^{2\pi}d\theta\int_{\pi}^{2\pi}r\sin r dr=-6\pi^{2}$.

(2) 应用极坐标变换后,积分区域变为
$$D'=\left\{(r,\theta)\,\Big|\,-\frac{\pi}{4}\leqslant\theta\leqslant\frac{3\pi}{4},0\leqslant r\leqslant\sin\theta+\cos\theta\right\},\text{则}$$

$$\text{原式}=\iint_{D'}r(\sin\theta+\cos\theta)rdrd\theta=\int_{-\frac{\pi}{4}}^{\frac{3\pi}{4}}d\theta\int_{0}^{\sin\theta+\cos\theta}r^{2}(\sin\theta+\cos\theta)dr$$

$$=\frac{1}{3}\int_{-\frac{\pi}{4}}^{\frac{3\pi}{4}}(\sin\theta+\cos\theta)^{4}d\theta=\frac{1}{3}\int_{-\frac{\pi}{4}}^{\frac{3\pi}{4}}\left(\frac{3}{2}+2\sin2\theta-\frac{1}{2}\cos4\theta\right)d\theta=\frac{\pi}{2}.$$

(3) $D'=\{(r,\theta)\,|\,0\leqslant\theta\leqslant 2\pi,0\leqslant r\leqslant a\}$,则

$$\text{原式}=4\int_{0}^{\frac{\pi}{2}}d\theta\int_{0}^{a}r^{3}\sin\theta\cos\theta dr=4\times\left.\left(-\frac{\cos2\theta}{4}\right)\right|_{0}^{\frac{\pi}{2}}\left.\frac{1}{4}r^{4}\right|_{0}^{a}=\frac{a^{4}}{2}.$$

(4) $D'=\{(r,\theta)\,|\,0\leqslant\theta\leqslant 2\pi,0\leqslant r\leqslant R\}$,则

$$\text{原式}=\iint_{D}f'(r^{2})rdrd\theta=\int_{0}^{2\pi}d\theta\int_{0}^{R}rf'(r^{2})dr=\pi[f[R^{2}]-f(0)].$$

3. **知识点窍** 变量替换.

   逻辑推理 在所给变换下,正确得出变换下的区域 D',再在区域 D' 下写出累次积分.

   解题过程 (1) 由 $\begin{cases}u=x+y\\v=x-y\end{cases}$ 得 $\begin{cases}x=\dfrac{u+v}{2}\\y=\dfrac{u-v}{2}\end{cases}$,变换后的区域

   $D'=\{(u,v)\,|\,1\leqslant u\leqslant 2,-u\leqslant v\leqslant 4-u\}$,

   $|J|=\left|\dfrac{\partial(x,y)}{\partial(u,v)}\right|=\left|\begin{vmatrix}\dfrac{1}{2}&\dfrac{1}{2}\\\dfrac{1}{2}&-\dfrac{1}{2}\end{vmatrix}\right|=\dfrac{1}{2},$

   则原式 $=\dfrac{1}{2}\int_{1}^{2}du\int_{-u}^{4-u}f\left(\dfrac{u+v}{2},\dfrac{u-v}{2}\right)dv=\dfrac{1}{2}\int_{-2}^{-1}dv\int_{-v}^{2}f\left(\dfrac{u+v}{2},\dfrac{u-v}{2}\right)du$

   $+\dfrac{1}{2}\int_{-1}^{2}dv\int_{1}^{2}f\left(\dfrac{u+v}{2},\dfrac{u-v}{2}\right)du+\dfrac{1}{2}\int_{2}^{3}dv\int_{1}^{4-v}f\left(\dfrac{u+v}{2},\dfrac{u-v}{2}\right)du.$

(2) 在变换 $\begin{cases}x=u\cos^{4}v\\y=u\sin^{4}v\end{cases}$ 下,$D'=\left\{(u,v)\,\Big|\,0\leqslant u\leqslant a,0\leqslant v\leqslant\dfrac{\pi}{2}\right\}$,

   $|J|=4u\sin^{3}v\cos^{3}v$,

   原式 $=\int_{0}^{\frac{\pi}{2}}dv\int_{0}^{a}4u\sin^{3}v\cos^{3}vf(u\cos^{4}v,u\sin^{4}v)du$

   $=4\int_{0}^{a}du\int_{0}^{\frac{\pi}{2}}u\sin^{3}v\cos^{3}vf(u\cos^{4}v,u\sin^{4}v)dv.$

(3) 在变换 $\begin{cases}x+y=u\\y=uv\end{cases}$ 下,$D'=\{(u,v)\,|\,0\leqslant u\leqslant a,0\leqslant v\leqslant 1\}$,$|J|=u.$

   原式 $=\int_{0}^{a}du\int_{0}^{1}f(u-uv,uv)udv=\int_{0}^{1}dv\int_{0}^{a}f(u-uv,uv)udu.$

4. 知识点窍 坐标变换法求二重积分.

解题过程 (1) 设变换后坐标为 $\begin{cases} u = x+y \\ v = x-y \end{cases}$,则 $\begin{cases} x = \frac{1}{2}(u+v) \\ y = \frac{1}{2}(u-v) \end{cases}$,

$$J = \frac{\partial(x,y)}{\partial(u,v)} = \begin{vmatrix} \frac{1}{2} & \frac{1}{2} \\ \frac{1}{2} & -\frac{1}{2} \end{vmatrix} = -\frac{1}{2}.$$

故坐标变换后区域 $D' = \{(u,v) \mid 0 \leqslant u \leqslant \pi, 0 \leqslant v \leqslant \pi\}$,

于是 $\iint\limits_{D}(x+y)\sin(x-y)\mathrm{d}x\mathrm{d}y = \frac{1}{2}\iint\limits_{D'}u\sin v\,\mathrm{d}u\mathrm{d}v = \frac{1}{2}\int_0^\pi u\mathrm{d}u\int_0^\pi \sin v\mathrm{d}v = \frac{\pi^2}{2}.$

(2) $x+y \leqslant 1, x \geqslant 0$ 及 $y \geqslant 0, D$ 为一个三角形区域.

设变换后坐标为 $\begin{cases} u = x+y \\ v = y \end{cases}$,则 $\begin{cases} x = u-v \\ y = v \end{cases}$ 且 $D' = \{(u,v) \mid 0 \leqslant u \leqslant 1, 0 \leqslant v \leqslant u\}.$

$$J = \frac{\partial(x,y)}{\partial(u,v)} = \begin{vmatrix} 1 & -1 \\ 0 & 1 \end{vmatrix} = 1,$$

于是 $\iint\limits_{D} e^{\frac{y}{x+y}}\mathrm{d}x\mathrm{d}y = \iint\limits_{D'} e^{\frac{v}{u}}\mathrm{d}u\mathrm{d}v = \int_0^1 \mathrm{d}u\int_0^u e^{\frac{v}{u}}\mathrm{d}v = \frac{1}{2}(e-1).$

5. 解题过程 (1) $\begin{cases} z = x^2+y^2 \\ z = x+y \end{cases}$,令 $z=0$,则 $(x-\frac{1}{2})^2 + (y-\frac{1}{2})^2 = (\frac{\sqrt{2}}{2})^2$,立体 V 在 xOy 平面上的投影区域为

$$D = \left\{(x,y) \mid (x-\frac{1}{2})^2 + (y-\frac{1}{2})^2 \leqslant (\frac{\sqrt{2}}{2})^2\right\}.$$

令 $\begin{cases} x = \frac{1}{2} + r\cos\theta \\ y = \frac{1}{2} + r\sin\theta \end{cases}$,则 $D' = \{(r,\theta) \mid 0 \leqslant \theta \leqslant 2\pi, 0 \leqslant r \leqslant \frac{\sqrt{2}}{2}\}.$

$$V = \iint\limits_{D}[(x+y)-(x^2+y^2)]\mathrm{d}x\mathrm{d}y = \int_{-\frac{\pi}{4}}^{\frac{3\pi}{4}}\mathrm{d}\theta\int_0^{\cos\theta+\sin\theta} r[r(\cos\theta+\sin\theta)-r^2]\mathrm{d}r$$

$$= \int_{-\frac{\pi}{4}}^{\frac{3\pi}{4}}\left[\frac{1}{3}(\cos\theta+\sin\theta)^4 - \frac{1}{4}(\cos\theta+\sin\theta)^4\right]\mathrm{d}\theta = \frac{4}{12}\int_{-\frac{\pi}{4}}^{\frac{3\pi}{4}}\cos^4(\theta-\frac{\pi}{4})\mathrm{d}\theta$$

$$= \frac{1}{3}\int_{-\frac{\pi}{2}}^{\frac{\pi}{2}}\cos^4 t\,\mathrm{d}t = \frac{2}{3}\int_0^{\frac{\pi}{2}}\cos^4 t\,\mathrm{d}t = \frac{\pi}{8}.$$

(2) $\begin{cases} z^2 = \frac{x^2}{4} + \frac{y^2}{9} \\ 2z = \frac{x^2}{4} + \frac{y^2}{9} \end{cases}$,立体 V 在 xOy 平面上的投影区域为 $D: \frac{x^2}{4} + \frac{y^2}{9} \leqslant 4.$

令 $\begin{cases} x = 2r\cos\theta \\ y = 3r\sin\theta \end{cases}$,则 $\frac{\partial(x,y)}{\partial(r,\theta)} = \begin{vmatrix} 2\cos\theta & -2r\sin\theta \\ 3\sin\theta & 3r\cos\theta \end{vmatrix} = 6r.$

$$V = \iint\limits_{D}\left[(\frac{x^2}{4}+\frac{y^2}{9})^{\frac{1}{2}} - \frac{1}{2}(\frac{x^2}{4}+\frac{y^2}{9})\right]\mathrm{d}x\mathrm{d}y = 6\int_0^{2\pi}\mathrm{d}\theta\int_0^2 (r^2 - \frac{1}{2}r^3)\mathrm{d}r$$

$$= 12\pi\int_0^2 (r^2 - \frac{1}{2}r^3)\mathrm{d}r = 12\pi(\frac{1}{3}r^3 - \frac{1}{8}r^4)\Big|_0^2 = 8\pi.$$

6. 知识点窍 重积分的应用.

逻辑推理 根据所给平面图形的特点选择合适的变换,再求积分.

解题过程 (1) 令 $\begin{cases} u = x+y \\ v = \dfrac{y}{x} \end{cases}$,则 $\begin{cases} x = \dfrac{u}{1+v} \\ y = \dfrac{uv}{1+v} \end{cases}$,

$$|J| = \left|\frac{\partial(x,y)}{\partial(u,v)}\right| = \left|\begin{array}{cc} \dfrac{1}{1+v} & \dfrac{-u}{(1+v)^2} \\ \dfrac{v}{1+v} & \dfrac{u}{(1+v)^2} \end{array}\right| = \frac{u}{(1+v)^2}.$$

变换后的区域 $D' = \{(u,v) \mid a \leqslant u \leqslant b, \alpha \leqslant v \leqslant \beta\}$.

图形面积

$$S = \iint_D dxdy = \iint_{D'} \frac{u}{(1+v)^2} dudv = \int_a^b u\,du \int_\alpha^\beta \frac{1}{(1+v)^2} dv = \frac{b^2-a^2}{2}\left(\frac{1}{1+\alpha} - \frac{1}{1+\beta}\right).$$

(2) 令 $\begin{cases} x = ar\cos\theta \\ y = br\sin\theta \end{cases}$,则 $r = \sqrt{a^2\cos^2\theta + b^2\sin^2\theta}$,且

$|J| = abr$, $D' = \{(r,\theta) \mid 0 \leqslant \theta \leqslant 2\pi, 0 \leqslant r \leqslant \sqrt{a^2\cos^2\theta + b^2\sin^2\theta}\}$.

图形面积

$$S = \iint_D dxdy = ab\int_0^{2\pi} d\theta \int_0^{\sqrt{a^2\cos^2\theta+b^2\sin^2\theta}} rdr = \frac{ab}{2}\int_0^{2\pi}(a^2\cos^2\theta + b^2\sin^2\theta)d\theta = \frac{ab(a^2+b^2)\pi}{2}.$$

(3) 令 $\begin{cases} x = r\cos\theta \\ y = r\sin\theta \end{cases}$,则 $|J| = r$, $r^2 = 2a^2\cos2\theta$,当 $a^2 = 2a^2\cos2\theta$ 时,即由图像的对称性可得图形的

面积 $= 2\int_0^{\frac{\pi}{6}} a^2(2\cos2\theta - 1)d\theta = \left(\sqrt{3} - \dfrac{\pi}{3}\right)a^2$.

7. 知识点窍 坐标变换.

解题过程 令 $\begin{cases} x = 1-u \\ y = 1-v \end{cases}$,则 $0 \leqslant v \leqslant 1, 0 \leqslant u \leqslant v$, $|J| = 1$.

于是 $\int_0^1 dx \int_0^x f(1-x, 1-y)dy = \int_0^1 dv \int_0^v f(u,v)du$,

因为积分与积分变量无关,则 $\int_0^1 dx \int_0^x f(1-x, 1-y)dy = \int_0^1 dx \int_0^x f(x,y)dy$. 即证.

8. 逻辑推理 作适当的变换,将二重积分化为累次积分,而累次积分中的两个变量是相互独立的.

解题过程 (1) 原式 $= \int_0^{2\pi} d\theta \int_0^1 f(r)rdr = 2\pi \int_0^1 f(r)rdr$.

(2) 在第一象限,$D_1 = \{(x,y) \mid y \leqslant x \leqslant 1, y \geqslant 0\}$,则

$$\iint_{D_1} f(\sqrt{x^2+y^2})dxdy = 4\int_0^1 dr \int_0^{\frac{\pi}{4}} f(r)rd\theta + 4\int_1^{\sqrt{2}} dr \int_{\arccos\frac{1}{r}}^{\frac{\pi}{4}} f(r)rd\theta$$

$$= \pi\int_0^1 f(r)rdr + 4\int_1^{\sqrt{2}} \left(\frac{\pi}{4} - \arccos\frac{1}{r}\right)f(r)rdr.$$

所以,原式 $= \pi\int_0^{\sqrt{2}} f(r)rdr - 4\int_1^{\sqrt{2}} \arccos\frac{1}{r} \cdot f(r)rdr$.

(3) 令 $\begin{cases} u = x+y \\ v = x-y \end{cases} \Rightarrow \begin{cases} x = \dfrac{u+v}{2} \\ y = \dfrac{u-v}{2} \end{cases}$,

则 $J = -\dfrac{1}{2}$, $D' = \{(u,v) \mid -1 \leqslant u \leqslant 1, -1 \leqslant v \leqslant 1\}$.

所以原式 $= \dfrac{1}{2} \displaystyle\int_{-1}^1 du \int_{-1}^1 f(u) dv = \int_{-1}^1 f(u) du$.

(4) 令 $\begin{cases} u = xy \\ v = \dfrac{y}{x} \end{cases} \Rightarrow \begin{cases} x = \sqrt{\dfrac{u}{v}} \\ y = \sqrt{uv} \end{cases}$, 则 $J = \dfrac{1}{2v}$, $D' = \{(u,v) \mid 1 \leqslant u \leqslant 2, 1 \leqslant v \leqslant 4\}$,

所以原式 $= \dfrac{1}{2}\displaystyle\int_1^2 du \int_1^4 f(u) \dfrac{1}{v} dv = \ln 2 \int_1^2 f(u) du$.

习题 21.5

1. 知识点窍 三重积分.

解题过程 (1) $\displaystyle\iiint_V (xy + z^2) dx dy dz = \int_{-2}^5 dx \int_{-3}^3 dy \int_0^1 (xy + z^2) dz$

$$= \int_{-2}^5 dx \int_{-3}^3 \left(xy + \dfrac{1}{3}\right) dy = 14.$$

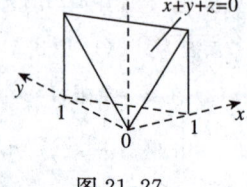

图 21-26

(2) $\displaystyle\iiint_V x\cos y \cos z\, dx dy dz = \int_0^1 x\, dx \int_0^{\frac{\pi}{2}} \cos y\, dy \int_0^{\frac{\pi}{2}} \cos z\, dz = \dfrac{1}{2}$.

(3) 积分区域如图 21-26 所示.

$\displaystyle\iiint_V \dfrac{dx dy dz}{(1+x+y+z)^3} = \int_0^1 dz \int_0^{1-z} dx \int_0^{1-x-z} \dfrac{dy}{(1+x+y+z)^3}$

$$= \dfrac{1}{2}\int_0^1 dz \int_0^{1-z}\left[\dfrac{1}{(1+x+y)^2} - \dfrac{1}{4}\right] dx = \dfrac{1}{2}\left(\ln 2 - \dfrac{5}{8}\right).$$

(4) $\displaystyle\iiint_V y\cos(x+z)\, dx dy dz = \int_0^{\frac{\pi}{2}} dx \int_0^{\sqrt{x}} y\, dy \int_0^{\frac{\pi}{2}-x} \cos(x+z) dz$

$$= \dfrac{1}{2}\int_0^{\frac{\pi}{2}} x(1 - \sin x) dx = \dfrac{\pi^2}{16} - \dfrac{1}{2}.$$

2. 逻辑推理 根据已知累次积分, 求出体积 V, 再将其向三个平面投影, 求出其投影区域 D_{xy}, D_{yz}, D_{zx}, 最后再求出相应的累次积分.

解题过程 (1) 三重积分的积分区域如图 21-27 所示.

$V = \{(x,y,z) \mid 0 \leqslant z \leqslant x+y, 0 \leqslant y \leqslant 1-x, 0 \leqslant x \leqslant 1\}$.

V 在 xy 平面上的投影 $D_{xy} = \{(x,y) \mid 0 \leqslant y \leqslant 1-x, 0 \leqslant x \leqslant 1\}$,

所以 $I = \displaystyle\int_0^1 dx \int_0^{1-x} dy \int_0^{x+y} f(x,y,z) dz$

$$= \int_0^1 dy \int_0^{1-y} dx \int_0^{x+y} f(x,y,z) dz.$$

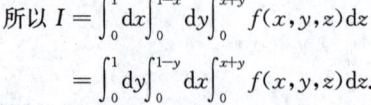

图 21-27

V 在 yz 平面上的投影 $D_{yz} = \{(y,z) \mid 0 \leqslant y \leqslant 1, 0 \leqslant z \leqslant 1\}$,

所以

$I = \displaystyle\int_0^1 dz \int_0^z dy \int_{z-y}^{1-y} f(x,y,z) dx + \int_0^1 dz \int_z^1 dy \int_0^{1-y} f(x,y,z) dx$

$$= \int_0^1 dy \int_0^y dz \int_{z-y}^{1-y} f(x,y,z) dx + \int_0^1 dy \int_y^1 dz \int_{z-y}^{1-y} f(x,y,z) dx,$$

V 在 zx 平面上的投影 $D_{zx} = \{(z,x) \mid 0 \leqslant x \leqslant 1, 0 \leqslant z \leqslant 1\}$,
所以
$$I = \int_0^x dz \int_0^1 dx \int_0^{1-x} f(x,y,z) dy + \int_x^1 dz \int_0^1 dx \int_z^{1-x} f(x,y,z) dy$$
$$= \int_0^1 dz \int_0^z dx \int_0^{1-x} f(x,y,z) dy + \int_0^1 dz \int_z^1 dx \int_0^{1-x} f(x,y,z) dy.$$

(2) 积分区域 $D_{zx} = \{(z,x) \mid 0 \leqslant x \leqslant 1, 0 \leqslant z \leqslant 1+x^2\}$, 如图 21-28 所示.

V 在三个平面上的投影区域分别为
$D_{xy} = \{(x,y) \mid 0 \leqslant x \leqslant 1, 0 \leqslant y \leqslant 1\}$,
$D_{yz} = \{(y,z) \mid 0 \leqslant y \leqslant 1, 0 \leqslant z \leqslant 1+y^2\}$,
$D_{zx} = \{(z,x) \mid 0 \leqslant x \leqslant 1, 0 \leqslant z \leqslant 1+x^2\}$,

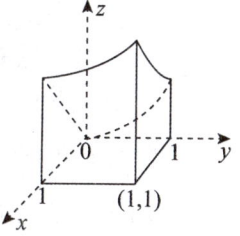

图 21-28

所以 $I = \int_0^{y^2} dz \int_0^1 dy \int_0^1 f(x,y,z) dx + \int_{y^2}^{1+y^2} dz \int_0^1 dy \int_{\sqrt{z-y^2}}^1 f(x,y,z) dx$
$= \int_0^1 dz \int_{\sqrt{z}}^1 dy \int_0^1 f(x,y,z) dx + \int_1^2 dz \int_{\sqrt{z-1}}^1 dy \int_{\sqrt{z-y^2}}^1 f(x,y,z) dx$
$= \int_0^1 dz \int_{\sqrt{z}}^1 dx \int_0^1 f(x,y,z) dy + \int_1^2 dz \int_{\sqrt{z-1}}^1 dx \int_{\sqrt{z-x^2}}^1 f(x,y,z) dy$
$= \int_0^1 dx \int_0^{x^2} dz \int_0^1 f(x,y,z) dy + \int_0^1 dx \int_{x^2}^{1+x^2} dz \int_{\sqrt{z-x^2}}^1 f(x,y,z) dy.$

3. (1) **逻辑推理** 被积函数为 z^2, 则可将三重积分化为"先二重后一重"的累次积分.

解题过程 由于用平行于 xOy 平面的平面去截区域 V, 截面是一个圆面, 即
$S_1 : x^2 + y^2 \leqslant 2rz - z^2 (0 \leqslant z \leqslant \frac{r}{2}), S_2 : x^2 + y^2 \leqslant r^2 - z^2 (\frac{r}{2} \leqslant z \leqslant r).$

从而三重积分化为两部分之和, 即
$$\iiint_V z^2 dx dy dz = \int_0^{\frac{r}{2}} dz \iint_{S_1} z^2 dx dy + \int_{\frac{r}{2}}^r dz \iint_{S_2} z^2 dx dy = \pi \int_0^{\frac{r}{2}} z^2 (2rz - z^2) dz + \pi \int_{\frac{r}{2}}^r z^2 (r^2 - z^2) dz$$
$$= \frac{59}{480} \pi r^5.$$

(2) **逻辑推理** 采用球面坐标变换或柱面坐标变换.

解题过程 积分区域 $V = \{(x,y,z) \mid 0 \leqslant x \leqslant 1, 0 \leqslant y \leqslant \sqrt{1-x^2}, \sqrt{x^2+y^2} \leqslant z \leqslant \sqrt{2-x^2-y^2}\}$. 由平面 $x=0, y=0$ 和锥面 $z = \sqrt{x^2+y^2}$ 及球面 $z = \sqrt{2-x^2-y^2}$ 在第一卦限围成.

用柱面坐标变换, 令 $x = r\cos\theta, y = r\sin\theta, z = z$, 得
$V' = \left\{(r,\theta,z) \mid 0 \leqslant r \leqslant 1, 0 \leqslant \theta \leqslant \frac{\pi}{2}, r \leqslant z \leqslant \sqrt{2-r^2}\right\}$,

故 $\int_0^1 dx \int_0^{\sqrt{1-x^2}} dy \int_{\sqrt{x^2+y^2}}^{\sqrt{2-x^2-y^2}} z^2 dz = \int_0^{\frac{\pi}{2}} d\theta \int_0^1 r dr \int_r^{\sqrt{2-r^2}} z^2 dz = \frac{\pi}{2} \times \frac{1}{3} \int_0^1 \left[(2-r^2)^{\frac{3}{2}} - r^3\right] \cdot r dr$
$= \frac{\pi}{15}(2\sqrt{2} - 1).$

4. **解题过程** (1) 如图 21-29 所示, 已知 $D = \{(x,y) \mid 0 \leqslant x \leqslant 1, x^2 \leqslant y \leqslant x\}$, 由柱坐标变换, 则
$V = \iint_D (x^2 + y^2) dx dy = \int_0^1 dx \int_{x^2}^x (x^2 + y^2) dy$

$$= \int_0^1 \left(\frac{4}{3}x^3 - x^4 - \frac{1}{3}x^6\right)\mathrm{d}x = \frac{3}{35}.$$

(2) 令 $\begin{cases} x = ar\sin\varphi\cos^2\theta \\ y = br\cos\varphi\cos^2\theta, \\ z = cr\sin\theta \end{cases}$ 则

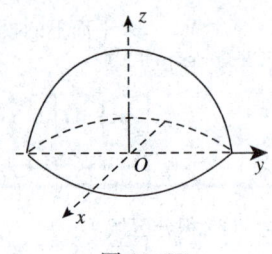

图 21-29

$$|J| = \begin{Vmatrix} a\sin\varphi\cos^2\theta & ar\cos\varphi\cos^2\theta & -2ar\sin\varphi\cos\varphi\sin\theta \\ b\sin\varphi\sin^2\theta & br\cos\varphi\sin^2\theta & 2br\sin\varphi\sin\theta\cos\theta \\ c\cos\varphi & -cr\sin\varphi & 0 \end{Vmatrix}$$

$$= 2abcr^2\cos\varphi\sin\varphi\cos\theta.$$

$$V' = \left\{(r,\theta,\varphi) \mid 0 \leqslant r \leqslant 1, 0 \leqslant \theta \leqslant \frac{\pi}{2}, 0 \leqslant \varphi \leqslant \frac{\pi}{2}\right\}.$$

所以 $V = \iiint_V \mathrm{d}x\mathrm{d}y\mathrm{d}z = \iiint_{V'} 2abcr^2\cos\varphi\sin\varphi\cos\theta\,\mathrm{d}r\mathrm{d}\theta\mathrm{d}\varphi$

$$= \int_0^{\frac{\pi}{2}} \mathrm{d}\theta \int_0^{\frac{\pi}{2}} \mathrm{d}\varphi \int_0^1 2abcr^2\cos\varphi\sin\varphi\cos\theta\,\mathrm{d}r$$

$$= \int_0^{\frac{\pi}{2}} \cos\theta\mathrm{d}\theta \int_0^{\frac{\pi}{2}} \sin2\varphi\mathrm{d}\varphi \int_0^1 abcr^2\,\mathrm{d}r = \frac{1}{3}abc.$$

5. 知识点窍 三重积分的应用.

逻辑推理 球体的质量 $M = \iiint_V (x^2+y^2+z^2)^{\frac{1}{2}}\mathrm{d}V$, 然后利用球坐标变换求出.

解题过程 应用球坐标变换 $V' = \left\{(r,\theta,\varphi) \mid -\frac{\pi}{2} \leqslant \theta \leqslant \frac{\pi}{2}, 0 \leqslant \varphi \leqslant \pi, 0 \leqslant \gamma \leqslant 2\sin\varphi\cos\theta\right\}$,

则 $M = \iiint\limits_{x^2+y^2+z^2 \leqslant 2x} (x^2+y^2+z^2)^{\frac{1}{2}}\mathrm{d}V$

$$= \int_{-\frac{\pi}{2}}^{\frac{\pi}{2}} \mathrm{d}\theta \int_0^{\pi} \mathrm{d}\varphi \int_0^{2\sin\varphi\cos\theta} r^3\sin\varphi\mathrm{d}r = \frac{8}{5}\pi.$$

利用 $\cos^4\theta = \frac{1}{4}\left(\frac{3}{2} + 2\cos2\theta + \frac{3}{2}\cos4\theta\right)$ 计算.

6. 解题过程 用平行于坐标面的平面网 T 做分割, 它把 V 分成有限个小长方体.

$$v_{ijk} = [x_{i-1}, x_i] \times [y_{j-1}, y_j] \times [z_{k-1}, z_k].$$

设 M_{ijk}, m_{ijk} 分别为 $f(x,y,z)$ 在 v_{ijk} 上的上、下确界. 对于 $[x_{i-1}, x_i]$ 上任一点 ξ_i, 在 $D_{jk} = [y_{j-1}, y_j] \times [z_{k-1}, z_k]$ 上有

$$m_{ijk}\Delta y_j \Delta z_k \leqslant \iint_{D_{jk}} f(\xi_i, y, z)\mathrm{d}y\mathrm{d}z \leqslant M_{ijk}\Delta y_j \Delta z_k.$$

现按下标 j, k 相加, 则有 $\sum_{j,k} \iint_{D_{jk}} f(\xi_i, y, z)\mathrm{d}y\mathrm{d}z = \iint_D f(\xi_i, y, z)\mathrm{d}y\mathrm{d}z = I(\xi_i).$

及 $\sum_{i,j,k} m_{ijk}\Delta x_i \Delta y_j \Delta z_k \leqslant \sum_i I(\xi_i)\Delta x_i \leqslant \sum_{i,j,k} M_{ijk}\Delta x_i \Delta y_j \Delta z_k.$

上述不等式两边是分割 T 的下和与上和. 由于 $f(x,y,z)$ 在 V 上可积, 当 $\|T\| \to 0$ 时, 下和与上和具有相同的极限, 则可得 $I(x)$ 在 $[a,b]$ 上可积, 且

$$\int_a^b I(x)\mathrm{d}x = \iiint_V f(x,y,z)\mathrm{d}x\mathrm{d}y\mathrm{d}z.$$

推论: 若 $V \subset [a,b] \times [c,d] \times [e,h]$, 函数 $f(x,y,z)$ 在 V 上的三重积分存在, 且对任意固定的 $z \in [e,h]$, 积分 $\varphi(z) = \iint_{D_z} f(x,y,z)\mathrm{d}x\mathrm{d}y$ 存在, 其中 D_z 是截面 $\{(x,y) \mid (x,y,z) \in V\}$, 则 $\int_e^h \varphi(z)\mathrm{d}z$ 存

在,且
$$\iiint_V f(x,y,z)\mathrm{d}x\mathrm{d}y\mathrm{d}z = \int_e^h \mathrm{d}z \iint_{D_z} f(x,y,z)\mathrm{d}x\mathrm{d}y.$$

解题过程 设 $V' = [a,b] \times [c,d] \times [e,h]$,现作一定义在 V' 上的函数
$$F(x,y,z) = \begin{cases} f(x,y,z), & (x,y,z) \in V \\ 0, & (x,y,z) \overline{\in} V \end{cases},$$

则 $F(x,y,z)$ 在 V' 上的三重积分存在,因为
$$\iiint_V F(x,y,z)\mathrm{d}x\mathrm{d}y\mathrm{d}z = \iiint_V f(x,y,z)\mathrm{d}x\mathrm{d}y\mathrm{d}z + \iiint_{V'-V} 0\mathrm{d}x\mathrm{d}y\mathrm{d}z$$
$$= \iiint_V f(x,y,z)\mathrm{d}x\mathrm{d}y\mathrm{d}z,$$

而 $f(x,y,z)$ 在 V 上的三重积分是存在的. 定义截面 $D = [a,b] \times [c,d]$,那么由定理 21.16 可知,此时 $\forall z \in [e,h]$,二重积分
$$\varphi(z) = \iint_D F(x,y,z)\mathrm{d}x\mathrm{d}y = \iint_{D_z} f(x,y,z)\mathrm{d}x\mathrm{d}y + \iint_{D-D_z} 0\mathrm{d}x\mathrm{d}y$$
$$= \iint_{D_z} f(x,y,z)\mathrm{d}x\mathrm{d}y = \varphi(z),$$

存在,并且积分 $\int_e^h \varphi(z)\mathrm{d}z = \int_e^h \varphi(z)\mathrm{d}z$ 存在,且有
$$\iiint_V F(x,y,z)\mathrm{d}x\mathrm{d}y\mathrm{d}z = \iiint_V f(x,y,z)\mathrm{d}x\mathrm{d}y\mathrm{d}z$$
$$= \int_e^h \varphi(z)\mathrm{d}z = \int_e^h \varphi(z)\mathrm{d}z$$
$$= \int_e^h \mathrm{d}z \iint_{D_z} f(x,y,z)\mathrm{d}x\mathrm{d}y.$$

故推论得证.

7. **知识点窍** 广义球坐标变换.

解题过程 (1) 由广义球坐标变换知
$$原积分 = \iiint_V \sqrt{1-r^2}\, r^2 abc \sin\varphi \mathrm{d}r\mathrm{d}\theta\mathrm{d}\varphi = \int_0^{2\pi}\mathrm{d}\theta \int_0^\pi \sin\varphi\mathrm{d}\varphi \int_0^1 \sqrt{1-r^2}\, r^2 abc\, \mathrm{d}r$$
$$= 4abc\pi \int_0^1 r^2\sqrt{1-r^2}\, \mathrm{d}r = \frac{1}{4}abc\pi^2.$$

(2) 由广义球坐标变换知
$$原积分 = \int_0^{2\pi}\mathrm{d}\theta \int_0^\pi \mathrm{d}\varphi \int_0^1 abcr^2 \sin\varphi \mathrm{e}^r\, \mathrm{d}r = 4abc\pi \int_0^1 r^2 \mathrm{e}^r\, \mathrm{d}r$$
$$= 4\pi abc \left[r^2\mathrm{e}^r - 2r\mathrm{e}^r - \mathrm{e}^r\right]\bigg|_0^1 = 4\pi abc(\mathrm{e}-2).$$

习题 21.6

1. **知识点窍** 曲面的面积.

   逻辑推理 函数 $z = f(x,y), (x,y) \in D$ 所确定的曲面 S 的面积

$$\Delta S = \iint\limits_{D} \sqrt{1 + f_x^2(x,y) + f_y^2(x,y)}\, dxdy.$$

解题过程 设曲面面积为 ΔS，由于 $\dfrac{\partial z}{\partial x} = \dfrac{y}{a}, \dfrac{\partial z}{\partial y} = \dfrac{x}{a}$，则

$$\Delta S = \iint\limits_{D} \sqrt{1 + \left(\dfrac{y}{a}\right)^2 + \left(\dfrac{x}{a}\right)^2}\, dxdy,$$

其中 $D: x^2 + y^2 \leqslant a^2$. 由广义极坐标变换得

$$\Delta S = \int_0^{2\pi} d\theta \int_0^1 a^2 r\sqrt{1+r^2}\,dr = a^2\int_0^{2\pi}d\theta\int_0^1 r\sqrt{1+r^2}\,dr = \dfrac{2}{3}\pi(2\sqrt{2}-1)a^2.$$

2. **知识点窍** 曲面的面积.

解题过程 $\begin{cases} z = (x^2+y^2)^{\frac{1}{2}} \\ z^2 = 2x \end{cases}$，则 $x^2 + y^2 = 2x$，即曲面在 xOy 平面的投影区域为 $D = \{(x,y) \mid x^2 + y^2 \leqslant 2x\}$，由于 $z_x = x(x^2+y^2)^{-\frac{1}{2}}, z_y = y(x^2+y^2)^{-\frac{1}{2}}$，且 $\sqrt{1+z_x^2+z_y^2} = \sqrt{2}$，所以曲面面积

$$\Delta S = \iint\limits_{D} \sqrt{1+z_x^2+z_y^2}\,dxdy = \int_{-\frac{\pi}{2}}^{\frac{\pi}{2}} d\theta \int_0^{2\cos\theta} \sqrt{2}\,r dr = 2\sqrt{2}\int_{-\frac{\pi}{2}}^{\frac{\pi}{2}}\cos^2\theta\,d\theta = \sqrt{2}\pi.$$

3. **知识点窍** 平面薄板的质心.

逻辑推理 利用平面薄板的质心坐标 $(\bar{x},\bar{y})$ 计算.

解题过程 (1) 设质心坐标为 $(\bar{x},\bar{y})$，则根据对称性可知 $\bar{x} = 0$，

$$\bar{x} = \dfrac{\iint\limits_{D} x\rho(x,y)d\sigma}{\iint\limits_{D}\rho(x,y)d\sigma}, \quad \bar{y} = \dfrac{\iint\limits_{D} y\rho(x,y)d\sigma}{\iint\limits_{D}\rho(x,y)d\sigma},$$

其中 $\rho(x,y)$ 为平面薄板的密度函数.

$$\bar{y} = \dfrac{\iint\limits_{D}\rho y d\sigma}{\iint\limits_{D}\rho d\sigma} = \dfrac{2}{ab\pi}\iint\limits_{D} y dxdy$$

$$= \dfrac{2}{ab\pi}\int_0^\pi d\theta \int_0^1 ab^2 r^2 \sin\theta\,dr = \dfrac{4b}{3\pi},$$

所以质心坐标为 $\left(0, \dfrac{4b}{3\pi}\right)$.

(2) 设质心坐标为 $(\bar{x},\bar{y})$，则根据对称性可知 $\bar{x} = 0$，

$$\bar{y} = \dfrac{\iint\limits_{D}\rho y d\sigma}{\iint\limits_{D}\rho d\sigma} = \dfrac{2}{(a+b)h}\iint\limits_{D} y dxdy$$

$$= \dfrac{2}{(a+b)h}\int_0^h y dy \int_{f_1(x)}^{f_2(x)} dx$$

$$= \dfrac{2}{(a+b)h}\int_0^h \left[\dfrac{a-b}{h}(y-h)+a\right] y dy$$

$$= \dfrac{b+2a}{3a+3b}h.$$

其中 $f_1(x) = \dfrac{2h}{b-a}\left(x+\dfrac{a}{2}\right)+h, f_2(x) = \dfrac{2h}{b-a}\left(x-\dfrac{a}{2}\right)+h.$

所以质心坐标为 $\left(0, \dfrac{b+2a}{3a+3b}h\right)$.

4. **知识点窍** 物体的质心.

逻辑推理 物体的质心坐标 $(\bar{x}, \bar{y}, \bar{z})$ 为 $\bar{x} = \dfrac{\iiint\limits_V x\rho(x,y,z)\mathrm{d}V}{\iiint\limits_V \rho(x,y,z)\mathrm{d}V}$, $\bar{y} = \dfrac{\iiint\limits_D y\rho(x,y,z)\mathrm{d}V}{\iiint\limits_V \rho(x,y,z)\mathrm{d}V}$, $\bar{z} = \dfrac{\iiint\limits_V z\rho(x,y,z)\mathrm{d}V}{\iiint\limits_V \rho(x,y,z)\mathrm{d}V}$.

解题过程 (1) 由对称性知 $\bar{x} = \bar{y} = 0$.

$$M = \rho\iiint\limits_V \mathrm{d}x\mathrm{d}y\mathrm{d}z = \rho\int_0^{2\pi}\mathrm{d}\theta\int_0^1 r\mathrm{d}r\int_0^{1-r^2}\mathrm{d}z = \pi\rho\int_0^1(1-z)\mathrm{d}z = \frac{1}{2}\pi\rho.$$

$$M_z = \rho\iiint\limits_V z\mathrm{d}x\mathrm{d}y\mathrm{d}z = \rho\int_0^{2\pi}\mathrm{d}\theta\int_0^1 r\mathrm{d}r\int_0^{1-r^2} z\mathrm{d}z = \pi\rho\int_0^1 z(1-z)\mathrm{d}z = \frac{1}{6}\pi\rho.$$

则 $\bar{z} = \dfrac{M_z}{M} = \dfrac{1}{3}$,因此质心 $(\bar{x}, \bar{y}, \bar{z}) = \left(0, 0, \dfrac{1}{3}\right)$.

(2) 设四面体的质心坐标为 $(\bar{x}, \bar{y}, \bar{z})$.

由于物体为均匀密度,且 $V = \rho\iiint\limits_V \mathrm{d}x\mathrm{d}y\mathrm{d}z = \dfrac{1}{12}\rho$. 因此

$$\bar{x} = \frac{1}{V}\iiint\limits_V \rho x\mathrm{d}x\mathrm{d}y\mathrm{d}z = \frac{1}{V}\rho\int_0^1 x\mathrm{d}x\int_0^{\frac{1-x}{2}}\mathrm{d}y\int_{x+2y-1}^0 \mathrm{d}z$$

$$= \frac{1}{V}\rho\int_0^1\mathrm{d}x\int_0^{\frac{1}{2}(1-x)} x(1-x-2y)\mathrm{d}y = \frac{1}{4},$$

$$\bar{y} = \frac{1}{V}\iiint\limits_V \rho y\mathrm{d}x\mathrm{d}y\mathrm{d}z = \frac{1}{V}\rho\int_0^1\mathrm{d}x\int_0^{\frac{1-x}{2}} y\mathrm{d}y\int_{x+2y+1}^0 \mathrm{d}z$$

$$= \frac{1}{V}\rho\int_0^1\mathrm{d}x\int_0^{\frac{1}{2}(1-x)} y(1-x-2y)\mathrm{d}y = \frac{1}{8},$$

$$\bar{z} = \frac{1}{V}\rho\iiint\limits_V z\mathrm{d}x\mathrm{d}y\mathrm{d}z = -\frac{1}{4},$$

所以质心坐标为 $\left(\dfrac{1}{4}, \dfrac{1}{8}, -\dfrac{1}{4}\right)$.

5. **知识点窍** 转动惯量.

解题过程 (1) 如图 21-30 所示,所沿切线为 $x = R$,密度为 ρ,对任一点 $P(x,y) \in D$,P 到直线 $x = R$ 的距离为 $R-x$,则

$$J = \rho\iint\limits_D (R-x)^2\mathrm{d}x\mathrm{d}y$$

$$= \rho\int_0^{2\pi}\mathrm{d}\theta\int_0^R r(R^2 - 2Rr\cos\theta + r^2\cos^2\theta)\mathrm{d}r = \frac{5}{4}\pi\rho R^4.$$

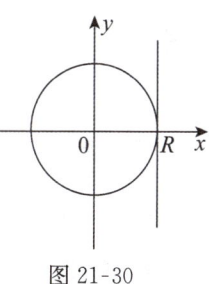

图 21-30

(2) 如图 21-31 所示,设密度为 ρ,

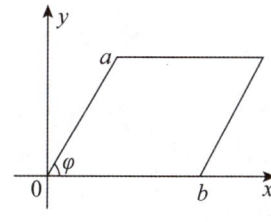

图 21-31

则 $J = \rho\iint\limits_{D} y^2 \mathrm{d}x\mathrm{d}y = \rho\int_0^{a\sin\varphi}\mathrm{d}y\int_{y\cot\varphi}^{b+y\cot\varphi} y^2 \mathrm{d}x = \frac{1}{3}\rho b a^3 \sin^3\varphi.$

6. **知识点窍** 引力.

   逻辑推理 质量为 1 的质点 $A(\varepsilon, \eta, \zeta)$ 的引力为 $\boldsymbol{F} = F_x\boldsymbol{i} + F_y\boldsymbol{j} + F_z\boldsymbol{k}.$

   $$F_x = k\iiint\limits_V \frac{x-\varepsilon}{r^3}\rho\mathrm{d}V, F_y = k\iiint\limits_V \frac{y-\eta}{r^3}\rho\mathrm{d}V, F_z = k\iiint\limits_V \frac{z-\zeta}{r^3}\rho\mathrm{d}V,$$

   其中 $r = \sqrt{(x-\varepsilon)^2 + (y-\eta)^2 + (z-\zeta)^2}.$

   解题过程 (1) 由对称性且薄片均匀,因此 $F_x = 0, F_y = 0,$

   $$F_z = k\rho\iint\limits_{x^2+y^2\leqslant R^2} \frac{-c}{(x^2+y^2+c^2)^{\frac{3}{2}}}\mathrm{d}x\mathrm{d}y = -k\rho c\int_0^{2\pi}\mathrm{d}\theta\int_0^R \frac{r}{(r^2+c^2)^{\frac{3}{2}}}\mathrm{d}r$$
   $$= -2k\rho\pi(1 - \frac{c}{\sqrt{R^2+c^2}}),$$

   故 $F = \left(0, 0, 2k\pi\rho(\frac{c}{\sqrt{R^2+c^2}} - 1)\right).$

   (2) 由均匀柱体的对称性知 $F_x = F_y = 0,$ 且

   $$F_z = \iiint\limits_V k\frac{\rho(z-c)}{[x^2+y^2+(z-c)^2]^{\frac{3}{2}}}\mathrm{d}x\mathrm{d}y\mathrm{d}z = k\rho\int_0^{2\pi}\mathrm{d}\theta\int_0^a r\mathrm{d}r\int_0^h \frac{z-c}{[r^2+(z-c)^2]^{\frac{3}{2}}}\mathrm{d}z$$
   $$= k\rho\pi[2\sqrt{r^2+c^2} - 2\sqrt{r^2+(c-h)^2}]\Big|_0^a$$
   $$= 2k\rho\pi[\sqrt{a^2+c^2} - \sqrt{a^2+(c-h)^2} - h](c>h),$$
   $$F = (0, 0, 2k\rho\pi[\sqrt{a^2+c^2} - \sqrt{a^2+(c-h)^2} - h]).$$

   (3) 由对称性知 $F_x = F_y = 0,$ 只需求 $F_z,$ 设顶点坐标为 $(0,0,h),$

   $$F_z = km\iiint\limits_V \frac{\rho(z-h)}{[x^2+y^2+(z-h)^2]^{\frac{3}{2}}}\mathrm{d}x\mathrm{d}y\mathrm{d}z,$$

   又因为锥面方程为 $z = h[1 - \frac{1}{k}\sqrt{x^2+y^2}],$ 由柱坐标变换(正圆锥体 V 在 xOy 面投影区域 $D:$ $x^2+y^2 \leqslant R^2$),

   $$F_z = km\rho\int_0^h(z-h)\mathrm{d}z\int_0^{2\pi}\mathrm{d}\theta\int_0^R \frac{r}{[r^2+(z-h)^2]^{\frac{3}{2}}}\mathrm{d}r = \frac{2k\pi m\rho h(-\sqrt{R^2+h^2}+h)}{\sqrt{R^2+h^2}},$$

   则引力为 $\left(0, 0, \frac{2k\pi m\rho h(-\sqrt{R^2+h^2}+h)}{\sqrt{R^2+h^2}}\right),$ 即引力方向是垂直向下的.

7. **解题过程** $x_\psi = -a\sin\psi\cos\varphi, x_\varphi = -(b+a\cos\psi)\sin\varphi, y_\psi = -a\sin\psi\sin\varphi, y_\varphi = (b+a\cos\psi)\cos\varphi, z_\psi = a\cos\psi, z_\varphi = 0,$ 则
   $$E = x_\psi^2 + y_\psi^2 + z_\psi^2 = a^2, F = x_\psi x_\varphi + y_\psi y_\varphi + z_\psi z_\varphi = 0, G = x_\varphi^2 + y_\varphi^2 + z_\varphi^2 = (b+a\cos\psi)^2.$$
   $$\sqrt{EG-F^2} = a(b+a\cos\psi).$$
   所以 $\Delta S = \iint\limits_{D_1}\sqrt{EG-F^2}\mathrm{d}\psi\mathrm{d}\varphi = a\int_0^{2\pi}\mathrm{d}\varphi\int_0^{2\pi}(b+a\cos\psi)\mathrm{d}\psi = 4ab\pi^2.$

8. **解题过程** $x_r = \cos\varphi, x_\varphi = -r\sin\varphi, y_r = \sin\varphi, y_\varphi = r\cos\varphi, z_r = 0, z_\varphi = b,$ 则
   $$E = x_r^2 + y_r^2 + z_r^2 = 1, F = x_r x_\varphi + y_r y_\varphi + z_r z_\varphi = 0,$$

$$G = x_\varphi^2 + y_\varphi^2 + z_\varphi^2 = r^2 + b^2,$$
$$\sqrt{EG - F^2} = \sqrt{b^2 + r^2}.$$

所以 $S_D = \iint\limits_{D_1} \sqrt{EG - F^2}\, dr d\varphi = \int_0^{2\pi} d\varphi \int_0^a \sqrt{b^2 + r^2}\, dr$

$= 2\pi \left[\dfrac{r}{2}\sqrt{b^2 + r^2} + \dfrac{b^2}{2}\ln(r + \sqrt{b^2 + r^2}) \right] \Big|_0^a$

$= \pi[a\sqrt{a^2 + b^2} + b^2 \ln(a + \sqrt{a^2 + b^2}) - b^2 \ln b].$

9. **知识点窍** 转动惯量.

逻辑推理 利用公式求解.

解题过程 如图 21-32 所示,设密度为 ρ,求 J_z.

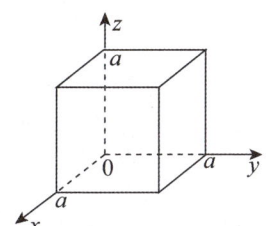

图 21-32

$J_z = \rho \iiint\limits_V (x^2 + y^2) dx dy dz = \rho \int_0^a dx \int_0^a dy \int_0^a (x^2 + y^2) dz = \dfrac{2}{3}\rho a^5.$

习题 21.7

1. **解题过程** 由本节例 2,当 $n = 5$ 时,$n = 2m + 1, m = 2$.

又因为 $\Delta V_5 = \iiint\limits_V dx dy dz du dv$,

故 $\Delta V_5 = \dfrac{2r^5 (2\pi)^2}{1 \cdot 3 \cdot 5} = \dfrac{8}{15}\pi^2 r^5.$

2. **解题过程** 作四维球面坐标变换:$\begin{cases} x = r\cos\varphi_1 \\ y = r\sin\varphi_1 \cos\varphi_2 \\ z = r\sin\varphi_1 \sin\varphi_2 \cos\varphi_3 \\ u = r\sin\varphi_1 \sin\varphi_2 \sin\varphi_3 \cos\varphi_4 \end{cases}$

其中 $\theta \leqslant r \leqslant 1, 0 \leqslant \varphi_1, \varphi_2 \leqslant \pi, \theta \leqslant \varphi_3 \leqslant 2\pi$,且 $J = r^3 \sin\varphi_1 \sin\varphi_2$,

故原积分 $= \int_0^1 dr \int_0^\pi d\varphi_1 \int_0^\pi d\varphi_2 \int_0^{2\pi} r^3 \sin^3\varphi_1 \sin\varphi_2 \sqrt{\dfrac{1 - r^2}{1 + r^2}} d\varphi_3$

$= 2\pi \int_0^1 r^3 \sqrt{\dfrac{1 - r^2}{1 + r^2}} dr \int_0^\pi \sin^2\varphi_1 d\varphi_1 \int_0^\pi \sin\varphi_2 d\varphi_2$

$= 2\pi \int_0^1 r^3 \sqrt{\dfrac{1 - r^2}{1 + r^2}} dr = \left(1 - \dfrac{\pi}{4}\right)\pi^2.$

3. **知识点窍** n 重积分的应用.

解题过程 令 $\xi_i = \dfrac{x_i}{a_i}(i=1,2,\cdots,n)$，则

$$V = \int\cdots\int_{\sum_{i=1}^n \frac{x_i}{a_i}\leqslant 1} \mathrm{d}x_1\cdots\mathrm{d}x_n = a_1\cdots a_n \int\cdots\int_{\sum_{i=1}^n \xi_i \leqslant 1} \mathrm{d}\xi_1\cdots\mathrm{d}\xi_n.$$

由本节例 1 得 $V = \dfrac{1}{n!}a_1\cdots a_n.$

4. **知识点窍** n 重积分的计算.

逻辑推理 作 n 维球面坐标变换，并利用

$$\int_0^{\frac{\pi}{2}}\sin^n\theta\mathrm{d}\theta = 2\int_0^{\frac{\pi}{2}}\cos^n\theta\mathrm{d}\theta = \dfrac{\sqrt{\pi}\Gamma\left(\dfrac{n+1}{2}\right)}{\Gamma\left(\dfrac{n+2}{2}\right)}.$$

解题过程 将 n 维球面坐标变换，Ω 变换为

$$\begin{cases} x_1 = r\cos\varphi_1 \\ \vdots \\ x_l = r\sin\varphi_1\sin\varphi_2\cdots\sin\varphi_{l-1}\cos\varphi_l \\ \vdots \\ x_n = r\sin\varphi_1\sin\varphi_2\cdots\sin\varphi_{n-2}\sin\varphi_{n-1} \end{cases},$$

则 $\Omega' = \{(r,\varphi_1,\varphi_2,\cdots,\varphi_{n-2},\varphi_{n-1}) \mid 0\leqslant r\leqslant R, 0\leqslant\varphi_1,\cdots,\varphi_{n-2}\leqslant\pi, 0\leqslant\varphi_{n-1}\leqslant 2\pi\}.$

且 $J = r^{n-1}\sin^{n-2}\varphi_1\sin^{n-3}\varphi_2\cdots\sin^2\varphi_{n-3}\sin\varphi_{n-2}.$ 于是

$$\overbrace{\int\cdots\int}^{n}_{\Omega} f\left(\sqrt{x_1^2+x_2^2+\cdots+x_n^2}\right)\mathrm{d}x_1\mathrm{d}x_2\cdots\mathrm{d}x_n$$

$$= \overbrace{\int\cdots\int}^{n}_{\Omega} f(r)r^{n-1}\sin^{n-2}\varphi_1\sin^{n-3}\varphi_2\cdots\sin^2\varphi_{n-3}\sin\varphi_{n-2}\mathrm{d}r\mathrm{d}\varphi_1\cdots\mathrm{d}\varphi_{n-1}$$

$$= \int_0^R r^{n-1}f(r)\mathrm{d}r\int_0^\pi \sin^{n-2}\varphi_1\mathrm{d}\varphi_1\cdots\int_0^\pi \sin\varphi_{n-2}\mathrm{d}\varphi_{n-2}\int_0^{2\pi}\mathrm{d}\varphi_{n-1}$$

$$= \int_0^R r^{n-1}f(r)\mathrm{d}r \cdot \dfrac{\sqrt{\pi}\Gamma\left(\dfrac{n-1}{2}\right)}{\Gamma\left(\dfrac{n}{2}\right)}\cdot\dfrac{\sqrt{\pi}\Gamma\left(\dfrac{n-2}{2}\right)}{\Gamma\left(\dfrac{n-1}{2}\right)}\cdot\cdots\cdot\dfrac{\sqrt{\pi}\Gamma(1)}{\Gamma\left(\dfrac{3}{2}\right)}\cdot 2\pi$$

$$= \dfrac{2\pi^{\frac{n}{2}}}{\Gamma\left(\dfrac{n}{2}\right)}\int_0^R r^{n-1}f(r)\mathrm{d}r.$$

习题 21.8

1. (1) **知识点窍** 反常二重积分的敛散性.

   逻辑推理 需讨论 m 的取值来分析.

   解题过程 令 $x = r\cos\theta, y = r\sin\theta$，则

   $$I = \iint_{x^2+y^2\geqslant 1}\dfrac{\mathrm{d}\sigma}{(x^2+y^2)^m} = \int_0^{2\pi}\mathrm{d}\theta\int_1^{+\infty}\dfrac{\mathrm{d}r}{r^{2m-1}} = 2\pi\int_1^{+\infty}\dfrac{\mathrm{d}r}{r^{2m-1}},$$

当 $2m-1>1$ 即 $m>1$ 时，I 收敛；当 $2m-1\leqslant 1$ 即 $m\leqslant 1$ 时，I 发散.

(2) **逻辑推理** 利用无穷积分 $\int_1^{+\infty}\dfrac{\mathrm{d}x}{1+x^p}$（$p>1$ 时收敛，$p\leqslant 1$ 时发散）来判断.

解题过程 由区域的对称性和函数的奇偶性得

$$I=4\int_0^{+\infty}\dfrac{1}{1+x^p}\mathrm{d}x\int_0^{+\infty}\dfrac{1}{1+y^q}\mathrm{d}y.$$

因为 $\int_1^{+\infty}\dfrac{\mathrm{d}x}{1+x^p}$，$p>1$ 时收敛，$p\leqslant 1$ 时发散，

所以当 $p>1,q>1$ 时，原式收敛，其他情况下，原式发散.

(3) **逻辑推理** 由 $\dfrac{m}{(1+x^2+y^2)^p}\leqslant\dfrac{|\varphi(x,y)|}{(1+x^2+y^2)^p}\leqslant\dfrac{M}{(1+x^2+y^2)^p}$ 可以得出

$\iint\limits_{0\leqslant y\leqslant 1}\dfrac{\varphi(x,y)}{(1+x^2+y^2)^p}\mathrm{d}\sigma$ 的收敛性与 $\iint\limits_{0\leqslant y\leqslant 1}\dfrac{1}{(1+x^2+y^2)^p}\mathrm{d}\sigma$ 相同，再结合定理 21.17 和定理 21.18 来判断.

解题过程 由已知条件得

$$0\leqslant\dfrac{m}{(2+x^2)^p}\leqslant\dfrac{|\varphi(x,y)|}{(1+x^2+y^2)^p}\leqslant\dfrac{M}{(1+x^2)^p},$$

因为当 $p>\dfrac{1}{2}$ 时，$\iint\limits_{0\leqslant y\leqslant 1}\dfrac{1}{(1+x^2)^p}\mathrm{d}\sigma$ 收敛，所以原式也收敛；

当 $p\leqslant\dfrac{1}{2}$ 时，$\iint\limits_{0\leqslant y\leqslant 1}\dfrac{1}{(2+x^2)^p}\mathrm{d}\sigma$ 发散，所以原式也发散.

2. **逻辑推理** 计算反常积分，需先判断积分的敛散性.

解题过程 由于 $|\mathrm{e}^{-(x^2+y^2)}\cos(x^2+y^2)|\leqslant \mathrm{e}^{-(x^2+y^2)}$，

而 $\int_{-\infty}^{+\infty}\int_{-\infty}^{+\infty}\mathrm{e}^{-(x^2+y^2)}\mathrm{d}x\mathrm{d}y=\int_0^{2\pi}\mathrm{d}\theta\int_0^{+\infty}\mathrm{e}^{-r^2}r\mathrm{d}r=\pi$，由敛散性判定定理知原积分收敛.

利用极坐标变换知，原积分 $=\int_0^{2\pi}\mathrm{d}\theta\int_0^{+\infty}r\mathrm{e}^{-r^2}\cos r^2\mathrm{d}r\xrightarrow{\text{令}\,t=r^2}\int_0^{+\infty}\mathrm{e}^{-t}\cos t\mathrm{d}t$

$$=\pi\left[\dfrac{\mathrm{e}^{-t}}{2}(-\cos t+\sin t)\right]\Big|_0^{+\infty}=\dfrac{\pi}{2}.$$

3. **解题过程** (1) 令 $\begin{cases}x=r\cos\theta\\ y=r\sin\theta\end{cases}$，则

$$\text{原式}=\int_0^{2\pi}\mathrm{d}\theta\int_0^1\dfrac{r}{r^{2m-1}}\mathrm{d}r=2\pi\int_0^1\dfrac{\mathrm{d}r}{r^{2m-1}}.$$

当 $2m-1<1$，即 $m<1$ 时，原积分收敛；

当 $2m-1\geqslant 1$，即 $m\geqslant 1$ 时，原积分发散.

(2) 令 $\begin{cases}x=r\cos\theta\\ y=r\sin\theta\end{cases}$，则

$$\text{原积分}=\int_0^{2\pi}\mathrm{d}\theta\int_0^1\dfrac{r}{(1-r^2)^m}\mathrm{d}r\xrightarrow{t=r^2}\pi\int_0^1\dfrac{\mathrm{d}t}{(1-t)^m}.$$

所以当 $m<1$ 时，原积分收敛；当 $m\geqslant 1$ 时，原积分发散.

第二十一章总练习题

1. **知识点窍** 二重积分和三重积分的应用.

逻辑推理 在指定区域 D 内的平均值：(1) $\bar{I} = \dfrac{1}{S_D}\iint\limits_D f(x,y)\mathrm{d}\sigma$；(2) $\bar{I} = \dfrac{1}{V}\iiint\limits_V f(x,y,z)\mathrm{d}V$.

解题过程 (1) $\bar{I} = \dfrac{1}{S_D}\iint\limits_D \sin^2 x\cos^2 y\,\mathrm{d}x\mathrm{d}y = \dfrac{1}{\pi^2}\int_0^\pi \sin^2 x\,\mathrm{d}x\int_0^\pi \cos^2 y\,\mathrm{d}y = \dfrac{1}{4}$.

(2) 由 $x^2+y^2+z^2 = x+y+z$，可得 $\left(x-\dfrac{1}{2}\right)^2 + \left(y-\dfrac{1}{2}\right)^2 + \left(z-\dfrac{1}{2}\right)^2 = \dfrac{3}{4}$，

令 $x = \dfrac{1}{2}+r\sin\varphi\cos\theta, y = \dfrac{1}{2}+r\sin\varphi\sin\theta, z = \dfrac{1}{2}+r\cos\varphi$，则

$$\bar{I} = \dfrac{1}{V}\iiint\limits_D (x^2+y^2+z^2)\mathrm{d}x\mathrm{d}y\mathrm{d}z$$

$$= \dfrac{1}{V}\int_0^{2\pi}\mathrm{d}\theta\int_0^\pi \mathrm{d}\varphi\int_0^{\frac{\sqrt{3}}{2}} r\sin^3\varphi\left[\dfrac{3}{4}+r(\sin\varphi\cos\theta+\sin\varphi\sin\theta+\cos\varphi)+r^2\right]\mathrm{d}r$$

$$= \dfrac{\frac{3\sqrt{3}}{5}\pi}{\frac{4\pi}{3}}\left(\dfrac{\sqrt{3}}{2}\right)^2 = \dfrac{6}{5}.$$

2. (1) **逻辑推理** 本题关键是确定函数 $[x+y]$ 的值，应先将 D 分解，再求出 $[x+y]$ 在每个小区域的值.

解题过程 如图 21-33 所示，将 D 分成 4 个区域 D_1, D_2, D_3, D_4. 函数 $[x,y]$ 在 D_1, D_2, D_3, D_4 上的取值分别为 $0,1,2,3$，则

$$\iint\limits_D [x+y]\mathrm{d}x\mathrm{d}y = \iint\limits_{D_1} 0\,\mathrm{d}x\mathrm{d}y + \iint\limits_{D_2} \mathrm{d}x\mathrm{d}y + \iint\limits_{D_3} 2\mathrm{d}x\mathrm{d}y + \iint\limits_{D_4} 3\mathrm{d}x\mathrm{d}y$$

$$= 1\times\dfrac{3}{2} + 2\times\dfrac{3}{2} + 3\times\dfrac{1}{2} = 6.$$

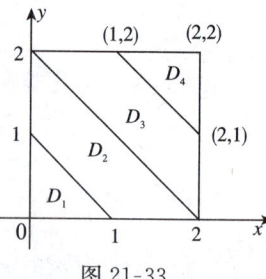

图 21-33

(2) **逻辑推理** 同上题，关键是确定 $\mathrm{sgn}(x^2-y^2+2)$ 的值.

解题过程 如图 21-34 所示，将 D 分成 D_1, D_2, D_3. 则在不同区域内函数各值分别为

$$\mathrm{sgn}(x^2-y^2+2) = \begin{cases} 1, (x,y)\in D_1 \\ -1, (x,y)\in D_2\bigcup D_3 \end{cases},$$

则 $\iint\limits_{x^2+y^2\leqslant 4} \mathrm{sgn}(x^2-y^2+2)\mathrm{d}x\mathrm{d}y$

$$= \iint\limits_{D_1} \mathrm{d}x\mathrm{d}y - \iint\limits_{D_2} \mathrm{d}x\mathrm{d}y - \iint\limits_{D_3} \mathrm{d}x\mathrm{d}y.$$

而 $\iint\limits_{D_2} \mathrm{d}x\mathrm{d}y = \int_{-1}^1 \mathrm{d}x\int_{\sqrt{x^2-2}}^{\sqrt{4-x^2}} \mathrm{d}y$

$$= \dfrac{2}{3}\pi - 2\ln\dfrac{1+\sqrt{3}}{\sqrt{2}},$$

$$\iint\limits_{D_2} \mathrm{d}x\mathrm{d}y = \iint\limits_{D_3} \mathrm{d}x\mathrm{d}y,$$

$$\iint\limits_{D_1} \mathrm{d}x\mathrm{d}y = S_{圆} - 2\iint\limits_{D_2} \mathrm{d}x\mathrm{d}y$$

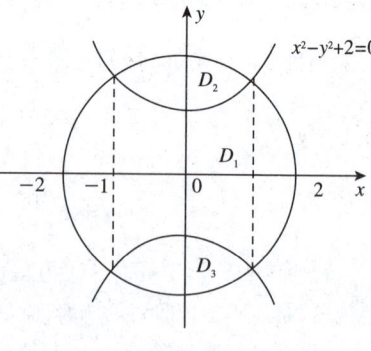

图 21-34

则 $\iint\limits_{x^2+y^2\leqslant 4} \text{sgn}(x^2-y^2+2)\mathrm{d}x\mathrm{d}y = S_{圆} - 2\iint\limits_{D_2}\mathrm{d}x\mathrm{d}y - 2\iint\limits_{D_2}\mathrm{d}x\mathrm{d}y$

$$= 4\pi - 4\left(\frac{2\pi}{3} - 2\ln\frac{1+\sqrt{3}}{\sqrt{2}}\right)$$

$$= 4\left[\frac{\pi}{3} + \ln(2+\sqrt{3})\right].$$

3. **知识点拨** 格林公式.

   逻辑推理 需补充线段 L_1:从 $(-a,0)$ 到 $(a,0)$,使其变为封闭曲线,再利用格林公式.

   解题过程 添加一条线段 L_1:从 $(-a,0)$ 到 $(a,0)$,则有

   $$\int_L xy^2\mathrm{d}y - x^2y\mathrm{d}x = \oint_{L+L_1} - \int_{L_1} = \iint_D (x^2+y^2)\mathrm{d}x\mathrm{d}y.$$

   其中 D 为封闭曲线 $L+L_1$ 所围成的区域,再利用极坐标变换,得

   原积分 $= \int_0^\pi \mathrm{d}\varphi \int_0^a r^3\mathrm{d}r = \frac{\pi}{4}a^4$.

4. **知识点拨** 积分中值定理.

   解题过程 由积分中值定理推得:$\exists (\xi,\zeta) \in D_\rho = \{(x,y) \mid x^2+y^2 \leqslant \rho^2\}$,使

   $$f(\xi,\zeta) = \frac{1}{\pi\rho^2}\iint\limits_{x^2+y^2\leqslant \rho^2} f(x,y)\mathrm{d}\sigma,$$

   则当 $\rho \to 0^+$ 时,$f(\xi,\zeta) \to f(0,0)$.

   所以 $\lim\limits_{\rho\to 0} \frac{1}{\pi\rho^2} \iint\limits_{x^2+y^2\leqslant \rho^2} f(x,y)\mathrm{d}\sigma = \lim\limits_{\substack{\xi\to 0 \\ \zeta\to 0}} f(\xi,\zeta) = f(0,0).$

5. **知识点拨** 坐标变换.

   解题过程 (1) 令 $x = tu, y = tv$,则 $\frac{\partial(x,y)}{\partial(u,v)} = t^2$,$D' = \{(u,v) \mid 0 \leqslant u \leqslant 1, 0 \leqslant v \leqslant 1\}$.

   所以 $F(t) = t^2 \iint\limits_{D'} \mathrm{e}^{-\frac{u}{v^2}} \mathrm{d}u\mathrm{d}v$,

   从而 $F'(t) = 2t \iint\limits_{D'} \mathrm{e}^{-\frac{u}{v^2}} \mathrm{d}u\mathrm{d}v = \frac{2}{t}F(t)$.

   (2) 由球坐标变换得

   $$F(t) = \int_0^{2\pi}\mathrm{d}\theta \int_0^\pi \sin\varphi\mathrm{d}\varphi \int_0^t r^2 f(r^2)\mathrm{d}r = 4\pi\int_0^t r^2 f(r^2)\mathrm{d}r,$$

   所以 $F'(t) = 4\pi t^2 f(t^2)$,

   (3) 令 $x = tu, y = tv, z = tw$,则 $\frac{\partial(x,y,z)}{\partial(u,v,w)} = t^3$,

   $V' = \{(u,v,w) \mid 0 \leqslant u \leqslant 1, 0 \leqslant v \leqslant 1, 0 \leqslant w \leqslant 1\}$,

   所以 $F(t) = \iiint\limits_{V'} f(t^3 uvw) t^3 \mathrm{d}u\mathrm{d}v\mathrm{d}w = t^3 \int_0^1 \mathrm{d}u \int_0^1 \mathrm{d}v \int_0^1 f(t^3 uvw)\mathrm{d}w$,从而

   $F'(t) = 3t^2 \int_0^1 \mathrm{d}u \int_0^1 \mathrm{d}v \int_0^1 f(t^3 uvw)\mathrm{d}w + 3t^5 \int_0^1 \mathrm{d}u \int_0^1 \mathrm{d}v \int_0^1 f'(t^3 uvw)\mathrm{d}w$

   $= \frac{3}{t}\left[F(t) + \iiint\limits_{\substack{0\leqslant x\leqslant t \\ 0\leqslant y\leqslant t \\ 0\leqslant z\leqslant t}} xyz f'(xyz)\mathrm{d}x\mathrm{d}y\mathrm{d}z\right]$,其中 $t > 0$.

6. **解题过程** $f'(t) = \dfrac{\partial}{\partial t}\int_1^{t^2} e^{-x^2}dx = 2te^{-t^4}$,

$$\text{而}\int_0^1 tf(t)dt = \dfrac{1}{2}\int_0^1 f(t)d(t^2) = \dfrac{1}{2}t^2 f(t)\Big|_0^1 - \dfrac{1}{2}\int_0^1 t^2 f'(t)dt$$

$$= -\int_0^1 t^3 e^{-t^4}dt = -\dfrac{1}{4}\int_0^1 e^{-t^4}d(-t^4) = \dfrac{1}{4}(e^{-1}-1).$$

7. **逻辑推理** 作变量替换 $x = au, y = bv, z = cw$.

   解题过程 令 $x = au, y = bv, z = cw$，则 $\dfrac{\partial(x,y,z)}{\partial(u,v,w)} = abc$,

   且 $V' = \{(u,v,w) \mid u^2 + v^2 + w^2 \leqslant 1\}$,

   所以 $\iiint\limits_V f(x,y,z)dV = abc\iiint\limits_{V'} f(au,bv,cw)dudvdw = abc\iiint\limits_{\Omega} f(ax,by,cz)dV.$

8. **知识点窍** 坐标变换.

   解题过程 单位正方体的积分区域如图 21-35 所示.

   柱面坐标系

   $\int_0^1 dz\int_0^{\frac{\pi}{4}}d\theta\int_0^{\frac{1}{\cos\theta}} rf(r\cos\theta, r\sin\theta, z)dr$

   $+\int_0^1 dz\int_{\frac{\pi}{4}}^{\frac{\pi}{2}}d\theta\int_0^{\frac{1}{\sin\theta}} rf(r\cos\theta, r\sin\theta, z)dr.$

   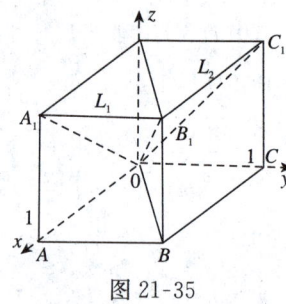

   图 21-35

   球面坐标系

   $\int_0^{\frac{\pi}{4}}d\theta\int_0^{\operatorname{arccot}\cos\theta}d\varphi\int_0^{\frac{1}{\cos\varphi}} kf(u,v,w)dr + \int_0^{\frac{\pi}{4}}d\theta\int_{\operatorname{arccot}\cos\theta}^{\frac{\pi}{2}}d\varphi\int_0^{\frac{1}{\sin\varphi\cos\theta}} kf(u,v,w)dr$

   $+\int_{\frac{\pi}{4}}^{\frac{\pi}{2}}d\theta\int_0^{\operatorname{arccot}\sin\theta}d\varphi\int_0^{\frac{1}{\cos\varphi}} kf(u,v,w)dr + \int_{\frac{\pi}{4}}^{\frac{\pi}{2}}d\theta\int_{\operatorname{arccot}\sin\theta}^{\frac{\pi}{2}}d\varphi\int_0^{\frac{1}{\sin\varphi\sin\theta}} kf(u,v,w)dr,$

   其中, $k = r^2\sin\varphi, u = r\sin\varphi\cos\theta, v = r\sin\varphi\sin\theta, w = r\cos\varphi$.

9. **知识点窍** 二重积分的性质.

   逻辑推理 利用 $\left[\int_a^b f(x)g(x)dx\right]^2 = \int_a^b f(x)g(x)dx \cdot \int_a^b f(y)g(y)dy$

   $$= \iint\limits_{\substack{a\leqslant x\leqslant b \\ a\leqslant y\leqslant b}} [f(x)g(x) \cdot f(y)g(y)]dxdy.$$

   解题过程 $D = \{(x,y) \mid a\leqslant x\leqslant b, a\leqslant y\leqslant b\} = [a,b]\times[a,b]$，因为 $\forall (x,y)\in D$,

   $\left[\int_a^b f(x)g(x)dx\right]^2 = \int_a^b f(x)g(x)dx \cdot \int_a^b f(y)g(y)dy$

   $$= \iint\limits_{\substack{a\leqslant x\leqslant b \\ a\leqslant y\leqslant b}} [f(x)g(x) \cdot f(y)g(y)]dxdy.$$

   因为 $[f(x)g(y)] \cdot [f(y)g(x)] \leqslant \dfrac{1}{2}[f^2(x)g^2(y) + f^2(y)g^2(x)]$，所以

   $\left[\int_a^b f(x)g(x)dx\right]^2 = \int_a^b f(x)g(x)dx \cdot \int_a^b f(y)g(y)dy$

   $$= \iint\limits_{\substack{a\leqslant x\leqslant b \\ a\leqslant y\leqslant b}} [f(x)g(x) \cdot f(y)g(y)]dxdy$$

   $$\leqslant \iint\limits_{\substack{a\leqslant x\leqslant b \\ a\leqslant y\leqslant b}} \dfrac{1}{2}[f^2(x)g^2(y) + f^2(y)g^2(x)]dxdy$$

$$= \frac{1}{2}\iint\limits_{a\leqslant\substack{x\\y}\leqslant b} f^2(x)g^2(y)\mathrm{d}x\mathrm{d}y + \frac{1}{2}\iint\limits_{a\leqslant\substack{x\\y}\leqslant b} f^2(y)g^2(x)\mathrm{d}x\mathrm{d}y$$

$$= \iint\limits_{a\leqslant\substack{x\\y}\leqslant b} f^2(x)g^2(y)\mathrm{d}x\mathrm{d}y (因为积分与变积分变量无关)$$

$$= \int_a^b f^2(x)\mathrm{d}x \int_a^b g^2(y)\mathrm{d}y = \int_a^b f^2(x)\mathrm{d}x \int_a^b g^2(x)\mathrm{d}x.$$

10. **逻辑推理** 利用闭区域上连续函数的性质及夹逼定理.

解题过程 因为 $f(x,y)$ 在 $[0,\pi]\times[0,\pi]$ 上连续，$\sin x$ 在闭区域上可积且不变号，所以存在最大值 M 和最小值 m. 由于 $f(x,y)$ 恒取正值，因此 $m > 0$. 于是有

$$m^{\frac{1}{n}}\sin x \leqslant (\sin x)(f(x,y))^{\frac{1}{n}} \leqslant M^{\frac{1}{n}}\sin x,$$

从而 $(x,y) \in [0,\pi]\times[0,\pi]$.

$$\iint\limits_{[0,\pi]\times[0,\pi]} m^{\frac{1}{n}}\sin x\mathrm{d}x\mathrm{d}y \leqslant \iint\limits_{[0,\pi]\times[0,\pi]} (\sin x)(f(x,y))^{\frac{1}{n}}\mathrm{d}x\mathrm{d}y \leqslant \iint\limits_{[0,\pi]\times[0,\pi]} M^{\frac{1}{n}}\sin x\mathrm{d}x\mathrm{d}y,$$

又因为 $\iint\limits_{0\leqslant\substack{x\\y}\leqslant\pi}\sin x\mathrm{d}x = 2\pi$，则 $2\pi m^{\frac{1}{n}} \leqslant \iint\limits_{0\leqslant\substack{x\\y}\leqslant\pi}(\sin x)(f(x,y))^{\frac{1}{n}}\mathrm{d}x\mathrm{d}y \leqslant 2\pi M^{\frac{1}{n}}$,

由于 $\lim\limits_{n\to\infty} m^{\frac{1}{n}} = \lim\limits_{n\to\infty} M^{\frac{1}{n}} = 1$，同上，依夹逼定理有 $\lim\limits_{n\to\infty}\iint\limits_{0\leqslant\substack{x\\y}\leqslant\pi}(\sin x)(f(x,y))^{\frac{1}{n}}\mathrm{d}\sigma = 2\pi$.

11. **知识点窍** 二重积分的应用.

逻辑推理 先作变量替换，再求二重积分.

解题过程 令 $\begin{cases} u = a_1 x + b_1 y + c_1 \\ v = a_2 x + b_2 y + c_2 \end{cases}$，则 $\dfrac{\partial(x,y)}{\partial(u,v)} = \dfrac{1}{\dfrac{\partial(u,v)}{\partial(x,y)}} = \dfrac{1}{a_1 b_2 - a_2 b_1}$.

故所求面积

$$S = \iint\limits_D \mathrm{d}x\mathrm{d}y = \iint\limits_{u^2+v^2\leqslant 1}\frac{\mathrm{d}u\mathrm{d}v}{|a_1 b_2 - a_2 b_1|} = \frac{\pi}{|a_1 b_2 - a_2 b_1|}.$$

12. **知识点窍** 三重积分的应用.

逻辑推理 作变量变换 $u = a_1 x + b_1 y + c_1 z, v = a_2 x + b_2 y + c_2 z, w = a_3 x + b_3 y + c_3 z$，再求三重积分.

解题过程 作变量变换，令 $\begin{cases} u = a_1 x + b_1 y + c_1 z \\ v = a_2 x + b_2 y + c_2 z \\ w = a_3 x + b_3 y + c_3 z \end{cases}$，$\dfrac{\partial(x,y,z)}{\partial(u,v,w)} = \dfrac{1}{|\Delta|}(\Delta \neq 0)$.

将所给平行六面体 V 变成体 $V' = [-h_1, h_1]\times[-h_2, h_2]\times[-h_3, h_3]$，故所求体积

$$V = \iiint\limits_V \mathrm{d}x\mathrm{d}y\mathrm{d}z = \frac{1}{|\Delta|}\iiint\limits_{V'}\mathrm{d}u\mathrm{d}v\mathrm{d}w = \frac{8}{|\Delta|}h_1 h_2 h_3.$$

13. **知识点窍** 重积分的应用.

逻辑推理 先取一弧微元 $\mathrm{d}s$ 并求出它对质点的引力，再求出整个曲面上的引力.

解题过程 取一弧微元 $\mathrm{d}s$，则它对质点的引力

$$\mathrm{d}\boldsymbol{F} = k\frac{m\rho\mathrm{d}s}{r^2}\boldsymbol{r}_0 = km\left(\frac{\rho_x}{r^3}, \frac{\rho_y}{r^3}\right)\mathrm{d}s.$$

其中 r 是 $\mathrm{d}s$ 上点 (x,y) 与原点的距离，$\boldsymbol{r}_0$ 是该点向径上的单位向量，k 为引力系数.

$$dF_x = k\frac{mx\rho}{r^3}ds, dF_y = k\frac{my\rho}{r^3}ds.$$

因此在整个曲面上到原点(0,0) 的引力

$$F_x = \int_L k\frac{mx\rho}{r^3}ds = \frac{kam}{r^3}\int_0^\pi \theta \cdot r\cos\theta \cdot \sqrt{(-r\sin\theta)^2 + (r\cos\theta)^2}d\theta$$

$$= \frac{kam}{r}\int_0^\pi \theta\cos\theta d\theta = \frac{kam}{r}\left[\theta\sin\theta\Big|_0^\pi + \cos\theta\Big|_0^\pi\right] = -\frac{2kam}{r}.$$

$$F_y = \int_L k\frac{my\rho}{r^3}ds = \frac{kam}{r^3}\int_0^\pi \theta \cdot r\sin\theta \cdot \sqrt{(-r\sin\theta)^2 + (r\cos\theta)^2}d\theta$$

$$= \frac{kam}{r}\int_0^\pi \theta\sin\theta d\theta = \frac{kam}{r}\left[-\theta\cos\theta + \sin\theta\right]\Big|_0^\pi = \frac{kam\pi}{r}.$$

则 $F = \left(-\frac{2kam}{r}, \frac{kam\pi}{r}\right)$ 且 $|F| = \frac{amk}{r}\sqrt{r+\pi^2}$.

14. **知识点窍** 重积分的应用.

逻辑推理 任取一微元弧 ds, 求出其对 z 轴的转动惯量, 再利用积分求出整个曲线对 z 轴的转动惯量.

解题过程 因为 $ds = \sqrt{x'(t)^2 + y'(t)^2 + z'(t)^2}dt = \sqrt{a^2+b^2}dt$,

所以 $J = \int_L (x^2+y^2)ds = \int_0^{2\pi}(a^2\cos^2 t + b^2\sin^2 t)\sqrt{a^2+b^2}dt = 2\pi a^2\sqrt{a^2+b^2}$.

15. **知识点窍** 重积分的应用.

逻辑推理 质心 $(\bar{x}, \bar{y})$, 其中 $\bar{x} = \frac{\int_L \rho x ds}{\int_L \rho ds}, \bar{y} = \frac{\int_L \rho y ds}{\int_L \rho ds}$.

解题过程 因 $ds = \sqrt{x'^2+y'^2}dt = \sqrt{a^2(1-\cos^2 t)^2 + a^2\sin^2 t}dt = 2a\sin\frac{t}{2}dt$,

则 $M = \int_L \rho ds = \rho\int_0^\pi \sqrt{[a(1-\cos^2 t)]^2 + a^2\sin^2 t}dt = 2\rho a\int_0^\pi \sin\frac{t}{2}dt = 4a\rho$.

设质心坐标为 $(\bar{x}, \bar{y})$, 又因

$$M_x = \int_L \rho y ds = 2\rho a^2\int_0^\pi \sin\frac{t}{2}(1-\cos t)dt \xrightarrow{u=\frac{t}{2}} 8\rho a^2\int_0^{\frac{\pi}{2}}\sin^3 u du = \frac{16}{3}\rho a^2.$$

则 $\bar{y} = \frac{M_x}{M} = \frac{\frac{16}{3}\rho a^2}{4a\rho} = \frac{4}{3}a$.

同理 $M_y = \int_L \rho x ds = 2\rho a^2\int_0^\pi \sin\frac{t}{2}(t-\sin t)dt = \frac{16}{3}\rho a^2$,

则 $\bar{x} = \frac{M_y}{M} = \frac{4}{3}a$.

故所求质心为 $\left(\frac{4}{3}a, \frac{4}{3}a\right)$.

16. **知识点窍** 格林公式及两类曲线积分.

解题过程 (1) 因为 $\cos(\boldsymbol{n}, x)ds = dy, \sin(\boldsymbol{n}, x)ds = -dx$, 根据格林公式和两类曲线积分的联系有

$$\oint_L v\frac{\partial u}{\partial n}ds = \oint_L \left[v\frac{\partial u}{\partial x}\cos(\boldsymbol{n}, x) + v\frac{\partial u}{\partial y}\sin(\boldsymbol{n}, x)\right]ds$$

$$= \oint_L \left[v \frac{\partial u}{\partial x} \cos(T, y) - v \frac{\partial u}{\partial y} \cos(T, x) \right] ds$$

$$= \oint_L \left(-v \frac{\partial u}{\partial y} \right) dx + v \frac{\partial u}{\partial y} dy$$

$$= \iint_D \left[\frac{\partial}{\partial x} \left(v \frac{\partial u}{\partial x} \right) - \frac{\partial}{\partial y} \left(-v \frac{\partial u}{\partial y} \right) \right] dx dy,$$

而同时

$$\iint_D \left[\frac{\partial}{\partial x} \left(v \frac{\partial u}{\partial x} \right) + \frac{\partial}{\partial y} \left(v \frac{\partial u}{\partial y} \right) \right] d\sigma = \iint_D \left[v \left(\frac{\partial^2 u}{\partial x^2} + \frac{\partial^2 u}{\partial y^2} \right) + \frac{\partial u}{\partial x} \frac{\partial v}{\partial x} + \frac{\partial u}{\partial y} \frac{\partial v}{\partial y} \right] dx dy$$

$$= \iint_D v \left(\frac{\partial^2 u}{\partial x^2} + \frac{\partial^2 u}{\partial y^2} \right) dx dy + \iint_D \left(\frac{\partial u}{\partial x} \frac{\partial v}{\partial x} + \frac{\partial u}{\partial y} \frac{\partial v}{\partial y} \right) dx dy.$$

于是 $\iint_D v \left(\frac{\partial^2 u}{\partial x^2} + \frac{\partial^2 u}{\partial y^2} \right) d\sigma = -\iint_D \left(\frac{\partial u}{\partial x} \frac{\partial v}{\partial x} + \frac{\partial u}{\partial y} \frac{\partial v}{\partial y} \right) d\sigma + \oint_L v \frac{\partial u}{\partial n} ds.$

(2) 类似于(1) 的证明，有

$$\iint_D u \left(\frac{\partial^2 u}{\partial x^2} + \frac{\partial^2 u}{\partial y^2} \right) d\sigma = -\iint_D \left(\frac{\partial u}{\partial x} \frac{\partial v}{\partial x} + \frac{\partial u}{\partial y} \frac{\partial v}{\partial y} \right) d\sigma + \oint_L u \frac{\partial v}{\partial n} ds.$$

将上式与(1) 中所得等式两边分别相减，得

$$\iint_D u \left(\frac{\partial^2 v}{\partial x^2} + \frac{\partial^2 v}{\partial y^2} \right) d\sigma - \iint_D v \left(\frac{\partial^2 u}{\partial x^2} + \frac{\partial^2 u}{\partial y^2} \right) d\sigma = \oint_L u \frac{\partial v}{\partial n} ds - \oint_L v \frac{\partial v}{\partial n} ds,$$

即 $\iint_D \left[u \left(\frac{\partial^2 v}{\partial x^2} + \frac{\partial^2 v}{\partial y^2} \right) - v \left(\frac{\partial^2 u}{\partial x^2} + \frac{\partial^2 u}{\partial y^2} \right) \right] d\sigma = \oint_L \left(u \frac{\partial v}{\partial n} - v \frac{\partial u}{\partial n} \right) ds.$

17. **知识点窍** 曲线积分与路线无关的条件.

逻辑推理 已知曲线积分与路线无关的充要条件 $\frac{\partial P}{\partial y} = \frac{\partial Q}{\partial x}$，即求满足这个条件的 λ.

解题过程 $P = \frac{x}{y} r^\lambda, Q = -\frac{x^2}{y^2} r^\lambda$，则

$$\frac{\partial P}{\partial y} = r^{\lambda-2} \left[-\frac{x}{y^2}(x^2 + y^2) + \lambda x \right], \frac{\partial Q}{\partial x} = -r^{\lambda-2} \left[\frac{2x}{y^2}(x^2 + y^2) + \frac{x^3}{y^2} \lambda \right]$$

要使曲线积分与路线无关，即使 $\frac{\partial P}{\partial y} = \frac{\partial Q}{\partial x}$，则

$$-\frac{x}{y^2}(x^2 + y^2) + \lambda x = -\left[\frac{2x}{y^2} \cdot (x^2 + y^2) + \frac{x^3}{y^2} \lambda \right]$$

解得 $\lambda = -1$

由于 $P = \frac{x}{y \sqrt{x^2 + y^2}}, Q = -y^2 \frac{x^2}{\sqrt{x^2 + y^2}}$

$$d \left(\frac{\sqrt{x^2 + y^2}}{y} \right) = \frac{x}{y \sqrt{x^2 + y^2}} dx - \frac{x^2}{y^2 \sqrt{x^2 + y^2}} dy$$

所以 $k = \int_{(s_0, t_0)}^{(s, t)} \frac{x dx}{y \sqrt{x^2 + y^2}} - \frac{x^2 dy}{y^2 \sqrt{x^2 + y^2}}$

$$= \frac{\sqrt{x^2 + y^2}}{y} \bigg|_{(s_0, t_0)}^{(s, t)} = \frac{\sqrt{s^2 + t^2}}{t} + C.$$

走近考研

1 (2014年数学一) $f(x)$ 是连续函数,则 $\int_0^1 dy \int_{-\sqrt{1-y^2}}^{1-y} f(x,y) dy = (\quad)$.

(A) $\int_0^1 dx \int_0^{x-1} f(x,y) dy + \int_{-1}^0 dx \int_0^{\sqrt{1-x^2}} f(x,y) dy$

(B) $\int_0^1 dx \int_0^{1-x} f(x,y) dy + \int_{-1}^0 dx \int_{-\sqrt{1-x^2}}^0 f(x,y) dy$

(C) $\int_0^{\frac{\pi}{2}} d\theta \int_0^{\frac{1}{\cos\theta + \sin\theta}} f(r\cos\theta, r\sin\theta) dr + \int_{\frac{\pi}{2}}^{\pi} d\theta \int_0^1 f(r\cos\theta, r\sin\theta) dr$

(D) $\int_0^{\frac{\pi}{2}} d\theta \int_0^{\frac{1}{\cos\theta + \sin\theta}} f(r\cos\theta, r\sin\theta) rdr + \int_{\frac{\pi}{2}}^{\pi} d\theta \int_0^1 f(r\cos\theta, r\sin\theta) rdr$

分析 此题考查二重积分交换次序的问题,关键在于画出积分区域的草图.

解答 积分区域如图 21-36 所示.

如果换成直角坐标,则为

$\int_{-1}^0 dx \int_0^{\sqrt{1-x^2}} f(x,y) dy + \int_0^1 dx \int_0^{1-x} f(x,y) dy$,

(A),(B) 两个选择项都不正确;

如果换成极坐标,则为 $\int_0^{\frac{\pi}{2}} d\theta \int_0^{\frac{1}{\cos\theta + \sin\theta}} f(r\cos\theta, r\sin\theta) rdr +$

$\int_{\frac{\pi}{2}}^{\pi} d\theta \int_0^1 f(r\cos\theta, r\sin\theta) rdr$. 应该选(D).

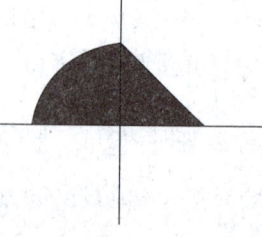

图 21-36

2 (2013年数学三) 设平面区域 D 由 $x = 3y, y = 3x, x+y = 8$ 围成,求 $\iint_D x^2 dxdy$.

分析 此题考查二重积分的计算,既可用极坐标计算,也可用直角坐标系计算.

解答 利用直角坐标系的计算过程如下:

先画出区域 D 的草图,如图 21-37 所示,三条直线的两个交点分别为 $A(2,6), B(6,2)$,则

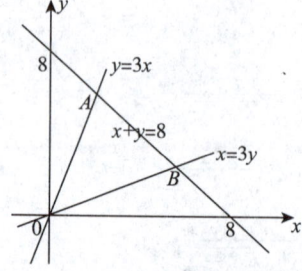

图 21-37

$\iint_D x^2 dxdy = \int_0^2 dx \int_{\frac{x}{3}}^{3x} x^2 dy + \int_2^6 dx \int_{\frac{x}{3}}^{8-x} x^2 dy$

$= \int_0^2 x^2 \left(3x - \frac{x}{3}\right) dx + \int_2^6 x^2 \left(8 - x - \frac{x}{3}\right) dx$

$$= \frac{416}{3}.$$

利用极坐标系来计算的方法大家可自行去练习.

3 (2010 年数学三) 计算二重积分 $\iint\limits_{D}(x+y)^3 \mathrm{d}x\mathrm{d}y$,其中 D 由曲线 $x = \sqrt{1+y^2}$ 与直线 $x+\sqrt{2}y = 0$ 及 $x-\sqrt{2}y = 0$ 围成.

分析 此题考查的内容和上题一样,不过此题用到了对称性.

解答 区域 D 关于 x 轴对称,如图 21-38 所示,因此

$$\text{原式} = \iint\limits_{D}(x^3+3x^2y+3xy^2+y^3)\mathrm{d}x\mathrm{d}y = 2\int_0^1 \mathrm{d}y\int_{\sqrt{2}y}^{\sqrt{1+y^2}}(x^3+3xy^2)\mathrm{d}x$$

$$= \frac{1}{2}\int_0^1(1+2y^2-3y^4)\mathrm{d}y + 3\int_0^1(y^2-y^4)\mathrm{d}y = \frac{14}{15}.$$

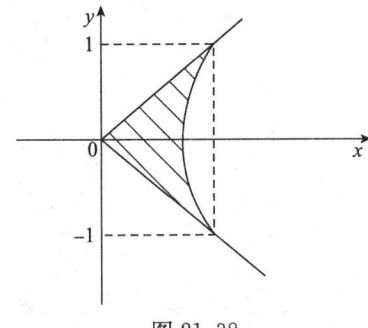

图 21-38

第二十二章
曲面积分

本章导航

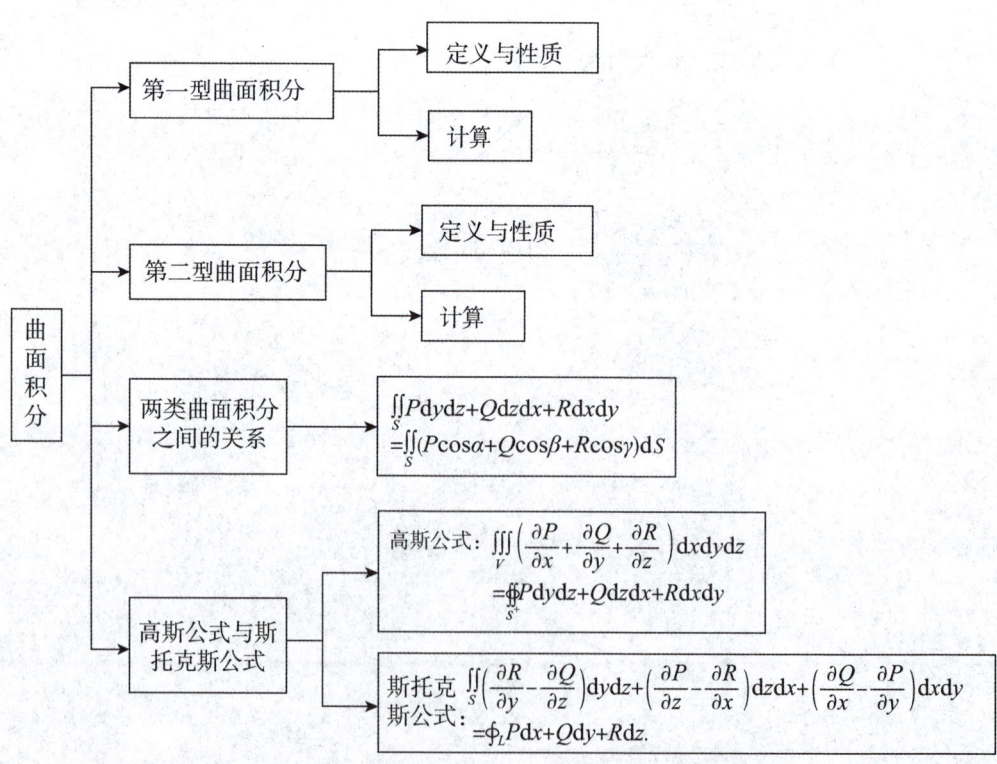

各个击破

■ 第一型曲面积分

名称	内容	备注
定义	设 S 是空间中可求面积的曲面，$f(x,y,z)$ 为定义在 S 上的函数，对曲面 S 做分割 T，它把 S 分成 n 个小曲面块 $S_i(i=1,2,\cdots,n)$，以 ΔS_i 表示小曲面块 S_i 的面积，分割 T 的细度 $\|T\| = \max\limits_{1\leqslant i\leqslant n}\{S_i \text{ 的直径}\}$，在 S_i 上任取一点 $(\xi_i,\eta_i,\zeta_i)(i=1,2,\cdots,n)$，若极限 $\lim\limits_{\|T\|\to 0}\sum\limits_{i=1}^{n}f(\xi_i,\eta_i,\zeta_i)\Delta S_i$ 存在，且与分割 T 和点 $(\xi_i,\eta_i,\zeta_i)(i=1,2,\cdots,n)$ 的取法无关，则称此极限为 $f(x,y,z)$ 在 S 上的第一型曲面积分，记作 $\iint\limits_{S}f(x,y,z)\mathrm{d}S$	当 $f(x,y,z)\equiv 1$ 时，$\iint\limits_{D}f(x,y,z)\mathrm{d}S=S$，即曲面的面积
性质	与第一型曲线积分的性质相同.	
计算	往 xOy 面投影，设曲面 S 的方程为 $z=z(x,y)$，D_{xy} 为 S 在 xOy 面上的投影区域，$z(x,y)$ 在 D_{xy} 上有一阶连续偏导数，则 $\iint\limits_{S}f(x,y,z)\mathrm{d}S = \iint\limits_{D_{xy}}f(x,y,z(x,y))\sqrt{1+(z_x)^2+(z_y)^2}\,\mathrm{d}x\mathrm{d}y$； 往 yOz 面投影，设曲面 S 的方程为 $x=x(y,z)$，D_{yz} 为 S 在 yOz 面上的投影区域，$x(y,z)$ 在 D_{yz} 上有一阶连续偏导数，则 $\iint\limits_{S}f(x,y,z)\mathrm{d}S = \iint\limits_{D_{yz}}f(x(y,z),y,z)\sqrt{1+(x_y)^2+(x_z)^2}\,\mathrm{d}y\mathrm{d}z$； 往 zOx 面投影，设曲面 S 的方程为 $y=y(x,z)$，D_{zx} 为 S 在 zOx 面上的投影区域，$y(z,x)$ 在 D_{zx} 上有一阶偏导数，则 $\iint\limits_{S}f(x,y,z)\mathrm{d}S = \iint\limits_{D_{zx}}f(x,y(z,x),z)\sqrt{1+(y_z)^2+(y_x)^2}\,\mathrm{d}z\mathrm{d}x$	

例1 计算 $\iint\limits_{\Sigma}xyz\,\mathrm{d}S$，其中 S 是由平面 $x+y+z=1$ 与坐标面所围成的四面体的表面.

解 设 $\Sigma_1,\Sigma_2,\Sigma_3,\Sigma_4$ 分别表示 S 在平面 $x=0,y=0,z=0,x+y+z=1$ 上的阴影部分，则原式 $=\left(\iint\limits_{\Sigma_1}+\iint\limits_{\Sigma_2}+\iint\limits_{\Sigma_3}+\iint\limits_{\Sigma_4}\right)xyz\,\mathrm{d}S = \iint\limits_{\Sigma_4}xyz\,\mathrm{d}S$.

因为 $\Sigma_4: z=1-x-y, (x,y)\in D_{xy}:\begin{cases}0\leqslant y\leqslant 1-x\\ 0\leqslant x\leqslant 1\end{cases}$.

所以原式 $= \sqrt{3}\int_0^1 x\mathrm{d}x\int_0^{1-x} y(1-x-y)\mathrm{d}y = \dfrac{\sqrt{3}}{120}.$

■ 第二型曲面积分

名称	内容
定义	设 P,Q,R 为定义在双侧曲面 S 上的函数,在 S 所指定的一侧做分割 T,它把 S 分为 n 个小曲面 $S_1, S_2, \cdots, S_n$,分割 T 的细度 $\|T\| = \max\limits_{1\leqslant i\leqslant n}\{S_i \text{的直径}\}$,以 $\Delta S_{i_{yz}}, \Delta S_{i_{zx}}, \Delta S_{i_{xy}}$ 分别表示 S_i 在三个坐标面上的投影区域的面积,它们的符号由 S_i 的方向来确定. 在各个小曲面 S_i 上任取一点 (ξ_i, η_i, ζ_i),若 $\lim\limits_{\|T\|\to 0}\sum\limits_{i=1}^n P(\xi_i, \eta_i, \zeta_i)\Delta S_{i_{yz}} + \lim\limits_{\|T\|\to 0}\sum\limits_{i=1}^n Q(\xi_i, \eta_i, \zeta_i)\Delta S_{i_{zx}} + \lim\limits_{\|T\|\to 0}\sum\limits_{i=1}^n R(\xi_i, \eta_i, \zeta_i)\Delta S_{i_{xy}}$ 存在,且与曲面 S 的分割 T 和点 (ξ_i, η_i, ζ_i) 在 S_i 上的取法无关,则称此极限为函数 P,Q,R 在曲面 S 所指定的一侧上的第二型曲面积分,记作 $\iint\limits_S P(x,y,z)\mathrm{d}y\mathrm{d}z + Q(x,y,z)\mathrm{d}z\mathrm{d}x + R(x,y,z)\mathrm{d}x\mathrm{d}y$ 或 $\iint\limits_S P(x,y,z)\mathrm{d}y\mathrm{d}z + \iint\limits_S Q(x,y,z)\mathrm{d}z\mathrm{d}x + \iint\limits_S R(x,y,z)\mathrm{d}x\mathrm{d}y$
性质	(1) $\iint\limits_{S^+} = -\iint\limits_{S^-}$,其中 S^- 表示和 S^+ 相反的另一侧. (2) 若 S 分为 S_1, S_2 两块,则 $\iint\limits_S = \iint\limits_{S_1} + \iint\limits_{S_2}$. (3) 线性性质(与重积分的线性性质相同)
计算	(1) 若光滑曲面 S 表示 $z = z(x,y)$,S 在 xOy 面上的投影区域为 D_{xy},$R(x,y,z)$ 在 S 上连续,则 $$\iint\limits_S R(x,y,z)\mathrm{d}x\mathrm{d}y = \pm\iint\limits_{D_{xy}} R(x,y,z(x,y))\mathrm{d}x\mathrm{d}y$$ 其中,当 S 取上侧时,取 "$+$" 号,当 S 取下侧时,取 "$-$" 号. (2) 若光滑曲面 S 表示 $y = y(z,x)$,S 在 zOx 面上的投影区域为 D_{zx},$Q(x,y,z)$ 在 S 上连续,则 $$\iint\limits_S Q(x,y,z)\mathrm{d}z\mathrm{d}x = \pm\iint\limits_{D_{zx}} Q(x,y(z,x),z)\mathrm{d}z\mathrm{d}x$$ 其中,当 S 取右侧时,取 "$+$" 号,当 S 取左侧时,取 "$-$" 号. (3) 若光滑曲面 S 表示 $x = x(y,z)$,S 在 yOz 面上的投影区域为 D_{yz},$P(x,y,z)$ 在 S 上连续,则 $$\iint\limits_S P(x,y,z)\mathrm{d}y\mathrm{d}z = \pm\iint\limits_{D_{yz}} P(x(y,z),y,z)\mathrm{d}y\mathrm{d}z$$ 其中,当 S 取前侧时,取 "$+$" 号,当 S 取后侧时,取 "$-$" 号. 注:$\iint\limits_S P\mathrm{d}y\mathrm{d}z + Q\mathrm{d}z\mathrm{d}x + R\mathrm{d}x\mathrm{d}y = \iint\limits_S P\mathrm{d}y\mathrm{d}z + \iint\limits_S Q\mathrm{d}z\mathrm{d}x + \iint\limits_S R\mathrm{d}x\mathrm{d}y$,再化成三个第二型曲面积分加以计算

小提示:曲面的侧的规定很好地处理了当一个曲面向坐标面投影时曲面的方向问题,为有向的曲面积分做好了铺垫.

■ 两种曲面积分之间的关系

$$\iint_S (P\cos\alpha + Q\cos\beta + R\cos\gamma)\mathrm{d}S = \iint_S P\mathrm{d}y\mathrm{d}z + Q\mathrm{d}z\mathrm{d}x + R\mathrm{d}x\mathrm{d}y,$$ 其中 $\cos\alpha, \cos\beta, \cos\gamma$ 是定向曲面 S 在点 (x,y,z) 处指向 S 的指定侧的法向量的方向余弦.

> **小提示**:曲线积分之间讨论时采用了切线方向,即方向向量;而曲面之间的讨论则采用了法向量,法向量对曲面的唯一性可以很好地替代曲面的位置.

例2 设 S 是球面 $x^2 + y^2 + z^2 = 1$ 的外侧,计算 $I = \iint_S \dfrac{2\mathrm{d}y\mathrm{d}z}{x\cos^2 x} + \dfrac{\mathrm{d}z\mathrm{d}x}{\cos^2 y} - \dfrac{\mathrm{d}x\mathrm{d}y}{z\cos^2 z}.$

解 利用轮换对称性,有

$$\iint_S \frac{2\mathrm{d}y\mathrm{d}z}{x\cos^2 x} = \iint_S \frac{2\mathrm{d}x\mathrm{d}y}{z\cos^2 z}, \iint_S \frac{\mathrm{d}z\mathrm{d}x}{\cos^2 y} = \iint_S \frac{\mathrm{d}x\mathrm{d}y}{\cos^2 z} = 0.$$

故 $I = \iint_S \dfrac{\mathrm{d}x\mathrm{d}y}{z\cos^2 z} = 2\iint_{x^2+y^2\leqslant 1} \dfrac{\mathrm{d}x\mathrm{d}y}{\sqrt{1-x^2-y^2}\cos^2\sqrt{1-x^2-y^2}}$

$$= 2\int_0^{2\pi}\mathrm{d}\theta\int_0^1 \frac{r\mathrm{d}r}{\sqrt{1-r^2}\cos^2\sqrt{1-r^2}}$$

$$= -4\pi\int_0^1 \frac{\mathrm{d}\sqrt{1-r^2}}{\cos^2\sqrt{1-r^2}} = 4\pi\tan 1$$

> **小提示**:利用对称性简化问题.

例3 计算 $\displaystyle\iint_\Sigma (z^2+x)\mathrm{d}y\mathrm{d}z - z\mathrm{d}x\mathrm{d}y$,其中 Σ 是旋转抛物面 $z = \dfrac{1}{2}(x^2+y^2)$ 介于平面 $z=0$ 及 $z=2$ 之间的部分的下侧.

解 $\displaystyle\iint_\Sigma (z^2+x)\mathrm{d}y\mathrm{d}z = \iint_\Sigma (z^2+x)\cos\alpha\mathrm{d}S$

$$= \iint_\Sigma (z^2+x)\frac{\cos\alpha}{\cos\gamma}\mathrm{d}x\mathrm{d}y,$$

在曲面 Σ 上,有 $\cos\alpha = \dfrac{x}{\sqrt{1+x^2+y^2}}, \cos\gamma = \dfrac{-1}{\sqrt{1+x^2+y^2}}.$

> **小提示**:计算时应注意以下两点:①弄清楚曲面的侧;②计算过程为"一投,二代,三定号".

故 $\displaystyle\iint_\Sigma (z^2+x)\mathrm{d}y\mathrm{d}z - z\mathrm{d}x\mathrm{d}y = \iint_{D_{xy}}[(z^2+x)(-x) - z]\mathrm{d}x\mathrm{d}y$

$$= -\iint_{D_{xy}}\left\{\left[\frac{1}{4}(x^2+y^2)^2 + x\right]\cdot(-x) - \frac{1}{2}(x^2+y^2)\right\}\mathrm{d}x\mathrm{d}y$$

$$= \iint_{D_{xy}}\left[x^2 + \frac{1}{2}(x^2+y^2)\right]\mathrm{d}x\mathrm{d}y$$

$$= \int_0^{2\pi}\mathrm{d}\theta\int_0^2 \left(r^2\cos^2\theta + \frac{1}{2}r^2\right)r\mathrm{d}r = 8\pi.$$

高斯公式与斯托克斯公式

名称	内容	备注
高斯公式	设有界闭区域 V 的边界 S 是由有限个分片光滑的双侧封闭曲面组成,如果函数 $P(x,y,z), Q(x,y,z), R(x,y,z)$ 在 V 上有连续的一阶偏导数,则 $$\oiint_S P\mathrm{d}y\mathrm{d}z + Q\mathrm{d}z\mathrm{d}x + R\mathrm{d}x\mathrm{d}y = \iiint_V \left(\frac{\partial P}{\partial x} + \frac{\partial Q}{\partial y} + \frac{\partial R}{\partial z}\right)\mathrm{d}x\mathrm{d}y\mathrm{d}z,$$ 其中 S^+ 为 S 的外侧	
斯托克斯公式	设光滑曲面 S 的边界 L 是按段光滑的连续曲线,若函数 P,Q,R 在 S(连同 L)上连续,且有一阶连续偏导数,则 $$\iint_S \left(\frac{\partial R}{\partial y} - \frac{\partial Q}{\partial z}\right)\mathrm{d}y\mathrm{d}z + \left(\frac{\partial P}{\partial z} - \frac{\partial R}{\partial x}\right)\mathrm{d}z\mathrm{d}x + \left(\frac{\partial Q}{\partial x} - \frac{\partial P}{\partial y}\right)\mathrm{d}x\mathrm{d}y$$ $$= \oint_L P\mathrm{d}x + Q\mathrm{d}y + R\mathrm{d}z = \iint_S \begin{vmatrix} \mathrm{d}y\mathrm{d}z & \mathrm{d}z\mathrm{d}x & \mathrm{d}x\mathrm{d}y \\ \frac{\partial}{\partial x} & \frac{\partial}{\partial y} & \frac{\partial}{\partial z} \\ P & Q & R \end{vmatrix}$$ 其中 S 的侧与 L 的方向按右手法则确定	用右手拇指指向曲面 S 给定侧的法向量,另四指所指出的转动方向即边界曲线的正方向
空间曲线积分与路径无关的条件	设 $\Omega \subset \mathbf{R}^3$ 为空间单连通区域. 若函数 P,Q,R 在 Ω 上连续,且有一阶连续的偏导数,则以下 4 个条件是等价的: (1) 对于 Ω 内任一按段光滑的封闭曲线 L, 有 $\oint_L P\mathrm{d}x + Q\mathrm{d}y + R\mathrm{d}z = 0$. (2) 对于 Ω 内任一按段光滑的封闭曲线 L, 曲线积分 $\int_L P\mathrm{d}x + Q\mathrm{d}y + R\mathrm{d}z$ 与路径无关. (3) $P\mathrm{d}x + Q\mathrm{d}y + R\mathrm{d}z$ 是 Ω 内某一函数 u 的全微分, 即 $\mathrm{d}u = P\mathrm{d}x + Q\mathrm{d}y + R\mathrm{d}z$. (4) $\frac{\partial P}{\partial y} = \frac{\partial Q}{\partial x}, \frac{\partial Q}{\partial z} = \frac{\partial R}{\partial y}, \frac{\partial R}{\partial x} = \frac{\partial P}{\partial z}$ 在 Ω 内处处成立	

例 4 设 Σ 为曲面 $z = 2 - x^2 - y^2, 1 \leqslant z \leqslant 2$ 取上侧,求
$$I = \iint_\Sigma (x^3 z + x)\mathrm{d}y\mathrm{d}z - x^2 yz\mathrm{d}z\mathrm{d}x - x^2 z^2 \mathrm{d}x\mathrm{d}y.$$

解 作辅助面 $\Sigma_1: z = 1, (x,y) \in D_{xy} : x^2 + y^2 \leqslant 1$,并取其下侧,利用高斯公式得

$$I = \oiint_{\Sigma + \Sigma_1} - \iint_{\Sigma_1} = \iiint_\Omega \mathrm{d}x\mathrm{d}y\mathrm{d}z - (-1)\iint_{D_{xy}} (-x^2)\mathrm{d}x\mathrm{d}y$$

$$= \int_0^{2\pi} \mathrm{d}\theta \int_0^1 r\mathrm{d}r \int_1^{2-r^2} \mathrm{d}z - \int_0^{2\pi} \cos^2\theta \mathrm{d}\theta \int_0^1 r^3 \mathrm{d}r = \frac{13\pi}{12}.$$

例 5 利用斯托克斯公式计算积分 $\oint_\Gamma z\mathrm{d}x + x\mathrm{d}y + y\mathrm{d}z$,其中 Σ 为平面 $x + y + z = 1$ 被三坐标面所截三角形的整个边界,方向为逆时针.

解 记三角形域为 Σ, 取上侧,则

$$\oint_\Gamma z\mathrm{d}x + x\mathrm{d}y + y\mathrm{d}z = \iint_\Sigma \begin{vmatrix} \mathrm{d}y\mathrm{d}z & \mathrm{d}z\mathrm{d}x & \mathrm{d}x\mathrm{d}y \\ \frac{\partial}{\partial x} & \frac{\partial}{\partial y} & \frac{\partial}{\partial z} \\ z & x & y \end{vmatrix} = \iint_\Sigma \mathrm{d}y\mathrm{d}z + \mathrm{d}z\mathrm{d}x + \mathrm{d}x\mathrm{d}y$$

$$= 3\iint_{D_{xy}} \mathrm{d}x\mathrm{d}y = \frac{3}{2}.$$

课后习题全解

习题 22.1

1. **知识点窍** 第一型曲面积分.

逻辑推理 曲面 S 的方程为 $z = z(x,y)$，D_{xy} 为 S 在 xOy 面上的投影区域，$z(x,y)$ 在 D_{xy} 上有一阶连续偏导数，则

$$\iint\limits_{D} f(x,y,z)\mathrm{d}S = \iint\limits_{D_{xy}} f(x,y,z(x,y))\sqrt{1+z_x^2+z_y^2}\,\mathrm{d}x\mathrm{d}y.$$

(1) 题中因为曲面 S 具有对称性，则 $\iint\limits_{S} x\mathrm{d}S = \iint\limits_{S} y\mathrm{d}S = 0$，则此题只计算 $\iint\limits_{S} z\mathrm{d}S$ 即可.

(2) 题中曲面 S 是由 S_1, S_2 两部分组成，它们在 xOy 面上的投影区域都是 $x^2+y^2 \leqslant 1$，分别计算出 S_1 和 S_2 两部分的第一型曲面积分.

(3) 题中因为被积函数定义在柱面 $x^2+y^2=R^2$ 上，则曲面积分化简为求 $\frac{1}{R^2}\iint\limits_{S}\mathrm{d}S$，其中 $\iint\limits_{S}\mathrm{d}S$ 表示被积曲面的面积: $S = 2\pi RH$.

(4) 题中曲面在 xOy 面上的投影区域为 $x+y \leqslant 1(x \geqslant 0, y \geqslant 0)$.

解题过程 (1) 上半球面方程为 $z = \sqrt{a^2-x^2-y^2}$，则

$$z_x = \frac{-x}{\sqrt{a^2-x^2-y^2}}, z_y = \frac{-y}{\sqrt{a^2-x^2-y^2}}.$$

又因为 S 具有对称性，则 $\iint\limits_{S} x\mathrm{d}S = \iint\limits_{S} y\mathrm{d}S = 0$，

所以 $\mathrm{d}S = \frac{a}{\sqrt{a^2-x^2-y^2}}\mathrm{d}x\mathrm{d}y$，

$$\iint\limits_{S} z\mathrm{d}S = \iint\limits_{S} z\frac{a}{\sqrt{a^2-x^2-y^2}}\mathrm{d}x\mathrm{d}y = a\iint\limits_{x^2+y^2 \leqslant a^2} \mathrm{d}x\mathrm{d}y = \pi a^3,$$

则 $\iint\limits_{S}(x+y+z)\mathrm{d}S = \pi a^3$.

(2) $S_2: z = 1, x^2+y^2 \leqslant 1$，且在 xOy 面上的投影区域为 $x^2+y^2 \leqslant 1$，则 $\sqrt{1+z_x^2+z_y^2} = 1$.

$S_1: z = \sqrt{x^2+y^2}$，同样在 xOy 面上的投影区域为 $x^2+y^2 \leqslant 1$，则 $\sqrt{1+z_x'^2+z_y'^2} = \sqrt{2}$.

$$\iint\limits_{S}(x^2+y^2)\mathrm{d}S = \iint\limits_{S_1}(x^2+y^2)\mathrm{d}S + \iint\limits_{S_2}(x^2+y^2)\mathrm{d}S = (1+\sqrt{2})\iint\limits_{x^2+y^2 \leqslant 1}(x^2+y^2)\mathrm{d}x\mathrm{d}y$$

$$= (1+\sqrt{2})\int_0^{2\pi}\mathrm{d}\theta\int_0^1 r^3\mathrm{d}r = \frac{\pi}{2}(1+\sqrt{2}).$$

(3) 因为 $\iint\limits_{S}\mathrm{d}S$ 表示被积曲面的面积: $S = 2\pi RH$，则

$$\iint\limits_{S}\frac{\mathrm{d}S}{x^2+y^2} = \frac{1}{R^2}\iint\limits_{S}\mathrm{d}S = \frac{1}{R^2}\cdot 2\pi RH = \frac{2\pi H}{R}.$$

(4) 曲面 $S: z = 1-x-y$，其在 xOy 面的投影区域为 $x+y = 1(x > 0, y > 0)$.

$$\iint\limits_{S} xyz \mathrm{d}S = \iint xy(1-x-y)\sqrt{1+z_x^2+z_y^2}\,\mathrm{d}x\mathrm{d}y = \sqrt{3}\int_0^1 \mathrm{d}x \int_0^{1-x}(xy-x^2y-xy^2)\mathrm{d}y$$

$$= \sqrt{3}\int_0^1 \frac{1}{6}x(1-x)^3 \mathrm{d}x = \frac{\sqrt{3}}{120}.$$

2. **知识点窍** 第一型曲面积分在实际中的应用.

逻辑推理 曲面质心 $\bar{x} = \dfrac{\rho\iint\limits_{S} z\mathrm{d}S}{\rho\iint\limits_{S} \mathrm{d}S}$;$\bar{y} = \dfrac{\rho\iint\limits_{S} y\mathrm{d}S}{\rho\iint\limits_{S} \mathrm{d}S}$;$\bar{z} = \dfrac{\rho\iint\limits_{S} z\mathrm{d}S}{\rho\iint\limits_{S} \mathrm{d}S}$. 此题由于 S 具有对称性,则 $\bar{x} = \bar{y} = \bar{z}$.

解题过程 设质心坐标为 $(\bar{x}, \bar{y}, \bar{z})$,由题意可知,$\bar{x} = \bar{y} = \bar{z}$,

$$\bar{z} = \frac{\iint\limits_{S} z\mathrm{d}S}{\iint\limits_{S} \mathrm{d}S} = \frac{\iint\limits_{S} z\mathrm{d}S}{S}, S = \frac{1}{2}\pi a^2,$$

$$\mathrm{d}S = \sqrt{1+z_x'^2+z_y'^2}\,\mathrm{d}x\mathrm{d}y,$$

则 $\iint\limits_{S} z\mathrm{d}S = \iint\limits_{D} a\,\mathrm{d}x\mathrm{d}y = \dfrac{1}{4}\pi a^3$.

$\bar{z} = \dfrac{a}{2},$

故质心坐标为 $\left(\dfrac{a}{2}, \dfrac{a}{2}, \dfrac{a}{2}\right)$.

3. **知识点窍** 第一型曲面积分在实际中的应用.

逻辑推理 球面关于 z 轴的转动惯量 $I_z = \rho\iint\limits_{S}(x^2+y^2)\mathrm{d}S$.

解题过程 因 $z = \sqrt{a^2-x^2-y^2}$,$\mathrm{d}S = \dfrac{a}{z}\mathrm{d}x\mathrm{d}y$,因此关于 z 轴的转动惯量.

$$I_z = \rho\iint\limits_{S}(x^2+y^2)\mathrm{d}S$$

$$= \rho\iint\limits_{D}(x^2+y^2)\sqrt{1+\left(-\frac{x}{\sqrt{a^2-x^2-y^2}}\right)^2+\left(-\frac{y}{\sqrt{a^2-x^2-y^2}}\right)^2}\,\mathrm{d}x\mathrm{d}y$$

$$= \rho\iint\limits_{D}\frac{a(x^2+y^2)}{\sqrt{a^2-x^2-y^2}}\,\mathrm{d}x\mathrm{d}y = a\rho\int_0^{2\pi}\mathrm{d}\theta\int_0^a \frac{r^3}{\sqrt{a^2-r^2}}\,\mathrm{d}r$$

$$= a\rho\pi\int_0^a \frac{r^2}{\sqrt{a^2-r^2}}\,\mathrm{d}r^2 \xrightarrow{\diamondsuit r^2=a^2t} a^4\rho\pi\int_0^1 t(1-t)^{-\frac{1}{2}}\mathrm{d}t = \frac{4}{3}\pi\rho a^4.$$

4. **知识点窍** 第一型曲面积分.

解题过程 $M = x_r^2 + y_r^2 + z_r^2 = 1,$

$N = x_r x_\varphi + y_r y_\varphi + z_r z_\varphi = 0,$

$P = x_\varphi^2 + y_\varphi^2 + z_\varphi^2 = r^2\sin^2\theta,$

故 $\iint\limits_{S} z^2 \mathrm{d}S = \iint\limits_{D} r^2\cos^2\theta\sqrt{r^2\sin^2\theta - 0}\,\mathrm{d}r\mathrm{d}\varphi$

$$= \sin\theta\cos^2\theta\int_0^{2\pi}\mathrm{d}\varphi\int_0^a r^3\mathrm{d}r$$

$$= \frac{\pi a^4}{2}\cos^2\theta\sin\theta.$$

习题 22.2

1. **知识点窍** 第二型曲面积分.

   逻辑推理 设 R 是定义在光滑曲面 $S: z = z(x,y), (x,y) \in D_{xy}$ 上的连续函数,以 S 上侧为正,则有 $\iint\limits_{D} R(x,y,z)\mathrm{d}x\mathrm{d}y = \iint\limits_{D_{xy}} R(x,y,z(x,y))\mathrm{d}x\mathrm{d}y$.

   解题过程 (1) $\iint\limits_{S} y(x-z)\mathrm{d}y\mathrm{d}z = \int_0^a \mathrm{d}y \int_0^a y(a-z)\mathrm{d}z + \int_0^a \mathrm{d}y \int_0^a yz\mathrm{d}z$
   $$= \int_0^a \left(a^2 y - \frac{a^2 y}{2}\right)\mathrm{d}y + \int_0^a \frac{a^2 y}{2}\mathrm{d}y = \frac{a^4}{2},$$
   $$\iint\limits_{S} x^2 \mathrm{d}z\mathrm{d}x = \int_0^a \mathrm{d}z \int_0^a x^2 \mathrm{d}x - \int_0^a \mathrm{d}z \int_0^a x^2 \mathrm{d}x = 0,$$
   $$\iint\limits_{S} (y^2 + xz)\mathrm{d}x\mathrm{d}y = \int_0^a \mathrm{d}x \int_0^a (y^2 + ax)\mathrm{d}y - \int_0^a \mathrm{d}x \int_0^a y^2 \mathrm{d}y = \frac{a^4}{2}.$$
   故 $\iint\limits_{S} y(x-z)\mathrm{d}y\mathrm{d}x + x^2 \mathrm{d}z\mathrm{d}x + (y^2 + xz)\mathrm{d}x\mathrm{d}y = \frac{a^4}{2} + \frac{a^4}{2} = a^4.$

   (2) 由对称性可得
   $$\iint\limits_{S} (x+y)\mathrm{d}y\mathrm{d}z = \int_{-1}^1 \mathrm{d}y \int_{-1}^1 (1+y)\mathrm{d}z - \int_{-1}^1 \mathrm{d}y \int_{-1}^1 (y-1)\mathrm{d}z$$
   $$= 2\int_{-1}^1 (1+y)\mathrm{d}y - 2\int_{-1}^1 (y-1)\mathrm{d}y$$
   $$= 8.$$
   原积分 $= 3 \times 8 = 24.$

   (3) 由对称性可得
   $$\text{原式} = 3\iint\limits_{D_{xy}} x(1-x-y)\mathrm{d}x\mathrm{d}y$$
   $$= 3\int_0^1 \mathrm{d}x \int_0^{1-x} (x - x^2 - xy)\mathrm{d}y$$
   $$= 3\int_0^1 x\left[(1-x)^2 - \frac{1}{2}(1-x)^2\right]\mathrm{d}x$$
   $$= \frac{1}{8}.$$

   (4) 令 $x = \cos\theta\sin\varphi, y = \sin\theta\sin\varphi, z = \cos\varphi$,
   则 $\dfrac{\partial(z,x)}{\partial(\theta,\varphi)} = -\sin^2\varphi\sin\theta.$
   $$\iint\limits_{S} yz\mathrm{d}z\mathrm{d}x = \int_0^{\frac{\pi}{2}} \mathrm{d}\varphi \int_0^{2\pi} \sin^2\theta\sin^2\varphi\cos\varphi\mathrm{d}\theta = \frac{1}{4}\pi.$$

   (5) $z - c = \pm\sqrt{R^2 - (x-a)^2 - (y-b)^2}$,由对称性可知 $\iint\limits_{D} x^2 \mathrm{d}y\mathrm{d}z = \iint\limits_{S} y^2 \mathrm{d}z\mathrm{d}x = \iint\limits_{S} z^2 \mathrm{d}x\mathrm{d}y$,因此只需计算 $\iint\limits_{S} z^2 \mathrm{d}x\mathrm{d}y$ 即可. 又因曲面 S 在 xOy 面的投影区域 $D_{xy}: (x-a)^2 + (y-b)^2 \leqslant R^2$,
   则

$$\iint\limits_{S} z^2 \mathrm{d}x\mathrm{d}y = \iint\limits_{D_{xy}} \left[c + \sqrt{R^2 - (x-a)^2 - (y-b)^2}\right]^2 \mathrm{d}x\mathrm{d}y$$

$$- \iint\limits_{D_{xy}} \left[c - \sqrt{R^2 - (x-a)^2 - (y-b)^2}\right]^2 \mathrm{d}x\mathrm{d}y$$

$$= 4c \int_0^{2\pi} \mathrm{d}\varphi \int_0^R \sqrt{R^2 - r^2} \, \mathrm{d}r = \frac{8}{3}\pi R^3 c,$$

故 $\iint\limits_{S} x^2 \mathrm{d}y\mathrm{d}x + y^2 \mathrm{d}z\mathrm{d}x + z^2 \mathrm{d}x\mathrm{d}y = \frac{8}{3}\pi R^3(a+b+c).$

2. **知识点窍** 第二型曲面积分在实际中的应用.

逻辑推理 单位时间流过球面的流量 $E = \iint\limits_{D} k\mathrm{d}y\mathrm{d}z + y\mathrm{d}z\mathrm{d}x$,因此将实际问题转化为求 E 的第二型曲面积分的问题.

解题过程 设流量为 E,则

$$E = \iint\limits_{S} k\mathrm{d}y\mathrm{d}z + y\mathrm{d}z\mathrm{d}x = k\left(\iint\limits_{\text{球前}} + \iint\limits_{\text{球后}}\right) \mathrm{d}y\mathrm{d}z + \iint\limits_{S} y\mathrm{d}z\mathrm{d}x.$$

将球面表示为多参数方程 $\begin{cases} x = 2\sin\varphi\cos\theta, \\ y = 2\sin\varphi\sin\theta, 0 \leqslant \varphi \leqslant \pi, 0 \leqslant \theta \leqslant 2\pi \\ z = 2\cos\varphi, \end{cases}$

曲面取前侧为正向,正对应;取后侧为负向,负对应,则

$$\iint\limits_{S} k\mathrm{d}y\mathrm{d}z = \int_0^{\pi} \mathrm{d}\varphi \int_0^{2\pi} 4k\sin^2\varphi\cos\theta \mathrm{d}\theta.$$

同理 $\iint\limits_{S} y\mathrm{d}z\mathrm{d}x = \int_0^{\pi} \mathrm{d}\varphi \int_0^{2\pi} 2\sin\varphi\sin\theta \cdot 4\sin^2\varphi\sin\theta \mathrm{d}\theta.$

由此可知 $E = \int_0^{\pi} \mathrm{d}\varphi \int_0^{2\pi} (4k\sin^2\varphi\cos\theta + 8\sin^3\varphi\sin^2\theta) \mathrm{d}\theta$

$$= 8\int_0^{\pi} \sin^3\varphi \mathrm{d}\varphi \int_0^{2\pi} \sin^2\theta \mathrm{d}\theta = -8\pi\left[\cos\varphi - \frac{1}{3}\cos^3\varphi\right]\Big|_0^{\pi} = \frac{32}{3}\pi.$$

3. **知识点窍** 第二型曲面积分.

解题过程 设平行六面体在 yz、zx、xy 平面上的投影区域分别为 D_{yz}、D_{zx}、D_{xy}. 若记 $S_1 : z = c$ 上侧为正向;$S_2 : z = 0$ 下侧为正向,则

$$\iint\limits_{D} h(z) \mathrm{d}x\mathrm{d}y = \iint\limits_{D_{xy}} [h(c) - h(0)] \mathrm{d}x\mathrm{d}y = [h(c) - h(0)]ab.$$

由变量的对称性,得

$$I = \iint\limits_{D_{yz}} [f(a) - f(0)] \mathrm{d}y\mathrm{d}z + \iint\limits_{D_{xy}} [h(c) - h(0)] \mathrm{d}x\mathrm{d}y + \iint\limits_{D_{zx}} [g(b) - g(0)] \mathrm{d}z\mathrm{d}x$$

$$= [f(a) - f(0)]bc + [g(b) - g(0)]ca + [h(c) - h(0)]ab.$$

4. **知识点窍** 第二型曲面积分在实际中的应用.

逻辑推理 利用磁通量公式 $I = \iint\limits_{S} x\mathrm{d}y\mathrm{d}z + y\mathrm{d}z\mathrm{d}x + z\mathrm{d}x\mathrm{d}y$,将其转换到球坐标系下求解.

解题过程 设磁通量为 I,则

$$I = \iint\limits_{S} x\mathrm{d}y\mathrm{d}z + y\mathrm{d}z\mathrm{d}x + z\mathrm{d}x\mathrm{d}y,$$

由轮换对称性,可得

$$\iint\limits_{S} z \mathrm{d}x\mathrm{d}y = \int_0^{\frac{\pi}{2}} \mathrm{d}\varphi \int_0^{2\pi} a^3 \cos^2\varphi \sin\varphi \mathrm{d}\theta = \frac{2}{3}\pi a^3,$$

故 $I = 3\iint\limits_{S} z \mathrm{d}x\mathrm{d}y = 2\pi a^3.$

习题 22.3

1. **知识点窍** 高斯公式.

逻辑推理 有界闭区域 V 的边界 S 是由有限个分片光滑曲面组成的,且函数 $P(x,y,z), Q(x,y,z), R(x,y,z)$ 在 V 上有连续偏导数,则

$$\oiint\limits_{S} P\mathrm{d}y\mathrm{d}z + Q\mathrm{d}z\mathrm{d}x + R\mathrm{d}x\mathrm{d}y = \iiint\limits_{V} \left(\frac{\partial P}{\partial x} + \frac{\partial Q}{\partial y} + \frac{\partial R}{\partial z}\right)\mathrm{d}V.$$

解题过程 (1) $\oiint\limits_{S} yz\mathrm{d}y\mathrm{d}z + zx\mathrm{d}z\mathrm{d}x + xy\mathrm{d}x\mathrm{d}y = \iiint\limits_{V} 0\mathrm{d}x\mathrm{d}y\mathrm{d}z = 0.$

(2) $P = x^2, Q = y^2, R = z^2.$

$$\text{原式} = 2\iiint\limits_{V}(x+y+z)\mathrm{d}x\mathrm{d}y\mathrm{d}z = 2\int_0^a \mathrm{d}x \int_0^a \mathrm{d}y \int_0^a (x+y+z)\mathrm{d}z$$

$$= 2\int_0^a \mathrm{d}x \int_0^a \left[(x+y)a + \frac{a^2}{2}\right]\mathrm{d}y = 2\int_0^a (a^2 x + a^3)\mathrm{d}x = 3a^4.$$

(3) 原式 $= 2\iiint\limits_{V}(x+y+z)\mathrm{d}x\mathrm{d}y\mathrm{d}z,$

代入柱面坐标变换,得

$$\text{原式} = 2\int_0^{2\pi} \mathrm{d}\theta \int_0^h \mathrm{d}r \int_r^h (r\cos\theta + r\sin\theta + z)r\mathrm{d}z = \frac{\pi}{2}h^4.$$

(4) 原式 $= 3\iiint\limits_{V}(x^2+y^2+z^2)\mathrm{d}x\mathrm{d}y\mathrm{d}z = 3\int_0^{\pi} \mathrm{d}\varphi \int_0^{2\pi} \mathrm{d}\theta \int_0^1 r^4 \sin\varphi \mathrm{d}r = \frac{12}{5}\pi.$

(5) 补 $z = 0$ 的圆 $S_1: x^2+y^2 \leqslant a^2, z=0,$ 取下侧为正向,

$$\text{原式} = \oiint\limits_{S+S_1} - \iint\limits_{S_1} = \oiint\limits_{S+S_1} x\mathrm{d}y\mathrm{d}z + y\mathrm{d}z\mathrm{d}x + z\mathrm{d}x\mathrm{d}y - \iint\limits_{S_1} x\mathrm{d}y\mathrm{d}z + y\mathrm{d}z\mathrm{d}x + z\mathrm{d}x\mathrm{d}y$$

$$= 3\iiint\limits_{V} \mathrm{d}x\mathrm{d}y\mathrm{d}z - 0 = 3 \times \frac{2}{3}\pi a^3 = 2\pi a^3.$$

2. **知识点窍** 高斯公式.

逻辑推理 本题的关键是寻找函数 $P, Q, R,$ 使得在 V 中 $\frac{\partial P}{\partial x} + \frac{\partial Q}{\partial y} + \frac{\partial R}{\partial z} = xy + yz + zx$ 成立,再应用高斯公式把三重积分化为第二型曲面积分来计算.

解题过程 记 $D_1: x \geqslant 0, y \geqslant 0, x^2+y^2 \leqslant 1, z=0; D_2: 0 \leqslant y \leqslant 1, 0 \leqslant z \leqslant 1, x=0; D_3: 0 \leqslant x \leqslant 1, 0 \leqslant z \leqslant 1, y=0.$

根据高斯公式,得

$$\iiint\limits_{V}(xy+yz+zx)\mathrm{d}x\mathrm{d}y\mathrm{d}z = \oiint\limits_{S} xyz\mathrm{d}x\mathrm{d}y + xyz\mathrm{d}y\mathrm{d}z + xyz\mathrm{d}z\mathrm{d}x,$$

其中 S 为 V 的边界曲面,并取外侧. 因为

$$\oiint\limits_{S} xyz\,\mathrm{d}x\mathrm{d}y = \iint\limits_{D_1} xy\,\mathrm{d}x\mathrm{d}y = \int_0^{\frac{\pi}{2}} \mathrm{d}\theta \int_0^1 r^3 \sin\theta\cos\theta\,\mathrm{d}r = \frac{1}{8},$$

$$\oiint\limits_{S} xyz\,\mathrm{d}y\mathrm{d}z = \iint\limits_{D_2} yz\sqrt{1-y^2}\,\mathrm{d}y\mathrm{d}z = \int_0^1 \mathrm{d}y \int_0^1 yz\sqrt{1-y^2}\,\mathrm{d}z = \frac{1}{6},$$

$$\oiint\limits_{S} xyz\,\mathrm{d}z\mathrm{d}x = \iint\limits_{D_3} xz\sqrt{1-x^2}\,\mathrm{d}z\mathrm{d}x = \int_0^1 \mathrm{d}x \int_0^1 xz\sqrt{1-x^2}\,\mathrm{d}z = \frac{1}{6},$$

所以 $\iiint\limits_{V}(xy+yz+zx)\,\mathrm{d}x\mathrm{d}y\mathrm{d}z = \frac{1}{8}+\frac{1}{6}+\frac{1}{6} = \frac{11}{24}.$

3. **[知识点窍]** 斯托克斯公式.

   [逻辑推理] 光滑曲面 S 的边界 L 是按段光滑的连续曲线,若函数 P,Q,R 在 S(连同 L)上连续,且有一阶连续偏导数,则

$$\oint_L P\,\mathrm{d}x + Q\,\mathrm{d}y + R\,\mathrm{d}z = \iint\limits_{D} \begin{vmatrix} \mathrm{d}y\mathrm{d}z & \mathrm{d}z\mathrm{d}x & \mathrm{d}x\mathrm{d}y \\ \dfrac{\partial}{\partial x} & \dfrac{\partial}{\partial y} & \dfrac{\partial}{\partial z} \\ P & Q & R \end{vmatrix}.$$

   [解题过程] (1) 设 L 为曲面 $S: z=1-x-y (x\geqslant 0, y\geqslant 0, x+y\leqslant 1)$ 的边界.

   由斯托克斯公式知

   原式 $= 2\iint\limits_{S}(y-z)\,\mathrm{d}y\mathrm{d}z + (z-x)\,\mathrm{d}z\mathrm{d}x + (x-y)\,\mathrm{d}x\mathrm{d}y.$

$$\iint\limits_{S}(y-z)\,\mathrm{d}y\mathrm{d}z = \int_0^1 \mathrm{d}y \int_0^{1-y}(y-z)\,\mathrm{d}z$$
$$= \int_0^1 (2y - \frac{3}{2}y^2 - \frac{1}{2})\,\mathrm{d}y$$
$$= 0$$

   同理, $\iint\limits_{S}(z-x)\,\mathrm{d}z\mathrm{d}x = \iint\limits_{S}(x-y)\,\mathrm{d}x\mathrm{d}y = 0.$

   故原积分 $= 0.$

> **小提示:** 在使用斯托克斯公式时,一定要注意方向.

(2) S 为由 $y^2 + z^2 = 1$ 与 $x=y$ 所交椭圆面,L 为其边界,S 在 xOy 平面上的投影区域 $D_{xy}: y=x, z=0, -1\leqslant x\leqslant 1,$

$$\text{原式} = \iint\limits_{S} \begin{vmatrix} \mathrm{d}y\mathrm{d}z & \mathrm{d}z\mathrm{d}x & \mathrm{d}x\mathrm{d}y \\ \dfrac{\partial}{\partial x} & \dfrac{\partial}{\partial y} & \dfrac{\partial}{\partial z} \\ x^2 & y^3 & 1 & z \end{vmatrix} = \iint\limits_{S} 0\,\mathrm{d}y\mathrm{d}z + 0\,\mathrm{d}z\mathrm{d}x + (0-3x^2y^2)\,\mathrm{d}x\mathrm{d}y$$

$$= -3\iint\limits_{S} x^2 y^2\,\mathrm{d}x\mathrm{d}y = -3\iint\limits_{D_{xy}} x^2 y^2\,\mathrm{d}x\mathrm{d}y = 0.$$

(3) $\oint_L (z-y)\,\mathrm{d}x + (x-z)\,\mathrm{d}y + (y-x)\,\mathrm{d}z = \iint\limits_{S} \begin{vmatrix} \mathrm{d}y\mathrm{d}z & \mathrm{d}z\mathrm{d}x & \mathrm{d}x\mathrm{d}y \\ \dfrac{\partial}{\partial x} & \dfrac{\partial}{\partial y} & \dfrac{\partial}{\partial z} \\ z-y & x-z & y-x \end{vmatrix}$

$$= 2\iint\limits_{S} \mathrm{d}y\mathrm{d}z + \mathrm{d}z\mathrm{d}x + \mathrm{d}x\mathrm{d}y = 6\int_0^a \mathrm{d}x \int_0^{a-x} \mathrm{d}y = 3a^2.$$

4. 知识点窍 函数的全微分及原函数的定义.

逻辑推理 对 $P\mathrm{d}x+Q\mathrm{d}y+R\mathrm{d}z, \dfrac{\partial R}{\partial y}=\dfrac{\partial Q}{\partial z}, \dfrac{\partial P}{\partial z}=\dfrac{\partial R}{\partial x}, \dfrac{\partial Q}{\partial x}=\dfrac{\partial P}{\partial y}$ 是其函数 u 的全微分,则原函数为 $u(x,y,z)=\displaystyle\int_{(x_0,y_0,z_0)}^{(x,y,z)} yz\mathrm{d}x+xz\mathrm{d}y+xy\mathrm{d}z$.

解题过程 (1) $P=yz, Q=xz, R=xy$.

因此 $\dfrac{\partial R}{\partial y}-\dfrac{\partial Q}{\partial z}=x-x=0, \dfrac{\partial P}{\partial z}-\dfrac{\partial R}{\partial x}=y-y=0$,

$\dfrac{\partial Q}{\partial x}-\dfrac{\partial P}{\partial y}=z-z=0, (x,y,z)\in \mathbf{R}^3$.

故 $yz\mathrm{d}x+xz\mathrm{d}y+xy\mathrm{d}z$ 在 $\mathbf{R}^3$ 内是某一函数 u 的全微分. 任取 (x_0,y_0,z_0),

$$\begin{aligned}u(x,y,z) &= \int_{(x_0,y_0,z_0)}^{(x,y,z)} yz\mathrm{d}x+xz\mathrm{d}y+xy\mathrm{d}z\\ &= \int_{x_0}^{x} y_0 z_0 \mathrm{d}x + \int_{y_0}^{y} xz_0 \mathrm{d}y + \int_{z_0}^{z} xy\mathrm{d}z\\ &= y_0 z_0(x-x_0) + xz_0(y-y_0) + xy(z-z_0)\\ &= xyz - x_0 y_0 z_0 = xyz + C.\end{aligned}$$

其中 $C=-x_0 y_0 z_0$ 是一个任意常数.

(2) 由题知 $P=x^2-2yz, Q=y^2-2xz, R=z^2-2xy$, 则

$\dfrac{\partial R}{\partial y}-\dfrac{\partial Q}{\partial z}=-2x+2x=0, \dfrac{\partial P}{\partial z}-\dfrac{\partial R}{\partial x}=-2y+2y=0$,

$\dfrac{\partial Q}{\partial x}-\dfrac{\partial P}{\partial y}=-2z+2z=0, (x,y,z)\in \mathbf{R}^3$,

所以在 $\mathbf{R}^3$ 内, $P\mathrm{d}x+Q\mathrm{d}y+R\mathrm{d}z$ 是某一函数的全微分. 任取 (x_0,y_0,z_0), 有

$$\begin{aligned}u(x,y,z) &= \int_{(x_0,y_0,z_0)}^{(x,y,z)} P\mathrm{d}x+Q\mathrm{d}y+R\mathrm{d}z\\ &= \int_{x_0}^{x}(u^2-2y_0 z_0)\mathrm{d}u + \int_{y_0}^{y}(v^2-2xz_0)\mathrm{d}v + \int_{z_0}^{z}(\omega^2-2xy)\mathrm{d}\omega\\ &= \tfrac{1}{3}(x^3-x_0^3) - 2y_0 z_0(x-x_0) + \tfrac{1}{3}(y^3-y_0^3) - 2xz_0(y-y_0)\\ &\quad + \tfrac{1}{3}(z^3-z_0^3) - 2xy(z-z_0)\\ &= \tfrac{1}{3}(x^3+y^3+z^3) - 2xyz - \tfrac{1}{3}(x_0^3+y_0^3+z_0^3) + 2x_0 y_0 z_0\\ &= \tfrac{1}{3}(x^3+y^3+z^3) - 2xyz + C.\end{aligned}$$

其中 $C=-\dfrac{1}{3}(x_0^3+y_0^3+z_0^3)+2x_0 y_0 z_0$ 是一个任意常数.

5. 知识点窍 曲线积分与路线无关的条件.

逻辑推理 曲线积分 $\displaystyle\int_{L} P\mathrm{d}x+Q\mathrm{d}y+R\mathrm{d}z$ 与路线无关, 即 $P\mathrm{d}x+Q\mathrm{d}y+R\mathrm{d}z$ 是 $\mathbf{R}^3$ 内某函数 u 的全微分.

解题过程 (1) $P=x, Q=y^2, R=-z^3$. $\dfrac{\partial R}{\partial y}-\dfrac{\partial Q}{\partial z}=0, \dfrac{\partial P}{\partial z}-\dfrac{\partial R}{\partial x}=0, \dfrac{\partial Q}{\partial x}-\dfrac{\partial P}{\partial y}=0$, 所以在 $\mathbf{R}^3$ 内曲线积分与路线无关, 现在求 $\displaystyle\int_{(1,1,1)}^{(2,3,-4)} x\mathrm{d}x+y^2\mathrm{d}y-z^3\mathrm{d}z$.

选择直线路径从 $(1,1,1)$ 到 $(2,3,-4)$, 设 $x=t+1, y=2t+1, z=-5t+1, 0\leqslant t\leqslant 1$, 则

$$\int_{(1,1,1)}^{(2,3,-4)} x\mathrm{d}x + y^2\mathrm{d}y - z^3\mathrm{d}z = \int_0^1 [(t+1) + 2(2t+1)^2 + 5(-5t+1)^3]\mathrm{d}t$$

$$= \frac{1}{2}(t+1)^2 + \frac{1}{3}(2t+1)^3 - \frac{1}{4}(-5t+1)^4 \Big|_0^1$$

$$= -53\frac{7}{12}.$$

(2) 因为在 Ω 内有 $\mathrm{d}(\sqrt{x^2+y^2+z^2}) = \dfrac{x\mathrm{d}x + y\mathrm{d}y + z\mathrm{d}z}{\sqrt{x^2+y^2+z^2}}$,所以在任何不含原点的单连通区域上, $\dfrac{x\mathrm{d}x + y\mathrm{d}y + z\mathrm{d}z}{\sqrt{x^2+y^2+z^2}}$ 是函数 $u(x,y,z) = \sqrt{x^2+y^2+z^2} + C$ 的全微分. 故曲线积分与路线无关, 且

$$\int_{(x_1,y_1,z_1)}^{(x_2,y_2,z_2)} \frac{x\mathrm{d}x + y\mathrm{d}y + z\mathrm{d}z}{\sqrt{x^2+y^2+z^2}} = \sqrt{x_2^2 + y_2^2 + z_2^2} - \sqrt{x_1^2 + y_1^2 + z_1^2} = a - a = 0.$$

6. 知识点窍 高斯公式及两类曲面积分的关系.

解题过程 因曲面 S 所围的立体 V 的体积 $\Delta V = \iiint_V \mathrm{d}x\mathrm{d}y\mathrm{d}z$,且

$$\oiint_S (x\cos\alpha + y\cos\beta + z\cos\gamma)\mathrm{d}S = \oiint_S x\mathrm{d}y\mathrm{d}z + y\mathrm{d}z\mathrm{d}x + z\mathrm{d}x\mathrm{d}y$$

$$= \iiint_V (1+1+1)\mathrm{d}x\mathrm{d}y\mathrm{d}z = 3\iiint_V \mathrm{d}x\mathrm{d}y\mathrm{d}z = 3\Delta V.$$

故原式成立.

7. 知识点窍 高斯公式.

逻辑推理 $\cos(\boldsymbol{n},\boldsymbol{l}) = a\cos\alpha + b\cos\beta + c\cos\gamma$,代入高斯公式中即可求解.

解题过程 不妨设 $\boldsymbol{n} = (\cos\alpha, \cos\beta, \cos\gamma), \boldsymbol{l} = (a,b,c)$,且 $|\boldsymbol{n}| = |\boldsymbol{l}| = 1$,则
$\cos(\boldsymbol{n},\boldsymbol{l}) = a\cos\alpha + b\cos\beta + c\cos\gamma$,

所以 $\oiint_S \cos(\boldsymbol{n},\boldsymbol{l})\mathrm{d}S = \oiint_S (a\cos\alpha + b\cos\beta + c\cos\gamma)\mathrm{d}S$

$$= \oiint_S a\mathrm{d}y\mathrm{d}z + b\mathrm{d}z\mathrm{d}x + c\mathrm{d}x\mathrm{d}y.$$

又因 l 的方向固定,所以 $\dfrac{\partial P}{\partial x} + \dfrac{\partial Q}{\partial y} + \dfrac{\partial R}{\partial z} = 0$(因 a,b,c 为常数),由高斯公式得

$$\oiint_S \cos(\boldsymbol{n},\boldsymbol{l})\mathrm{d}S = \iiint_V \left(\frac{\partial P}{\partial x} + \frac{\partial Q}{\partial y} + \frac{\partial R}{\partial z}\right)\mathrm{d}x\mathrm{d}y\mathrm{d}z = 0.$$

8. 知识点窍 高斯公式.

逻辑推理 $\cos(\boldsymbol{r},\boldsymbol{n}) = \cos(\boldsymbol{r},x)\cos(\boldsymbol{n},x) + \cos(\boldsymbol{r},y)\cos(\boldsymbol{n},y) + \cos(\boldsymbol{r},z)\cos(\boldsymbol{n},z)$,代入高斯公式中即可求解.

解题过程 $\cos(\boldsymbol{r},\boldsymbol{n}) = \cos(\boldsymbol{r},x)\cos(\boldsymbol{n},x) + \cos(\boldsymbol{r},y)\cos(\boldsymbol{n},y) + \cos(\boldsymbol{r},z)\cos(\boldsymbol{n},z)$,而
$\cos(\boldsymbol{r},x) = \dfrac{x}{r}, \cos(\boldsymbol{r},y) = \dfrac{y}{r}, \cos(\boldsymbol{r},z) = \dfrac{z}{r}$,

由高斯公式得

$$\oiint_S \cos(\boldsymbol{r},\boldsymbol{n})\mathrm{d}S = \oiint_S \frac{1}{r}[x\cos(\boldsymbol{n},x) + y\cos(\boldsymbol{n},y) + z\cos(\boldsymbol{n},z)]\mathrm{d}S$$

$$= \oiint_{S_{\text{外}}} \frac{x}{r}\mathrm{d}y\mathrm{d}z + \frac{y}{r}\mathrm{d}z\mathrm{d}x + \frac{z}{r}\mathrm{d}x\mathrm{d}y$$

$$= \iiint_V \left[\frac{\partial}{\partial x}\left(\frac{x}{r}\right) + \frac{\partial}{\partial y}\left(\frac{y}{r}\right) + \frac{\partial}{\partial z}\left(\frac{z}{r}\right)\right]\mathrm{d}x\mathrm{d}y\mathrm{d}z$$

$$= 2\iiint_V \frac{1}{r}\mathrm{d}x\mathrm{d}y\mathrm{d}z.$$

故公式得证.

9. **[逻辑推理]** 斯托克斯公式及第一、二型曲面积分的关系.

[解题过程] 因 $P = z\cos\beta - y\cos\gamma, Q = x\cos\gamma - z\cos\alpha, R = y\cos\alpha - x\cos\beta$,由斯托克斯公式得

$$\oint_L \begin{vmatrix} \mathrm{d}x & \mathrm{d}y & \mathrm{d}z \\ \cos\alpha & \cos\beta & \cos\gamma \\ x & y & z \end{vmatrix} = \oint_L (z\cos\beta - y\cos\gamma)\mathrm{d}x + (x\cos\gamma - z\cos\alpha)\mathrm{d}y + (y\cos\alpha - x\cos\beta)\mathrm{d}z$$

$$= \iint_S \begin{vmatrix} \mathrm{d}y\mathrm{d}z & \mathrm{d}z\mathrm{d}x & \mathrm{d}x\mathrm{d}y \\ \dfrac{\partial}{\partial x} & \dfrac{\partial}{\partial y} & \dfrac{\partial}{\partial z} \\ z\cos\beta - y\cos\gamma & x\cos\gamma - z\cos\alpha & y\cos\alpha - x\cos\beta \end{vmatrix}$$

$$= 2\iint_S \cos\alpha\,\mathrm{d}y\mathrm{d}z + \cos\beta\,\mathrm{d}z\mathrm{d}x + \cos\gamma\,\mathrm{d}x\mathrm{d}y$$

$$= 2\iint_S (\cos^2\alpha + \cos^2\beta + \cos^2\gamma)\mathrm{d}S$$

$$= 2\iint_S \mathrm{d}S = 2S.$$

习题 22.4

1. **[知识点拨]** 梯度 $\mathrm{grad}\,u = \nabla u$.

[解题过程] 由 $\dfrac{\partial r}{\partial x} = \dfrac{x}{r}, \dfrac{\partial r}{\partial y} = \dfrac{y}{r}, \dfrac{\partial r}{\partial z} = \dfrac{z}{r}$,得

$$\nabla r = \left(\frac{x}{r},\frac{y}{r},\frac{z}{r}\right) = \frac{1}{r}(x,y,z),$$

$$\nabla r^2 = 2r\,\nabla r = 2r \cdot \frac{1}{r}(x,y,z) = 2(x,y,z),$$

$$\nabla \frac{1}{r} = -\frac{1}{r^2}\nabla r = -\frac{1}{r^3}(x,y,z),$$

$$\nabla f(r) = f'(r)\nabla r = \frac{f'(r)}{r}(x,y,z),$$

$$\nabla r^n = nr^{n-1}\nabla r = nr^{n-2}(x,y,z)\,(n \geqslant 3).$$

2. **[知识点拨]** 梯度 $\mathrm{grad}\,u = \nabla u$.

[逻辑推理] $\mathrm{grad}\,u = \nabla u = \left(\dfrac{\partial u}{\partial x},\dfrac{\partial u}{\partial y},\dfrac{\partial u}{\partial z}\right)\Big|_{P_0}$,令其等于零,并分别解出 x,y,z.

[解题过程] $\dfrac{\partial u}{\partial x} = 2x + 2y - 4, \dfrac{\partial u}{\partial y} = 4y + 2x + 2, \dfrac{\partial u}{\partial z} = 6z - 4.$

在 $O(0,0,0)$ 点，$\nabla u = (-4,2,-4)$；

在 $A(1,1,1)$ 点，$\nabla u = (0,8,2)$；

在 $B(-1,-1,-1)$ 点，$\nabla u = (-8,-4,-10)$。

又 $|\operatorname{grad} u| = \sqrt{(2x+2y-4)^2 + (4y+2x+2)^2 + (6z-4)^2}$，

令 $|\operatorname{grad} u| = 0$，得 $\begin{cases} 2x+2y-4=0 \\ 2x+4y+2=0 \\ 6z-4=0 \end{cases}$，解得 $\begin{cases} x=5 \\ y=-3 \\ z=\dfrac{2}{3} \end{cases}$。

所以，使梯度为零之点为 $(5,-3,\dfrac{2}{3})$。

3. **解题过程** 性质 1：若 u,v 是数量函数，则 $\nabla(u+v) = \nabla u + \nabla v$。

$$\nabla(u+v) = \left(\dfrac{\partial(u+v)}{\partial x}, \dfrac{\partial(u+v)}{\partial y}, \dfrac{\partial(u+v)}{\partial z}\right)$$
$$= \left(\dfrac{\partial u}{\partial x}, \dfrac{\partial u}{\partial y}, \dfrac{\partial u}{\partial z}\right) + \left(\dfrac{\partial v}{\partial x}, \dfrac{\partial v}{\partial y}, \dfrac{\partial v}{\partial z}\right)$$
$$= \nabla u + \nabla v.$$

性质 2：若 u,v 是数量函数，则 $\nabla(u \cdot v) = u(\nabla v) + (\nabla u)v$。

$$\nabla(u,v) = \left(\dfrac{\partial(uv)}{\partial x}, \dfrac{\partial(uv)}{\partial y}, \dfrac{\partial(uv)}{\partial z}\right)$$
$$= (uv_x + u_x v, uv_y + u_y v, uv_z + u_z v)$$
$$= u(v_x, v_y, v_z) + (u_x, u_y, u_z)v$$
$$= u(\nabla v) + (\nabla u)v.$$

性质 3：若 $\boldsymbol{r} = (x,y,z)$，$\varphi = \varphi(x,y,z)$，则 $\mathrm{d}\varphi = \mathrm{d}\boldsymbol{r} \cdot \nabla\varphi$。

$\mathrm{d}\boldsymbol{r} = (\mathrm{d}x, \mathrm{d}y, \mathrm{d}z)$，$\nabla\varphi = (\varphi_x, \varphi_y, \varphi_z)$，$\mathrm{d}\varphi = \varphi_x \mathrm{d}x + \varphi_y \mathrm{d}y + \varphi_z \mathrm{d}z = \mathrm{d}\boldsymbol{r} \cdot \nabla\varphi$。

性质 4：若 $f = f(u)$，$u = u(x,y,z)$，则 $\nabla f = f'(u)\nabla u$。

$$\nabla f = \left(\dfrac{\partial f}{\partial x}, \dfrac{\partial f}{\partial y}, \dfrac{\partial f}{\partial z}\right) = \left(f'(u)\dfrac{\partial u}{\partial x}, f'(u)\dfrac{\partial u}{\partial y}, f'(u)\dfrac{\partial u}{\partial z}\right) = f'(u)\nabla u.$$

性质 5：若 $f = f(u_1, u_2, \cdots, u_m)$，$u_i = u_i(x,y,z)$ $(i=1,2,\cdots,m)$，则 $\nabla f = \sum\limits_{i=1}^{m} \dfrac{\partial f}{\partial u_i} \nabla u_i$。

$$\nabla f = \left(\sum_{i=1}^{m} f_{u_i} \cdot u_{ix}, \sum_{i=1}^{m} f_{u_i} \cdot u_{iy}, \sum_{i=1}^{m} f_{u_i} \cdot u_{iz}\right)$$
$$= \sum_{i=1}^{m} \dfrac{\partial f}{\partial u_i}\left(\dfrac{\partial u_i}{\partial x}, \dfrac{\partial u_i}{\partial y}, \dfrac{\partial u_i}{\partial z}\right) = \sum_{i=1}^{m} \dfrac{\partial f}{\partial u_i} \nabla u_i.$$

4. **知识点窍** 向量场 $\boldsymbol{A}$ 的散度与旋度。

逻辑推理 $\boldsymbol{A}$ 在 (x,y,z) 处的散度 $\operatorname{div}\boldsymbol{A} = \dfrac{\partial P}{\partial x} + \dfrac{\partial Q}{\partial y} + \dfrac{\partial R}{\partial z}$，

旋度 $\operatorname{rot}\boldsymbol{A} = \left(\dfrac{\partial R}{\partial y} - \dfrac{\partial Q}{\partial z}, \dfrac{\partial P}{\partial z} - \dfrac{\partial R}{\partial x}, \dfrac{\partial Q}{\partial x} - \dfrac{\partial P}{\partial y}\right)$。

解题过程 (1) $\operatorname{div}\boldsymbol{A} = \dfrac{\partial}{\partial x}(y^2+z^2) + \dfrac{\partial}{\partial y}(z^2+x^2) + \dfrac{\partial}{\partial z}(x^2+y^2) = 0$。

$$\operatorname{rot}\boldsymbol{A} = \left[\dfrac{\partial}{\partial y}(y^2+z^2) - \dfrac{\partial}{\partial x}(z^2+x^2), \dfrac{\partial}{\partial z}(y^2+z^2) - \dfrac{\partial}{\partial x}(x^2+y^2),\right.$$
$$\left.\dfrac{\partial}{\partial x}(z^2+x^2) - \dfrac{\partial}{\partial y}(z^2+y^2)\right] = 2(y-z, z-x, x-y).$$

(2) 同样可证

$$\text{div}\boldsymbol{A} = 6xyz, \text{rot}\boldsymbol{A} = (x(z^2-y^2), y(x^2-z^2), z(y^2-x^2)).$$

(3) $\text{div}\boldsymbol{A} = \dfrac{1}{yz} + \dfrac{1}{zx} + \dfrac{1}{xy}, \text{rot}\boldsymbol{A} = \dfrac{1}{xyz}\left(\dfrac{y^2}{z} - \dfrac{z^2}{y}, \dfrac{z^2}{x} - \dfrac{x^2}{z}, \dfrac{x^2}{y} - \dfrac{y^2}{x}\right).$

5. 性质1:若 $\boldsymbol{u},\boldsymbol{v}$ 是向量函数,则 $\nabla \cdot (\boldsymbol{u}+\boldsymbol{v}) = \nabla \cdot \boldsymbol{u} + \nabla \cdot \boldsymbol{v}.$

[解题过程]
$$\nabla \cdot (\boldsymbol{u}+\boldsymbol{v}) = \left(\dfrac{\partial P_u}{\partial x} + \dfrac{\partial P_v}{\partial x}\right) + \left(\dfrac{\partial Q_u}{\partial y} + \dfrac{\partial Q_v}{\partial y}\right) + \left(\dfrac{\partial R_u}{\partial z} + \dfrac{\partial R_v}{\partial z}\right)$$
$$= \left(\dfrac{\partial P_u}{\partial x} + \dfrac{\partial Q_u}{\partial y} + \dfrac{\partial R_u}{\partial z}\right) + \left(\dfrac{\partial P_v}{\partial x} + \dfrac{\partial Q_v}{\partial y} + \dfrac{\partial R_v}{\partial z}\right) = \nabla \cdot \boldsymbol{u} + \nabla \cdot \boldsymbol{v},$$

其中,设 $\boldsymbol{u} = (P_u, Q_u, R_u), \boldsymbol{v} = (P_v, Q_v, R_v).$

性质2:若 φ 是数量函数,$\boldsymbol{F}$ 是向量函数,则 $\nabla \cdot (\varphi \boldsymbol{F}) = \varphi \nabla \cdot \boldsymbol{F} + \boldsymbol{F} \cdot \nabla \varphi.$

[解题过程]
$$\nabla \cdot (\varphi \boldsymbol{F}) = \dfrac{\partial}{\partial x}(\varphi F_x) + \dfrac{\partial}{\partial y}(\varphi F_y) + \dfrac{\partial}{\partial z}(\varphi F_z)$$
$$= \dfrac{\partial \varphi}{\partial x} F_x + \dfrac{\partial F_x}{\partial x}\varphi + \dfrac{\partial \varphi}{\partial y} F_y + \dfrac{\partial F_y}{\partial y}\varphi + \dfrac{\partial \varphi}{\partial z} F_z + \dfrac{\partial F_z}{\partial z}\varphi$$
$$= \varphi\left(\dfrac{\partial F_x}{\partial x} + \dfrac{\partial F_y}{\partial y} + \dfrac{\partial F_z}{\partial z}\right) + \left(\dfrac{\partial \varphi}{\partial x} F_x + \dfrac{\partial \varphi}{\partial y} F_y + \dfrac{\partial \varphi}{\partial z} F_z\right)$$
$$= \varphi \nabla \cdot \boldsymbol{F} + \boldsymbol{F} \cdot \nabla \varphi.$$

性质3:若 $\varphi = \varphi(x,y,z)$ 是一数量函数,则 $\nabla \cdot \nabla \varphi = \left(\dfrac{\partial^2 \varphi}{\partial x^2} + \dfrac{\partial^2 \varphi}{\partial y^2} + \dfrac{\partial^2 \varphi}{\partial z^2}\right).$

[解题过程] $\nabla \cdot \nabla \varphi = \left(\dfrac{\partial}{\partial x}, \dfrac{\partial}{\partial y}, \dfrac{\partial}{\partial z}\right) \cdot \left(\dfrac{\partial \varphi}{\partial x}, \dfrac{\partial \varphi}{\partial y}, \dfrac{\partial \varphi}{\partial z}\right) = \dfrac{\partial^2 \varphi}{\partial x^2} + \dfrac{\partial^2 \varphi}{\partial y^2} + \dfrac{\partial^2 \varphi}{\partial z^2}.$

6. 性质1:若 $\boldsymbol{u},\boldsymbol{v}$ 是向量函数,则 ① $\nabla \times (\boldsymbol{u}+\boldsymbol{v}) = \nabla \times \boldsymbol{u} + \nabla \times \boldsymbol{v}.$

[解题过程]
$$\nabla \times (\boldsymbol{u}+\boldsymbol{v}) = \begin{vmatrix} \boldsymbol{i} & \boldsymbol{j} & \boldsymbol{k} \\ \dfrac{\partial}{\partial x} & \dfrac{\partial}{\partial y} & \dfrac{\partial}{\partial z} \\ u_x + v_x & u_y + v_y & u_z + v_z \end{vmatrix}$$
$$= \begin{vmatrix} \boldsymbol{i} & \boldsymbol{j} & \boldsymbol{k} \\ \dfrac{\partial}{\partial x} & \dfrac{\partial}{\partial y} & \dfrac{\partial}{\partial z} \\ u_x & u_y & u_z \end{vmatrix} + \begin{vmatrix} \boldsymbol{i} & \boldsymbol{j} & \boldsymbol{k} \\ \dfrac{\partial}{\partial x} & \dfrac{\partial}{\partial y} & \dfrac{\partial}{\partial z} \\ v_x & v_y & v_z \end{vmatrix}$$
$$= \nabla \times \boldsymbol{u} + \nabla \times \boldsymbol{v}.$$

② $\nabla(\boldsymbol{u} \cdot \boldsymbol{v}) = \boldsymbol{u} \times (\nabla \times \boldsymbol{v}) + \boldsymbol{v} \times (\nabla \times \boldsymbol{u}) + (\boldsymbol{u} \cdot \nabla)\boldsymbol{v} + (\boldsymbol{v} \cdot \nabla)\boldsymbol{u}.$

[解题过程] $\boldsymbol{u} \times (\nabla \cdot \boldsymbol{v}) + \boldsymbol{v} \times (\nabla \times \boldsymbol{u}) + (\boldsymbol{u} \cdot \nabla)\boldsymbol{v} + (\boldsymbol{v} \cdot \nabla)\boldsymbol{u}$

$$= \begin{vmatrix} \boldsymbol{i} & \boldsymbol{j} & \boldsymbol{k} \\ P_1 & Q_1 & R_1 \\ R_{2y} - Q_{2z} & P_{2z} - R_{2x} & Q_{2x} - P_{2y} \end{vmatrix} + \begin{vmatrix} \boldsymbol{i} & \boldsymbol{j} & \boldsymbol{k} \\ P_2 & Q_2 & R_2 \\ R_{1y} - Q_{1z} & P_{1z} - R_{1x} & Q_{1x} - P_{1y} \end{vmatrix} +$$
$$\left(P_1 \dfrac{\partial}{\partial x} + Q_1 \dfrac{\partial}{\partial y} + R_1 \dfrac{\partial}{\partial z}\right) \cdot (P_2, Q_2, R_2) + \left(P_2 \dfrac{\partial}{\partial x} + Q_2 \dfrac{\partial}{\partial y} + R_2 \dfrac{\partial}{\partial z}\right) \cdot (P_1, Q_1, R_1)$$
$$= (P_1 P_{2x} + P_2 P_{1x} + Q_1 Q_{2x} + Q_2 Q_{1x} + R_1 R_{2x} + R_2 R_{1x}, P_1 P_{2y} + P_2 P_{1y} + Q_1 Q_{2y} + Q_2 Q_{1y} +$$
$$+ R_1 R_{2y} + R_2 R_{1y}, P_1 P_{2z} + P_2 P_{1z} + Q_1 Q_{2z} + Q_2 Q_{1z} + R_1 R_{2z} + R_2 R_{1z})$$
$$= \nabla(P_1 P_2 + Q_1 Q_2 + R_1 R_2) = \nabla(\boldsymbol{u} \cdot \boldsymbol{v}).$$

③ $\nabla \cdot (\boldsymbol{u} \times \boldsymbol{v}) = \boldsymbol{v} \cdot \nabla \times \boldsymbol{u} - \boldsymbol{u} \cdot \nabla \times \boldsymbol{v}.$

$$\nabla \cdot (u+v) = \left(\frac{\partial}{\partial x}, \frac{\partial}{\partial y}, \frac{\partial}{\partial z}\right) \cdot (Q_1 R_2 - Q_2 R_1, P_2 R_1 - P_1 R_2, P_1 Q_2 - P_2 Q_1)$$

$$= [P_2(R_{1y} - Q_{1z}) + Q_2(P_{1z} - R_{1x}) + R_2(Q_{1x} - Q_{1y})] - [P_1(R_{2y} - Q_{2z}) + Q_1(P_{2z} - R_{2x}) + R_1(Q_{2x} - P_{2y})]$$

$$= v \cdot (\nabla \times u) - u \cdot (\nabla \times v).$$

④ $\nabla \times (u \times v) = (v \cdot \nabla)u - (u \cdot \nabla)v + (\nabla \cdot v)u - (\nabla \cdot u)v.$

解题过程
$$\nabla \times (u \times v) = \begin{vmatrix} i & j & k \\ \frac{\partial}{\partial x} & \frac{\partial}{\partial y} & \frac{\partial}{\partial z} \\ Q_1 R_2 - Q_2 R_1 & P_2 R_1 - P_1 R_2 & P_1 Q_1 - P_2 Q_1 \end{vmatrix}$$

$$= (P_{1y} Q_1 + P_1 Q_{1y} - P_{2y} Q_1 - P_2 Q_{1y} - P_{2z} R_1 + P_{1z} R_2 - P_2 R_{1z} + P_1 R_{2z},$$
$$Q_{1z} R_2 + Q_1 R_{2z} - Q_{2z} R_1 - Q_2 R_{1z} - P_{1x} Q_1 - P_1 Q_{1x} + P_{2x} Q_1 + P_2 Q_{1x}, P_{2x} R_1$$
$$+ P_2 R_{1x} - P_{1x} R_2 - P_1 R_{2x} - Q_{1y} R_2 - Q_1 R_{2y} + Q_{2y} R_1 + Q_2 R_{1y})$$

$$= (P_2 P_{1x} + Q_2 P_{1y} + R_2 P_{1z}, P_2 Q_{1x} + Q_2 Q_{1y} + R_2 Q_{1z}, P_2 R_{1x} + Q_2 R_{1y} +$$
$$R_2 R_{1z}) - (P_1 P_{2x} + Q_1 P_{2y} + R_1 P_{2z}, P_1 Q_{2x} + Q_1 Q_{2y} + R_1 Q_{2z}, P_1 R_{2x} +$$
$$Q_1 R_{2y} + R_1 R_{2z}) + (P_1 P_{2x} + P_1 Q_{2y} + P_1 R_{2z}, Q_1 P_{2x} + Q_1 Q_{2y} + Q_1 R_{2z},$$
$$R_1 P_{2x} + R_1 Q_{2y} + R_1 R_{2z}) - (P_2 P_{1x} + P_2 Q_{1y} + P_2 P_{1z}, Q_2 P_{1x} + Q_2 Q_{1y} +$$
$$Q_2 R_{1z}, R_2 P_{1x} + R_2 Q_{1y} + R_2 R_{1z})$$

$$= (v \cdot \nabla)u - (u \cdot \nabla)v + (\nabla \cdot v)u - (\nabla \cdot u)v.$$

性质2：若 φ 是数量函数，A 是向量函数，则 $\nabla \times (\varphi A) = \varphi(\nabla \times A) + \nabla \varphi \times A$.

解题过程
$$\text{rot}_x(\varphi A) = \frac{\partial}{\partial y}(\varphi A_z) - \frac{\partial}{\partial z}(\varphi A_y)$$

$$= \varphi\left(\frac{\partial A_z}{\partial y} - \frac{\partial A_y}{\partial z}\right) + \left(A_z \frac{\partial \varphi}{\partial y} - A_y \frac{\partial \varphi}{\partial z}\right) = \varphi \text{rot}_x(A) + (\nabla \varphi \times A)x.$$

同理 $\text{rot}_y(\varphi A) = \varphi \text{rot}_y(A) + (\nabla \varphi \times A)y,$

$\text{rot}_z(\varphi A) = \varphi \text{rot}_z(A) + (\nabla \varphi \times A)z,$

则 $\nabla \times (\varphi A) = \varphi(\nabla \times A) + \nabla \varphi \times A.$

性质3：若 φ 是数量函数，A 是向量函数，则

① $\nabla \cdot (\nabla \times A) = 0.$

解题过程
$$\nabla \cdot (\nabla \times A) = \nabla \cdot (R_y - Q_z, P_z - R_x, Q_x - P_y)$$
$$= R_{yx} - Q_{zx} + P_{zy} - R_{xy} + Q_{xz} - P_{yz} = 0.$$

② $\nabla \times \nabla \varphi = \mathbf{0}$

解题过程
$$\nabla \times \nabla \varphi = \left(\frac{\partial}{\partial x}, \frac{\partial}{\partial y}, \frac{\partial}{\partial z}\right) \cdot (\varphi_x, \varphi_y, \varphi_z) = (\varphi_{zy} - \varphi_{yz}, \varphi_{xz} - \varphi_{zx}, \varphi_{yx} - \varphi_{xy}) = \mathbf{0}.$$

③ $\nabla \times (\nabla \times A) = \nabla(\nabla \cdot A) - \nabla^2 A = \nabla(\nabla \cdot A) - \Delta A.$

解题过程
$$\nabla \times (\nabla \times A) = \begin{vmatrix} i & j & k \\ \frac{\partial}{\partial x} & \frac{\partial}{\partial y} & \frac{\partial}{\partial z} \\ R_y - Q_z & P_z - R_x & Q_x - P_y \end{vmatrix}$$

$$= (P_{xx} + Q_{yx} + R_{zx}, P_{xy} + Q_{yy} + R_{zy}, P_{xz} + Q_{yz} + R_{zz}) - (P_{xx} + P_{yy} + P_{zz},$$
$$Q_{xx} + Q_{yy} + Q_{zz}, R_{xx} + R_{yy} + R_{zz})$$

$$= \nabla(\nabla \cdot A) - \Delta A.$$

7. **知识点窍** 有势场的定义及其势函数.

逻辑推理 有势场 $\text{rot}\mathbf{A} = 0, \text{grad}u = (P,Q,R)$,则 u 为势函数.

解题过程 对空间任一点 (x,y,z),有

$$\text{rot}\mathbf{A} = \left\{\frac{\partial}{\partial y}[xy(x+y+2z)] - \frac{\partial}{\partial z}[xz(x+2y+z)]\right\}\mathbf{i}$$
$$+ \left\{\frac{\partial}{\partial z}[yz(2x+y+z)] - \frac{\partial}{\partial x}[xy(x+y+2z)]\right\}\mathbf{j}$$
$$+ \left\{\frac{\partial}{\partial x}[xz(x+2y+z)] - \frac{\partial}{\partial y}[yz(2x+y+z)]\right\}\mathbf{k}$$
$$= (x^2 + 2xy + 2xz - x^2 - 2xy - 2xz)\mathbf{i} + (2yz + 2xy + y^2 - 2yz - y^2 - 2xy)\mathbf{j} + (2xz + 2yz + z^2 - 2xz - 2yz - z^2)\mathbf{k} = 0,$$

所以场 $\mathbf{A}$ 是有势场.又因

$$\mathrm{d}[xyz(x+y+z)] = yz(2x+y+z)\mathrm{d}x + xz(x+2y+z)\mathrm{d}y + xy(x+y+2z)\mathrm{d}z,$$

故其势函数为

$$u(x,y,z) = xyz(x+y+z) + c\,[\text{其中 } c = x_0 y_0 z_0(x_0 + y_0 + z_0)].$$

8. **逻辑推理** 单位时间穿过球面的流量 $\Phi = \iint_S \mathbf{A} \cdot \mathrm{d}\mathbf{S} = \iint_S x^2 \mathrm{d}y\mathrm{d}z + z^2 \mathrm{d}x\mathrm{d}y + y^2 \mathrm{d}z\mathrm{d}x.$

解题过程 设 S 为所给 $\frac{1}{8}$ 球面,S_1, S_2, S_3 分别是 S 在三个坐标面上的投影.

则 $\iint_S \mathbf{A} \cdot \mathbf{n}_0 \mathrm{d}S = \iint_{S_1} \mathbf{A} \cdot \mathbf{n}_1 \cdot \mathrm{d}S + \iint_{S_2} \mathbf{A} \cdot \mathbf{n}_2 \cdot \mathrm{d}S + \iint_{S_3} \mathbf{A} \cdot \mathbf{n}_3 \mathrm{d}S.$

$$= \iiint_V \left(\frac{1}{8}\text{球体}\right) \text{div}\mathbf{A}\,\mathrm{d}V$$
$$= 2\iiint_V (x+y+z)\mathrm{d}x\mathrm{d}y\mathrm{d}z$$
$$= 2\int_0^{\frac{\pi}{2}} \mathrm{d}\theta \int_0^{\frac{\pi}{2}} \mathrm{d}\varphi \cdot \int_0^1 r^2(\sin\varphi\cos\theta + \sin\varphi\sin\theta + \cos\varphi)\sin\varphi\,\mathrm{d}r$$
$$= \frac{1}{2}\int_0^{\frac{\pi}{2}}\left[\frac{1}{2} + \frac{\pi}{4}(\cos\theta + \sin\theta)\right]\mathrm{d}\theta = \frac{3\pi}{8}.$$

其中 $\mathbf{n}_0, \mathbf{n}_1, \mathbf{n}_2, \mathbf{n}_3$ 分别是 S, S_1, S_2, S_3 的单位法向量.

虽然 $\mathbf{A} \perp \mathbf{n}_i (i=1,2,3)$,故 $\mathbf{A} \cdot \mathbf{n}_i = 0$. 从而 $\iint_S \mathbf{A} \cdot \mathbf{n}_i \mathrm{d}S = 0 (i=1,2,3).$

于是所求流量为 $\iint_S \mathbf{A} \cdot \mathbf{n}_0 \cdot \mathrm{d}S = \frac{3}{8}\pi.$

9. **逻辑推理** 环流量 $\Phi = \oint_L \mathbf{A} \cdot \mathrm{d}\mathbf{S}.$

解题过程 (1) 设所求环流量为 Φ,并记 $L: x^2 + y^2 = 1, z = 0$,则根据定义有

$$\Phi = \oint_L \mathbf{A} \cdot \mathrm{d}\mathbf{S} = \oint_L (-y)\mathrm{d}x + x\mathrm{d}y + c\mathrm{d}z = \oint_L (-y)\mathrm{d}x + x\mathrm{d}y$$
$$= \int_0^{2\pi} (\sin^2\theta + \cos^2\theta)\mathrm{d}\theta = 2\pi.$$

(2) 设所求环流量 Φ,并记 $L_1: (x-2)^2 + y^2 = 1, z = 0$,则根据定义有

$$\Phi = \oint_L \mathbf{A} \cdot \mathrm{d}\mathbf{S} = \oint_{L_1} (-y)\mathrm{d}x + x\mathrm{d}y = 2\iint_{D_1} \mathrm{d}x\mathrm{d}y = 2\pi.$$

第二十二章总练习题

1. **知识点窍** 第一型曲面积分；旋度；有势场；势函数.

解题过程 (1) $\int_L P dx + Q dy + R dz$

$$= -\int_0^{2\pi}(a^2\cos^2 t + 5a\lambda\sin t + 3act\sin t)a\sin t dt + \int_0^{2\pi}(5a\cos t$$

$$+ 3\lambda act\cos t - 2)a\cos t dt + \int_0^{2\pi}(a^2(\lambda+2)\cos t\sin t - 4ct)c dt$$

$$= \int_0^{2\pi}\left[-5\lambda a^2\sin^2 t - 3a^2 ct\sin^2 t + \frac{5}{2}a^2 + 3\lambda a^2 ct\cos^2 t - 4c^2 t\right]dt$$

$$= \pi a^2(1-\lambda)(5-3\pi c) - 8\pi^2 c^2.$$

(2) $\text{rot } \boldsymbol{A} = \begin{vmatrix} \boldsymbol{i} & \boldsymbol{j} & \boldsymbol{k} \\ \dfrac{\partial}{\partial x} & \dfrac{\partial}{\partial y} & \dfrac{\partial}{\partial z} \\ x^2+5y\lambda+3yz & 5x+3\lambda xz-2 & (\lambda+2)xy-4z \end{vmatrix}$

$$= (2(1-\lambda)x, (1-\lambda)y, (1-\lambda)(5-3z)) = (1-\lambda)(2x, y, 5-3z)$$

(3) 当 $\lambda = 1$ 时, $\text{rot}\boldsymbol{A} = 0$, $\boldsymbol{A}$ 为有势场. 此时

$$P dx + Q dy + R dz = (x^2+5y+3yz)dx + (5x+3xz-2)dy + (3xy-4z)dz$$

$$u(x,y,z) = \int_{x_0}^{x}(x^2+5y_0+3y_0 z_0)dx + \int_{y_0}^{y}(5x+3xz_0-2)dy + \int_{z_0}^{z}(3xy-4z)dz$$

$$= \frac{1}{3}x^3 + 5xy + 3xyz - 2y - 2z^2 + C,$$

其中 $C = -\left(\dfrac{1}{3}x_0^3 + 5x_0 + 3x_0 y_0 z_0 - 2y_0 - 2z_0^2\right)$.

2. **知识点窍** 高斯公式；方向导数；第一、二型曲面积分.

逻辑推理 将 $\dfrac{\partial u}{\partial \boldsymbol{n}}$ 按方向导数展开，然后将第一型曲面积分化为第二型曲面积分，最后利用高斯公式即得.

解题过程 (1) $\oiint_S \dfrac{\partial u}{\partial \boldsymbol{n}} dS = \oiint_S \left[\dfrac{\partial u}{\partial x}\cos(\boldsymbol{n},x) + \dfrac{\partial u}{\partial y}\cos(\boldsymbol{n},y) + \dfrac{\partial u}{\partial z}\cos(\boldsymbol{n},z)\right]dS$

$$= \oiint_{S_{外}} \dfrac{\partial u}{\partial x} dy dz + \dfrac{\partial u}{\partial y} dz dx + \dfrac{\partial u}{\partial z} dx dy$$

$$= \iiint_V \left(\dfrac{\partial^2 y}{\partial x^2} + \dfrac{\partial^2 y}{\partial y^2} + \dfrac{\partial^2 u}{\partial z^2}\right) dx dy dz = \iiint_V \Delta u \, dx dy dz.$$

(2) 由(1) 可得

$$\oiint_S u\dfrac{\partial u}{\partial \boldsymbol{n}} dS = \oiint_{S_{外}} u\dfrac{\partial u}{\partial x} dy dz + u\dfrac{\partial u}{\partial y} dz dx + u\dfrac{\partial u}{\partial z} dx dy$$

$$= \iiint_V \left[\left(\dfrac{\partial u}{\partial x}\right)^2 + \left(\dfrac{\partial u}{\partial y}\right)^2 + u\dfrac{\partial^2 u}{\partial y^2} + \left(\dfrac{\partial u}{\partial z}\right)^2 + u\dfrac{\partial^2 u}{\partial z^2} + u\dfrac{\partial^2 u}{\partial x^2}\right] dx dy dz$$

$$= \iiint\limits_{V} \left[\left(\frac{\partial u}{\partial x}\right)^2 + \left(\frac{\partial u}{\partial y}\right)^2 + \left(\frac{\partial y}{\partial z}\right)^2 \right] \mathrm{d}x\mathrm{d}y\mathrm{d}z + \iiint\limits_{V} u \left(\frac{\partial^2 y}{\partial x^2} + \frac{\partial^2 y}{\partial y^2} + \frac{\partial^2 y}{\partial z^2}\right) \mathrm{d}x\mathrm{d}y\mathrm{d}z$$

$$= \iiint\limits_{V} \nabla \cdot \nabla u \, \mathrm{d}x\mathrm{d}y\mathrm{d}z + \iiint\limits_{V} u \Delta u \, \mathrm{d}x\mathrm{d}y\mathrm{d}z.$$

3. (1) 知识点窍 高斯公式.

逻辑推理 对 $\oiint\limits_{S} u\omega \mathrm{d}y\mathrm{d}z$ 用高斯公式即得.

解题过程 由高斯公式 $\iiint\limits_{V} \frac{\partial P}{\partial x} \mathrm{d}x\mathrm{d}y\mathrm{d}z = \oiint\limits_{S} P \mathrm{d}y\mathrm{d}z$, 令 $P = u\omega, Q = R = 0$,

$$\oiint\limits_{S} u\omega \mathrm{d}y\mathrm{d}z = \iiint\limits_{V} \frac{\partial (u\omega)}{\partial x} \mathrm{d}x\mathrm{d}y\mathrm{d}z = \iiint\limits_{V} \omega \frac{\partial u}{\partial x} \mathrm{d}x\mathrm{d}y\mathrm{d}z + \iiint\limits_{V} u \frac{\partial \omega}{\partial x} \mathrm{d}x\mathrm{d}y\mathrm{d}z,$$

则 $\iiint\limits_{V} \omega \frac{\partial u}{\partial x} \mathrm{d}x\mathrm{d}y\mathrm{d}z = \oiint\limits_{S} u\omega \mathrm{d}y\mathrm{d}z - \iiint\limits_{V} u \frac{\partial \omega}{\partial x} \mathrm{d}x\mathrm{d}y\mathrm{d}z.$

(2) 知识点窍 高斯公式;梯度.

逻辑推理 在题(1)中, 将 u 换成 $\frac{\partial u}{\partial x}$ 时仍有相应等式成立; 把所得等式中关于 x 的偏导数换成关于 y 或 z 的偏导数时, 等式也成立. 最后将所得三个等式相加, 并利用两类曲面积分的关系即得.

解题过程 在题(1)中用 $\frac{\partial u}{\partial x}$ 代替 u 可得

$$\iiint\limits_{V} \omega \frac{\partial^2 u}{\partial x^2} \mathrm{d}x\mathrm{d}y\mathrm{d}z = \oiint\limits_{S} \omega \frac{\partial u}{\partial x} \mathrm{d}y\mathrm{d}z - \iiint\limits_{V} \frac{\partial u}{\partial x} \frac{\partial \omega}{\partial x} \mathrm{d}x\mathrm{d}y\mathrm{d}z,$$

同理 $\iiint\limits_{V} \omega \frac{\partial^2 u}{\partial y^2} \mathrm{d}x\mathrm{d}y\mathrm{d}z = \oiint\limits_{S} \omega \frac{\partial u}{\partial y} \mathrm{d}z\mathrm{d}x - \iiint\limits_{V} \frac{\partial u}{\partial y} \frac{\partial \omega}{\partial y} \mathrm{d}x\mathrm{d}y\mathrm{d}z,$

$$\iiint\limits_{V} \omega \frac{\partial^2 u}{\partial z^2} \mathrm{d}x\mathrm{d}y\mathrm{d}z = \oiint\limits_{S} \omega \frac{\partial u}{\partial z} \mathrm{d}x\mathrm{d}y - \iiint\limits_{V} \frac{\partial u}{\partial z} \frac{\partial \omega}{\partial z} \mathrm{d}x\mathrm{d}y\mathrm{d}z,$$

三式相加, 再由第一、二型曲面积分关系可得

$$\iiint\limits_{V} \omega \cdot \Delta u \, \mathrm{d}x\mathrm{d}y\mathrm{d}z = \oiint\limits_{S} \omega \frac{\partial u}{\partial n} \mathrm{d}S - \iiint\limits_{V} \nabla u \cdot \nabla \omega \, \mathrm{d}x\mathrm{d}y\mathrm{d}z.$$

4. 知识点窍 高斯公式.

逻辑推理 ① 当原点在曲面 S 外时, 直接运用高斯公式; ② 当原点在 S 上时, $\oiint\limits_{S} \mathbf{A} \cdot \mathrm{d}\mathbf{S}$ 为无界函数的曲面积分, 取原点附近一半径充分小的球面, 使原点在封闭曲面外; ③ 原点在 S 内, 同 ②.

解题过程 因 $\mathbf{A} = \frac{\mathbf{r}}{|\mathbf{r}|^3} = \left(\frac{x}{(x^2+y^2+z^2)^{\frac{3}{2}}}, \frac{y}{(x^2+y^2+z^2)^{\frac{3}{2}}}, \frac{z}{(x^2+y^2+z^2)^{\frac{3}{2}}} \right)$, 所以当 $(x,y,z) \neq (0,0,0)$ 时, 有 $\mathrm{div}\mathbf{A} = \frac{\partial}{\partial x}\left(\frac{x}{(x^2+y^2+z^2)^{\frac{3}{2}}}\right) + \frac{\partial}{\partial y}\left(\frac{y}{(x^2+y^2+z^2)^{\frac{3}{2}}}\right) + \frac{\partial}{\partial z}\left(\frac{z}{(x^2+y^2+z^2)^{\frac{3}{2}}}\right) = 0.$

(1) 原点在 S 外,

$$\oiint\limits_{S} \mathbf{A} \cdot \mathrm{d}\mathbf{S} = \oiint\limits_{S} \frac{x}{r^3} \mathrm{d}y\mathrm{d}z + \frac{y}{r^3} \mathrm{d}z\mathrm{d}x + \frac{z}{r^3} \mathrm{d}x\mathrm{d}y$$

$$= \iiint_V [r^{-3} - 3x^2 r^{-5} + r^{-3} - 3y^2 r^{-5} + r^{-3} - 3z^2 r^{-5}] dv$$

$$= \iiint_V 0 dv = 0.$$

(2) 原点在 S 上,$\oiint_S \boldsymbol{A} \cdot d\boldsymbol{S}$ 为无界函数的曲面积分. 在原点附近用一半径充分小的球面 $x^2 + y^2 + z^2 = a^2 (a > 0, 充分小)$ 包围,这时球面一部分在原曲面内,记为 S_1,并取它外侧为正侧,记作 S_1^+. 另一部分在曲面外,记作 S_1^-. 这时 S 与 S_1 包围一空间闭区域(S 被割掉一块后记为 S'). S' 外侧与 S_1^- 构成封闭曲面外侧. 而这时原点在封闭曲面外,所以 $\oiint_{S'+S_1^-} \boldsymbol{A} \cdot d\boldsymbol{S} = \iiint_V \text{div}\boldsymbol{A} dv = 0$,

故 $\iint_{S'} \boldsymbol{A} \cdot d\boldsymbol{S} = -\iint_{S_1^-} \boldsymbol{A} \cdot d\boldsymbol{S} = \iint_{S_1^+} |\boldsymbol{A}| \cdot d\boldsymbol{S}$,

当 $a \to 0$ 时,$\iint_{S'} \boldsymbol{A} \cdot d\boldsymbol{S} \to \oiint_S \boldsymbol{A} \cdot d\boldsymbol{S}$,而因 S 是光滑曲面,在原点有切平面,所以当 $a \to 0$ 时,S_1 趋于半球面,而

$$\oiint_{\substack{x^2+y^2+z^2=a^2 \\ \text{取外侧}}} \boldsymbol{A} \cdot d\boldsymbol{S} = \oiint_{\substack{x^2+y^2+z^2=a^2 \\ \text{取外侧}}} \left(\frac{x}{r^3} dydz + \frac{y}{r^3} dzdx + \frac{z}{r^3} dxdy\right)$$

$$= \frac{1}{a^3} \oiint_{x^2+y^2+z^2=a^2} xdydz + ydzdx + zdxdy$$

$$= \frac{3}{a^3} \iiint_V dxdydz = \frac{3}{a^3} \cdot \frac{4}{3}\pi a^3 = 4\pi.$$

则 $\oiint_S \boldsymbol{A} \cdot d\boldsymbol{S} = \frac{1}{2} \cdot 4\pi = 2\pi.$

(3) 原点在 S 内,同样在原点附近用一个半径充分小的球面 $x^2 + y^2 + z^2 = a^2 (a > 0, 充分小)$ 使整个球面位于 S 内部,记作 S_1 并取外侧,则同(2).

$$\oiint_{S+S_1^-} \boldsymbol{A} \cdot d\boldsymbol{S} = \iiint_V \text{div}\boldsymbol{A} dv = 0,$$

则 $\oiint_S \boldsymbol{A} \cdot d\boldsymbol{S} = -\oiint_{S_1^-} \boldsymbol{A} \cdot d\boldsymbol{S} = \oiint_{S_1^+} |\boldsymbol{A}| \cdot d\boldsymbol{S}$

$$= \iint_{S_a} \frac{1}{a^2} d\boldsymbol{S} = 4\pi.$$

5. 知识点窍 第二型曲面积分的计算.

逻辑推理 利用对称性可得出 $\iint_S xzdydz = 0$ 和 $\iint_S zydxdy = 0$,然后计算 $\iint_S yxdzdx$.

解题过程 对积分 $\iint_S xzdydz$,由于 xz 是关于 z 的奇函数,

根据曲面对称性可得 $\iint_S xzdydz = 0$.

又柱面 $x^2 + y^2 = 1$ 垂直于 xOy 平面,故 $\iint_S zydxdy = 0.$

$$I = \iint\limits_{S} yx\mathrm{d}z\mathrm{d}x = \iint\limits_{D_{zx}} x\ \sqrt{1-x^2}\ \mathrm{d}z\mathrm{d}x - \iint\limits_{D_{zx}} (-x\ \sqrt{1-x^2}\ )\mathrm{d}z\mathrm{d}x$$

$$= 2\iint\limits_{D_{zx}} x\ \sqrt{1-x^2}\ \mathrm{d}z\mathrm{d}x = 2\int_{-1}^{1}\mathrm{d}z\int_{0}^{1} x\ \sqrt{1-x^2}\ \mathrm{d}x$$

$$= \frac{4}{3}.$$

6. 知识点拨 第一型曲面积分.

逻辑推理 $\iint\limits_{D} f(m\sin\varphi\cos\theta + n\sin\varphi\sin\theta + p\cos\varphi)\sin\varphi\mathrm{d}\theta\mathrm{d}\varphi = \iint\limits_{S} f(mx + ny + pz)\mathrm{d}S$,再利用坐标变换

证明.

解题过程 设 S 为球面 $x^2 + y^2 + z^2 = 1$ 的第一型曲面积分,

$$P = \iint\limits_{D} f(m\sin\varphi\cos\theta + n\sin\varphi\sin\theta + p\cos\varphi)\sin\varphi\mathrm{d}\theta\mathrm{d}\varphi = \iint\limits_{S} f(mx + ny + pz)\mathrm{d}S.$$

考虑新坐标系 $O-uvw$ 与原坐标系 $O-xyz$ 共原点,且 $O-uvw$ 平面为 $O-xyz$ 坐标系的平面.
$mx + ny + pz = 0, Ou$ 轴过原点且垂直于该平面,所以 $u = \dfrac{mx+ny+pz}{\sqrt{m^2+n^2+p^2}}$ 在新坐标系 $O-uvw$

中, $P = \iint\limits_{S} f(u\ \sqrt{m^2+n^2+p^2}\ )\mathrm{d}S$, 这里 S 仍记为中心在原点的单位球面,可表示为

$u = u, v = \sqrt{1-u^2}\ \cos w, w = \sqrt{1-u^2}\ \sin w, -1 \leqslant u \leqslant 1, 0 \leqslant w \leqslant 2\pi,$

则 $\mathrm{d}S = \mathrm{d}u\mathrm{d}w$, 从而

$$\iint\limits_{D} f(m\sin\varphi\cos\theta + n\sin\varphi\sin\theta + p\cos\varphi)\sin\varphi\mathrm{d}\theta\mathrm{d}\varphi = \iint\limits_{S} f(mx + ny + pz)\mathrm{d}S$$

$$= \iint\limits_{S} f(u\ \sqrt{m^2+n^2+p^2}\ )\mathrm{d}S$$

$$= \int_{0}^{2\pi}\mathrm{d}w\int_{-1}^{1} f(u\ \sqrt{m^2+n^2+p^2}\ )\mathrm{d}u$$

$$= 2\pi\int_{-1}^{1} f(u\ \sqrt{m^2+n^2+p^2}\ )\mathrm{d}u.$$

走近考研

1 (2014 年数学一) 设 Σ 为曲面 $z = x^2 + y^2 (z \leqslant 1)$ 的上侧,计算曲面积分:

$$\iint\limits_{\Sigma} (x-1)^3\mathrm{d}y\mathrm{d}z + (y-1)^3\mathrm{d}z\mathrm{d}x + (z-1)\mathrm{d}x\mathrm{d}y.$$

分析 本题考查的是第二型曲面积分,利用高斯公式解答.

解答 设 $\Sigma_1: \begin{cases} z = 1 \\ x^2 + y^2 \leqslant 1 \end{cases}$ 取下侧,记由 Σ, Σ_1 所围立体为 Ω,则由高斯公式可得

$$\iint_{\Sigma+\Sigma_1}(x-1)^3\mathrm{d}y\mathrm{d}z+(y-1)^3\mathrm{d}z\mathrm{d}x+(z-1)\mathrm{d}x\mathrm{d}y=-\iiint_{\Omega}(3(x-1)^2+3(y-1)^2+1)\mathrm{d}x\mathrm{d}y\mathrm{d}z$$

$$=-\iiint_{\Omega}(3x^2+3y^2+7-6x-6y)\mathrm{d}x\mathrm{d}y\mathrm{d}z$$

$$=-\iiint_{\Omega}(3x^2+3y^2+7)\mathrm{d}x\mathrm{d}y\mathrm{d}z$$

$$=-\int_0^{2\pi}\mathrm{d}\theta\int_0^1 r\mathrm{d}r\int_{r^2}^1(3r^2+7)\mathrm{d}z=-4\pi.$$

在 $\Sigma_1:\begin{cases}z=1\\x^2+y^2\leqslant 1\end{cases}$ 取下侧,

$$\iint_{\Sigma_1}(x-1)^3\mathrm{d}y\mathrm{d}z+(y-1)^3\mathrm{d}z\mathrm{d}x+(z-1)\mathrm{d}x\mathrm{d}y=\iint_{\Sigma_1}(1-1)\mathrm{d}x\mathrm{d}y=0,$$

所以 $\iint_{\Sigma}(x-1)^3\mathrm{d}y\mathrm{d}z+(y-1)^3\mathrm{d}z\mathrm{d}x+(z-1)\mathrm{d}x\mathrm{d}y$

$$=\iint_{\Sigma+\Sigma_1}(x-1)^3\mathrm{d}y\mathrm{d}z+(y-1)^3\mathrm{d}z\mathrm{d}x+(z-1)\mathrm{d}x\mathrm{d}y=-4\pi$$

2 (2010 年数学一)设 P 为椭球面 $S: x^2+y^2+z^2-yz=1$ 上的动点,若 S 在点 P 处的切平面与 xOy 面垂直,求点 P 的轨迹 C,并计算曲面积分 $I=\iint_{\Sigma}\dfrac{(x+\sqrt{3})|y-2z|}{\sqrt{4+y^2+z^2-4yz}}\mathrm{d}S$,其中 Σ 是椭球面 S 位于曲线 C 上方的部分.

分析 本题主要考查了第一型曲面积分,同时考查了曲面法向量的计算公式.

解答 (1)切平面法向量 $F_x=2x,F_y=2y-z,F_z=2z-y$,因与 xOy 面垂直,

所以 $2x\times 0+(2y-z)\times 0+(2z-y)\times 1=0\Rightarrow z=\dfrac{y}{2}.$

故轨迹为 $\begin{cases}x^2+y^2+z^2-yz=1\\y=2z\end{cases}.$

(2)$\mathrm{d}S=\sqrt{1+z_x^2+z_y^2}\mathrm{d}x\mathrm{d}y=\dfrac{\sqrt{4x^2+5y^2+5z^2-8yz}}{2z-y}\mathrm{d}x\mathrm{d}y$.

原式 $=\iint_{D_{xy}}x+\sqrt{3}\mathrm{d}x\mathrm{d}y=\iint_{D_{xy}}x\mathrm{d}x\mathrm{d}y+\iint_{D_{xy}}\sqrt{3}\mathrm{d}x\mathrm{d}y=0+\sqrt{3}\cdot\pi\cdot 1\cdot\dfrac{2}{\sqrt{3}}=2\pi.$

$D_{xy}=\left\{(x,y)\Big|x^2+\dfrac{3}{4}y^2\leqslant 1\right\}.$

3 (2009 年数学一)计算曲面积分 $I=\oiint_{\Sigma}\dfrac{x\mathrm{d}y\mathrm{d}z+y\mathrm{d}z\mathrm{d}x+z\mathrm{d}x\mathrm{d}y}{(x^2+y^2+z^2)^{\frac{3}{2}}}$,其中 Σ 是曲面 $2x^2+2y^2+z^2=4$ 的外侧.

解答 $I=\oiint_{\Sigma}\dfrac{x\mathrm{d}y\mathrm{d}z+y\mathrm{d}x\mathrm{d}z+z\mathrm{d}x\mathrm{d}y}{(x^2+y^2+z^2)^{\frac{3}{2}}}$,其中 $2x^2+2y^2+z^2=4$,

$\because\dfrac{\partial}{\partial x}\left(\dfrac{x}{(x^2+y^2+z^2)^{\frac{3}{2}}}\right)=\dfrac{y^2+z^2-2x^2}{(x^2+y^2+z^2)^{\frac{5}{2}}},$ ①

$$\frac{\partial}{\partial y}\left(\frac{y}{(x^2+y^2+z^2)^{\frac{3}{2}}}\right) = \frac{x^2+z^2-2y^2}{(x^2+y^2+z^2)^{\frac{5}{2}}}, ②$$

$$\frac{\partial}{\partial z}\left(\frac{z}{(x^2+y^2+z^2)^{\frac{3}{2}}}\right) = \frac{x^2+y^2-2z^2}{(x^2+y^2+z^2)^{\frac{5}{2}}}, ③$$

$$\therefore ①+②+③ = \frac{\partial}{\partial x}\left(\frac{x}{(x^2+y^2+z^2)^{\frac{3}{2}}}\right) + \frac{\partial}{\partial y}\left(\frac{y}{(x^2+y^2+z^2)^{\frac{3}{2}}}\right) + \frac{\partial}{\partial z}\left(\frac{z}{(x^2+y^2+z^2)^{\frac{3}{2}}}\right) = 0.$$

由于被积函数及其偏导数在点 $(0,0,0)$ 处不连续,作封闭曲面(外侧), $\Sigma_1 : x^2+y^2+z^2 = R^2$. $0 < R < \frac{1}{16}$ 有

$$\oiint_{\Sigma} = \oiint_{\Sigma_1} \frac{x\mathrm{d}y\mathrm{d}z + y\mathrm{d}x\mathrm{d}z + z\mathrm{d}x\mathrm{d}y}{(x^2+y^2+z^2)^{\frac{3}{2}}} = \oiint_{\Sigma_1} \frac{x\mathrm{d}y\mathrm{d}z + y\mathrm{d}x\mathrm{d}z + z\mathrm{d}x\mathrm{d}y}{R^3}$$

$$= \frac{1}{R^3}\iiint_{\Omega} 3\mathrm{d}V = \frac{3}{R^3} \cdot \frac{4\pi R^3}{3} = 4\pi.$$

第二十三章 向量函数微分学

本章为选学内容,给出习题的参考答案,供有兴趣的同学借鉴和学习.

课后习题全解

习题 23.1

1. **解题过程** 令 $x=(x_1,x_2,\cdots,x_n), y=(y_1,y_2,\cdots,y_n)$,
则 $x+y=(x_1+y_1,x_2+y_2,\cdots,x_n+y_n)$,
$x-y=(x_1-y_1,x_2-y_2,\cdots,x_n-y_n)$,
因为 $\|x+y\|^2=(x_1+y_1)^2+(x_2+y_2)^2+\cdots+(x_n+y_n)^2$,
$\|x-y\|^2=(x_1-y_1)^2+(x_2-y_2)^2+\cdots+(x_n-y_n)^2$,
所以 $\|x+y\|^2+\|x-y\|^2 = (x_1+y_1)^2+(x_1-y_1)^2+(x_2+y_2)^2$
$\qquad\qquad +(x_2-y_2)^2+\cdots+(x_n+y_n)^2+(x_n-y_n)^2$
$\qquad\qquad = 2(x_1^2+y_1^2)+2(x_2^2+y_2^2)+\cdots+2(x_n^2+y_n^2)$
$\qquad\qquad = 2(x_1^2+\cdots+x_n^2)+2(y_1^2+y_2^2+\cdots+y_n^2)$
$\qquad\qquad = 2(\|x\|^2+\|y\|^2)$,

从而等式成立.

2. **解题过程** (1) $\because E$ 为闭集,$\therefore E$ 的余集 E^C 为开集.
$\because x \notin E, \therefore x \in E^C$,
$\therefore \exists \delta > 0$,使 $u(x,\delta) \subset E^C$,现 $\forall y \in E$,有 $\rho(x,y) > \delta$,
即 $\rho(x,E) = \inf\limits_{y \in E} \rho(x,y) \geqslant \delta > 0$.

(2) $\because \forall x \in \{x \mid \rho(x,E)=0\}, \rho(x,E)=0$,
$\therefore x \in E$ 或 $x \in \bar{E}$.
若 $x \in E$,则 $\exists$ 点列 $\{y_n\} \subset E$,有 $\lim\limits_{n \to \infty} \rho(x,y_n)=0$.

即 $\lim\limits_{n\to\infty} y_n = x \Rightarrow x$ 为 E 的聚点.

$\therefore x \in E$ 或 $x \notin E$, 都有 $x \in \overline{E}$,

即 $\{x \mid \rho(x,E) = 0\} \subset \overline{E}$. ①

$\forall x \in \overline{E}$, 若 $x \in E$, 则 $\rho(x,E) = 0$.

$\therefore x \in \{x \mid \rho(x,E) = 0\}$.

若 $x \notin E$, 但 $x \in \overline{E}$, 则 $\exists y_n \in E$, 有 $\rho(x,y_n) \to 0 (n \to \infty)$.

$\therefore 0 \leqslant \rho(x,E) \leqslant \rho(x,y_n) \to 0$.

$\therefore \rho(x,E) = 0$.

$\therefore \overline{E} \subset \{x \mid \rho(x,E) = 0\}$. ②

由①②得

$\overline{E} = \{x \mid \rho(x,E) = 0\}$.

3. **解题过程** (1) $\because \forall y \in f(A) \bigcup f(B)$,

若 $y \in f(A)$, 则 $\exists x \in A$, 使 $y = f(x)$.

同理, 若 $y \in f(B)$, 则 $\exists x \in B$, 使 $y = f(x)$.

$\therefore \forall y \in f(A) \bigcup f(B), \exists x \in A \bigcup B$, 使 $y = f(x)$, 即 $y \in f(A \bigcup B)$.

$\therefore f(A) \bigcup f(B) \subset f(A \bigcup B)$. ①

$\forall y \in f(A \bigcup B), \exists x \in A \bigcup B$, 使 $y = f(x)$.

也可证得 $f(A \bigcup B) \subset f(A) \bigcup f(B)$. ②

由①②得, $f(A \bigcup B) = f(A) \bigcup f(B)$.

(2) $\forall y \in f(A \bigcap B)$, 则 $\exists x \in A \bigcap B$, 使 $y = f(x)$.

即 $x \in A$ 且 $x \in B$, 有 $y \in f(A)$ 且 $y \in f(B)$, 即 $y \in f(A) \bigcap f(B)$.

故 $f(A \bigcap B) \subset f(A) \bigcap f(B)$.

(3) $\forall y \in f(A) \bigcap f(B)$, 则 $y \in f(A)$ 且 $y \in f(B)$, 即 $\exists x_1 \in A$,

使 $y = f(x_1), \exists x_2 \in B$, 使 $y = f(x_2)$,

$\because x = x_1 = x_2$, 即 $x \in A \bigcap B$, 使 $y = f(x)$, 即 $y \in f(A \bigcap B)$.

$\therefore f(A) \bigcap f(B) \subset f(A \bigcap B)$.

又由(2)得 $f(A \bigcap B) = f(A) \bigcap f(B)$.

4. **解题过程** (1) 设 $\boldsymbol{b} = (b_1, \cdots, b_m)^T$, 则 $\lim\limits_{x\to a} \boldsymbol{f}(\boldsymbol{x}) = \boldsymbol{b}$, 即 $\lim\limits_{x\to a} f_i(x) = b_i$, $f_i(x)$ 是 $\boldsymbol{f}(\boldsymbol{x})$ 的第 i 个分量.

当 $\forall \varepsilon > 0, \exists \delta > 0$, 当 $\|\boldsymbol{x} - \boldsymbol{a}\| < \delta$ 时, 就有 $|f_i(x) - b_i| < \dfrac{\varepsilon}{\sqrt{n}}$,

当 $\|\boldsymbol{x} - \boldsymbol{a}\| < \delta$ 时, $\|\boldsymbol{f}(\boldsymbol{x}) - \boldsymbol{b}\| = \left[\sum (f_i(x) - b_i)^2\right]^{\frac{1}{2}} < \left(n \cdot \dfrac{\varepsilon^2}{n}\right)^{\frac{1}{2}} = \varepsilon$.

$\lim\limits_{x\to a} \|\boldsymbol{f}(\boldsymbol{x})\| = \|\boldsymbol{b}\|$.

当 $\boldsymbol{b} = 0$ 时, 即 $\lim\limits_{x\to a} \|\boldsymbol{f}(\boldsymbol{x})\| = 0$.

因为 $\|\boldsymbol{f}(\boldsymbol{x})\|^2 = \sum\limits_{i=1}^{n} f_i^2(x)$, 所以 $f_i^2(x) \leqslant \|\boldsymbol{f}(\boldsymbol{x})\|^2$, $\lim\limits_{x\to a} |f_i(x)| \leqslant \lim\limits_{x\to a} \|\boldsymbol{f}(\boldsymbol{x})\| = 0$,

$\lim\limits_{x\to a} f_i(x) = 0, \lim\limits_{x\to a} \boldsymbol{f}(\boldsymbol{x}) = 0$.

(2) 因为 $f(x)^T = (f_1(x), f_2(x), \cdots, f_m(x)), g(x) = (g_1(x), g_2(x), \cdots, g_m(x))^T$,

所以 $f(x)^T g(x) = f_1(x)g_1(x) + f_2(x)g_2(x) + \cdots + f_m(x)g_m(x)$.

因为 $\lim\limits_{x \to a} f(x) = b = (b_1, b_2, \cdots b_m)^T, \lim\limits_{x \to a} g(x) = c = (c_1, c_2, \cdots, c_m)^T$,

所以 $\lim\limits_{x \to a} f_i(x) = b_i, \lim\limits_{x \to a} g_i(x) = c_i$,

$$\lim_{x \to a}[f(x)^T g(x)] = \lim_{x \to a} f_1(x)g_1(x) + \lim_{x \to a} f_2(x)g_2(x) + \cdots + \lim_{x \to a} f_m(x)g_m(x)$$
$$= b_1 c_1 + b_2 c_2 + \cdots + b_m c_m$$
$$= b^T c.$$

5. **解题过程** $\forall \varepsilon > 0$,取 $\delta = \left(\dfrac{\varepsilon}{2k}\right)^{\frac{1}{r}}, \forall x_0 \in D, x \in D$,当 $\|x - x_0\| < \delta$ 时,有
$$\|f(x) - f(x_0)\| \leqslant k\|x - x_0\|^r$$
$$< k\delta^r = \frac{\varepsilon}{2} < \varepsilon,$$

即 $\|f(x) - f(x_0)\| < \varepsilon, f(u(x_0, \delta) \cap D) \subset u(f(x_0); \varepsilon)$,

故 f 在 x_0 点连续,由于 x_0 在 D 中是任意的,所以 f 是 D 上的连续函数.

6. **解题过程** (1) 用数学归纳法,当 $n = 1$ 时显然成立. 假设当 $n-1$ 时命题成立,即有 $(\sum\limits_{i=1}^{n-1} |x_i|)^2 \leqslant (n-1)(x_1^2 + \cdots + x_{n-1}^2)$,所以

$$(\sum_{i=1}^{n} |x_i|)^2 = (\sum_{i=1}^{n-1} |x_i| + |x_n|)^2 = (\sum_{i=1}^{n-1} |x_i|)^2 + |x_n|^2 + 2\sum_{i=1}^{n-1} |x_i x_n|$$
$$\leqslant (n-1)\sum_{i=1}^{n-1} x_i^2 + x_n^2 + \sum_{i=1}^{n-1}(x_i^2 + x_n^2) = n(\sum_{i=1}^{n} x_i^2),$$

故对 n 不等式也成立.

等号成立时,当且仅当 $|x_i| = |x_j|$ 时, $\forall i, j = 1, 2, \cdots, n$.

当 $n = 2$ 时,不等式变为 $|x_1| + |x_2| \leqslant \sqrt{2}\sqrt{x_1^2 + x_2^2}$,几何意义:一个向量在 x 轴和 y 轴上的投影长度(长度认为是大于 0 的) 的和不大于此向量模长的 $\sqrt{2}$ 倍.

(2) 因为 $\|x + y\|^2 = (x_1 + y_1)^2 + (x_2 + y_2)^2 + \cdots + (x_n + y_n)^2 = \|x\|^2 + \|y\|^2 + 2x^T y$,

同样 $\|x - y\|^2 = \|x\|^2 + \|y\|^2 - 2x^T y$,

所以 $\|x + y\|^2 \|x - y\|^2 = (\|x\|^2 + \|y\|^2)^2 - 4(x^T y)^2$.

因为 $(x^T y)^2 \geqslant 0$,

所以 $\|x+y\|^2 \|x-y\|^2 \leqslant (\|x\|^2 + \|y\|^2)^2, \|x+y\| \|x-y\| \leqslant \|x\|^2 + \|y\|^2$.

当且仅当 $x^T y = 0$ 时,等号成立,向量 x 与向量 y 垂直.

当 $n = 2$ 时,向量 x 与向量 y 不在一条直线上,即可以变成一个平行四边形,则此平行四边形的对角线长度之积不大于两边长的平方和.

(3) 因为 $\|x\| = \|x - y + y\| \leqslant \|x - y\| + \|y\| \Rightarrow \|x\| - \|y\| \leqslant \|x - y\|$,

$\|y\| = \|y - x + x\| \leqslant \|y - x\| + \|x\| \Rightarrow \|y\| - \|x\| \leqslant \|x - y\|$,

所以 $|\|x\| - \|y\|| \leqslant \|x - y\|$.

当且仅当向量 x 与向量 y 位于同一条直线上时,等号成立.

当 $n = 2$ 时的几何意义:当 $x, y, x - y$ 围成一个三角形时,三角形的两边之差小于第三边.

7. 解题过程 (1) 用反证法. 假设 f 在 D 上不是一致连续的, 那么对某个 $\varepsilon>0$, 无论 $\delta_n=\dfrac{1}{n}$ 怎样小, 总存在 $x_n, x'_n \in D$, 使得 $\|x_n-x'_n\|<\dfrac{1}{n}$, $\|f(x_n)-f(x'_n)\|\geqslant\varepsilon$, 因为 $\{x_n\}\subset D$ 是有界序列, 它具有收敛的子序列 $\{x_{n_k}\}$, 设 $x_{n_k}\to x_0$, 则 $x_0\in D$. 因为 $\|x'_{n_k}-x_0\|\leqslant\|x'_{n_k}-x_{n_k}\|+\|x_{n_k}-x_0\|<\dfrac{1}{n_k}+\|x_{n_k}-x_0\|$, 所以又有 $x'_{n_k}\to x_0$.

又因为函数 f 在 x_0 点连续, 所以
$$\lim_{k\to\infty}f(x_{n_k})=\lim_{k\to\infty}f(x'_{n_k})=f(x_0),$$
但这与 $|f(x_{n_k})-f(x'_{n_k})|\geqslant\varepsilon$ 矛盾, 此矛盾说明 f 在 D 上是一致连续的.

(2) $f:D\to \mathbf{R}^m$ 在 D 上一致连续 $\Leftrightarrow f_i$ 在 D 上一致连续, $i=1,2,\cdots,m$.

设 $f_i(i=1,\cdots,m)$ 都在 D 上一致连续, 即 $\forall \dfrac{\varepsilon}{\sqrt{n}}>0$, $\exists \delta>0$, 当 $\|x'-x''\|<\delta, x', x''\in D$ 时有 $|f_i(x')-f_i(x'')|<\dfrac{\varepsilon}{\sqrt{n}}$.

因为 $\|f(x')-f(x'')\|\leqslant\left[\sum\limits_{i=1}^m[f_i(x')-f_i(x'')]^2\right]^{\frac{1}{2}}<\left(n\cdot\dfrac{\varepsilon^2}{n}\right)^{\frac{1}{2}}=\varepsilon$,

所以 f 在 D 上一致连续.

又因为 $|f_i(x')-f_i(x'')|\leqslant\|f(x')-f(x'')\|$,

所以 f 在 D 一致连续 $\Rightarrow f_i$ 在 D 上一致连续.

8. 解题过程 不一定.

(1) 对于 $f(x)=|x|, x\in A=(-1,1)$ 为开集, 但 $f(A)=[0,1)$ 不是开集.

(2) 对于 $f(x)=\begin{cases}1, x\leqslant 0 \\ \mathrm{e}^{-x}, x>0\end{cases}$, $B=[0,+\infty)$ 为开集, 但 $f(B)=(0,1]$ 不是闭集.

习题 23.2

1. 解题过程 (1) f 在 x_0 处可微, 由定义可知, 有
$$\lim_{x\to x_0}\dfrac{f(x)-f(x_0)-f'(x_0)(x-x_0)}{\|x-x_0\|}=0$$
$$\Rightarrow \lim_{x\to x_0}\dfrac{cf(x)-cf(x_0)-cf'(x_0)(x-x_0)}{\|x-x_0\|}=0$$
$$\Rightarrow (cf)'(x_0)=cf'(x_0).$$

(2) 又 g 在 x_0 处可微, 有
$$\lim_{x\to x_0}\dfrac{g(x)-g(x_0)-g'(x_0)(x-x_0)}{\|(x-x_0)\|}=0$$
$$\Rightarrow \lim_{x\to x_0}\dfrac{(f\pm g)(x)-(f\pm g)(x_0)-(f'(x_0)\pm g'(x_0))(x-x_0)}{\|x-x_0\|}=0$$
$$\Rightarrow (f\pm g)'(x_0)=f'(x_0)\pm g'(x_0)$$

2. 解题过程 (1) $f_1(x_1,x_2)=x_1\sin x_2$, $f_2(x_1,x_2)=(x_1-x_2)^2$, $f_3(x_1,x_2)=2x_2^2$,

故 $f'(x_1, x_2) = \begin{pmatrix} \frac{\partial f_1}{\partial x_1} & \frac{\partial f_1}{\partial x_2} \\ \frac{\partial f_2}{\partial x_1} & \frac{\partial f_2}{\partial x_2} \\ \frac{\partial f_3}{\partial x_1} & \frac{\partial f_3}{\partial x_2} \end{pmatrix} = \begin{pmatrix} \sin x_2 & x_1 \cos x_2 \\ 2x_1 - 2x_2 & 2x_2 - 2x_1 \\ 0 & 4x_2 \end{pmatrix},$

$f'\left(0, \frac{\pi}{2}\right) = \begin{pmatrix} 1 & 0 \\ -\pi & \pi \\ 0 & 2\pi \end{pmatrix}.$

(2) $f_1(x_1, x_2, x_3) = x_1^2 + x_2, f_2(x_1, x_2, x_3) = x_2 e^{x_1 + x_3},$

故 $f'(x_1, x_2, x_3) = \begin{pmatrix} \frac{\partial f_1}{\partial x_1} & \frac{\partial f_1}{\partial x_2} & \frac{\partial f_1}{\partial x_3} \\ \frac{\partial f_2}{\partial x_1} & \frac{\partial f_2}{\partial x_2} & \frac{\partial f_2}{\partial x_3} \end{pmatrix}$

$= \begin{pmatrix} 2x_1 & 1 & 0 \\ x_2 e^{x_1+x_3} & e^{x_1+x_3} & x_2 e^{x_1+x_3} \end{pmatrix},$

$f'(1, 0, 1) = \begin{pmatrix} 2 & 1 & 0 \\ 0 & e^2 & 0 \end{pmatrix}.$

3. **解题过程** 对 $\forall x_0 \in D, f, g$ 在 x_0 处可微，有

$\lim\limits_{x \to x_0} \frac{f(x) - f(x_0) - f'(x_0)(x - x_0)}{\|x - x_0\|} = 0,$

$\lim\limits_{x \to x_0} \frac{g(x) - g(x_0) - g'(x_0)(x - x_0)}{\|x - x_0\|} = 0.$

又 $f(x)$ 在 x_0 处可微 $\Rightarrow f$ 在 x_0 处连续 $\Rightarrow f^T$ 在 x_0 处有界.

$\exists \mu > 0,$ 使 $\|f^T(x)\| \leqslant \mu, x \in u(x_0).$

故 $\lim\limits_{x \to x_0} \frac{1}{\|x - x_0\|}[(f^T g)(x) - (f^T g)(x_0) - (f^T g' + g^T f')(x_0)(x - x_0)]$

$= \lim\limits_{x \to x_0} \frac{1}{\|x - x_0\|}[f^T(x)(g(x) - g(x_0)) + g^T(x)f'(x_0)(x - x_0) + g^T(x)f'(x_0)(x - x_0)]$

$- f^T(x)g'(x_0)(x - x_0) + f^T(x)g'(x_0)(x - x_0)$

$- f^T(x_0)g'(x_0)(x - x_0) - g^T(x_0)f'(x_0)(x - x_0).$

$= \{\lim\limits_{x \to x_0} f^T(x)[g(x) - g(x_0) - g'(x_0)(x - x_0)] + \lim\limits_{x \to x_0}[g^T(x) + g^T(x_0)]f'(x_0)(x - x_0)$

$+ \lim\limits_{x \to x_0}[f^T(x) - f^T(x_0)]g'(x_0)(x - x_0)\} \frac{1}{\|x - x_0\|}$

$= 0,$

$f^T g$ 在 x_0 处可微，且 $(f^T g)'(x_0) = (f^T g' + g^T f')(x_0),$

即 $f^T g$ 在 D 上可微，且 $(f^T g)' = f^T g' + g^T f'.$

4. **解题过程** (1) 令 $x_1 = \sin x, x_2 = \cos x$

$(f \circ g)'(x) = (1, -1) \begin{pmatrix} \cos x \\ -\sin x \end{pmatrix} = \cos x + \sin x.$

(2) 令 $x = x_1 - x_2$

$$(g \circ f)'(x_1, x_2) = \begin{pmatrix} \cos x \\ -\sin x \end{pmatrix}(1, -1)$$

$$= \begin{pmatrix} \cos x & -\cos x \\ -\sin x & \sin x \end{pmatrix} = \begin{pmatrix} \cos(x_1 - x_2) & -\cos(x_1 - x_2) \\ -\sin(x_1 - x_2) & \sin(x_1 - x_2) \end{pmatrix}.$$

(3) 令 $h(y) = (y_1 y_2, y_2 - y_1)^T$

$h(x_1, x_2) = (x_1 x_2, x_2 - x_1)^T$

$$(h \circ h')(x_1, x_2) = \begin{pmatrix} y_2 & y_1 \\ -1 & 1 \end{pmatrix}\begin{pmatrix} x_2 & x_1 \\ -1 & 1 \end{pmatrix}$$

$$= \begin{pmatrix} x_2 y_2 - y_1 & x_1 y_2 + y_1 \\ -x_2 - 1 & -x_1 + 1 \end{pmatrix}$$

$$= \begin{pmatrix} x_2(x_2 - x_1) - x_1 x_2 & x_1(x_2 - x_1) + x_1 x_2 \\ -x_2 - 1 & -x_1 + 1 \end{pmatrix}.$$

$$= \begin{pmatrix} x_2^2 - 2x_1 x_2 & 2x_1 x_2 - x_1^2 \\ -x_2 - 1 & -x_1 + 1 \end{pmatrix}.$$

(4) $(s \circ h)'(x_1, x_2) = s'(x_1 x_2, x_2 - x_1) h'(x_1, x_2)$

$$= \begin{bmatrix} 2x_1 x_2 & 0 \\ 0 & 2 \\ 0 & 1 \end{bmatrix}\begin{pmatrix} x_2 & x_1 \\ -1 & 1 \end{pmatrix} = \begin{bmatrix} 2x_1 x_2^2 & 2x_1^2 x_2 \\ -2 & 2 \\ -1 & 1 \end{bmatrix}.$$

(5) 令 $t(y) = (y_1 y_2 y_3, y_1 + y_2 + y_3)^T$

$s(x_1, x_2) = (x_1^2, 2x_2, x_2 + 4)^T$

$$(t \circ s)'(x_1, x_2) = \begin{pmatrix} y_2 y_3 & y_1 y_3 & y_1 y_2 \\ 1 & 1 & 1 \end{pmatrix}\begin{bmatrix} 2x_1 & 0 \\ 0 & 2 \\ 0 & 1 \end{bmatrix}$$

$$= \begin{pmatrix} 2x_1 y_2 y_3 & 2y_1 y_3 + y_1 y_2 \\ 2x_1 & 3 \end{pmatrix}$$

$$= \begin{pmatrix} 2x_1 \cdot 2x_2(x_2 + 4) & 2x_1^2(x_2 + 4) + x_1^2(2x_2) \\ 2x_1 & 3 \end{pmatrix}$$

$$= \begin{pmatrix} 4x_1 x_2^2 + 16x_1 x_2 & 8x_1^2 + 4x_1^2 x_2 \\ 2x_1 & 3 \end{pmatrix}.$$

(6) 令 $s(y) = (y_1^2, 2y_2, y_2 + 4)^T$

$t(x_1, x_2, x_3) = (x_1 x_2 x_3, x_1 + x_2 + x_3)^T$

$$(s \circ t)'(x_1, x_2, x_3) = \begin{bmatrix} 2y_1 & 0 \\ 0 & 2 \\ 0 & 1 \end{bmatrix}\begin{pmatrix} x_2 x_3 & x_1 x_3 & x_1 x_2 \\ 1 & 1 & 1 \end{pmatrix}$$

$$= \begin{bmatrix} 2x_2 x_3 y_1 & 2x_1 x_3 y_1 & 2x_1 x_2 y_1 \\ 2 & 2 & 2 \\ 1 & 1 & 1 \end{bmatrix}$$

$$= \begin{bmatrix} 2x_1x_2^2x_3^2 & 2x_1^2x_2x_3^2 & 2x_1^2x_2^2x_3 \\ 2 & 2 & 2 \\ 1 & 1 & 1 \end{bmatrix}.$$

5. **解题过程** $|x,y|^T \to (x,y,u)^T \to (x,y,u,v)^T \to w$,

即 $\begin{bmatrix} x \\ y \\ u \end{bmatrix} = \begin{bmatrix} x \\ y \\ f(x,y) \end{bmatrix}, \begin{bmatrix} x \\ y \\ u \\ v \end{bmatrix} = \begin{bmatrix} x \\ y \\ f(x,y) \\ g(x,y,u) \end{bmatrix}, w = h(x,u,v)$

$$w'(x,y) = \left(\frac{\partial w}{\partial x}, \frac{\partial w}{\partial y}, \frac{\partial w}{\partial u}, \frac{\partial w}{\partial v}\right) \begin{bmatrix} \frac{\partial x}{\partial x} & \frac{\partial x}{\partial y} & \frac{\partial x}{\partial u} \\ \frac{\partial y}{\partial x} & \frac{\partial y}{\partial y} & \frac{\partial y}{\partial u} \\ \frac{\partial u}{\partial x} & \frac{\partial u}{\partial y} & \frac{\partial u}{\partial u} \\ \frac{\partial v}{\partial x} & \frac{\partial v}{\partial y} & \frac{\partial v}{\partial u} \end{bmatrix} \begin{bmatrix} \frac{\partial x}{\partial x} & \frac{\partial x}{\partial y} \\ \frac{\partial y}{\partial x} & \frac{\partial y}{\partial y} \\ \frac{\partial u}{\partial x} & \frac{\partial u}{\partial y} \end{bmatrix}$$

$$= (h_x + h_v f_x + h_v(g_x + g_u f_x), h_u f_y + h_v(g_y + g_u f_y)).$$

6. **解题过程** (1) $x_0 \in D, \forall x \in D, x \neq x_0$,则存在 $\exists \xi = x_0 + \theta(x - x_0) \in D, 0 < \theta < 1.$ 使得
   $\|f(x) - f(x_0)\| \leqslant \|f'(\xi)\| \cdot \|x - x_0\|.$
   因为 $\xi \in D$,所以 $f'(\xi) = 0, f(x) = f(x_0), f(x)$ 为常向量函数.
   (2) 令 $F(x) = f(x) - cx$,则 $F'(x) = f'(x) - c \equiv 0.$
   由(1) 可知 $F(x)$ 为常向量函数,不妨设 $F(x) = b$,则 $f(x) = cx + b.$

7. **解题过程** 此题应认为 $n = m.$
   (1) 令 $f(x) = x$,则 $f'(x) \equiv I.$ 所以 $f(x) = Ix + b = x + b.$
   (2) 令 $f(x) = (f_1(x), f_2(x), \cdots, f_n(x))^T$,其中 $f_i(x) = \int_0^{x_i} \varphi_i(t) dt$,则
   $f'(x) = \text{diag}(\varphi_i(x_i)).$
   所以 $f(x) = \left(\int_{\varphi_1}(x_1) dx_1, \int_{\varphi_2}(x_2) dx_2, \cdots, \int_{\varphi_n}(x_n) dx_n\right)^T.$

8. **解题过程** (1) $A = \begin{bmatrix} 2 & -2 & 0 \\ -2 & 4 & -1 \\ 0 & -1 & 2 \end{bmatrix}, b = \begin{bmatrix} 1 \\ 3 \\ -1 \end{bmatrix},$

所以 f 的稳定点 $x_0 = -A^{-1}b = -\frac{1}{3} \begin{bmatrix} \frac{7}{2} & 2 & 1 \\ 2 & 2 & 1 \\ 1 & 1 & 2 \end{bmatrix} \begin{bmatrix} 1 \\ 3 \\ -1 \end{bmatrix} = \begin{bmatrix} -\frac{17}{6} \\ -\frac{7}{3} \\ -\frac{2}{3} \end{bmatrix}.$

又因为 A 为正定矩阵,则

根据定理 23.16 知,f 在 $x_0 = \left(-\frac{17}{6} \quad -\frac{7}{3} \quad -\frac{2}{3}\right)^T$ 取极小值.

(2) 因为 $f(x) = \frac{1}{2} x^{\mathrm{T}} Ax$

其中 $|A| = \begin{vmatrix} -2 & 4 & 6 \\ 4 & -4 & -6 \\ 6 & -6 & 8 \end{vmatrix} \Rightarrow A = \begin{vmatrix} -2 & 4 & 6 \\ 4 & -4 & -6 \\ 6 & -6 & 8 \end{vmatrix}$

所以 f 的稳定点 $x_0 = -A^{-1}b = \begin{pmatrix} \frac{1}{2} & \frac{1}{2} & 0 \\ \frac{1}{2} & \frac{13}{34} & -\frac{3}{34} \\ 0 & -\frac{3}{34} & \frac{1}{17} \end{pmatrix} \begin{pmatrix} 0 \\ 0 \\ 0 \end{pmatrix} = \begin{pmatrix} 0 \\ 0 \\ 0 \end{pmatrix}$

又 $A_{11} = -2 < 0$,

$A_{22} = \begin{vmatrix} -2 & 4 \\ 4 & -4 \end{vmatrix} = -8 < 0$

故 A 为不定阵, 故 x_0 不是极值点.

9. **解题过程** (1) 还有复合 $(f \circ t), (h \circ t), (s \circ g), (h \circ g), (f \circ h)$.

$(f \circ t(x_1, x_2, x_3))' = (1, -1) \begin{pmatrix} x_2 x_3 & x_1 x_3 & x_1 x_2 \\ 1 & 1 & 1 \end{pmatrix}$

$= (x_2 x_3 - 1, \ x_1 x_3 - 1, \ x_1 x_2 - 1).$

$(h \circ t(x_1, x_2, x_3))' = h'(x_1 x_2 x_3, x_1 + x_2 + x_3) \cdot t'(x_1, x_2, x_3)$

$= \begin{pmatrix} x_1 + x_2 + x_3 & x_1 x_2 x_3 \\ 1 & -1 \end{pmatrix} \begin{pmatrix} x_2 x_3 & x_1 x_3 & x_1 x_2 \\ 1 & 1 & 1 \end{pmatrix}$

$= \begin{pmatrix} x_2 x_3 (2x_1 + x_2 + x_3) & x_1 x_3 (2x_2 + x_1 + x_3) & x_1 x_2 (2x_3 + x_1 + x_2) \\ 1 - x_2 x_3 & 1 - x_1 x_3 & 1 - x_1 x_2 \end{pmatrix}.$

$(s \circ g(x))' = s'(g(x)) g'(x) = s'(\sin x, \cos x) g'(x)$

$= \begin{pmatrix} 2\sin x & 0 \\ 0 & 2 \\ 0 & 1 \end{pmatrix} \begin{pmatrix} \cos x \\ -\sin x \end{pmatrix} = \begin{pmatrix} \sin 2x \\ -2\sin x \\ -\sin x \end{pmatrix}.$

$(h \circ g(x))' = \begin{pmatrix} \cos x & \sin x \\ -1 & 1 \end{pmatrix} \begin{pmatrix} \cos x \\ -\sin x \end{pmatrix}$

$= \begin{pmatrix} \cos x \cos x - \sin x \sin x \\ -\cos x - \sin x \end{pmatrix} = (\cos x + \sin x) \begin{pmatrix} \cos x - \sin x \\ -1 \end{pmatrix}.$

$(f \circ h(x_1, x_2))' = (1, -1) \begin{pmatrix} x_2 & x_1 \\ -1 & 1 \end{pmatrix} = (x_2 + 1, x_1 - 1).$

(2) (i) $(g \circ f \circ h(x_1, x_2))' = g'(f \circ h(x_1, x_2)) f'(h(x_1, x_2)) h'(x_1, x_2)$

$= g'(f(x_1 x_2, x_2 - x_1)) f'(x_1 x_2, x_2 - x_1) h'(x_1, x_2)$

$= g'(x_1 x_2, -x_2 + x_1) f'(x_1 x_2, x_2 - x_1) h'(x_1, x_2)$

$= \begin{pmatrix} \cos(x_1 x_2 - x_2 + x_1) \\ -\sin(x_1 x_2 - x_2 + x_1) \end{pmatrix} (1, -1) \begin{pmatrix} x_2 & x_1 \\ -1 & 1 \end{pmatrix}$

$$= \begin{pmatrix} \cos(x_1x_2 - x_2 + x_1)(x_2+1) & \cos(x_1x_2 - x_2 + x_1)(x_1-1) \\ -\sin(x_1x_2 - x_2 + x_1)(x_2+1) & \sin(x_1x_2 - x_2 + x_1)(1-x_1) \end{pmatrix},$$

(ii) 令 $u = s(v) = (v_1^2, 2v_2, v_2+4)^T$

$v = t(y) = (y_1y_2y_3, y_1+y_2+y_3)^T$

$y = s(x_1x_2) = (x_1^2, 2x_2, x_2+4)^T$

所以 $(s \circ t \circ s(x_1, x_2))' = \begin{pmatrix} 2v_1 & 0 \\ 0 & 2 \\ 0 & 1 \end{pmatrix} \begin{pmatrix} y_2y_3 & y_1y_3 & y_1y_2 \\ 1 & 1 & 1 \end{pmatrix} \begin{pmatrix} 2x_1 & 0 \\ 0 & 2 \\ 0 & 1 \end{pmatrix}$

$$= \begin{pmatrix} 4x_1y_2y_3v_1 & (4y_1y_3+2y_1y_2)v_1 \\ 4x_1 & 6 \\ 2x_1 & 3 \end{pmatrix}$$

$$= \begin{pmatrix} 16x_1^3x_2^3(x_2+4)^2 & 8x_1^4x_2(x_2+4)(2x_2+4) \\ 4x_1 & 6 \\ 2x_1 & 3 \end{pmatrix}.$$

10. **解题过程** (1) $\because f$ 在 $x_0 \in D$ 处可微,

$\therefore \exists \eta: D \to \mathbf{R}^m$, 使

$f(x) - f(x_0) = f'(x_0)(x - x_0) + \eta(x)\|x - x_0\|$,

其中 $\lim\limits_{x \to x_0} \|\eta(x)\| = 0$.

即 $\forall \varepsilon > 0, \exists \delta > 0$, 当 $x \in U(x_0; \delta)$ 时, 有

$$\|\eta(x)\| < \varepsilon.$$

故当 $x \in U(x_0; \delta)$ 时, 有

$\|f(x) - f(x_0)\| \leqslant \|f'(x_0)\| \|x - x_0\| + \|\eta(x)\| \|x - x_0\|$

$< (\|f'(x_0)\| + \varepsilon)\|x - x_0\|.$

(2) 取 $\varepsilon = 1$, 则有

$\|f(x) - f(x_0)\| \leqslant (1 + \|f'(x_0)\|)\|x - x_0\|, x \in U(x_0; \delta)$, 令 $k = 1 + \|f'(x_0)\|$ 即可.

11. **解题过程** 设 $x_1, x_2 \in D, g(x_1) = g(x_2)$.

如果 $x_1 \neq x_2$, 令 $h = x_1 - x_2 \neq 0$. 因为 $f(x) = [g(x) - g(x_2)]^T h$, 则

$f(x_2) = f(x_1) = 0,$

由中值定理存在 $\xi = x_1 + \theta(x_2 - x_1), 0 < \theta < 1$, 使得

$f(x_2) - f(x_1) = f'(\xi)^T(x_2 - x_1) = h^T g'(\xi) h > 0,$

与 $f(x_2) = f(x_1) = 0$ 矛盾.

所以 $g(x_1) = g(x_2)$ 必须有 $x_1 = x_2$.

12. **解题过程** (1) $a \cdot x$ 表示 a 与 x 的内积.

$f'(x) = \begin{pmatrix} \dfrac{\partial f}{\partial x_1} & \dfrac{\partial f}{\partial x_2} & \cdots & \dfrac{\partial f}{\partial x_n} \end{pmatrix}$

$= \begin{pmatrix} a_1 \dfrac{\partial \varphi}{\partial (a \cdot x)} & a_2 \dfrac{\partial \varphi}{\partial (a \cdot x)} & \cdots & a_n \dfrac{\partial \varphi}{\partial (a \cdot x)} \end{pmatrix}$

$$= a^T \frac{\partial \varphi}{\partial (\boldsymbol{a} \cdot \boldsymbol{x})}.$$

因为 $\boldsymbol{a} \neq \boldsymbol{0}$,所以 $f'(\boldsymbol{x}) = 0 \Leftrightarrow \frac{\partial \varphi}{\partial (\boldsymbol{a} \cdot \boldsymbol{x})} = 0.$

(2) 设 $\boldsymbol{x}_0$ 为 f 的稳定点,则 $f'(\boldsymbol{x}_0) = 0.$

因为 $f''(\boldsymbol{x}) = \begin{pmatrix} a_1^2 & a_1a_2 & a_1a_3 & \cdots & a_1a_n \\ a_2a_1 & a_2^2 & a_2a_3 & \cdots & a_2a_n \\ \vdots & \vdots & \vdots & & \vdots \\ a_na_n & a_na_2 & a_na_3 & \cdots & a_n^2 \end{pmatrix} \frac{\partial^2 \varphi}{\partial (\boldsymbol{a} \cdot \boldsymbol{x})^2},$

所以 $\| f''(\boldsymbol{x}) \| = 0.$

习题 23.3

1. **解题过程** 令 $F = \begin{bmatrix} 3x+y-z+u^2 \\ x-y+2z+u \\ 2x+2y-3z+2u \end{bmatrix},$

F 在 $\mathbf{R}^4$ 上可微,且 F' 连续.

令 $v = \begin{bmatrix} x \\ y \\ z \end{bmatrix}. \because F'_v = \begin{bmatrix} 3 & 1 & -1 \\ 1 & -1 & 2 \\ 2 & 2 & -3 \end{bmatrix}, \det F'_v = \begin{vmatrix} 3 & 1 & -1 \\ 1 & -1 & 2 \\ 2 & 2 & -3 \end{vmatrix} = 0.$

$\therefore x, y, z$ 不能用 u 唯一表出.

又令 $v = \begin{bmatrix} x \\ y \\ u \end{bmatrix}. \because F'_v = \begin{bmatrix} 3 & 1 & 2u \\ 1 & -1 & 1 \\ 2 & 2 & 2 \end{bmatrix}, \det F'_v = \begin{vmatrix} 3 & 1 & 2u \\ 1 & -1 & 1 \\ 2 & 2 & 2 \end{vmatrix} = 12 - 8u.$

$\therefore$ 当 $u \neq \frac{3}{2}$ 时,$\det F'_v \neq 0. \therefore x, y, u$ 能用 z 唯一表出.

又令 $v = \begin{bmatrix} x \\ z \\ u \end{bmatrix}, \because F'_v = \begin{bmatrix} 3 & -1 & 2u \\ 1 & 2 & 1 \\ 2 & -3 & 2 \end{bmatrix}, \det F'_v = \begin{vmatrix} 3 & -1 & 2u \\ 1 & 2 & 1 \\ 2 & -3 & 2 \end{vmatrix} = 21 - 14u.$

同理可得,x, z, u 可由 y 唯一表出.

令 $v = \begin{bmatrix} y \\ z \\ u \end{bmatrix}, \because F'_v = \begin{bmatrix} 1 & -1 & 2u \\ -1 & 2 & 1 \\ 2 & -3 & 2 \end{bmatrix}, \det F'_v = \begin{vmatrix} 1 & -1 & 2u \\ -1 & 2 & 1 \\ 2 & -3 & 2 \end{vmatrix} = 3 - 2u.$

y, z, u 能用 x 唯一表出.

2. **解题过程** 令 $F(x, y, v) = \arctan \frac{y}{x} - v(x \neq 0),$ 则 $z(x, y) = v(x, y)$ 为由方程 $F(x, y, v) = 0$ 决定的隐函数.

由公式(18) 得到

$$\left(\frac{\partial x}{\partial x} \quad \frac{\partial x}{\partial y}\right) = -[F'_z(x,y,v)]^{-1}(F'_x(x,y,v), F'_y(x,y,v))$$

$$= \left(\frac{1}{1+\left(\frac{y}{x}\right)^2}\left(-\frac{y}{x^2}\right), \frac{1}{1+\left(\frac{y}{x}\right)^2}\left(\frac{1}{x}\right)\right)$$

$$= \left(\frac{-y}{x^2+y^2}, \frac{x}{x^2+y^2}\right).$$

所以

$$\frac{\partial^2 z}{\partial x^2} = \frac{2xy}{(x^2+y^2)^2} = \frac{\sin^2 v}{u^2}, \frac{\partial^2 z}{\partial x^2 y} = \frac{-x^2+y^2}{(x^2+y^2)^2} = \frac{-\cos^2 v}{u^2},$$

$$\frac{\partial^2 z}{\partial y^2} = \frac{-2xy}{(x^2+y^2)^2} = \frac{-\sin^2 v}{u^2}.$$

3. **解题过程** (1) 令 $\boldsymbol{F} = \begin{pmatrix} u-f \\ g \end{pmatrix}, \boldsymbol{x} = \begin{pmatrix} x \\ y \\ v \end{pmatrix}, \boldsymbol{w} = \begin{pmatrix} u \\ z \end{pmatrix}$, 故 $\boldsymbol{F}(\boldsymbol{x},\boldsymbol{w}) = 0$.

$$\boldsymbol{F}'_w = \begin{pmatrix} 1+vf'_1+vf'_2+vf'_3 & -f'_3 \\ 0 & g'_3 \end{pmatrix}$$

$$\det \boldsymbol{F}'_w = g'_3[1+v(f'_1+f'_2+f'_3)]$$

由定理 23.18 知, 当 f, g 可微, 偏导数连续, 且 $g'_3[1+v(f'_1+f'_2+f'_3)] \neq 0$, 能确定以 x, y, v 为自变量, u, z 为因变量的隐函数组.

(2) 令 $\boldsymbol{x} = \begin{pmatrix} x \\ y \\ z \end{pmatrix}, \boldsymbol{w} = \begin{pmatrix} u \\ v \end{pmatrix}$, 故 $\boldsymbol{F}(\boldsymbol{x},\boldsymbol{w}) = 0$.

$$\boldsymbol{F}'_w = \begin{pmatrix} 1+v(f'_1+f'_2+f'_3) & u(f'_1+f'_2+f'_3) \\ 0 & 0 \end{pmatrix}$$

$\det \boldsymbol{F}'_w = 0$

方程组 $\boldsymbol{F}'(\boldsymbol{x},\boldsymbol{w}) = 0$ 不能确定以 x, y, z 为自变量, u, v 为因变量的隐函数组.

(3) 由(1)知, 当 f, g 具有一阶连续偏导数, 且 $\Delta = g'_3[1+v(f'_1+f'_2+f'_3)]$ 时能确定 u, z 为 x, y, z 的隐函数组.

$$\boldsymbol{w}_x = \begin{pmatrix} u_x & u_y & u_v \\ z_x & z_y & z_v \end{pmatrix} = -[\boldsymbol{F}'_w(\boldsymbol{x},\boldsymbol{w})]^{-1}\boldsymbol{F}'_x(\boldsymbol{x},\boldsymbol{w})$$

$$= -\frac{1}{\Delta}\begin{pmatrix} g'_3 & f'_3 \\ 0 & 1+v(f'_1+f'_2+f'_3) \end{pmatrix}\begin{pmatrix} -f'_1 & -f'_2 & u(f'_1+f'_2+f'_3) \\ g'_1 & g'_2 & 0 \end{pmatrix}$$

$$= -\frac{1}{\Delta}\begin{pmatrix} -f'_1 g'_3+f'_3 g'_1 & -f'_2 g'_3+f'_3 g'_2 & g'_3 u(f'_1+f'_2+f'_3) \\ g'_1[1+v(f'_1+f'_2+f'_3)] & g'_2[1+v(f'_1+f'_2+f'_3)] & 0 \end{pmatrix}$$

所以 $\frac{\partial u}{\partial x} = \frac{1}{\Delta}(f'_1 g'_3 - f'_3 g'_1), \frac{\partial u}{\partial y} = \frac{1}{\Delta}(f'_2 g'_3 - f'_3 g'_2), \frac{\partial u}{\partial v} = -\frac{1}{\Delta}g'_3 u(f'_1+f'_2+f'_3).$

4. **解题过程** (1) $f'(x,y) = \begin{bmatrix} \frac{\partial f_1}{\partial x} & \frac{\partial f_1}{\partial y} \\ \frac{\partial f_2}{\partial x} & \frac{\partial f_2}{\partial y} \end{bmatrix} = \begin{bmatrix} e^x \cos y & -e^x \sin y \\ e^x \sin y & e^x \cos y \end{bmatrix}$

$$\det f'(x,y) = \begin{vmatrix} e^x\cos y & -e^x\sin y \\ e^x\sin y & e^x\cos y \end{vmatrix} = e^{2x} \neq 0.$$

$\because f(0,0) = f(0,2\pi) = (1,0)^T,$

$\therefore \mathbf{R}^2$ 上 f 不是一一映射的.

(2) 对于 $(x_1,y_1)^T, (x_2,y_2)^T \in \mathbf{R}^2, f(x_1,y_1) = f(x_2,y_2).$

当且仅当

$e^{x_1}\cos y_1 = e^{x_2}\cos y_2, e^{x_1}\sin y_1 = e^{x_2}\sin y_2,$

$x_1 = x_2$ 且 $\cos y_1 = \cos y_2, \sin y_1 = \sin y_2,$

故 $f(x_1,y_1) = f(x_2,y_2),$ 当且仅当 $x_1 = x_2,$ 且

$y_1 - y_2 = 2k\pi(k = 0, \pm 1, \pm 2, \cdots)$ 时,

$\therefore f$ 在 D 上是一一映射的.

$$(f^{-1})'(0,e) = \left(f'\left(1, \frac{\pi}{2}\right)\right)^{-1} = \begin{bmatrix} 0 & -e \\ e & 0 \end{bmatrix}^{-1} = \frac{1}{e}\begin{bmatrix} 0 & 1 \\ -1 & 0 \end{bmatrix}.$$

5. 解题过程 (1) 因为 $f(x,y) = \begin{pmatrix} u \\ v \end{pmatrix} = \begin{pmatrix} x\cos\dfrac{y}{x} \\ x\sin\dfrac{y}{x} \end{pmatrix}$

$$f'(x,y) = \begin{pmatrix} \dfrac{\partial u}{\partial x} & \dfrac{\partial u}{\partial y} \\ \dfrac{\partial v}{\partial x} & \dfrac{\partial v}{\partial y} \end{pmatrix} = \begin{pmatrix} \cos\dfrac{y}{x} + \dfrac{y}{x}\sin\dfrac{y}{x} & -\sin\dfrac{y}{x} \\ \sin\dfrac{y}{x} - \dfrac{y}{x}\cos\dfrac{y}{x} & \cos\dfrac{y}{x} \end{pmatrix}$$

$$[f'(x,y)]^{-1} = \begin{pmatrix} \cos\dfrac{y}{x} & \sin\dfrac{y}{x} \\ -\sin\dfrac{y}{x} + \dfrac{y}{x}\cos\dfrac{y}{x} & \cos\dfrac{y}{x} + \dfrac{y}{x}\sin\dfrac{y}{x} \end{pmatrix}$$

$u^2 + v^2 = x^2$ 得 $x = \sqrt{u^2 + v^2}$

$\cos\dfrac{y}{x} = \dfrac{u}{\sqrt{u^2+v^2}}, \sin\dfrac{y}{x} = \dfrac{v}{\sqrt{u^2+v^2}}, \dfrac{y}{x} = \arctan\dfrac{v}{u}$

$\dfrac{\partial x}{\partial u} = \cos\dfrac{y}{x} = \dfrac{u}{\sqrt{u^2+v^2}}$

$\dfrac{\partial x}{\partial v} = \sin\dfrac{y}{x} = \dfrac{v}{\sqrt{u^2+v^2}}$

$\dfrac{\partial y}{\partial u} = -\sin\dfrac{y}{x} + \dfrac{y}{x}\cos\dfrac{y}{x} = -\dfrac{v}{\sqrt{u^2+v^2}} + \dfrac{u}{\sqrt{u^2+v^2}}\arctan\dfrac{v}{u}$

$\dfrac{\partial y}{\partial v} = \cos\dfrac{y}{x} + \dfrac{y}{x}\sin\dfrac{y}{x} = \dfrac{u}{\sqrt{u^2+v^2}} + \dfrac{v}{\sqrt{u^2+v^2}}\arctan\dfrac{v}{u}.$

(2) $f(x,y) = (u,v)^T = \begin{pmatrix} e^x + x\sin y \\ e^x - x\cos y \end{pmatrix}$

$$f'(x,y) = \begin{pmatrix} \dfrac{\partial u}{\partial x} & \dfrac{\partial u}{\partial y} \\ \dfrac{\partial v}{\partial x} & \dfrac{\partial v}{\partial y} \end{pmatrix} = \begin{pmatrix} e^x + \sin y & x\cos y \\ e^x - \cos y & x\sin y \end{pmatrix}$$

$$(f'(x,y))' = \begin{bmatrix} \frac{\partial x}{\partial u} & \frac{\partial x}{\partial v} \\ \frac{\partial y}{\partial u} & \frac{\partial y}{\partial v} \end{bmatrix}$$

$$= \frac{1}{x\mathrm{e}^x(\sin y - \cos y) + x} \begin{pmatrix} x\sin y & -x\cos y \\ \cos y - \mathrm{e}^x & \mathrm{e}^x + \sin y \end{pmatrix}.$$

6. **解题过程** (1) 因为 $f(x_0) = 0 \Leftrightarrow \varphi(x_0) = 0$,

又 $f'(x_0) = \begin{pmatrix} \varphi'_1(x_0)\varphi'_2(x_0) & \cdots \varphi'_n(x_0) \\ \varphi'_1(x_0)\psi(x) + \varphi(x_0)\psi'_1(x_0) & \cdots \varphi'_n(x_0)\psi(x_0) + \varphi(x_0)\psi'_n(x_0) \end{pmatrix}$

$= \begin{pmatrix} \varphi'_1(x_0)\varphi'_2(x_0)\cdots\varphi'_n(x_0) \\ \psi(x_0)\varphi'_1(x_0)\psi(x_0)\varphi'_2(x_0)\cdots\psi(x_0)\varphi'_n(x_0) \end{pmatrix},$

所以 $\mathrm{rank} f'(x_0) < 2.$

(2) 若 $\psi(x_0) = 0$,则 $f(x) = 0$ 可写为 $f(x) = [\varphi(x), \psi(x)]^T = 0$,又由于 D 为开集,$f(x_0) = 0$,如果 $\varphi(x), \psi(x)$ 可微,且有连续偏导数,记

$u = [x_i, x_j]^T,$

$y = [x_1, \cdots, x_{i-1}, x_{i+1}, \cdots, x_{j-1}, x_{j+1}, \cdots, x_u]^T,$

有 $f' = \begin{bmatrix} \varphi'_i(x_0) & \varphi'_j(x_0) \\ \psi'_i(x_0) & \psi'_j(x_0) \end{bmatrix},$

使 $\det f'_u(x_0) \neq 0.$

由定理 23.18 知,$f(x) = [\varphi(x), \psi(x)]^T = 0$,仍在点 x_0 附近存在隐函数 $g: E \to \mathbf{R}^2, E \subset \mathbf{R}^{n-2}.$

7. **解题过程** 任取 $y_0 \in f(D)$,则 $\exists x_0 \in D$,使 $y_0 = f(x_0).$

$\because D \subset \mathbf{R}^n$ 是开集,$f: D \to \mathbf{R}^n$ 且 f 在 D 上可微,f' 连续.

对于 $x_0 \in D$ 时,$\det f'(x_0) \neq 0,$

$\therefore \exists u = u(x_0) \subset D.$

有开集 $V = f(u)$,由于 $y_0 \in V$,

$\therefore y_0$ 为内点,故 $f(D)$ 为开集.

8. **解题过程** 因为 f 与 f^{-1} 互为反函数,则 $f \circ f^{-1}(y) = y, f^{-1} \circ f(x) = x$,所以 $(f \circ f^{-1}(y))' = I_n.$
即 $f'(x)(f^{-1})'(y) = I_n, (f^{-1} \circ f(x))' = I_n.$
即 $(f^{-1})'(y)f'(x) = I_n$,所以 $f'(x)$ 与 $(f^{-1})'(y)$ 为互逆矩阵.

9. **解题过程** (1) 当 $n = 2$ 时,由韦达定理有

$a = a(r_1, r_2) = \begin{bmatrix} r_1 r_2 \\ -r_1 - r_2 \end{bmatrix}$

$\because P_2(x) = 0$ 无重根.

$\therefore \det a(r_1, r_2) = r_1 - r_2 \neq 0.$

$\therefore$ ① 存在反函数组 ②.

(2) 当 $n = 3$ 时,

$P_3(x) = (x - r_1)(x - r_2)(x - r_3).$

$$a = a(r_1, r_2, r_3) = \begin{bmatrix} a_0 \\ a_1 \\ a_2 \end{bmatrix} = \begin{bmatrix} -r_1 r_2 r_3 \\ r_1 r_2 + r_2 r_3 + r_1 r_3 \\ -(r_1 + r_2 + r_3) \end{bmatrix}$$

$\because \det a'(r_1, r_2, r_3) = (r_1 - r_2)(r_2 - r_3)(r_3 - r_1) \neq 0,$

$\therefore$ ① 存在反函数组 ②.

■ 第二十三章总练习题

1. 解题过程 因为 $\| f^n(x) - f^{n-1}(x) \| \leqslant q \| f^{n-1}(x) - f^{n-2}(x) \| \leqslant q^2 \| f^{n-2}(x) - f^{n-3}(x) \| \cdots \leqslant q^{n-1} \| f(x) - x \|,$

因为 $q < 1$,所以 $\lim\limits_{n \to \infty} \| f^n(x) - f^{n-1}(x) \| = 0$,即 $\lim\limits_{n \to \infty} f^n(x)$ 存在.令 $\lim\limits_{n \to \infty} f^n(x) = y_0 \in D,$

因为 D 为闭集,所以 $y_0 \in D$,所以 $f(y_0) = y_0$,即 y_0 是 f 的不动点,若还有不动点 y_1,即 $f(y_1) = y_1$,则 $\| y_1 - y_0 \| = \| f(y_1) - f(y_0) \| \leqslant \rho \| y_1 - y_0 \|.$

因为 $\rho < 1$,所以 $\| y_1 - y_0 \| = 0, y_1 = y_0, f$ 的不动点存在且唯一.

2. 解题过程 $\forall x \in B.$

因为 $\| f(x) - x_0 \| = \| f(x) - f(x_0) + f(x_0) - x_0 \|$
$\leqslant \| f(x) - f(x_0) \| + \| f(x_0) - x_0 \|$
$\leqslant q \| x - x_0 \| + (1-q) r$
$\leqslant q \cdot r + (1-q) r = r.$

所以 $f(x) \in B, f$ 是从 B 映到 B,而 B 为闭集.
由上题知,f 在 B 中有唯一的不动点.

3. 解题过程 因为 $f(x) - f(x_0) = F(x)(x - x_0),$ 满足 $F(x_0) = f'(x_0),$

所以 $f(x) g(x) - f(x_0) g(x_0) = (f(x) - f(x_0)) g(x) + f(x_0)(g(x) - g(x_0)).$

因为 $f(x_0) = 0$,且 g 在 x_0 连续,所以

$\lim\limits_{x \to x_0} \dfrac{f(x) g(x) - f(x_0) g(x_0)}{x - x_0} = f'(x_0) g(x_0), f \circ g$ 在 x_0 可微.

4. 解题过程 $\because \varphi(x) = \| y - f(x) \|^2 = (y - f(x))^T (y - f(x)),$

又 $\because \varphi'(x) = (y - f(x))^T (y - f(x))' + (y - f(x))^T (y - f(x))'$
$= -2(y - f(x))^T f'(x),$

又 $\det f'(x) \neq 0,$

$\therefore f(x)$ 可逆.

$\because y - f(x) \neq 0,$

$\therefore \varphi'(x) \neq 0.$

5. 解题过程 令 $F(x) = \boldsymbol{\beta}^T f(x).$

$F: D \to \mathbf{R}^m, f$ 在 D 上可微,

故 F 在 D 上也可微,

又由微分中值定理得

$\forall a, b \in D, \exists 0 < \theta < 1.$

使 $c = a + \theta(b-a) \in D$,有

$F(b) - F(a) = F'(c)(b-a)$

又 $F'(c) = \boldsymbol{\beta}^T f'(c)$,故有

$\boldsymbol{\beta}^T [f(b) - f(a)] = \boldsymbol{\beta}^T f'(c)(b-a).$

6. **解题过程** 令 $\boldsymbol{\beta} = f(b) - f(a)$,则

$\| f(b) - f(a) \|^2 \leqslant \| [f(b) - f(a)]^T \| \cdot \| f'(c) \| \cdot \| b - a \|,$

所以 $\| f(b) - f(a) \| \leqslant \| f'(c) \| \cdot \| b - a \|.$

7. **解题过程** (1) 因为 $f'(c) = (-\sin c, \cos c)^T$,而 $f(b) - f(a) = 0, -\sin c$ 与 $\cos c$ 不能同时为 0,所以不存在 $c \in (0, 2\pi).$

(2) 当 $\boldsymbol{\beta} = 0$ 时,$\forall c \in (0, 2\pi)$ 都有 $\boldsymbol{\beta}^T [f(b) - f(a)] = \boldsymbol{\beta}^T f'(c)(b-a)$ 成立.

当 $\boldsymbol{\beta} \neq 0$ 时,设 $\boldsymbol{\beta} = (b_1, b_2)^T$,则 $-\sin c \cdot b_1 + \cos c \cdot b_2 = 0.$

当 $b_1 \neq 0$ 时,$\dfrac{b_2}{b_1} = \dfrac{\sin c}{\cos c}$,因为 $b_1 \neq 0$,所以 $\cos c \neq 0 \Rightarrow c = \arctan\left(\dfrac{b_2}{b_1}\right) + k\pi (k \in \mathbf{Z}).$

当 $b_2 \neq 0$ 时,$\dfrac{b_1}{b_2} = \dfrac{\cos c}{\sin c} = \cot c$,因为 $b_2 \neq 0$,所以

$\sin c \neq 0 \Rightarrow c = \arctan\left(\dfrac{b_1}{b_2}\right) + k\pi (k \in \mathbf{Z}).$

取 k 使得 $c \in (0, 2\pi).$

8. **解题过程** (1) 任取 $x_1, x_2, x_1 \neq x_2.$

$\because \| f(x_1) - f(x_2) \| \geqslant c \| x_1 - x_2 \| > 0,$

$\therefore f(x_1) \neq f(x_2)$,即 f 是 $\mathbf{R}^n$ 上的一一映射.

(2) 设 $\exists x_0 \in \mathbf{R}^n$,使得 $\| f'(x_0) \| = 0.$

$\because f$ 在 x_0 处可微,即

$\lim\limits_{x \to x_0} \dfrac{f(x) - f(x_0) - f'(x_0)(x - x_0)}{\| x - x_0 \|} = 0.$

$\therefore \| f(x) - f(x_0) \| = \| f'(x_0) \| \cdot \| x - x_0 \| \geqslant c \| x - x_0 \|.$

当 $x \neq x_0$ 时,$\| f'(x_0) \| \geqslant c$ 与 $\| f'(x_0) \| = 0$ 矛盾,

故对一切 $x \in \mathbf{R}^n$,$\| f'(x) \| = 0.$

9. **解题过程** 设 $x \in A$,则 $f^n(x) \in A$,所以 $\{f^n(x)\}$ 为有界数列,存在一收敛子序列 $\{f^{n_k}(x)\}.$

令 $\lim\limits_{k \to \infty} f^{n_k}(x) = x_0$,因为 A 为闭集,所以 $x_0 \in A, f(x_0) = \lim\limits_{k \to \infty} f^{n_k+1}(x) = x_0.$

如果还有 $f(x_1) = x_1 (x_1 \neq x_0)$,则 $\| f(x_1) - f(x_0) \| < \| x_1 - x_0 \|$,即 $\| x_1 - x_0 \| < \| x_1 - x_0 \|$,矛盾.

故 $x_1 = x_0$,A 中有且只有一点 x,使得 $f(x) = x.$